房屋建筑与装饰工程
工程量计算规范图解

吴佐民　房春艳　主编

中国建筑工业出版社

图书在版编目（CIP）数据

房屋建筑与装饰工程工程量计算规范图解/吴佐民，房春艳主编. —北京：中国建筑工业出版社，2015.11（2023.2重印）
ISBN 978-7-112-18561-0

Ⅰ.①房… Ⅱ.①吴… ②房… Ⅲ.①图解工程-工程造价-图解②建筑装饰-工程造价-图解 Ⅳ.①TU723.3-64

中国版本图书馆 CIP 数据核字（2015）第 248136 号

本书依据《建设工程工程量清单计价规范》GB 50500—2013、《房屋建筑与装饰工程工程量计算规范》GB 50854—2013 以及地方定额等，用图解的方式对房屋建筑与装饰工程各分项的工程量计算方法作了较详细的解释说明。通过典型实例，说明实际操作中的有关问题及解决方法，详细阐述了房屋建筑与装饰工程工程量清单及其计价编制的方法及注意事项，集标准与实务讲解于一体，兼顾工程量清单单价的组价与分析，是进行房屋建筑与装饰工程招标控制价和投标报价、工程结算编制与审查的实用工具用书。本书内容深入浅出，从理论到案例，内容全面，针对性强，便于读者有目标性地学习与理解，提高实际操作水平。

本书图文并茂，易学易懂，也适宜作为高等院校工程造价专业和工程管理专业进行教学的参考书。

责任编辑：赵晓菲　朱晓瑜
责任设计：李志立
责任校对：张　颖　党　蕾

房屋建筑与装饰工程工程量计算规范图解
吴佐民　房春艳　主编
*
中国建筑工业出版社出版、发行（北京西郊百万庄）
各地新华书店、建筑书店经销
霸州市顺浩图文科技发展有限公司制版
北京建筑工业印刷厂印刷
*
开本：787×1092 毫米　1/16　印张：36¾　字数：913 千字
2016 年 1 月第一版　　2023 年 2 月第十二次印刷
定价：**80.00** 元
ISBN 978-7-112-18561-0
（27785）

编委会名单

主　　编：吴佐民　房春艳

主要编写人员：朱小东　李成栋　刘　谦　徐升雁　贾晓平

苏海涛　李朝燕　陈　东　赵红娥　吴华峰

黄永丽　席小刚　陈光云

主　　审：张宗辉　郎桂林　金春平

前 言

2003年，《建设工程工程量清单计价规范》GB 50500—2003由建设部发布实施，并以国家强制性标准的形式来推行，这标志着工程量清单计价制度在我国正式建立。工程计价方式从沿用多年的定额计价改变为工程量清单计价的实质是实现建设产品价格属性的调整，促进通过市场竞争形成工程价格，从而促进技术进步和管理水平的提高，这是建筑行业进行市场化改革的必然要求，也为整个行业与国际接轨奠定了基础。

2006年，住房和城乡建设部组织对《建设工程工程量清单计价规范》进行了修订，2008年发布了《建设工程工程量清单计价规范》GB 50500—2008，对2003版规范中存在的问题进行了全面的修改与完善。2009年，住房和城乡建设部组织对《建设工程量清单计价规范》再次进行了修订，并于2013年发布了《建设工程工程量清单计价规范》GB 50500—2013和《房屋建筑与装饰工程工程量计算规范》GB 50854—2013等9本工程计量规范。这次修订，对工程量清单计价的主要要求与工程量计算规则进行了分离，形成了开放的工程量计算规则体系，标志着我国工程量清单计价模式的基本确立与日趋成熟。

工程量清单计价模式的建立，对我国工程造价专业人才的职能定位提出了新的要求，即要求我们要从传统的套定额计价工作发展到工程造价管理，进而为我们提出的以工程造价管理为核心的全面项目管理奠定了基础。这些年，工程造价咨询行业适应市场化的发展要求，广泛开展以工程造价管理为核心的全过程造价管理咨询服务，更加关注质量、工期、安全、环境、技术进步等要素对工程造价的影响，更加注重项目全寿命周期的价值管理，受到了市场的认可和好评。随着去行政化的改革要求，工程造价行业只有进一步适应市场，提升自身的服务能力与水平，为业主或委托人提供有价值的专业的咨询意见，才是立足行业和可持续发展的根本。

为了便于大家对《房屋建筑与装饰工程工程量计算规范》GB 50854—2013的理解，推进其实施，帮助广大工程造价专业人员提高实际操作水平，特编写此书。本书依据《建设工程工程量清单计价规范》GB 50500—2013、《房屋建筑与装饰工程工程量计算规范》GB 50854—2013以及地方定额等，用图解的方式对房屋建筑与装饰工程各分项的工程量计算方法作了较详细的解释说明，本书内容深入浅出，从理论到案例，内容全面，针对性强，便于读者有目标性地学习与理解，提高实际操作水平。本书通过房屋建筑与装饰工程工程量清单计价典型实例，说明实际操作中的有关问题及解决方法，详细阐述了房屋建筑与装饰工程工程量清单及其计价编制的方法及注意事项，集标准与实务讲解于一体，兼顾工程量清单单价的组价与分析，是进行房屋建筑与装饰工程招标控制价和投标报价、工程结算编制与审查的实用工具用书。本书图文并茂，易学易懂，也适宜作为高等院校工程造价专业和工程管理专业进行教学的参考书。

鉴于工程量计算规则内容较多，本次编写仅完成了房屋建筑及装饰工程，希望起到抛砖引玉的作用。非常欢迎各有关单位和造价工程师编写矿山工程、安装工程等其他专业的图解书籍。也真诚地欢迎广大读者提出宝贵意见。

最后，我要感谢广联达公司领导们的支持！应该说没有他们的支持，这么宏大的一部书是几个人难以完成的。我也要特别感谢房春艳女士等！是她们利用了近两年的业余时间来完成大批的图片制作和繁重的编写工作。我还要感谢四川省建设工程造价管理站的张宗辉先生、江苏建设工程造价管理站郎桂林先生、河北省建设工程造价管理站金春平先生，以及我的同事李成栋先生，是他们对本书进行了全面的审查和把关，提升了本书的质量。“众人拾柴火焰高”，我想这只是一个好的开端，非常希望大家参与到相关书籍的编写中，为夯实我们的技术基础共同添砖加瓦。

吴佐民
2015 年 7 月 9 日

目录

附录 A　土石方工程

A.1　土方工程

一、项目的划分

项目划分为平整场地、挖一般土方、挖沟槽土方、挖基坑土方、冻土开挖、挖淤泥、流砂、管沟土方。

（一）平整场地与挖一般土方

建筑物场地厚度≤±300mm 以内的挖、填、运、找平，应按平整场地项目编码列项。厚度>±300mm 的竖向布置挖土或山坡切土应按挖一般土方项目编码列项。

（二）挖一般土方、挖沟槽土方、挖基坑土方

沟槽、基坑、一般土方的划分为：底宽≤7m 且底长>3 倍底宽为沟槽；底长≤3 倍底宽且底面积≤150m^2 为基坑；超出上述范围则为一般土方。

（三）冻土开挖与挖淤泥、流砂

出现冻土开挖时按冻土开挖项目列项。

出现淤泥、流砂时按挖淤泥、流砂项目列项。

二、工程量计算与组价

（一）010101001 平整场地

1. 工程量清单计算规则

按设计图示尺寸以建筑物首层建筑面积计算。

说明：首层建筑面积应按《建筑工程建筑面积计算规范》GB/T 50353—2013 的规定计算。

2. 工程量清单计算规则图解

（1）图例

见图 A.1-1。

图例说明：某建筑层高 2.5m，轴网轴距为 3000mm，混凝土外墙厚 300mm，外墙按轴线居中布置。计算平整场地工程量。

（2）清单工程量

方法 1：按照矩形计算，然后减去右上角缺口面积，得出平整场地工程量。

计算公式：$S=(21+0.15\times2)\times(15+0.15\times2)-(6-0.15+0.15)\times(6-0.15+0.15)$

$=289.89m^2$

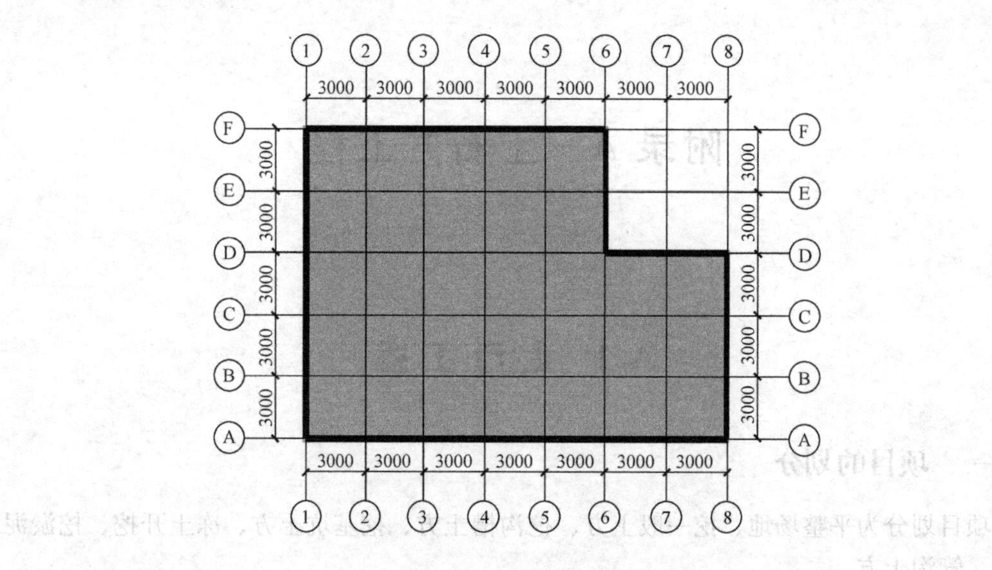

图 A.1-1 平整场地

方法 2：把 L 形切割成两个矩形进行计算。

计算公式：$S=(15+0.15\times2)\times(15+0.15\times2)+(6-0.15+0.15)\times(9+0.15\times2)$

$=289.89m^2$

3. 工程量清单项目组价

(1) 定额工程量计算规则

建筑物按设计图示尺寸以建筑物首层建筑面积计算。

地下室单层建筑面积大于首层建筑面积时，按地下室最大单层建筑面积计算。

(2) 常用计算公式

公式一：平整场地面积(m^2)$=(L_{长外}+4)\times(L_{宽外}+4)$

注：该公式适用于外墙形状为矩形的建筑物、构筑物。

公式二：平整场地面积(m^2)$=S_{底建筑面积}+2L_{外}+16$

式中：$L_{长外}$——建筑物长度方向外墙外边线长度；

$L_{宽外}$——建筑物宽度方向外墙外边线长度；

$S_{底}$——建筑物底层建筑面积；

$L_{外}$——建筑物外墙外边线周长。

注：该公式适用于外墙形状非矩形的建筑物或构筑物。

(3) 定额工程量

根据公式二计算

$L_{外}=73.2m$

$S_1=289.89+2\times73.2+16$

$=452.29m^2$

(4) 工程量清单项目组价

工程量清单项目综合单价$=(S_1\times$预算定额单价$)/S+$管理费$+$利润$+$风险费

综合单价分析见表 A.1-1。

以场地平整计算实例进行清单组价，见表A.1-2。

综合单价分析表 **表A.1-1**

工程名称： 标段： 第 页 共 页

项目编码			项目名称			计量单位				工程量	
清单综合单价组成明细											
定额编号	定额名称	定额单位	数量	单价				合价			
				人工费	材料费	机械费	管理费和利润	人工费	材料费	机械费	管理费和利润
人工单价	小计										
元/工日	未计价材料费										
清单项目综合单价											
材料费明细	主要材料名称、规格、型号			单位	数量	单价（元）	合价（元）	暂估单价（元）	暂估合价（元）		
	其他材料费					—		—			
	材料费小计					—		—			

注：1. 如不使用省级或行业建设主管部门发布的计价依据，可不填定额项目、编号等。

2. 招标文件提供了暂估单价的材料，按暂估的单价填入表内“暂估单价”栏及“暂估合价”栏。

综合单价分析表 **表A.1-2**

工程名称：北京××工程 标段： 第1页 共1页

项目编码	010101001001		项目名称	平整场地		计量单位		m²		工程量	289.89
清单综合单价组成明细											
定额编号	定额名称	定额单位	数量	单价				合价			
				人工费	材料费	机械费	管理费和利润	人工费	材料费	机械费	管理费和利润
1—1	人工土石方场地平整	m²	1.56	0.75			0.05	1.17			0.08
人工单价	小计							1.17			0.08
综合工日 23.46元/工日	未计价材料费										
清单项目综合单价								1.25			
材料费明细	主要材料名称、规格、型号			单位	数量	单价（元）	合价（元）	暂估单价（元）	暂估合价（元）		

注：因为平整场地中没有主材，所以材料费明细为空白。

(5) 特殊情况的处理

单独地下室、整体地下室上部多幢建筑物、地下室平面范围大于地面以上建筑物平面范围以及建筑物部分区间有地下室且其平面范围突出建筑物范围时，其场地平整清单工程量宜按照建筑物首层和地下室外墙外边线以最大水平投影面积计算。

(二) 010101002 挖一般土方

1. 工程量清单计算规则

按设计图示尺寸以体积计算，说明：

(1) 厚度>±300mm的竖向布置挖土或山坡切土应按挖一般土方项目编码列项。

(2) 土壤的分类应按表A.1-3确定，如土壤类别不能准确划分时，招标人可注明为综合，由投标人根据地勘报告决定报价。

土壤分类表 **表A.1-3**

土壤分类	土壤名称	开挖办法
一、二类土	粉土、砂土(粉砂、细砂、中砂、粗砂、砾砂)、粉质黏土、弱中盐渍土、软土(淤泥质土、泥炭、泥炭质土)、软塑红黏土、冲填土	用锹，少许用镐、条锄开挖。机械能全部直接铲挖满载者
三类土	黏土、碎石土(圆砾、角砾)混合土、可塑红黏土、硬塑红黏土、强盐渍土、素填土、压实填土	主要用镐、条锄，少许用锹开挖。机械需部分刨松方能铲挖满载者或可直接铲挖但不能满载者
四类土	碎石土(卵石、碎石、漂石、块石)、坚硬红黏土、超盐渍土、杂填土	全部用镐、条锄挖掘，少许用撬棍挖掘。机械须普遍刨松方能铲挖满载者

(3) 土方体积应按挖掘前的天然密实体积计算，非天然密实土按表A.1-4折算。

土方体积折算系数表 **表A.1-4**

天然密实度体积	虚方体积	夯实后体积	松填体积
0.77	1.00	0.67	0.83
1.00	1.30	0.87	1.08
1.15	1.50	1.00	1.25
0.92	1.20	0.80	1.00

(4) 挖沟槽、基坑、一般土方因工作面和放坡增加的工程量（管沟工作面增加的工程量）是否并入各土方工程量中，应按各省、自治区、直辖市或行业建设主管部门的规定实施，如并入各土方工程量中，办理工程结算时，按经发包人认可的施工组织设计规定计算，编制工程量清单时，可按表A.1-5～表A.1-7规定计算。

放坡系数表 **表A.1-5**

土类别	放坡起点(m)	人工挖土	机械挖土		
			在坑内作业	在坑上作业	顺沟槽在坑上作业
一、二类土	1.20	1∶0.5	1∶0.33	1∶0.75	1∶0.5
三类土	1.50	1∶0.33	1∶0.25	1∶0.67	1∶0.33
四类土	2.00	1∶0.25	1∶0.10	1∶0.33	1∶0.25

注：1. 沟槽、基坑中土类别不同时，分别按其放坡起点、放坡系数，依不同土类别厚度加权平均计算。

2. 计算放坡时，在交接处的重复工程量不予扣除，原槽、坑作基础垫层时，放坡自垫层上表面开始计算。

基础施工所需工作面宽度计算表 **表 A.1-6**

基础材料	每边各增加工作面宽度(mm)
砖基础	200
浆砌毛石、条石基础	150
混凝土垫层支模板	300
混凝土基础支模板	300
基础垂直面做防水层	1000(防水层面)

管沟施工每侧所需工作面宽度计算表 **表 A.1-7**

管沟材料 \ 管道结构宽(mm)	≤500	≤1000	≤2500	>2500
混凝土及钢筋混凝土管道(mm)	400	500	600	700
其他材质管道(mm)	300	400	500	600

2. 工程量清单计算规则图解

(1) 图例

见图 A.1-2、图 A.1-3。

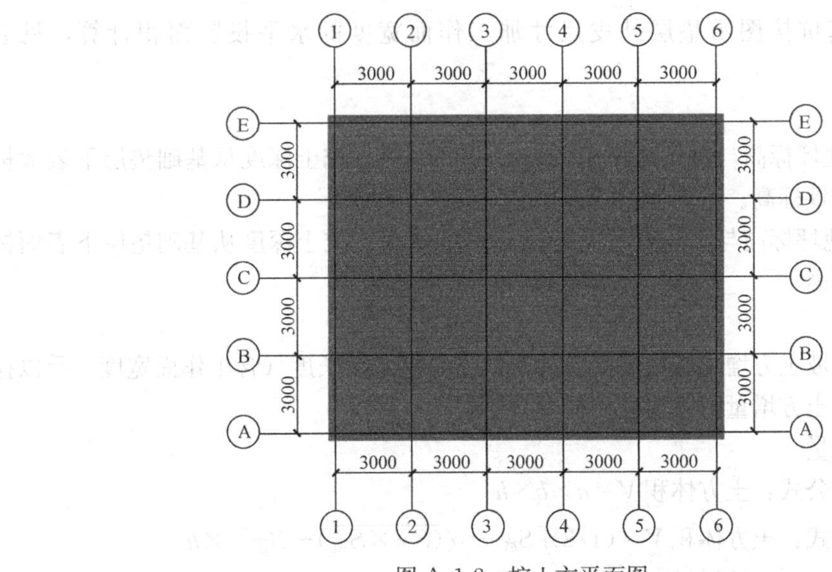

图 A.1-2 挖土方平面图

图例说明：挖一般土方，类别为三类土，土方开挖长 15600mm，宽 12600mm，平均厚度 1.2m。清单工程量不含工作面和放坡增加的工程量。计算土方开挖工程量。

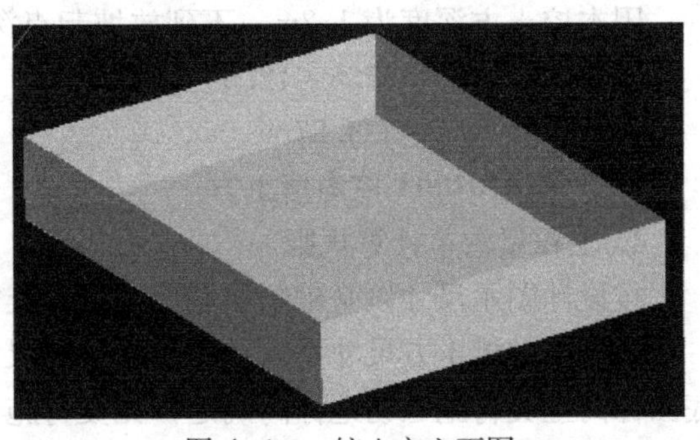

图 A.1-3 挖土方立面图

(2) 清单工程量

计算公式：土方体积=长度×宽度×深度

计算结果：$V=15.6\times12.6\times1.2$

$=235.87\text{m}^3$

3. 工程量清单项目组价

（1）定额工程量计算规则

见表A.1-8。

基础施工所需工作面宽度计算表 表A.1-8

基础材料	每边各增加工作面宽度(mm)
砖基础	200
浆砌毛石、条石基础	150
混凝土基础垫层支模板	300
混凝土基础支模板	300
基础垂直面做防水层	1000(防水层面)

按挖土底面积乘以挖土深度以体积计算。挖土深度超过放坡起点1.5m时，另计算放坡土方增量，局部加深部分并入土方工程量中。

1）挖土地面积

一般土方、基坑按图示垫层外皮尺寸加工作面宽度的水平投影面积计算，见表A.1-8。

2）挖土深度

① 室外设计地坪标高与自然地坪标高≤±300mm时，挖土深度从基础垫层下表面标高算至室外设计地坪标高。

② 室外设计地坪标高与自然地坪标高>±300mm时，挖土深度从基础垫层下表面标高算至自然地坪标高。

3）放坡增量

土方、基坑放坡土方增量按放坡部分的基坑下口外边线长度（含工作面宽度）乘以挖土深度再乘以放坡土方增量折算厚度以体积计算。

（2）定额工程量

不放坡时计算公式：土方体积$V=a\times b\times h$

放坡时计算公式：土方体积$V=(1/3)[S_{底}+\sqrt{(S_{底}\times S_{顶})}+S_{顶}]\times h$

四棱台体积$V=1/6\times h\times(S_{底}+S_{顶}+4\times S_{中})$

因本挖土方深度为1.2m，不到放坡起点深度，因此按照不放坡计算公式计算。

计算结果：$V=15.6\times12.6\times1.2$

$=235.87\text{m}^3$

（三）010101003 挖沟槽土方

1. 工程量清单计算规则

按设计图示尺寸以基础垫层底面乘以挖土深度计算。

说明：沟槽土方尺寸是以基础垫层长宽尺寸计算的。基础土方开挖深度应按基础垫层底面标高至交付施工场地标高确定，无交付施工场地标高时，应按自然地面标高确定。

2. 工程量清单计算规则图解

(1) 图例

见图 A.1-4 和 A.1-5。

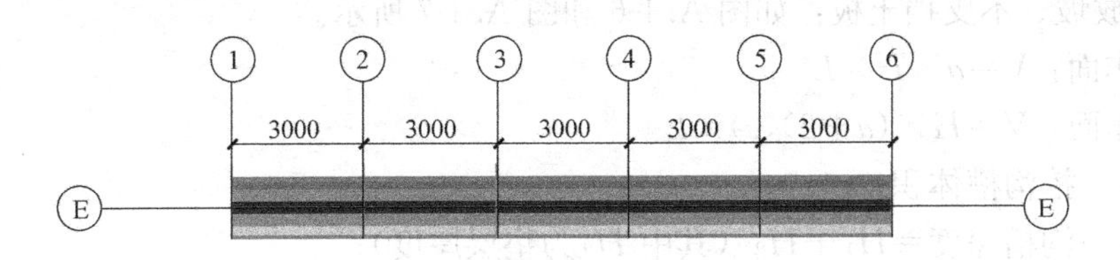

图 A.1-4 清单基槽土方平面图

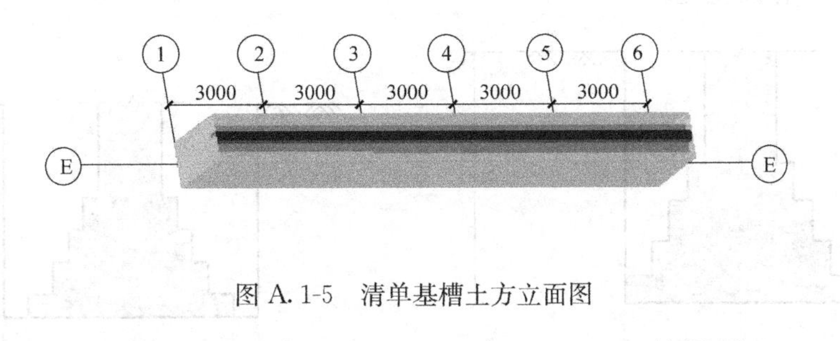

图 A.1-5 清单基槽土方立面图

图例说明：C15 混凝土垫层，长 15000mm，宽 1500mm，垫层厚 100mm，垫层底标高−3.000m，室外地坪标高−0.300m。不考虑工作面和放坡，计算土方开挖工程量。

(2) 清单工程量

计算思路：清单中计算土方体积，计算工程量时不考虑措施因素，按照土方实际体积计算即可。

计算结果：$V=15\times1.5\times(3.0-0.3)$

$=60.75\text{m}^3$

3. 工程量清单项目组价

(1) 定额工程量计算规则

按挖土底面积乘以挖土深度以体积计算。挖土深度超过放坡起点 1.5m 时，另计算放坡土方增量，局部加深部分并入土方工程量中。

1) 挖土地面积

沟槽按基础垫层宽度加工作面宽度（超过放坡起点时应再加上放坡增量）乘以沟槽长度计算。

2) 挖土深度

① 室外设计地坪标高与自然地坪标高≤±300mm 时，挖土深度从基础垫层下表面标高算至室外设计地坪标高。

② 室外设计地坪标高与自然地坪标高>±300mm 时，挖土深度从基础垫层下表面标高算至自然地坪标高。

3) 放坡增量

沟槽（管沟）放坡土方增量按放坡部分的沟槽长度（含工作面宽度）乘以挖土深度再乘以放坡土方增量折算厚度以体积计算。

(2) 定额工程量

常用计算公式:

① 不放坡、不支挡土板：如图 A. 1-6 和图 A. 1-7 所示。

无工作面：$V=a\times H\times L$

有工作面：$V=H\times(a+2\times c)\times L$

式中：V——挖沟槽体积；

H——沟槽深度$=H_1+H_2$（其中 H_2 为垫层厚度）；

a——沟槽宽度；

L——沟槽长度；

c——工作面宽度。

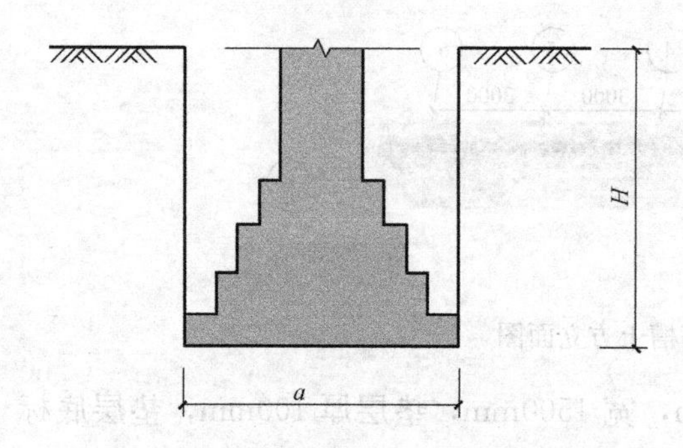

图 A. 1-6　不放坡不支挡土板的沟槽图

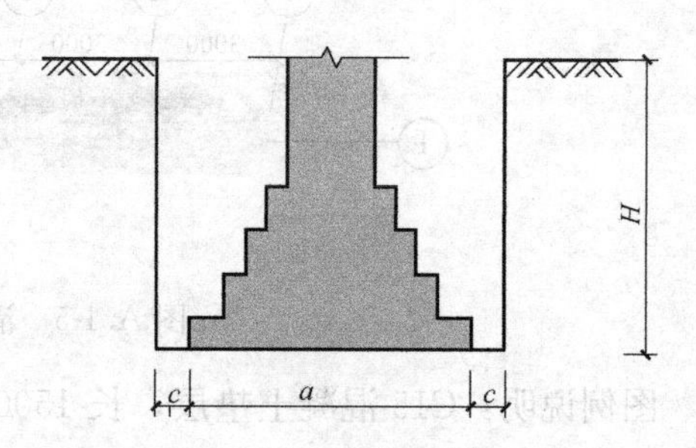

图 A. 1-7　不放坡加工作面的沟槽图

② 由垫层下表面放坡：如图 A. 1-8 所示。

计算公式：$V=H\times(a+2c+KH)\times L$

式中：K——放坡系数；

其他同上，以下均相同。

③ 由垫层上表面放坡：如图 A. 1-9 所示。

计算公式：$V=H_1\times(a+KH_1)\times L+a\times H_2\times L$

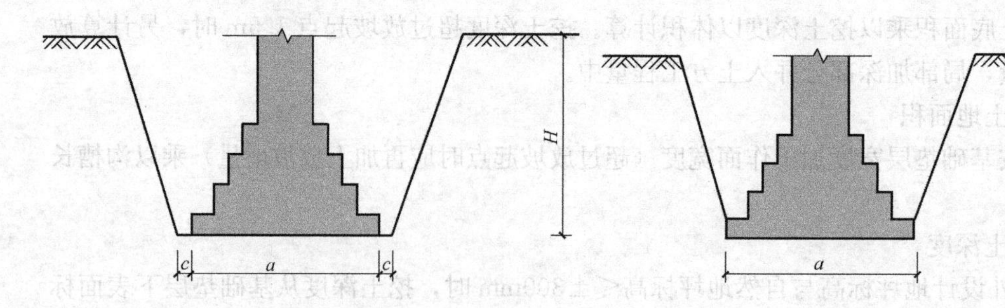

图 A. 1-8　垫层下表面放坡示意图

图 A. 1-9　垫层上表面放坡示意图

④ 不放坡、双面支挡土板：如图 A. 1-10 所示。

计算公式：$V=H\times(a+0.2+2c)\times L$

注：0.2 为支挡土板厚度。

⑤ 一面放坡、一面支挡土板：如图 A. 1-11 所示。

计算公式：$V=H\times(a+0.1+2c+KH/2)\times L$

1）图例

见图 A.1-12、图 A.1-13。

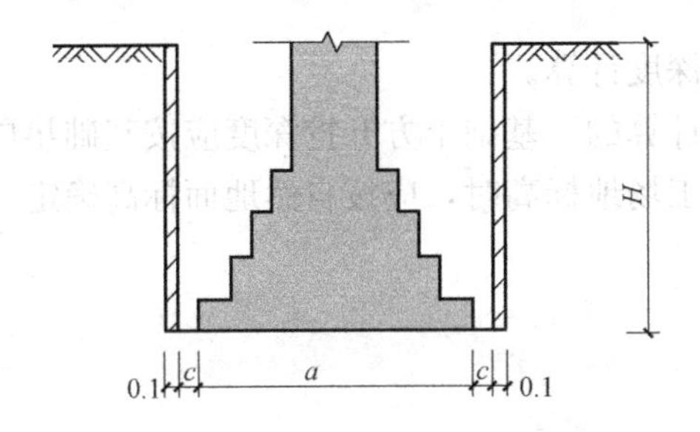

图 A.1-10　不放坡双面加挡土板沟槽示意图

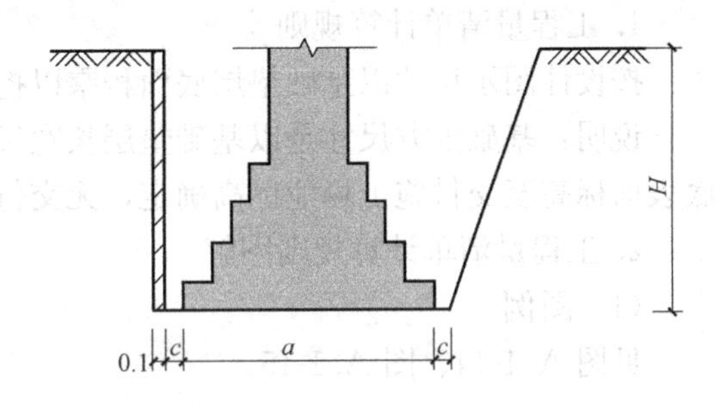

图 A.1-11　一面放坡一面支挡土板示意图

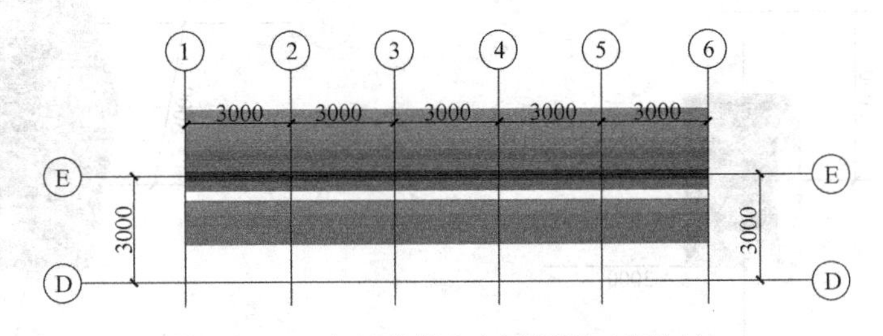

图 A.1-12　定额基槽土方平面图（有放坡）

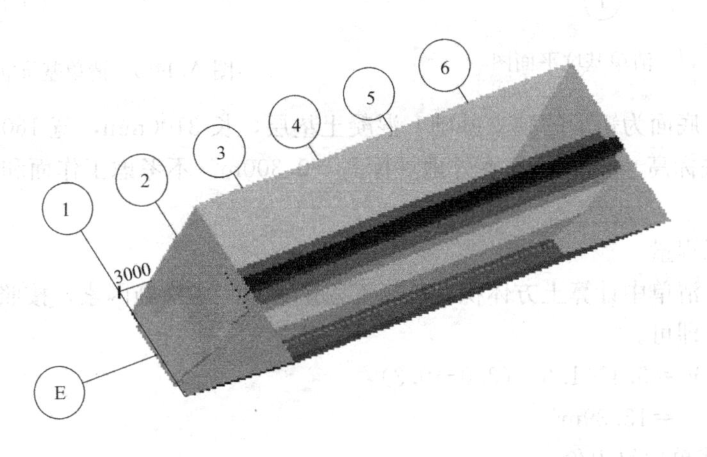

图 A.1-13　定额基槽土方立面图（有放坡）

图例说明：混凝土垫层，长 15000mm，宽 1500mm，垫层厚 100mm，垫层底标高 −3.000m，室外地坪标高 −0.300m；工作面 300mm，放坡系数 0.33。垫层长度方向的端头不考虑放坡和工作面，计算土方工程量。

2）定额工程量计算

计算思路：定额计算土方体积，根据施工方案及定额计算规则进行计算。

本例中，土方超过了放坡起点深度，采用双面放坡，不使用挡土板方式。根据土壤性质、挖土深度及放坡系数计算

$V = H\times(a+2c+K\times H)\times L$

$\quad = (3-0.3)\times(1.5+2\times0.3+0.33\times2.7)\times15$

$=121.14\ m^3$

（四）010101004 挖基坑土方

1. 工程量清单计算规则

按设计图示尺寸以基础垫层底面积乘以挖土深度计算。

说明：基础土方尺寸是以基础垫层长宽尺寸计算的。基础土方开挖深度应按基础垫层底表面标高至交付施工场地标高确定，无交付施工场地标高时，应按自然地面标高确定。

2. 工程量清单计算规则图解

（1）图例

见图 A.1-14、图 A.1-15。

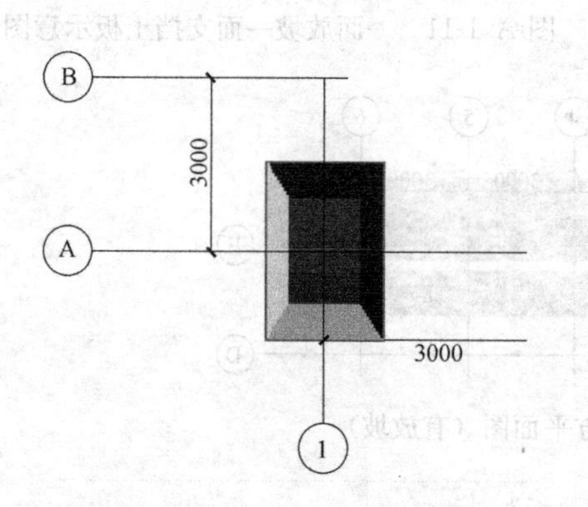

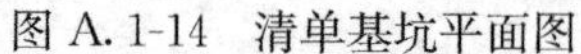

图 A.1-14 清单基坑平面图

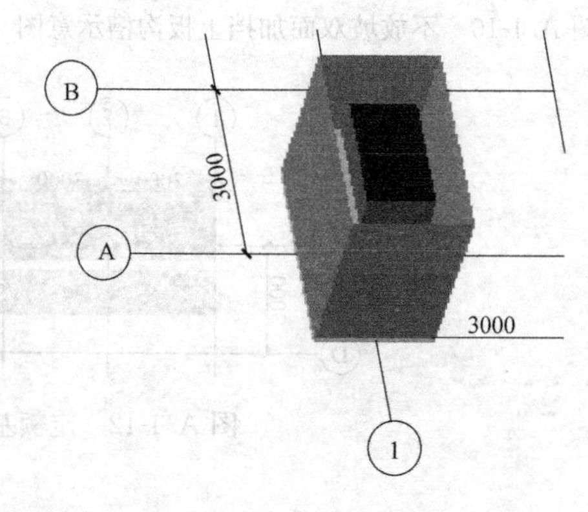

图 A.1-15 清单基坑立面图

图例说明：底面为矩形的独立基础，混凝土垫层，长 3100mm，宽 1600mm，垫层厚 100mm，垫层底标高－3.000m，室外地坪标高－0.300m。不考虑工作面和放坡，计算土方开挖工程量。

（2）清单工程量

计算思路：清单中计算土方体积，计算工程量时不考虑措施因素，按照土方规范规定的土方体积计算即可。

计算结果：$V=3.1\times1.6\times(3.0-0.3)$

$=13.39m^3$

3. 工程量清单项目组价

（1）定额工程量计算规则

按挖土底面积乘以挖土深度以体积计算。挖土深度超过放坡起点 1.5m 时，另计算放坡土方增量，局部加深部分并入土方工程量中。

1）挖土地面积

一般土方、基坑按图示垫层外皮尺寸加工作面宽度的水平投影面积计算。

2）挖土深度

① 室外设计地坪标高与自然地坪标高≤±300mm 时，挖土深度从基础垫层下表面标高算至室外设计地坪标高。

② 室外设计地坪标高与自然地坪标高＞±300mm 时，挖土深度从基础垫层下表面标高算至自然地坪标高。

3）放坡增量

土方、基坑放坡土方增量按放坡部分的基坑下口外边线长度（含工作面宽度）乘以挖土深度再乘以放坡土方增量折算厚度以体积计算。

（2）定额工程量

常用计算公式：

① 不放坡、不支挡土板

正方形：$V=H\times a^2$

长方形：$V=H\times a\times b$

圆形：$V=\pi\times R^2\times H=0.7854\times D^2\times H$

式中：a——坑边长度；

b——坑边宽度；

R——坑底半径；

D——坑底直径。

② 放坡挖土方、基坑

正方形：$V=H/3\times[(a+2c)^2+(a+2c)(a+2c+K\times H)+(a+2c+K\times H)^2]$

如 $c=0$，上口边长$=A$，则 $V=H/3\times(a^2+a\times A+A^2)$

长方形台体：如图 A.1-16、图 A.1-17 所示。

$$V=H/6\times(a\times b+A\times B+4S_{中})$$

式中：a——坑下口长度；

b——坑下口宽度；

c——工作面宽度；

K——放坡系数；

H——挖土深度；

A——坑上口长度；

B——坑上口宽度；

$S_{中}$——$1/2H$ 处面积。

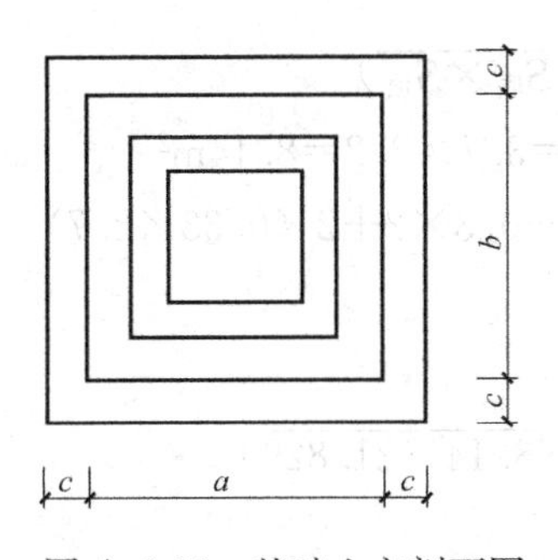

图 A.1-16　基础土方剖面图

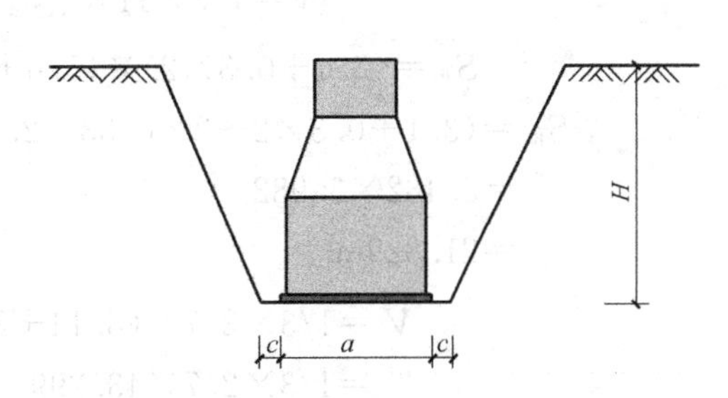

图 A.1-17　基础土方立面剖面图

圆形地坑：如图 A.1-18 所示。

$$V=1/3\times\pi\times H(R_1{}^2+R_2{}^2+R_1\times R_2)$$

式中：R_1——坑底半径；

R_2——坑上口半径。

③ 设挡土板、不放坡

正方形：$V=H(a+2c+0.2)^2$

长方形：$V=H(a+2c+0.2)(b+2c+0.2)$

圆形：$V=\pi\times H(R_1+0.1)^2$

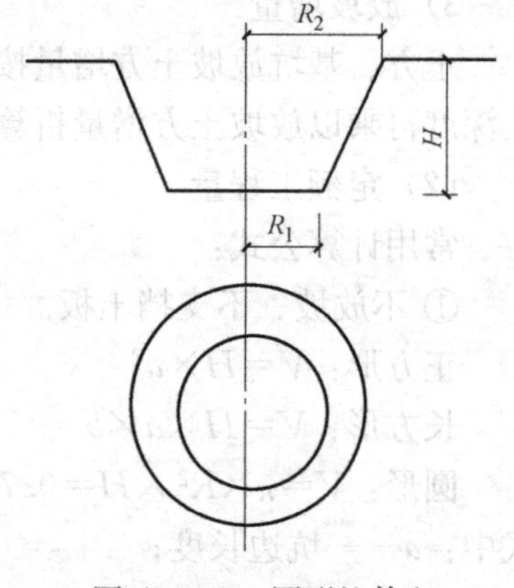

图 A.1-18 圆形坑体积

1）图例

见图 A.1-19、图 A.1-20。

图例说明：底面为矩形的独立基础，C10 混凝土垫层，长 3100mm，宽 1600mm，垫层厚 100mm，垫层底标高 －3.000m，室外地坪标高 －0.300m。工作面 300mm，放坡系数 0.33。计算土方工程量。

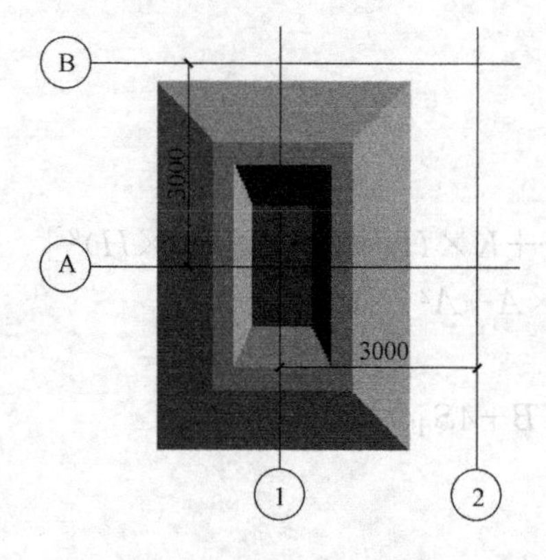

图 A.1-19 基坑平面图

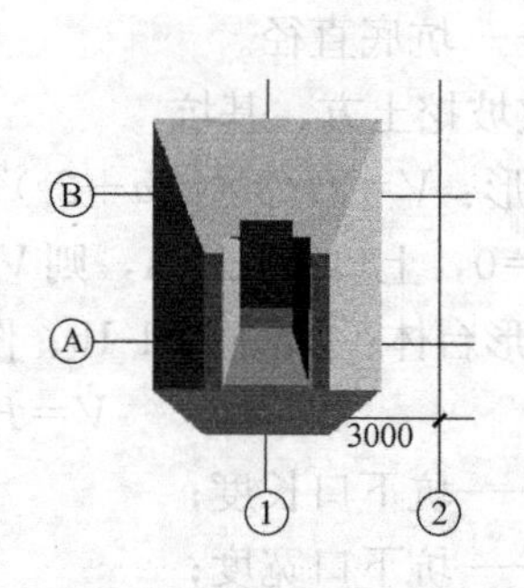

图 A.1-20 基坑立面图

2）定额工程量

计算思路：定额计算土方体积，根据施工方案及定额计算规则进行计算。

① 本例中，土方超过了放坡起点深度，采用放坡，不使用挡土板方式。根据土壤性质、挖土深度及放坡系数计算。

计算结果：

$$V=1/3\times H\times(S_{底}+S_{顶}+\sqrt{S_{底}\times S_{顶}})$$

$$S_{底}=(3.1+0.3\times2)\times(1.6+0.3\times2)=3.7\times2.2=8.14\text{m}^2$$

$$\begin{aligned}S_{顶}&=(3.1+0.3\times2+2\times0.33\times2.7)\times(1.6+0.3\times2+2\times0.33\times2.7)\\&=5.482\times3.982\\&=21.829\text{m}^2\end{aligned}$$

$$\begin{aligned}V&=1/3\times2.7\times(8.14+21.829+\sqrt{8.14\times21.829})\\&=1/3\times2.7\times43.299\\&=38.97\text{m}^3\end{aligned}$$

② 本例中，土方深度超过了放坡起点深度，如果不放坡，则需要支挡土板。采用挡土板的计算结果如下：

$$\begin{aligned}\text{土方体积：}V&=(3+0.3\times2+0.1\times2)\times(1.6+0.3\times2+0.1\times2)\times(3-0.3)\\&=24.62\text{m}^3\end{aligned}$$

挡土板面积：$S=[(3.1+0.3\times2)+(1.6+0.3\times2)]\times2\times(3-0.3)$

$=31.86\text{m}^2$

(3) 工程量清单项目组价示例

其综合单价组成与平整场地项目综合单价组成类似，具体请参看本节（一）010101001 平整场地的组价分析。

(五) 010101005 冻土开挖

1. 工程量清单计算规则

按设计图示尺寸开挖面积乘厚度以体积计算。

2. 工程量清单计算规则图解

与本节（二）010101002 挖一般土方部分计算相同。

3. 工程量清单项目组价

(1) 定额工程量计算规则

按照实际开挖尺寸乘以深度进行计算。

(2) 定额工程量

以开挖面积乘以开挖深度进行计算。

(六) 010101006 挖淤泥、流砂

1. 工程量清单计算规则

按设计图示位置、界限以体积计算。

2. 工程量清单项目组价

(1) 定额工程量计算规则

挖淤泥、流砂按设计图示位置、界限以体积计算。

(2) 定额工程量

采用 010101002 挖一般土方、010101003 挖沟槽土方及 010101004 挖基坑土方计算中所述方法进行计算。

(七) 010101007 管沟土方

1. 工程量清单计算规则

(1) 以米计量，按设计图示尺寸以管道中心线长度计算。

(2) 以立方米计量，按设计图示管底垫层面积乘以挖土深度计算；无管底垫层按管外径的水平投影面积乘以挖土深度计算。不扣除各类井的长度，井的土方并入。

2. 工程量清单计算规则图解

(1) 实例计算

混凝土管直径 800mm，深 1400mm，总长 100m。计算挖管道基础土方工程量。

(2) 清单工程量

1) 按长度计算：根据规则计算长度。

$L=100\text{m}$

2) 按体积计算：根据规则计算体积。

计算思路：清单中计算土方体积，计算工程量时不考虑措施因素，按照土方实际体积计算即可。

计算结果：$V=0.8\times100\times1.4=112\text{m}^3$

3. 工程量清单项目组价

(1) 定额工程量计算规则

按挖土底面积乘以挖土深度以体积计算。挖土深度超过放坡起点1.5m时，另计算放坡土方增量，局部加深部分并入土方工程量中。

1) 挖土地面积

管沟按管沟底部宽度乘以图示中心线长度计算，窨井增加的土方量并入管沟工程量中。管沟底部宽度设计有规定的按设计规定尺寸计算。

2) 挖土深度

① 室外设计地坪标高与自然地坪标高≤±300mm时，挖土深度从基础垫层下表面标高算至室外设计地坪标高。

② 室外设计地坪标高与自然地坪标高>±300mm时，挖土深度从基础垫层下表面标高算至自然地坪标高。

3) 放坡增量

沟槽（管沟）放坡土方增量按放坡部分的沟槽长度（含工作面宽度）乘以挖土深度再乘以放坡土方增量折算厚度以体积计算。

(2) 定额工程量

1) 实例计算

同清单计算规则实例。

混凝土管直径800mm，深1400mm，总长100m。求挖管道基础土方工程量。

2) 定额工程量

根据规则：计算管道沟土方工程量时，各种井类及管道（不含铸铁管给排水管）接口等处需加宽增加的土方量不另行计算，底面积大于20m^{2}的井类，其增加的工程量并入管沟土方内计算。

$V=1.8\times1.4\times100$

$=252m^3$

A.2 石方工程

一、项目的划分

项目划分为挖一般石方、挖沟槽石方、挖基坑石方、挖管沟石方。

二、工程量计算与组价

(一) 010102001 挖一般石方

1. 工程量清单计算规则

按设计图示尺寸以体积计算。

说明：

(1) 厚度>±300mm的竖向布置，挖石或山坡凿石应按挖一般石方项目编码列项。

（2）沟槽、基坑、一般石方的划分为：底宽≤7m且底长>3倍底宽为沟槽；底长≤3倍底宽且底面积≤150m² 为基坑；超出上述范围则为一般石方。

（3）岩石的分类应按表A.2-1确定。

岩石分类表 **表A.2-1**

岩石分类		代表性岩石	开挖办法
极软岩		1. 全风化的各种岩石 2. 各种半成岩	部分用手凿工具、部分用爆破法开挖
软质岩	软岩	1. 强风化的坚硬岩或较硬岩 2. 中等风化—强风化的较软岩 3. 未风化—微风化的页岩、泥岩、泥质砂岩等	用风镐和爆破法开挖
	较软岩	1. 中等风化—强风化的坚硬岩或较硬岩 2. 未风化—微风化的凝灰岩、千枚岩、泥灰岩、砂质泥岩等	用爆破法开挖
硬质岩	较硬岩	1. 微风化的坚硬岩 2. 未风化—微风化的大理岩、板岩、石灰岩、白云岩、钙质砂岩等	用爆破法开挖
	坚硬岩	未风化—未风化的花岗岩、闪长岩、辉绿岩、玄武岩、安山岩、片麻岩、石英岩、石英砂岩、硅质砾岩、硅质石灰岩等	用爆破法开挖

（4）石方体积应按挖掘前的天然密实体积计算。非天然密实石方应按表A.2-2折算。

石方体积折算系数表 **表A.2-2**

石方类别	天然密实度体积	虚方体积	松填体积	码方
石方	1.0	1.54	1.31	
块石	1.0	1.75	1.43	1.67
砂夹石	1.0	1.07	0.94	

2. 工程量清单计算规则图解

（1）图例

见图A.2-1。

图A.2-1 挖一般石方

图例说明：挖一般石方，底长15.6m，底宽9.2m，高度12.3m。计算石方开挖工程量。

(2) 计算公式

计算公式：体积=底长×底宽×高度

$V=15.6\times9.2\times12.3$

$=1765.30\text{m}^3$

3. 工程量清单项目组价

(1) 定额工程量计算规则

挖一般石方按设计图示尺寸以体积计算。

(2) 定额工程量

图例及计算方法同清单图例及计算方法。

(二) 010102002 挖沟槽石方

1. 工程量清单计算规则

按设计图示尺寸沟槽底面积乘以挖石深度以体积计算。

2. 工程量清单计算规则图解

(1) 图例

见图A.2-2。

图A.2-2 挖沟槽石方

图例说明：挖沟槽石方，底长352.3m，底宽1.5m，挖深0.8m。

(2) 清单工程量

计算公式：体积=底长×底宽×深度

$V=352.3\times1.5\times0.8$

$=422.76\text{m}^3$

3. 工程量清单项目组价

(1) 定额工程量计算规则

挖沟槽石方按设计图示尺寸沟槽底面积乘以挖石深度以体积计算。

(2) 定额工程量

图例及计算方法同清单图例及计算方法。

(三) 010102003 挖基坑石方

1. 工程量清单计算规则

按设计图示尺寸基坑底面积乘以挖石深度以体积计算。

2. 工程量清单计算规则图解

(1) 图例

见图A.2-3。

图A.2-3 挖基坑石方

图例说明：挖基坑石方，底长12.33m，底宽7.8m，挖深2.33m。计算石方开挖工程量。

(2) 清单工程量

计算公式：体积=底长×底宽×深度

$V=12.33\times7.8\times2.33$

$=224.09\text{m}^3$

3. 工程量清单项目组价

(1) 定额工程量计算规则

挖基坑石方按设计图示尺寸基坑底面积乘以挖石深度以体积计算。

(2) 定额工程量

图例及计算方法同清单图例及计算方法。

(四) 010102004 挖管沟石方

1. 工程量清单计算规则

(1) 以米计量，按设计图示以管道中心线长度计算。

(2) 以立方米计量，按设计图示截面积乘以长度计算。

说明：管沟石方项目适用于管道（给排水、工业、电力、通信）、光（电）缆沟（包括：人孔、接口坑）及连接井（检查井）等。以米计量时，必须描述管外径。

2. 工程量清单计算规则图解

(1) 图例

见图A.2-4。

图A.2-4 挖管沟石方

图例说明：挖管沟石方，底长512.5m，底宽3.5m，挖深2.33m。计算管沟石方开挖工程量。

(2) 清单工程量

计算结果：$L=512.5\text{m}$

或 体积=底长×底宽×深度

$V=512.5\times3.5\times2.33$

$=4179.44m^3$

3. 工程量清单项目组价

(1) 定额工程量计算规则

挖管沟石方按设计图示尺寸沟槽底面积乘以挖石深度以体积计算。

(2) 定额工程量

图例及计算方法同清单图例及计算方法。

A.3 回 填

一、项目的划分

项目划分为回填方和余方弃置。

(一) 场地回填、室内回填、基础回填

场地回填：未达到场地平整标准标高要求进行的回填。

室内回填：室内地坪低于设计标高时需要进行的回填。

基础回填：基础土方根据施工方案开挖后，在基础完工之后，根据施工方案要求土质及夯填要求回填空余部分。

(二) 灰土回填、素土回填

灰土回填：基槽周边 800mm 左右范围内竖直方向内的回填。

素土回填：灰土回填外侧工作面或放坡面内的回填。

(三) 余方弃置

余方弃置是指将施工场地中多余的、不合格的土石方运输到施工场地外弃置。

二、工程量计算与组价

(一) 010103001 回填方

1. 工程量清单计算规则

按设计图示尺寸以体积计算。

(1) 场地回填：回填面积乘以平均回填厚度。

(2) 室内回填：主墙间面积乘回填厚度，不扣除间隔墙。

(3) 基础回填：按挖方清单项目工程量减去自然地坪以下埋设的基础体积（包括基础垫层及其他构筑物）。

2. 工程量清单计算规则图解

(1) 图例

见图 A.3-1、图 A.3-2。

图例说明：轴网尺寸如图，筏板底标高为－2.000m，筏板厚度 1200mm；垫层底标高－2.100m，垫层厚度 100mm，出边 100mm；大开挖土方底标高－2.100m，室外地坪标高－0.300m。不计算工作面和放坡增加的工程量，计算土方回填工程量。

(2) 清单工程量

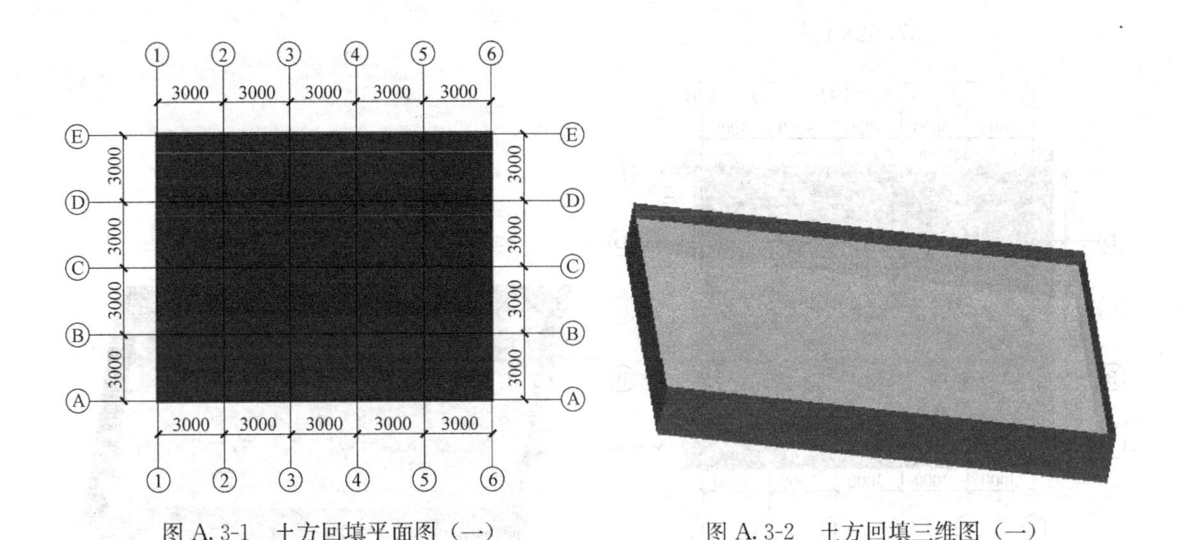

图 A.3-1 土方回填平面图（一）　　图 A.3-2 土方回填三维图（一）

基础回填土体积＝挖方体积－设计室外地坪以下埋设的基础体积（包括基础垫层及其他构筑物体积）

（3）工程量计算

$V=15.2\times12.2\times1.8-(15\times12\times1.2+15.2\times12.2\times0.1)$

$=333.792-234.544$

$=99.25\text{m}^3$

3. 工程量清单项目组价

（1）定额工程量计算规则

1）基础回填土按挖土体积减去室外设计地坪以下埋设的基础体积、建筑物、构筑物、垫层所占的体积，以体积计算。

2）房心回填土按主墙间的面积（扣除暖气沟及设备所占面积）乘以室外设计地坪至首层地面垫层下表面的高度以体积计算。

3）地下室内回填土按设计图示尺寸以体积计算。

4）场地填土按设计图示回填面积乘以平均回填厚度以体积计算。

（2）定额工程量

1）计算公式

基础回填土体积＝挖方体积－设计室外地坪以下埋设的基础体积（包括基础垫层及其他构筑物体积）

2）图解算量

① 图例

见图 A.3-3、图 A.3-4。

图例说明：条件同清单回填条件。

② 定额工程量

土方体积：

底面面积＝$15.8\times12.8=202.24\text{m}^2$

顶面面积＝$(15.8+1.8\times0.33\times2)\times(12.8+1.8\times0.33\times2)$

$=237.628\ m^2$

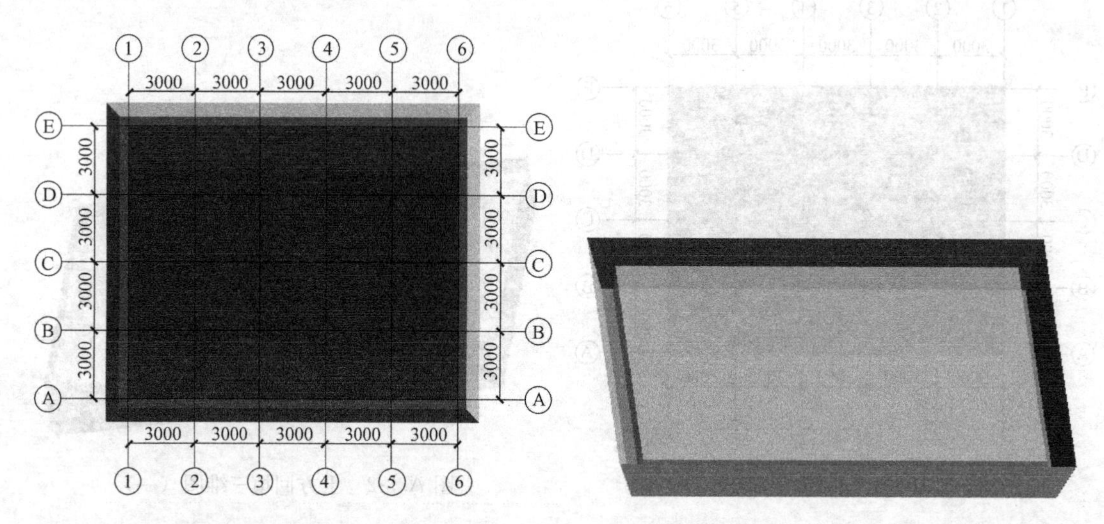

图 A.3-3　土方回填平面图（二）　　图 A.3-4　土方回填三维图（二）

中截面面积$=(15.8+0.9\times0.33\times2)\times(12.8+0.9\times0.33\times2)$

$=219.581\ m^2$

$V_{土方}=(202.24+237.628+219.581\times4)\times1.8/6$

$=395.46m^3$

或 $V_{土方}=1/3\times1.8\times(202.24+237.628+\sqrt{202.24\times237.628})$

$=395.45\ m^3$

基础体积：

$V_{基础}=15\times12\times1.2+15.2\times12.2\times0.1$

$=234.54m^3$

回填土体积：

$V_{回填土}=395.45-234.54$

$=160.91m^3$

（二）010103002 余方弃置

1. 工程量清单计算规则

按挖方清单项目工程量减利用回填方体积（正数）计算。

2. 工程量清单计算规则图解

(1) 图例

见图 A.3-5。

图例说明：某工程平整场地，挖土深度 250mm，长度 260000mm，宽度 150000mm，所有土方外运弃置。计算余方弃置工程量。

(2) 清单工程量

计算公式：余方弃置=挖土总体积－回填土总体积

计算结果：$V=260\times150\times0.25-0$

$=9750m^3$

图 A.3-5 余方弃置

3. 工程量清单项目组价

(1) 定额工程量计算规则

余土或取土工程量，可按下式计算：

余土外运体积＝挖土总体积－回填土总体积

式中计算结果为正值时为余土外运体积，负值时为需取土体积。

(2) 定额工程量

图例及计算方法同清单图例及计算方法。

附录B 地基处理与边坡支护工程

B.1 地基处理

一、项目的划分

项目划分为换填垫层、铺设土工合成材料、预压地基、强夯地基、振冲密实（不填料）、振冲桩（填料）、砂石桩、水泥粉煤灰碎石桩、深层搅拌桩、粉喷桩、夯实水泥土桩、高压喷射注浆桩、石灰桩、灰土（土）挤密桩、柱锤冲扩桩、注浆地基、褥垫层。

（一）换填垫层

当建筑物基础下的持力层比较软弱、不能满足上部结构荷载对地基的要求时，常采用换填垫层来处理软弱地基。即将基础下一定范围内的土层挖去，然后回填以强度较大的砂、砾石或灰土等，并分层夯实至设计要求的密实程度，作为地基的持力层。

（二）铺设土工合成材料

土工合成材料是土木工程应用的合成材料的总称。作为一种土木工程材料，它是以人工合成的聚合物（如塑料、化纤、合成橡胶等）为原料，制成各种类型的产品，置于土体内部、表面或各种土体之间，发挥加强或保护土体的作用。

（三）预压地基

在原状土上加载，使土中水排出，以实现土的预先固结，减少建筑物地基后期沉降和提高地基承载力。按加载方法的不同，分为堆载预压、真空预压、降水预压三种不同方法的预压地基。

（四）强夯地基

强夯地基是指用起重机械（起重机或起重机配三脚架、龙门架）将大吨位（一般8～30t）夯锤起吊到6～30m高度后，自由落下，给地基土以强大的冲击能量的夯击，使土中出现冲击波和很大的冲击应力，迫使土层空隙压缩，土体局部液化，在夯击点周围产生裂隙，形成良好的排水通道，孔隙水和气体逸出，使土料重新排列，经时效压密达到固结，从而提高地基承载力，降低其压缩性的一种有效的地基加固方法。

（五）振冲密实（不填料）

振冲密实（不填料），一般仅适用于处理黏粒含量小于10%的粗砂和中砂地基，是利用振冲器强烈振动和压力水灌入到土层深处，使松砂地基加密，提高地基强度的加固技术。

（六）振冲桩（填料）

振冲桩是指在天然软弱地基中，通过振冲器借助其自重、水平振动力和高压水，将黏性土变成泥浆水排出孔外，形成略大于振冲器直径的孔，再向孔中灌入碎石料，并在振冲器的侧向力作用下，将碎石挤入周围土中，形成具有密实度高和直径大的桩体。

振冲桩与黏性土（作为桩间土）构成复合地基而共同工作，其作用是改变地基排水条件，加速地震时超孔隙水压力的消散，有利于地基抗震和防止液化。

（七）砂石桩

振动沉管砂石桩是振动沉管砂桩和振动沉管碎石桩的简称。振动沉管砂石桩就是在振动机的振动作用下，把套管打入规定的设计深度，夯管入土后，挤密了套管周围土体，然后投入砂石，再排砂石于土中，振动密实成桩，多次循环后就成为砂石桩。也可采用锤击沉管方法。桩与桩间土形成复合地基，从而提高地基的承载力和防止砂土振动液化，也可用于增大软弱黏性土的整体稳定性。其处理深度可达10m左右。

（八）水泥粉煤灰碎石桩

水泥粉煤灰碎石桩（英文名 Cement Fly-ash Gravel Pile，即 CFG 桩），由碎石、石屑、砂、粉煤灰掺水泥加水拌和，用各种成桩机械制成的可变强度桩。通过调整水泥掺量及配比，其强度等级在C15～C25之间变化，是介于刚性桩与柔性桩之间的一种桩型。水泥粉煤灰碎石桩和桩间土一起，通过褥垫层形成水泥粉煤灰碎石桩复合地基共同工作，故可根据复合地基性状和计算进行工程设计。水泥粉煤灰碎石桩一般不用计算配筋，并且还可利用工业废料粉煤灰和石屑作掺和料，进一步降低了工程造价。

（九）深层搅拌桩

深层搅拌法是利用水泥作为固化剂，通过特制的深层搅拌机械，在地基深处就地将软土或砂等和固化剂（浆液或粉体）强制拌和，利用固化剂和软土之间所产生的一系列物理—化学反应，使软土硬结成具有整体性的并具有一定承载力的复合地基。

深层搅拌法适宜于加固各种成因的淤泥质土、黏土和粉质黏土等，用于增加软土地基的承载能力，减少沉降量，提高边坡的稳定性和各种坑槽工程施工时的挡水帷幕。

（十）粉喷桩

粉喷桩属于深层搅拌法加固地基方法的一种形式，也称加固土桩。深层搅拌法是加固饱和软黏土地基的一种新颖方法，它是利用水泥、石灰等材料作为固化剂的主剂，通过特制的搅拌机械就地将软土和固化剂（浆液状和粉体状）强制搅拌，利用固化剂和软土之间所产生的一系列物理—化学反应，使软土硬结成具有整体性、水稳性和一定强度的优质地基。粉喷桩就是采用粉体状固化剂来进行软基搅拌处理的方法。

粉喷桩最适合于加固各种成因的饱和软黏土，目前国内常用于加固淤泥、淤泥质土、粉土和含水量较高的黏性土。

（十一）夯实水泥土桩

夯实水泥土桩是用人工或机械成孔，选用相对单一的土质材料，与水泥按一定配比，在孔外充分拌和均匀制成水泥土，分层向孔内回填并强力夯实，制成均匀的水泥土桩。桩、桩间土和褥垫层一起形成复合地基。

夯实水泥土桩作为中等粘结强度桩，不仅适用于地下水位以上淤泥质土、素填土、粉土、粉质黏土等地基加固，对地下水位以下情况，在进行降水处理后，采取夯实水泥土桩进行地基加固，也是行之有效的一种方法。夯实水泥土桩通过两方面作用使地基强度提高，一是成桩夯实过程中挤密桩间土，使桩周土强度有一定程度提高，二是水泥土本身夯实成桩，且水泥与土混合后可产生离子交换等一系列物理化学反应，使桩体本身有较高强度，具有水硬性。处理后的复合地基强度和抗变形能力有明显提高。

（十二）高压喷射注浆桩

高压喷射注浆就是利用钻机钻孔，把带有喷嘴的注浆管插至土层的预定位置后，以高压设备使浆液成为20MPa以上的高压射流，从喷嘴中喷射出来冲击破坏土体。部分细小的土料随着浆液冒出水面，其余土粒在喷射流的冲击力、离心力和重力等作用下，与浆液搅拌混合，并按一定的浆土比例有规律地重新排列。浆液凝固后，便在土中形成一个固结体与桩间土一起构成复合地基，从而提高地基承载力，减少地基的变形，达到地基加固的目的。

高压喷射注浆类型包括旋喷、摆喷、定喷，高压喷射注浆方法包括单管法、双重管法、三重管法。

（十三）石灰桩

石灰桩是以生石灰为主要固化剂与粉煤灰或火山灰、炉渣、矿渣、黏性土等掺和料按一定的比例均匀混合后，在桩孔中经机械或人工分层振压或夯实所形成的密实桩体。

为提高桩身强度，还可掺加石膏、水泥等外加剂。

（十四）灰土（土）挤密桩

灰土（土）挤密桩法是在基础底面形成若干个桩孔，然后将灰土（土）填入并分层夯实，以提高地基的承载力或水稳性。

灰土挤密桩法和土挤密桩法适用于处理地下水位以上的湿陷性黄土、素填土和杂填土等地基，可处理的地基深度为5～15m。当以消除地基土的湿陷性为主要目的时，宜选用土挤密桩法。当以提高地基土的承载力或增强其水稳性为主要目的时，宜选用灰土挤密桩法。当地基土的含水量大于24%、饱和度大于65%时，不宜选用灰土挤密桩法或土挤密桩法。

（十五）柱锤冲扩桩

柱锤冲扩桩法是指反复将柱状重锤提高到高处使其自由下落冲击成孔，然后分层填料夯实形成扩大状体，与桩间土组成符合地基的处理方法。

该方法施工简便，振动及噪声小。适用于处理杂填土、粉土、黏性土、素填土、黄土等地基，对地下水位以下饱和松软土层应通过现场试验确定其适用性。地基处理深度不宜超过6m，复合地基承载力特征值不宜超过160kPa。

（十六）注浆地基

注浆地基是指将配置好的化学浆液或水泥浆液，通过压浆泵、灌浆管均匀注入各种介质的裂缝或孔隙中，以填充、渗进和挤密等方式，驱走裂缝、孔隙中的水分和气体，并填充其位置，硬化后将岩土胶结成一个整体，形成一个强度大、压缩性低、抗渗性高和稳定性良好的新的岩土体，从而改善地基的物理化学性质的施工工艺。

该工艺在地基处理中应用领域十分广泛，主要用于截水、堵漏和加固地基。

（十七）褥垫层

褥垫层是CFG复合地基中解决地基不均匀的一种方法。如建筑物一边在岩石地基上，一边在黏土地基上时，采用在岩石地基上加褥垫层（级配砂石）来解决。

二、工程量计算与组价

(一) 010201001 换填垫层

1. 工程量清单计算规则

按设计图示尺寸以体积计算。

2. 工程量清单计算规则图解

(1) 图例

见图 B.1-1。

图例说明：换填垫层，垫层材质为砾石，厚度 300mm，长度为 15000mm，宽度为 12000mm。计算垫层工程量。

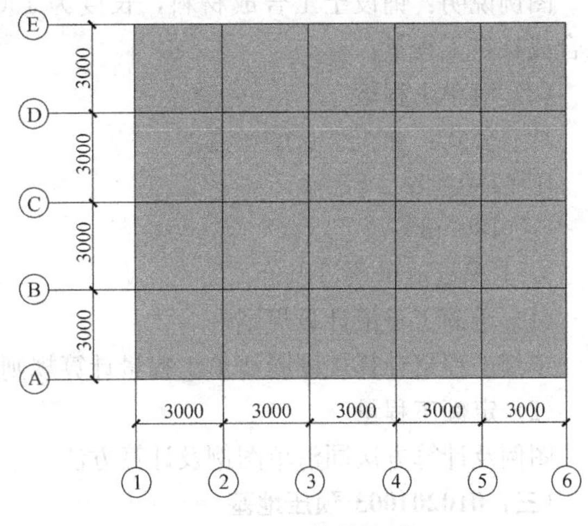

图 B.1-1 换填垫层

(2) 清单工程量

计算公式：体积＝长度×宽度×厚度

$V=15\times12\times0.3$

$=54m^3$

3. 工程量清单项目组价

(1) 定额工程量计算规则

换填垫层按设计图示尺寸以体积计算。

(2) 定额工程量

图例及计算方法同清单图例及计算方法。

(二) 010201002 铺设土工合成材料

1. 工程量清单计算规则

按设计图示尺寸以面积计算。

2. 工程量清单计算规则图解

(1) 图例

见图 B.1-2。

图 B.1-2 铺设土工合成材料

图例说明：铺设土工合成材料，长度为 150000mm，宽度为 12000mm，计算铺设土工合成材料工程量。

(2) 清单工程量

计算公式：面积＝长度×宽度

$S=150\times12$

$=1800\text{m}^2$

3. 工程量清单项目组价

(1) 定额工程量计算规则

定额工程量计算规则同清单工程量计算规则。

(2) 定额工程量

图例及计算方法同清单图例及计算方法。

(三) 010201003 预压地基

1. 工程量清单计算规则

按设计图示处理范围以面积计算。

2. 工程量清单计算规则图解

(1) 图例

见图 B.1-3、图 B.1-4。

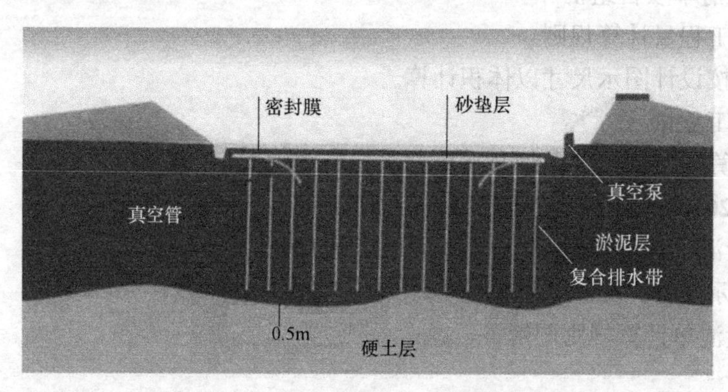

图 B.1-3　预压地基示意图

图 B.1-4　预压地基

图例说明：真空预压地基，长度为150000mm，宽度为12000mm。计算预压地基工程量。

（2）工程量清单

计算公式：面积=长度×宽度

$S=150\times12$

$=1800\text{m}^2$

3. 工程量清单项目组价

（1）定额工程量计算规则

定额工程量计算规则同清单工程量计算规则。

（2）定额工程量

图例及计算方法同清单图例及计算方法。

（四）010201004 强夯地基

1. 工程量清单计算规则

按设计图示处理范围以面积计算。

2. 工程量清单计算规则图解

（1）图例

见图B.1-5。

图例说明：强夯地基，长度为150000mm，宽度为12000mm，计算地基强夯工程量。

（2）清单工程量

计算公式：面积=长度×宽度

$S=150\times12$

$=1800\text{m}^2$

3. 工程量清单项目组价

（1）定额工程量计算规则

强夯按设计图示强夯处理范围以面积计算。

（2）定额工程量

图例及计算方法同清单图例及计算方法。

（五）010201005 振冲密实（不填料）

1. 工程量清单计算规则

按设计图示处理范围以面积计算。

2. 工程量清单计算规则图解

（1）图例

见图B.1-6。

图例说明：振冲密实法处理地基，长度为150000mm，宽度为12000mm，计算地基处理的振冲密实工程量。

（2）清单工程量

计算公式：面积=长度×宽度

$S=150\times12$

$=1800\text{m}^2$

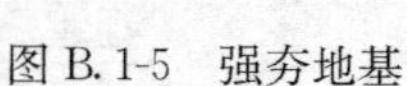

图 B.1-5 强夯地基

图 B.1-6 振冲密实（不填料）

3. 工程量清单项目组价

(1) 定额工程量计算规则

定额工程量计算规则同清单工程量计算规则。

(2) 定额工程量

图例及计算方法同清单图例及计算方法。

(六) 010201006 振冲桩（填料）

1. 工程量清单计算规则

(1) 以米计量，按设计图示尺寸以桩长计算。

(2) 以立方米计量，按设计桩截面乘以桩长以体积计算。

说明：以米计量时，必须描述桩径。

2. 工程量清单计算规则图解

(1) 图例

见图 B.1-7。

图例说明：振冲桩直径 800mm，桩身长 6000mm，计算振冲桩工程量。

(2) 清单工程量

计算结果：$L=6\text{m}$

或 $V=\pi\times R^2\times h$

$=3.14\times0.4^2\times6$

$=3.01\text{m}^3$

3. 工程量清单项目组价

(1) 定额工程量计算规则

定额工程量计算规则同清单工程量计算规则。

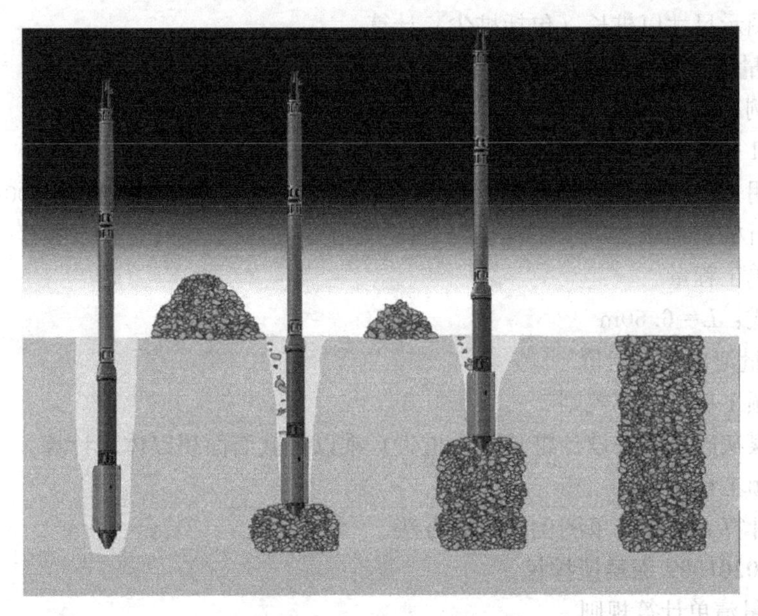

图 B.1-7 振冲桩（填料）

（2）定额工程量

图例及计算方法同清单图例及计算方法。

（七）010201007 砂石桩

1. 工程量清单计算规则

（1）以米计量，按设计图示尺寸以桩长（包括桩尖）计算。

（2）以立方米计量，按设计桩截面乘以桩长（包括桩尖）以体积计算。

说明：以米计量时，必须描述桩径。

2. 工程量清单计算规则图解

（1）图例

见图 B.1-8。

图例说明：砂石桩直径 800mm，桩身长 6000mm，桩尖 600mm，计算砂石桩工程量。

（2）清单工程量

计算公式：$L=6.6\text{m}$

或 $V=\pi\times R^2\times h+\pi\times R^2\times h/3$

$=3.14\times0.4^2\times6+3.14\times0.4^2\times0.6/3$

$=3.11\text{m}^3$

3. 工程量清单项目组价

（1）定额工程量计算规则

砂石桩按设计桩长（含桩尖）乘以桩截面面积以体积计算。

（2）定额工程量

图例及计算方法同清单图例及计算方法。

（八）010201008 水泥粉煤灰碎石桩

1. 工程量清单计算规则

图 B.1-8 砂石桩

按设计图示尺寸以桩长（包括桩尖）计算。

2. 工程量清单计算规则图解

（1）图例

见图B. 1-9。

图例说明：水泥粉煤灰碎石桩直径800mm，桩身长6000mm，桩尖600mm，计算水泥粉煤灰碎石桩工程量。

（2）清单工程量

计算公式：$L=6.60\mathrm{m}$

3. 工程量清单项目组价

（1）定额工程量计算规则

水泥粉煤灰碎石桩按设计桩长（含桩尖）乘以桩截面面积以体积计算。

（2）定额工程量

图例及计算方法同清单图例及计算方法。

（九）010201009 深层搅拌桩

1. 工程量清单计算规则

按设计图示尺寸以桩长计算。

2. 工程量清单计算规则图解

（1）图例

见图B. 1-9。

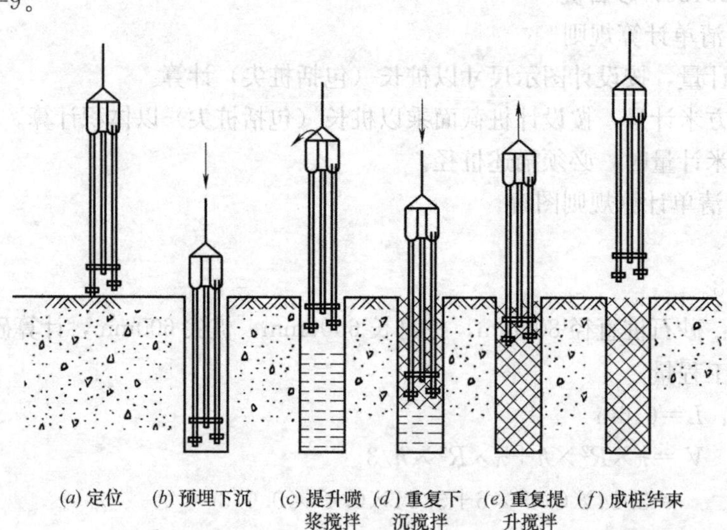

图B. 1-9　深层搅拌桩工法

图例说明：深层搅拌桩直径800mm，桩身长6000mm，桩尖600mm，计算深沉搅拌桩工程量。

（2）清单工程量

计算过程：$L=6.6\mathrm{m}$

3. 工程量清单项目组价

（1）定额工程量计算规则

深层搅拌桩按设计桩长（含桩尖）乘以桩截面面积以体积计算。

（2）定额工程量

图例及计算方法同清单图例及计算方法。

（十）010201010 粉喷桩

1. 工程量清单计算规则

按设计图示尺寸以桩长计算。

2. 工程量清单计算规则图解

（1）图例

见图 B.1-10。

图 B.1-10 粉喷桩

图例说明：粉喷桩直径 800mm，桩身长 6000mm，计算粉喷桩工程量。

（2）清单工程量

计算结果：$L=6$m

3. 工程量清单项目组价

（1）定额工程量计算规则

粉喷桩按设计桩长（含桩尖）乘以桩截面面积以体积计算。

（2）定额工程量

图例及计算方法同清单图例及计算方法。

（十一）010201011 夯实水泥土桩

1. 工程量清单计算规则

按设计图示尺寸以桩长（包括桩尖）计算。

2. 工程量清单计算规则图解

（1）图例

见图 B.1-8。

图例说明：夯实水泥土桩直径 800mm，桩身长 6000mm，桩尖 600mm，计算夯实水泥土桩工程量。

（2）清单工程量

计算结果：$L=6.6$m

3. 工程量清单项目组价

（1）定额工程量计算规则

夯实水泥土桩按设计桩长（含桩尖）乘以桩截面面积以体积计算。

（2）定额工程量

图例及计算方法同清单图例及计算方法。

（十二）010201012 高压喷射注浆桩

1. 工程量清单计算规则

按设计图示尺寸以桩长计算。

2. 工程量清单计算规则图解

（1）图例

见图 B.1-10、图 B.1-11。

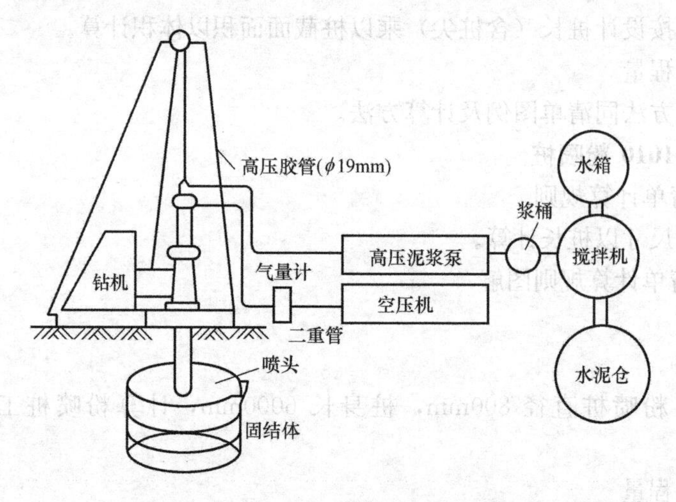

图 B.1-11 高压喷射注浆桩施工图

图例说明：高压喷射注浆桩直径 800mm，桩身长 6000mm，计算高压喷射注浆桩工程量。

(2) 清单工程量

计算公式：$L=6\text{m}$

3. 工程量清单项目组价

(1) 定额工程量计算规则

高压喷射注浆桩按设计图示尺寸以桩长计算。

(2) 定额工程量

图例及计算方法同清单图例及计算方法。

(十三) 010201013 石灰桩

1. 工程量清单计算规则

按设计图示尺寸以桩长（包括桩尖）计算。

2. 工程量清单计算规则图解

(1) 图例

见图 B.1-12。

图 B.1-12 石灰桩

图例说明：石灰桩直径 800mm，桩身长 6000mm，桩尖 600mm，计算石灰桩工程量。

(2) 清单工程量

计算过程：$L=6.6\text{m}$

3. 工程量清单项目组价

(1) 定额工程量计算规则

定额工程量计算规则同清单工程量计算规则。

(2) 定额工程量

图例及计算方法同清单图例及计算方法。

(十四) 010201014 灰土（土）挤密桩

1. 工程量清单计算规则

按设计图示尺寸以桩长（包括桩尖）计算。

2. 工程量清单计算规则图解

（1）图例

见图 B. 1-12。

图例说明：灰土（土）挤密桩直径 800mm，桩身长 6000mm，桩尖 600mm，计算灰土（土）挤密桩工程量。

（2）清单工程量

计算结果：$L=6.6\text{m}$

3. 工程量清单项目组价

（1）定额工程量计算规则

灰土（土）挤密桩按设计桩长（含桩尖）乘以桩截面面积以体积计算。

（2）定额工程量

计算公式：$V=\pi\times R^2\times h$

$=3.14\times0.4^2\times(6+0.6)$

$=3.32\text{m}^3$

（十五）010201015 柱锤冲扩桩

1. 工程量清单计算规则

按设计图示尺寸以桩长计算。

2. 工程量清单计算规则图解

（1）图例

见图 B. 1-10。

图例说明：柱锤冲扩桩直径 800mm，桩身长 6000mm，计算柱锤冲扩桩工程量。

（2）清单工程量

计算结果：$L=6\text{m}$

3. 工程量清单项目组价

（1）定额工程量计算规则

定额工程量计算规则同清单工程量计算规则。

（2）定额工程量

图例及计算方法同清单图例及计算方法。

（十六）010201016 注浆地基

1. 工程量清单计算规则

（1）以米计量，按设计图示尺寸以钻孔深度计算。

（2）以立方米计量，按设计图示尺寸以加固体积计算。

2. 工程量清单计算规则图解

（1）图例

见图 B. 1-13。

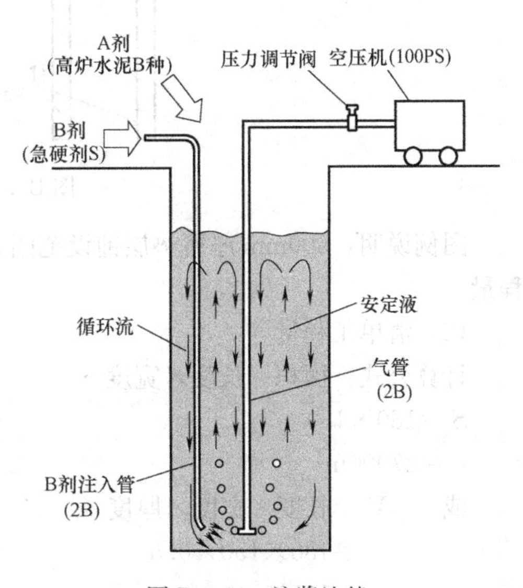

图 B. 1-13　注浆地基

图例说明：注浆地基钻孔深 6000mm，灌浆长度 1000mm，宽度 1000mm，计算注浆地基工程量。

(2) 清单工程量

计算结果：$L=6\text{m}$

或　　V＝长度×宽度×深度

　　　　＝1×1×6

　　　　＝6m^3

3. 工程量清单项目组价

(1) 定额工程量计算规则

定额工程量计算规则同清单工程量计算规则。

(2) 定额工程量

图例及计算方法同清单图例及计算方法。

(十七) 010201017 褥垫层

1. 工程量清单计算规则

(1) 以平方米计量，按设计图示尺寸以铺设面积计算。

(2) 以立方米计量，按设计图示尺寸以体积计算。

说明：以平方米计量时，必须描述褥垫层厚度。

2. 工程量清单计算规则图解

(1) 图例

见图 B. 1-14。

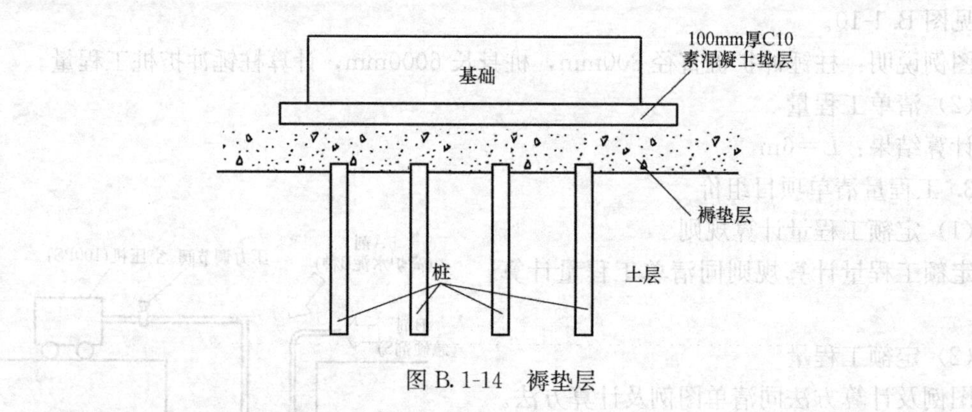

图 B. 1-14　褥垫层

图例说明：500mm 厚褥垫层铺设范围，长 180000mm，宽 150000mm，计算褥垫层工程量。

(2) 清单工程量

计算公式：面积＝长度×宽度

$S=180\times150$

　$=27000\text{m}^2$

或　　V＝长度×宽度×厚度

　　　＝180×150×0.5

　　　＝13500m^3

3. 工程量清单项目组价

(1) 定额工程量计算规则

褥垫层按设计图示尺寸以体积计算。

(2) 定额工程量

图例及计算方法同清单图例及计算方法。

B. 2 基坑与边坡支护

一、项目的划分

项目划分为地下连续墙、咬合灌注桩、圆木桩、预制钢筋混凝土板桩、型钢桩、钢板桩、锚杆（锚索）、土钉、喷射混凝土及水泥砂浆、钢筋混凝土支撑、钢支撑。

(一) 地下连续墙

地下连续墙是基础工程地下连续墙在地面上采用一种挖槽机械，沿着深开挖工程的周边轴线，在泥浆护壁条件下，开挖出一条狭长的深槽，清槽后，在槽内吊放钢筋笼，然后用导管法灌筑水下混凝土筑成一个单元槽段，如此逐段进行，在地下筑成一道连续的钢筋混凝土墙壁，作为截水、防渗、承重、挡水结构。

(二) 钢板桩

钢板桩是一种边缘带有联动装置，且这种联动装置可以自由组合以便形成一种连续紧密的挡土或者挡水墙的钢结构体。

(三) 锚杆（锚索）

锚杆作为深入地层的受拉构件，它一端与工程构筑物连接，另一端深入地层中，整根锚杆分为自由段和锚固段，自由段是指将锚杆头处的拉力传至锚固体的区域，其功能是对锚杆施加预应力；锚固段是指水泥浆体将预应力筋与土层粘结的区域，其功能是将锚固体与土层的粘结摩擦作用增大，增加锚固体的承压作用，将自由段的拉力传至土体深处。

锚索：吊桥中在边孔将主缆进行锚固时，要将主缆分为许多股钢束分别锚于锚锭内，这些钢束便称之为锚索。锚索是通过外端固定于坡面，另一端锚固在滑动面以内的稳定岩体中穿过边坡滑动面的预应力钢绞线，直接在滑面上产生抗滑阻力，增大抗滑摩擦阻力，使结构面处于压紧状态，以提高边坡岩体的整体性，从而从根本上改善岩体的力学性能，有效地控制岩体的位移，促使其稳定，达到整治顺层、滑坡及危岩、危石的目的。

(四) 喷射混凝土、水泥砂浆

用压力喷枪喷涂灌筑细石混凝土、水泥砂浆的施工法。常用于灌筑隧道内衬、墙壁、天棚等薄壁结构或其他结构的衬里以及钢结构的保护层。

(五) 钢支撑

钢支撑一般情况是倾斜的连接构件，最常见的是人字形和交叉形状的，截面形式可以是钢管、H 型钢、角钢等，作用是增强结构的稳定性。

二、工程量计算与组价

（一）010202001 地下连续墙

1. 工程量清单计算规则

按设计图示墙中心线长乘以厚度乘以槽深以体积计算。

2. 工程量清单计算规则图解

（1）图例

见图B. 2-1、图B. 2-2。

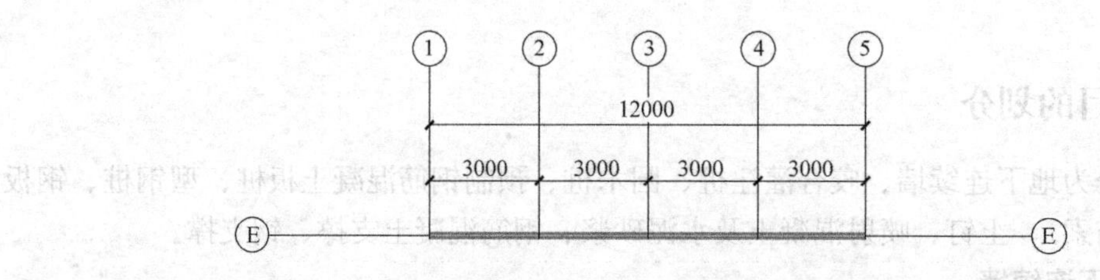

图B. 2-1 地下连续墙平面图

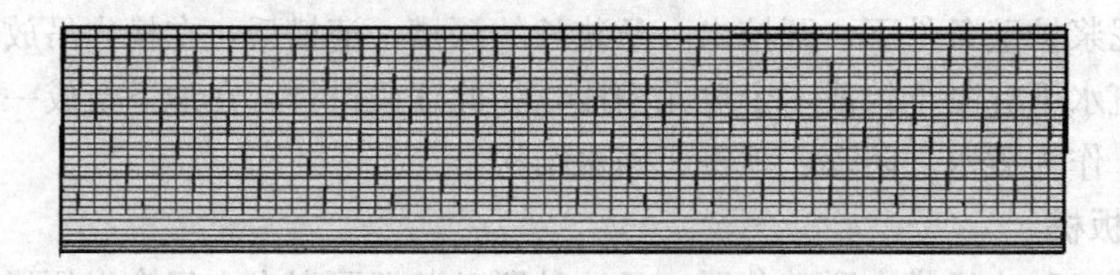

图B. 2-2 地下连续墙立面图

图例说明：钢筋混凝土地下连续墙，厚度300mm，高度4000mm，长度12m。计算地下连续墙工程量。

（2）清单工程量

计算公式：体积＝长度×厚度×槽深

$V=12\times0.3\times4$

$=14.4\text{m}^3$

3. 工程量清单项目组价

（1）定额工程量计算规则

地下连续墙的挖土成槽、混凝土浇筑按设计图示墙中心线长度乘以厚度乘以槽深以体积计算。

（2）定额工程量

图例及计算方法同清单图例及计算方法。

（二）010202002 咬合灌注桩

1. 工程量清单计算规则

（1）以米计量，按设计图示尺寸以桩长计算。

（2）以根计量，按设计图示数量计量。

说明：以根计量时，必须描述桩长及桩径。

2. 工程量清单计算规则图解

（1）图例

见图 B. 2-3。

图例说明：咬合灌注桩直径 800mm，桩身长 6000mm。计算桩工程量。

（2）清单工程量

计算结果：$L=6\text{m}$

3. 工程量清单项目组价

（1）定额工程量计算规则

定额工程量计算规则同清单工程量计算规则。

（2）定额工程量

图例及计算方法同清单图例及计算方法。

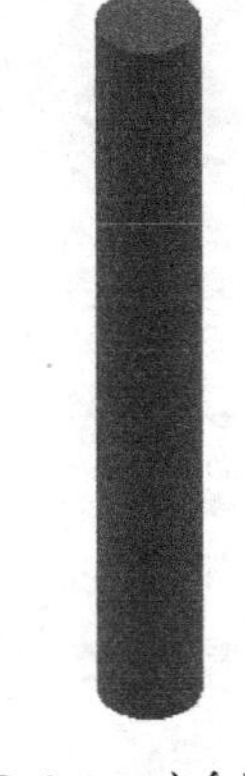

图 B. 2-3　咬合灌注桩

（三）010202003 圆木桩

1. 工程量清单计算规则

（1）以米计量，按设计图示尺寸以桩长（包括桩尖）计算。

（2）以根计量，按设计图示数量计量。

说明：以根计量时，必须描述桩长及桩径。

2. 工程量清单计算规则图解

（1）图例

见图 B. 2-4。

图例说明：圆木桩直径 800mm，桩身长 6000mm，桩尖 600mm。计算圆木桩工程量。

（2）清单工程量

计算结果：$L=6.6\text{m}$

3. 工程量清单项目组价

（1）定额工程量计算规则

定额工程量计算规则同清单工程量计算规则。

（2）定额工程量

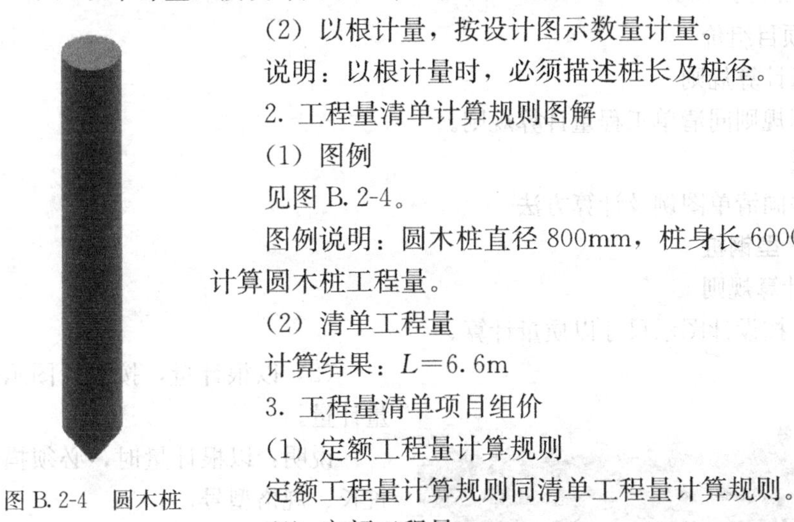

图 B. 2-4　圆木桩

图例及计算方法同清单图例及计算方法。

（四）010202004 预制钢筋混凝土板桩

1. 工程量清单计算规则

（1）以米计量，按设计图示尺寸以桩长（包括桩尖）计算。

（2）以根计量，按设计图示数量计量。

说明：以根计量时，必须描述桩长及桩截面。

2. 工程量清单计算规则图解

（1）图例

见图 B. 2-5。

图例说明：预制钢筋混凝土板桩直径 800mm，桩身长 6000mm，桩尖 600mm。计算预制钢筋混凝土板桩工程量。

（2）清单工程量

图 B. 2-5 预制钢筋混凝土板桩

计算结果：$L=6.6$m

3. 工程量清单项目组价

（1）定额工程量计算规则

定额工程量计算规则同清单工程量计算规则。

（2）定额工程量

图例及计算方法同清单图例及计算方法。

（五）010202005 型钢桩

1. 工程量清单计算规则

（1）以吨计量，按设计图示尺寸以质量计算。

（2）以根计量，按设计图示数量计量。

说明：以根计量时，必须描述桩长、规格型号。

图 B. 2-6 型钢桩施工图

2. 工程量清单计算规则图解

（1）图例

见图 B. 2-6、图 B. 2-7。

图例说明：工字型钢桩桩身长 6000mm，规格为：H800×300×14×26，$r=28$mm（H 高度×宽度×腹板厚度×翼缘厚度，r 为圆角半径）。计算桩工程量。

注：$W=0.00785\times[t_1(H-2t_2)+2Bt_2+0.858r^2]$

式中，W 表示理论质量（kg/m）；H 为高度，B 为宽度，t_1 为腹板厚度，t_2 为翼缘厚度，r 为圆角半径（mm）。

H800×300×14×26 的比重 $W=0.00785\times[14\times(800-2\times26)+2\times300\times26+0.858\times28^2]=$

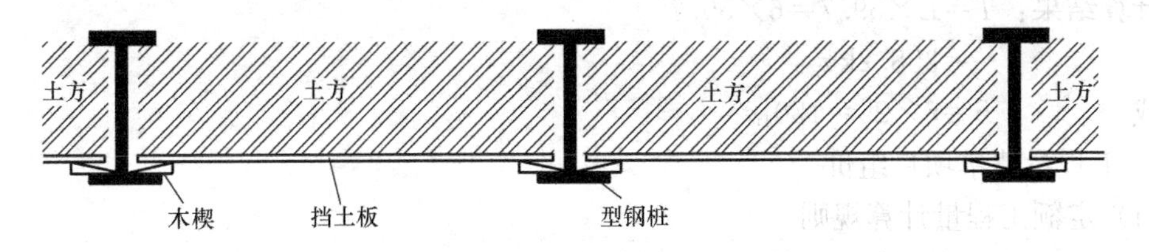

图 B.2-7　型钢桩

210kg/m

(2) 清单工程量

计算结果：$T=L\times210=6\times210=1260$kg

3. 工程量清单项目组价

(1) 定额工程量计算规则

定额工程量计算规则同清单工程量计算规则。

(2) 定额工程量

图例及计算方法同清单图例及计算方法。

(六) 010202006 钢板桩

1. 工程量清单计算规则

(1) 以吨计量，按设计图示尺寸以质量计算。

(2) 以平方米计量，按设计图示墙中心线长乘以桩长以面积计算。

说明：以平方米计量时，必须描述板桩厚度。

2. 工程量清单计算规则图解

(1) 图例

见图 B.2-8。

图 B.2-8　钢板桩

图例说明：U 形钢板桩桩身长 6000mm，规格为：WRU9（比重 59.7kg/m），墙长 25000mm。计算桩工程量。

(2) 清单工程量

计算结果：$T=L\times59.7=6\times59.7$

$=358.2\text{kg}$

或 $S=6\times25=150\text{m}^2$

3. 工程量清单项目组价

(1) 定额工程量计算规则

定额工程量计算规则同清单工程量计算规则。

(2) 定额工程量

图例及计算方法同清单图例及计算方法。

(七) 010202007 锚杆（锚索）

1. 工程量清单计算规则

(1) 以米计量，按设计图示尺寸以钻孔深度计算。

(2) 以根计量，按设计图示数量计算。

2. 工程量清单计算规则图解

(1) 图例

见图 B.2-9。

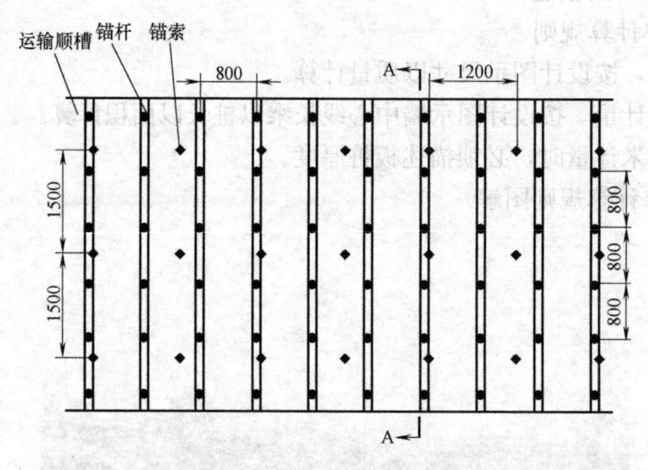

图 B.2-9 锚杆（锚索）

图例说明：地下室挡墙采用锚杆支护，锚杆成孔直径为 90mm，采用 1 根 HRB335，直径 25mm 的钢筋作为杆体，成孔深度均为 10.0m。锚杆支护面积，长 16000mm，宽 6000mm，锚杆间距 800mm×800mm。计算锚杆工程量。

(2) 清单工程量

计算结果：根数$=(16000/800)\times(6000/800)$

$=150$ 根

或 $L=$孔深×根数

$=10\times150$

$=1500\text{m}$

3. 工程量清单项目组价

(1) 定额工程量计算规则

锚杆（锚索）按设计图示尺寸以钻孔深度计算。

(2) 定额工程量

图例及计算方法同清单图例及计算方法。

(八) 010202008 土钉

1. 工程量清单计算规则

(1) 以米计量，按设计图示尺寸以钻孔深度计算。

图 B.2-10　土钉支护

(2) 以根计量，按设计图示数量计算。

2. 工程量清单计算规则图解

(1) 图例

见图 B.2-10。

图例说明：边坡工程采用土钉支护，土钉成孔直径为 90mm，采用 1 根 HRB335，直径 25 的钢筋作为杆体，成孔深度均为 10.0m。土钉支护面积，长 16000mm，宽 6000mm，土钉间距 2000mm×2000mm。计算土钉工程量。

(2) 清单工程量

计算过程：根数＝面积/间距

＝(16000/2000)×(6000/2000)

＝24 根

或　L＝孔深×根数

＝10×24

＝240m

3. 工程量清单项目组价

(1) 定额工程量计算规则

土钉按设计图示尺寸以钻孔深度计算。

(2) 定额工程量

图例及计算方法同清单图例及计算方法。

(九) 010202009 喷射混凝土、水泥砂浆

1. 工程量清单计算规则

按设计图示尺寸以面积计算。

2. 工程量清单计算规则图解

(1) 图例

见图B.2-11。

图B.2-11 喷射混凝土、水泥砂浆

图例说明：某工程，墙壁需要喷射C20混凝土，厚度为120mm，喷射长度为39000mm，宽度为8000mm。计算混凝土喷射工程量。

(2) 清单工程量

计算公式：面积＝长度×宽度

$=39\times8$

$=312\text{m}^2$

3. 工程量清单项目组价

(1) 定额工程量计算规则

喷射混凝土、水泥砂浆按设计图示尺寸以面积计算。

(2) 定额工程量

图例及计算方法同清单图例及计算方法。

(十) 010202010 钢筋混凝土支撑

1. 工程量清单计算规则

按设计图示尺寸以体积计算。

2. 工程量清单计算规则图解

(1) 图例

见图B.2-12。

图B.2-12 钢筋混凝土支撑

图例说明：某工程采用C30钢筋混凝土支撑，水平支撑尺寸为200mm×500mm，长度为240000mm；竖向支撑为钢支撑，截面尺寸为1100mm×900mm，高度为4500mm。计算钢筋混凝土支撑的工程量。

（2）清单工程量

计算公式：$V=S\times H$

$=0.2\times0.5\times240$

$=24m^3$

3. 工程量清单项目组价

（1）定额工程量计算规则

定额工程量计算规则同清单工程量计算规则。

（2）定额工程量

图例及计算方法同清单图例及计算方法。

（十一）010202011 钢支撑

1. 工程量清单计算规则

按设计图示尺寸以质量计算。不扣除孔眼质量，焊条、铆钉、螺栓等不另增加质量。

2. 工程量清单计算规则图解

（1）图例

见图 B.2-13。

图 B.2-13 钢支撑

图例说明：某工程采用深基坑水平钢支撑，钢支撑使用工字钢，规格为 HW300×300c，比重为 106kg/m，单根长为 9m。计算单根钢支撑工程量。

（2）清单工程量

计算公式：单根重＝长度×比重

＝106×9

＝954kg

3. 工程量清单项目组价

（1）定额工程量计算规则

定额工程量计算规则同清单工程量计算规则。

（2）定额工程量

图例及计算方法同清单图例及计算方法。

附录C 桩基工程

C.1 打 桩

一、项目的划分

项目划分为预制钢筋混凝土方桩、预制钢筋混凝土管桩、钢管桩、截（凿）桩头。

（一）预制钢筋混凝土方桩

预制钢筋混凝土方桩是采用振动或离心成型、外周截面为正方形的、用作桩基的预制钢筋混凝土构件。

（二）预制钢筋混凝土管桩

预制钢筋混凝土管桩就是管状的预制钢筋混凝土桩，它是在工厂或施工现场制作的，然后运输到施工现场用沉桩设备打入、压入或振入土层中的钢筋混凝土预制空心筒体构件。其主要由圆筒形桩身、端头板和钢套箍等组成。

预制钢筋混凝土管桩桩顶与承台的连接构造按《房屋建筑与装饰工程工程量计算规范》GB 20854—2013 附录 E 相关项目列项。

（三）钢管桩

钢管桩是适用于码头港口建设中的基础，其直径范围一般在 400～2000mm 之间，最常用的是 1800mm。

钢管桩通常是由钢管、企口楔槽、企口楔销构成，钢管直径的左端管壁上竖向连接企口槽，企口槽的横断面为一边开口的方框形，在企口槽的侧面设有加强筋，钢管直径的右端管壁上且偏半径位置竖向连接有企口销，企口销的槽断面为工字形。

（四）截（凿）桩头

桩基施工的时候，为了保证桩头质量，灌注的混凝土一般都要高出桩顶设计标高 500mm。而凿桩头则是在基础施工时将桩基顶部的多余部分凿掉，使它们的顶标高符合设计要求。

截桩头，则是指预制桩在打桩过程中，将没有打下去且高出设计标高的那部分桩体截去的情况。

截（凿）桩头项目适用于《房屋建筑与装饰工程工程量计算规范》GB 20854—2013 规范附录 B、附录 C 所列桩的截（凿）桩头。

二、工程量计算与组价

（一）010301001 预制钢筋混凝土方桩

1. 工程量清单计算规则

(1) 以米计量，按设计图示尺寸以桩长（包括桩尖）计算。

(2) 以立方米计量，按设计图示截面积乘以桩长（包括桩尖）以实体积计算。

(3) 以根计量，按设计图示数量计算。

说明：以米计量时，必须描述桩截面。以根计量时，必须描述桩截面及桩长。

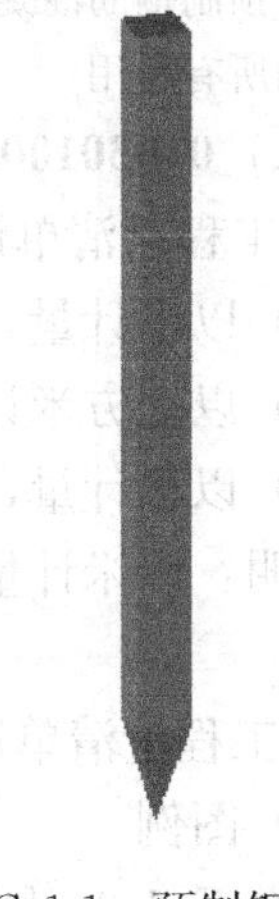

图 C.1-1 预制钢筋混凝土方桩立面图

2. 工程量清单计算规则图解

(1) 图例

见图 C.1-1、图 C.1-2。

图例说明：断面尺寸 300mm×300mm，桩身长 8000mm，桩尖长 500mm。计算预制钢筋混凝土方桩工程量。

(2) 清单工程量

计算公式：长度=桩身长度+桩尖长度

$L=8+0.5$

$=8.5m$

或 体积$=S\times H_0+SH_1/3$

$V=0.3\times0.3\times8+0.3\times0.3\times0.5/3$

$=0.74mm^3$

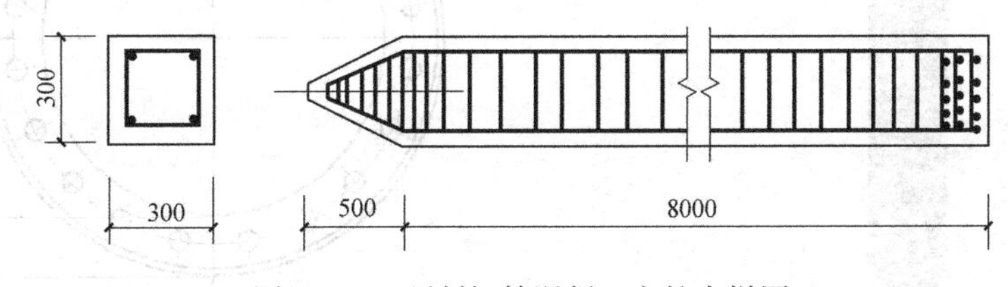

图 C.1-2 预制钢筋混凝土方桩大样图

3. 工程量清单项目组价

(1) 定额工程量计算规则

预制钢筋混凝土桩的体积，按设计桩长（包括桩尖，不扣除桩尖虚体积）乘以桩截面面积计算。

(2) 定额工程量

1) 图例：参见图 C.1-2。

2) 常用公式

方桩体积：$V=La^2$

式中：L——设计全长，包括桩尖（不扣减桩尖虚体积）；

a——方桩边长。

3) 本例方桩工程量：$V=8.5\times0.3\times0.3$

$=0.77m^3$

(3) 工程量清单项目组价示例

其综合单价组成与平整场地项目综合单价组成类似，具体请参看 A.1 节中（一）010101001 平整场地部分的组价分析。

注：预制钢筋混凝土方桩项目以成品桩编制，应包括成品桩购置费，如果用现场预制，应包括现场预制桩的所有费用。

（二）010301002 预制钢筋混凝土管桩

1. 工程量清单计算规则

（1）以米计量，按设计图示尺寸以桩长（包括桩尖）计算。

（2）以立方米计量，按设计图示截面积乘以桩长（包括桩尖）以实体积计算。

（3）以根计量，按设计图示数量计算。

说明：以米计量时，必须描述桩外径、壁厚。以根计量时，必须描述桩外径、壁厚及桩长。

2. 工程量清单计算规则图解

（1）图例

见图 C.1-3、图 C.1-4。

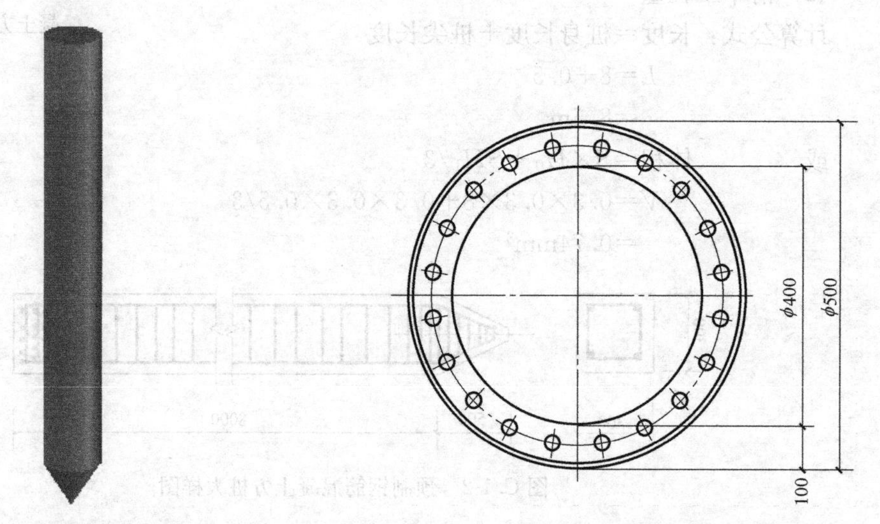

图 C.1-3 预制钢筋混凝土管桩立面图　　图 C.1-4 预制钢筋混凝土管桩大样图

图例说明：预制钢筋混凝土管桩，外径为 φ500mm，内径 φ400mm，桩身长 8000mm，桩尖长 500mm。计算预制钢筋混凝土管桩工程量。

（2）清单工程量

计算公式：长度＝桩身长度＋桩尖长度

$$L=8+0.5$$
$$=8.5\text{m}$$

或　体积$=S\times H_0+S\times H_1/3$

$$V=3.14\times0.25\times0.25\times8+3.14\times0.25\times0.25\times0.5/3$$
$$=1.60\text{mm}^3$$

3. 工程量清单项目组价

（1）定额工程量计算规则

预制钢筋混凝土管桩按设计图示截面尺寸乘以桩长（包括桩尖）以体积计算。

（2）定额工程量

1）图例：参见图 C.1-3、图 C.1-4。

2）常用公式

管桩体积：$V = S \times H_0 + S \times H_1 / 3$

3）本例管桩工程量：

$$V = 3.14 \times 0.25 \times 0.25 \times 8 + 3.14 \times 0.25 \times 0.25 \times 0.5/3$$
$$= 1.60\text{m}^3$$

（3）工程量清单项目组价示例

其综合单价组成与平整场地项目综合单价组成类似，具体请参看 A.1 节中（一）010101001 平整场地部分的组价分析。

注：预制钢筋混凝土管桩项目以成品桩编制，应包括成品桩购置费，如果用现场预制，应包括现场预制桩的所有费用。

（三）010301003 钢管桩

1. 工程量清单计算规则

（1）以吨计量，按设计图示尺寸以质量计算。

（2）以根计量，按设计图示数量计算。

说明：以根计量时，必须描述管径、壁厚及桩长。

2. 工程量清单计算规则图解

（1）图例

见图 C.1-5。

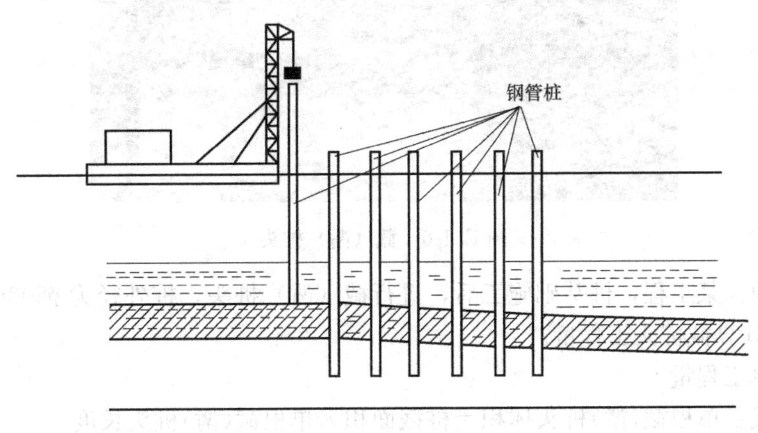

图 C.1-5 钢管桩

图例说明：钢管桩，规格为 ϕ500×10，桩身长 6000mm，比重为 120.83kg/m。计算钢管桩工程量。

（2）清单工程量

计算公式：单根钢管桩质量＝比重×单根长度

＝120.83×6

＝724.98kg

或 $L = 6\text{m}$

3. 工程量清单项目组价

（1）定额工程量计算规则

定额工程量计算规则同清单工程量计算规则。

(2) 定额工程量

图例及计算方法同清单图例及计算方法。

(四) 010301004 截 (凿) 桩头

1. 工程量清单计算规则

(1) 以立方米计量，按设计桩截面乘以桩头长度以体积计算。

(2) 以根计量，按设计图示数量计算。

说明：以根计量时，必须描述桩头截面及高度。

2. 工程量清单计算规则图解

(1) 图例

见图 C. 1-6。

图 C. 1-6 截 (凿) 桩头

图例说明：某工程，桩基础施工后，进行截 (凿) 桩头，桩外径为 ϕ500mm，截去桩长 500mm。计算截桩头工程量。

(2) 清单工程量

计算公式：单根截(凿)桩头体积＝桩截面积×单根截(凿)桩头长度

$$V=3.14\times0.25\times0.25\times0.5$$
$$=0.10\text{m}^3$$

3. 工程量清单项目组价

(1) 定额工程量计算规则

截 (凿) 桩头按图示数量计算。

(2) 定额工程量

图例及计算方法同清单图例及计算方法。

(3) 工程量清单项目组价示例

其综合单价组成与平整场地项目综合单价组成类似，具体请参看 A. 1 节中 (一) 010101001 平整场地部分的组价分析。

注：预制钢筋混凝土管桩项目以成品桩编制，应包括成品桩购置费，如果用现场预制，应包括现场预制桩的所有费用。

C.2　灌　注　桩

一、项目的划分

项目划分为泥浆护壁成孔灌注桩、沉管灌注桩、干作业成孔灌注桩、挖孔桩土（石）方、人工挖孔灌注桩、钻孔压浆桩、灌注桩后压浆。

（一）泥浆护壁成孔灌注桩

泥浆护壁成孔灌注桩是指在泥浆护壁条件下成孔，采用水下灌注混凝土的桩。其常用方法包括冲击钻成孔、冲抓锥成孔、回旋钻成孔、潜水钻成孔、泥浆护壁的旋挖成孔等。

（二）沉管灌注桩

沉管灌注桩又称为打拔管灌注桩。它是利用沉桩设备，将带有钢筋混凝土桩靴的钢管沉入土中，形成桩孔，然后放入钢筋骨架并浇筑混凝土，随之拔出套管，利用拔管时的振动将混凝土捣实，便形成所需要的灌注桩。其沉管办法包括锤击沉管法、振动沉管法、振动冲击沉管法、内夯沉管法等。

（三）干作业成孔灌注桩

干作业成孔灌注桩是指在地下水位以上地层可采用机械或人工成孔并灌注混凝土的成桩工艺。干作业成孔灌注具有施工振动小、噪声低、环境污染少的优点。

干作业成孔灌注桩是不用泥浆或套管护壁措施而直接排除土成孔的灌注桩，是在没有地下水的情况下进行施工的方法。目前干作业成孔的灌注桩常用的有螺旋钻孔灌注桩、螺旋钻孔扩孔灌注桩、机动洛阳铲挖孔灌注桩及人工挖孔灌注桩四种。

（四）人工挖孔灌注桩

人工挖孔灌注桩是指桩孔采用人工挖掘方法进行成孔，然后安放钢筋笼，浇筑混凝土而成的桩。

为了确保人工挖孔桩施工过程中的安全，施工时必须考虑预防孔壁坍塌和流砂现象发生，制定合理的护壁措施。护壁方法可以采用现浇混凝土护壁、喷射混凝土护壁、砖砌体护壁、沉井护壁、钢套管护壁、型钢或木板桩工具式护壁等多种。

（五）钻孔压浆桩

钻孔压浆成桩法是一种能在地下水位高、流砂、塌孔等各种复杂条件下进行成孔、成桩，且能使桩体与周围土体致密结合的钢筋混凝土桩。

其施工工艺为：钻孔到预定深度，通过钻杆中心孔经钻头的喷嘴向孔内高压喷注制备好的水泥浆液（水灰比0.56～0.62），至浆液达到地下水位以上或没有塌孔危险的高度为止，提出全部钻杆后向孔内放入钢筋笼，并放入至少一根直通孔底的注浆管，然后投入粗骨料至孔口，最后通过注浆管向孔内多次高压注浆，直至浆液到孔口为止。

（六）灌注桩后压浆

灌注桩后压浆技术是压浆技术与灌注桩技术的有机结合，其主要有桩端后压浆和桩周后压浆两种。所谓后压浆，就是在桩身混凝土达到预定强度后，用压浆泵将水泥浆通过预置于桩身中的压浆管压入桩周或桩端土层中，利用浆液对桩端土层及桩周土进行压密固结、渗透、填充，使之形成高强度新土层及局部扩颈，提高桩端桩侧阻力，以提高桩的承载力、减少桩顶沉降量。

二、工程量计算与组价

（一）010302001 泥浆护壁成孔灌注桩

1. 工程量清单计算规则

（1）以米计量，按设计图示尺寸以桩长（包括桩尖）计算。

（2）以立方米计量，按不同截面在桩上范围内以体积计算。

（3）以根计量，按设计图示数量计算。

说明：以根计量时，必须描述桩径、桩长，以米计量时，必须描述桩径。

2. 工程量清单计算规则图解

（1）图例

见图 C. 2-1。

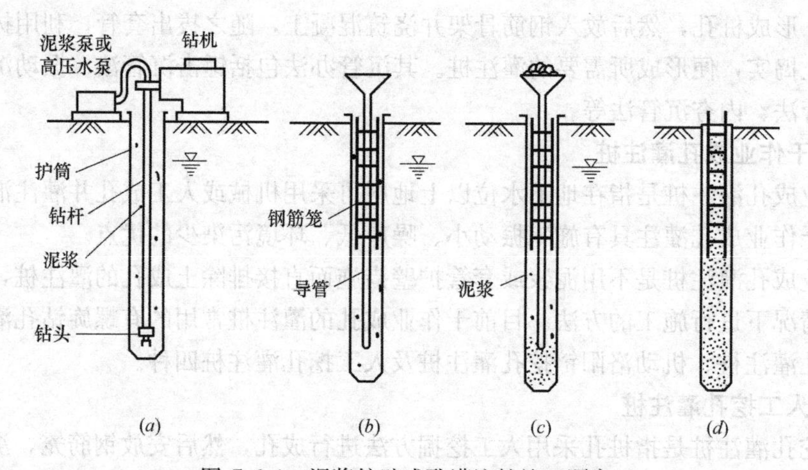

图 C. 2-1 泥浆护壁成孔灌注桩施工顺序

(*a*) 成孔；(*b*) 下导管和钢筋笼；(*c*) 浇灌水下混凝土；(*d*) 成桩

图例说明：泥浆护壁成孔灌注桩桩径 1000mm，桩身长 8000mm。计算泥浆护壁成孔灌注桩工程量。

（2）清单工程量

计算结果：$L=8\text{m}$

或　　　体积$=S\times H_0$

$V=3.14\times0.5^2\times8$

$=6.28\text{m}^3$

3. 工程量清单项目组价

（1）定额工程量计算规则

泥浆护壁成孔灌注桩按设计图示截面面积乘以钻孔长度（包括桩尖）以体积计算。

（2）定额工程量

1）图例：参见图 C. 2-1。

2）常用公式

泥浆护壁成孔灌注桩体积：$V=S\times(H+0.25)$

式中：H——设计全长，包括桩尖（不扣减桩尖虚体积）。

3）本例泥浆护壁成孔灌注桩工程量：

$$V=3.14\times0.5^2\times(8+0.25)$$
$$=6.48\text{m}^3$$

（二）010302002 沉管灌注桩

1. 工程量清单计算规则

(1) 以米计量，按设计图示尺寸以桩长（包括桩尖）计算。

(2) 以立方米计量，按不同截面在桩上范围内以体积计算。

(3) 以根计量，按设计图示数量计算。

说明：以根计量时，必须描述桩径、桩长，以米计量时，必须描述桩径。

2. 工程量清单计算规则图解

(1) 图例

见图 C. 2-2。

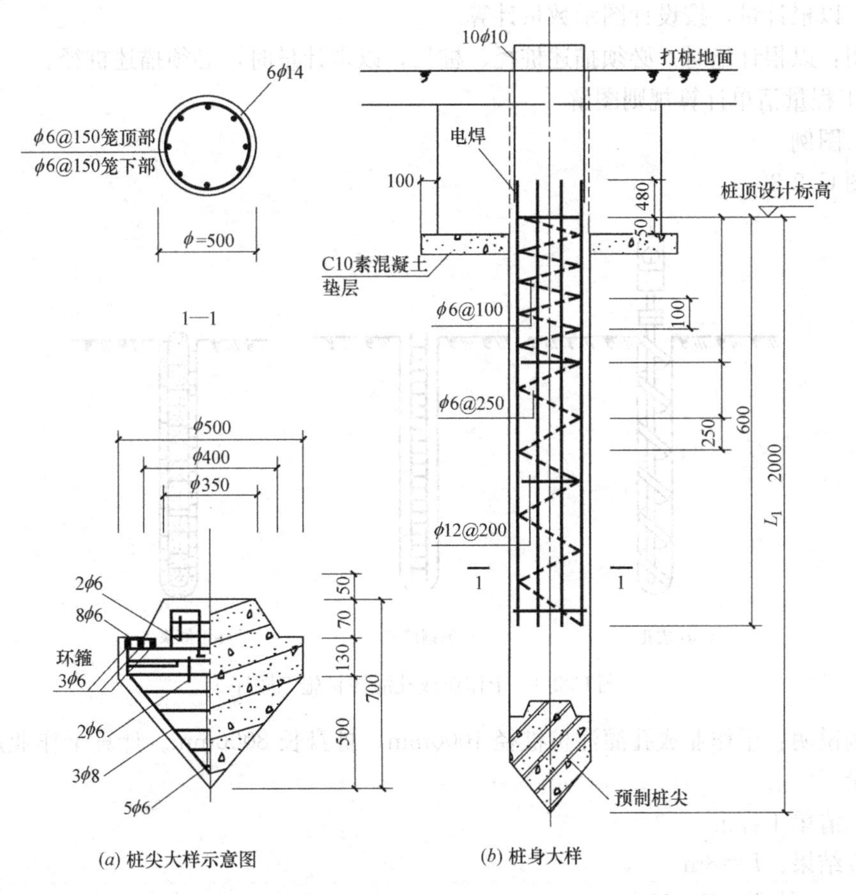

(a) 桩尖大样示意图　　(b) 桩身大样

图 C. 2-2　沉管灌注桩

图例说明：沉管灌注桩桩径500mm，桩身长15000mm，桩尖500mm。计算沉管灌注桩工程量。

（2）清单工程量

计算结果：$L=15.50\text{m}$

或　　　$V=S\times H+S\times H_0/3$

$V=3.14\times0.25\times0.25\times15+3.14\times0.25\times0.25\times0.5/3$

$=2.98\text{m}^3$

3. 工程量清单项目组价

（1）定额工程量计算规则

定额工程量计算规则同清单工程量计算规则。

（2）定额工程量

图例及计算方法同清单图例及计算方法。

（三）010302003 干作业成孔灌注桩

1. 工程量清单计算规则

（1）以米计量，按设计图示尺寸以桩长（包括桩尖）计算。

（2）以立方米计量，按不同截面在桩上范围内以体积计算。

（3）以根计量，按设计图示数量计算。

说明：以根计量时，必须描述桩径、桩长，以米计量时，必须描述桩径。

2. 工程量清单计算规则图解

（1）图例

见图C.2-3。

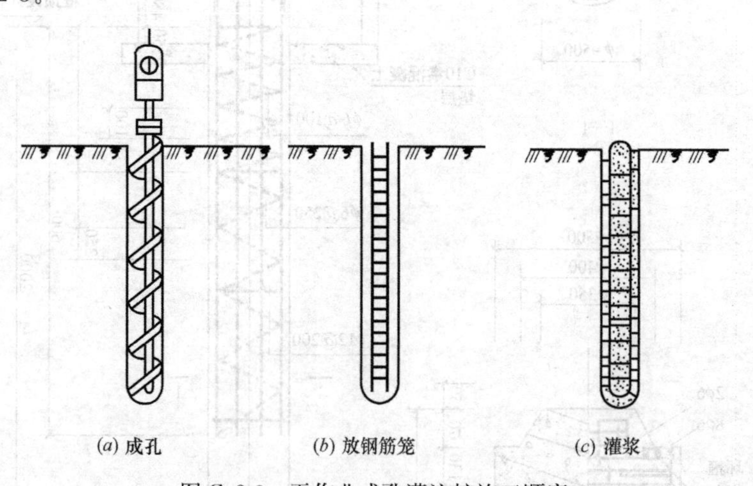

图C.2-3　干作业成孔灌注桩施工顺序

图例说明：干作业成孔灌注桩桩径1000mm，桩身长8000mm。计算干作业成孔灌注桩工程量。

（2）清单工程量

计算结果：$L=8\text{m}$

或　　体积$=S\times H_0$

$V=3.14\times0.5^2\times8$

$=6.28m^3$

3. 工程量清单项目组价

(1) 定额工程量计算规则

钻孔灌注桩，按设计桩长（包括桩尖，不扣除桩尖虚体积）增加 0.25m 乘以设计断面面积计算。

(2) 定额工程量

图例：参见图 C.2-3 及其图例说明。

计算公式：泥浆护壁成孔灌注桩体积

$$V=S\times(H+0.25)$$

式中：H——设计全长，包括桩尖（不扣减桩尖虚体积）。

计算结果：泥浆护壁成孔灌注桩工程量

$$V=3.14\times0.5^2\times(8+0.25)$$
$$=6.48m^3$$

（四）010302004 挖孔桩土（石）方

1. 工程量清单计算规则

按设计图示尺寸（含护壁）截面面积乘以挖孔深度以立方米计算。

2. 工程量清单计算规则图解

(1) 图例

见图 C.2-4。

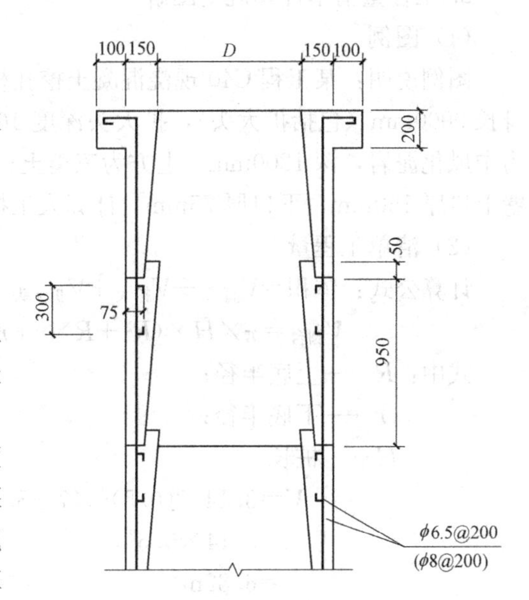

图 C.2-4 挖孔桩护壁

图例说明：某工程采用 C40 现浇混凝土挖孔桩，桩径 1000mm，扩大头直径 1200mm，桩身长 9000mm（包括扩大头），扩大头深度 1000mm，扩大部分深度 200mm；桩基持力层为中风化泥岩，深 1200mm，上方为三类土；桩护壁为 C40 现浇混凝土，深 7000mm，护壁上口厚 150mm，下口厚 75mm。计算挖孔桩土方开挖工程量。

(2) 清单工程量

计算公式：体积=桩挖方量+护壁挖方量

$$V_{圆台}=\pi\times H\times(R^2+R\times r+r^2)/3$$

式中：R——上底半径；

r——下底半径；

H——高。

$$V_{土}=S\times H$$
$$=3.14\times[(1+0.15+0.15)/2]^2\times7$$
$$=9.29m^3$$
$$V_{石}=V_{扩大}+V_{扩大头}$$

$$=3.14\times0.2\times(0.6^2+0.6\times0.5+0.5^2)/3+3.14\times0.6^2\times1$$
$$=1.32m^3$$

3. 工程量清单项目组价

(1) 定额工程量计算规则

定额工程量计算规则同清单工程量计算规则。

(2) 定额工程量

图例及计算方法同清单图例及计算方法。

(五) 010302005 人工挖孔灌注桩

1. 工程量清单计算规则

(1) 以立方米计量，按桩芯混凝土体积计算。

(2) 以根计量，按设计图示数量计算。

说明：以根计量时，必须描述桩芯直径、桩芯长度。

2. 工程量清单计算规则图解

(1) 图例

图例说明：某工程C40现浇混凝土挖孔桩，桩径1000mm，扩大头直径1200mm，桩身长9000mm（包括扩大头），扩大头深度1000mm，扩大部分深度200mm；桩基持力层为中风化泥岩，深1200mm，上方为三类土；桩护壁为C40现浇混凝土，深7000mm，护壁上口厚150mm，下口厚75mm。计算人工挖孔灌注桩工程量。

(2) 清单工程量

计算公式：体积$=V_{直段}+V_{扩大}+V_{扩大头}$

$$V_{圆台}=\pi\times H\times(R^2+R\times r+r^2)/3$$

式中：R——上底半径；

r——下底半径；

H——桩长。

$$V=3.14\times(0.5)^2\times7+3.14\times0.2\times(0.6^2+0.6\times0.5+0.5^2)/3+3.14\times0.6^2\times1$$
$$=6.82m^3$$

3. 工程量清单项目组价

(1) 定额工程量计算规则

定额工程量计算规则同清单工程量计算规则。

(2) 定额工程量

图例及计算方法同清单图例及计算方法。

(六) 010302006 钻孔压浆桩

1. 工程量清单计算规则

(1) 以米计量，按设计图示尺寸以桩长计算。

(2) 以根计量，按设计图示数量计算。

说明：以根计量时，必须描述桩长。

2. 工程量清单计算规则图解

(1) 图例

见图 C. 2-5。

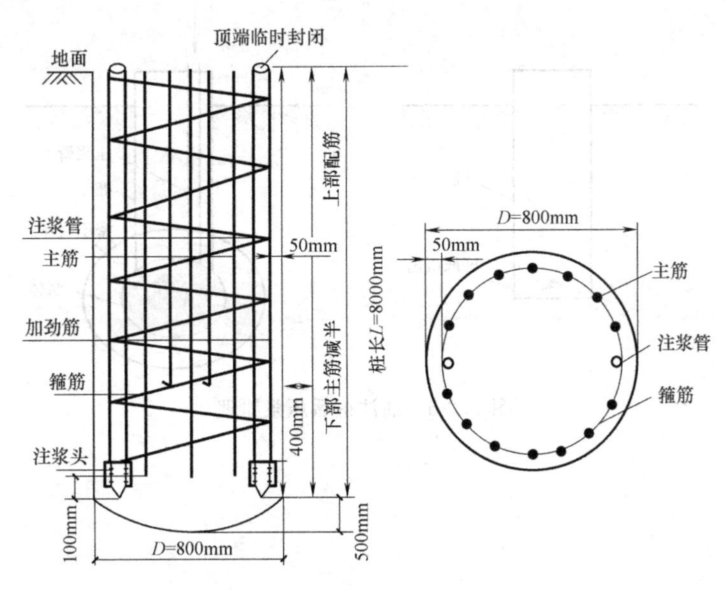

图 C. 2-5 钻孔压浆桩

图例说明：钻孔压浆桩，桩径 800mm，桩身长 8000mm，扩大头底深 500mm。计算钻孔压浆桩工程量。

（2）清单工程量

计算结果：L=8.5m

3. 工程量清单项目组价

（1）定额工程量计算规则

定额工程量计算规则同清单工程量计算规则。

（2）定额工程量

图例及计算方法同清单图例及计算方法。

（七）010302007 灌注桩后压浆

1. 工程量清单计算规则

按设计图示以注浆孔数计算。

2. 工程量清单计算规则图解

（1）图例

见图 C. 2-6。

图例说明：灌注桩后压浆施工。

（2）清单工程量

计算公式：孔数。

3. 工程量清单项目组价

（1）定额工程量计算规则

灌注桩后压浆按桩的数量计算。

（2）定额工程量

图例及计算方法同清单图例及计算方法。

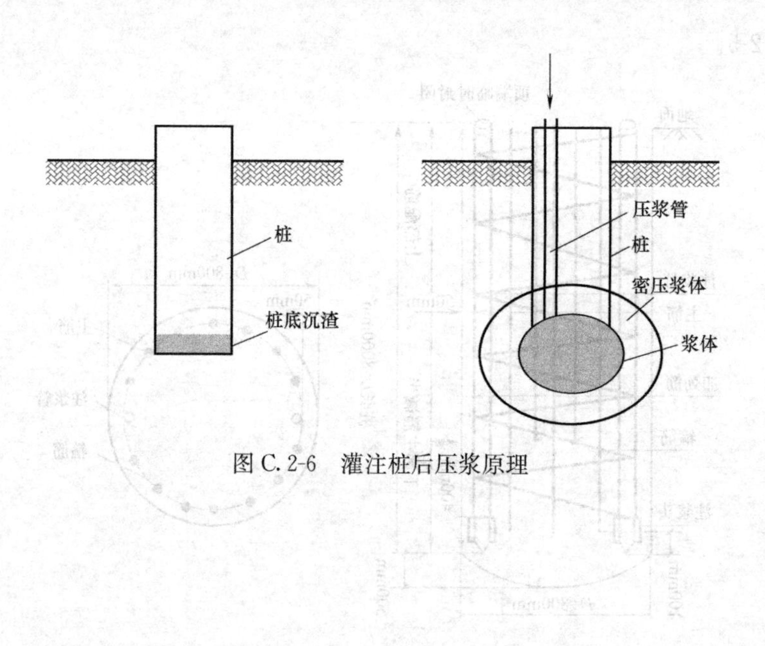

图C.2-6　灌注桩后压浆原理

附录D 砌筑工程

D.1 砖 砌 体

一、项目的划分

项目划分为砖基础、砖砌挖孔桩护壁、实心砖墙、多孔砖墙、空心砖墙、空斗墙、空花墙、填充墙、实心砖柱、多孔砖柱、砖检查井、零星砌砖、砖散水及地坪、砖地沟及明沟。

砖砌体指砖砌筑的基础、墙体、柱、水池、散水、地坪、地沟及其他的零星砌体。

二、工程量计算与组价

（一）010401001 砖基础

1. 工程量清单计算规则

(1) 按设计图示尺寸以体积计算。

(2) 包括附墙垛基础宽出部分体积，扣除地梁（圈梁）、构造柱所占体积，不扣除基础大放脚T形接头处的重叠部分及嵌入基础内的钢筋、铁件、管道、基础砂浆防潮层和单个面积0.3m^2以内的孔洞所占体积，靠墙暖气沟的挑檐不增加。

(3) 基础长度：外墙按中心线、内墙按净长线计算（图D.1-1）。

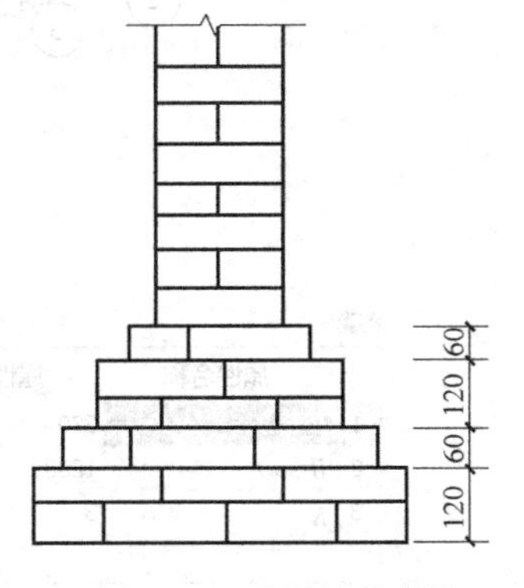

图D.1-1 砖基础示意图

2. 工程量清单计算规则图解

(1) 图例

见图D.1-2～图D.1-5。

图例说明：砖基础断面尺寸如图D.1-4、图D.1-5所示，内外墙基础轴线长度如图D.1-2所示，室外地坪标高为－0.3m。计算E轴外墙和3轴内墙基础工程量。

(2) 清单工程量

以E轴外墙砖基础和3轴内墙砖基础为例进行计算。

E轴外墙基础：

体积＝外墙中心线长度×断面面积

$V=15\times[0.745\times0.126+0.620\times0.126+0.495\times0.126+0.37\times(1.2-0.126\times3)]$

$=15\times0.5385$

$=8.08m^3$

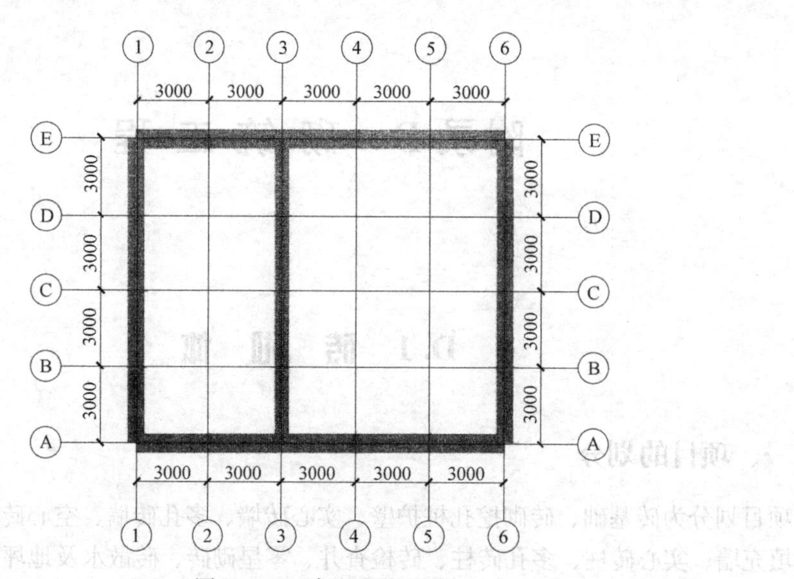

图 D. 1-2　砖基础平面图

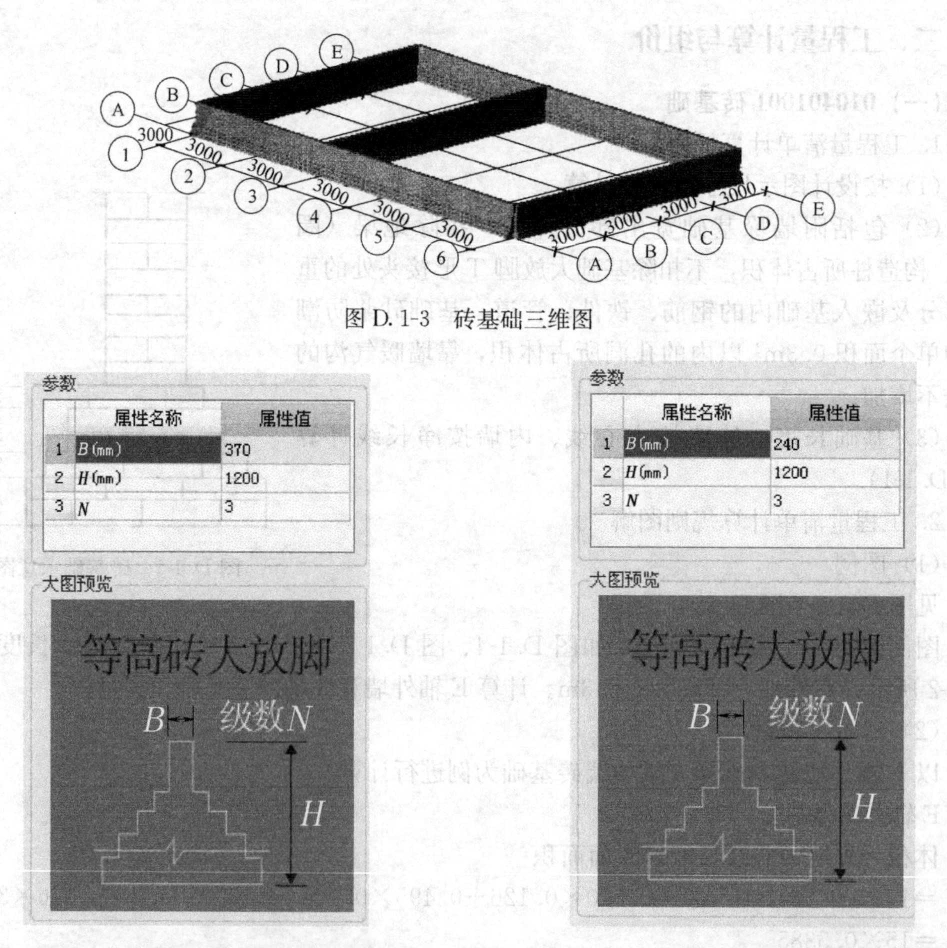

图 D. 1-3　砖基础三维图

图 D. 1-4　外墙砖大放脚基础图例及参数

图 D. 1-5　内墙砖大放脚基础图例及参数

(3) 轴内墙基础：

体积＝内墙净长线×断面面积

$V=(12-0.37)\times[0.615\times0.126+0.490\times0.126+0.365\times0.126+0.240\times(1.2-0.126\times3)]$

$=11.63\times0.3825$

$=4.45\text{m}^3$

3. 工程量清单项目组价

(1) 定额工程量计算规则

1) 基础与墙身（柱身）的划分：

① 基础与墙（柱）身使用同一种材料时，以设计室内地面为界（有地下室者，以地下室室内设计地面为界），以下为基础，以上为墙（柱）身。

② 基础与墙身使用不同材料时，位于设计室内地面±300mm 以内时，以不同材料为界，超过±300mm 时，以设计室内地面为分界线。

③ 砖、石围墙，以设计室外地坪为界线，以下为基础，以上为墙身。

2) 基础长度计算

基础长度：外墙墙基按外墙中心线长度计算；内墙墙基按内墙基净长计算。基础大放脚 T 形接头处的重叠部分以及嵌入基础的钢筋、铁件、管道、基础防潮层及单个面积在 0.3m^2 以内孔洞所占体积不予扣除，但靠墙暖气沟的挑檐亦不增加。附墙垛基础宽出部分体积应并入基础工程量内。

砖砌挖孔桩护壁工程量按实砌体积计算。

(2) 定额工程量

图例及计算方法同清单图例及计算方法。

(二) 010401002 砖砌挖孔桩护壁

1. 工程量清单计算规则

按设计图示尺寸以立方米计算。砖护壁示意图见图 D.1-6。

图 D.1-6 砖护壁

2. 工程量清单计算规则图解

(1) 图例

见图 D.1-7。

图例说明：如图所示，砖护壁厚为 240mm，内半径为 400mm，外半径为 640mm，护壁高度为 5000mm。计算挖孔桩护壁工程量。

(2) 清单工程量

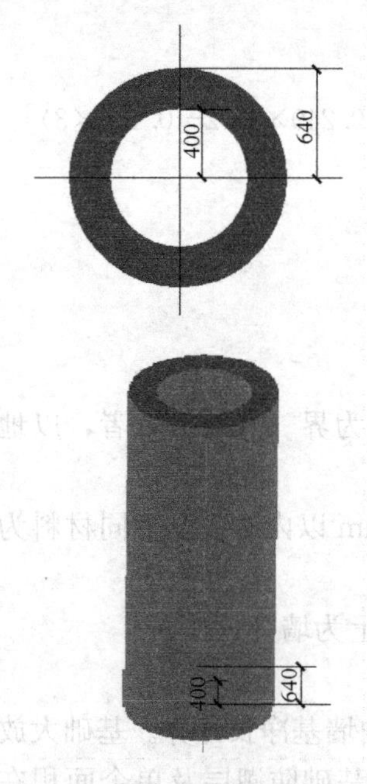

图 D.1-7 砖砌挖孔桩俯视、护壁三维图

1）计算思路：清单中计算墙体体积，根据计算规则用外圆柱体的体积减去内圆柱体的体积。

2）计算公式：墙体体积＝外圆柱体体积－内圆柱体体积

3）计算结果：

V＝外圆柱体体积－内圆柱体体积

＝3.14×0.64×0.64×5－3.14×0.4×0.4×5

＝3.92m^3

3. 工程量清单项目组价

(1) 定额工程量计算规则

砖砌挖孔护壁工程量按实砌体积计算。

(2) 定额工程量

1）计算公式：同清单工程量部分。

2）计算结果：同清单工程量部分。

(三) 010401003 实心砖墙

1. 工程量清单计算规则

按设计图示尺寸以体积计算。扣除门窗洞口、过人洞、空圈、嵌入墙内的钢筋混凝土柱、梁、圈梁、挑梁、过梁及凹进墙内的壁龛、管槽、暖气槽、消火栓箱所占体积。不扣除梁头、板头、檩头、垫木、木楞头、沿缘木、木砖、门窗走头、砖墙内加固钢筋、木筋、铁件、钢管及单个面积 0.3m^2 以内的孔洞所占体积。凸出墙面的腰线、挑檐、压顶、窗台线、虎头砖、门窗套的体积亦不增加。凸出墙面的砖垛并入墙体积内计算。见图 D.1-8。

图 D.1-8 实心砖墙示意图

(1) 墙长度：外墙按中心线、内墙按净长计算。

(2) 墙高度：

1）外墙：斜（坡）屋面无檐口天棚者算至屋面板底；有屋架且室内外均有天棚者算至屋架下弦底另加 200mm；无天棚者算至屋架下弦底另加 300mm，出檐宽度超过 600mm 时按实砌高度计算；平屋顶算至钢筋混凝土板底。

2）内墙：位于屋架下弦者，算至屋架下弦底；无屋架者算至天棚底另加 100mm；有钢筋混凝土楼板隔层者算至楼板顶；有框架梁时算至梁底。

3）女儿墙：从屋面板上表面算至女儿墙顶面（如有混凝土压顶时，算至压顶下表面）。

4）内、外山墙：按其平均高度计算。

(3) 框架间墙：不分内外墙按墙体净尺寸以体积计算。

(4) 围墙：高度算至压顶上表面（如有混凝土压顶时算至压顶下表面），围墙柱并入围墙体积内。

2. 工程量清单计算规则图解

(1) 图例

见图 D.1-9、图 D.1-10。

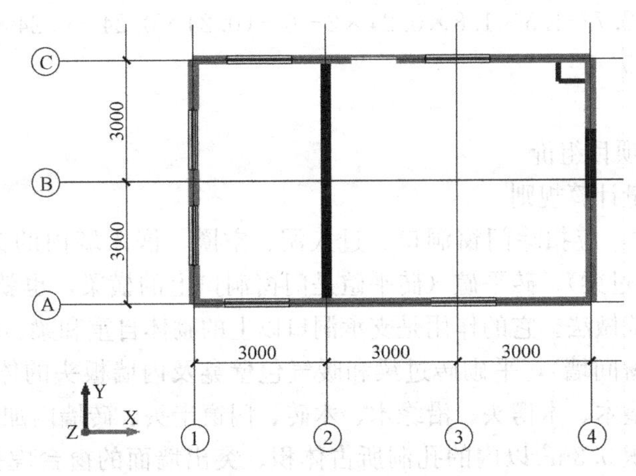

图 D.1-9 墙体平面图

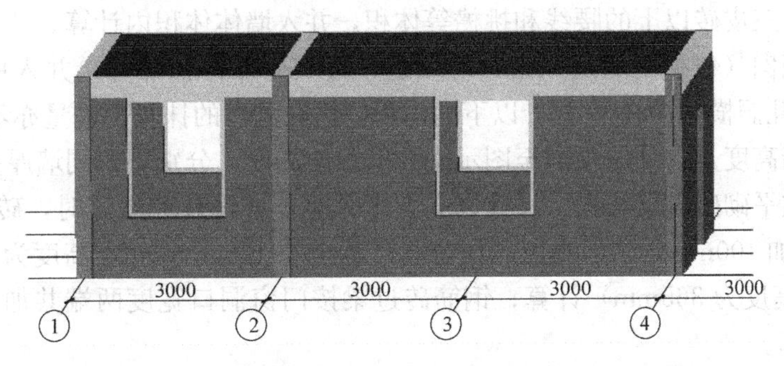

图 D.1-10 墙体三维图

图例说明：轴网如图所示，轴距为 3000mm，240mm 厚的实心砖内外墙；高度为 3m。均居轴线中布置。2 轴、4 轴墙上各有门一樘，门尺寸：1200mm×2100mm，离地高度 0mm；其余墙上均为窗，窗尺寸：1500mm×1800mm，离地高度 900mm。C 轴有一消火栓箱，规格 1000mm×1000mm×150mm。过梁高度：240mm，伸入墙内长度 250mm。圈梁尺寸：240mm×300mm，顶标高为墙顶标高。板厚度：100mm，顶标高为墙顶标高。构造柱尺寸：240mm×240mm，马牙槎宽度 60mm。计算墙体工程量。

(2) 清单工程量

1) 计算思路：清单中计算墙体体积，根据计算规则确定墙体长度及高度，并扣除门窗部分所占体积。

2) 计算公式：墙体体积＝长度×宽度×厚度－扣减量

3) 计算结果：

2 轴、A～C 轴内墙：长度＝5.76m（内墙按净长线），高度＝2.7m（扣减圈梁高度）

V＝原始体积－门窗所占体积－过梁体积＋构造柱体积（包括马牙槎体积）

　＝0.24×5.76×2.7－1.2×2.1×0.24－0.24×0.24×1.7－0.24×0.06×2.7

$=2.99m^3$

C轴、1～4轴外墙：长度=9m（外墙按中心线），高度=2.7m（扣减圈梁高度）

V=原始体积－门窗所占体积－过梁体积（圈梁代过梁了，此处扣减过梁体积为0）－构造柱体积（包括马牙槎体积）－消火栓箱所占体积

$=0.24\times9\times2.7-1.5\times1.8\times0.24\times2-0-(0.24\times0.24+0.24\times0.06)\times2.7\times2-1\times1\times0.15$

$=4.00m^3$

3. 工程量清单项目组价

（1）定额工程量计算规则

1）计算墙体时，应扣除门窗洞口、过人洞、空圈、嵌入墙内的钢筋混凝土柱、梁（包括圈梁、挑梁、过梁）、砖平碹（砖平碹是门窗洞口上的横梁，也就是砖砌平拱过梁，是砖墙中的一种传统做法。它的作用是支承洞口以上的砌体自重和梁、板传来的荷载，并把这些荷载传给门窗间墙），平砌砖过梁和暖气包壁龛及内墙板头的体积，不扣除梁头、外墙板头、檩头、垫木、木楞头、沿缘木、木砖、门窗走头、砖墙内加固钢筋、木筋、铁件、钢管及单个面积$0.3m^2$以内的孔洞所占体积。突出墙面的窗台虎头砖、压顶线、山墙泛水、烟囱根、门窗套及三皮砖以内的腰线和挑檐等的体积亦不增加。

2）砖垛、三皮砖以上的腰线和挑檐等体积，并入墙体体积内计算。

3）附墙烟囱（包括附墙通风道、垃圾道）按其外形体积计算，并入所依附墙体内。不扣除每一个孔洞横截面在$0.1m^2$以下的体积，但孔洞内的抹灰工程量亦不增加。

4）女儿墙高度，自外墙顶面至图示女儿墙顶面高度，分别将不同墙厚并入外墙计算。

5）砖平碹平砌砖过梁按图示尺寸以立方米计算。如设计无规定时，砖平碹按门窗洞口宽度两端共加100mm，乘以高度（门窗洞口宽小于1500mm时，高度为240mm，大于1500mm时，高度为365mm）计算；钢筋砖过梁按门窗洞口宽度两端共加500mm，高度按440mm计算。

6）墙的长度：外墙长度按外墙中心线长度计算，内墙长度按内墙净长线计算。

7）墙身高度：

① 外墙墙身高度：斜（坡）屋面无檐口天棚者算至屋面板底；有屋架，且室内外均有天棚者，算至屋架下弦底面另加200mm；无天棚者算至屋架下弦底加300mm，出檐宽度超过600mm时，应按实砌高度计算；平屋面算至钢筋混凝土板底。

② 内墙墙身高度：位于屋架下弦者，其高度算至屋架底；无屋架者算至天棚底另加100mm；有钢筋混凝土楼板隔层者算至板底；有框架梁时算至梁底面。

③ 内外山墙，墙身高度：按其平均高度计算。

具体墙计算高度示意见图D.1-11、图D.1-12。

（2）定额工程量

1）计算公式

墙体体积=长度×宽度×厚度－扣减量

2）计算结果

2轴、A～C轴内墙：长度=5.76m（内墙按净长线），高度=2.7m（扣减圈梁高度）

V=原始体积－门窗所占体积－过梁体积－构造柱体积（包括马牙槎体积）

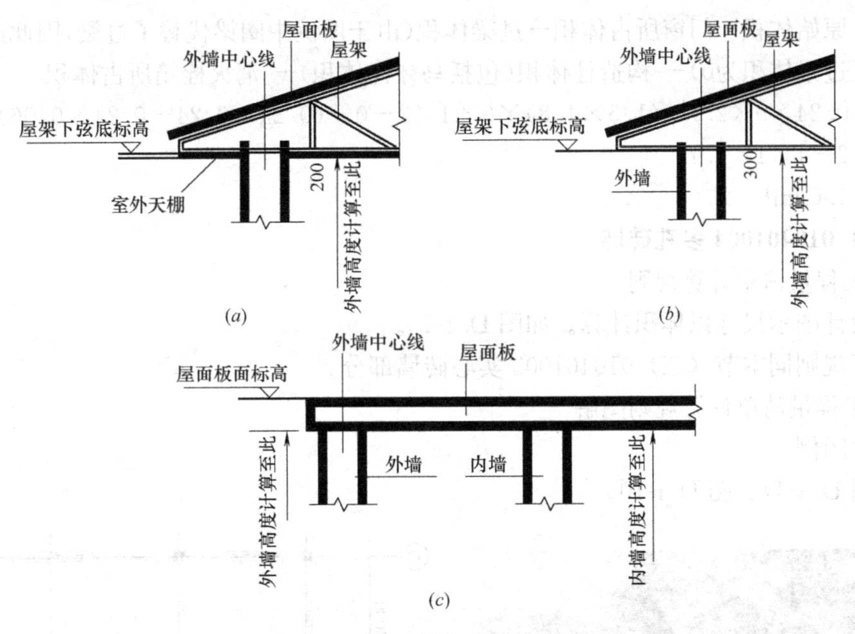

图 D.1-11　墙计算高度示意图（一）

(a) 坡屋面且室内外均有天棚外墙计算高度；(b) 坡屋面有屋架无天棚时外墙计算高度；(c) 平屋面内、外墙计算高度

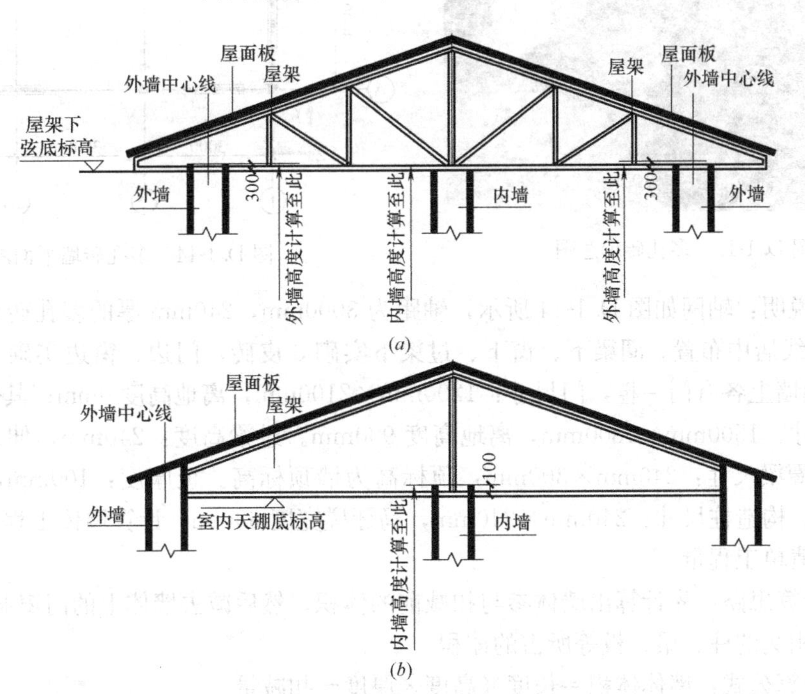

图 D.1-12　墙计算高度示意图（二）

(a) 坡屋面有屋架无天棚时内、外墙计算高度；(b) 坡屋面有天棚时内墙计算高度

$=0.24\times5.76\times2.7-(1.2\times2.1)\times0.24-0.24\times0.24\times1.7-0.24\times0.06\times2.7$

$=2.99\text{m}^3$

C 轴、1～4 轴外墙：长度＝9m（外墙按中心线），高度＝2.7m（扣减圈梁高度）

V＝原始体积－门窗所占体积－过梁体积(由于图例中圈梁代替了过梁,因此此处扣减过梁体积为0)－ 构造柱体积(包括马牙槎体积)－ 消火栓箱所占体积

＝0.24×9×2.7－(1.5×1.8)×0.24×2－0－(0.24×0.24＋0.24×0.06)×2.7×2－1×1×0.15

＝4.00m^3

(四) 010401004 多孔砖墙

1. 工程量清单计算规则

按设计图示尺寸以体积计算。如图D.1-13。

计算规则同本节（三）010401003实心砖墙部分。

2. 工程量清单计算规则图解

(1) 图例

见图D.1-14、图D.1-10。

图D.1-13　多孔砖示意图

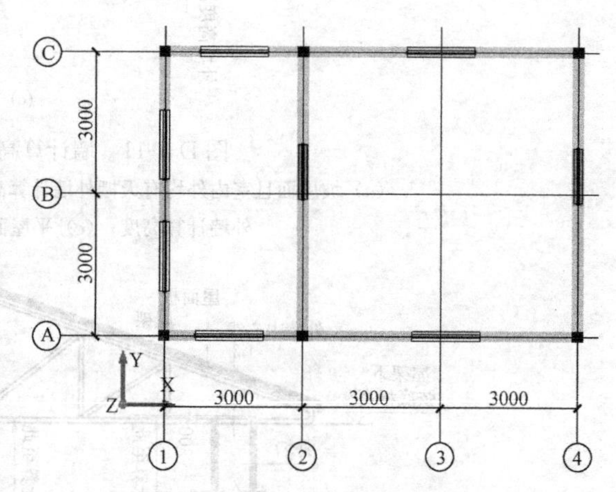

图D.1-14　多孔砖墙平面图

图例说明：轴网如图D.1-14所示，轴距为3000mm，240mm厚的多孔砖墙；高度为3m。均轴线居中布置。圈梁下、窗下、过梁下实砌3皮砖，门边、窗边实砌120mm宽。2轴、4轴墙上各有门一樘，门尺寸：1200mm×2100mm，离地高度0mm；其余墙上均为窗，窗尺寸：1500mm×1800mm，离地高度900mm。过梁高度：240mm，伸入墙内长度250mm。圈梁尺寸：240mm×300mm，顶标高为墙顶标高。板厚度：100mm，顶标高为墙顶标高。构造柱尺寸：240mm×240mm，马牙槎宽度60mm。计算墙体工程量。

(2) 清单工程量

1) 计算思路：先计算出墙体参与扣减前的体积，然后减去墙体上的门窗洞所占体积，以及与之相交的柱、梁、板等所占的体积。

2) 计算公式：墙体体积＝长度×高度×厚度－扣减量

3) 计算结果：

2轴、A～C轴内墙：长度＝5.76m（内墙按净长线），高度＝2.7m（扣减圈梁高度）

V＝原始体积－门窗所占体积－过梁体积－构造柱体积(包括马牙槎体积)

＝0.24×5.76×2.7－(1.2×2.1)×0.24－0.24×0.24×1.7－0.24×0.06×2.7

＝2.99m^3

A轴、1～4轴外墙：长度＝9m（外墙按中心线），高度＝2.7m（扣减圈梁高度）

V＝原始体积－门窗所占体积－过梁体积（由于图例中圈梁代替了过梁，因此此处扣减过梁体积为0）－构造柱体积（包括马牙槎体积）

＝0.24×9×2.7－(1.5×1.8)×0.24×2－0－(0.24×0.24＋0.24×0.06)×2.7×2

＝4.15m^3

3. 工程量清单项目组价

（1）定额工程量计算规则

多孔砖、空心砖按图示厚度以立方米计算，不扣除其孔、空心部分的体积。

其余计算方法同本节（三）010401003实心砖墙的定额工程量计算规则。

（2）定额工程量

1）计算公式：墙体体积＝长度×宽度×厚度－扣减量

2）计算结果：

2轴、A～C轴内墙：长度＝5.76m（内墙按净长线），高度＝2.7m（扣减圈梁高度）

实体墙体积：V＝5.76×0.24×0.18＋0.5×0.24×0.18＋0.12×0.24×2.1×2＝0.39m^3

多孔砖墙体积：

V＝原始体积－门窗所占体积－过梁体积－构造柱体积（包括马牙槎体积）－实砌墙体积

＝0.24×5.76×2.7－(1.2×2.1)×0.24－0.24×0.24×1.7－0.24×0.06×2.7－0.39

＝2.60m^3

A轴、1～4轴外墙：长度＝9m（外墙按中心线），高度＝2.7m（扣减圈梁高度）

实砌墙体积：V＝0.18×0.24×(1.5＋0.12×2)＋0.24×0.12×1.8×2＝0.18m^3

多孔砖墙体积：

V＝原始体积－门窗所占体积－过梁体积（由于图例中圈梁代替了过梁，因此此处扣减过梁体积为0）－构造柱体积（包括马牙槎体积）－实砌墙体积

＝0.24×9×2.7－(1.5×1.8)×0.24×2－0－(0.24×0.24＋0.24×0.06)×2.7×2－0.18

＝3.97m^3

（五）010401005 空心砖墙

1. 工程量清单计算规则

同本节（三）010401003实心砖墙部分。空心砖示意见图D.1-15。

2. 工程量清单计算规则图解

（1）图例

见图D.1-10及图D.1-14。

图例说明：轴网如图所示，轴距为3000mm，240mm厚的空心砖墙；高度为3m。均居轴线中布置。圈梁下、窗下、过梁下实砌3皮砖，门边、窗边实砌120mm宽。2轴、4轴墙上各有门一樘，门尺寸：1200mm×2100mm，离地高度0mm；其余墙上均为窗，窗尺寸：1500mm×1800mm，离地高度900mm。过梁高度：240mm，伸

图D.1-15　空心砖示意图

入墙内长度 250mm。圈梁尺寸：240mm × 300mm，顶标高为墙顶标高。板厚度：100mm，顶标高为墙顶标高。构造柱尺寸：240mm×240mm，马牙槎宽度 60mm。计算墙体工程量。

（2）清单工程量

1）计算思路：先计算出墙体参与扣减前的体积，然后减去墙体上的门窗洞所占体积，以及与之相交的柱、梁、板等所占的体积。

2）计算公式：墙体体积＝长度×宽度×厚度－扣减量

3）计算结果：

2 轴、A～C 轴内墙：长度＝5.76m（内墙按净长线），高度＝2.7m（扣减圈梁高度）

V＝原始体积－门窗所占体积－过梁体积－构造柱体积（包括马牙槎体积）

$=0.24\times5.76\times2.7-(1.2\times2.1)\times0.24-0.24\times0.24\times1.7-0.24\times0.06\times2.7$

$=2.99m^3$

A 轴、1～4 轴外墙：长度＝9m（外墙按中心线），高度＝2.7m（扣减圈梁高度）

V＝原始体积－门窗所占体积－过梁体积（由于图例中圈梁代替了过梁，因此此处扣减过梁体积为0）－构造柱体积（包括马牙槎体积）

$=0.24\times9\times2.7-(1.5\times1.8)\times0.24\times2-0-(0.24\times0.24+0.24\times0.06)\times2.7\times2$

$=4.15m^3$

3. 工程量清单项目组价

（1）定额工程量计算规则

多孔砖、空心砖按图示厚度以立方米计算，不扣除其孔、空心部分的体积。

（2）定额工程量

1）计算公式：墙体体积＝长度×高度×厚度－扣减量

2）计算结果：

2 轴、A～C 轴内墙：长度＝5.76m（内墙按净长线），高度＝2.7m（扣减圈梁高度）

实砌墙体积：$V=5.76\times0.24\times0.18+0.5\times0.24\times0.18+0.12\times0.24\times2.1\times2=0.39m^3$

空心砖墙体积：

V＝原始体积－门窗所占体积－过梁体积－构造柱体积（包括马牙槎体积）－实砌墙体积

$=0.24\times5.76\times2.7-(1.2\times2.1)\times0.24-0.24\times0.24\times1.7-0.24\times0.06\times2.7-0.39$

$=2.60m^3$

A 轴、1～4 轴外墙：长度＝9m（外墙按中心线），高度＝2.7m（扣减圈梁高度）

实砌墙体积：$V=0.18\times0.24\times(1.5+0.12\times2)+0.24\times0.12\times1.8\times2=0.18m^3$

空心砖墙体积：

V＝原始体积－门窗所占体积－过梁体积（由于图例中圈梁代替了过梁，因此此处扣减过梁体积为0）－构造柱体积（包括马牙槎体积）－实砌墙体积

$=0.24\times9\times2.7-(1.5\times1.8)\times0.24\times2-0-(0.24\times0.24+0.24\times0.06)\times2.7\times2-0.18$

$=3.97m^3$

（六）010401006 空斗墙

1. 工程量清单计算规则

按设计图示尺寸墙角、内外墙交接处、门窗洞口立边、窗台砖、屋檐处的实砌部分体积并入空斗墙体积内。空斗墙砌筑示意见图 D.1-16。

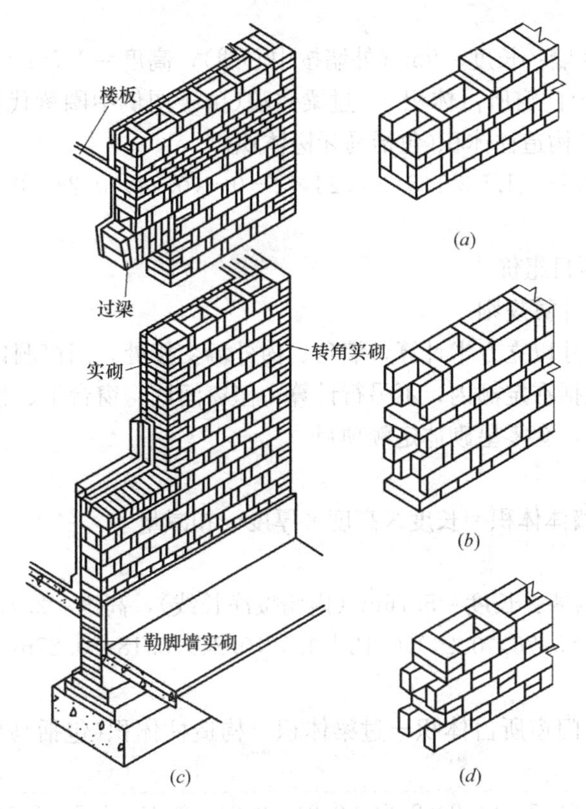

图 D.1-16 空斗墙砌筑示意图

(a) 一眼一斗；(b) 一眼三斗；(c) 单立砖无眼空斗；(d) 双丁砖无眼空斗

2. 工程量清单计算规则图解

(1) 图例

见图 D.1-10 及图 D.1-14。

图例说明：轴网如图 D.1-14 所示，轴距为 3000mm，240mm 厚的空斗墙；高度为 3m。均居轴线中布置。圈梁下、窗下、过梁下实砌 3 皮砖，门边、窗边实砌 120mm 宽。2 轴、4 轴墙上各有门一樘，门尺寸：1200mm×2100mm，离地高度 0mm；其余墙上均为窗，窗尺寸：1500mm×1800mm，离地高度 900mm。过梁高度：240mm，伸入墙内长度 250mm。圈梁尺寸：240mm ×300mm，顶标高为墙顶标高。板厚度：100mm，顶标高为墙顶标高。构造柱尺寸：240mm×240mm，马牙槎宽度 60mm。计算墙体工程量。

(2) 清单工程量

1) 计算思路：先计算出墙体参与扣减前的体积，然后减去墙体上的门窗洞所占体积，以及与之相交的柱、梁、板等所占的体积。

2) 计算公式：墙体体积=长度×高度×厚度−扣减量

3) 计算结果：

2 轴、A～C 轴内墙：长度=5.76m（内墙按净长线），高度=2.7m（扣减圈梁高度）

V =原始体积−门窗所占体积−过梁体积−构造柱体积(包括马牙槎体积)

=0.24×5.76×2.7−(1.2×2.1)×0.24−0.24×0.24×1.7−0.24×0.06×2.7

=2.99m^3

A轴、1～4轴外墙：长度=9m（外墙按中心线），高度=2.7m（扣减圈梁高度）

V =原始体积 − 门窗所占体积 − 过梁体积(由于图例中圈梁代替了过梁,因此此处扣减过梁体积为0)− 构造柱体积(包括马牙槎体积)

=0.24×9×2.7−(1.5×1.8)×0.24×2−0−(0.24×0.24+0.24×0.06)×2.7×2

=4.15m^3

3. 工程量清单项目组价

（1）定额工程量计算规则

空斗墙按外形尺寸以立方米计算，墙角、内外墙交接处，门窗洞口立边，窗台砖及屋檐处的实砌部分已包括在定额内，不另行计算，但窗间墙、窗台下、楼板下、梁头下等实砌部分，应另行计算，套零星砌体定额项目。

（2）定额工程量

1）计算公式：墙体体积=长度×高度×厚度−扣减量

2）计算结果：

2轴、A～C轴内墙：长度=5.76m（内墙按净长线），高度=2.7m（扣减圈梁高度）

实砌墙体积：*V*=5.76×0.24×0.18+0.5×0.24×0.18=0.27m^3

空斗墙体积：

V =原始体积−门窗所占体积−过梁体积−构造柱体积(包括马牙槎体积)−实砌墙体积

=0.24×5.76×2.7−(1.2×2.1)×0.24−0.24×0.24×1.7−0.24×0.06×2.7−0.27

=2.72m^3

A轴、1～4轴外墙：长度=9m（外墙按中心线），高度=2.7m（扣减圈梁高度）

实砌墙体积：*V*=0.18×0.24×(1.5+0.12×2)=0.075m^3

空斗墙体积：

V =原始体积−门窗所占体积−过梁体积(由于图例中圈梁代替了过梁,因此此处扣减过梁体积为0)−构造柱体积(包括马牙槎体积)−实砌墙体积

=0.24×9×2.7−(1.5×1.8)×0.24×2−0−(0.24×0.24+0.24×0.06)×2.7×2−0.075

=4.08m^3

（七）010401007 空花墙

1. 工程量清单计算规则

按设计图示尺寸以空花部分外形体积计算，不扣除空洞部分体积，见图D.1-17。

图D.1-17 空花墙示意图

2. 工程量清单计算规则图解

（1）图例

见图D.1-18、图D.1-19。

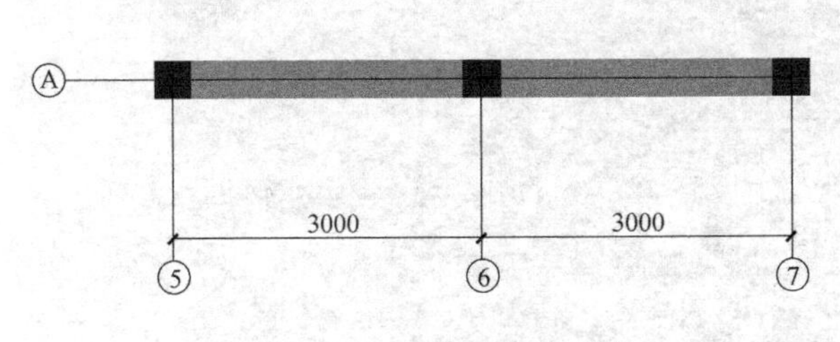

图 D.1-18 空花围墙平面图

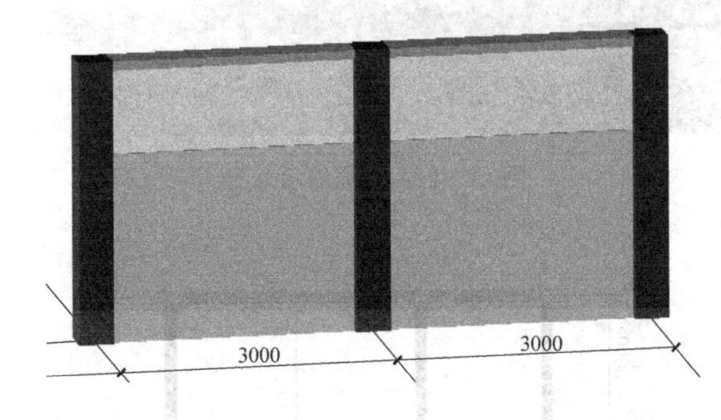

图 D.1-19 空花墙立面图

图例说明：砖柱尺寸 370mm×370mm，下面 2m 高为 240mm 的实砌墙，上面 1m 高为 240mm 的空花墙，空花墙上有 100mm 厚现浇混凝土压顶。计算墙体体积。

(2) 清单工程量

1) 计算公式：墙体体积=长度×高度×厚度－扣减量

2) 计算结果：墙高=0.9m（扣减压顶后）

空花墙体积 V=0.24×0.9×6－0.24×0.37×0.9×2=1.14m^3

3. 工程量清单项目组价

(1) 定额工程量计算规则

空花墙按设计图示尺寸以空花部分外形体积计算，不扣除空洞部分体积。

(2) 定额工程量

1) 计算公式：墙体体积=长度×高度×厚度－扣减量

2) 计算结果：墙高=0.9m（扣减压顶后）

空花墙体积 V=0.24×0.9×6－0.24×0.37×0.9×2=1.14m^3

(八) 010401008 填充墙

1. 工程量清单计算规则

按设计图示尺寸以填充墙外形体积计算。填充墙示意见图 D.1-20。

2. 工程量清单计算规则图解

(1) 图例

见图 D.1-21、图 D.1-22。

图例说明：框架柱尺寸 400mm×400mm，框架梁尺寸 300mm×300mm，墙厚 240mm，门尺寸 1200mm×2100mm，窗尺寸 1500mm×1800mm，离地高度 900mm。2、

图 D. 1-20　填充墙示意图

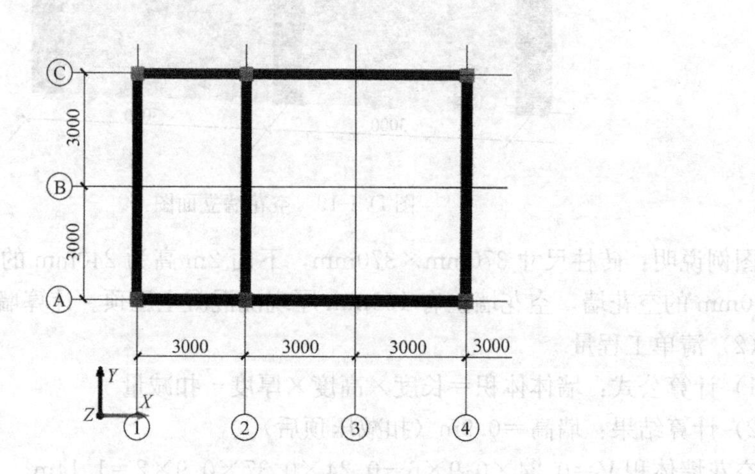

图 D. 1-21　墙平面图

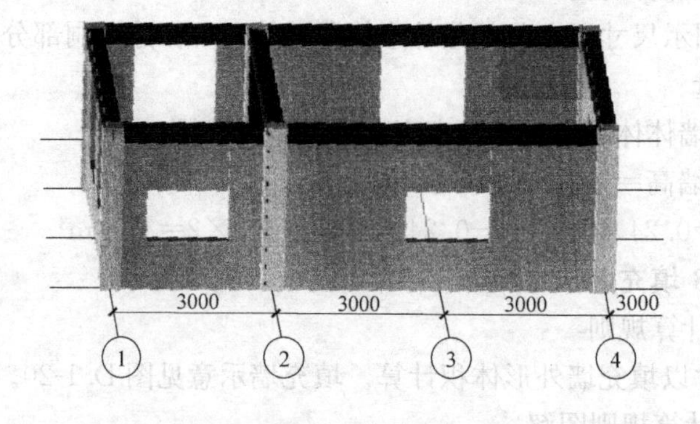

图 D. 1-22　墙立面图

4 轴墙上有门，其他墙上均为窗。计算墙体积工程量。

（2）清单工程量

1）计算思路：先计算出墙体参与扣减前的体积，然后减去墙体上的门窗洞所占体积，以及与之相交的柱、梁、板等所占的体积。

2）计算公式：墙体体积＝长度×高度×厚度－扣减量

3）计算结果：

2 轴、A～C 轴内墙：高度＝2.7m（扣减梁高度）

V＝原始体积－门窗所占体积－过梁体积－柱体积

＝0.24×6×2.7－(1.2×2.1)×0.24－0.24×0.24×1.7－0.24×0.4×2.7

＝2.93m^3

A 轴、1～4 轴外墙：长度＝9m（外墙按中心线），高度＝2.7m（扣减圈梁高度）

V＝原始体积－门窗所占体积－过梁体积(由于图例中圈梁代替了过梁,因此此处扣减过梁体积为 0)－柱体积

＝0.24×9×2.7－(1.5×1.8)×0.24×2－0－0.24×0.4×2.7×2

＝4.02m^3

3. 工程量清单项目组价

(1) 定额工程量计算规则

填充墙按设计图示尺寸以填充墙外形体积计算。

(2) 定额工程量

1）计算思路：先计算出墙体参与扣减前的体积，然后减去墙体上的门窗洞所占体积，以及与之相交的柱、梁、板等所占的体积。

2）计算公式：墙体体积＝长度×高度×厚度－扣减量

3）计算结果：

2 轴、A～C 轴内墙：高度＝2.7m（扣减梁高度）

V＝原始体积－门窗所占体积－过梁体积－柱体积

＝0.24×6×2.7－(1.2×2.1)×0.24－0.24×0.24×1.7－0.24×0.4×2.7

＝2.93m^3

A 轴、1～4 轴外墙：长度＝9m（外墙按中心线），高度＝2.7m（扣减圈梁高度）

V＝原始体积－门窗所占体积－过梁体积(由于图例中圈梁代替了过梁,因此此处扣减过梁体积为 0)－ 柱体积

＝0.24×9×2.7－(1.5×1.8)×0.24×2－0－0.24×0.4×2.7×2

＝4.02m^3

(九) 010401009 实心砖柱

1. 工程量清单计算规则

按设计图示尺寸以体积计算。扣除混凝土及钢筋混凝土梁垫、梁头所占体积。

2. 工程量清单计算规则图解

(1) 图例

见图 D.1-23、图 D.1-24。

图例说明：实心砖柱尺寸 370mm×370mm，240mm 的砖围墙，全高 3000mm，围墙上有 100mm 厚现浇混凝土压顶。计算实心砖柱工程量。

(2) 清单工程量

1）计算公式：砖柱体积＝截面宽度×截面高度×柱高－扣减量

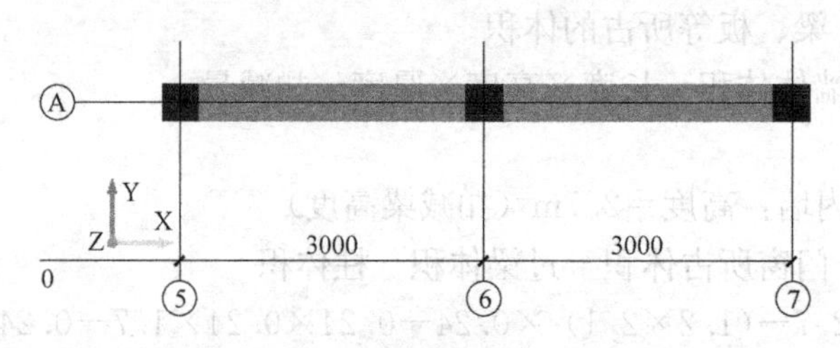

图 D.1-23　砖柱围墙平面图

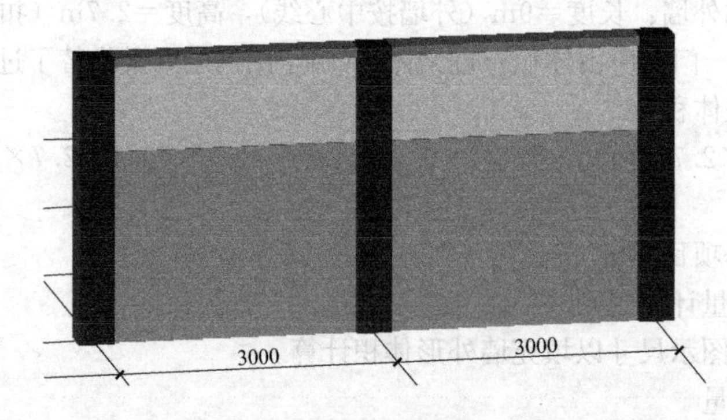

图 D.1-24　实心砖柱围墙立面图

2）计算结果：

柱高度＝2.9m（扣减压顶后）

$$V=0.37\times0.37\times2.9=0.40\text{m}^3$$

3. 工程量清单项目组价

（1）定额工程量计算规则

定额工程量计算规则同清单工程量计算规则。

（2）定额工程量

1）计算公式：同清单计算公式。

2）计算结果：同清单工程量计算结果。

（十）010401010 多孔砖柱

1. 工程量清单计算规则

按设计图示尺寸以体积计算。扣除混凝土及钢筋混凝土梁垫、梁头、板头所占体积。

2. 工程量清单计算规则图解

（1）图例

见图 D.1-23、图 D.1-24。

图例说明：砖柱尺寸：370mm×370mm，240mm 厚砖围墙，全高 3000mm，围墙上有 100mm 厚、370mm 宽现浇混凝土压顶。计算多孔砖柱工程量。

（2）清单工程量

1）计算公式：砖柱体积＝截面宽度×截面高度×柱高－扣减量

2）计算结果：柱高＝2.9m（扣减压顶后）

$V=0.37\times0.37\times2.9=0.40\text{m}^3$

3. 工程量清单项目组价

(1) 定额工程量计算规则

定额工程量计算规则同清单工程量计算规则。

(2) 定额工程量

1) 计算公式：同清单计算公式

2) 计算结果：同清单计算结果

(十一) 010401011 砖检查井

1. 工程量清单计算规则

按设计图示数量计算。

2. 工程量清单计算规则图解

(1) 图例

见图 D.1-25。

图 D.1-25 检查井

图例说明：检查井壁厚 240mm，内径 600mm，外径 1080mm，高度 1.2m。计算检查井工程量。

(2) 清单工程量计算

计算结果：数量=1 座

3. 工程量清单项目组价

(1) 定额工程量计算规则

检查井及化粪池不分壁厚均以立方米计算，洞口上的砖平拱碹等并入砌体体积内计算。

(2) 定额工程量

1) 计算公式：体积 V=中心线周长×厚度×高度

2) 计算结果：体积 $V=3.14\times0.84\times0.24\times1.2=0.76\text{m}^3$

(十二) 010401012 零星砌砖

零星砌体包括台阶、台阶挡墙、梯带、锅台、炉灶、蹲台、池槽、池槽腿、花台、花池、楼梯栏板、阳台栏板、地垄墙、≤0.3m² 的孔洞填塞等。

1. 工程量清单计算规则

(1) 以立方米计量，按设计图示尺寸截面积乘以长度计算。

(2) 以平方米计量，按设计图示尺寸水平投影面积计算。

(3) 以米计量，按设计图示尺寸长度计算。

(4) 以个计量，按设计图示数量计算。

2. 工程量清单计算规则图解

(1) 图例

见图 D. 1-26、图 D. 1-27。

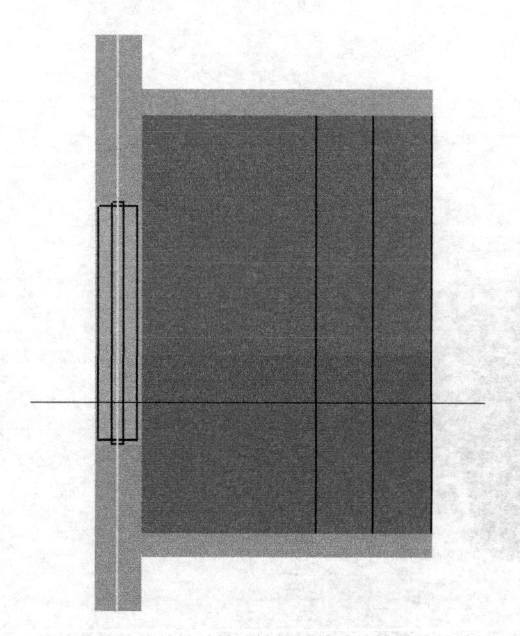

图 D. 1-26　台阶挡墙平面图

图 D. 1-27　台阶挡墙立面图

图例说明：台阶挡墙 120mm 厚，1m 高，挡墙长度 1.5m。计算台阶挡墙工程量。

(2) 清单工程量

1) 计算公式：墙体积=长度×高度×厚度

2) 计算结果：

台阶挡墙体积 $V=1.5\times1\times0.12\times2$

$=0.36\text{m}^3$

3. 工程量清单项目组价

(1) 定额工程量计算规则

零星砌砖按设计图示尺寸截面积乘以长度以体积计算。

(2) 定额工程量

图例及计算方法同清单图例及计算方法。

(十三) 010401013 砖散水、地坪

1. 工程量清单计算规则

按设计图示尺寸以面积计算。

2. 工程量清单计算规则图解

(1) 图例

见图 D. 1-28。

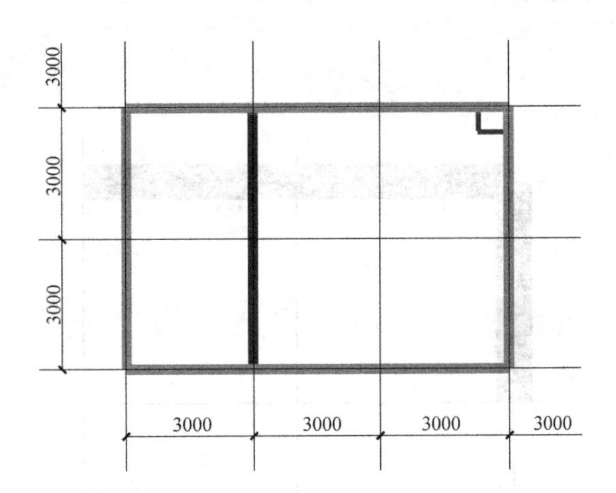

图 D. 1-28 散水平面图

图例说明：散水宽度 900mm，外墙厚度为 240mm，外墙长度详见平面图，墙体按轴线居中布置。计算散水工程量。

(2) 清单工程量

1) 计算公式：散水面积=外墙外边线长度×散水宽+4×散水宽×散水宽

2) 计算结果：

散水面积=(9+0.24+6+0.24)×2×0.9+4×0.9×0.9

=31.10m²

3. 工程量清单项目组价

(1) 定额工程量计算规则

砖散水、地坪按设计图示尺寸以面积计算。

(2) 定额工程量

图例及计算方法同清单图例及计算方法。

(十四) 010401014 砖地沟、明沟

1. 工程量清单计算规则

以米计量，按设计图示以中心线长度计算。砖地沟示意见图 D. 1-29。

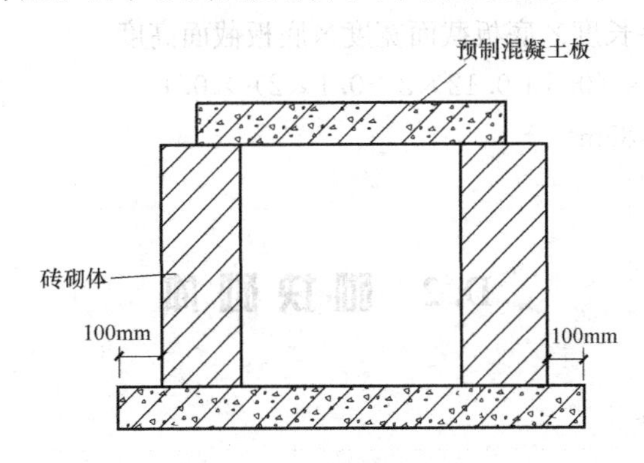

图 D. 1-29 砖地沟示意图

2. 工程量清单计算规则图解

(1) 图例

见图D.1-30。

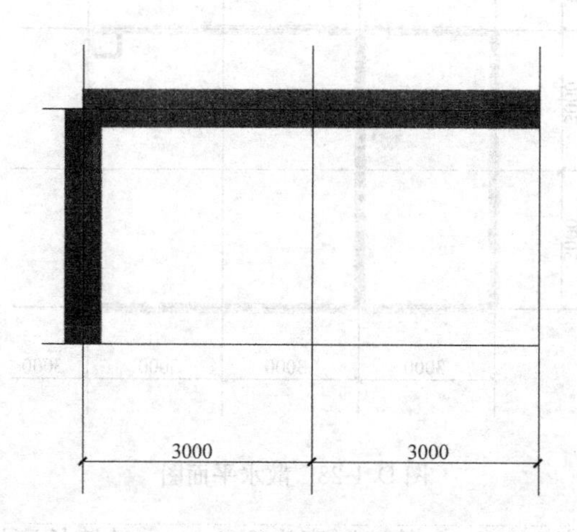

图D.1-30　地沟平面图

图例说明：两条地沟长度分别为6m、3m。侧壁为120mm砖砌体，高500mm，顶板及底板为混凝土板，底板厚100mm，沟内净宽500mm，计算地沟工程量。

(2) 清单工程量

计算结果：地沟长度=6+3=9m。

3. 工程量清单项目组价

(1) 定额工程量计算规则

砖地沟、明沟按设计图示尺寸以体积计算。

(2) 定额工程量

地沟侧壁工程量：

计算公式：体积=长度×侧壁宽度×侧壁高度

计算结果：$V=9\times0.12\times0.5\times2$（2道侧壁）

$=1.08m^3$

地沟底板工程量：

计算公式：体积=长度×底板截面宽度×底板截面高度

计算结果：$V=9\times(0.5+0.12\times2+0.1\times2)\times0.1$

$=0.85m^3$

D.2　砌块砌体

一、项目的划分

项目划分为砌块墙和砌块柱两项。

二、工程量计算与组价

（一）010402001 砌块墙

1. 工程量清单计算规则

按设计图示尺寸以体积计算。扣除门窗洞口、过人洞、空圈、嵌入墙内的钢筋混凝土柱、梁、圈梁、挑梁、过梁及凹进墙内的壁龛、管槽、暖气槽、消火栓箱所占体积。不扣除梁头、板头、檩头、垫木、木楞头、沿缘木、木砖、门窗走头、砌块墙内加固钢筋、木筋、铁件、钢管及单个面积 $0.3m^2$ 以内的孔洞所占体积。凸出墙面的腰线、挑檐、压顶、窗台线、虎头砖、门窗套的体积亦不增加。凸出墙面的砖垛并入墙体积内计算。

（1）墙长度：外墙按中心线、内墙按净长计算。

（2）墙高度：

1）外墙：斜（坡）屋面无檐口天棚者算至屋面板底；有屋架且室内外均有天棚者算至屋架下弦底另加 200mm；无天棚者算至屋架下弦底另加 300mm，出檐宽度超过 600mm 时按实砌高度计算；平屋顶算至钢筋混凝土板底。

2）内墙：位于屋架下弦者，算至屋架下弦底；无屋架者算至天棚底另加 100mm；有钢筋混凝土楼板隔层者算至楼板顶；有框架梁时算至梁底。

3）女儿墙：从屋面板上表面算至女儿墙顶面（如有混凝土压顶时算至压顶下表面）。

4）内、外山墙：按其平均高度计算。

（3）框架间墙：不分内外墙按墙体净尺寸以体积计算。

（4）围墙：高度算至压顶上表面（如有混凝土压顶时算至压顶下表面），围墙柱并入围墙体积内。

2. 工程量清单计算规则图解

（1）图例

见图 D.2-1、图 D.2-2。

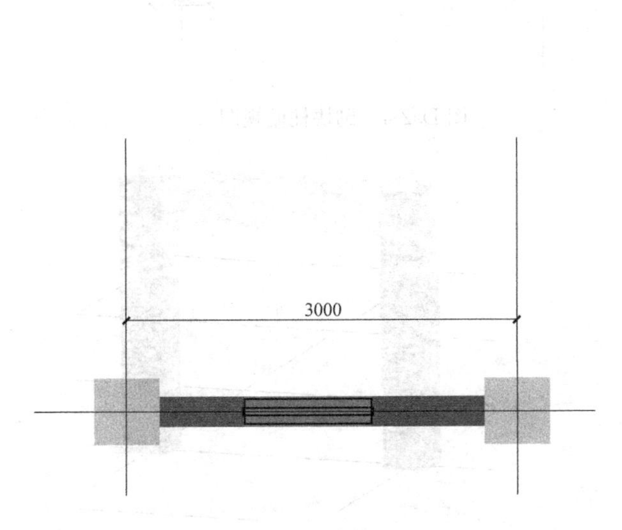

图 D.2-1　砌块墙俯视图

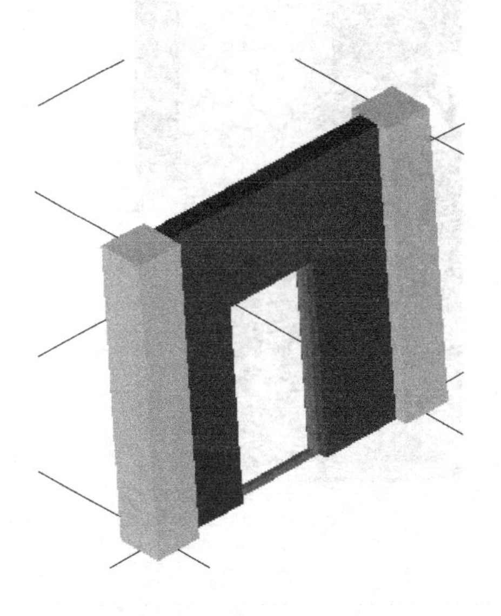

图 D.2-2　砌块墙三维图

图例说明：如图所示，柱截面尺寸为500mm×500mm，高度3000mm，墙厚240mm，墙高3000mm，墙上门的尺寸为1000mm×2000mm。计算墙体工程量。

（2）清单工程量

1）计算公式：

体积V=长度×厚度×高度－门所占体积

2）计算结果：

体积$V=(3-0.25-0.25)\times0.24\times3-2\times1\times0.24=1.32\text{m}^3$

3. 工程量清单项目组价

（1）定额工程量计算规则

定额工程量计算规则同D.1节（三）010401003实心砖墙部分定额工程量计算规则。

（2）定额工程量

图例及计算方法同清单图例及计算方法。

（二）010402002 砌块柱

1. 工程量清单计算规则

按设计图示尺寸以体积计算。扣除混凝土及钢筋混凝土梁垫、梁头、板头所占体积。

2. 工程量清单计算规则图解

（1）图例

见图D.2-3～图D.2-5。

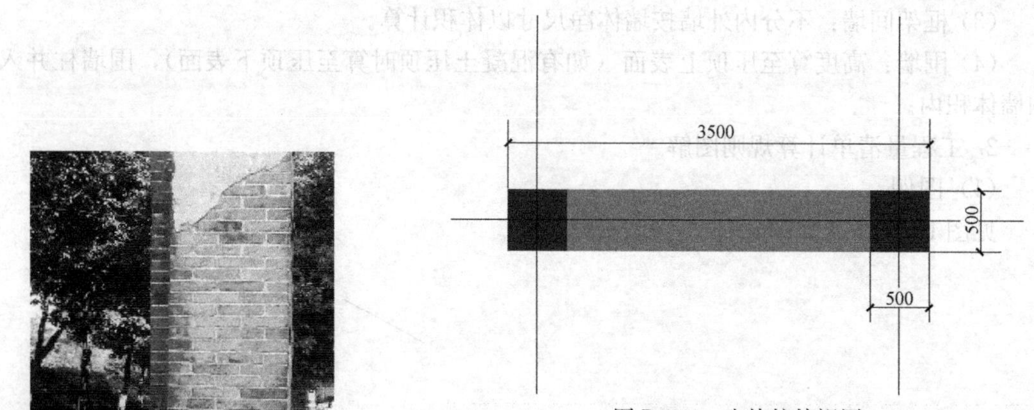

图D.2-4　砌块柱俯视图

图D.2-3　砌块柱示意图

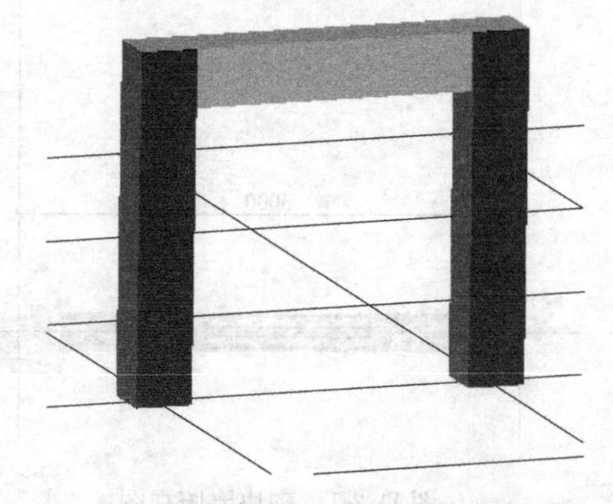
图D.2-5　砌块柱三维图

图例说明：如图所示，砌块柱截面 500mm×500mm，砌块柱中心点间距 3000mm，柱高 3000mm，混凝土梁截面为 500mm×500mm，梁伸入柱。计算柱工程量。

（2）清单工程量

1）计算公式：

体积 V＝柱截面面积×柱高度－梁伸入柱内体积

2）计算结果：

体积 V ＝0.5×0.5×3×2－0.5×0.5×0.5×2

＝1.25m³

3. 工程量清单项目组价

（1）定额工程量计算规则

定额工程量计算规则同清单工程量计算规则。

（2）定额工程量

图例及计算方法同清单图例及计算方法。

D.3 石 砌 体

一、项目的划分

项目划分为石基础、石勒脚、石墙、石挡土墙、石柱、石栏杆、石护坡、石台阶、石坡道、石地沟及明沟等项目。

石基础、石勒脚、石墙的划分：基础与勒脚应以设计室外地坪为界。勒脚与墙身应以设计室内地面为界。石围墙内外地坪标高不同时，应以较低地坪标高为界，以下为基础；内外标高之差为挡土墙时，挡土墙以上为墙身。

“石基础”项目适用于各种规格（粗料石、细料石等）、各种材质（砂石、青石等）和各种类型（柱基、墙基、直形、弧形等）基础。

“石勒脚”“石墙”项目适用于各种规格（粗料石、细料石等）、各种材质（砂石、青石、大理石、花岗石等）和各种类型（直形、弧形等）勒脚和墙体。

“石挡土墙”项目适用于各种规格（粗料石、细料石、块石、毛石、卵石等）、各种材质（砂石、青石、石灰石等）和各种类型（直形、弧形、台阶形等）挡土墙。

“石柱”项目适用于各种规格、各种石质、各种类型的石柱。

“石栏杆”项目适用于无雕饰的一般石栏杆。

“石护坡”项目适用于各种石质和各种石料（粗料石、细料石、片石、块石、毛石、卵石等）。

“石台阶”项目包括石梯带（垂带），不包括石梯膀。

二、工程量计算与组价

（一）010403001 石基础

1. 工程量清单计算规则

按设计图示尺寸以体积计算。包括附墙垛基础宽出部分体积，不扣除基础砂浆防潮层及单个面积 0.3m^2 以内的孔洞所占体积，靠墙暖气沟的挑檐不增加体积。基础长度：外墙按中心线，内墙按净长计算。

2. 工程量清单计算规则图解

(1) 图例

见图 D.3-1～图 D.3-3。

图 D.3-1 石基础

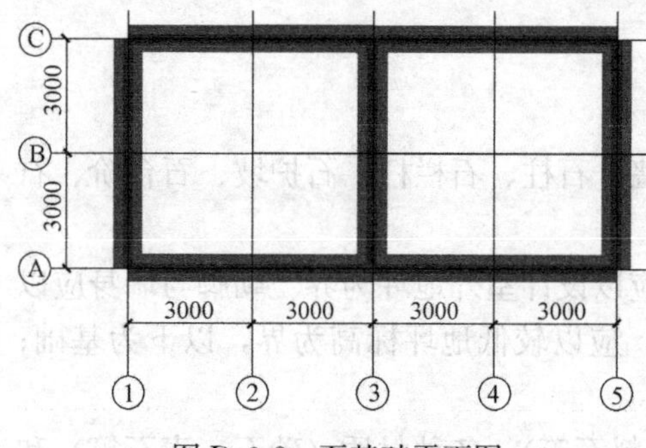

图 D.3-2 石基础平面图

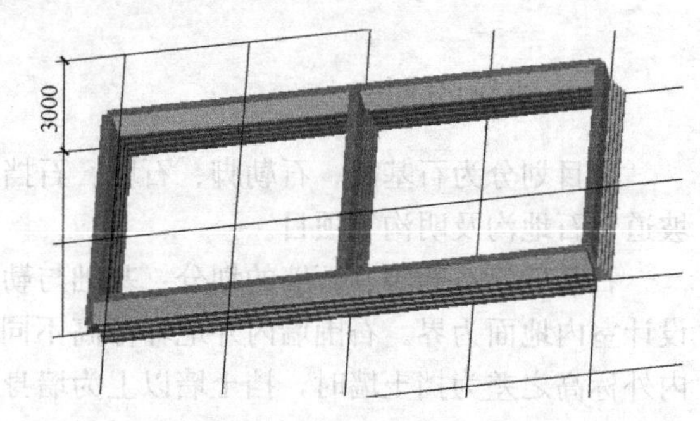

图 D.3-3 石基础立面图

图例说明：石基础，等高大放脚，墙厚 240mm，每砌 300mm 高后收退一级 200mm。基础高 1500mm，大放脚有 4 级。计算石基础工程量。

(2) 清单工程量

1) 计算公式：体积 V＝截面面积×长度

2) 计算结果：

A 轴、1～5 轴条基：长度＝12m（外墙按中心线长度计算），截面面积＝1.56m^2

体积＝1.56×12＝18.72m^3

3 轴、A～C 轴条基：长度＝5.76m（内墙按净长线长度计算），截面面积＝1.56m^2

体积＝1.56×5.76＝8.99m^3

3. 工程量清单项目组价

(1) 定额工程量计算规则

基础长度：外墙墙基按外墙中心线长度计算；内墙墙基按内墙基净长计算。基础大放脚 T 形接头处的重叠部分以及嵌入基础的钢筋、铁件、管道、基础防潮层及单个面积在

0.3m² 以内孔洞所占体积不予扣除，但靠墙暖气沟的挑檐亦不增加。附墙垛基础宽出部分体积应并入基础工程量内。

（2）定额工程量

图例及计算方法同清单图例及计算方法。

（二）010403002 石勒脚

1. 工程量清单计算规则

按设计图示尺寸以体积计算。扣除单个面积>0.3m² 的孔洞所占的体积。

2. 工程量清单计算规则图解

（1）图例

见图 D.3-4。

图 D.3-4　石勒脚

图例说明：如上图石勒脚高度为900mm，一面墙长为 9m，石勒脚厚度为100mm。计算勒脚工程量。

（2）清单工程量

1）计算公式：体积 V=长度×宽度×高度

2）计算结果：体积=9×0.1×0.9
=0.81m³

3. 工程量清单项目组价

（1）定额工程量计算规则

石勒脚按设计图示尺寸以体积计算。扣除单个面积>0.3m² 的孔洞所占的体积。

（2）定额工程量

图例及计算方法同清单图例及计算方法。

（三）010403003 石墙

1. 工程量清单计算规则

按设计图示尺寸以体积计算。扣除门窗洞口、过人洞、空圈、嵌入墙内的钢筋混凝土柱、梁、圈梁、挑梁、过梁及凹进墙内的壁龛、管槽、暖气槽、消火栓箱所占体积。不扣除梁头、板头、檩头、垫木、木楞头、沿缘木、木砖、门窗走头、砖墙内加固钢筋、木筋、铁件、钢管及单个面积 0.3m² 以内的孔洞所占体积。凸出墙面的腰线、挑檐、压顶、窗台线、虎头砖、门窗套的体积不增加。凸出墙面的砖垛并入墙体体积内。

1）墙长度：外墙按中心线、内墙按净长计算；

2）墙高度：

a）外墙：斜（坡）屋面无檐口天棚者算至屋面板底；有屋架且室内外均有天棚者算至屋架下弦底另加 200mm；无天棚者算至屋架下弦底另加 300mm，出檐宽度超过 600mm 时按实砌高度计算；平屋顶算至钢筋混凝土板底。

b）内墙：位于屋架下弦者，算至屋架下弦底；无屋架者算至天棚底另加 100mm；有钢筋混凝土楼板隔层者算至楼板顶；有框架梁时算至梁底。

c）女儿墙：从屋面板上表面算至女儿墙顶面（如有混凝土压顶时算至压顶下表面）。

d）内、外山墙：按其平均高度计算。

3）围墙：高度算至压顶上表面（如有混凝土压顶时算至压顶下表面），围墙柱并入围墙体积内。

2. 工程量清单计算规则图解

（1）图例

见图 D. 3-5～图 D. 3-7。

图 D. 3-5　石墙示意图

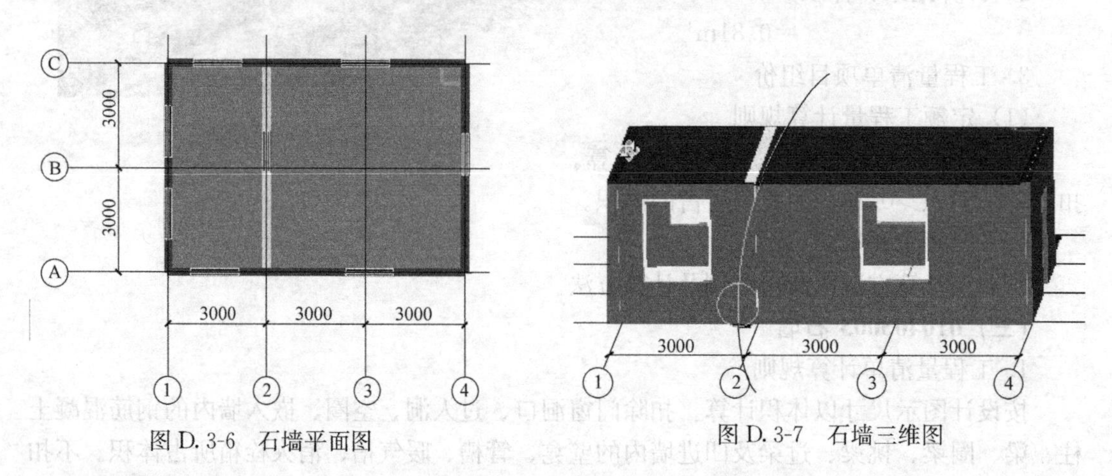

图 D. 3-6　石墙平面图　　图 D. 3-7　石墙三维图

图例说明：轴网如图所示，轴距为 3000mm，300mm 厚的内外墙；高度为 3m。均居轴线中布置。2 轴、4 轴墙上各有门一樘，门尺寸：1200mm×2100mm，离地高度 0mm；其余墙上均为窗，窗尺寸 1500mm×1800mm，离地高度 900mm。过梁高度 300mm，伸入墙内长度 250mm。板厚度 100mm，顶标高为墙顶标高。计算墙体工程量。

（2）清单工程量

1）计算思路：先计算出墙体参与扣减前的体积，然后减去墙体上的门窗洞所占体积，以及与之相交的柱、梁、板等所占的体积。

2）计算公式：墙体体积＝长度×宽度×厚度－扣减量

3）计算结果：

2 轴、A～C 轴内墙：长度＝5.7m（内墙按净长线），高度＝2.9m（扣减板高度）

V＝原始体积－门窗所占体积－过梁体积

$=0.3\times5.7\times2.9-(1.2\times2.1)\times0.3-0.3\times0.3\times1.7$

$=4.05m^3$

A轴、1～4轴外墙：长度=9m（外墙按中心线），高度=2.9m（扣减板高度）

V=原始体积－门窗所占体积－过梁体积

$=0.3\times9\times2.9-(1.5\times1.8)\times0.3\times2-0.3\times0.2\times2\times2$

$=5.97m^3$

3. 工程量清单项目组价

（1）定额工程量计算规则

定额工程量计算规则同D.1节（三）010401003实心砖墙部分定额工程量计算规则。

（2）定额工程量

图例及计算方法同清单图例及计算方法。

（四）010403004 石挡土墙

1. 工程量清单计算规则

按设计图示尺寸以体积计算。石挡土墙示意见图D.3-8。

图D.3-8　石挡土墙示意图

2. 工程量清单计算规则图解

（1）图例

见图D.3-9。

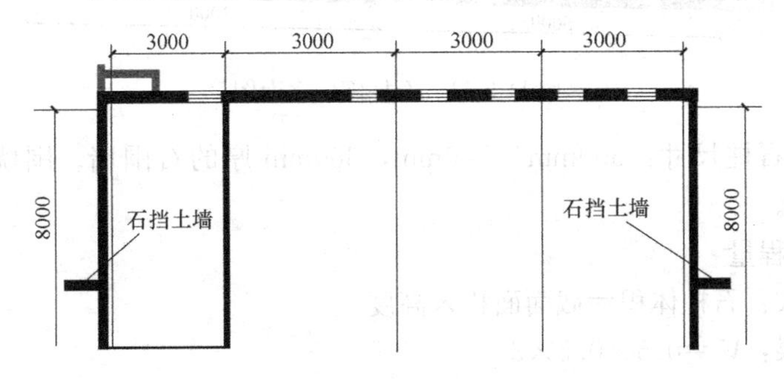

图D.3-9　石挡土墙平面图

图例说明：如上图石挡土墙高度为3000mm，每面墙长各为1m，墙厚度为250mm。计算墙体工程量。

（2）清单工程量

1）计算公式：体积V=长度×厚度×高度

2）计算结果：体积=1×0.25×3×2

=1.5m^3

3. 工程量清单项目组价

（1）定额工程量计算规则

定额工程量计算规则同D.1节（三）010401003实心砖墙部分定额工程量计算规则。

（2）定额工程量

图例及计算方法同清单图例及计算方法。

（五）010403005 石柱

1. 工程量清单计算规则

按设计图示尺寸以体积计算。

2. 工程量清单计算规则图解

（1）图例

见图D.3-10、图D.3-11。

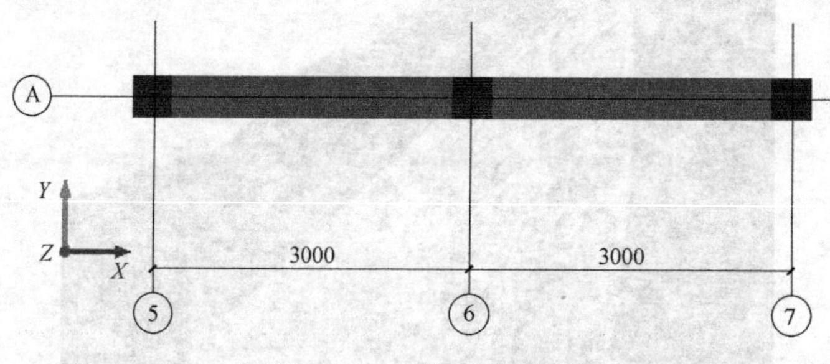

图D.3-10　石柱围墙平面图

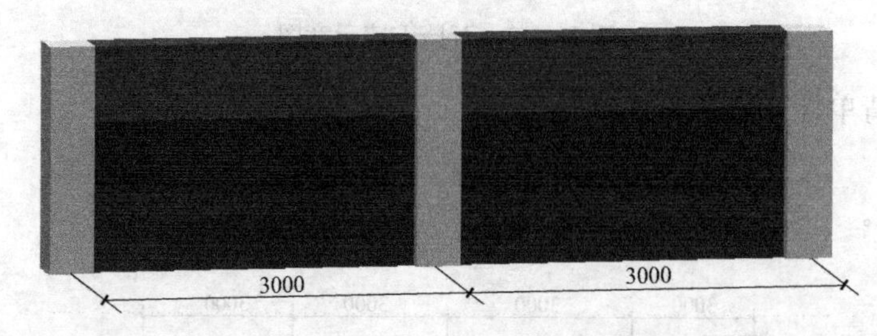

图D.3-11　石柱围墙立面图

图例说明：石柱尺寸：500mm×500mm，300mm厚的石围墙。围墙高度3000mm。计算石柱工程量。

（2）清单工程量

1）计算公式：石柱体积=截面面积×高度

2）计算结果：V=0.5×0.5×3

=0.75m^3

3. 工程量清单项目组价

(1) 定额工程量计算规则

定额工程量计算规则同清单工程量计算规则。

(2) 定额工程量

图例及计算方法同清单图例及计算方法。

(六) 010403006 石栏杆

1. 工程量清单计算规则

按设计图示以长度计算。

2. 工程量清单计算规则图解

(1) 图例

见图 D. 3-12、图 D. 3-13。

图 D. 3-12 石栏杆示意图

图 D. 3-13 石栏杆

(2) 图例说明

台阶石栏杆 1m 高，台阶宽 1.5m。计算石栏杆工程量。

(3) 清单工程量

计算结果：栏杆长度＝1.5×2（2 道栏杆）

＝3m

3. 工程量清单项目组价

(1) 定额工程量计算规则

定额工程量计算规则同清单工程量计算规则。

(2) 定额工程量

图例及计算方法同清单图例及计算方法。

(七) 010403007 石护坡

1. 工程量清单计算规则

按设计图示尺寸以体积计算。

2. 工程量清单计算规则图解

(1) 图例

见图 D. 3-14。

(2) 图例说明

图 D. 3-14　石护坡示意图

如上图石护坡高度为 3000mm，一面墙长为 20m，墙厚度为 200mm。计算石护坡工程量。

（3）清单工程量

1）计算公式：体积 V＝长度×厚度×高度

2）计算结果：体积＝20×0.2×3

＝12m^3

3. 工程量清单项目组价

（1）定额工程量计算规则

石护坡按设计图示尺寸以体积计算。

（2）定额工程量

图例及计算方法同清单图例及计算方法。

（八）010403008 石台阶

1. 工程量清单计算规则

按设计图示尺寸以体积计算。

2. 工程量清单计算规则图解

（1）图例

图 D. 3-15　石台阶

见图 D. 3-15～图 D. 3-17。

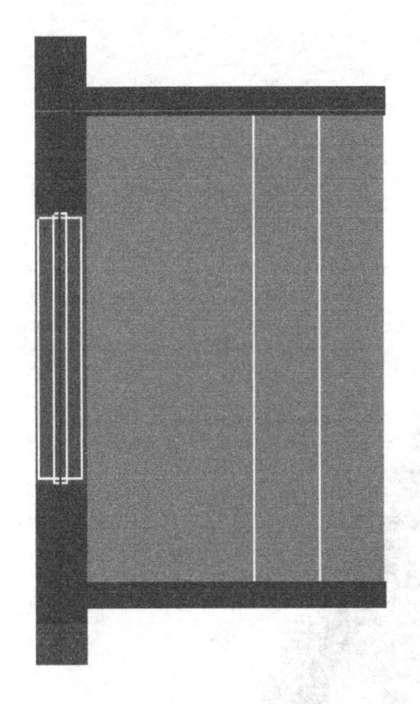

图 D. 3-16 台阶平面图

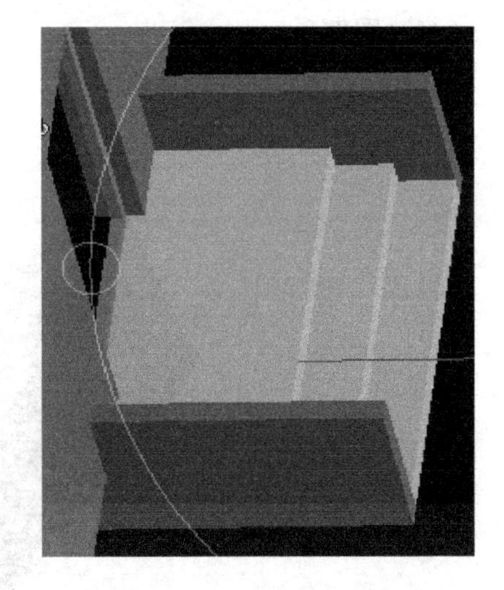

图 D. 3-17 台阶三维图

图例说明：台阶高度 450mm，踏步宽 300mm，台阶踏步 3 步，台阶宽 1.5m，台阶长度 3m。计算石台阶工程量。

（2）清单工程量

1）计算公式：台阶体积＝长度×宽度×厚度

2）计算结果：台阶体积 $V=3\times1.5\times0.45-0.3\times0.15\times1.5\times2$

$=1.89\text{m}^3$

3. 工程量清单项目组价

（1）定额工程量计算规则

石台阶按设计图示尺寸以体积计算。

（2）定额工程量

图例及计算方法同清单图例及计算方法。

图 D. 3-18 石坡道

图 D. 3-19 坡道平面图

（九）010403009 石坡道

1. 工程量清单计算规则

按设计图示尺寸以水平投影面积计算。

2. 工程量清单计算规则图解

（1）图例

见图 D. 3-18～图 D. 3-20。

图 D. 3-20　坡道三维图

图例说明：坡道厚度 300mm，坡道宽度 3m，投影长度 3m，坡度 5%，计算坡道工程量。

（2）清单工程量

1）计算公式：坡道面积＝投影长度×投影宽度

2）计算结果：3×3＝9m²

3. 工程量清单项目组价

（1）定额工程量计算规则

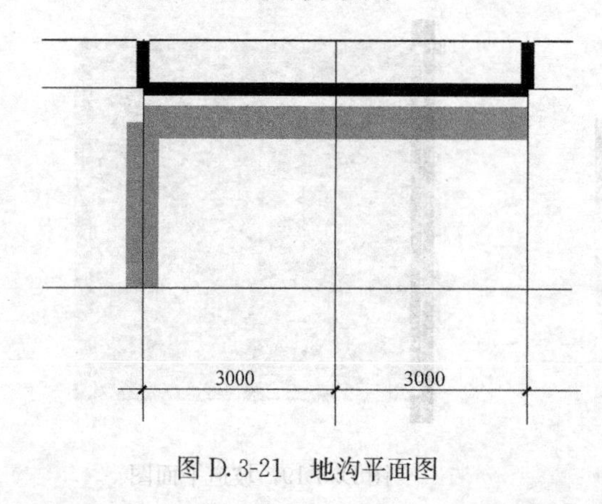

图 D. 3-21　地沟平面图

石坡道按设计图示尺寸以水平投影面积计算。

（2）定额工程量

图例及计算方法同清单图例及计算方法。

（十）010403010 石地沟、明沟

1. 工程量清单计算规则

按设计图示以中心线长度计算。

2. 工程量清单计算规则图解

（1）图例

见图 D. 3-21。

图例说明：两条地沟长度分别为 6m、2. 6m。侧壁为 150mm 石砌体，高 500mm，顶板及底板为混凝土板。计算地沟工程量。

(2) 清单工程量

计算结果：地沟长度＝ 6＋2. 6 ＝8. 6m

3. 工程量清单项目组价

(1) 定额工程量计算规则

石地沟、明沟按设计图示尺寸以体积计算。

(2) 定额工程量

图例及计算方法同清单图例及计算方法。

D. 4 垫　　层

一、项目的划分

这里说的垫层主要指的是除混凝土垫层以外的其他材质的垫层，比如砖砌垫层、砂垫层等。

二、工程量计算与组价

(一) 010404001 垫层

1. 工程量清单计算规则

按设计图示尺寸以体积计算。砖垫层示意见图 D. 4-1。

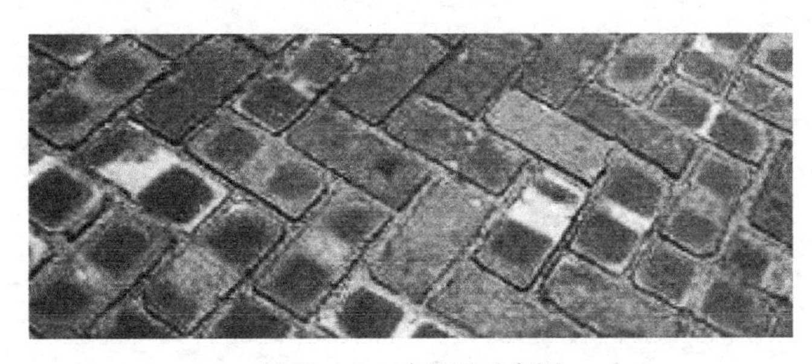

图 D. 4-1　砖垫层示意图

2. 工程量清单计算规则图解

(1) 图例

见图 D. 4-2、图 D. 4-3。

图例说明：基础下方的垫层宽度为 940mm，各垫层中心线长度为 3000mm，垫层厚度为 200mm。计算垫层工程量。

(2) 清单工程量

(3) 计算结果：垫层体积＝0. 94×3×0. 2×2

$=1.13\text{m}^3$

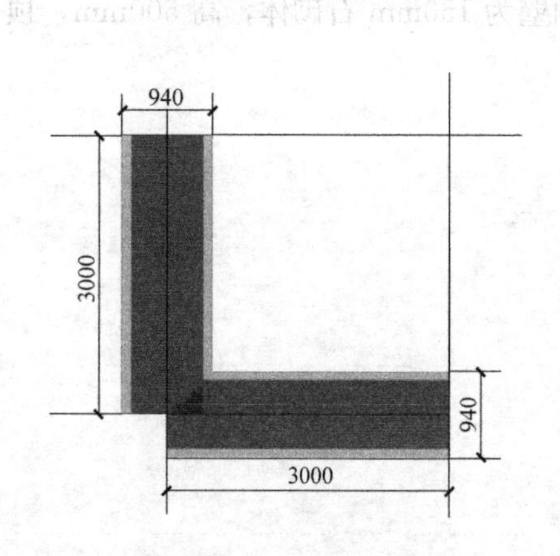

图D.4-2 砖垫层俯视图

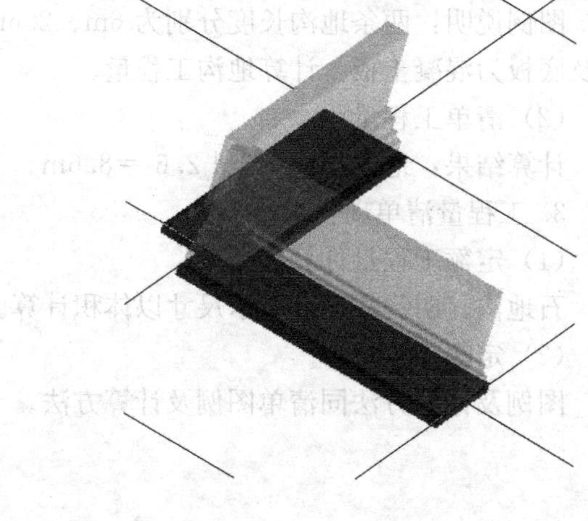

图D.4-3 砖垫层三维图

3. 工程量清单项目组价

(1) 定额工程量计算规则

垫层按设计图示尺寸以体积计算。

(2) 定额工程量

图例及计算方法同清单图例及计算方法。

附录 E　混凝土及钢筋混凝土工程

E.1　现浇混凝土基础

一、项目的划分

（一）项目划分

项目划分为带形基础、独立基础、满堂基础、设备基础和桩承台基础、垫层。

（1）垫层：这里特指基础底部以下常以素混凝土浇筑的部分，厚度一般为 100mm，四周每边尺寸往往会比基础尺寸大 100mm，该尺寸通常称之为“出边”。

（2）带形基础：该项目适用于各种带形基础，例如墙下的长条形基础，或柱和柱间距离较近而连接起来的条形基础。

（3）独立基础：当建筑物上部结构采用框架结构或单层排架结构承重时，常采用独立基础。独立基础一般可以分为阶形基础、坡形基础、杯形基础三种。

（4）满堂基础：用板梁墙柱组合浇筑而成的基础，称为满堂基础。一般有板式（也叫无梁式）满堂基础、梁板式（也叫片筏式）满堂基础和箱形满堂基础三种形式。板式满堂基础的板，梁板式满堂基础的梁和板等，套用满堂基础定额，而其上的墙、柱则套用相应的墙柱定额。箱形基础的底板套用满堂基础定额，墙和顶板则套用相应的墙、板定额。

（5）桩承台基础：由桩和连接桩顶的钢筋混凝土平台（简称承台）组成的深基础，这里所说的桩承台基础主要指的就是承台，不包含桩本身的工程量，主要起承上传下传递荷载的作用。

（6）设备基础：主要指建筑中机电设备的钢筋混凝土底座，特点是尺寸大、配筋复杂。

（二）独立基础与带型基础的区分

（1）当一个基础上只承受一根柱子的荷载时，按独立基础计算。

（2）相邻两个独立柱独立基础之间用小于柱基宽度的带形基础连接时，柱基按独立基础计算，两个独立柱基之间的带形基础仍执行带形基础项目；若此带形基础与柱基础等宽，则全部执行独立基础项目。

二、工程量计算与组价

（一）010501001 垫层

1. 工程量清单计算规则

按设计图示尺寸以体积计算。不扣除伸入承台基础的桩头所占体积。

2. 工程量清单计算规则图解

(1) 图例

见图 E. 1-1。

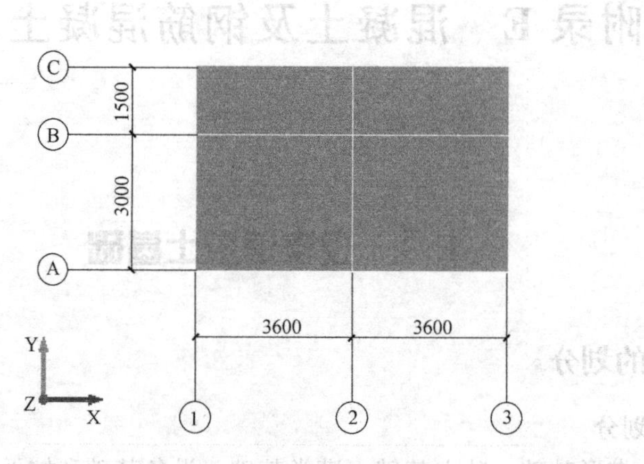

图 E. 1-1　基础平面图

图例说明：轴网如图所示，轴距为开间为 3600mm、3600mm，进深 3000mm、1500mm 基础垫层厚度为 100mm，出边距离 100mm。计算垫层工程量。

(2) 清单工程量

混凝土工程量按体积计算：$V=7.4\times4.7\times0.1=3.48\text{m}^3$

3. 工程量清单项目组价

(1) 定额工程量计算规则

按设计图示尺寸以实体体积计算。不扣除构件内钢筋、预埋铁件及墙、板中 0.3m^2 内的孔洞所占体积。

(2) 常用计算公式

基础垫层体积＝垫层长度×垫层宽度×垫层厚度

(3) 定额工程量

图例及计算方法同清单图例及计算方法。

(二) 010501002 带形基础

1. 工程量清单计算规则

按设计图示尺寸以体积计算。不扣除伸入承台基础的桩头所占体积。

说明：

(1) 混凝土条形基础其截面形式可分成无肋式或有肋式两种，如图 E. 1-2～图 E. 1-4。

有肋带形基础：凡带形基础上部有梁的几何特征，并且基础内配有钢筋，不论配筋形式，均属于有肋式带形钢筋混凝土基础。

无肋带形基础：当带形基础上部梁高与梁宽之比超过 4∶1 时，上部的梁套用墙的综合基价相应子目，下部要套用无肋式带型基础子目，如图 E. 1-3。

有肋带形基础、无肋带形基础应分别编码（第五级编码）列项，并注明肋高。

(2)“带形基础”项目适用于各种带形基础，墙下的板式基础包括浇筑在一字排桩上

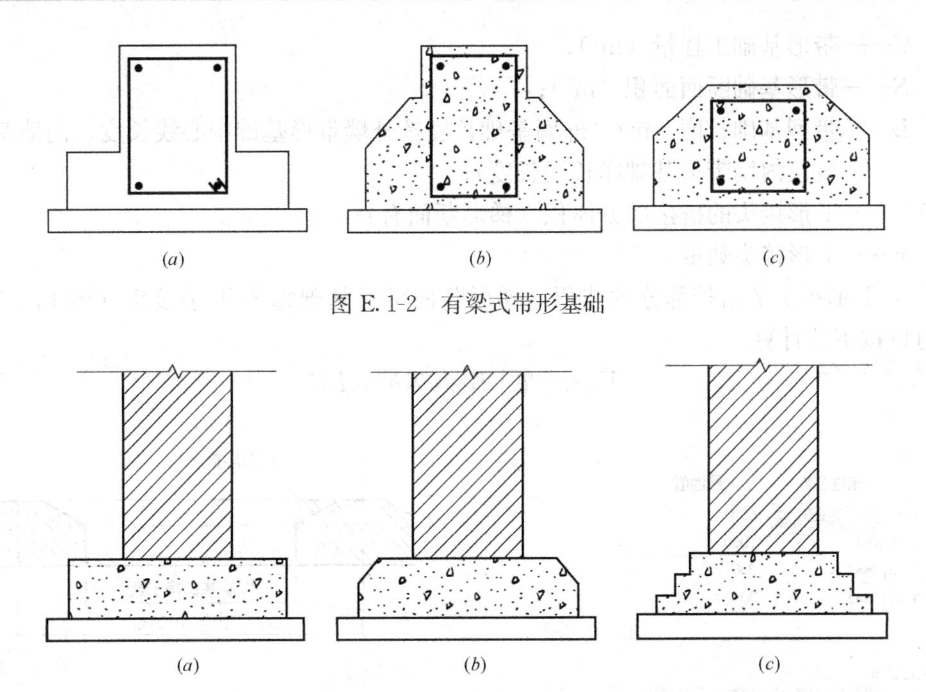

图 E.1-2 有梁式带形基础

图 E.1-3 无梁式带形基础

面的带形基础。应注意：工程量不扣减浇入带形基础体积内的桩头所占体积。

2. 工程量清单计算规则图解

(1) 图例

见图 E.1-5、图 E.1-6。

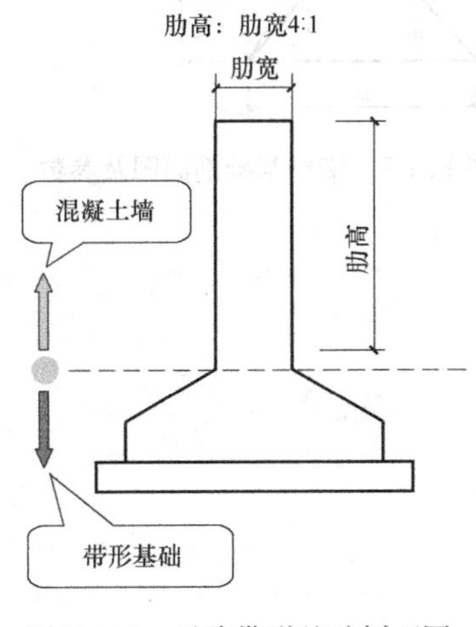

图 E.1-4 无肋带形基础剖面图

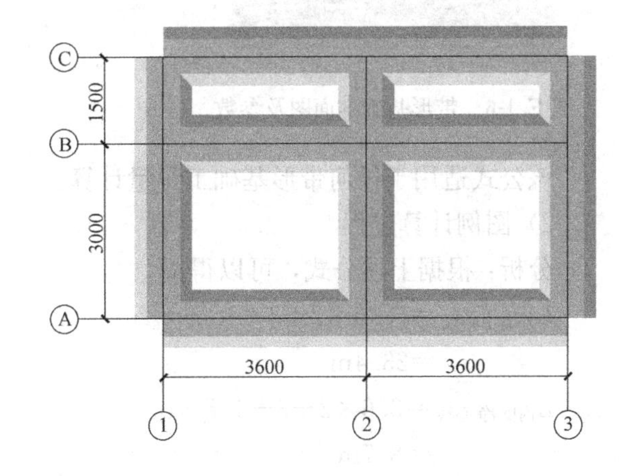

图 E.1-5 带形基础平面图

图例说明：轴网如图所示，轴距为开间为 3600mm、3600mm，进深 3000mm、1500mm，带形基础截面尺寸为 1000mm×600mm，按轴线居中布置。计算基础工程量。

(2) 清单工程量

1) 计算公式

$$V=S\times L+V_{\mathrm{T}}\times n$$

式中：V——带形基础工程量（m^3）；

　　S——带形基础断面面积（m^2）；

　　L——带型基础长度（m）（外墙基础长度按外墙带形基础中心线长度；内墙基础长度按内墙带形基础净长线长度）；

　　V_T——T 形接头的搭接部分体积（梯形断面有）；

　　n——T 形接头数量。

V_T：T 形接头的搭接部分的体积，梯形断面带形基础每个 T 字接头（图 E.1-7）的体积可以按下式计算

$$V_T=(2b+B)/6\times h_1\times L_T$$

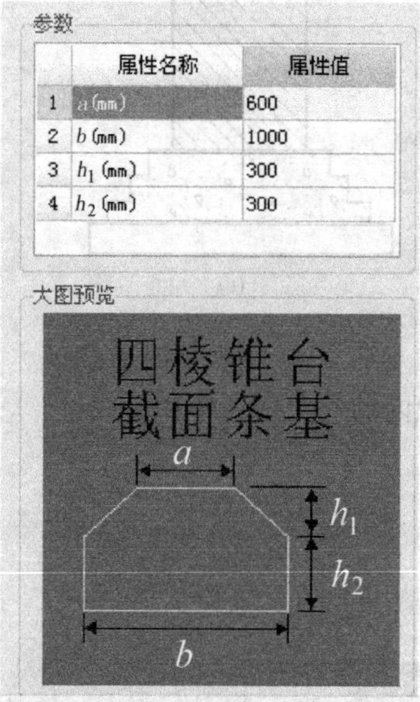

参数

	属性名称	属性值
1	a (mm)	600
2	b (mm)	1000
3	h_1 (mm)	300
4	h_2 (mm)	300

大图预览：四棱锥台截面条基

图 E.1-6　带形基础剖面图及参数

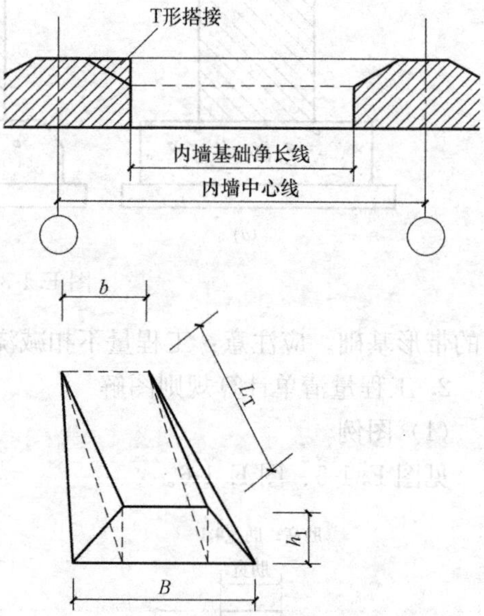

图 E.1-7　带形基础剖面图及参数

该公式适用于任何带形基础工程量计算。

2）图例计算过程

分析：根据上述公式，可以得出

$L_{外墙中心线}=(3.6\times2+3+1.5)\times2$

$=23.4m$

$L_{内墙净心线}=3.6\times2+3+1.5-3$

$=8.7m$

$V_T=(2b+B)\times h_1\times L_T/6$

$=(2\times0.6+1)\times0.3\times0.2/6$

$=0.022m^3$

$V=S\times L+V_T\times n$

$=[(0.6+1)\times0.3/2+(1\times0.3)]\times(23.4+8.7)+0.022\times6$

$=17.47m^3$

3. 工程量清单项目组价

(1) 定额工程量计算规则

现浇混凝土基础：按设计图示尺寸以体积计算。不扣除构件内钢筋、预埋铁件和伸入承台基础的桩头所占体积。

带形基础：外墙按中心线、内墙按净长线乘以基础断面面积以体积计算；带形基础肋的高度自基础上表面算至肋的上表面。

(2) 定额工程量

图例及计算方法同清单图例及计算方法。

(三) 010501003 独立基础

1. 工程量清单计算规则

按设计图示尺寸以体积计算。不扣除构件内钢筋、预埋铁件和伸入承台基础的桩头所占体积。

说明：

(1) 独立基础是指现浇钢筋混凝土柱下的单独基础，其特点是柱与基础整浇为一体。独立基础是柱基础的主要形式，按其形式可分为阶梯形和四棱锥台形；计算时，应按材质分别计算，即毛石混凝土和混凝土独立基础应分别以设计图示尺寸的实体积计算。柱子与基础的划分应以柱基的上表面为分界线，以上为柱身，以下为基础，见图 E.1-8 独立基础。

(2) 杯形独立基础预留装配柱的孔洞，计算体积时应扣除。

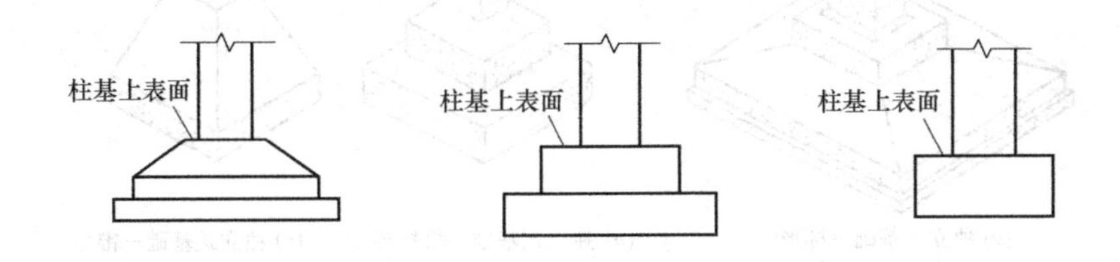

图 E.1-8 独立基础与柱划分示意图

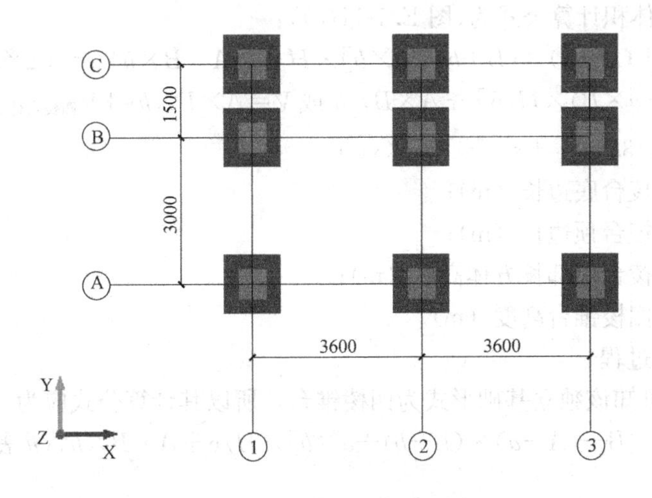

图 E.1-9 独立基础平面图

参数

	属性名称	属性值
1	a(mm)	1000
2	b(mm)	1000
3	a_1(mm)	600
4	b_1(mm)	600
5	h(mm)	200
6	h_1(mm)	200

大图预览

四棱锥台形独立基础

图 E.1-10 独立基础剖面图

2. 工程量清单计算规则图解

(1) 图例

见图 E.1-9、图 E.1-10。

图例说明：轴网如图所示，轴距为开间为 3600mm、3600mm，进深 3000mm、1500mm，独立基础按轴线中心点布置，截面尺寸见图 E.1-10。计算独立基础工程量。

(2) 清单工程量

1) 计算公式

见图 E.1-11。

① 矩形独立基础的计算公式：$V=a\times b\times H$

式中：a——独立基础的长；

b——独立基础的宽；

H——独立基础的高。

② 阶梯形独立基础的计算公式（图 E.1-11 (b)）：

$V=(a_1\times b_1\times H_1)+(a_2\times b_2\times H_2)+(a_3\times b_3\times H_3)$

式中：$a_n\times b_n\times H_n$——阶梯形独立基础体积（m^3）。

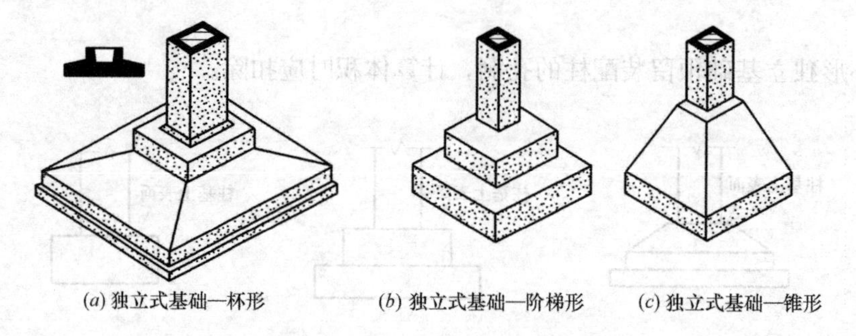

(a) 独立式基础—杯形　(b) 独立式基础—阶梯形　(c) 独立式基础—锥形

图 E.1-11 独立基础的分类

③ 四棱锥台体积计算公式为（图 E.1-11(c)）：

$V=\{[A\times B+(A+a)\times(B+b)+a\times b]\times H/6+A\times B\times h\}=[(2\times A\times B+2\times a\times b+A\times b+a\times B)\times H/6]+A\times B\times h$ 或 $V=A\times B\times h_1+V_{四棱台体积}$

$V_{四棱台体积}=1/3h_2(s_上+s_下+\sqrt{s_上\times s_下})$

式中：A、B——棱台底边长（m）；

a、b——棱台顶边长（m）；

h——棱台底部长方体高度（m）；

H——四棱锥台高度（m）。

2) 图例计算过程

分析：由图可知该独立基础形式为四棱锥台，所以其计算公式应为

$V=n\times\{[(A\times B+(A+a)\times(B+b)+a\times b]\times H/6+A\times B\times h\}$（$n$ 表示独立基础的个数）

计算结果：独立基础混凝土工程量

$V=9\times\{[1\times1+(1+0.6)\times(1+0.6)+0.6\times0.6]\times0.2/6+1\times1\times0.2\}$

$=9\times0.3307$

$=2.98m^3$

3. 工程量清单项目组价

(1) 定额工程量计算规则

按设计图示尺寸以实体体积计算。不扣除构件内钢筋、预埋铁件及墙、板中 $0.3m^2$ 内的孔洞所占体积。

(2) 常用计算公式：同清单工程量部分。

(3) 定额工程量

图例及计算方法同清单图例及计算方法。

(四) 010501004 满堂基础

1. 工程量清单计算规则

按设计图示尺寸以体积计算。不扣除构件内钢筋、预埋铁件和伸入承台基础的桩头所占体积。

说明：

(1) 满堂基础分为有梁式及无梁式两种，如图 E.1-12。

1) 无梁式满堂基础是指无凸出板面的梁。

2) 有梁式满堂基础是指带有凸出板面的梁（上翻梁或下翻梁）。

(2) 无梁式满堂基础其柱头（帽）并入基础内计算。

(3) 有梁式满堂基础其梁与板并入基础编码列项。

(4) 箱式满堂基础其柱、梁、板应分别编码列。

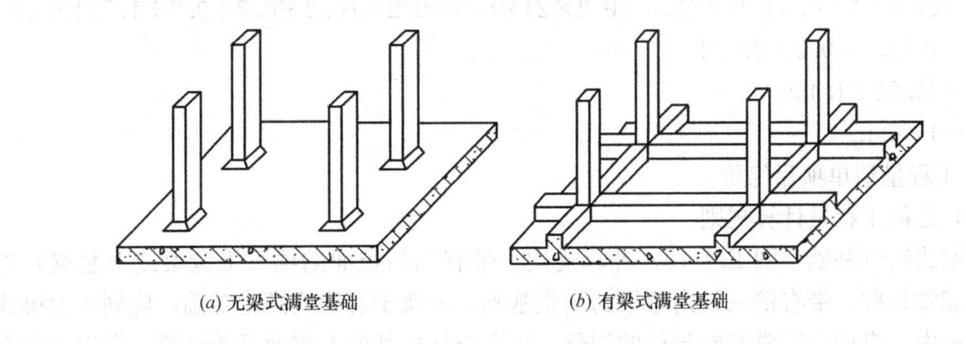

(a) 无梁式满堂基础　(b) 有梁式满堂基础

图 E.1-12　满堂基础的分类

2. 工程量清单计算规则图解

(1) 图例

见图 E.1-13、图 E.1-14。

图例说明：轴网如图所示，轴距为开间为 3600mm、3600mm、3000mm，进深 3000mm、1500mm、3000mm，筏板基础厚度为 500mm，中间筏板比两侧的筏板高 0.2m，高低筏板间变截面筏板各向两边延伸 200mm，放坡角度为 60°。计算筏板基础工程量。

(2) 清单工程量

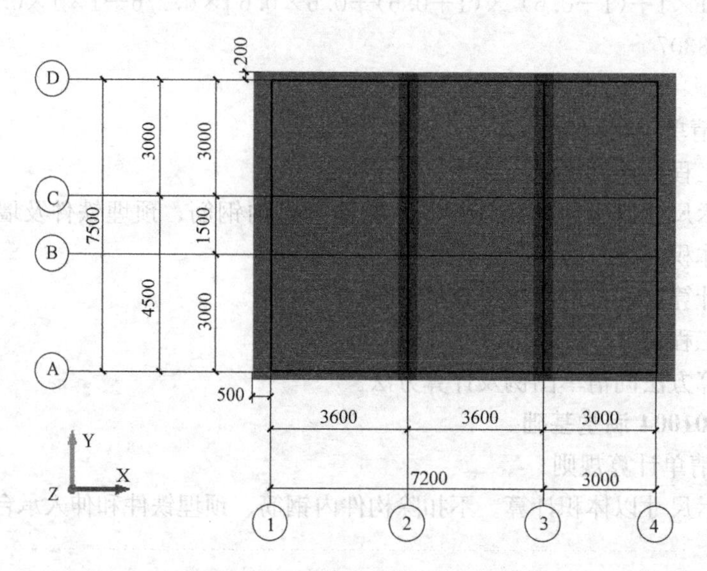

图 E. 1-13 满堂基础平面布置图

计算公式：满堂基础工程量＝图示长度×图示宽度×厚度＋翻梁体积

计算结果：满堂基础混凝土工程量

图 E. 1-14 满堂基础剖面图

$$V=(7.2+3+0.5\times2)\times(7.5+0.2\times2)\times0.5+0.2\times(0.2+0.2+0.2\div1.732\times0.5)\times(7.5+0.2\times2)\times2$$

$$=44.24+1.446$$

$$=45.69\text{m}^3$$

3. 工程量清单项目组价

(1) 定额工程量计算规则

有梁式满堂基础（图 E. 1-15）计算规则：带有凹凸板面的梁（上翻梁或下翻梁）为有梁式满堂基础，带有镶入板内暗梁的满堂基础，不属于有梁式满堂基础，应划入无梁式满堂基础内，有梁式满堂基础与柱的划分：柱高应从柱基的上表面开始计算，即以梁的上表面为分界线，梁的体积并入有梁式满堂基础，不能以底板的上表面开始计算柱高（有部分省颁定额规定：梁高超过 1.2m 时，底板按满堂基础计算，而梁则按混凝土墙计算）。

无梁式满堂基础（图 E. 1-16）计算规则：无突出板面的梁（包括有镶入板内的暗梁）的满堂基础，为无梁式满堂基础，它形似倒置的无梁楼盖，其工程量按图示尺寸以“m^3”计算，边肋体积并入无梁式基础工程量内计算。

箱式基础（图 E. 1-17）在计算顶板时，应按有梁板、平板、无梁板分别列项计算，即板由主次梁承重的按有梁板计算，主次梁体积并入顶板工程量内计算；若板由钢筋混凝土墙承重，按平板计算；若板不带梁，直接由柱头承重，按无梁板计算，柱帽体积并入无梁板内计算；有多种板连接时，以墙的中心线为界，分别列项计算。

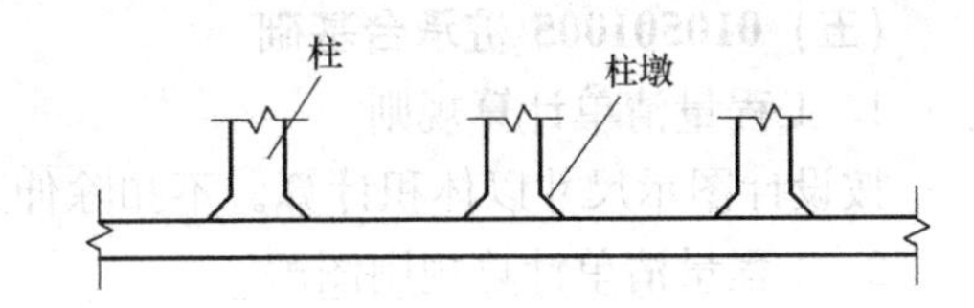

图 E.1-16　无梁式满堂基础

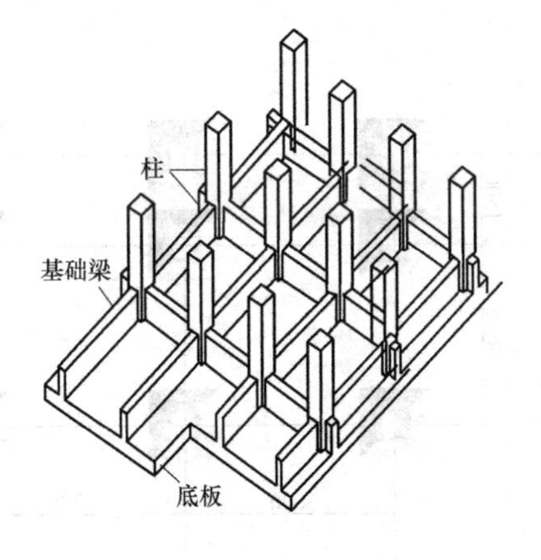

图 E.1-15　有梁式满堂基础

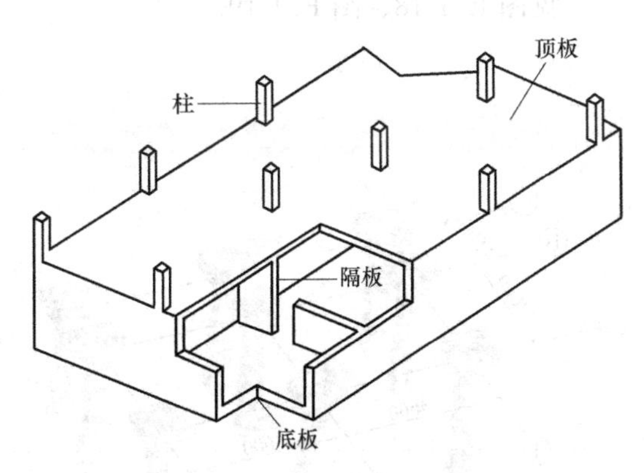

图 E.1-17　箱形基础

（2）常用计算公式

1）有梁式满堂基础：$V=a\times b\times h+V_{基础梁}$

式中：V——有梁式满堂基础体积（m^3）；

a——满堂基础的长（m）；

b——满堂基础的宽（m）；

h——满堂基础的高（m）；

$V_{基础梁}$——基础梁的体积（m^3）。

2）无梁式满堂基础：$V=a\times b\times h+V_{柱墩}$

注：柱墩并入满堂基础。

式中：V——无梁式满堂基础体积（m^3）；

a——满堂基础的长（m）；

b——满堂基础的宽（m）；

h——满堂基础的高（m）；

$V_{柱墩}$——柱墩体积（m^3）。

3）箱形基础计算公式：

$$V=V_{底板}+V_{墙}+V_{梁}+V_{柱}+V_{顶板}+V_{墙}$$

式中：$V_{底板}$——箱式满堂基础底板体积；

$V_{梁}$——箱式满堂基础梁体积；

$V_{柱}$——箱式满堂基础柱体积；

$V_{顶板}$——箱式满堂基础板体积；

$V_{墙}$——箱式满堂基础墙体积。

（3）定额工程量

图例及计算方法同清单图例及计算方法。

（五）010501005 桩承台基础

1. 工程量清单计算规则

按设计图示尺寸以体积计算。不扣除伸入承台基础的桩头所占体积。

2. 工程量清单计算规则图解

（1）图例

见图 E. 1-18、图 E. 1-19。

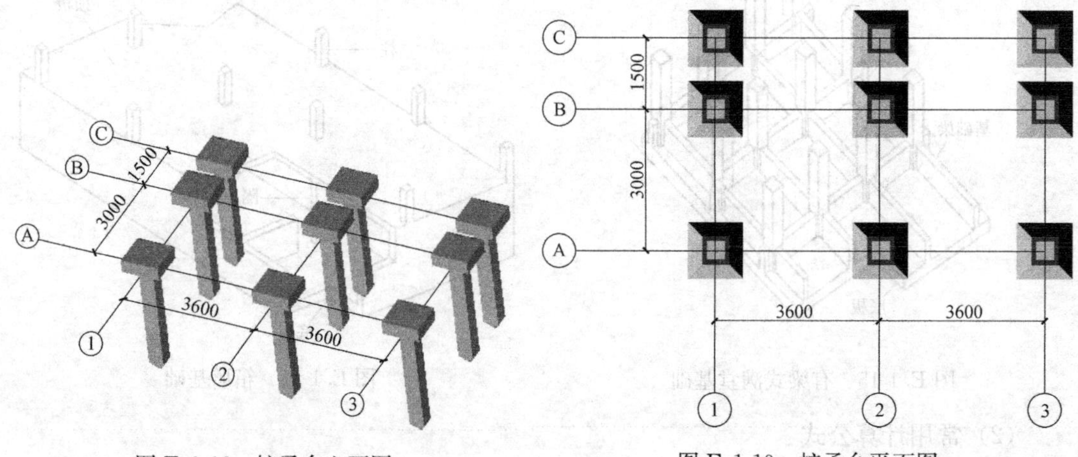

图 E. 1-18　桩承台立面图

图 E. 1-19　桩承台平面图

图例说明：轴网如图所示，轴距为开间为 3600mm、3600mm，进深 3000mm、1500mm，桩承台截面尺寸为 1000mm×1000mm，高度为 500mm，按轴线居中布置。计算承台工程量。

（2）清单工程量

混凝土工程量按承台体积（不扣除桩头）：

$V = 1 \times 1 \times 0.5 \times 9$

$= 4.50m^3$

3. 工程量清单项目组价

（1）定额工程量计算规则

混凝土及钢筋混凝土项目除另有规定者外，均按图示尺寸以构件的实体体积计算，不扣除钢筋混凝土中的钢筋、预埋铁件及墙、板中 $0.3m^2$ 内的孔洞所占的体积。

（2）常用计算公式

1）独立桩承台计算公式=承台长×承台宽×承台厚；

2）带形桩承台计算公式=承台长×承台宽×承台厚。

（3）定额工程量

图例及计算方法同清单图例及计算方法。

（六）010501006 设备基础

1. 工程量清单计算规则

按设计图示尺寸以体积计算。

2. 工程量清单计算规则图解

（1）图例

见图 E.1-20。

图例说明：轴网如图所示，设备基础长为7200mm，宽 4500mm，高度为 500mm。计算设备基础工程量。

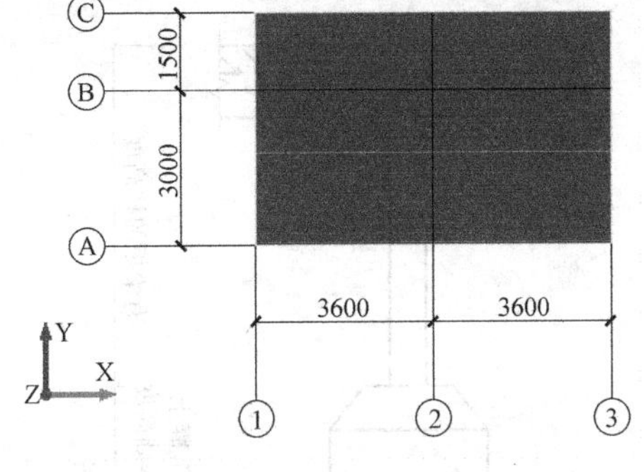

图 E.1-20 设备基础平面图

（2）清单工程量

设备基础工程量＝7.2×4.5×0.5

＝16.20m^3

3. 工程量清单项目组价

（1）定额工程量计算规则

设备基础除块体外，其他类型设备基础分别按基础、梁、柱、板、墙等有关规定计算，套相应的定额项目计算。

（2）常用计算公式

一般设备基础的计算公式：设备基础工程量＝长×宽×高。

（3）定额工程量

图例及计算方法同清单图例及计算方法。

E.2 现浇混凝土柱

一、项目的划分

项目划分为矩形柱、构造柱、异形柱。

“矩形柱”、“异形柱”项目适用于各类截面形状的柱，除无梁板柱的高度计算至柱帽下表面，其他柱都以全高计算。

构造柱按全高计算，嵌接墙体部分（马牙槎）并入柱身体积。

说明：

（1）单独的框架薄壁柱根据其截面形状，确定以异形柱或矩形柱编码列项。

（2）柱帽的工程量计算在无梁板体积内。

（3）混凝土柱上的钢牛腿按钢构件工程量清单项目设置中零星钢构件编码列项。

二、工程量计算与组价

（一）010502001 矩形柱

1. 工程量清单计算规则

按设计图示尺寸以体积计算。

柱高：

（1）有梁板的柱高（图 E.2-1），应自柱基上表面（或楼板上表面）至上一层楼板上表面之间的高度计算。

（2）无梁板的柱高（图 E.2-2），应自柱基上表面（或楼板上表面）至柱帽下表面之间的高度计算。

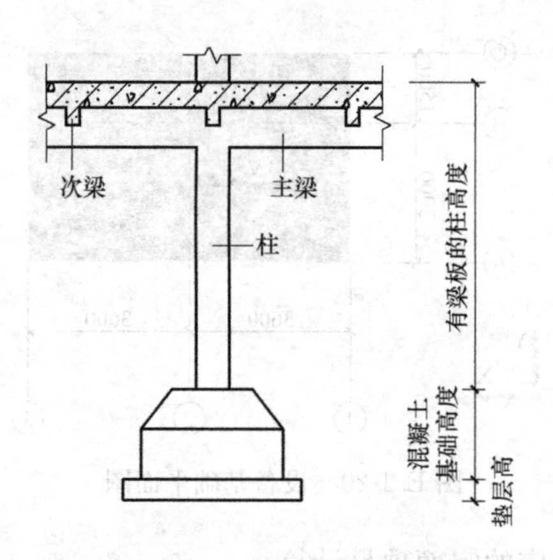

图 E. 2-1 有梁板柱高示意图

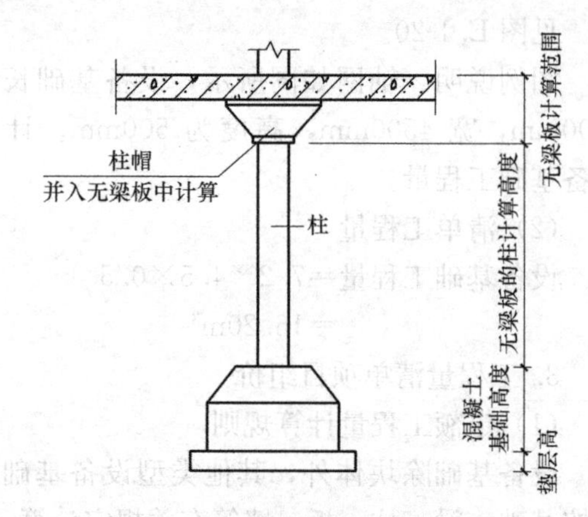

图 E. 2-2 无梁板柱高示意图

(3) 框架柱的柱高（图 E. 2-3)，应自柱基上表面至柱顶高度计算。

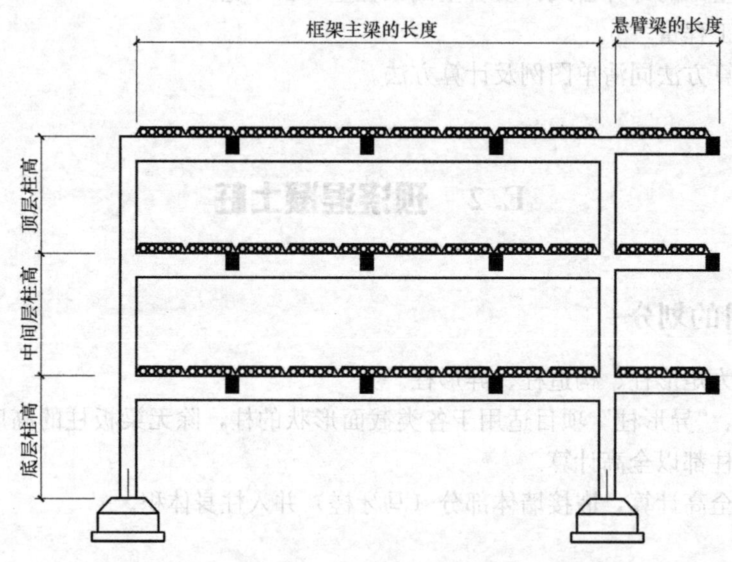

图 E. 2-3 框架柱立面图

(4) 依附柱上的牛腿和升板的柱帽（图 E. 2-4)，并入柱身体积计算。

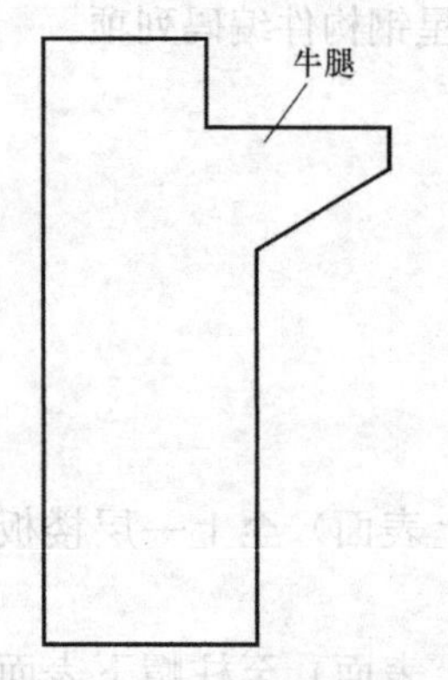

图 E. 2-4 柱牛腿示意图

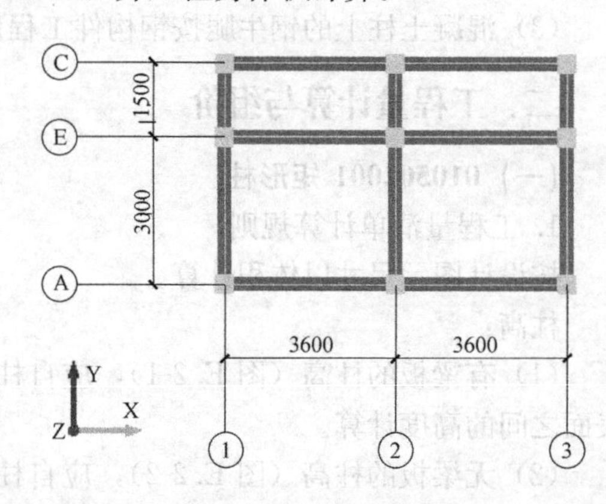

图 E. 2-5 柱平面图

2. 工程量清单计算规则图解

(1) 图例

见图 E. 2-5。

图例说明：轴网如图所示，轴距为开间为 3600mm、3600mm，进深 3000mm、1500mm，柱截面尺寸为 400mm×400mm，柱高为 4.5m。计算柱工程量。

(2) 清单工程量

计算结果：$V=0.4\times0.4\times4.5\times9$

$=6.48\text{m}^3$

3. 工程量清单项目组价

(1) 定额工程量计算规则

现浇混凝土柱：按设计图示尺寸以体积计算。不扣除构件内钢筋、预埋铁件所占体积。型钢混凝土柱扣除构件内型钢所占体积。依附柱上的牛腿并入柱身体积计算。柱高的规定：

1) 有梁板应自柱基上表面（或楼板上表面）至上一层楼板上表面之间的高度计算；

2) 无梁板应自柱基上表面（或楼板上表面）至柱帽下表面之间的高度计算；

3) 框架柱应自柱基上表面至柱顶高度计算；

4) 构造柱按全高计算，嵌接墙体（马牙槎）并入柱身体积；

5) 空心砌块墙中的混凝土芯柱按孔的图示高度计算。

钢管混凝土柱按设计图示尺寸以体积计算。

(2) 常用计算公式

一般柱的计算公式：$V=H\times S$

式中：V——现浇钢筋混凝土柱体积（m^3）；

H——柱高（m）；

S——柱截面面积（m^2）。

(3) 定额工程量

图例及计算方法同清单图例及计算方法。

(二) 010502002 构造柱

1. 工程量清单计算规则

按设计图示尺寸以体积计算。

柱高：构造柱按全高计算，嵌接墙体部分（马牙槎）并入柱身体积。构造柱剖面见图 E. 2-6。

2. 工程量清单计算规则图解

(1) 图例

见图 E. 2-7。

图例说明：轴网如图所示，轴距为开间为 3000mm、3000mm，进深 3000mm、3000mm，砌体墙厚 240mm，构造柱截面尺寸为 240mm×240mm。柱高为 3m。两面设置马牙槎，计算构造柱工程量。

(2) 清单工程量

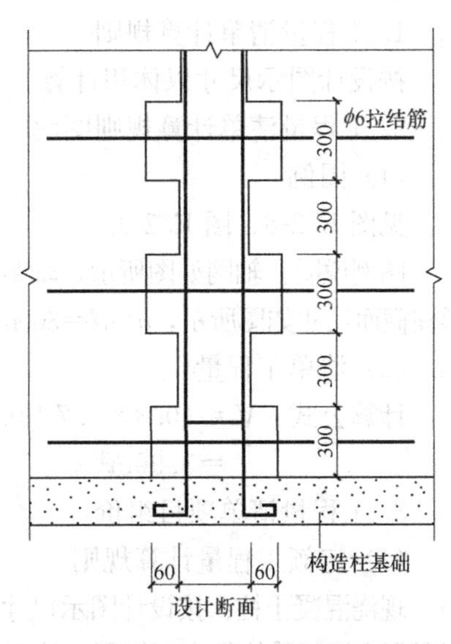

图 E. 2-6 构造柱剖面图

计算公式：$V=S\times H+S_1\times H\times n\times 1/2$

式中：V——现浇钢筋混凝土柱体积（m^3）；

H——柱高（m）；

S——柱截面面积（m^2）；

S_1——马牙槎截面面积（m^2）；

n——设置马牙槎的面数。

计算结果：$V=0.24\times 0.24\times 3+0.06\times 0.24\times 3\times 2\times 1/2$

$=0.22m^3$

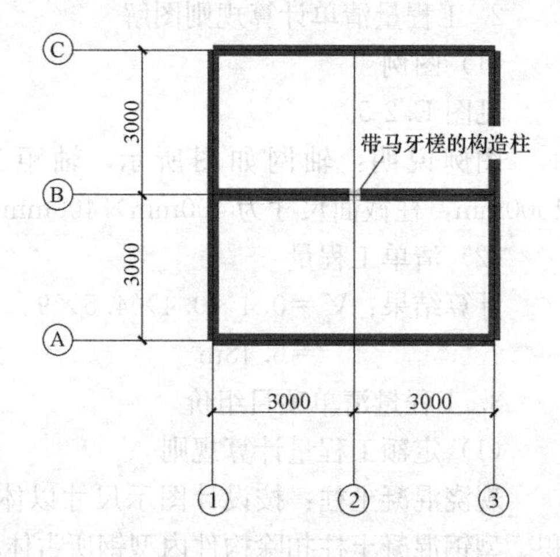

图 E. 2-7　构造柱平面图

3. 工程量清单项目组价

(1) 定额工程量计算规则

现浇混凝土柱：按设计图示尺寸以体积计算。不扣除构件内钢筋、预埋铁件所占体积。型钢混凝土柱扣除构件内型钢所占体积。依附柱上的牛腿并入柱身体积计算。

构造柱按全高计算，嵌接墙体部分（马牙槎）并入柱身体积。

(2) 常用计算公式

计算公式：$V=S\times H+S_1\times H\times n\times 1/2$

式中：V——现浇钢筋混凝土柱体积（m^3）；

H——柱高（m）；

S——柱截面面积（m^2）；

S_1——马牙槎截面面积（m^2）；

n——设置马牙槎的面数。

(3) 定额工程量

图例及计算方法同清单图例及计算方法。

（三）010502003 异形柱

1. 工程量清单计算规则

按设计图示尺寸以体积计算。

2. 工程量清单计算规则图解

(1) 图例

见图 E. 2-8、图 E. 2-9。

图例说明：轴网如图所示，轴距为开间为 3600mm、3600mm，进深 3000mm、1500mm，异形柱截面尺寸如图所示，$a=d=300$mm，$b=c=400$mm，柱高 3m，计算柱工程量。

(2) 清单工程量

计算公式：$V=(0.3\times 0.7+0.3\times 0.4)\times 3\times 4$

$=3.96m^3$

3. 工程量清单项目组价

(1) 定额工程量计算规则

现浇混凝土柱：按设计图示尺寸以体积计算。不扣除构件内钢筋、预埋铁件所占体积。型钢混凝土柱扣除构件内型钢所占体积。依附柱上的牛腿并入柱身体积计算。柱高的规定：

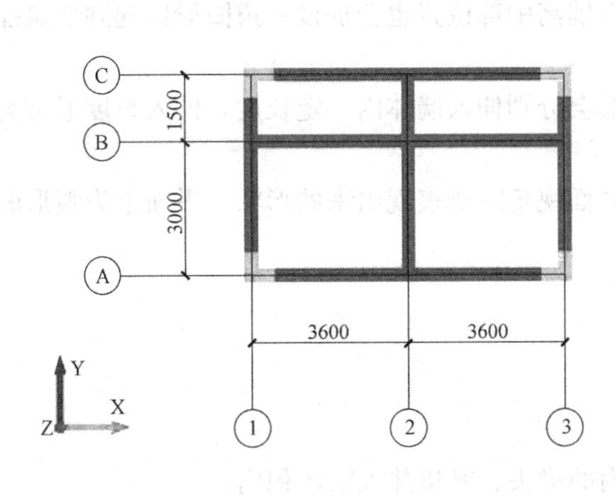

图 E. 2-8 柱平面图

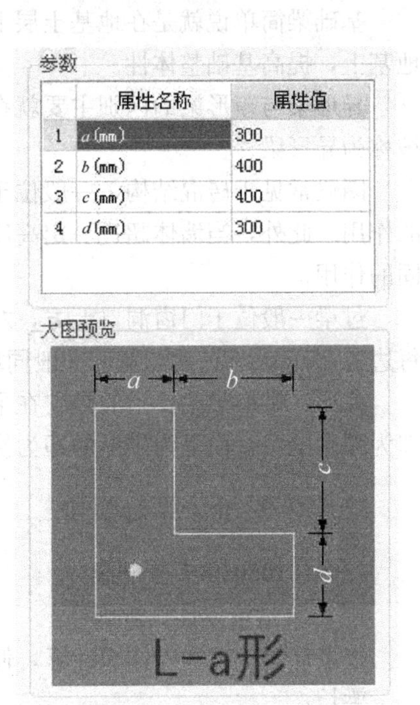

图 E. 2-9 柱参数示意图

1）有梁板应自柱基上表面（或楼板上表面）至上一层楼板上表面之间的高度计算；

2）无梁板应自柱基上表面（或楼板上表面）至柱帽下表面之间的高度计算；

3）框架柱应自柱基上表面至柱顶高度计算；

4）构造柱按全高计算，嵌接墙体（马牙槎）并入柱身体积；

5）空心砌块墙中的混凝土芯柱按孔的图示高度计算。

钢管混凝土柱按设计图示尺寸以体积计算。

（2）常用计算公式

计算公式： $V=H\times S$

式中：V——现浇钢筋混凝土柱体积（m^3）；

H——柱高（m）；

S——柱截面面积（m^2）。

（3）定额工程量

图例及计算方法同清单图例及计算方法。

E. 3 现浇混凝土梁

一、项目的划分

项目划分为基础梁，矩形梁，异形梁，圈梁，过梁，弧形、拱形梁。

基础梁简单说就是在地基土层上的梁，其主要作用是与基础相连，将上部荷载传递到地基上，提高基础整体性。

异形梁与矩形梁的区别主要就在于断面形状的不同，只有当断面形状为非矩形时才会被称为异形梁。

圈梁常见于砖混结构，一般位于砌体墙顶部并形成封闭，能起到使承重墙体整体受力的作用。此外，当墙体超过一定高度时，在墙高中部位置也会加设一道圈梁以起到建筑加固的作用。

过梁一般位于门窗洞口上方，左右两端会分别伸入墙体内一定长度，伸入长度通常为每边各250mm，过梁的宽度一般同墙厚。

弧形、拱形梁主要指的是它在平面和立面视角时所表现出来的形状，平面上为弧形的即为弧形梁，立面上为拱形的即为拱形梁。

二、工程量计算与组价

（一）010503001 基础梁

1. 工程量清单计算规则

按设计图示尺寸以体积计算。伸入墙内的梁头、梁垫并入梁体积内。

梁长：

（1）梁与柱连接时，梁长算至柱侧面；

（2）次梁与柱或主梁连接时，次梁长度算至柱侧面或主梁侧面。

2. 工程量清单计算规则图解

（1）图例

见图E.3-1、图E.3-2。

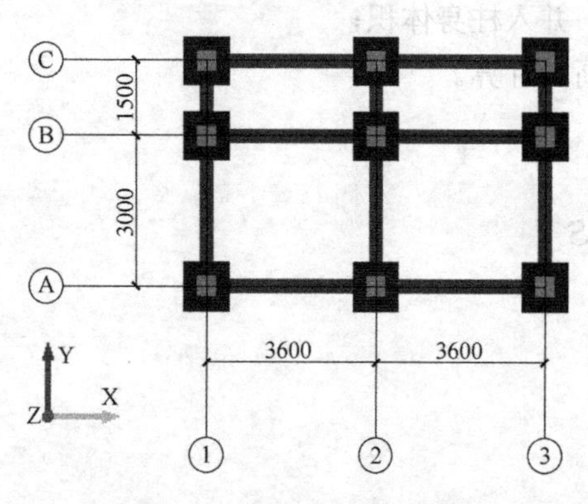

图E.3-1　基础梁平面布置图

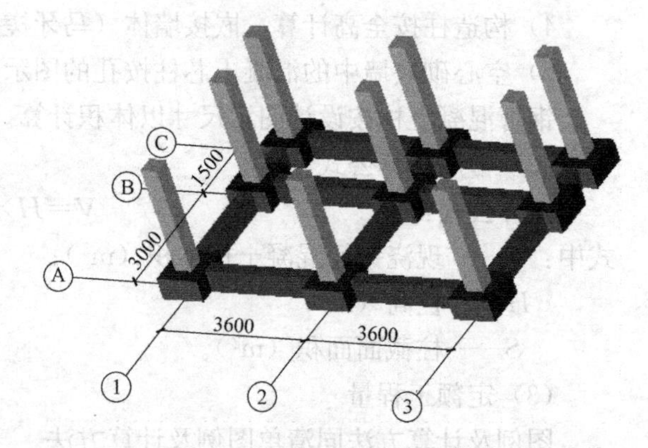

图E.3-2　基础梁三维示意图

图例说明：轴网如图所示，轴距为开间为3600mm、3600mm，进深3000mm、1500mm，独立基础截面尺寸为1000mm×1000mm，基础梁截面尺寸为300mm×500mm。计算基础梁工程量。

（2）清单工程量

计算结果：$V=0.3\times0.5\times(2+0.5+2.6\times2)\times3$

$=3.47\text{m}^3$

3. 工程量清单项目组价

(1) 定额工程量计算规则

现浇混凝土梁：按设计图示尺寸以体积计算，不扣除构件内钢筋、预埋铁件所占体积，伸入墙内的梁头、梁垫并入梁体积内。型钢混凝土梁扣除构件内型钢所占体积。梁长的规定：

1) 梁与柱连接时，梁长算至柱侧面；

2) 主梁与次梁连接时，次梁长算至主梁侧面；

3) 梁与墙连接时，梁长算至墙侧面。

(2) 常用计算公式

计算公式：$V=L\times H\times b$

式中：V——现浇钢筋混凝土梁体积（m^3）；

L——梁长（m）；

H——梁高（m）；

b——梁宽（m）。

(3) 定额工程量

图例及计算方法同清单图例及计算方法。

(二) 010503002 矩形梁

1. 工程量清单计算规则

按设计图示尺寸以体积计算。伸入墙内的梁头、梁垫并入梁体积内。

梁长：

(1) 梁与柱连接时，梁长算至柱侧面；

(2) 次梁与柱或主梁连接时，次梁长度算至柱侧面或主梁侧面。

说明：梁（单梁、框架梁、圈梁、过梁）与板整体现浇时，梁高算至板底。

2. 工程量清单计算规则图解

(1) 图例

见图 E.2-5。

图例说明：轴网如图所示，轴距为开间为 3600mm、3600mm，进深 3000mm、1500mm，柱截面尺寸为 400mm×400mm，梁截面尺寸为 300mm×500mm。计算梁工程量。

(2) 清单工程量

计算结果：$V=0.3\times0.5\times(2.6+1.1+3.2\times2)\times3$

$=4.55m^3$

3. 工程量清单项目组价

(1) 定额工程量计算规则

现浇混凝土梁：按设计图示尺寸以体积计算，不扣除构件内钢筋、预埋铁件所占体积，伸入墙内的梁头、梁垫并入梁体积内。型钢混凝土梁扣除构件内型钢所占体积。梁长的规定：

1) 梁与柱连接时，梁长算至柱侧面；

2) 主梁与次梁连接时，次梁长算至主梁侧面；

3）梁与墙连接时，梁长算至墙侧面。

（2）常用计算公式

计算公式：$V=L\times H\times b$

式中 V——现浇钢筋混凝土梁体积（m^3）；

L——梁长（m）；

H——梁高（m）；

b——梁宽（m）。

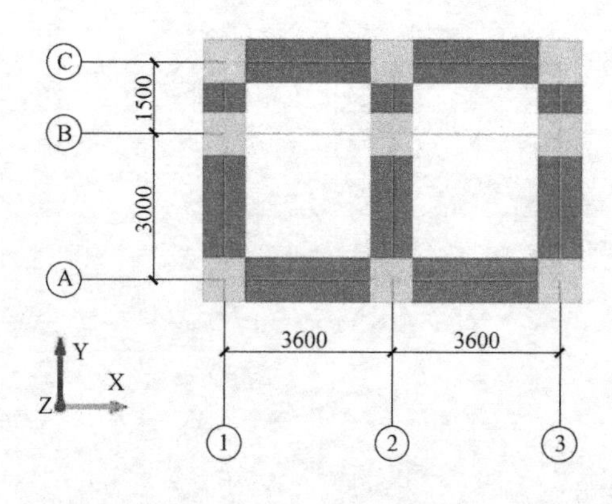

图 E.3-3 梁平面布置图

（3）定额工程量

图例及计算方法同清单图例及计算方法。

（三）010503003 异形梁

1. 工程量清单计算规则

同本节（二）010503002 矩形梁部分。

2. 工程量清单计算规则图解

（1）图例

见图 E.3-3。

图例说明：轴网如图所示，轴距为开间为3600mm、3600mm，进深3000mm、1500mm，柱截面尺寸为900mm×900mm，梁截面尺寸如图所示，$a_1=a_2=h_1=h_2=300$mm。计算梁工程量。

（2）清单工程量

计算结果：$V=(0.9\times0.3+0.3\times0.3)\times[2.7\times4+(2.1+0.6)\times3]=6.80m^3$

3. 工程量清单项目组价

（1）定额工程量计算规则

现浇混凝土梁：按设计图示尺寸以体积计算，不扣除构件内钢筋、预埋铁件所占体积，伸入墙内的梁头、梁垫并入梁体积内。型钢混凝土梁扣除构件内型钢所占体积。梁长的规定：

1）梁与柱连接时，梁长算至柱侧面；

2）主梁与次梁连接时，次梁长算至主梁侧面；

3）梁与墙连接时，梁长算至墙侧面。

（2）常用计算公式

计算公式：$V=L\times S$

式中：V——现浇钢筋混凝土梁体积（m^3）；

L——梁长（m）；

S——梁截面面积（m^2）。

（3）定额工程量

图例及计算方法同清单图例及计算方法。

（四）010503004 圈梁

1. 工程量清单计算规则

同本节（二）010503002 矩形梁部分。

2. 工程量清单计算规则图解

(1) 图例

见图 E. 3-4。

图例说明：轴网如图所示，轴距为开间为3600mm、3600mm，进深 3000mm、1500mm，圈梁截面尺寸为 240mm×500mm，其下所有墙厚度均为 240mm，现浇板厚度为 120mm。计算圈梁混凝土工程量。

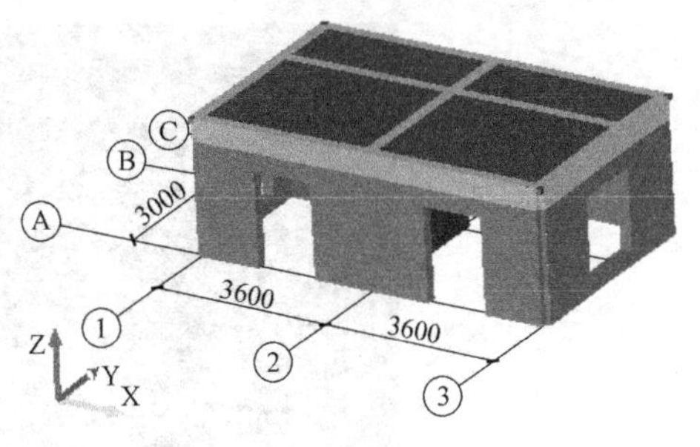

图 E. 3-4 圈梁布置图

(2) 清单工程量

分析：外圈梁按照中心线长度计算，内圈梁按照净长线长度计算。

计算结果：$V=0.24\times(0.5-0.12)\times(7.2\times3+4.5\times3-0.24\times3)$

$=3.14\text{m}^3$

3. 工程量清单项目组价

(1) 定额工程量计算规则

现浇混凝土梁：按设计图示尺寸以体积计算，不扣除构件内钢筋、预埋铁件所占体积，伸入墙内的梁头、梁垫并入梁体积内。型钢混凝土梁扣除构件内型钢所占体积。

梁长的规定：

1) 梁与柱连接时，梁长算至柱侧面；

2) 主梁与次梁连接时，次梁长算至主梁侧面；

3) 梁与墙连接时，梁长算至墙侧面。

4) 圈梁的长度外墙按中心线，内墙按净长线计算；

5) 过梁按设计图示尺寸计算。

圈梁代过梁者其过梁体积并入圈梁工程量内。

(2) 常用计算公式

计算公式：$V=L\times S$

式中：V——现浇钢筋混凝土圈梁体积（m^3）；

L——圈梁梁长（m）；

S——圈梁截面面积（m^2）。

(3) 定额工程量

图例及计算方法同清单图例及计算方法。

(五) 010503005 过梁

1. 工程量清单计算规则

同本节（二）010503002 矩形梁部分。过梁示意见图 E. 3-5。

2. 工程量清单计算规则图解

(1) 图例

见图 E. 3-6。

图例说明：轴网如图所示，轴距为开间为 3600mm、3600mm，进深 3000mm、1500mm，过梁截面尺寸为 240mm×240mm，M-1 尺寸 1200mm×2100mm，C-1 尺寸 1500mm×1800mm，其中过梁伸入墙内的总长度为 500mm。计算过梁工程量。

图 E.3-5 过梁示意图

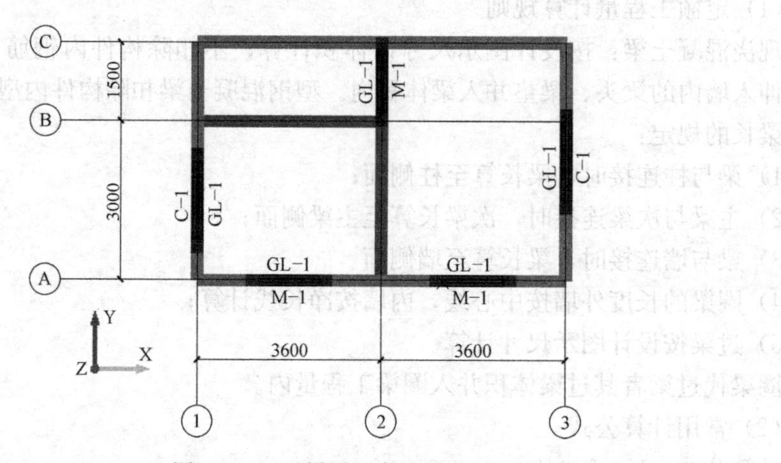

图 E.3-6 过梁平面布置图

(2) 清单工程量

计算结果：$V=0.24\times0.24\times[(1.2+0.5)\times3+(1.5+0.5)\times2]$

$=0.52\text{m}^3$

3. 工程量清单项目组价

(1) 定额工程量计算规则

现浇混凝土梁：按设计图示尺寸以体积计算，不扣除构件内钢筋、预埋铁件所占体积，伸入墙内的梁头、梁垫并入梁体积内。型钢混凝土梁扣除构件内型钢所占体积。

梁长的规定：

1) 梁与柱连接时，梁长算至柱侧面；

2) 主梁与次梁连接时，次梁长算至主梁侧面；

3) 梁与墙连接时，梁长算至墙侧面；

4) 圈梁的长度外墙按中心线，内墙按净长线计算；

5) 过梁按设计图示尺寸计算。

圈梁代过梁者其过梁体积并入圈梁工程量内。

（2）常用计算公式

计算公式：$V=L\times S$

式中：V——现浇钢筋混凝土过梁体积（m^3）；

L——过梁梁长（m）；

S——过梁截面面积（m^2）。

（3）定额工程量

图例及计算方法同清单图例及计算方法。

（六）010503006 弧形、拱形梁

1. 工程量清单计算规则

按设计图示尺寸以体积计算。伸入墙内的梁头、梁垫并入梁体积内。

梁长：

1）梁与柱连接时，梁长算至柱侧面；

2）次梁与柱或主梁连接时，次梁长度算至柱侧面或主梁侧面。

说明：梁（单梁、框架梁、圈梁、过梁）与板整体现浇时，梁高算至板底。

2. 工程量清单计算规则图解

（1）图例

见图 E.3-7。

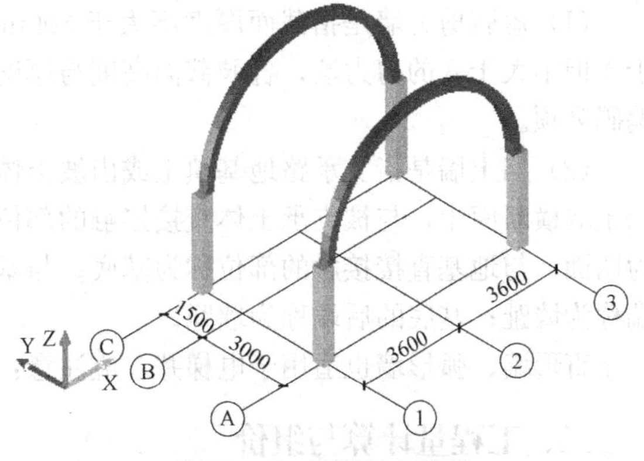

图 E.3-7　拱形梁布置图

图例说明：轴网如图所示，轴距为开间为 3600mm、3600mm，进深 3000mm、1500mm，拱梁截面尺寸为 300mm×300mm，拱梁拱高为 3600mm。计算梁工程量。

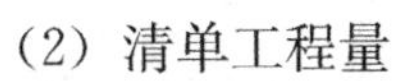

（2）清单工程量

计算公式：拱梁体积＝截面尺寸×拱梁中心线长度

$$V=0.3\times0.3\times10.8398\times2=1.95m^3$$

3. 工程量清单项目组价

（1）定额工程量计算规则

现浇混凝土梁：按设计图示尺寸以体积计算，不扣除构件内钢筋、预埋铁件所占体积，伸入墙内的梁头、梁垫并入梁体积内。型钢混凝土梁扣除构件内型钢所占体积。

梁长的规定：

1）梁与柱连接时，梁长算至柱侧面；

2）主梁与次梁连接时，次梁长算至主梁侧面；

3）梁与墙连接时，梁长算至墙侧面。

（2）常用计算公式

计算公式：$V=L\times H\times b$

式中：V——现浇钢筋混凝土梁体积（m^3）；

L——梁长（m）；

H——梁高（m）；

b——梁宽（m）。

（3）定额工程量

图例及计算方法同清单图例及计算方法。

E.4　现浇混凝土墙

一、项目的划分

项目划分为直形墙、弧形墙、短肢剪力墙、挡土墙。

（1）短肢剪力墙是指截面厚度不大于300mm、各肢截面高度与厚度之比的最大值大于4但不大于8的剪力墙；各肢截面高度与厚度之比的最大值不大于4的剪力墙按柱项目编码列项。

（2）挡土墙是指支承路地基填土或山坡土体、防止填土或土体变形失稳的构筑物。在挡土墙横断面中，与被支承土体直接接触的部位称为墙背；与墙背相对的、临空的部位称为墙面；与地基直接接触的部位称为基底；与基底相对的、墙的顶面称为墙顶；基底的前端称为墙趾；基底的后端称为墙踵。

直形墙、弧形墙也适用于电梯井。应注意：与墙相连接的薄壁柱按墙项目编码列项。

二、工程量计算与组价

（一）010504001 直形墙

1. 工程量清单计算规则

按设计图示尺寸以体积计算。扣除门窗洞口及单个面积>0.3m² 的孔洞所占体积，墙垛及突出墙面部分并入墙体体积内计算。

直形墙，是指以下两种情形：

（1）墙厚≤300mm，墙水平长度与墙厚之比>8，俯视下为直形的混凝土墙；

（2）墙厚>300mm，俯视下为直形的混凝土墙。

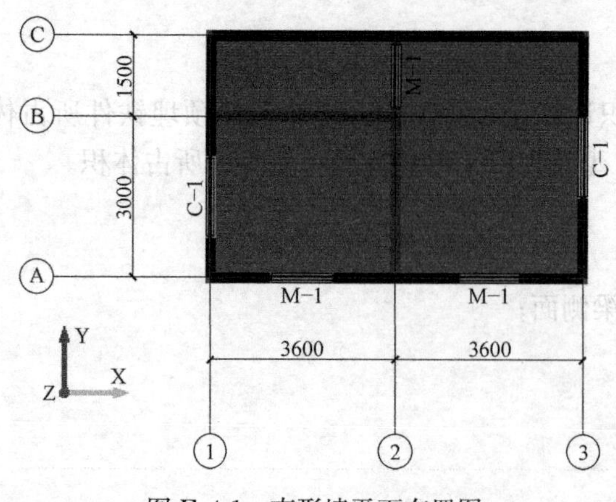

图 E.4-1　直形墙平面布置图

2. 工程量清单计算规则图解

（1）图例

见图 E.4-1。

图例说明：轴网如图所示，轴距开间为3600mm、3600mm，进深3000mm、1500mm，内外墙厚度均为200mm，M-1尺寸1200mm×2100mm，C-1尺寸1500mm×1800mm，其中板厚为100mm，层高为3.0m。计算墙体工程量。

（2）清单工程量

计算结果：外墙按中心线$=[(7.2+4.5)\times2\times3-1.2\times2.1\times2-1.5\times1.8\times2]\times0.2$

$=11.95\text{m}^3$

内墙按净长线$=[(4.5-0.2+3.6-0.2)\times3-1.2\times2.1]\times0.2=4.12\text{m}^3$

$V=11.95+4.12$

$=16.07\text{m}^3$

3. 工程量清单项目组价

(1) 定额工程量计算规则

现浇混凝土墙：按设计图示尺寸以体积计算。不扣除构件内钢筋、预埋铁件所占体积，扣除门窗洞口及单个面积$>0.3\text{m}^2$的孔洞所占面积，墙垛及突出墙面部分并入墙体体积内计算。

1) 墙长：外墙按中心线、内墙按净长线计算；

2) 墙高的规定：

① 墙与板连接时，墙高从基础（基础梁）或楼板上表面算至上一层楼板上表面；

② 墙与梁连接时，墙高算至梁底。

(2) 常用计算公式

现浇混凝土墙（间壁墙、电梯井墙、挡土墙、地下室墙）计算公式：$V=L\times H\times d$

式中：V——现浇混凝土墙体积（m^3）；

L——墙的长度（m）；

H——墙高（m）；

d——墙厚（m）。

(3) 定额工程量

图例及计算方法同清单图例及计算方法。

（二）010504002 弧形墙

1. 工程量清单计算规则

按设计图示尺寸以体积计算。扣除门窗洞口及单个面积$>0.3\text{m}^2$的孔洞所占体积，墙垛及突出墙面部分并入墙体体积内计算。

弧形墙是指以下两种情形：

(1) 墙厚≤300mm，墙水平长度与墙厚之比>8，俯视下为弧形的混凝土墙；

(2) 墙厚>300mm，俯视下为弧形的混凝土墙。

2. 工程量清单计算规则图解

(1) 图例

见图 E.4-2。

图例说明：轴网如图所示，轴距为开间为 3600mm、3600mm，进深 3000mm、1500mm，内外墙厚度均为 200mm，墙高 3000mm，C-1 尺寸 1500mm × 1800mm。计算墙体工程量。

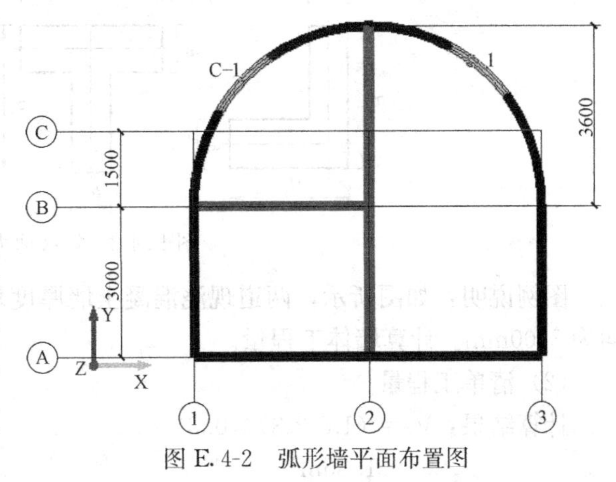

图 E.4-2 弧形墙平面布置图

(2) 清单工程量

计算公式：V=中心线长度×墙高×墙厚

计算结果：V=11.3097×3×0.2

=6.79m^3

3. 工程量清单项目组价

(1) 定额工程量计算规则

现浇混凝土墙：按设计图示尺寸以体积计算。不扣除构件内钢筋、预埋铁件所占体积，扣除门窗洞口及单个面积>0.3m^2的孔洞所占面积，墙垛及突出墙面部分并入墙体体积内计算。

1) 墙长：外墙按中心线、内墙按净长线计算。

2) 墙高的规定：

① 墙与板连接时，墙高从基础（基础梁）或楼板上表面算至上一层楼板上表面；

② 墙与梁连接时，墙高算至梁底。

(2) 常用计算公式

现浇混凝土墙（间壁墙、电梯井墙、挡土墙、地下室墙）计算公式：$V=L\times H\times d$

式中 V——现浇混凝土墙体积（m^3）；

L——墙的长度（m）；

H——墙高（m）；

d——墙厚（m）。

(3) 定额工程量

图例及计算方法同清单图例及计算方法。

(三) 010504003 短肢剪力墙

1. 工程量清单计算规则

按设计图示尺寸以体积计算。扣除门窗洞口及单个面积>0.3m^2 的孔洞所占体积，墙垛及突出墙面部分并入墙体体积内计算。

2. 工程量清单计算规则图解

(1) 图例

见图 E.4-3、图 E.4-4。

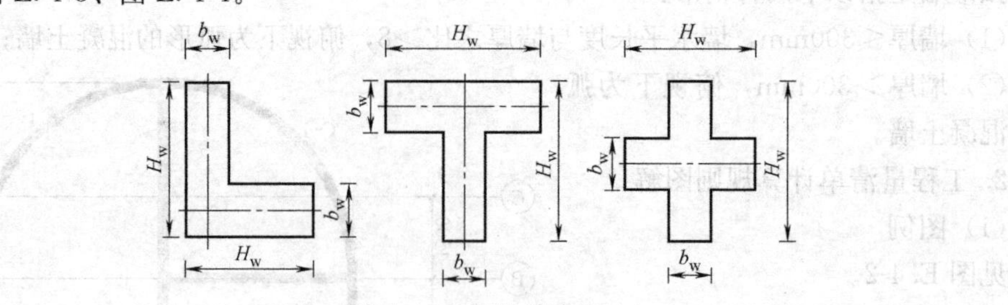

图 E.4-3 短肢剪力墙

图例说明：如图所示，两道现浇混凝土墙厚度均为 300mm，长度均为 900mm，高度均为 3000mm。计算墙体工程量。

(2) 清单工程量

计算结果：V=（1.5×3）×0.3

=1.35m^3

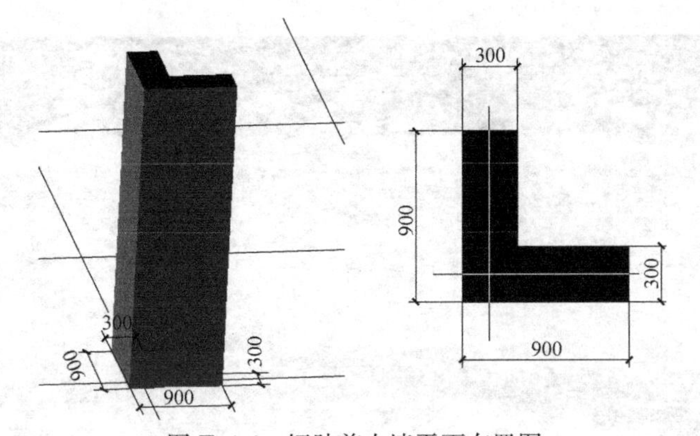

图 E.4-4 短肢剪力墙平面布置图

注：1.5 表示长度，3 表示墙高，0.3 表示墙厚。

3. 工程量清单项目组价

（1）定额工程量计算规则

现浇混凝土墙：按设计图示尺寸以体积计算。不扣除构件内钢筋、预埋铁件所占体积，扣除门窗洞口及单个面积>0.3m²的孔洞所占面积，墙垛及突出墙面部分并入墙体体积内计算。

1）墙长：外墙按中心线、内墙按净长线计算。

2）墙高的规定：

① 墙与板连接时，墙高从基础（基础梁）或楼板上表面算至上一层楼板上表面；

② 墙与梁连接时，墙高算至梁底。

（2）常用计算公式

计算公式：$V=L\times H\times d$

式中 V——短肢剪力墙体积（m^3）；

L——墙的长度（m）；

H——墙高（m）；

d——墙厚（m）。

（3）定额工程量

图例及计算方法同清单图例及计算方法。

（四）010504004 挡土墙

1. 工程量清单计算规则

按设计图示尺寸以体积计算。扣除门窗洞口及单个面积>0.3m² 的孔洞所占体积，墙垛及突出墙面部分并入墙体体积内计算。

2. 工程量清单计算规则图解

（1）图例

见图 E.4-5、图 E.4-6。

图例说明：如图所示，挡土墙厚度为 300mm，长度为 3000mm，高度为 3000mm，附墙垛截面积为 300mm×300mm。计算挡土墙工程量。

（2）清单工程量

计算结果：$V=(3\times3)\times0.3+0.3\times0.3\times3$

$=2.97m^3$

图 E.4-5 挡土墙

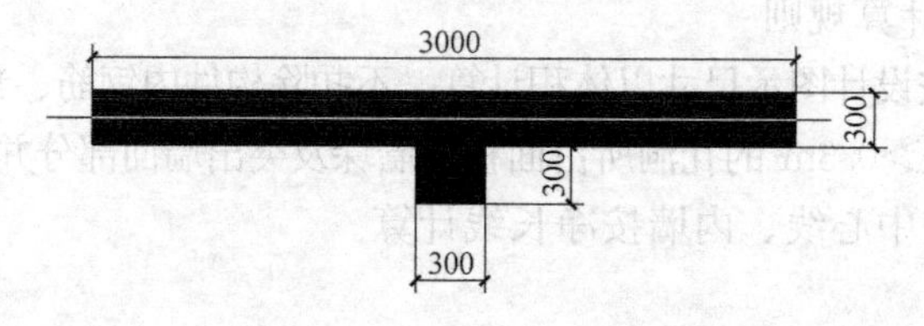

图 E.4-6 挡土墙平面布置图

3. 工程量清单项目组价

(1) 定额工程量计算规则

现浇混凝土墙：按设计图示尺寸以体积计算。不扣除构件内钢筋、预埋铁件所占体积，扣除门窗洞口及单个面积>0.3m²的孔洞所占面积，墙垛及突出墙面部分并入墙体体积内计算。

1) 墙长：外墙按中心线、内墙按净长线计算。

2) 墙高的规定：

① 墙与板连接时，墙高从基础（基础梁）或楼板上表面算至上一层楼板上表面；

② 墙与梁连接时，墙高算至梁底。

(2) 常用计算公式

计算公式：$V=L\times H\times d+L_1\times H_1\times d_1$

式中：V——挡土墙体积（m^3）；

L——墙的长度（m）；

H——墙高（m）；

d——墙厚（m）；

L_1——垛长（m）；

H_1——垛高（m）；

d_1——垛宽（m）。

(3) 定额工程量

图例及计算方法同清单图例及计算方法。

E. 5 现浇混凝土板

一、项目的划分

项目划分为有梁板、无梁板、平板、拱板、薄壳板、栏板、天沟（檐沟）、挑檐板、雨篷、悬挑板、阳台板、其他板。

(1) 有梁板是指梁（包括主、次梁）与板构成一体并至少有三边是以承重梁支承的，工程量按梁、板体积总和计算。

(2) 无梁板是指将板直接支承在墙和柱上，不设置梁的板，柱帽包含在板内。其工程量按板与柱帽的体积之和计算。

(3) 平板是指无柱支撑、又不是现浇梁板结构，直接由墙（包括钢筋混凝土墙）支承的现浇钢混凝土板。其工程量按图示尺寸的体积计算。

(4) 薄壳板属于薄壳结构，薄壳结构为曲面的薄壁结构，按曲面生成的形式分筒壳、圆顶筒壳、双曲扁壳和双曲抛物面壳等，材料大多采用钢筋混凝土。

(5) 现浇挑檐、天沟板、雨篷、阳台与板（包括屋面板、楼板）连接时，以外墙外边线为分界线；与圈梁（包括其他梁）连接时，以梁外边线为分界线。外边线以外为挑檐、天沟、雨篷或阳台。

二、工程量计算与组价

（一）010505001 有梁板

1. 工程量清单计算规则

(1) 按设计图示尺寸以体积计算，不扣除单个面积≤0.3m^2 的柱、垛以及孔洞所占体积。

(2) 压型钢板混凝土楼板扣除构件内压型钢板所占体积。

(3) 有梁板（包括主、次梁与板）按梁、板体积之和计算，板伸入墙内的板头并入板体积内，薄壳板的肋、基梁并入薄壳体积内计算。

2. 工程量清单计算规则图解

(1) 图例

见图 E. 5-1。

图例说明：轴网如图所示，轴距为开间为 3600mm、3600mm，进深 3000mm、1500mm，柱截面尺寸为 400mm × 400mm，梁截面尺寸为 300mm×500mm，板厚为 120mm。计算有梁板工程量。

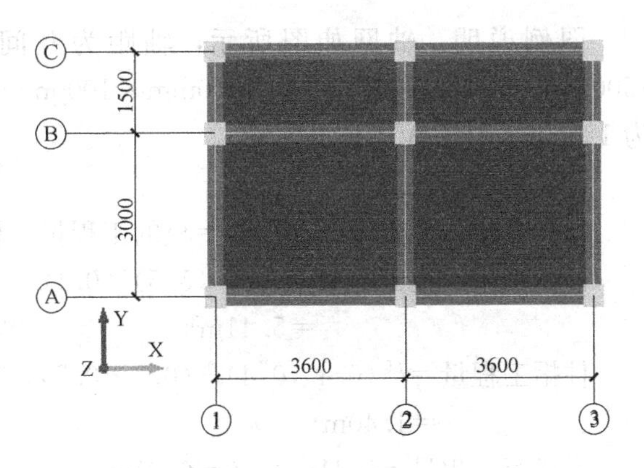

图 E. 5-1　有梁板平面布置图

(2) 清单工程量

计算公式：有梁板=$V_{板}+V_{梁}$

$V_{板}$=(7.2+0.3)×(4.5+0.3)×0.12=7.5×4.8×0.12=4.32m^3

$V_{梁}$=0.3×(0.5－0.12)×(3.2×6+2.6×3+1.1×3)=0.38×0.3×30.3=3.454 m^3

有梁板=$V_{板}$+$V_{梁}$=4.32+3.454=7.77m^3

3. 工程量清单项目组价

(1) 定额工程量计算规则

现浇混凝土板：按设计图示尺寸以体积计算，不扣除构件内钢筋、预埋铁件及单个面积≤0.3m^2的柱、垛以及孔洞所占体积。压形钢板混凝土楼板应扣除构件内压形钢板所占体积。

有梁板按主梁间的净尺寸计算。

有梁板的次梁并入板的工程量内。

(2) 定额工程量

图例及计算方法同清单图例及计算方法。

(二) 010505002 无梁板

1. 工程量清单计算规则

同本节（一）010505001有梁板部分。

2. 工程量清单计算规则图解

(1) 图例

见图 E.5-2、图 E.5-3。

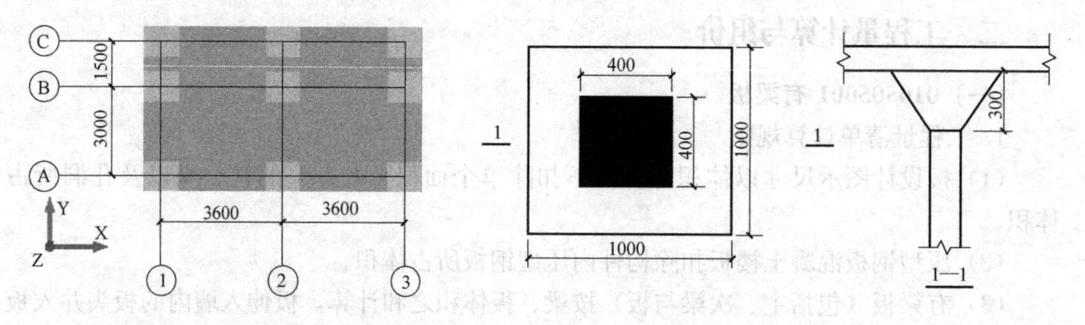

图 E.5-2　无梁板平面布置图　　图 E.5-3　板下柱帽示意图

图例说明：轴网如图所示，轴距为开间为 3600mm、3600mm，进深 3000mm、1500mm，柱帽上截面尺寸为 1000mm×1000mm，下截面尺寸为 400mm×400mm，板厚为 120mm。计算无梁板工程量。

(2) 清单工程量

计算公式：无梁板的工程量=板的工程量+柱帽的工程量

计算结果：板工程量=(8.2×5.5)×0.12

=5.41m^3

柱帽工程量={[(0.4×0.4)+(0.7×0.7)×4+(1×1)]×0.3/6}×9

=1.40m^3

无梁板工程量=5.41+1.40=6.81m^3

3. 工程量清单项目组价

(1) 定额工程量计算规则

现浇混凝土板：按设计图示尺寸以体积计算，不扣除构件内钢筋、预埋铁件及单个面积≤0.3m²的柱、垛以及孔洞所占体积。压形钢板混凝土楼板应扣除构件内压形钢板所占体积。无梁板的柱帽并入板体积内。

无梁板按板外边线的水平投影面积计算。

(2) 常用计算公式

体积＝板长×板宽×板厚

(3) 定额工程量

图例及计算方法同清单图例及计算方法。

(三) 010505003 平板

1. 工程量清单计算规则

同本节（一）010505001 有梁板部分。

2. 工程量清单计算规则图解

(1) 图例

见图 E.5-4。

图例说明：轴网如图所示，轴距为开间为 3600mm、3600mm，进深 3000mm、1500mm，内外墙墙厚均为 200mm，板厚为 120mm。计算平板工程量。

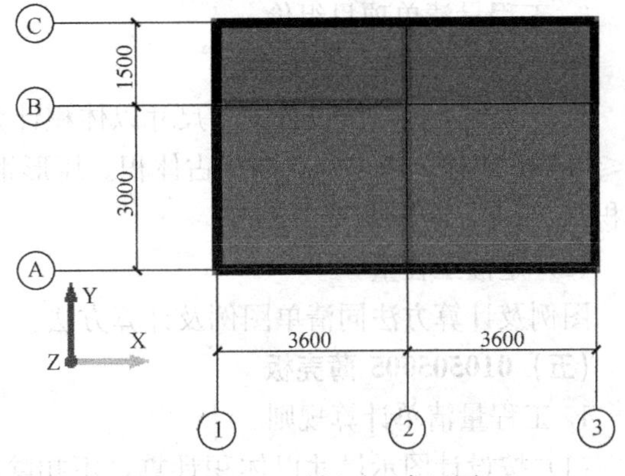

图 E.5-4 平板平面布置图

(2) 清单工程量

计算公式：平板＝平板长×平板宽×平板厚

计算结果：$V=(7.4\times4.7)\times0.12-0.7464$

$=3.43\text{m}^3$

3. 工程量清单项目组价

(1) 定额工程量计算规则

现浇混凝土板：按设计图示尺寸以体积计算，不扣除构件内钢筋、预埋铁件及单个面积≤0.3m²的柱、垛以及孔洞所占体积。压形钢板混凝土楼板应扣除构件内压形钢板所占体积。无梁板的柱帽并入板体积内。

平板按主墙间的净面积计算。

(2) 常用计算公式

平板＝平板长×平板宽×平板厚

(3) 定额工程量

图例及计算方法同清单图例及计算方法。

(四) 010505004 拱板

1. 工程量清单计算规则

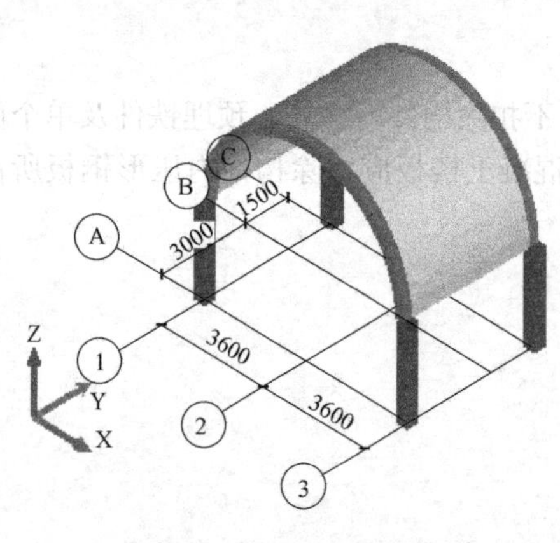

图 E. 5-5　拱板示意图

同本节（一）010505001有梁板部分。

2. 工程量清单计算规则图解

(1) 图例

见图 E. 5-5。

图例说明：轴网如图所示，轴距为开间为3600mm、3600mm，进深3000mm、1500mm，柱截面尺寸为400mm×400mm，梁截面尺寸为300mm×300mm，板厚为120mm，拱板拱高为3600mm。计算拱板工程量。

(2) 清单工程量

计算结果：$V=3.142\times(3.6-0.06)\times0.12\times4.5=6.01\text{m}^3$

3. 工程量清单项目组价

(1) 定额工程量计算规则

现浇混凝土板：按设计图示尺寸以体积计算，不扣除构件内钢筋、预埋铁件及单个面积≤0.3m²的柱、垛以及孔洞所占体积。压形钢板混凝土楼板应扣除构件内压形钢板所占体积。

(2) 定额工程量

图例及计算方法同清单图例及计算方法。

（五）010505005 薄壳板

1. 工程量清单计算规则

(1) 按设计图示尺寸以体积计算，不扣除单个面积≤0.3m² 的柱、垛以及孔洞所占体积。

(2) 薄壳板的肋、基梁并入薄壳体积内计算，伸入墙内的板头并入板体积内。

2. 工程量清单计算规则图解

(1) 图例

见图 E. 5-6、图 E. 5-7。

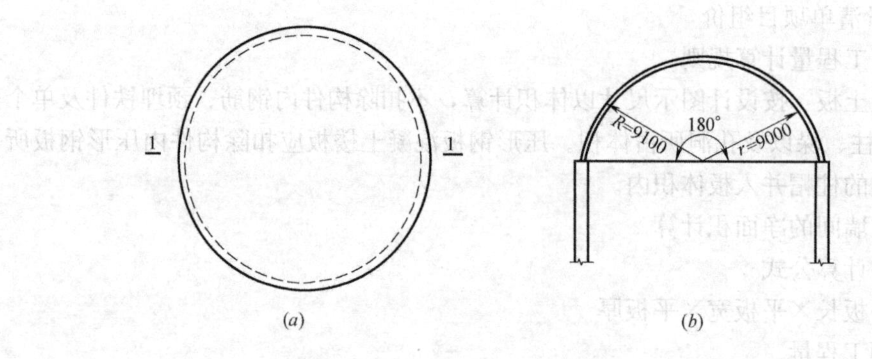

图 E. 5-6　薄壳板

图例说明：现浇混凝土薄壳板示意图，板厚100mm，内半径9000mm，外半径

9200mm。计算薄壳板工程量。

（2）清单工程量

计算结果：薄壳板体积$=4/3\times\pi\times9.2^3/2-4/3\times\pi\times9^3/2=104.07m^3$

图 E.5-7 薄壳板三维示意图

3. 工程量清单项目组价

（1）定额工程量计算规则

现浇混凝土板：按设计图示尺寸以体积计算，不扣除构件内钢筋、预埋铁件及单个面积≤0.3m^2的柱、垛以及孔洞所占体积。压形钢板混凝土楼板应扣除构件内压形钢板所占体积。

薄壳板的肋、基梁并入薄壳体积内计算。

（2）定额工程量

图例及计算方法同清单图例及计算方法。

（六）010505006 栏板

1. 工程量清单计算规则

1）按设计图示尺寸以体积计算，不扣除单个面积≤0.3m^2的柱、垛以及孔洞所占体积；

2）板伸入墙内的板头并入板体积内。

2. 工程量清单计算规则图解

（1）图例

见图 E.5-8、图 E.5-9。

图例说明：轴网如图所示，轴距为开间为 3600mm、3600mm，进深 3000mm、1500mm，外墙厚度为 300mm，栏板截面如图所示，计算栏板工程量。

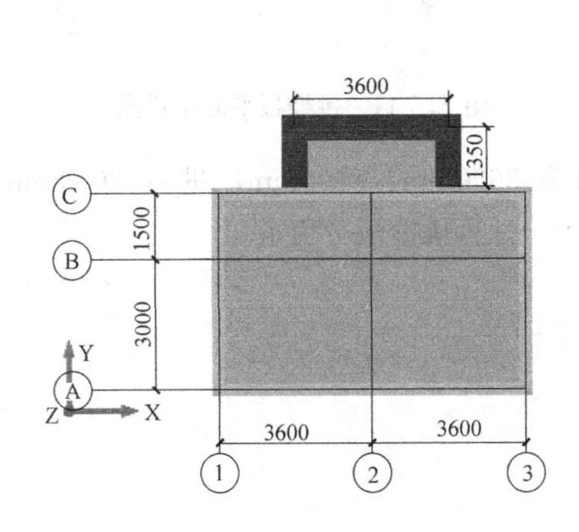

图 E.5-8 栏板平面布置图

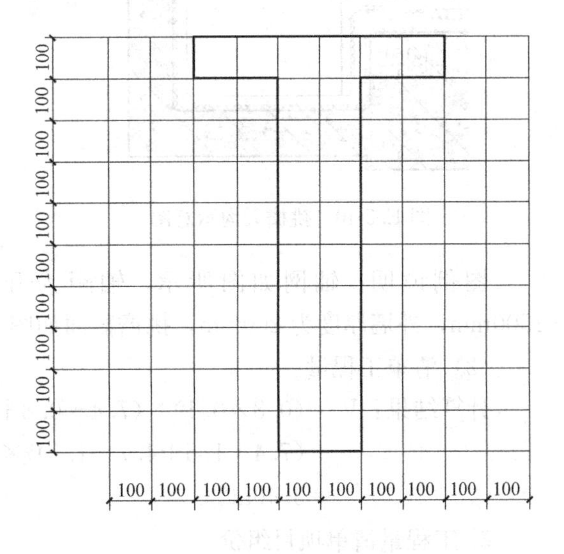

图 E.5-9 栏板截面示意图

(2) 清单工程量

计算结果：$V=(0.6\times0.1+0.9\times0.2)\times(3.6+1.35\times2)$

$=1.51m^3$

3. 工程量清单项目组价

(1) 定额工程量计算规则

现浇混凝土板：按设计图示尺寸以体积计算，不扣除构件内钢筋、预埋铁件及单个面积≤0.3m^2的柱、垛以及孔洞所占体积。压形钢板混凝土楼板应扣除构件内压形钢板所占体积。

栏板按设计图示尺寸以体积计算。

(2) 常用计算公式

栏板体积＝截面面积×长度

(3) 定额工程量

图例及计算方法同清单图例及计算方法。

(七) 010505007 天沟(檐沟)、挑檐板

1. 工程量清单计算规则

按设计图示尺寸以体积计算，挑檐天沟示意见图E.5-10。

2. 工程量清单计算规则图解

(1) 图例

见图E.5-11、图E.5-12。

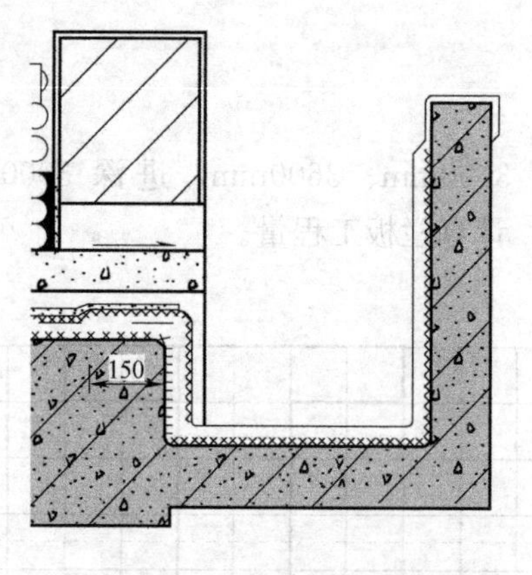

图E.5-10 挑檐天沟示意图

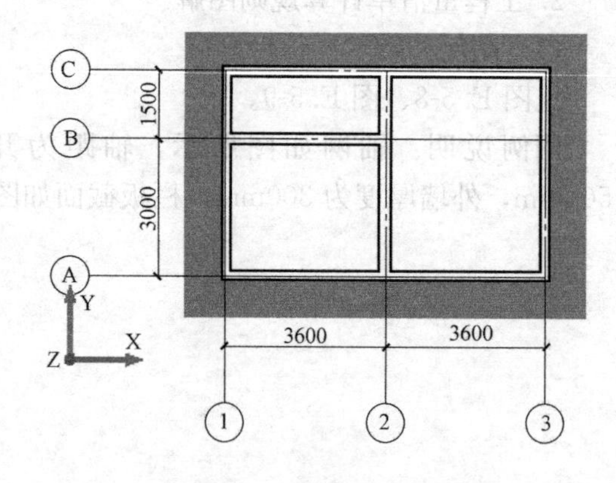

图E.5-11 挑檐板平面布置图

图例说明：轴网如图所示，轴距为开间为3600mm、3600mm，进深3000mm、1500mm，外墙厚度为200mm，挑檐截面如图所示。计算挑檐板工程量。

(2) 清单工程量

计算结果：$V=(0.8\times0.1)\times(7.4+0.8+4.7+0.8)\times2+0.4\times0.1\times(7.4+1.5+4.7+1.5)\times2$

$=3.40m^3$

3. 工程量清单项目组价

(1) 定额工程量计算规则

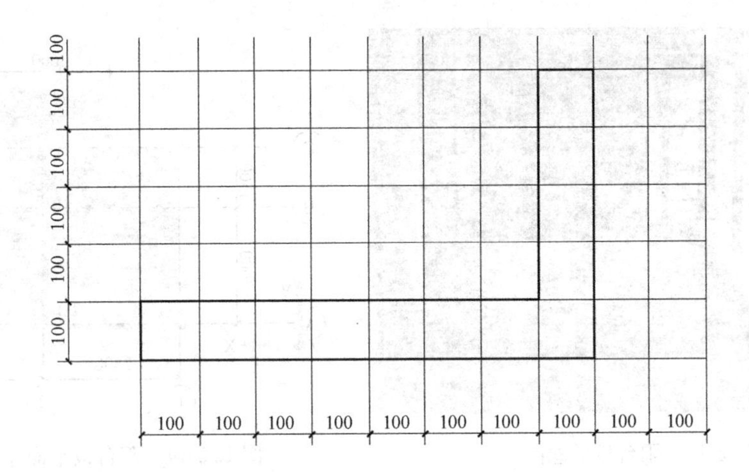

图 E.5-12 挑檐板截面示意图

现浇混凝土板：按设计图示尺寸以体积计算，不扣除构件内钢筋、预埋铁件及单个面积≤0.3m²的柱、垛以及孔洞所占体积。压形钢板混凝土楼板应扣除构件内压形钢板所占体积。

天沟（檐沟）、挑檐板按设计图示尺寸以体积计算。

（2）常用计算公式

$$V=(B+H)\times h\times L$$

式中：V——挑檐体积（m^3）；

B——挑檐宽度（m）；

H——挑檐高度（m）；

h——挑檐厚度（m）；

L——挑檐长度（m）。

（3）定额工程量

图例及计算方法同清单图例及计算方法。

（八）010505008 雨篷、悬挑板、阳台板

1. 工程量清单计算规则

按设计图示尺寸以墙外部分体积计算，包括伸出墙外的牛腿和雨篷反挑檐的体积。阳台板示意见图 E.5-13。

2. 工程量清单计算规则图解

（1）图例

见图 E.5-14。

图例说明：轴网如图所示，轴距为开间为 3600mm、3600mm，进深 3000mm、1500mm，阳台板长度为 3600mm，挑出宽度为 1350mm，板厚为 120mm。计算阳台板工程量。

（2）清单工程量

计算结果：$V=3.6\times1.35\times0.12$

$=0.58m^3$

3. 工程量清单项目组价

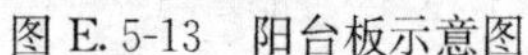

图 E.5-13 阳台板示意图

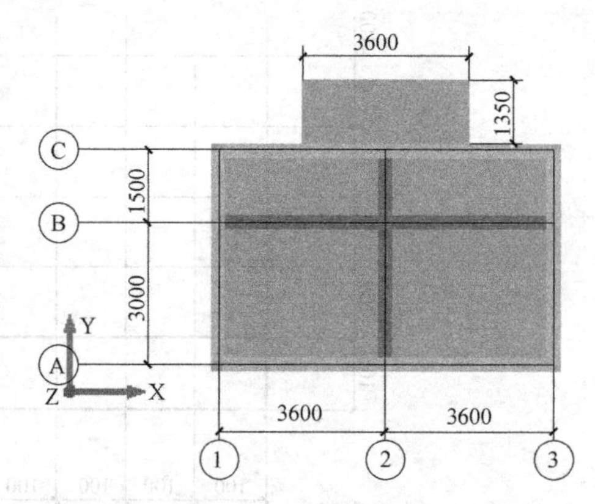

图 E.5-14 阳台板平面布置图

(1) 定额工程量计算规则

现浇混凝土板：按设计图示尺寸以体积计算，不扣除构件内钢筋、预埋铁件及单个面积≤0.3m²的柱、垛以及孔洞所占体积。压形钢板混凝土楼板应扣除构件内压形钢板所占体积。

雨篷、悬挑板、阳台板按设计图示尺寸以墙外部分体积计算，包括伸出墙外的牛腿和雨篷反挑檐的体积。

(2) 常用计算公式

V=长度×宽度×板厚

(3) 定额工程量

计算结果：$V=3.6\times1.35\times0.12$

$=0.58\text{m}^3$

(九) 010505009 空心板

1. 工程量清单计算规则

按设计图示尺寸以体积计算。空心板（GBF 高强薄壁蜂巢芯板等）应扣除空心部分体积。

2. 工程量清单计算规则图解

(1) 图例

见图 E.5-15、图 E.5-16。

图 E.5-15 蜂巢芯板施工布置图

图例说明：轴网如图所示，轴距为开间为3000mm、3000mm，进深3000mm、3000mm，主肋梁截面尺寸为300mm×620mm，次肋梁截面尺寸200mm×620mm，空心板厚为620mm，其中板顶现浇层厚度为120mm，板中蜂巢芯尺寸为1250mm×1250mm×500mm。计算蜂巢空心板工程量。

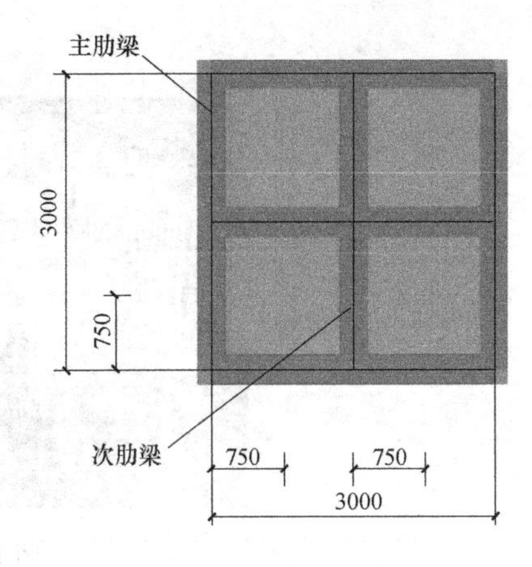

图 E.5-16 空心板平面图示意

(2) 清单工程量

计算公式：体积＝板体积－主、次肋梁体积－蜂巢芯体积

计算结果：$V=3.3\times3.3\times0.62-0.3\times0.5\times3\times4-0.2\times0.5\times(2.7+2.5)-1.25\times1.25\times0.5\times4$

$=1.31m^3$

3. 工程量清单项目组价

(1) 定额工程量计算规则

现浇混凝土板：按设计图示尺寸以体积计算，不扣除构件内钢筋、预埋铁件及单个面积≤0.3m²的柱、垛以及孔洞所占体积。压形钢板混凝土楼板应扣除构件内压形钢板所占体积。

空心板应扣除空心部分体积。

空心板中的芯管按设计图示长度计算。

(2) 定额工程量

图例及计算方法同清单图例及计算方法。

(十) 010505010 其他板

1. 工程量清单计算规则

按设计图示尺寸以体积计算。

说明：其他板指的是本节中没有提及的其他现浇混凝土板。

2. 工程量清单计算规则图解

(1) 图例

见图 E.5-17。

图例说明：板的尺寸为800mm×500mm×80mm，计算其中一块板的体积。

(2) 清单工程量

计算结果：$V=0.8\times0.5\times0.08$

$=0.03m^3$

3. 工程量清单项目组价

(1) 定额工程量计算规则

现浇混凝土板：按设计图示尺寸以体积计算，不扣除构件内钢筋、预埋铁件及单个面积≤0.3m²的柱、垛以及孔洞所占体积。压形钢板混凝土楼板应扣除构件内压形钢板所占体积。

其他板：按设计图示尺寸以体积计算。

图 E. 5-17　其他板示意图

(2) 定额工程量

图例及计算方法同清单图例及计算方法。

E. 6　现浇混凝土楼梯

一、项目的划分

项目划分为直形楼梯、弧形楼梯。

说明：整体楼梯（现浇）包括直形楼梯和弧形楼梯，水平投影面积包括休息平台、平台梁、斜梁和楼梯的连接梁。如整体楼梯和现浇楼板无梯梁连接时，以楼梯的最后一个踏步边缘加 300mm 为界。

二、工程量计算与组价

(一) 010506001 直形楼梯

1. 工程量清单计算规则

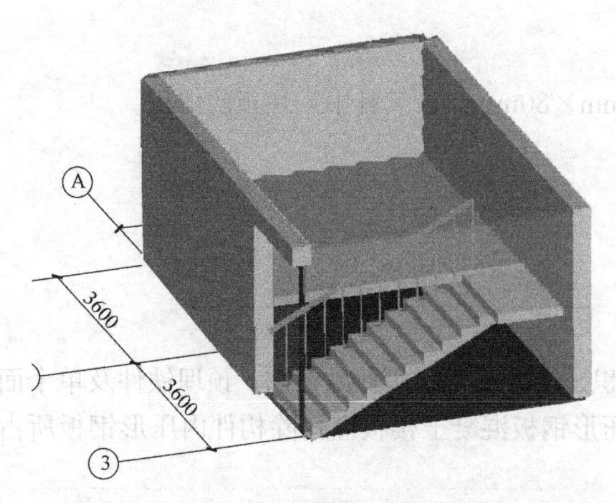

图 E. 6-1　楼梯三维示意图

(1) 以平方米计量，按设计图示尺寸以水平投影面积计算。不扣除宽度≤500mm 的楼梯井，伸入墙内部分不计算；

(2) 以立方米计量，按设计图示尺寸以体积计算。

2. 工程量清单计算规则图解

(1) 图例

见图 E. 6-1。

图例说明：轴距为开间为 3600mm、3600mm，进深 3000mm、1500mm，外墙厚度为 300mm，楼梯宽度为1800mm，计算楼梯工程量。

（2）清单工程量

计算结果：$S=1.8\times4.2$

$=7.56m^2$

注：伸入墙内部分不增加。

3. 工程量清单项目组价

（1）定额工程量计算规则

楼梯（包括休息平台、平台梁、斜梁和楼梯的连接梁），按设计图示尺寸以水平投影面积计算。不扣除宽度≤500mm的楼梯井，伸入墙内部分不计算。

（2）常用计算公式

当楼梯井宽度不大于500mm时，投影面积$=A\times L$

当楼梯井宽度大于500mm时，投影面积$=A\times L-(X\times Y)$

式中：Y——楼梯井宽度（m）；

X——楼梯井长度（m）；

A——楼梯间长度（m）；

L——楼梯间宽度（m）。

（3）定额工程量

图例及计算方法同清单图例及计算方法。

（二）010506002 弧形楼梯

1. 工程量清单计算规则

（1）以平方米计量，按设计图示尺寸以水平投影面积计算。不扣除宽度≤500mm的楼梯井，伸入墙内部分不计算；

（2）以立方米计量，按设计图示尺寸以体积计算。

2. 工程量清单计算规则图解

（1）图例

见图E.6-2、图E.6-3。

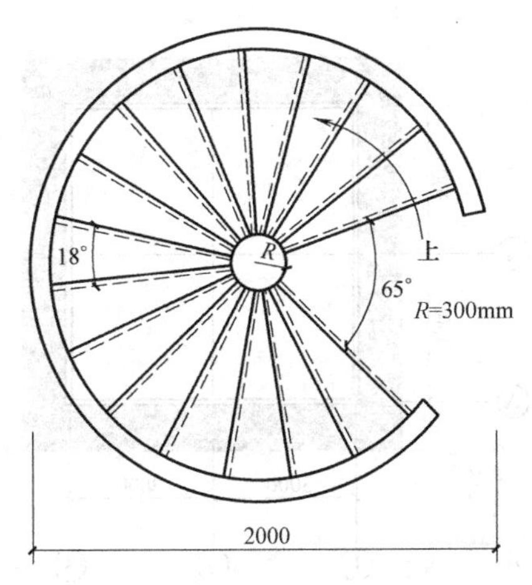

图E.6-2 弧形楼梯示意图

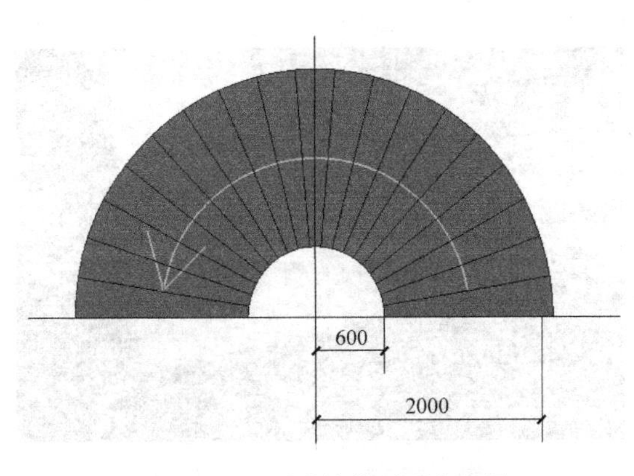

图E.6-3 弧形楼梯平面布置图

图例说明：180°弧形楼梯，内半径 600mm，外半径 2000 mm，计算楼梯工程量。

(2) 清单工程量

计算公式：S=螺旋梯段投影面积－楼梯井

计算结果：$S=3.142\times2^2/2-3.142\times0.6^2/2$

$=5.72m^2$

3. 工程量清单项目组价

(1) 定额工程量计算规则

楼梯（包括休息平台、平台梁、斜梁和楼梯的连接梁），按设计图示尺寸以水平投影面积计算。不扣除宽度≤500mm 的楼梯井，伸入墙内部分不计算。

(2) 定额工程量

图例及计算方法同清单图例及计算方法。

E. 7 现浇混凝土其他构件

一、项目的划分

项目划分为散水、坡道，室外地坪，电缆沟、地沟，台阶，扶手、压顶，化粪池、检查井，其他构件。

二、工程量计算与组价

（一）010507001 散水、坡道

1. 工程量清单计算规则

按设计图示尺寸以水平投影面积计算，不扣除单个≤0.3m^2 的孔洞所占面积。散水示意见图 E. 7-1。

2. 工程量清单计算规则图解

(1) 图例

见图 E. 7-2。

图 E. 7-1 散水示意图

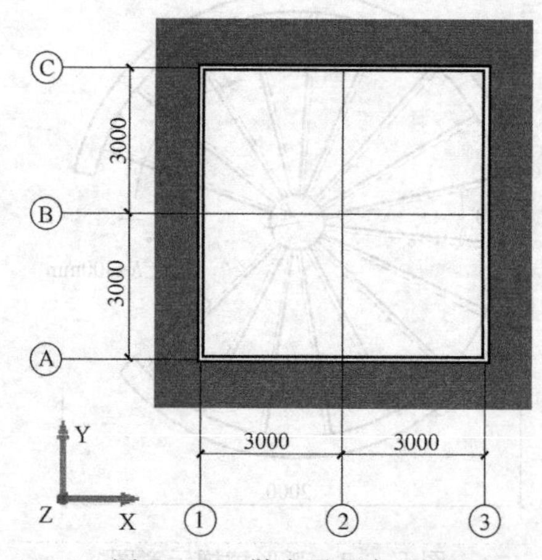

图 E. 7-2 散水平面布置图

图例说明：轴网如图所示，轴距开间为 3000mm、3000mm，进深 3000mm、3000mm，外墙厚度为 200mm，散水宽度为 900mm，厚度为 200mm。计算散水工程量。

（2）清单工程量

计算公式：散水面积＝散水中心线长度×散水宽度

或散水面积＝外墙外边线周长×散水宽度＋4×散水宽×散水宽－台阶所占体积

计算结果：$S＝7.1×4×0.9$

$＝25.56m^2$

3. 工程量清单项目组价

（1）定额工程量计算规则

散水、坡道按设计图示体积计算，不扣除构件内钢筋、预埋铁件所占体积。

（2）定额工程量

图例及计算方法同清单图例及计算方法。

（二）010507002 室外地坪

1. 工程量清单计算规则

按设计图示尺寸以水平投影面积计算。不扣除单个≤$0.3m^2$的孔洞所占面积。

2. 工程量清单计算规则图解

（1）图例

见图 E.7-3。

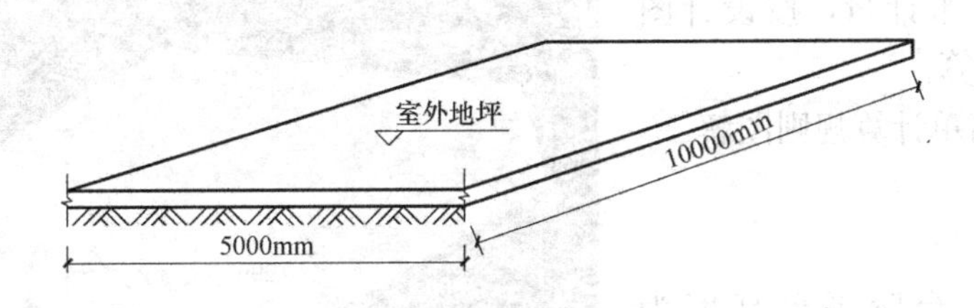

图 E.7-3 室外地坪示意图

图例说明：图示室外地坪尺寸为 5000mm×10000mm，计算室外地坪工程量。

（2）清单工程量

计算公式：室外地坪工程量＝地坪水平投影面积＝长×宽

图例计算过程：

室外地坪工程量＝$5×10＝50m^2$

3. 工程量清单项目组价

（1）定额工程量计算规则

室外地坪按设计图示体积计算，不扣除构件内钢筋、预埋铁件所占体积。

（2）定额工程量

图例及计算方法同清单图例及计算方法。

（三）010507003 电缆沟、地沟

1. 工程量清单计算规则

以米计量，按设计图示以中心线长度计算。

2. 工程量清单计算规则图解

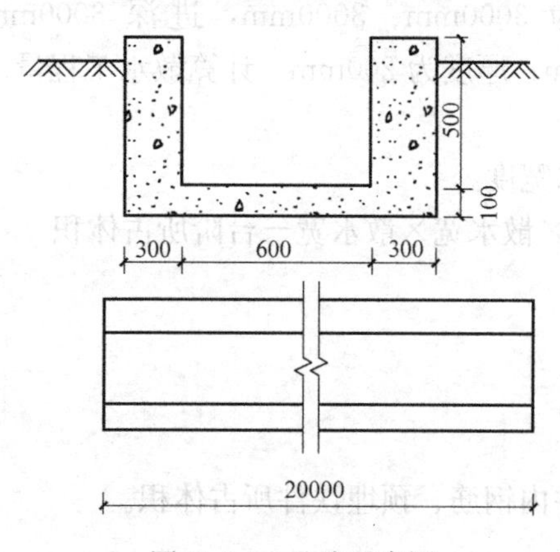

图 E. 7-4 地沟示意图

(1) 图例

见图 E. 7-4。

图例说明：地沟总长为 20000mm，地沟高为 600mm，其中底板厚 100mm，地沟侧壁厚 300mm，沟内宽度为 600mm，计算地沟工程量。

(2) 清单工程量

计算公式：地沟工程量＝地沟长度

计算结果：地沟工程量＝20m

3. 工程量清单项目组价

(1) 定额工程量计算规则

电缆沟、地沟按设计图示体积计算，不扣除构件内钢筋、预埋铁件所占体积。

(2) 定额工程量

计算公式：地沟工程量＝地沟侧壁体积＋地沟底板体积

计算结果：地沟工程量＝0.3×0.5×2×20＋(0.6＋0.3×2)×0.1×20＝8.40m^3

(四) 010507004 台阶

1. 工程量清单计算规则

(1) 以平方米计量，按设计图示尺寸水平投影面积计算。

(2) 以立方米计量，按设计图示尺寸以体积计算。

2. 工程量清单计算规则图解

(1) 图例

见图 E. 7-5。

图例说明：台阶平台高度为 600mm，每个踏步高度 200mm，宽度 300mm，台阶宽度 3000mm，台阶总长度 3000mm。

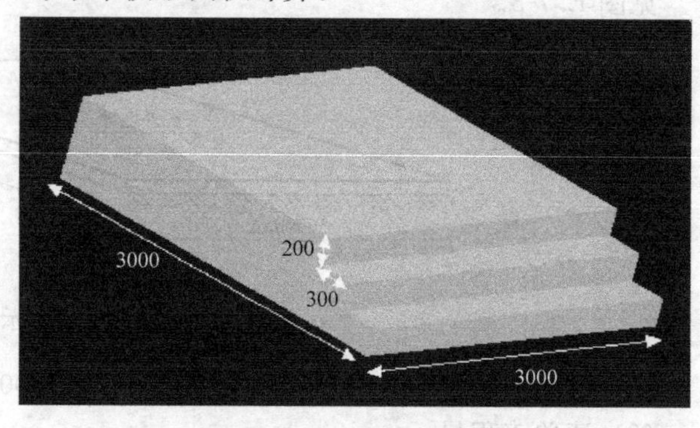

图 E. 7-5 台阶平面布置图

(2) 清单工程量

计算公式：台阶体积＝台阶长度×台阶宽度×台阶高度＋踏步体积

计算过程：V＝(3－0.6)×3×0.6＋0.3×0.4×3＋0.3×0.2×3

＝4.86m^3

注：楼梯台阶与楼地面分界线以最后一个踏步边缘加 300mm 计算。

3. 工程量清单项目组价

(1) 定额工程量计算规则

台阶按设计图示体积计算，不扣除构件内钢筋、预埋铁件所占体积。

(2) 定额工程量

图例及计算方法同清单图例及计算方法。

(五) 010507005 扶手、压顶

1. 工程量清单计算规则

（1）以米计量，按设计图示的中心线延长米计算。

（2）以立方米计量，按设计图示尺寸以体积计算。

说明：以米计量时，必须描述断面尺寸。

2. 工程量清单计算规则图解

（1）图例

见图 E. 7-6。

图例说明：压顶截面为 400mm×200mm，长度为 3000mm。计算压顶工程量。

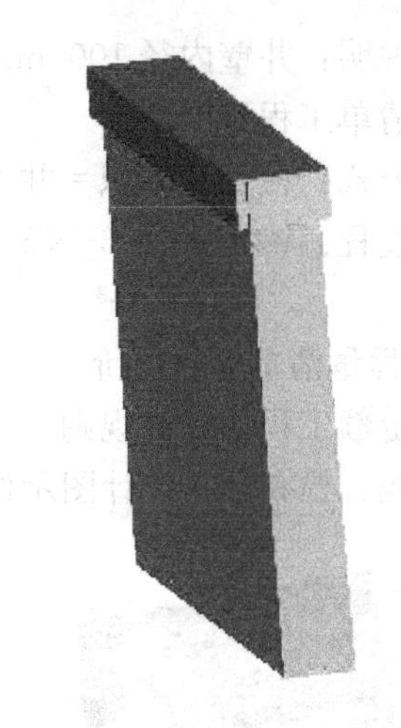

图 E. 7-6　压顶三维示意图

（2）清单工程量

计算公式：压顶体积＝压顶截面积×压顶长度

计算过程：压顶体积＝0.2×0.4×3＝0.24m^3

3. 工程量清单项目组价

（1）定额工程量计算规则

扶手、压顶按设计图示体积计算，不扣除构件内钢筋、预埋铁件所占体积。

（2）定额工程量

图例及计算方法同清单图例及计算方法。

（六）010507006 化粪池、检查井

1. 工程量清单计算规则

（1）按设计图示尺寸以体积计算。

（2）以座计量，按设计图示数量计算。

检查井的示意见图 E. 7-7。

2. 工程量清单计算规则图解

（1）图例

见图 E. 7-8。

图 E. 7-7　检查井

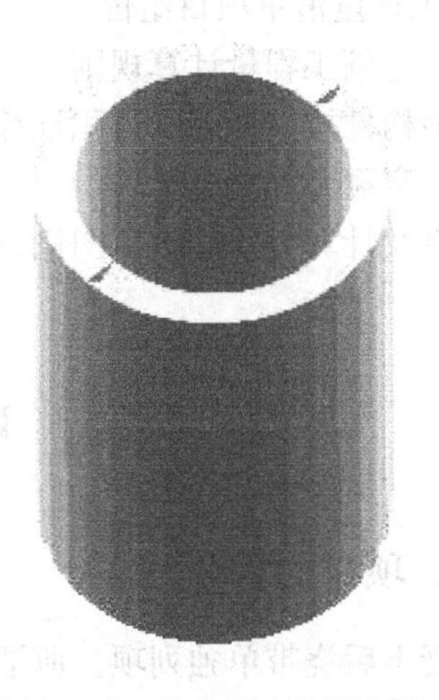

图 E. 7-8　检查井三维示意图

图例说明：井壁内径 1000mm，外径 1200mm，井深 2000mm。计算检查井工程量。

（2）清单工程量

计算公式：检查井体积＝井外围体积－孔洞体积

计算过程：$V=\pi\times0.6^2\times2-\pi\times0.5^2\times2$

$=0.69m^3$

3. 工程量清单项目组价

（1）定额工程量计算规则

化粪池、检查井按设计图示体积计算，不扣除构件内钢筋、预埋铁件所占体积。

（2）定额工程量

图例及计算方法同清单图例及计算方法。

（七）010507007 其他构件

1. 工程量清单计算规则

（1）按设计图示尺寸以体积计算。

（2）以座计算，按设计图示数量计算。

说明：现浇混凝土小型池槽、垫块、门框等，应按其他构件项目编码列项。

2. 工程量清单计算规则图解

（1）图例

见图 E.7-9。

图 E.7-9　小型池槽三维示意图

图例说明：池槽外截面 600mm×600mm，内截面 400mm×400mm，池槽底板厚 100mm，池槽高度 2000mm。计算池槽工程量。

（2）清单工程量

计算公式：池槽体积＝池槽外围体积－孔洞体积

计算过程：$V=0.6\times0.6\times2-0.4\times0.4\times1.9$

$=0.42m^3$

3. 工程量清单项目组价

（1）定额工程量计算规则

其他构件按设计图示体积计算，不扣除构件内钢筋、预埋铁件所占体积。

（2）定额工程量

图例及计算方法同清单图例及计算方法。

E.8　后　浇　带

一、项目的划分

混凝土后浇带单独列项。所谓后浇带指的是在建筑施工中为防止现浇钢筋混凝土结构由于温度、收缩不均可能产生的有害裂缝，按照设计或施工规范要求，在基础底板、墙、梁相应位置留设临时施工缝，将结构暂时划分为若干部分，经过构件内部收缩，在若干时间后再浇捣该施工缝混凝土，将结构连成整体。后浇带的留置宽度一般为 700～1000mm，现常见的有 800mm、1000mm、1200mm 三种。后浇带的接缝形式有平直缝、阶梯缝、槽口缝和 X 形缝四种形式。

二、工程量计算与组价

（一）010508001 后浇带

1. 工程量清单计算规则

按设计图示尺寸以体积计算。后浇带示意见图 E. 8-1。

2. 工程量清单计算规则图解

（1）图例

见图 E. 8-2。

图 E. 8-1　后浇带示意图

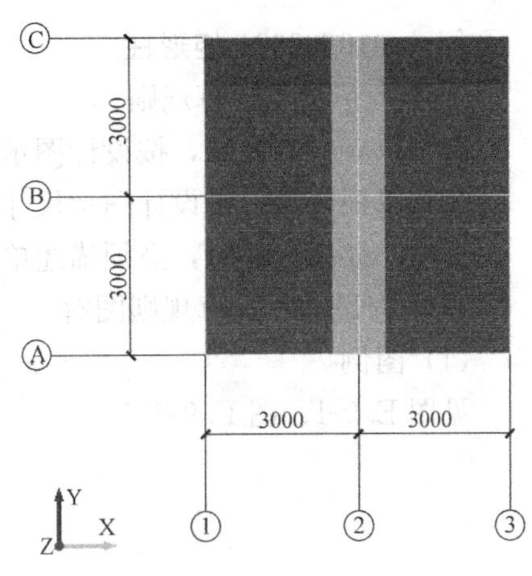

图 E. 8-2　后浇带平面布置图

图例说明：轴网如图所示，轴距为开间为 3000mm、3000mm，进深 3000mm、3000mm，筏板厚度为 500mm，后浇带宽度为 1000mm。计算后浇带工程量。

（2）清单工程量

计算公式：$V=B\times h\times L$

式中：V——后浇带的体积（m^3）；

B——后浇带的宽（m）；

h——后浇带的高（m）；

L——后浇带的长（m）。

计算结果：$V=1\times 0.5\times 6$

$=3m^3$

3. 工程量清单项目组价

（1）定额工程量计算规则

后浇带按设计图示尺寸以体积计算。

（2）定额工程量

图例及计算方法同清单图例及计算方法。

E. 9　预制混凝土柱

一、项目的划分

项目划分为矩形柱、异形柱。

所谓预制构件，指的是预先制作完成的混凝土构件，施工现场实施的重点在于对预制构件进行装配、固定。预制构件的混凝土和钢筋量可直接查询对应的预制构件图集。非标预制构件可以按现浇构件方式计算。

二、工程量计算与组价

（一）010509001 矩形柱

1. 工程量清单计算规则

（1）以立方米计量，按设计图示尺寸以体积计算；

（2）以根计量，按设计图示尺寸以数量计算。

说明：以根计量时，必须描述单件体积。

2. 工程量清单计算规则图解

（1）图例

见图 E. 9-1、图 E. 9-2。

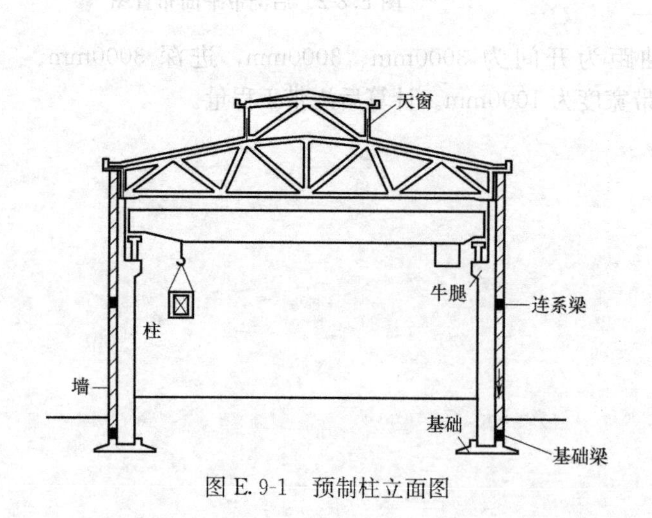

图 E. 9-1　预制柱立面图

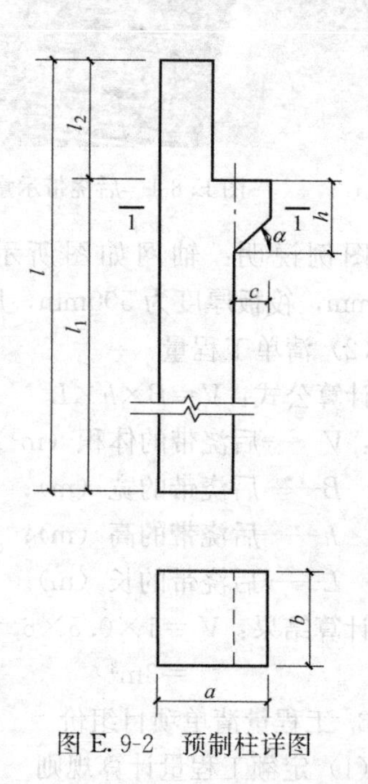

图 E. 9-2　预制柱详图

图例说明：某工程用带牛腿的钢筋混凝土柱 20 根，其下柱长 $L_1=6.5$m，断面尺寸 600mm×500mm，上柱长 $L_2=2.5$m，断面尺寸 400mm×500mm，牛腿参数：$h=$

700mm，c=200mm，α=56°。计算预制柱工程量。

（2）清单工程量

计算结果：$V=0.6\times0.5\times6.5+0.4\times0.5\times2.5+(0.7-0.5\times0.2\times\tan56°)\times0.2\times0.5$

$=2.51\text{m}^3$

注：牛腿的体积并入柱工程量内。

3. 工程量清单项目组价

（1）定额工程量计算规则

预制混凝土柱按设计图示尺寸以体积计算，不扣除构件内钢筋、预埋铁件所占体积。

（2）定额工程量

图例及计算方法同清单图例及计算方法。

（二）010509002 异形柱

1. 工程量清单计算规则

1）以立方米计量，按设计图示尺寸以体积计算；

2）以根计量，按设计图示尺寸以数量计算。

说明：以根计量时，必须描述单件体积。

2. 工程量清单计算规则图解

（1）图例

见图 E. 9-3、图 E. 9-4。

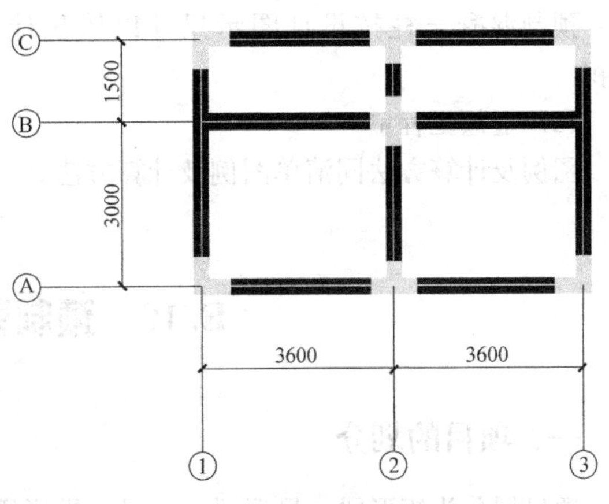

图 E. 9-3 预制异形柱平面图

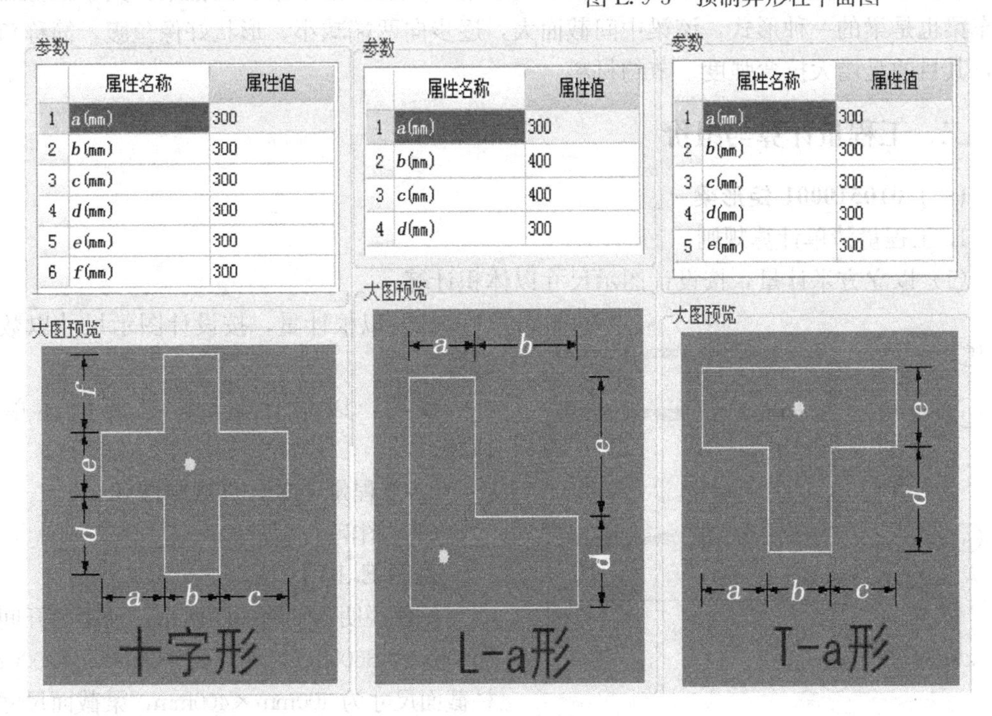

图 E. 9-4 预制异形柱属性参数图

图例说明：轴网如图所示，轴距为开间为3000mm、3000mm，进深3000mm、3000mm，柱截面尺寸如柱大样图所示，板厚为120mm，柱高为3m。计算异形柱工程量。

（2）清单工程量

计算公式：异形柱体积＝柱截面面积×柱高

计算结果：L-a形柱工程量＝ 0.33×3×4＝3.96m³

十字形柱工程量＝0.45×3＝1.35m³

T字形柱工程量＝0.36×3×2＝2.16m³

异形柱工程量＝3.96＋1.35＋2.16＝7.47m³

3. 工程量清单项目组价

（1）定额工程量计算规则

预制混凝土柱按设计图示尺寸以体积计算，不扣除构件内钢筋、预埋铁件所占体积。

（2）定额工程量

图例及计算方法同清单图例及计算方法。

E.10 预制混凝土梁

一、项目的划分

项目划分为矩形梁、异形梁、过梁、拱形梁、鱼腹式吊车梁、其他梁。其中，鱼腹式吊车梁也是梁的一种形式，该梁中间截面大，逐步向两端减小，形状好像鱼腹，简称鱼腹梁，其目的是增大抗弯强度、节约材料。

二、工程量计算与组价

（一）010510001 矩形梁

1. 工程量清单计算规则

（1）以立方米计量，按设计图示尺寸以体积计算；

（2）以根计量，按设计图示尺寸以数量计算。

说明：以根计量时，必须描述单件体积。

2. 工程量清单计算规则图解

（1）图例

见图E.10-1。

图例说明：轴网如图所示，轴距为开间为3600mm、3600mm，进深3000mm、1500mm，柱截面尺寸为400mm×400mm，梁截面尺寸为300mm×500mm，计算梁工程量。

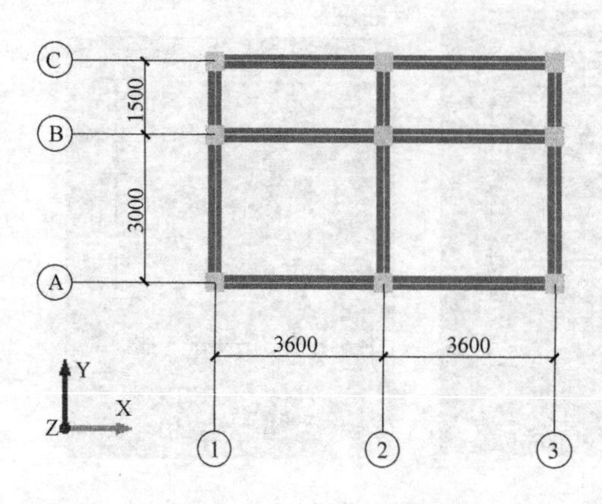

图E.10-1 梁平面布置图

(2) 清单工程量

计算公式：$V=S$(截面面积)$\times L$(构件长度)

计算结果：$V=0.3\times0.5\times(2.6+1.1+3.2\times2)\times3$

$=4.55\text{m}^3$

3. 工程量清单项目组价

(1) 定额工程量计算规则

预制混凝土梁按设计图示尺寸以体积计算，不扣除构件内钢筋、预埋铁件所占体积。

(2) 定额工程量

图例及计算方法同清单图例及计算方法。

(二) 010510002 异形梁

1. 工程量清单计算规则

(1) 以立方米计量，按设计图示尺寸以体积计算；

(2) 以根计量，按设计图示尺寸以数量计算。

说明：以根计量时，必须描述单件体积。

2. 工程量清单计算规则图解

(1) 图例

见图 E.10-2、图 E.10-3。

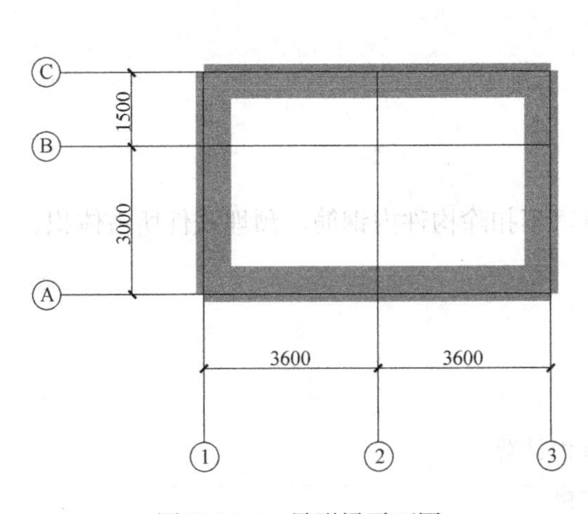

图 E.10-2 异形梁平面图

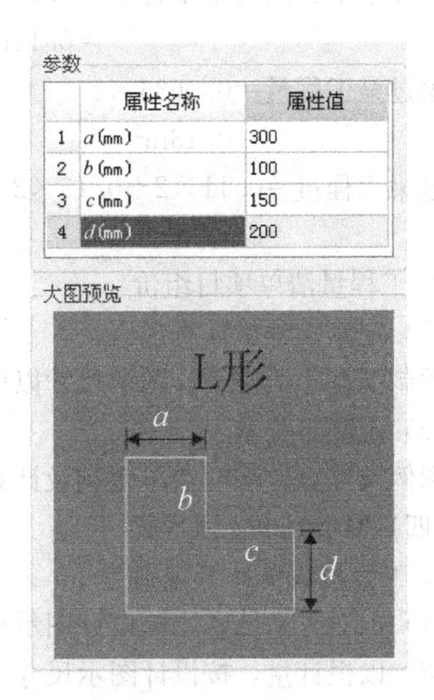

图 E.10-3 梁截面图

图例说明：轴网如图所示，轴距为开间为 3000mm、3000mm，进深 3000mm、1500mm，梁截面尺寸如其大样图所示。梁外边线距轴线的距离为 150mm。计算梁工程量。

(2) 清单工程量

计算结果：$V=0.45\times0.2\times(4.5+7.2-0.15\times4)\times2+0.3\times0.1\times(4.5+7.2+0.15\times4)\times2$

$=2.74\text{m}^3$

3. 工程量清单项目组价

(1) 定额工程量计算规则

预制混凝土梁按设计图示尺寸以体积计算，不扣除构件内钢筋、预埋铁件所占体积。

（2）定额工程量

图例及计算方法同清单图例及计算方法。

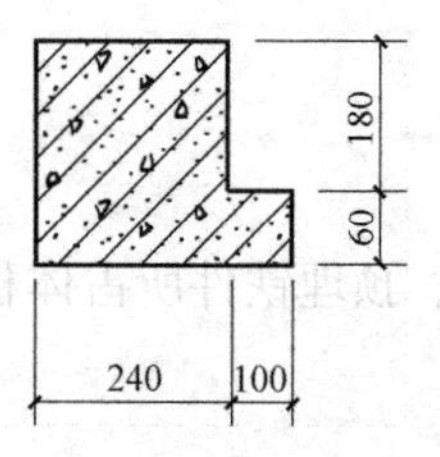

图E.10-4 过梁剖面图

（三）010510003 过梁

1. 工程量清单计算规则

（1）以立方米计量，按设计图示尺寸以体积计算；

（2）以根计量，按设计图示尺寸以数量计算。

说明：以根计量时，必须描述单件体积。

2. 工程量清单计算规则图解

（1）图例

见图E.3-6及图E.10-4。

图例说明：轴网如图所示，轴距为开间为3600mm、3600mm，进深3000mm、1500mm，过梁截面尺寸为240mm×240mm，M-1尺寸1200mm（宽）×2100mm（高），C-1尺寸1500mm（宽）×1800mm（高），其中过梁伸入墙内的总长度为500mm。计算过梁工程量。

（2）清单工程量

计算公式：过梁工程量＝截面面积×长度

计算结果：门过梁工程量＝0.0636×1.7

$$=0.11\text{m}^3$$

窗过梁工程量＝0.0636×2

$$=0.13\text{m}^3$$

过梁工程量＝0.11×2＋0.13×2

$$=0.48\text{m}^3$$

3. 工程量清单项目组价

（1）定额工程量计算规则

预制混凝土梁按设计图示尺寸以体积计算，不扣除构件内钢筋、预埋铁件所占体积。

（2）定额工程量

图例及计算方法同清单图例及计算方法。

（四）010510004 拱形梁

1. 工程量清单计算规则

（1）以立方米计量，按设计图示尺寸以体积计算；

（2）以根计量，按设计图示尺寸以数量计算。

说明：以根计量时，必须描述单件体积。

2. 工程量清单计算规则图解。

（1）图例

见图E.3-7。

图例说明：轴网如图所示，轴距为开间为3600mm、3600mm，进深3000mm、1500mm，拱梁截面尺寸为300mm×300mm，拱梁拱高为3600mm。计算拱梁工程量。

（2）清单工程量

计算结果：拱梁体积＝截面面积×拱梁中心线长度

$=0.3\times0.3\times10.8398\times2$

$=1.95m^3$

3. 工程量清单项目组价

(1) 定额工程量计算规则

预制混凝土梁按设计图示尺寸以体积计算，不扣除构件内钢筋、预埋铁件所占体积。

(2) 定额工程量

图例及计算方法同清单图例及计算方法。

(五) 010510005 鱼腹式吊车梁

1. 工程量清单计算规则

(1) 以立方米计量，按设计图示尺寸以体积计算；

(2) 以根计量，按设计图示尺寸以数量计算。

说明：以根计量时，必须描述单件体积。

2. 工程量清单计算规则图解

(1) 图例

见图 E.10-5。

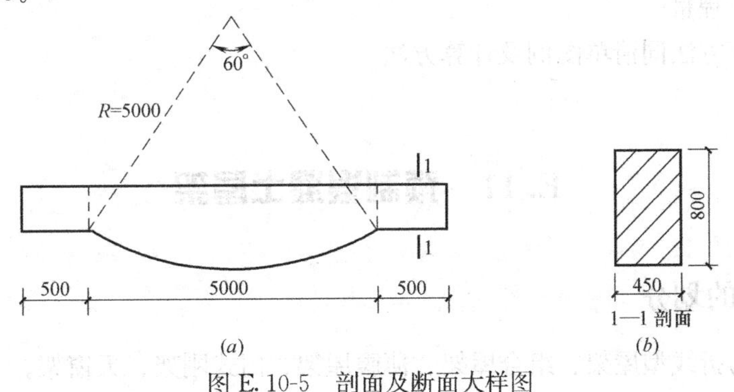

图 E.10-5 剖面及断面大样图

图例说明：图从左往右的标注尺寸分别为：500mm、5000mm、500mm。断面尺寸分别为：450mm、800mm。计算吊车梁工程量。

(2) 清单工程量

计算结果：吊车梁工程量$=((5+0.5\times2)\times0.8+3.142\times5^2/6-5\times2.5/\tan30°/2)\times0.45$

$=(4.8+13.092-10.832)\times0.45$

$=3.18m^3$

3. 工程量清单项目组价

(1) 定额工程量计算规则

预制混凝土梁按设计图示尺寸以体积计算，不扣除构件内钢筋、预埋铁件所占体积。

(2) 定额工程量

图例及计算方法同清单图例及计算方法。

(六) 010510006 其他梁

1. 工程量清单计算规则

(1) 以立方米计量，按设计图示尺寸以体积计算；

(2) 以根计量，按设计图示尺寸以数量计算。

说明：以根计量时，必须描述单件体积。

下述图例以风道梁为例进行介绍，风道梁即为大型建筑中的通风设置，其有垂直和水平风道。风道梁即水平风道中的受力构件，承担其上风道板的荷载。

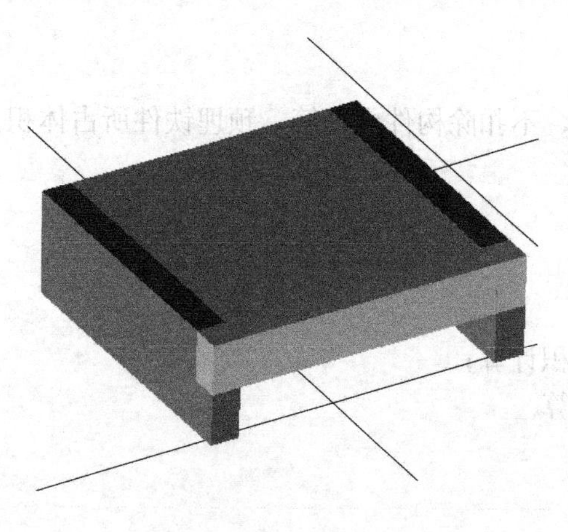

图 E.10-6 风道梁示意图

2. 工程量清单计算规则图解

(1) 图例

见图 E.10-6。

图例说明：梁截面宽 300mm，截面高 500mm，梁长 3000mm，计算梁工程量。

(2) 清单工程量

计算结果：$V=0.3\times0.5\times3$

$=0.45m^3$

3. 工程量清单项目组价

(1) 定额工程量计算规则

预制混凝土梁按设计图示尺寸以体积计算，不扣除构件内钢筋、预埋铁件所占体积。

(2) 定额工程量

图例及计算方法同清单图例及计算方法。

E.11 预制混凝土屋架

一、项目的划分

项目划分为折线型屋架、组合屋架、薄腹屋架、门式刚架、天窗架。

折线型屋架的每一榀均由一段段混凝土杆件拼接而成，分别为上弦杆、竖腹杆、斜腹杆、下弦杆，它具有外形合理、自重较轻的特点，适用于非卷材防水屋面的中型厂房。

组合屋架指的是混凝土与钢结构的组合，上弦为钢筋混凝土或预应力混凝土构件，下弦为型钢或钢筋。屋架杆件少，兼具自重轻，受力明确，构造简单，施工方便的特点。

薄腹屋架指的是顶部起拱式的屋架，其构造形式相比折线型屋架更加简单，一般只有上弦杆、竖腹杆、下弦杆三部分组成，无斜腹杆，适用于采用横向天窗或井式天窗的厂房。

门式刚架通常用于跨度为 9～36m、柱距为 6m、柱高为 4. 5～9m、设有吊车起重量较小的单层工业房屋或公共建筑（超市、娱乐体育设施、车站候车室等）。其刚架可采用变截面，变截面时根据需要可改变腹板的高度和厚度及翼缘的宽度，做到材尽其用。

天窗架指的是采用横向天窗的屋架上方设置的具有通风、采光效果的屋架构造。

二、工程量计算与组价

（一）010511001 折线型

1. 工程量清单计算规则

(1) 以立方米计量，按设计图示尺寸以体积计算；

（2）以榀计量，按设计图示尺寸以数量计算。

说明：以榀计量时，必须描述单件体积。

2. 工程量清单计算规则图解

（1）图例

见图 E.11-1、图 E.11-2。

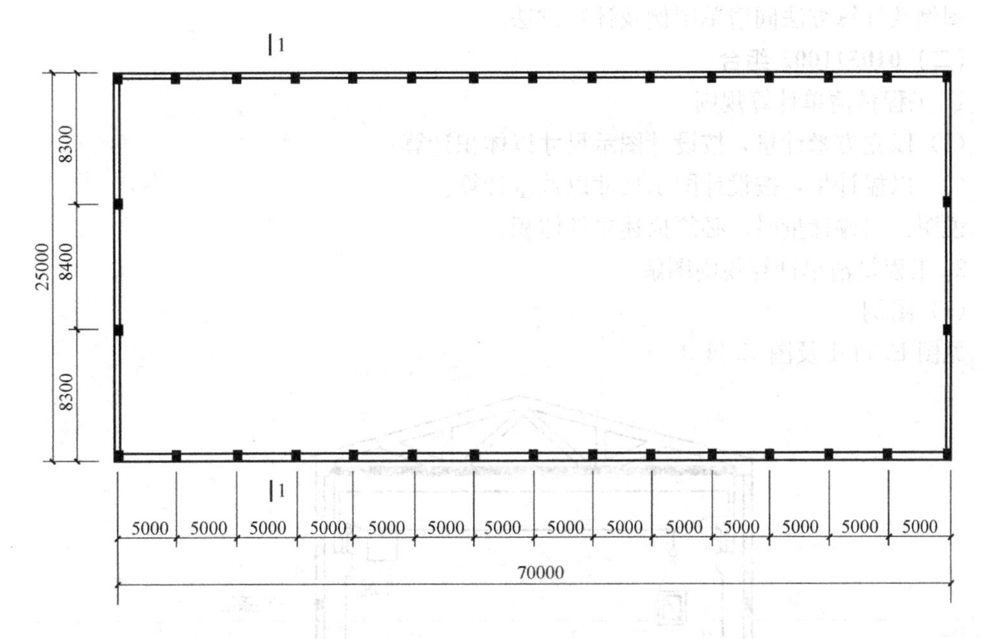

图 E.11-1　厂房平面图

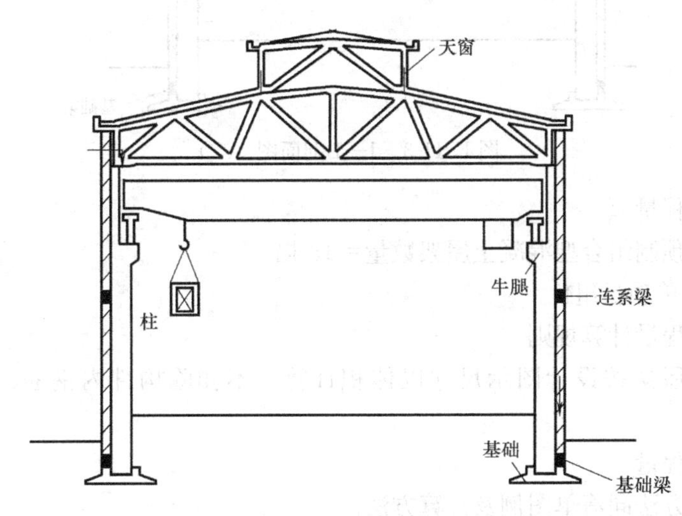

图 E.11-2　1—1 剖面图（一）

（2）清单工程量

计算结果：预制折线型混凝土屋架数量＝13 榀

说明：相关信息相关信息可查阅编号为 04G415-1 的图集《预应力混凝土折线形屋架（预应力钢筋为钢绞线 跨度 18～30m）》。

3. 工程量清单项目组价

(1) 定额工程量计算规则

预制混凝土屋架按设计图示尺寸以体积计算，不扣除构件内钢筋、预埋铁件所占体积。

(2) 定额工程量

图例及计算方法同清单图例及计算方法。

(二) 010511002 组合

1. 工程量清单计算规则

(1) 以立方米计量，按设计图示尺寸以体积计算；

(2) 以榀计量，按设计图示尺寸以数量计算。

说明：以榀计量时，必须描述单件体积。

2. 工程量清单计算规则图解

(1) 图例

见图 E. 11-1 及图 E. 11-3。

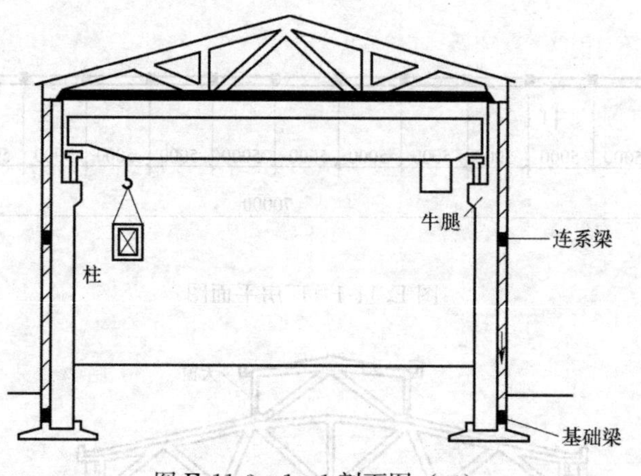

图 E. 11-3 1—1 剖面图（二）

(2) 清单工程量

计算结果：预制组合型混凝土屋架数量＝13 榀

3. 工程量清单项目组价

(1) 定额工程量计算规则

预制混凝土屋架按设计图示尺寸以体积计算，不扣除构件内钢筋、预埋铁件所占体积。

(2) 定额工程量

图例及计算方法同清单图例及计算方法。

(三) 010511003 薄腹

1. 工程量清单计算规则

(1) 以立方米计量，按设计图示尺寸以体积计算；

(2) 以榀计量，按设计图示尺寸以数量计算。

说明：以榀计量时，必须描述单件体积。

2. 工程量清单计算规则图解

(1) 图例

见图 E. 11-4、图 E. 11-5。

图例说明：上下弦杆断面尺寸为 200mm×200mm，中间竖腹杆断面为 120mm×60mm，其余竖腹杆断面尺寸为 120mm×120mm，杆件长度如图所示，单位为 mm。计算屋架工程量。

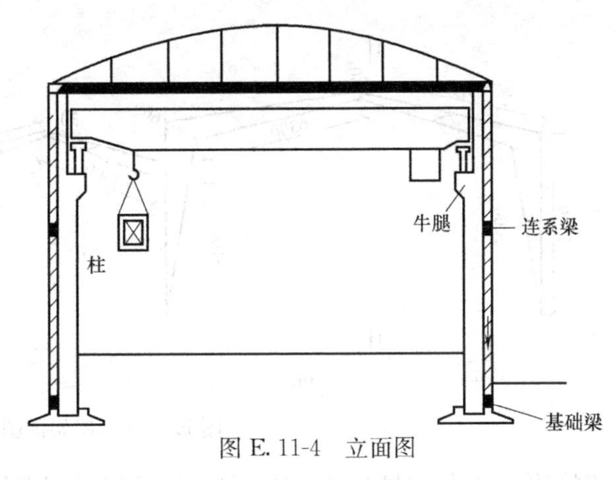

图 E. 11-4 立面图

(2) 清单工程量

计算结果：$V=[(0.3\times0.3\times0.12)+(2.1+2.138+2.11+1.8+2.1\times2)\times0.2\times0.2+(1.2+1.6)\times(0.12\times0.12)+1.8\times0.12\times0.06)]\times2$

$=1.12\text{m}^3$

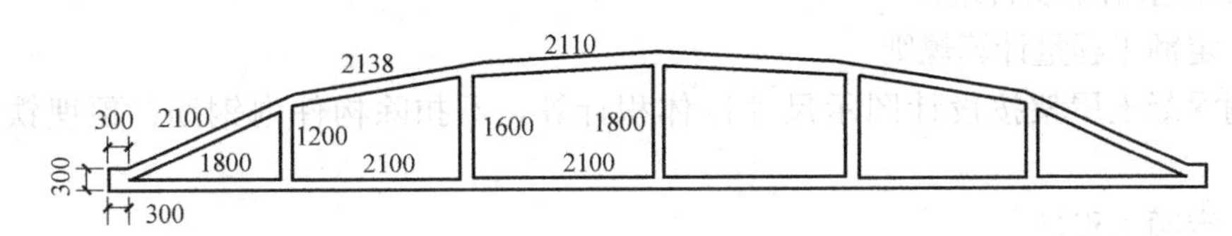

图 E. 11-5 屋架详图（一）

3. 工程量清单项目组价

(1) 定额工程量计算规则

预制混凝土屋架按设计图示尺寸以体积计算，不扣除构件内钢筋、预埋铁件所占体积。

(2) 定额工程量

图例及计算方法同清单图例及计算方法。

(四) 010511004 门式刚架

1. 工程量清单计算规则

(1) 以立方米计量，按设计图示尺寸以体积计算；

(2) 以榀计量，按设计图示尺寸以数量计算。

说明：以榀计量时，必须描述单件体积。

2. 工程量清单计算规则图解

(1) 图例

见图 E. 11-6。

图例说明：上图所标注长度的单位均为 mm。计算屋架工程量。

(2) 清单工程量

计算结果：$V=[(7.5\times0.5/2+6.9\times0.5/2)\times2+5.4\times0.3/2+(3.6\times0.3+3.3\times0.03/2)]\times2\times0.8$

$=14.62\text{m}^3$

说明：相关信息可查阅《门式刚架轻型房屋钢结构》02SG518-1、《门式刚架轻型房

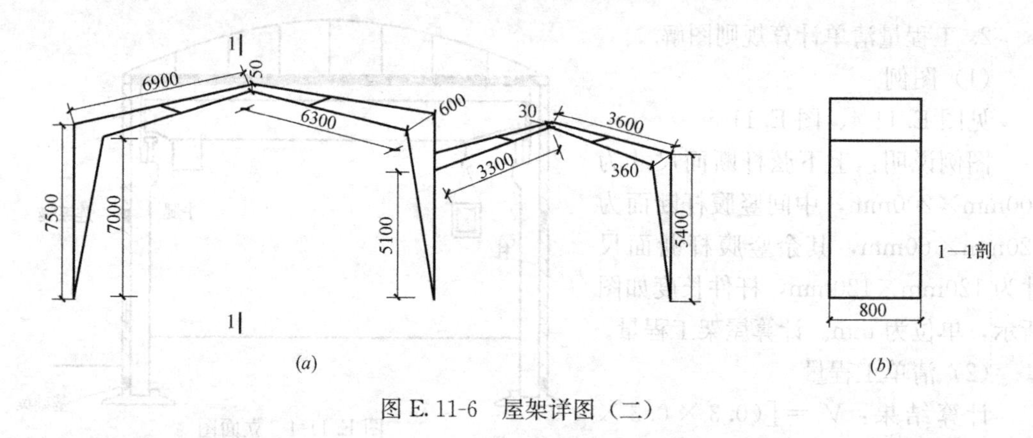

图 E. 11-6 屋架详图（二）

屋钢结构（有悬挂吊车）》04SG518-2、《门式刚架轻型房屋钢结构（有吊车）》04SG518-3、《多跨门式刚架轻型房屋钢结构（无吊车）》07SG518-4 等相关的图集。

3. 工程量清单项目组价

（1）定额工程量计算规则

预制混凝土屋架按设计图示尺寸以体积计算，不扣除构件内钢筋、预埋铁件所占体积。

（2）定额工程量

图例及计算方法同清单图例及计算方法。

（五）010511005 天窗架

1. 工程量清单计算规则

（1）以立方米计量，按设计图示尺寸以体积计算；

（2）以榀计量，按设计图示尺寸以数量计算。

说明：以榀计量时，必须描述单件体积。

2. 工程量清单计算规则图解

（1）图例

见图 E. 11-7。

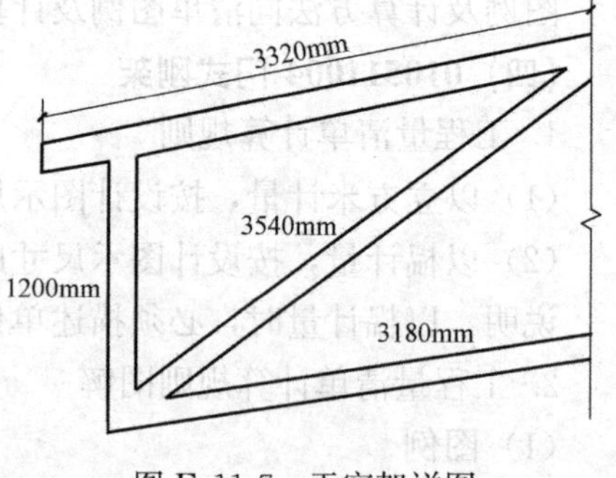

图 E. 11-7 天窗架详图

图例说明：上、下弦及腹杆截面尺寸为 120mm×120mm。计算屋架工程量。

（2）清单工程量

计算公式：屋架工程量＝上弦杆体积＋竖腹杆体积＋斜腹杆体积＋下弦杆体积

其中，杆件体积＝截面面积×杆件长度

计算结果：$V=3.32\times0.12\times0.12+1.2\times0.12\times0.12+3.54\times0.12\times0.12+3.18\times0.12\times0.12=0.16\text{m}^3$

3. 工程量清单项目组价

（1）定额工程量计算规则

预制混凝土屋架按设计图示尺寸以体积计算，不扣除构件内钢筋、预埋铁件所占体积。

（2）定额工程量

图例及计算方法同清单图例及计算方法。

E.12 预制混凝土板

一、项目的划分

项目划分为平板，空心板，槽形板，网架板，折线板，带肋板，大型板，沟盖板、井盖板、井圈。

空心板：将板的横截面做成空心的一般称为空心板。常见的预制空心板，跨度为2.4～6m，板厚为120mm或180mm，板宽为600mm、900mm、1200mm等，圆孔直径当板厚为120mm时为83mm，当板厚为180mm时为140mm。

槽形板是一种梁板结合的构件。实心板的两侧设有纵肋，相当于小梁，用来承受板的荷载。为便于搁置和提高板的刚度，在板的两端常设端肋封闭。跨度较大的板，为提高刚度，还应在板的中部增设横肋。槽形板有预应力和非预应力两种。

网架板是一种新型绿色环保建筑材料，最常见的就是CL网架板，这是一种由钢筋焊接网架形成的保温夹芯板，极大地降低成本，减低损耗，适用于各种热工设计分区的不同抗震等级的民用建筑。

折线板顾名思义，就是断面为起伏折叠的板，一般用作大型体育场馆或构筑物的屋面板，或是建筑物的雨篷等。

带肋板形似梁与板的组合体，板中会有如梁一般向上或向下凸出板的混凝土带，板与这些混凝土带形成的整体就被称为预制混凝土板中的带肋板。

二、工程量计算与组价

（一）010512001 平板

1. 工程量清单计算规则

（1）以立方米计量，按设计图示尺寸以体积计算。不扣除单个面积≤300mm×300mm的孔洞所占体积，扣除空心板空洞体积。

（2）以块计量，按设计图示尺寸以数量计算。

说明：以块计量时，必须描述单件体积；不带肋的预制遮阳板、雨篷板、挑檐板、栏板等，应按平板项目编码列项。

2. 工程量清单计算规则图解

（1）图例

见图E.12-1。

图例说明：平板尺寸如图所示，计算平板工程量。

（2）清单工程量

计算公式：体积＝断面面积×构件长度

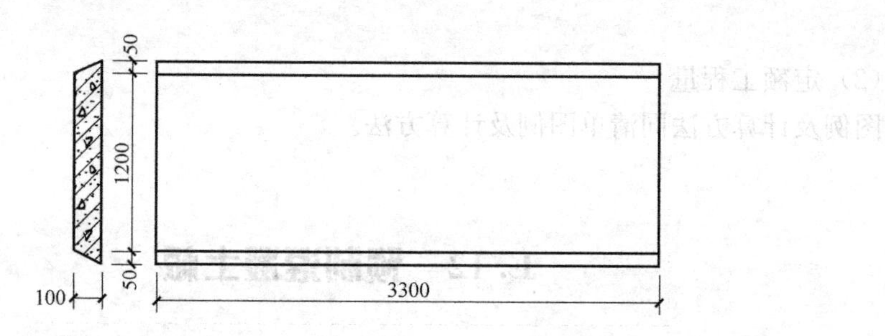

图 E. 12-1 平板示意图

计算结果：$V=3.3\times0.1\times(1.2+0.05\times2+1.2)/2$
$=0.41m^3$

3. 工程量清单项目组价

(1) 定额工程量计算规则

预制混凝土板按设计图示尺寸以体积计算，不扣除构件内钢筋、预埋铁件及单个面积≤300mm×300mm 的孔洞所占体积。

(2) 定额工程量

图例及计算方法同清单图例及计算方法。

(二) 010512002 空心板

1. 工程量清单计算规则

同平板。

2. 工程量清单计算规则图解

(1) 图例

见图 E. 12-2。

图例说明：空心板尺寸如图所示，计算空心板工程量。

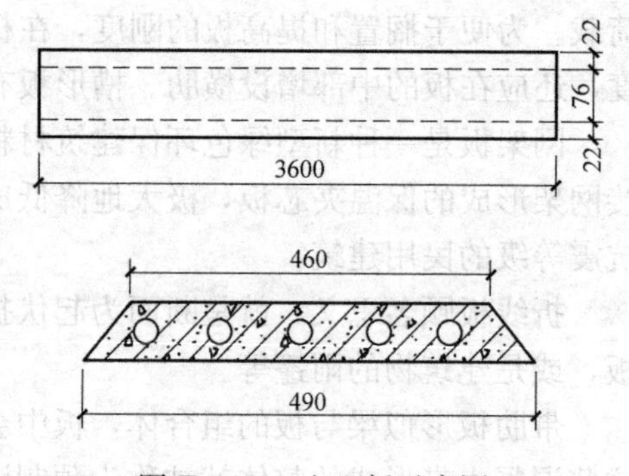

图 E. 12-2 空心板示意图

(2) 清单工程量

计算结果：$V=(0.46+0.49)\times0.12/2\times3.60-3.14\times0.038\times0.038\times5\times3.6$
$=0.12m^3$

说明：相关信息可查阅《预制板图集》03ZG401。

3. 工程量清单项目组价

(1) 定额工程量计算规则

预制混凝土板按设计图示尺寸以体积计算，不扣除构件内钢筋、预埋铁件及单个面积≤300mm×300mm 的孔洞所占体积。

(2) 定额工程量

图例及计算方法同清单图例及计算方法。

(三) 010512003 槽形板

1. 工程量清单计算规则

同本节（一）010512001 平板部分。

2. 工程量清单计算规则图解

(1) 图例

见图 E.12-3。

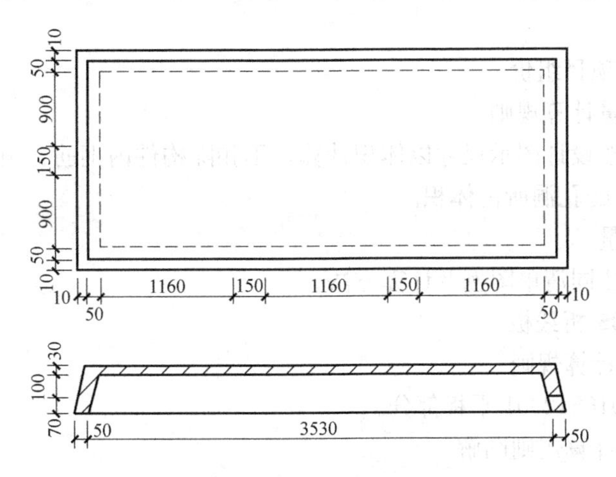

图 E.12-3 槽形板示意图

图例说明：槽形板尺寸如图所示，计算槽形板工程量。

(2) 清单工程量

计算结果：

$$V=(3.63-0.01)\times(2.07-0.01)\times0.2+1/3\times0.01\times0.01\times0.2-(3.63-0.1-0.01)\times(2.07-0.1-0.01)\times(0.2-0.03)-1/3\times0.01\times0.01\times(0.2-0.03)=0.32\text{m}^3$$

说明：相关信息可查阅《预制混凝土槽形板图集》03G307。

3. 工程量清单项目组价

(1) 定额工程量计算规则

预制混凝土板按设计图示尺寸以体积计算，不扣除构件内钢筋、预埋铁件及单个面积≤300mm×300mm 的孔洞所占体积。

(2) 定额工程量

图例及计算方法同清单图例及计算方法。

(四) 010512004 网架板

1. 工程量清单计算规则

同本节（一）010512001 平板部分。

2. 工程量清单计算规则图解

(1) 图例

见图 E.12-4。

图例说明：网架板的规格为 3580mm × 3580mm×350mm，板厚为150mm。计算网架板工程量。

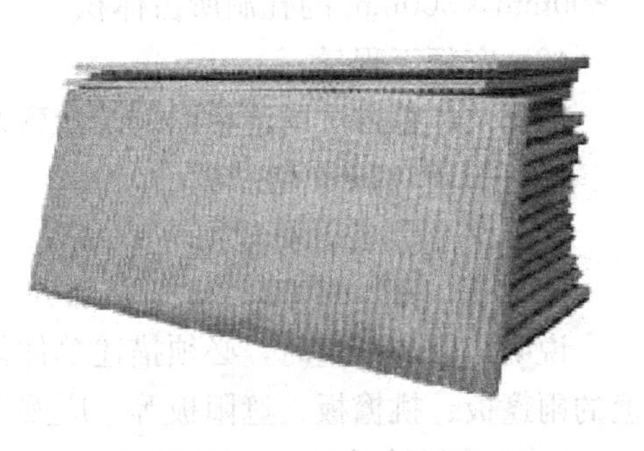

图 E.12-4 CL 网架板示意图

(2) 清单工程量

计算结果：$V=3.580\times3.58\times0.15$

$=1.92\text{m}^3$

说明：相关信息可查阅《蒸压轻质加气混凝土（NALC）网架板的图集》苏JT23—2004。

3. 工程量清单项目组价

（1）定额工程量计算规则

预制混凝土板按设计图示尺寸以体积计算，不扣除构件内钢筋、预埋铁件及单个面积≤300mm×300mm的孔洞所占体积。

（2）定额工程量

图例及计算方法同清单图例及计算方法。

（五）010512005 折线板

1. 工程量清单计算规则

同本节（一）010512001平板部分。

2. 工程量清单计算规则图解

（1）图例

见图E.12-5。

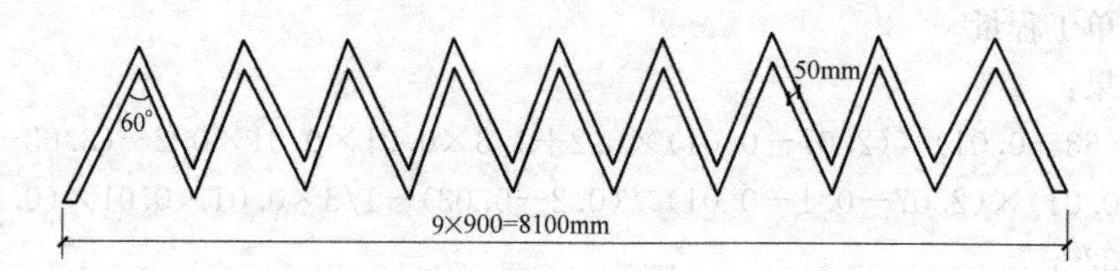

图E.12-5 折线示意图

图例说明：板长为6m，计算板工程量。

（2）清单工程量

混凝土工程量：

$(8.1+7.2)\times(\sqrt{3}/2\times0.9+0.1)\times1/2\times6-1/2\times0.9\times\sqrt{3}/2\times0.9\times6\times17=4.59\text{m}^3$

3. 工程量清单项目组价

（1）定额工程量计算规则

预制混凝土板按设计图示尺寸以体积计算，不扣除构件内钢筋、预埋铁件及单个面积≤300mm×300mm的孔洞所占体积。

（2）定额工程量

图例及计算方法同清单图例及计算方法。

（六）010512006 带肋板

1. 工程量清单计算规则

同本节（一）010512001平板部分。

说明：以块计量时，必须描述单件体积；预制F形板、双T形板、单肋板和带反挑檐的雨篷板、挑檐板、遮阳板等，应按带肋板项目编码列项。

2. 工程量清单计算规则图解

(1) 图例

见图 E. 12-6。

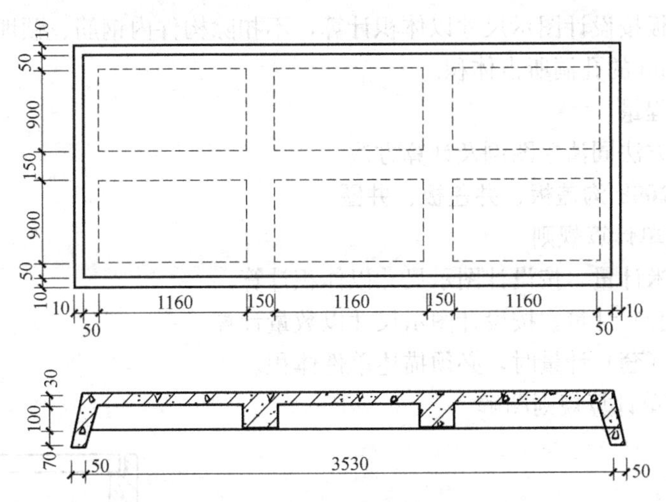

图 E. 12-6 带肋板示意图

图例说明：带肋板尺寸如图所示，计算其工程量。

(2) 清单工程量

$V=(3.63-0.01)\times(2.07-0.01)\times0.2+1/3\times0.01\times0.01\times0.2-(3.63-0.1-0.01)\times(2.07-0.1-0.01)\times(0.2-0.03)-1/3\times0.01\times0.01\times(0.2-0.03)+0.15\times0.1\times(1.16\times3+0.9\times4+0.15\times2)$

$=0.43m^3$

3. 工程量清单项目组价

(1) 定额工程量计算规则

预制混凝土板按设计图示尺寸以体积计算，不扣除构件内钢筋、预埋铁件及单个面积≤300mm×300mm 的孔洞所占体积。

(2) 定额工程量

图例及计算方法同清单图例及计算方法。

(七) 010512007 大型板

1. 工程量清单计算规则

同本节（一）010512001 平板部分。

说明：以块计量时，必须描述单件体积；预制大型墙板、大型楼板、大型屋面板等，应按大型板项目编码列项。

2. 工程量清单计算规则图解

(1) 图例

见图 E. 11-1。

图例说明：厂房屋面采用双 T 板，采用 YTSa093-2 型号，其长度为 8980mm，混凝土强度 C40。其一块板的体积为 $1.95m^3$，共需要 30 块。计算板工程量。

(2) 清单工程量

计算结果：$V=1.95\times30$

$=58.5m^3$

3. 工程量清单项目组价

(1) 定额工程量计算规则

预制混凝土板按设计图示尺寸以体积计算，不扣除构件内钢筋、预埋铁件及单个面积≤300mm×300mm的孔洞所占体积。

(2) 定额工程量

图例及计算方法同清单图例及计算方法。

(八) 010512008 沟盖板、井盖板、井圈

1. 工程量清单计算规则

(1) 以立方米计量，按设计图示尺寸以体积计算。

(2) 以块（套）计量，按设计图示尺寸以数量计算。

说明：以块（套）计量时，必须描述单件体积。

2. 工程量清单计算规则图解

(1) 图例

见图 E. 12-7。

图例说明：沟总长为15m，盖板尺寸为920mm×995mm，60mm厚。计算盖板工程量。

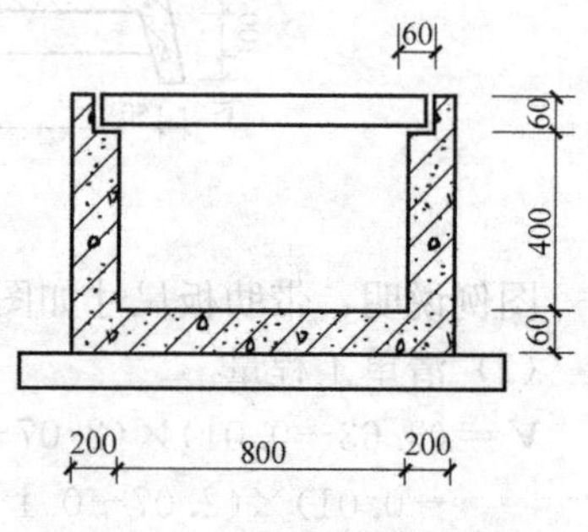

图 E. 12-7　沟盖板剖面图

(2) 清单工程量

计算结果：盖板数量＝15/0.995＝15块

$V=0.92\times0.995\times0.06\times15$

$=0.82m^3$

说明：相关信息可查阅编号为《地沟及盖板》02J331的图集。

3. 工程量清单项目组价

(1) 定额工程量计算规则

沟盖板、井盖板、井圈按设计图示尺寸实体体积以立方米计算，不扣除构件内钢筋、预埋铁件所占体积。

(2) 定额工程量

图例及计算方法同清单图例及计算方法。

E. 13　预制混凝土楼梯

一、项目的划分

预制混凝土楼梯多为装配式，即为一级级拼接装配合成。

二、工程量计算与组价

(一) 010513001 楼梯

1. 工程量清单计算规则

(1) 以立方米计量，按设计图示尺寸以体积计算。扣除空心踏步板空洞体积。

(2) 以段计量，按设计图示数量计算。

说明：以段计量时，必须描述单件体积。

2. 工程量清单计算规则图解

(1) 图例

见图 E.13-1、图 E.13-2。

图 E.13-1 预制混凝土楼梯示意图

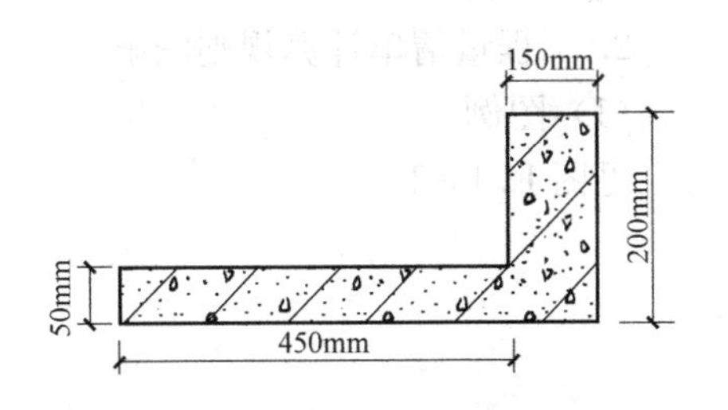

图 E.13-2 预制混凝土楼梯踏步示意图

图例说明：如图所示，预制楼梯踏步板厚 50mm，踏步平面宽 450mm，踏步立面板厚 150mm，踏步立面总高 200mm，截面面积为 0.0525m^3，踏步长度为 2.0m。其构件数见图。计算楼梯工程量。

(2) 清单工程量

计算结果：$V=0.0525\times2\times7$

$=0.74\text{m}^3$

3. 工程量清单项目组价

(1) 定额工程量计算规则

楼梯按设计图示尺寸以体积计算，不扣除构件内钢筋、预埋铁件所占体积，扣除空心踏步板空洞体积。

(2) 定额工程量

图例及计算方法同清单图例及计算方法。

E.14 其他预制构件

一、项目的划分

项目划分为垃圾道、通风道、烟道、其他构件。

预制钢筋混凝土小型池槽、压顶、扶手、垫块、隔热板、花格等，按 E.14 节中其他构件项目编码列项。

二、工程量计算与组价

(一) 010514001 垃圾道、通风道、烟道

1. 工程量清单计算规则

（1）以立方米计量，按设计图示尺寸以体积计算。不扣除单个面积≤300mm×300mm 的孔洞所占体积，扣除烟道、垃圾道、通风道的孔洞所占体积。

（2）以平方米计量，按设计图示尺寸以面积计算。不扣除单个面积≤300mm×300mm 的孔洞所占面积。

（3）以根（块、套）计量，按设计图示尺寸以数量计算。

说明：以根（块、套）计量时，必须描述单件体积。

预制烟道示意见图 E. 14-1。

2. 工程量清单计算规则图解

（1）图例

见图 E. 14-2。

图 E. 14-1　预制烟道示意图

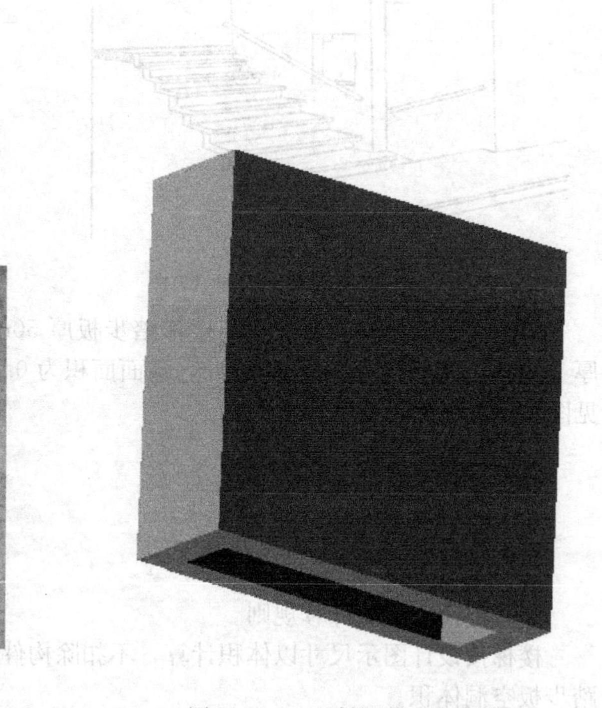

图 E. 14-2　预制烟道三维效果图

图例说明：烟道外截面长度 3300mm，外截面宽度 1000mm，烟道高度 2000mm，烟道壁厚 300mm。计算烟道工程量。

（2）清单工程量

计算结果：$V=[1\times0.3\times2+(3.3-2\times0.3)\times0.3\times2]\times2$

$=4.44\text{m}^3$

3. 工程量清单项目组价

（1）定额工程量计算规则

按图示尺寸实体体积以立方米计算，不扣除构件内钢筋、铁件及小于 300mm×300mm 以内孔洞面积。

（2）定额工程量

图例及计算方法同清单图例及计算方法。

（二）010514002 其他构件

1. 工程量清单计算规则

（1）以立方米计量，按设计图示尺寸以体积计算。不扣除单个面积≤300mm×

300mm 的孔洞所占体积，扣除烟道、垃圾道、通风道的孔洞所占体积。

(2) 以平方米计量，按设计图示尺寸以面积计算。不扣除单个面积≤300mm×300mm 的孔洞所占面积。

(3) 以根（块、套）计量，按设计图示尺寸以数量计算。

说明：以根（块、套）计量时，必须描述单件体积；预制混凝土小型池槽、压顶、扶手、垫块、隔热板、花格等，应按其他构件项目编码列项。

2. 工程量清单计算规则图解

(1) 图例

见图 E.14-3。

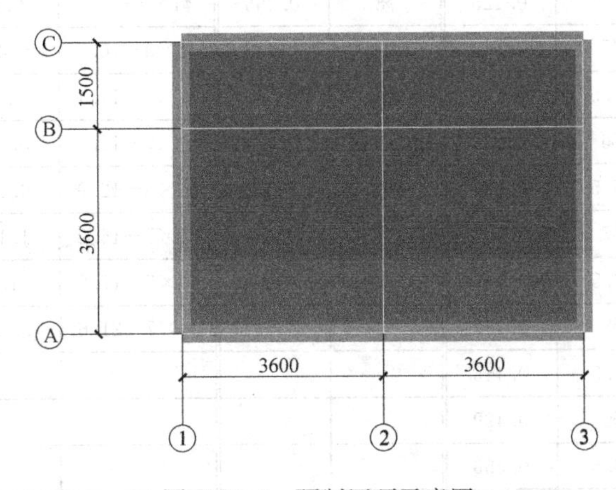

图 E.14-3 预制压顶示意图

图例说明：轴网如图所示，轴距为开间为 360mm、360mm；进深为：3600mm、1500mm；压顶为预制压顶，其截面尺寸为：300mm×60mm。计算压顶工程量。

(2) 清单工程量

计算结果：$V=0.3\times0.06\times(3.6+3.6+3.6+1.5)\times2$

$=0.44m^3$

3. 工程量清单项目组价

(1) 定额工程量计算规则

按图示尺寸实体体积以立方米计算，不扣除构件内钢筋、铁件及小于 300mm×300mm 以内孔洞面积。

(2) 定额工程量

图例及计算方法同清单图例及计算方法。

E.15 钢筋工程

一、项目的划分及说明

项目划分为现浇构件钢筋、预制构件钢筋、钢筋网片、钢筋笼、先张法预应力钢筋、后张法预应力钢筋、预应力钢丝、预应力钢绞线、支撑钢筋（铁马）、声测管。

现浇构件中伸出构件的锚固钢筋应并入钢筋工程量内。除设计（包括规范规定）标明的搭接外，其他施工搭接不计算工程量，在综合单价中考虑。表E.15-1给出了各钢筋比重。

钢筋比重表　　**表E.15-1**

普通钢筋		冷轧带肋钢筋		冷轧扭钢筋		预应力钢绞线		预应力钢丝	
公称直径	比重	公称直径	比重	公称直径	比重	公称直径	比重	公称直径	比重
ϕ6	0.222	ϕ4	0.099	ϕ6.5	0.232	ϕ1×3－8.6	0.296	ϕ4	0.099
ϕ8	0.395	ϕ4.5	0.125	ϕ8	0.356	ϕ1×7－9.5	0.43	ϕ5	0.154
ϕ10	0.617	ϕ5	0.154	ϕ10	0.536	ϕ1×3－10.8	0.462	ϕ6	0.222
ϕ12	0.888	ϕ5.5	0.186	ϕ12	0.733	ϕ1×7－11.1	0.58	ϕ7	0.302
ϕ14	1.21	ϕ6	0.222	ϕ12一棱	0.768	ϕ1×7－12.7	0.775	ϕ8	0.394
ϕ16	1.58	ϕ6.5	0.261	ϕ14	1.042	ϕ1×3－12.9	0.666	ϕ9	0.499
ϕ18	2	ϕ7	0.302			ϕ1×7－15.2	1.101		
ϕ20	2.47	ϕ7.5	0.347			ϕ1×7－17.8	1.5		
ϕ22	2.98	ϕ8	0.395			ϕ1×7－21.6	2.237		
ϕ25	3.85	ϕ8.5	0.445						
ϕ28	4.83	ϕ9	0.499						
ϕ32	6.31	ϕ9.5	0.556						
ϕ36	7.99	ϕ10	0.617						
ϕ40	9.87	ϕ10.5	0.679						
ϕ50	15.42	ϕ11	0.746						
		ϕ11.5	0.815						
		ϕ12	0.888						

注：一般普通钢筋每米的理论质量公式，$G=0.00617\times\phi^2$（kg），其中ϕ的单位为mm。

二、工程量计算与组价

（一）010515001 现浇构件钢筋

1. 工程量清单计算规则

按设计图示钢筋（网）长度（面积）乘单位理论质量计算。

说明：现浇构件钢筋指现浇钢筋混凝土结构构件内的钢筋工程量，如现浇混凝土基础内所用钢筋量、现浇混凝土梁内所用钢筋量；在编制工程量清单时，应将当前工程中所有现浇钢筋混凝土构件内所有钢筋明细进行汇总，同时在项目特征描述中注明其钢筋种类（级别或牌号）、规格（直径），以吨为单位计算，同时保留3位小数；工作内容包含：钢筋制作、运输、钢筋安装、焊接（绑扎）。

2. 工程量清单计算规则图解

（1）筏板基础钢筋

1）图例

见图 E. 15-1～图 E. 15-5。

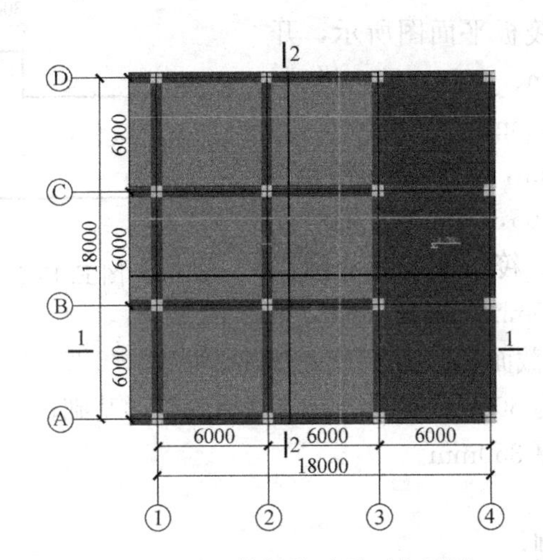

图 E. 15-1　筏板基础平面布置图

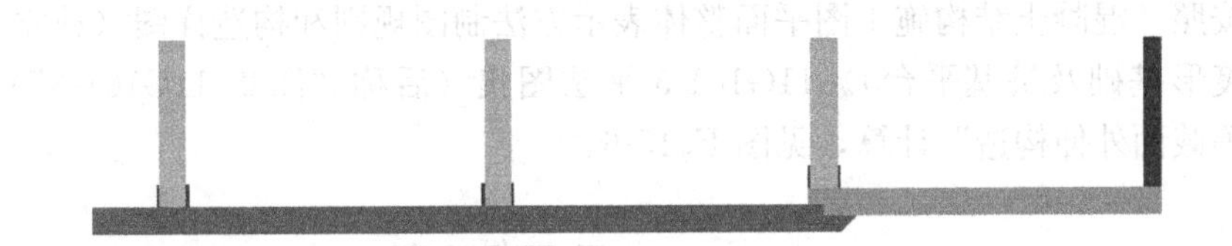

图 E. 15-2　筏板基础 1—1 图

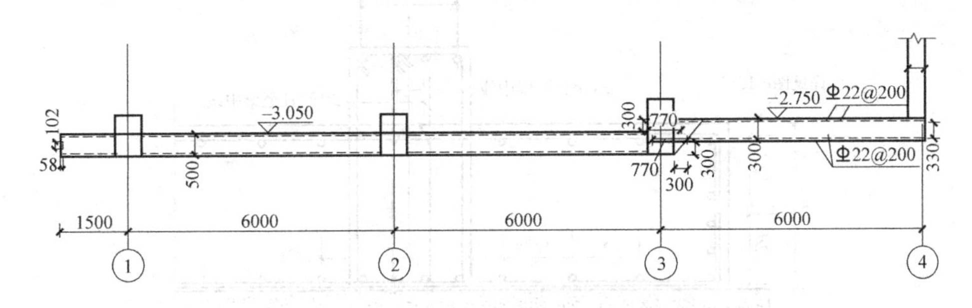

图 E. 15-3　筏板 1—1 剖面配筋图

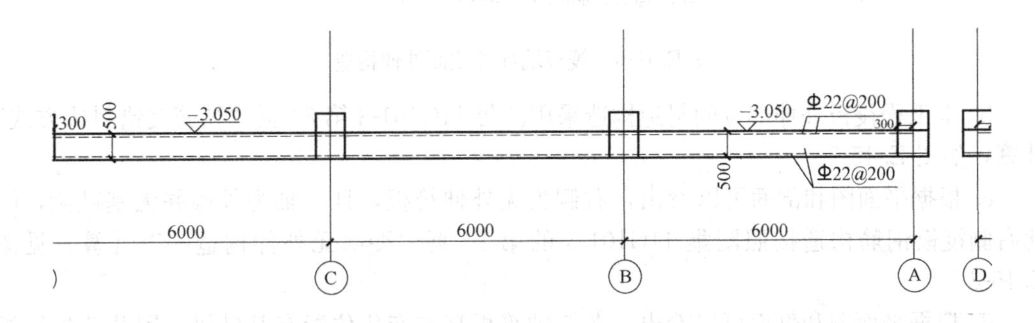

图 E. 15-4　筏板 2—2 剖面配筋图

图例说明：

① 筏板平面尺寸如筏板平面图所示，开间为 6000mm、6000mm、6000mm，进深 6000mm、6000mm、6000mm；

② 筏板厚度为 500mm，左侧外伸端至 3 轴的筏板顶面标高为－3.05，3 轴至 4 轴的筏板顶面标高为－2.750m；筏板配筋为双网双向Φ22@200，保护层为 40mm，筏板外伸尺寸为 1500mm，筏板底部变截面倾角为 45°，钢筋锚固长度 35d；

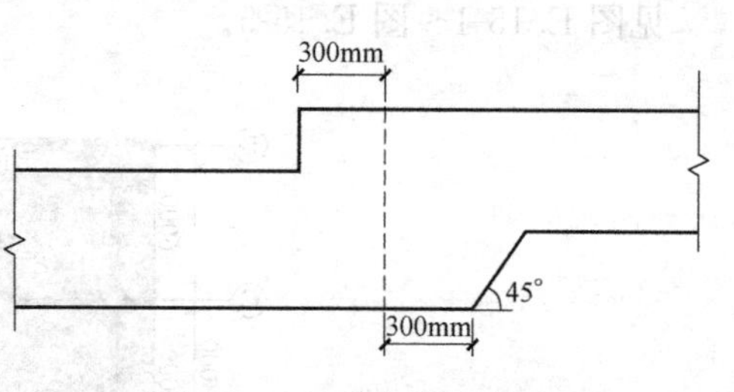

图 E.15-5 筏板高差做法

③ 基础梁截面尺寸为 600mm×900mm，底板为筏形基础；

④ 最右侧的外墙墙厚 350mm。

2）清单工程量

① 筏板钢筋计算原则：

a. 根据平面图和剖面可以看出，左侧为外伸筏板，且 1 轴有基础梁，因此左侧筏板钢筋构造按照《混凝土结构施工图平面整体表示方法制图规则和构造详图（独立基础、条形基础、筏形基础及桩基平台）》11G101-3 平法图集（后称“图集 11G101-3”）的第 80 页“端部等截面外伸构造”计算，见图 E.15-6。

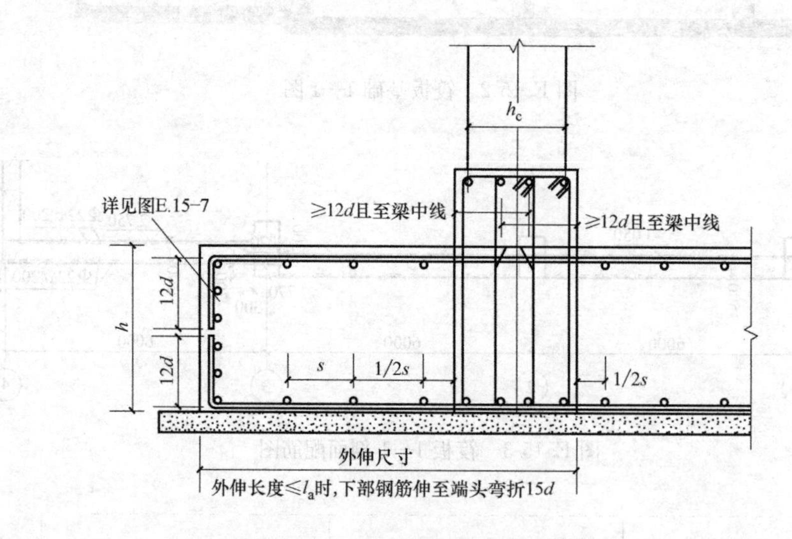

图 E.15-6 筏板端部等截面外伸构造

b. 本工程筏板外伸部位的封边构造采用图集 11G101-3 第 84 页“纵筋交错封边方式”计算，如图 E.15-7。

c. 根据平面图和剖面可以看出，右侧为无外伸筏板，且 4 轴为外墙并无基础梁，因此右侧筏板钢筋构造按照图集 11G101-3 的第 84 页“端部无外伸构造一”计算，见图 E.15-8。

d. 根据平面图和剖面可以看出，在 3 轴筏板高差变化位置有基础梁，因此此处筏板高差位置的钢筋构造应该按照图集 11G101-3 的第 80 页“变截面部位钢筋构造”计算，如图 E.15-9。

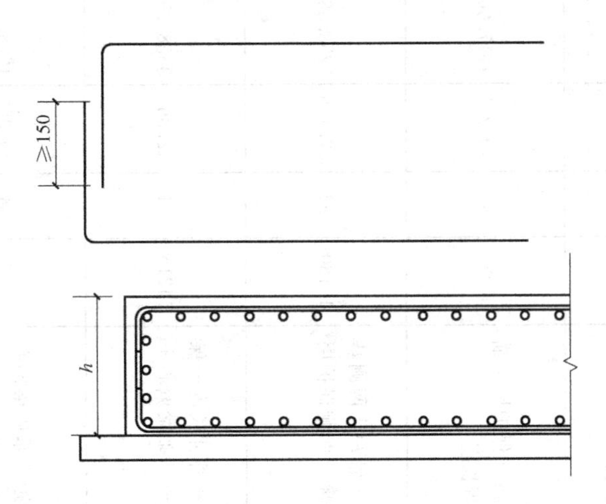

图 E. 15-7 筏板端部外伸交错封边构造

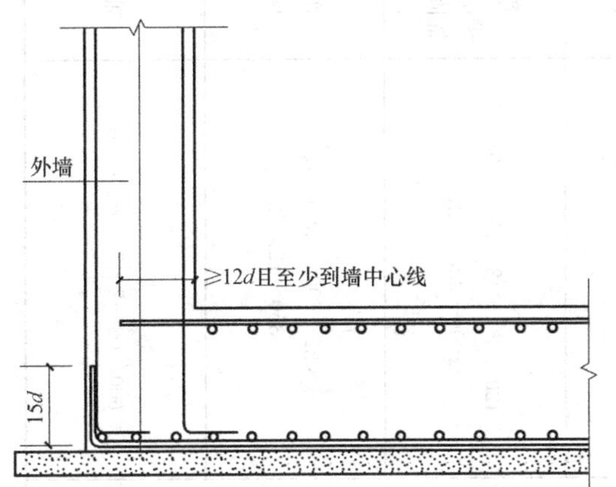

图 E. 15-8 平板式筏形基础筏板端部无外伸构造

图 E. 15-9 梁板式筏形基础变截面部位钢筋构造

e. 根据平面图和剖面可以看出，在筏板的上方（即 C 轴处）和下方（即 A 轴处）均无筏板外伸，且在 A 轴和 C 轴处均有基础梁，因此 Y 向侧筏板钢筋两端的构造均按照图集 11G101-3 第 80 页“端部无外伸构造”计算，见图 E. 15-10。

② 钢筋计算明细见表 E. 15-2。

（2）条形基础钢筋

1）图例

见图 E. 15-11。

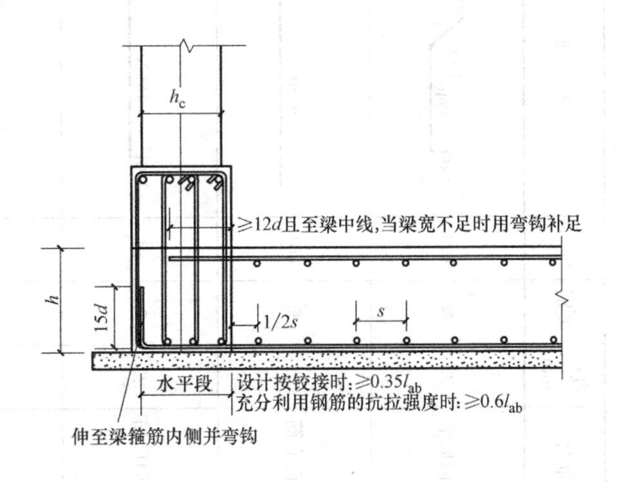

图 E. 15-10 梁板式筏形基础端部无外伸构造

筏板钢筋计算明细 表 E. 15-2

	筋号	直径(mm)	级别	图号	图形	计算公式	公式描述	长度(mm)	根数	单重(kg)	总重(kg)
1	X向底筋	22	Φ	621	285 13740 1020 45 120	420/2×150/2+1500−40+12000+280+370+650+120	弯折长度+外伸长度−保护层+轴距+水平段+斜长+锚固区斜长+弯折	15165	84	45.192	3796.103
2	X向底筋	22	Φ	601	6130 330	6000−600−40+22×35+15×22	轴距−水平段−保护层+锚固长度+弯折长度	6460	84	19.251	1617.067
3	Y向底筋	22	Φ	64	330 18520 330	15×22+18000+2×300−2×40+15×22	弯折长度+轴距+两侧基础梁偏心距离−两侧保护层+弯折长度	19180	92	57.156	5258.389
4	X向面筋	22	Φ	637	285 13930	420/2+150/2+1500−40+12000−300+22×35	弯折长度+外伸长度−保护层+轴距−基础梁偏心+锚固长度	14215	84	42.361	3558.299
5	X向面筋	22	Φ	637	330 6174	15×22+6000+300−40−350+12×22	弯折+轴距+基础梁偏心−保护层−墙厚+锚固	6504	84	19.382	1628.081
6	Y向面筋	22	Φ	1	18000	6000×3−2×300+2×300	轴距−基础梁偏心+锚固	18000	89	53.64	4773.96

图例说明：

① 轴网如图所示，轴距为开间为6000mm、6000mm、6000mm、6000mm，进深6000mm、6000mm、6000mm；

② 条形基础截面尺寸：四周外墙下为TJ-1，截面3000mm×600mm，按轴线居中布置，底部受力筋为Φ16@200，分布筋为Φ10@200；所有内墙下为TJ-2，截面2000mm×500mm，按轴线居中布置，底部受力筋为Φ14@200，分布筋为Φ10@200；保护层均为40mm。

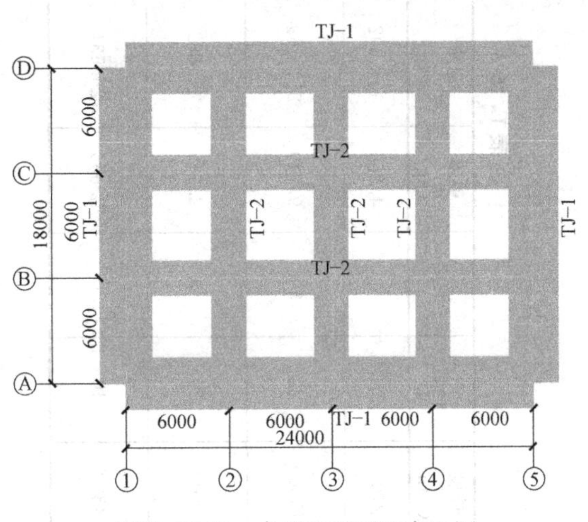

图 E. 15-11　条形基础平面布置图

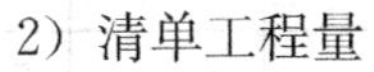

2）清单工程量

① 条基钢筋计算原则：

图集11G101-3第69页规定条形基础底板配筋构造，见图E. 15-12～图E. 15-15。

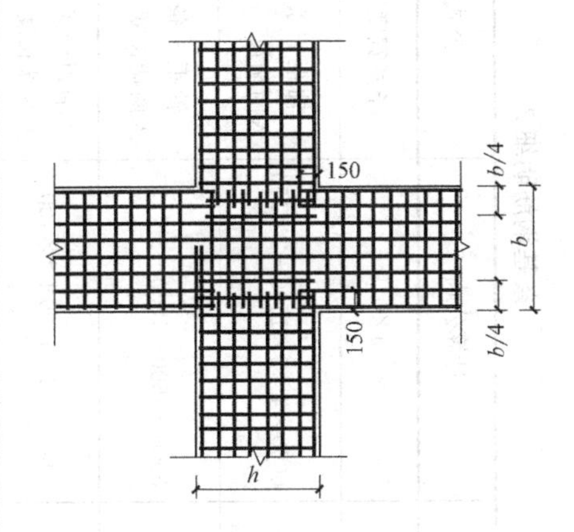

图 E. 15-12　条形基础底板十字配筋构造

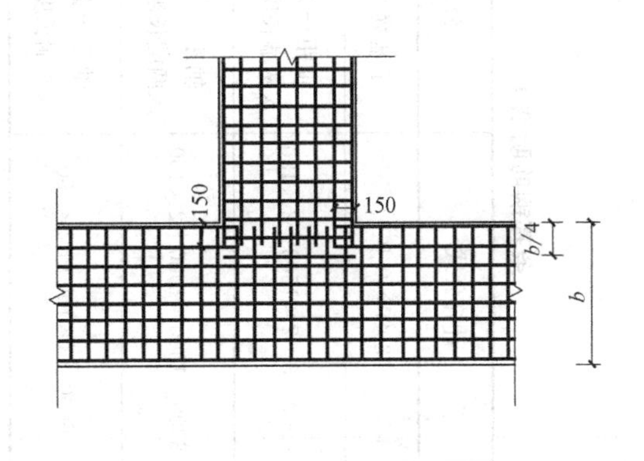

图 E. 15-13　条形基础底板丁字配筋构造

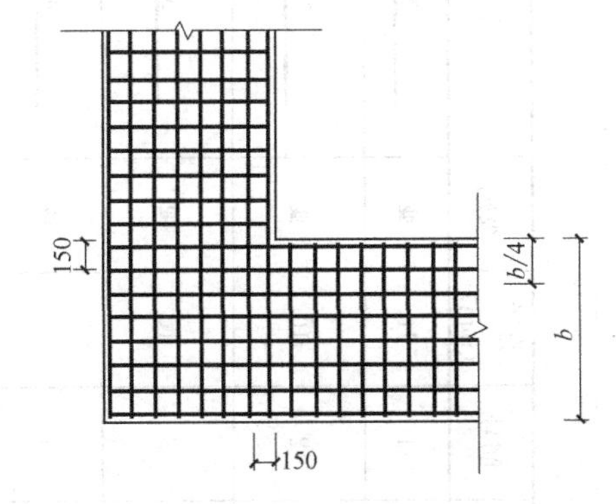

图 E. 15-14　条形基础底板拐角配筋构造

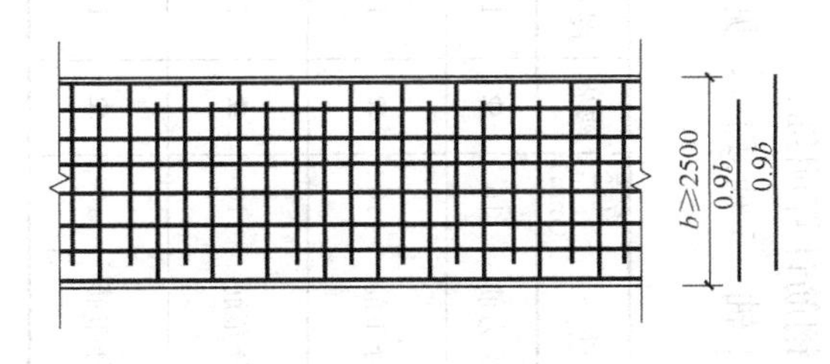

图 E. 15-15　条形基础底板配筋缩短10%构造

② 钢筋计算明细：

a. 1轴、5轴 TJ-1，见表 E. 15-3。

条基钢筋明细 1　　表 E. 15-3

	筋号	直径（mm）	级别	图号	图　形	计算公式	公式描述	长度（mm）	根数	搭接	单重（kg）	总重（kg）
1	受力筋	16	Φ	1	2700	3000×0.9	条基宽度×0.9	2700	212	0	4.266	904.392
2	分布筋	10	Φ	1	15300	6000×3－2×1500＋2×150	轴距－条基偏心＋伸入两端长度	15300	22	500	9.749	214.469
3	分布筋	10	Φ	1	3800	6000－1500－1000＋2×150	轴距－条基偏心＋伸入两端长度	3800	20	0	2.345	46.892
4	分布筋	10	Φ	1	4300	6000－2×1000＋2×150	轴距－条基偏心＋伸入两端长度	4300	10	0	2.653	26.531

b. A轴、D轴 TJ-1，见表 E. 15-4。

条基钢筋明细 2　　表 E. 15-4

	筋号	直径（mm）	级别	图　形	计算公式	公式描述	长度（mm）	根数	单重（kg）	总重（kg）
1	1	16	Φ	2700	3000×0.9	条基宽度×0.9	2700	272	4.266	1160.352
2	2	10	Φ	21300	6000×4－2×1500＋2×150	轴距－条基偏心＋伸入两端长	21300	22	13.759	302.7
3	3	10	Φ	3800	6000－1500－1000＋2×150	轴距－条基偏心＋伸入两端长度	3800	20	2.345	46.892
4	4	10	Φ	4300	6000－2×1000＋2×150	轴距－条基偏心＋伸入两端长度	4300	20	2.653	53.062

c. 2 轴、3 轴、4 轴 TJ-2，见表 E. 15-5。

条基钢筋明细 3

表 E. 15-5

	筋号	直径(mm)	级别	图形	计算公式	公式描述	长度(mm)	根数	单重(kg)	总重(kg)
1	受力筋	14	Φ	1920	2000－2×40	条基宽度－保护层	1920	228	2.323	529.69
2	分布筋	10	Φ	3800	6000－1500－1000＋2×150	轴距－条基偏心＋伸入两端长度	3800	66	2.345	154.744
3	分布筋	10	Φ	4300	6000－2×1000＋2×150	轴距－条基偏心＋伸入两端长度	4300	33	2.653	87.552

d. B 轴、C 轴 TJ-2，见表 E. 15-6。

条基钢筋明细 4

表 E. 15-6

	筋号	直径(mm)	级别	图号	图形	计算公式	公式描述	长度(mm)	根数	单重(kg)	总重(kg)
1	受力筋	14	Φ	1	1920	2000－2×40	条基宽度－保护层	1920	228	2.323	529.69
2	分布筋	10	Φ	1	21300	6000×4－2×1500＋2×150	轴距－条基偏心＋伸入两端长度	21300	10	13.759	137.591
3	分布筋	10	Φ	1	3800	6000－1500－1000＋2×150	轴距－条基偏心＋伸入两端长度	3800	24	2.345	56.27
4	分布筋	10	Φ	1	4300	6000－2×1000＋2×150	轴距－条基偏心＋伸入两端长	4300	24	2.653	63.674

（3）独立基础钢筋

1）图例

见图E.15-16。

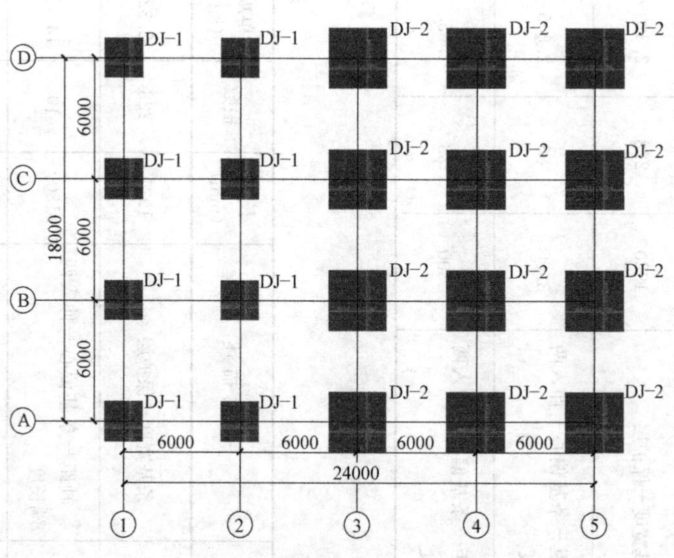

图E.15-16 独立基础平面布置图

图例说明：

① 轴网如图所示，轴距为开间6000mm、6000mm、6000mm、6000mm，进深6000mm、6000mm、6000mm；

② 独立基础，按轴线交点布置，保护层为40mm；

③ 独立基础尺寸及配筋见表E.15-7所示。

独立基础尺寸及配筋 **表E.15-7**

基础编号	数量	截面几何尺寸			配筋	
		x	y	h	X向	Y向
DJ-1	8	2000	2000	800	Φ12@200	Φ12@200
DJ-2	12	3000	3000	800	Φ14@200	Φ14@200

2）清单工程量

① 独基钢筋计算原则：

图集11G101-3第60页，规定独立基础钢筋计算方法，见图E.15-17、图E.15-18。

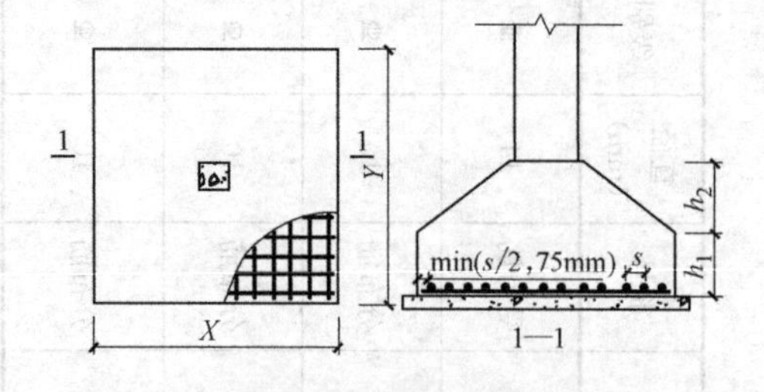

图E.15-17 独立基础底板配筋图

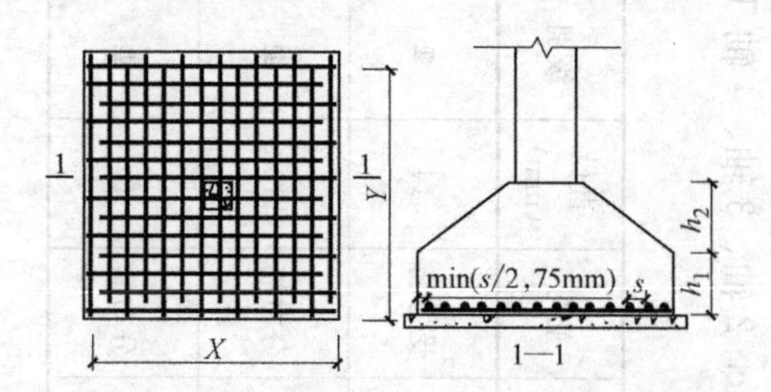

图E.15-18 独立基础底板配筋缩短10%构造

② 钢筋计算明细

a. DJ-1 钢筋计算明细，见表 E. 15-8。

b. DJ-2 钢筋计算明细，见表 E. 15-9。

（4）桩承台钢筋

1）图例

见图 E. 15-19。

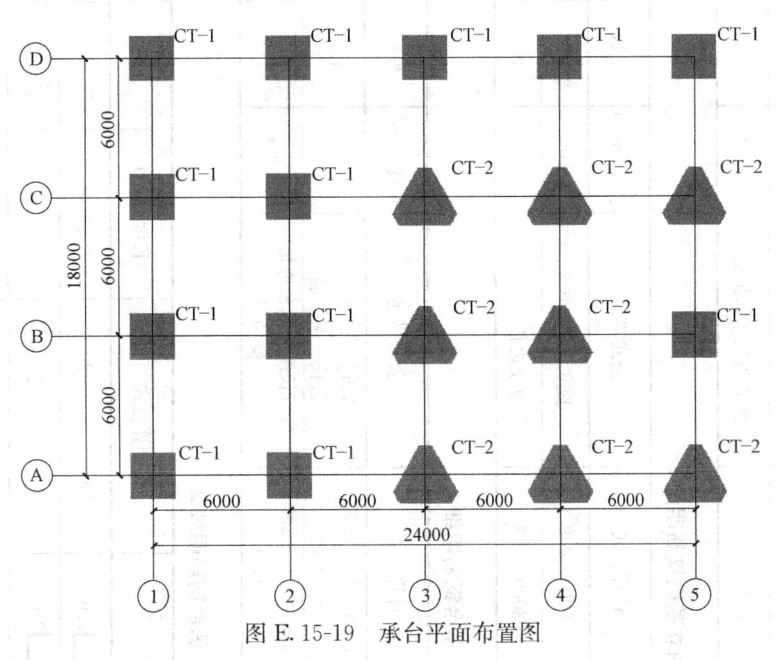

图 E. 15-19　承台平面布置图

图例说明：

① 轴网如图所示，轴距为开间 6000mm、6000mm、6000mm、6000mm，进深 6000mm、6000mm、6000mm；

② 桩承台保护层为 40mm，截面尺寸及配筋见图 E. 15-20、图 E. 15-21。

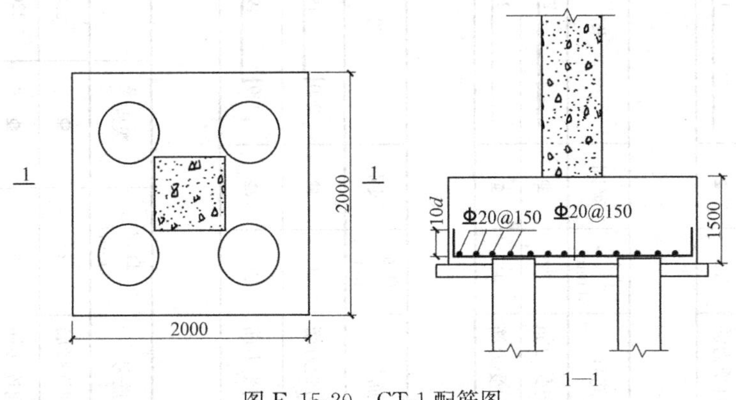

图 E. 15-20　CT-1 配筋图

2）清单工程量

① CT-1 钢筋明细，见表 E. 15-10。

② CT-2 钢筋明细，见表 E. 15-11。

独立基础钢筋明细 1 **表 E.15-8**

	筋号	直径(mm)	级别	图形	计算公式	公式描述	长度(mm)	根数	单重(kg)	总重(kg)
1	X向受力筋	12	Φ	1920	2000－2×40	独立边长—保护层	1920	88	1.705	150.036
2	Y向受力筋	12	Φ	1920	2000－2×40	独立边长—保护层	1920	88	1.705	150.036

独立基础钢筋明细 2 **表 E.15-9**

	筋号	直径(mm)	级别	图形	计算公式	公式描述	长度(mm)	根数	单重(kg)	总重(kg)
1	X向受力筋	12	Φ	2700	3000×0.9	独立边长×0.9	2700	192	2.398	460.339
2	Y向受力筋	12	Φ	2700	3000×0.9	独立边长×0.9	2700	192	2.398	460.339

承台钢筋明细 1 **表 E.15-10**

	筋号	直径(mm)	级别	图形	计算公式	公式描述	长度(mm)	根数	单重(kg)	总重(kg)
1	X向受力筋	20	Φ	200 1920 200	2×10×20＋2000－2×40	弯折长度＋承台边长—保护层	2320	168	5.73	962.707
2	Y向受力筋	20	Φ	200 1920 200	2×10×20＋2000－2×40	弯折长度＋承台边长—保护层	2320	168	5.73	962.707

承台钢筋明细 2 **表 E.15-11**

	筋号	直径(mm)	级别	图形	计算公式	长度(mm)	根数	单重(kg)	总重(kg)
1	桩间连接筋	22	Φ	220 2810 220	2810＋220＋220	3250	24	9.685	232.44
2	桩间连接筋	22	Φ	220 2710 220	2710＋220＋220	3150	48	9.387	450.576
3	桩间连接筋	22	Φ	220 2610 220	2610＋220＋220	3050	48	9.089	436.272
4	桩间连接筋	22	Φ	220 2520 220	2520＋220＋220	2960	48	8.821	423.398
5	分布筋	22	Φ	510	510	510	120	0.201	24.174

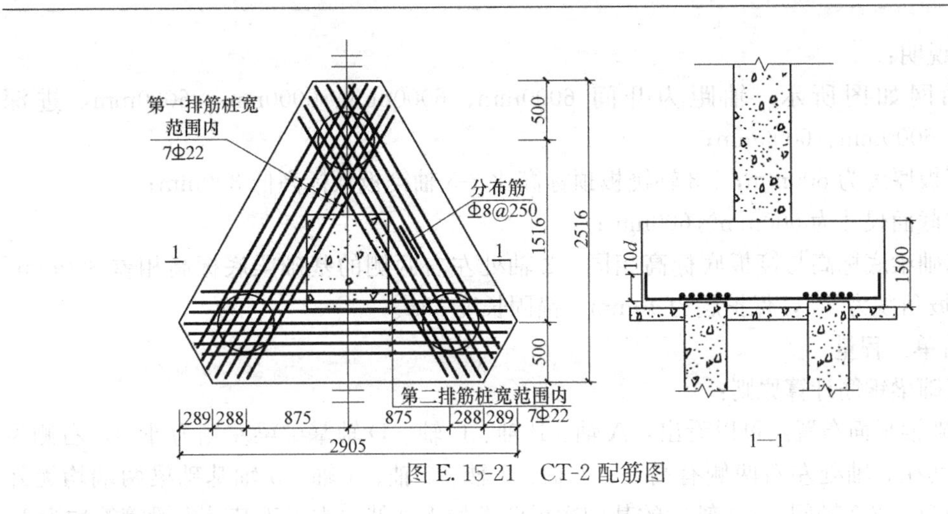

图 E. 15-21　CT-2 配筋图

(5) 基础梁钢筋

1) 图例

见图 E. 15-22、图 E. 15-23。

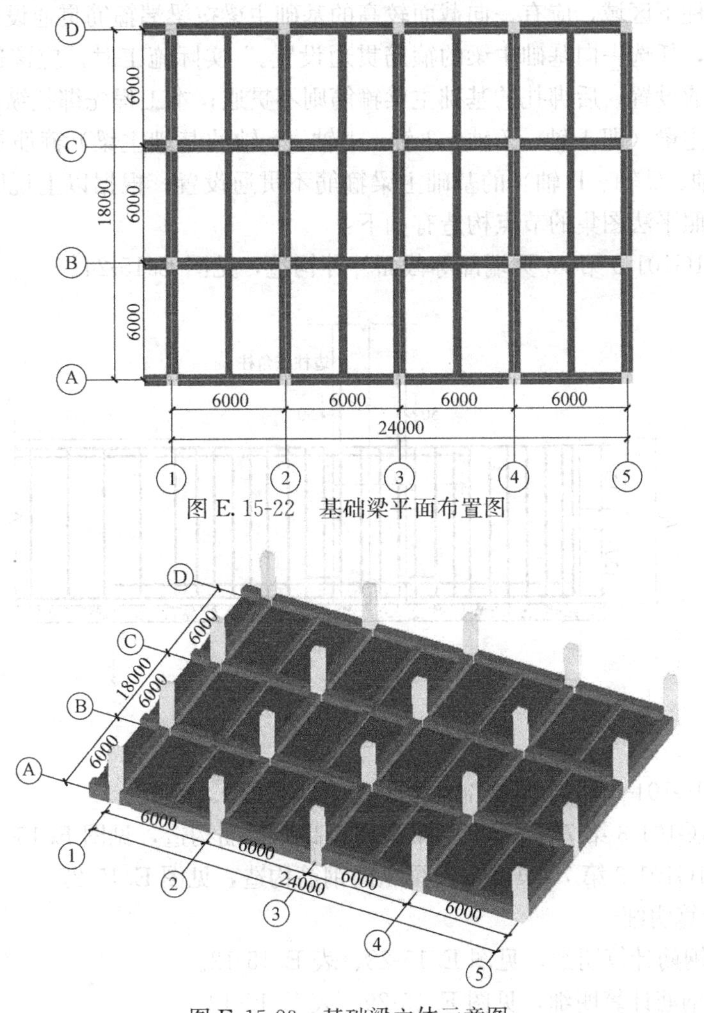

图 E. 15-22　基础梁平面布置图

图 E. 15-23　基础梁立体示意图

图例说明：

① 轴网如图所示，轴距为开间 6000mm、6000mm、6000mm、6000mm，进深 6000mm、6000mm、6000mm；

② 筏板厚度为 500mm，1-3 轴筏板顶标高比 3-5 轴筏板顶标高低 300mm；

③ 柱截面尺寸为 600mm×600mm；

④ 基础梁底标高与筏板底标高相同，3 轴处左右两侧的基础梁底标高相差 300mm，高差处放坡角度为 45°，保护层为 40mm，锚固长度 $35d$。

2）清单工程量

① 基础梁钢筋计算原则：

由基础梁平面布置图可以看出，A 轴、B 轴、C 轴、D 轴基础梁左侧为外伸，右侧为无外伸；其在 3 轴处左右两侧有高差；1 轴、2 轴、3 轴、4 轴、5 轴基础梁两端均无外伸；1-2 轴间、2-3 轴间、3-4 轴间的基础次梁两端均无外伸；本工程基础主梁箍筋均为 14⌀12@100/⌀10@200（6），表示从支座两端向跨内依次开始各布置 14 根⌀12 的，间距 100，中间布置⌀10，间距 200，均为 6 肢箍；根据图集 11G101-3 第 31 页规定："两向基础主梁相交的柱下区域，应有一向截面较高的基础主梁按梁端箍筋贯通设置；两向基础主梁高度相同时，任选一向基础主梁的箍筋贯通设置。"实际施工时，应该遵循先绑扎的基础主梁箍筋贯通设置，后绑扎的基础主梁箍筋则不贯通；本工程先绑扎纵向的基础梁，因此纵向的基础主梁（即 1 轴、2 轴、3 轴、4 轴、5 轴的基础主梁）箍筋贯通设置，横向（即 A 轴、B 轴、C 轴、D 轴）的基础主梁箍筋不贯通设置；根据以上说明，计算基础梁钢筋时需要参照平法图集的节点构造有如下：

a. 图集 11G101-3 第 73 页端部等截面外伸构造，见图 E. 15-24。

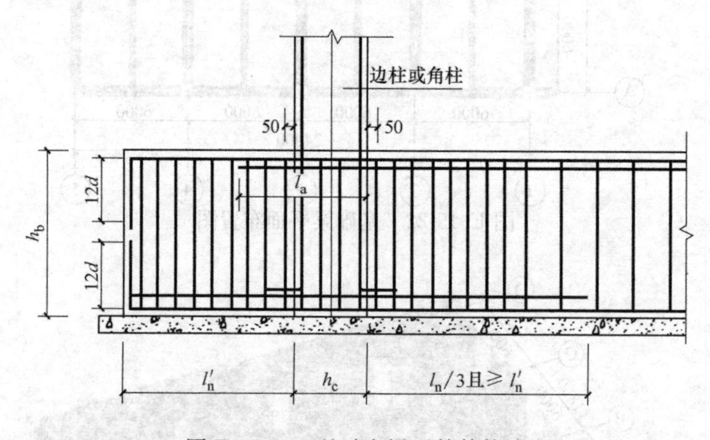

图 E. 15-24　基础主梁无外伸构造

b. 图集 11G101-3 第 73 页端部无外伸构造，见图 E. 15-25。

c. 图集 11G101-3 第 74 页梁底、梁顶均有高差钢筋构造，见图 E. 15-26。

d. 图集 11G101-3 第 76 页基础次梁纵向钢筋构造，见图 E. 15-27。

② 钢筋计算明细

a. JZL-1 钢筋计算明细，见图 E. 15-28、表 E. 15-12。

b. JZL-2 钢筋计算明细，见图 E. 15-29、表 E. 15-13。

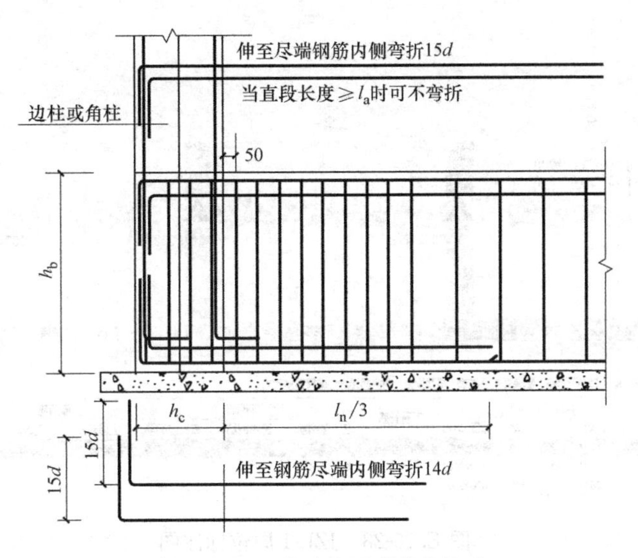

图 E. 15-25　基础主梁无外伸构造

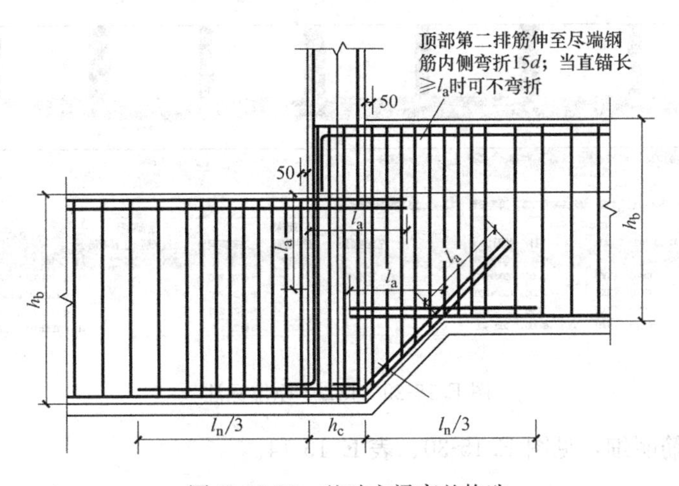

图 E. 15-26　基础主梁高差构造

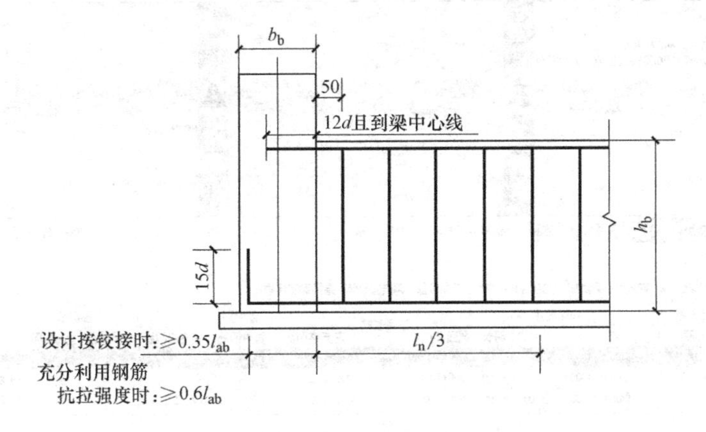

图 E. 15-27　基础次梁无外伸构造

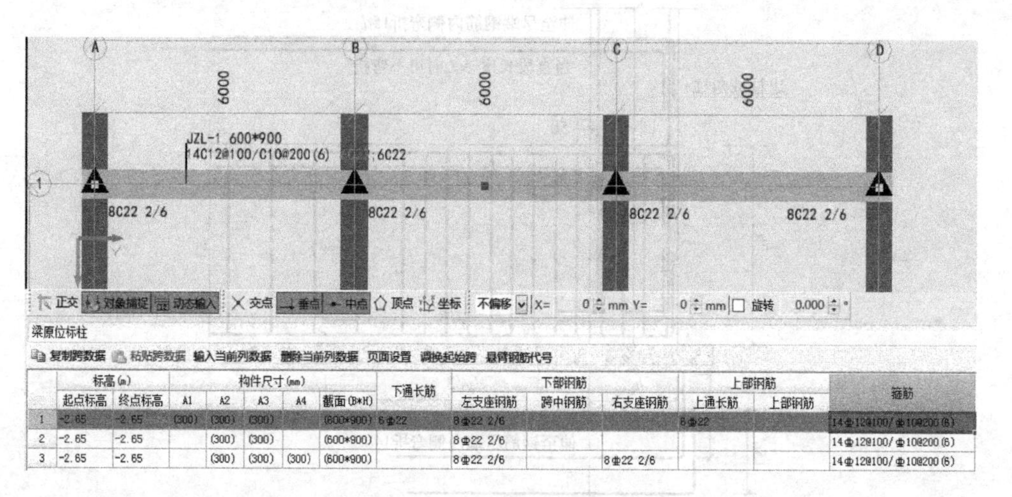

	标高(m)		构件尺寸(mm)					下通长筋	下部钢筋			上部钢筋		箍筋
	起点标高	终点标高	A1	A2	A3	A4	截面(B*H)		左支座钢筋	跨中钢筋	右支座钢筋	上通长筋	上部钢筋	
1	-2.65	-2.65	(300)	(300)	(300)		(600*900)	6⌀22	8⌀22 2/6			6⌀22		14⌀12@100/⌀10@200(6)
2	-2.65	-2.65		(300)	(300)		(600*900)		8⌀22 2/6					14⌀12@100/⌀10@200(6)
3	-2.65	-2.65		(300)	(300)	(300)	(600*900)		8⌀22 2/6		8⌀22 2/6			14⌀12@100/⌀10@200(6)

图 E. 15-28　JZL-1 原位标注图

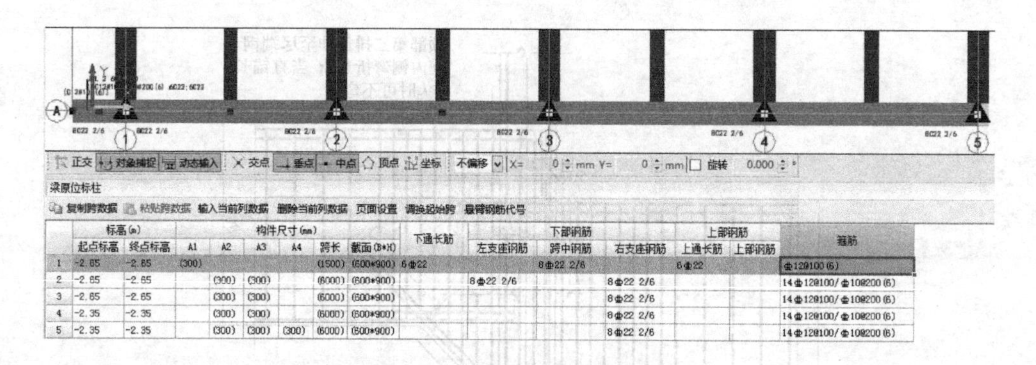

	标高(m)		构件尺寸(mm)						下通长筋	下部钢筋			上部钢筋		箍筋
	起点标高	终点标高	A1	A2	A3	A4	跨长	截面(B*H)		左支座钢筋	跨中钢筋	右支座钢筋	上通长筋	上部钢筋	
1	-2.65	-2.65	(300)				(1500)	(600*900)	6⌀22		8⌀22 2/6		6⌀22		⌀12@100(6)
2	-2.65	-2.65		(300)	(300)		(6000)	(600*900)		8⌀22 2/6		8⌀22 2/6			14⌀12@100/⌀10@200(6)
3	-2.65	-2.65		(300)	(300)		(6000)	(600*900)				8⌀22 2/6			14⌀12@100/⌀10@200(6)
4	-2.35	-2.35		(300)	(300)		(6000)	(600*900)				8⌀22 2/6			14⌀12@100/⌀10@200(6)
5	-2.35	-2.35		(300)	(300)	(300)	(6000)	(600*900)				8⌀22 2/6			14⌀12@100/⌀10@200(6)

图 E. 15-29　JZL-2 原位标注

c. JZL-3 钢筋明细，见图 E. 15-30、表 E. 15-14。

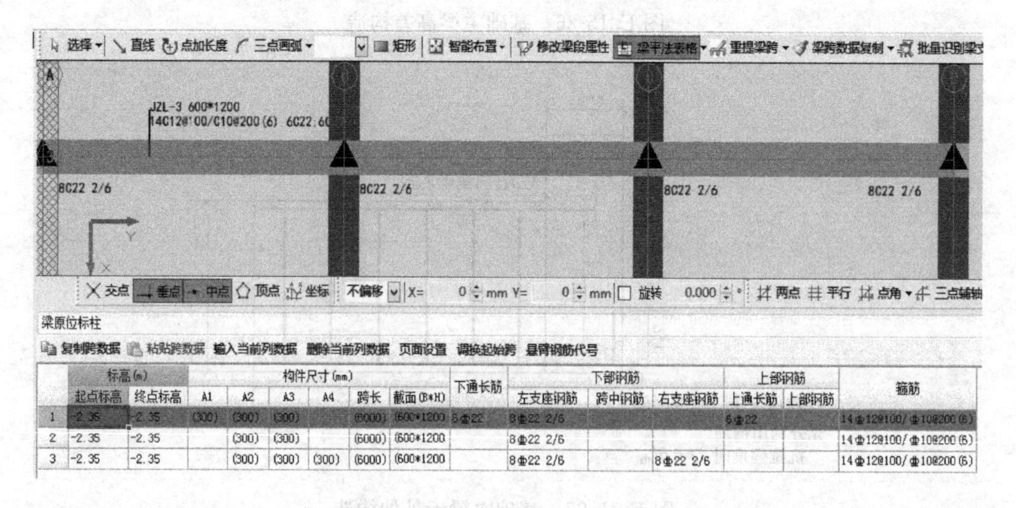

	标高(m)		构件尺寸(mm)						下通长筋	下部钢筋			上部钢筋		箍筋
	起点标高	终点标高	A1	A2	A3	A4	跨长	截面(B*H)		左支座钢筋	跨中钢筋	右支座钢筋	上通长筋	上部钢筋	
1	-2.35	-2.35	(300)	(300)	(300)		(6000)	(600*1200	6⌀22	8⌀22 2/6			6⌀22		14⌀12@100/⌀10@200(6)
2	-2.35	-2.35		(300)	(300)		(6000)	(600*1200		8⌀22 2/6					14⌀12@100/⌀10@200(6)
3	-2.35	-2.35		(300)	(300)	(300)	(6000)	(600*1200		8⌀22 2/6		8⌀22 2/6			14⌀12@100/⌀10@200(6)

图 E. 15-30　JZL-3 原位标注

J2L-1 钢筋明细 表 E. 15-12

	筋号	直径(mm)	级别	图号	图形	计算公式	公式描述	长度(mm)	根数	单重(kg)	总重(kg)
1	下部纵筋	22	Φ	64	330 18520 330	15×22+18000+600−2×40+15×22	弯折长度+轴距柱偏心−保护层+弯折	19180	6	57.156	342.938
3	支座筋	22	Φ	18	330 2360	15×22+600−40+5400/3	弯折+柱截面−保护层+三分之一净跨	2690	4	8.016	32.065
3	支座筋	22	Φ	1	4200	5400/3+600+5400/3	三分之一净跨+柱宽+三分之一净跨	4200	4	12.516	50.064
4	上部筋	22	Φ	629	330 18520 330	15×22+18000+600−2×40+15×22	弯折长度+轴距+柱偏心−保护层+弯折	19180	24	57.156	1371.754
5	梁端箍筋	12	Φ	195	520 820	2×(600−2×40)+2×(900−2×40)+2×11.9×d	(梁截面宽−保护层)×2+(梁截面高−保护层)×2+弯钩长度	2966	336	2.634	884.959
6	梁端箍筋	12	Φ	195	141 820	((600−2×40−2×12−22)/5×1+22+2×12)×2+2×(900−2×40)+2×11.9×d		2207	672	1.96	1316.996
7	跨中箍筋	10	Φ	195	520 820	2×(600−2×40)+2×(900−2×40)+2×11.9×d		2918	156	1.8	280.863
8	跨中箍筋	10	Φ	195	141 820	((600−2×40−2×12−22)/5×1+22+2×12)×2+2×(900−2×40)+2×11.9×d		2160	312	1.333	415.809
9 *	支座内箍筋	12	Φ	195	520 820	2×(600−2×40)+2×(900−2×40)+2×11.9×d		2966	96	2.634	252.846
10	支座内箍筋	12	Φ	195	141 820	((600−2×40−2×12−22)/5×1+22+2×12)×2+2×(900−2×40)+2×11.9×d		2207	192	1.96	376.285

JZL-2 钢筋明细 表 E. 15-13

	筋号	直径(mm)	级别	图号	图形	计算公式	公式描述	长度(mm)	根数	单重(kg)	总重(kg)
1	1-3 轴下部纵筋	22	Φ	623	330 13740 1120 45	13740+330+1120	弯折长度+轴距+柱偏心−保护层+弯折	15190	24	45.266	1086.389
2	3-5 轴下部筋	22	Φ	601	12430 330	12000+300−40−300−300+35×22+22×15	轴距+柱偏心−保护层−柱偏心−放坡底宽+锚固+弯折	12760	24	38.025	912.595
3	1 轴支座筋	22	Φ	1	3560	1500−40+300+5400/3	外伸跨长−保护层层+柱偏心+三分之一净跨	3560	8	10.609	84.87

续表

	筋号	直径(mm)	级别	图号	图形	计算公式	公式描述	长度(mm)	根数	单重(kg)	总重(kg)
4	2轴、4轴支座筋	22	Φ	1	4200	5400/3+600+5400/3	三分之一净跨+柱宽+三分之一净跨	4200	16	12.516	200.256
5	高差处左侧支座筋	22	Φ	589	2350 1020 45	2350+1020	水平段长度+斜长	3370	8	10.043	80.341
6	高差处右侧支座筋	22	Φ	1	2270	5400/3−300+35×22	三分之一净跨−放坡底宽+锚固	2270	8	6.765	54.117
7	5轴支座筋	22	Φ	601	2360 330	15×22+600−40+5400/3	弯折+柱截面−保护层+三分之一净跨	2690	8	8.016	64.13
8	1-3轴上部筋	22	Φ	637	330 13930	15×22+1500−40++12000−300+35×22	弯折长度+外伸跨长−保护层+轴距−柱偏心+锚固	14260	24	42.495	1019.875
9	3-5轴上部筋	22	Φ	629	330 12520 330	15×22+12000+600−2×40+15×22	弯折长度+轴距+柱偏心−保护层+弯折	13180	24	39.276	942.634
10	梁端、外伸端箍筋1	12	Φ	195	520 820	2×(600−2×40)+2×(900−2×40)+2×11.9×d	(梁截面宽−保护层)×2+(梁截面高−保护层)×2+弯钩长度	2966	492	2.634	1295.834
11	梁端、外伸端箍筋2	12	Φ	195	141 820	((600−2×40−2×12−22)/5×1+22+2×12)×2+2×(900−2×40)+2×11.9×d		2207	984	1.96	1928.459
12	跨中箍筋1	10	Φ	195	520 820	2×(600−2×40)+2×(900−2×40)+2×11.9×d		2918	208	1.8	374.484
13	跨中箍筋2	10	Φ	195	141 820	((600−2×40−2×12−22)/5×1+22+2×12)×2+2×(900−2×400)+2×11.9×d		2160	416	1.333	554.412
14	高差斜坡箍筋1	12	Φ	195	520 1025	2×520+2×1025+8×d+2×11.9×d		3472	4	3.083	12.333
15	高差斜坡箍筋1.1	12	Φ	195	141 1025	2×141+2×1025+8×d+2×11.9×d		2714	8	2.41	19.28
16	高差斜坡箍筋2	12	Φ	195	520 920	2×520+2×920+8×d+2×11.9×d		3262	4	2.897	11.587
17	高差斜坡箍筋2.1	12	Φ	195	141 920	2×141+2×920+8×d+2×11.9×d		2504	8	2.224	17.788

JZL-3 钢筋明细 表 E. 15-14

	筋号	直径(mm)	级别	图号	图形	计算公式	公式描述	长度(mm)	根数	单重(kg)	总重(kg)
1*	下部纵筋	22	Φ	64	330 18520 330	15×22+18000+600−2×40+15×22	弯折长度+轴距+柱偏心−保护层+弯折	19180	6	57.156	342.938
2	A轴、D轴支座筋	22	Φ	18	330 2360	15×22+600−40+5400/3	弯折+柱截面−保护层+三分之一净跨	2690	4	8.016	32.065
3	B轴、C轴支座筋	22	Φ	1	4200	5400/3+600+5400/3	三分之一净跨+柱宽+三分之一净跨	4200	4	12.516	50.064
4	上部筋	22	Φ	629	330 18520 330	15×22+18000+600−2×40+15×22	弯折长度+轴距+柱偏心−保护层+弯折	19180	6	57.156	342.938
5	梁端箍筋	12	Φ	195	520 1120	2×(600−2×40)+2×(1200−2×40)+2×11.9×d	(梁截面宽−保护层)×2+(梁截面高−保护层)×2+弯钩长度	3566	84	3.167	265.995
6	梁端箍筋(1)	12	Φ	195	141 1120	((600−2×40−2×12−22)/5×1+22+2×12)×2+2×(900−2×40)+2×11.9×d		2207	168	1.96	329.249
7	跨中箍筋	10	Φ	195	520 1120	2×(600−2×40)+2×(900−2×40)+2×11.9×d		2918	39	1.8	70.216
8	跨中箍筋(1)	10	Φ	195	141 1120	((600−2×40−2×12−22)/5×1+22+2×12)×2+2×(900−2×40)+2×11.9×d		2160	78	1.333	103.952
9	支座内箍筋	12	Φ	195	520 1120	2×(600−2×40)+2×(900−2×40)+2×11.9×d		2966	24	2.634	63.211
10	支座内箍筋(1)	12	Φ	195	141 1120	((600−2×40−2×12−22)/5×1+22+2×12)×2+2×(900−2×40)+2×11.9×d		2207	48	1.96	94.071

JCL-1 钢筋明细 表 E. 15-15

	筋号	直径(mm)	级别	图号	图形	计算公式	公式描述	长度(mm)	根数	单重(kg)	总重(kg)
1	上部钢筋	20	Φ	1	18000	18000−2×300+2×300	轴距−基础主梁偏心+锚固	18000	12	44.46	533.52
2	下部钢筋	20	Φ	64	330 18520 330	18000+2×300−2×40+2×15×22	轴距+基础主梁偏心−保护层+弯折	19180	12	47.375	568.495
3	箍筋	10	Φ	195	320 620	2×320+2×620×d+2×11.9×d		2198	333	1.356	451.603

d. JCL-1 钢筋明细，见图 E. 15-31、表 E. 15-15。

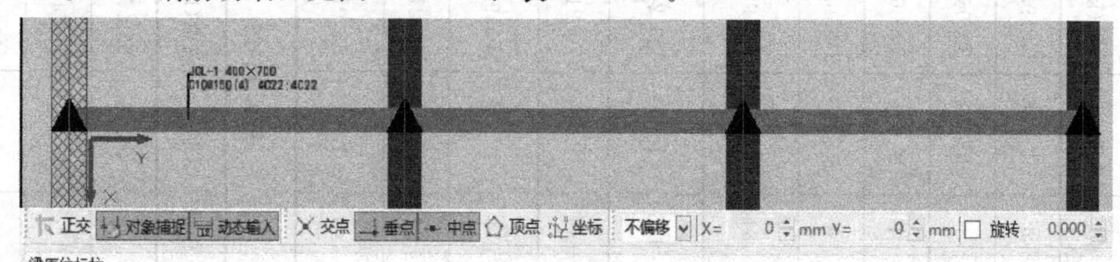

梁原位标柱

复制跨数据　粘贴跨数据　输入当前列数据　删除当前列数据　页面设置　调换起始跨　悬臂钢筋代号

	标高(m)		构件尺寸(mm)						下通长筋	下部钢筋			上部钢筋		箍筋
	起点标高	终点标高	A1	A2	A3	A4	跨长	截面(B*H)		左支座钢筋	跨中钢筋	右支座钢筋	上通长筋	上部钢筋	
1	-2.85	-2.85	(300)	(300)	(300)		(6000)	(400*700)	4Φ22				4Φ22		Φ10@150(4)
2	-2.85	-2.85		(300)	(300)		(6000)	(400*700)							Φ10@150(4)
3	-2.85	-2.85		(300)	(300)	(300)	(6000)	(400*700)							Φ10@150(4)

图 E. 15-31　JCL-1 原位标注

(6) 柱钢筋

柱、楼层情况见表 E. 15-16、表 E. 15-17。

柱情况汇总表　　**表 E. 15-16**

柱编号	标高(m)	$b\times h$(mm)	b_1	b_2	h_1	h_2	角筋	b 边一侧中部筋	h 边一侧中部筋	箍筋	核心区箍筋
KZ1	基础顶～−0.050	600×600	300	300	300	300	4Φ20	3Φ20	3Φ20	Φ10−100/200(4×4)	Φ12−100(4×4)
	−0.050～4.750	600×600	300	300	300	300	4Φ20	2Φ20	2Φ20	Φ10−100/200(4×4)	Φ12−100(4×4)
	4.750～11.950	500×500	200	300	300	200	4Φ18	2Φ18	2Φ18	Φ8−100/200(4×4)	Φ10−100(4×4)
KZ2	基础顶～−0.050	600×600	300	300	300	300	4Φ20	3Φ20	3Φ20	Φ10−100/200(4×4)	Φ12−100(4×4)
	−0.050～4.750	600×600	300	300	300	300	4Φ20	2Φ20	2Φ20	Φ10−100/200(4×4)	Φ12−100(4×4)
	4.750～11.950	500×500	250	250	300	200	4Φ18	2Φ18	2Φ18	Φ8−100/200(4×4)	Φ10−100(4×4)
KZ3	基础顶～−0.050	600×600	300	300	300	300	4Φ20	3Φ20	3Φ20	Φ10−100/200(4×4)	Φ12−100(4×4)
	−0.050～4.750	600×600	300	300	300	300	4Φ20	2Φ20	2Φ20	Φ10−100/200(4×4)	Φ12−100(4×4)
	4.750～11.950	500×500	250	250	250	250	4Φ18	2Φ18	2Φ18	Φ8−100/200(4×4)	Φ10−100(4×4)
KZ4	基础顶～−0.050	600×600	300	300	300	300	4Φ20	3Φ20	3Φ20	Φ10−100/200(4×4)	Φ12−100(4×4)
	−0.050～4.750	600×600	300	300	300	300	4Φ20	2Φ20	2Φ20	Φ10−100/200(4×4)	Φ12−100(4×4)
	4.750～11.950	500×500	200	300	250	250	4Φ18	2Φ18	2Φ18	Φ8−100/200(4×4)	Φ10−100(4×4)

结构层楼面标高　　**表 E. 15-17**

楼层	标高(m)	层高(m)
	11.95	
3	8.35	3.6
2	4.75	3.6
1	−0.05	4.8
−1	−5.35	4.8

注：上部结构嵌固部位−0.050。

1）图例

见图 E. 15-32～图 E. 15-34。

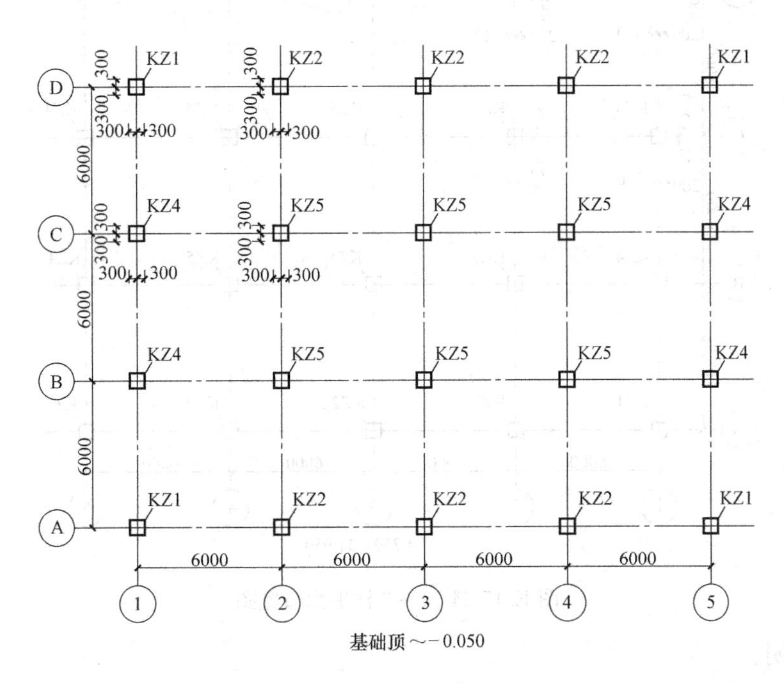

图 E. 15-32　地下室柱平面布置图

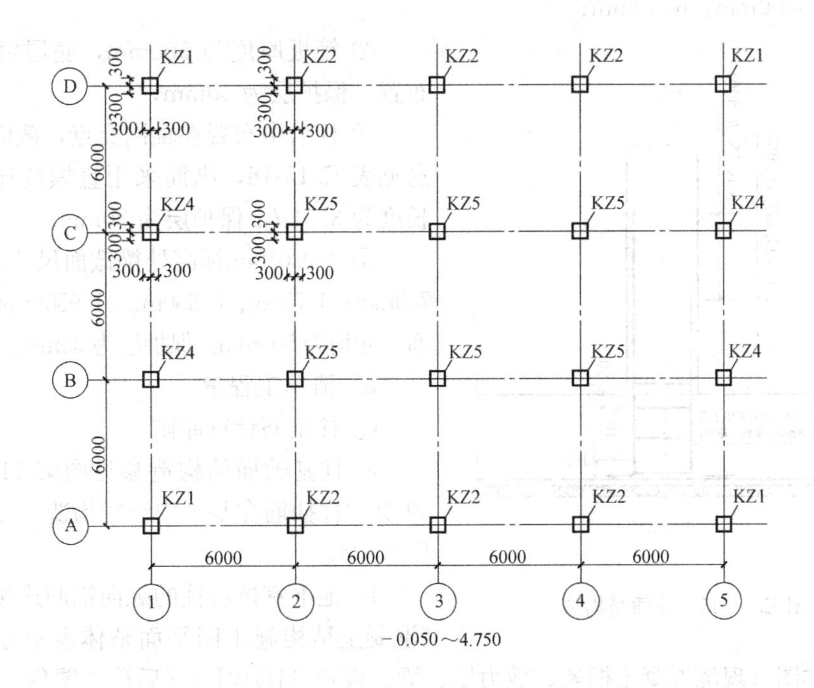

图 E. 15-33　首层柱平面布置图

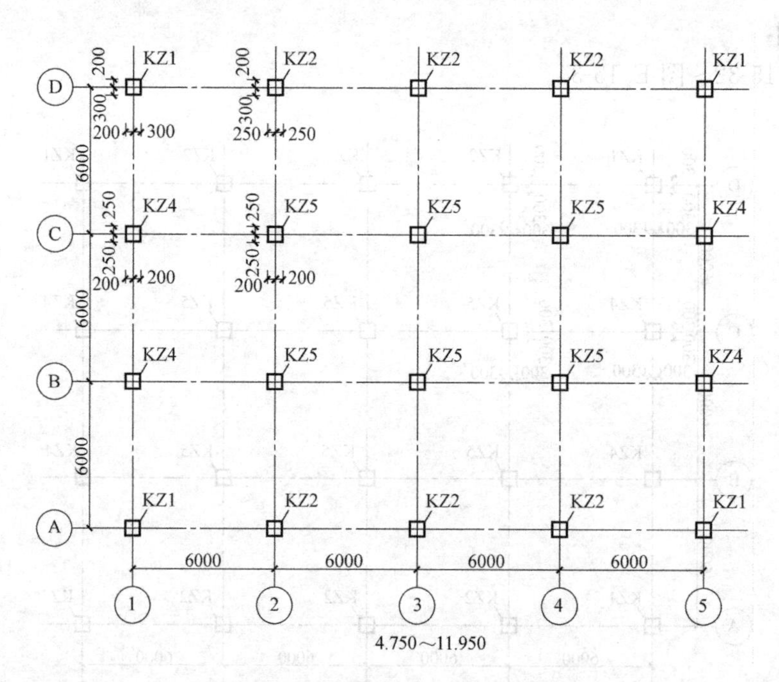

图 E.15-34 2～3 柱平面布置图

图例说明：

① 轴网如图所示，轴距为开间 6000mm、6000mm、6000mm、6000mm，进深 6000mm、6000mm、6000mm；

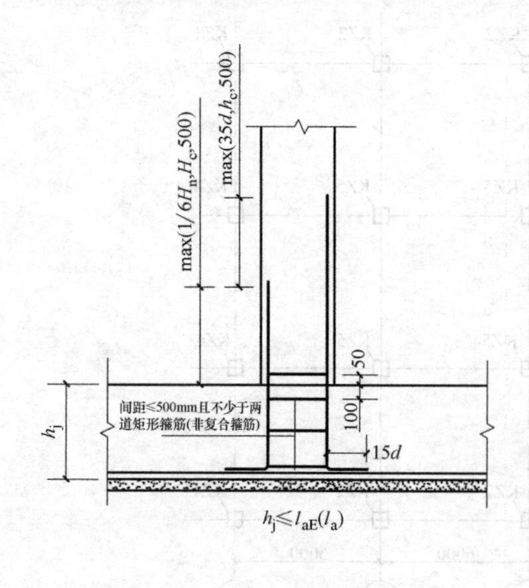

图 E.15-35 柱插筋构造

② 筏板厚度为 500mm，底层钢筋网双向布置，保护层为 40mm；

③ 柱居中布置在轴网交点，截面及配筋信息见表 E.15-16，纵筋采用直螺纹连接，锚固长度为 35×d，保护层为 30mm；

④ −0.050m 标高处梁截面尺寸为400mm×700mm；4.750m、8.350m、11.950m 标高处梁截面尺寸均为 500mm；保护层为 30mm。

2）清单工程量

① 柱钢筋计算原则

a. 柱基础插筋构造参见图集 11G101-3 第 59 页“柱插筋在基础中锚固构造（二）”，如图 E.15-35。

b. 地下室抗震柱的纵向钢筋连接构造参见《混凝土结构施工图平面整体表示方法制图规则和构造详图（现浇混凝土框架、剪力墙、梁、板）》11G101-1（后称“图集 11G101-1”）第 58 页“机械连接”，如图 E.15-36。

c. 地下室抗震柱的箍筋布置构造参见图集 11G101-1 第 58 页“箍筋加密区范围”，如图 E.15-37。

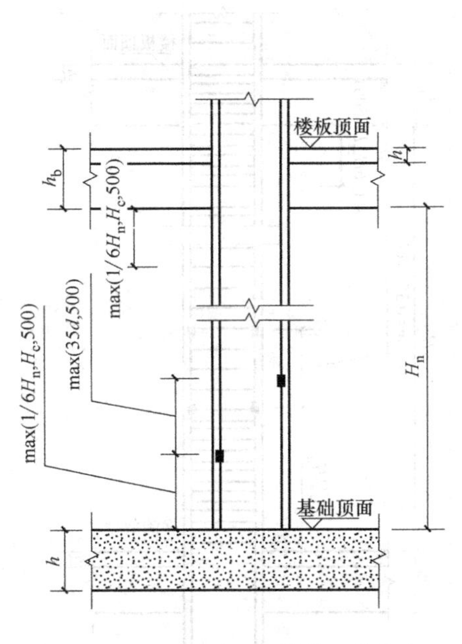

图 E. 15-36　地下室柱纵筋连接构造

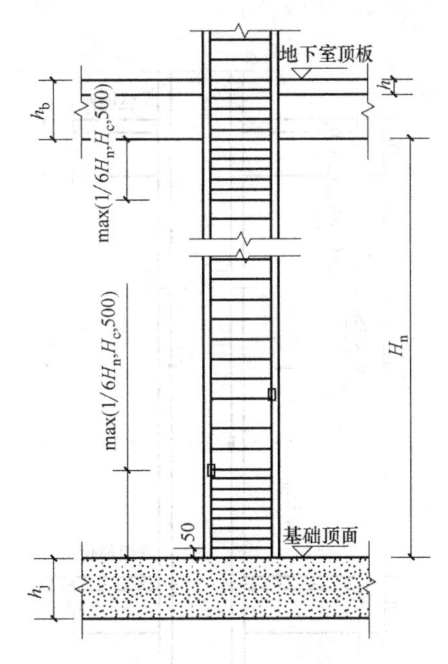

图 E. 15-37　地下室柱箍筋布置构造

d. 本工程地下一层柱配筋大于首层柱配筋，因此地下一层多出柱纵筋封顶锚固构造参见图集 11G101-1 第 58 页“地下一层增加钢筋在嵌固部位的锚固”，如图 E. 15-38。

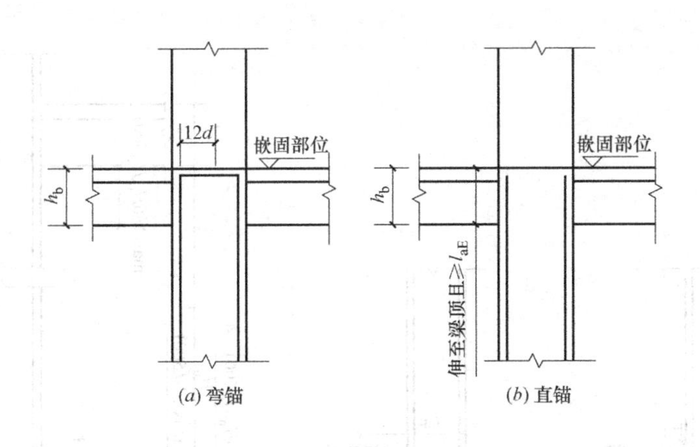

图 E. 15-38　地下一层增加钢筋在嵌固部位的锚固

e. 嵌固部位柱纵筋连接构造参见图集 11G101-1 第 57 页“机械连接”，如图 E. 15-39。

f. 嵌固部位箍筋布置构造参见图集 11G101-1 第 61 页“抗震 KZ、QZ、LZ 箍筋加密区范围”，如图 E. 15-40。

g. 本工程首层 KZ1 和 KZ2 与二层 KZ1 和 KZ2 变截面，且外围变截面均往内收，外围变截面处无梁，其余变截面柱处均有梁，且变截面后 $\Delta/h_b \leqslant 1/6$；因此变截面柱构造参见图集 11G101-1 第 60 页“柱边截面位置纵向钢筋构造”中的“$\Delta/h_b \leqslant 1/6$”“变截面一侧无梁构造”，见如图 E. 15-41。

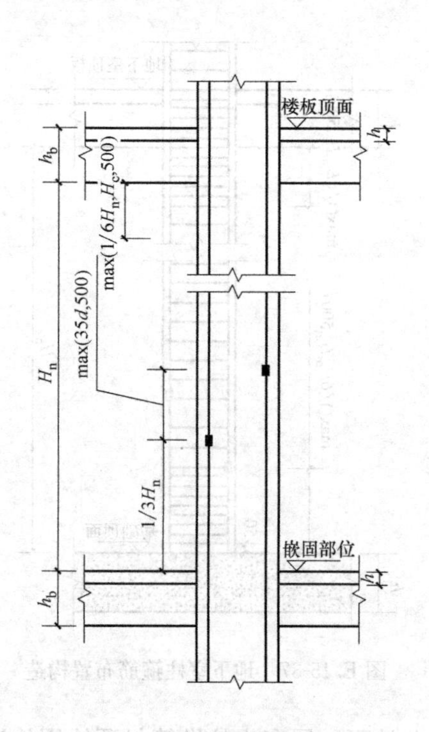

图 E.15-39 嵌固部位纵筋连接构造

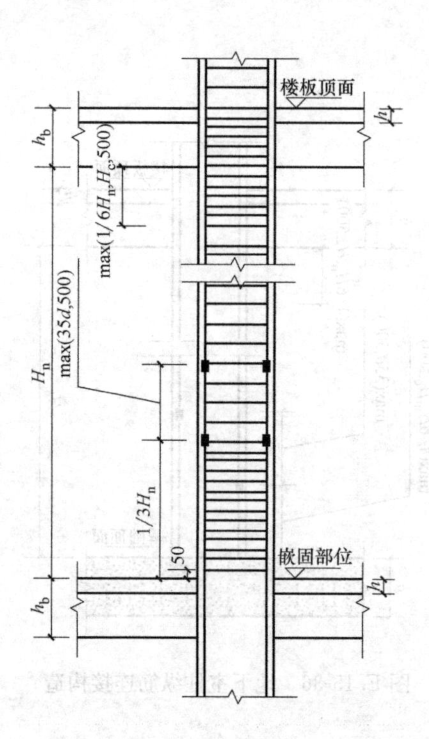

图 E.15-40 嵌固部位箍筋布置范围

h. 非嵌固部位柱纵筋连接构造参见图集 11G101-1 第 57 页“机械连接”，如图 E.15-42。

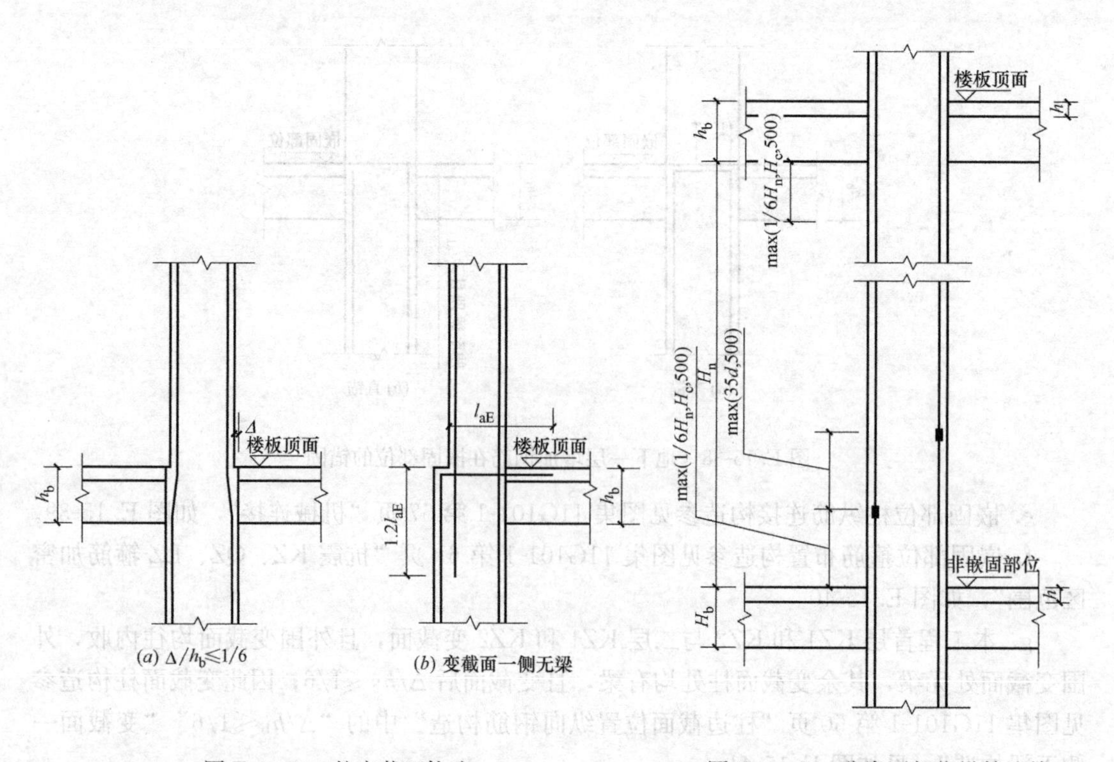

图 E.15-41 柱变截面构造

图 E.15-42 非嵌固部位纵筋连接

i. 非嵌固部位箍筋布置构造参见图集 11G101-1 第 61 页“抗震 KZ、QZ、LZ 箍筋加密区范围”，如图 E. 15-43。

j. 顶层边角柱纵筋封顶构造，本案例工程选择图集 11G101-1 第 59 页“B”节点做法进行施工，见图 E. 15-44。

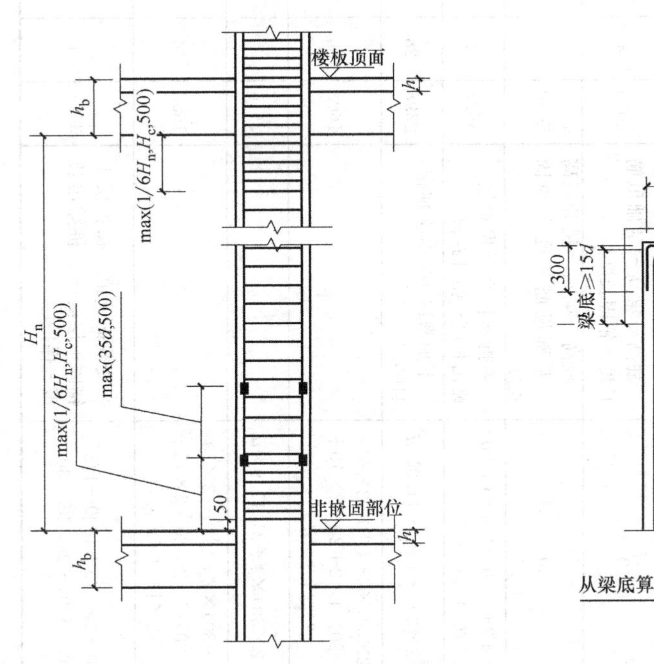

图 E. 15-43 非嵌固部位箍筋布置

图 E. 15-44 边角柱柱顶构造

k. 顶层中柱纵筋封顶构造，本案例工程选择图集 11G101-1 第 61 页“A”、“D”节点做法进行施工，如图 E. 15-45。

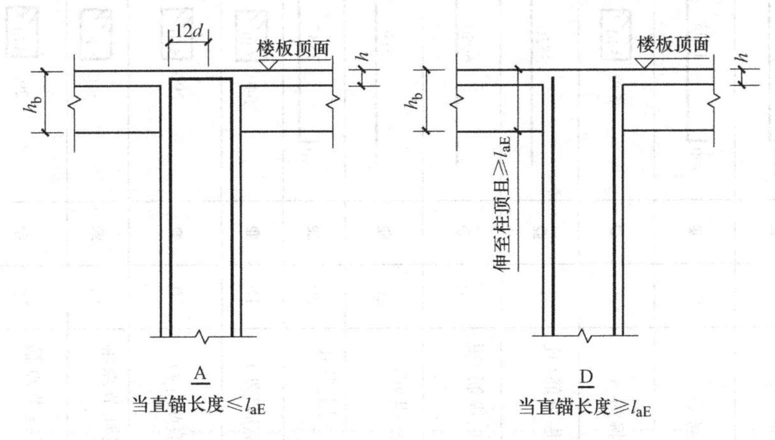

图 E. 15-45 中柱柱顶构造

② 钢筋计算明细

a. KZ1 钢筋明细，见表 E. 15-18。

b. KZ2 钢筋明细，见表 E. 15-19。

KZ1 钢筋明细　　表 E.15-18

	筋号	直径(mm)	级别	图形	计算公式	公式描述	长度(mm)	根数	单重(kg)	总重(kg)
1	基础插筋 1	20	Φ	300 1103	15×20+500−40−2×20+1/6×(4800−700)	弯折长度+底板厚−保护层−底板钢筋直径+露出长度	1403	8	3.465	27.723
2	基础插筋 2	20	Φ	300 1803	15×20+500−40−2×20+1/6×(4800−700)+35×20	弯折长度+底板厚−保护层−底板钢筋网+露出长度+错开距离	2103	8	5.194	41.555
3	锚固区箍筋	10	Φ	540 540	(600−2×30)×4+2×11.9d	边长−保护层×4+弯钩长度	2398	3	1.48	4.439
4	地下一层纵筋(连续)	20	Φ	5550	4800−(1/6×(4800−700)+35×20)+1/3×(4800−500)+35×20	柱高−基础甩筋长度+首层露出长度	5550	6	13.709	82.251
5	地下一层纵筋(短变长)	20	Φ	6050	6050	柱高−梁高−基础甩筋长度+锚固长度	6050	4	14.944	59.774
6	地下一层纵筋(长变短)	20	Φ	5050	5050	柱高−梁高−错开距离−基础甩筋长度+锚固长度	5050	2	12.474	24.947
7	地下一层多出钢筋	20	Φ	240 3387	12×20+4800−30−1/6×(4800−700)−35×20	弯折+柱高−保护层−露出长度−错开距离	3627	4	8.959	35.835
8	−1层箍筋(外)	10	Φ	540 540	(600−2×30)×4+2×11.9×d	下加密:4100/6,上加密:4100/6	2398	28	1.48	41.428
9	−1层箍筋(内)	10	Φ	290 540	(600−2×30)×2+(600−2×30−2×10−20)/4×2+20+2×10+2×11.9×d		1608	56	0.992	55.56
10	地下室柱节点箍筋 1	12	Φ	540 540	(600−2×30)×4+2×11.9×d		2446	7	2.172	15.204
11	地下室柱节点箍筋 2	12	Φ	292 540	(600−2×30)×2+(600−2×30−2×12−20)/4×2+20+2×12+2×11.9×d		1658	14	1.472	20.612
12	首层长桩封顶纵筋	20	Φ	770 2637	100−30+20×35+4800−1/3×(4800−500)−20×35−30	变截面差值−保护层+锚固+层高−长桩露出长度−保护层	3407	4	8.415	33.661

续表

	筋号	直径(mm)	级别	图形	计算公式	公式描述	长度(mm)	根数	单重(kg)	总重(kg)
13	首层短桩封顶纵筋	20	Φ	770 3337	100−30+20×35+4800−1/3×(4800−500)−30	变截面差值−保护层+锚固+层高−短桩露出长度−保护层	4107	3	10.144	30.433
14	伸入上层纵筋	20	Φ	3883	4800−(4800−500)/3+(3600−500)/6	柱高−本层露出长度+上层露出长度	3883	5	9.591	47.955
15	首层箍筋(外)	10	Φ	540 540	(600−2×30)×4+2×11.9×d	下加密:4300/3,上加密:4300/6	2398	34	1.48	50.305
16	首层箍筋(内)	10	Φ	207 520	(600−2×30)×2+(600−2×30−2×10−20)/3×1+20+2×10+2×11.9×d		1525	68	0.941	63.893
17	首层柱节点箍筋 1	12	Φ	540 540	(600−2×30)×4+2×11.9×d		2446	5	2.172	10.86
18	首层柱节点箍筋 2	12	Φ	209 540	(600−2×30)×2+(600−2×30−2×12−20)/3×1+20+2×12+2×11.9×d		1575	10	1.399	13.980
19	插筋长桩	18	Φ	1903	(3600−500)/6+35×18+1.2×18×35	露出长度+错开距离+锚固长度	1903	4	3.806	15.223
20	插筋短桩	18	Φ	1273	(3600−500)/6+1.2×18×35	露出长度+锚固长度	1273	3	2.546	7.638
21	二层长桩纵筋	18	Φ	3530	3600−(3600−500)/6−35×20+(3600−500)/6+35×18	柱高−露出长度−本层错开距离+上层露出长度+上层错开距离	3530	6	7.06	42.36
22	二层短桩纵筋	18	Φ	3600	3600−(3600−500)/6+(3600−500)/6	柱高−露出长度−上层露出长度	3600	6	7.2	43.2
23	二层箍筋(外)	8	Φ	540 540	(600−2×30)×4+2×11.9×d	下加密:3100/6,上加密:3100/6	2350	22	0.928	20.425
24	二层箍筋(内)	8	Φ	203 520	(600−2×30)×2+(600−2×30−2×8−18)/3×1+18+2×8+2×11.9×d		1473	44	0.582	25.60
25	二层柱节点箍筋 1	10	Φ	540 540	(600−2×30)×4+2×11.9×d		2398	5	1.48	7.398
26	二层柱节点箍筋 2	10	Φ	205 540	(600−2×30)×2+(600−2×30−2×10−18)/3×1+18+2×10+2×11.9×d		1523	10	0.94	9.397

续表

	筋号	直径(mm)	级别	图形	计算公式	公式描述	长度(mm)	根数	单重(kg)	总重(kg)
27	三层柱外侧纵筋 1	18	Ф	945 / 3053	1.5×18×35+3600−30−(3600−500)/6	1.5 倍锚固+层高−保护层−露出长度	3998	3	7.996	23.988
28	三层柱外侧纵筋 2	18	Ф	945 / 2423	1.5×18×35+3600−30−(3600−500)/6−18×35	1.5 倍锚固+层高−保护层−露出长度−错开距离	3368	4	6.736	26.94
29	三层柱内侧纵筋 1	18	Ф	216 / 3053	12×18+3600−30−(3600−500)/6	弯折长度+层高−保护层−露出长度	3269	3	6.538	19.61
30	三层柱内侧纵筋 2	18	Ф	216 / 2423	12×18+3600−30−(3600−500)/6−18×35	弯折长度+层高−保护层−露出长度−错开距离	2639	2	5.278	10.55
31	三层箍筋(外)	10	Ф	540 / 540	(600−2×30)×4+2×11.9×d	下加密:3100/6,上加密:3100/6	2398	22	1.48	32.55
32	三层箍筋(内)	10	Ф	207 / 520	(600−2×30)×2+(600−2×30−2×10−20)/3×1+20+2×10+2×11.9×d		1525	44	0.941	41.40
33	三层柱节点箍筋 1	12	Ф	540 / 540	(600−2×30)×4+2×11.9×d		2446	5	2.172	10.86
34	三层柱节点箍筋 2	12	Ф	209 / 540	(600−2×30)×2+(600−2×30−2×12−20)/3×1+20+2×12+2×11.9×d		1575	10	1.399	13.98
35	角部防裂钢筋	10	Φ	300 / 300	300+300		600	9	0.37	3.332

KZ2 钢筋明细 **表 E.15-19**

	筋号	直径(mm)	级别	图形	计算公式	公式描述	长度(mm)	根数	单重(kg)	总重(kg)
1	基础插筋 1	20	Ф	300 / 1103	15×20+500−40−2×20+1/6×(4800−700)	弯折长度+底板厚−保护层−底板钢筋直径+露出长度	1403	8	3.465	27.723
2	基础插筋 2	20	Ф	300 / 1803	15×20+500−40−2×20+1/6×(4800−700)+35×20	弯折长度+底板厚−保护层−底板钢筋网+露出长度+错开距离	2103	8	5.194	41.555
3	锚固区箍筋	10	Ф	540 / 540	(600−2×30)×4+2×11.9×d	边长−保护层×4+弯钩长度	2398	3	1.48	4.439

续表

	筋号	直径(mm)	级别	图形	计算公式	公式描述	长度(mm)	根数	单重(kg)	总重(kg)
4	地下一层纵筋(连续)	20	Φ	5550	4800−1/6×(4800−700)+1/3×(4800−500)	柱高−基础甩筋长度+首层露出长度	5550	6	13.709	82.251
5	地下一层纵筋(短变长)	20	Φ	6050	6050	柱高−梁高−基础甩筋长度+锚固长度	6050	4	14.944	59.774
6	地下一层纵筋(长变短)	20	Φ	5050	5050	柱高−梁高−错开距离−基础甩筋长度+锚固长度	5050	2	12.474	24.947
7	地下一层多出钢筋	20	Φ	240 3387	12×20+4800−30−1/6×(4800−700)−35×20	弯折+柱高−保护层−露出长度−错开距离	3627	4	8.959	35.835
8	−1层箍筋(外)	10	Φ	540 540	(600−2×30)×4+2×11.9×d	下加密:4100/6,上加密:4100/6	2398	28	1.48	41.428
9	−1层箍筋(内)	10	Φ	290 540	(600−2×30)×2+(600−2×30−2×10−20)/4×2+20+2×10+2×11.9×d		1608	56	0.992	55.56
10	地下室柱节点箍筋1	12	Φ	540 540	(600−2×30)×4+2×11.9×d		2446	7	2.172	15.204
11 *	地下室柱节点箍筋2	12	Φ	292 540	(600−2×30)×2+(600−2×30−2×12−20)/4×2+20+2×12+2×11.9×d		1658	14	1.472	20.612
12	首层柱封顶纵筋1	20	Φ	770 2637	100−30+20×35+4800−1/3×(4800−500)−20×35−30	变截面差值−保护层+锚固+层高−长桩露出长度−保护层	3407	2	8.415	16.831
13	首层柱封顶纵筋2	20	Φ	770 3337	100−30+20×35+4800−1/3×(4800−500)−30	变截面差值−保护层+锚固+层高−短桩露出长度−保护层	4107	2	10.144	20.289
14	伸入上层纵筋	20	Φ	3883	4800−(4800−500)/3+(3600−500)/6	柱高−本层露出长度+上层露出长度	3883	8	9.591	76.728
15	首层箍筋(外)	10	Φ	540 540	(600−2×30)×4+2×11.9×d	下加密:4300/3,上加密:4300/6	2398	34	1.48	50.305
16	首层箍筋(内)	10	Φ	207 520	(600−2×30)×2+(600−2×30−2×10−20)/3×1+20+2×10+2×11.9×d		1525	68	0.941	63.983
17	首层柱节点箍筋1	12	Φ	540 540	(600−2×30)×4+2×11.9×d		2446	5	2.172	10.86

续表

	筋号	直径(mm)	级别	图形	计算公式	公式描述	长度(mm)	根数	单重(kg)	总重(kg)
18	首层柱节点箍筋 2	12	Φ	209 540	(600−2×30)×2+(600−2×30−2×12−20)/3×1+20+2×12+2×11.9×d		1575	10	1.399	13.986
19	插筋长桩	18	Φ	1903	(3600−500)/6+35×18+1.2×18×35	露出长度+错开距离+锚固长度	1903	2	3.806	7.612
20	插筋短桩	18	Φ	1273	(3600−500)/6+1.2×18×35	露出长度+锚固长度	1273	2	2.546	5.092
21	二层长桩纵筋	18	Φ	3530	3600−(3600−500)/6−35×20+(3600−500)/6+35×18	柱高−露出长度−本层错开距离+上层露出长度+上层错开距离	3530	4	7.06	28.24
22	二层短桩纵筋	18	Φ	3600	3600−(3600−500)/6+(3600−500)/6	柱高−露出长度−上层露出长度	3600	4	7.2	28.8
23	二层箍筋(外)	10	Φ	540 540	(600−2×30)×4+2×11.9×d	下加密:3100/6,上加密:3100/6	2398	22	1.48	32.55
24	二层箍筋(内)	10	Φ	203 520	(600−2×30)×2+(600−2×30−2×10−20)/3×1+20+2×10+2×11.9×d		1525	44	0.941	41.402
25	二层柱节点箍筋 1	12	Φ	540 540	(600−2×30)×4+2×11.9×d		2446	5	2.172	10.86
26	二层柱节点箍筋 2	12	Φ	205 540	(600−2×30)×2+(600−2×30−2×12−30)/3×1+20+2×12+2×11.9×d		1575	10	1.399	13.988
27	三层柱外侧纵筋 1	20	Φ	945 3053	1.5×18×35+3600−30−(3600−500)/6	1.5倍锚固+层高−保护层−露出长度	3998	2	9.875	19.75
28	三层柱外侧纵筋 2	20	Φ	945 2423	1.5×18×35+3600−30−(3600−500)/6−18×35	1.5倍锚固+层高−保护层−露出长度−错开距离	3368	2	8.319	16.638
29	三层柱内侧纵筋 1	20	Φ	216 3053	12×18+3600−30−(3600−5000)/6	弯折长度+层高−保护层−露出长度	3269	4	8.074	32.298

续表

	筋号	直径(mm)	级别	图形	计算公式	公式描述	长度(mm)	根数	单重(kg)	总重(kg)
30	三层柱内侧纵筋 2	20	Φ	216 2423	12×18+3600−30−(3600−500)/6−18×35	弯折长度+层高−保护层−露出长度−错开距离	2639	4	6.518	26.073
31	三层箍筋(外)	10	Φ	540 540	(600−2×30)×4+2×11.9×d	下加密:3100/6,上加密:3100/6	2398	22	1.48	32.55
32	三层箍筋(内)	10	Φ	207 520	(600−2×30)×2+(600−2×30−2×10−20)/3×1+20+2×10+2×11.9×d		1525	44	0.941	41.403
33	三层柱节点箍筋 1	12	Φ	540 540	(600−2×30)×4+2×11.9×d		2446	5	2.172	10.86
34	三层柱节点箍筋 2	12	Φ	209 540	(600−2×30)×2+(600−2×30−2×12−20)/3×1+20+2×12+2×11.9×d		1575	10	1.399	13.988
35	角部防裂钢筋	10	Φ	300 300	300+300		600	5	0.37	1.851

c. KZ3 钢筋明细，见表 E. 15-20。

KZ3 钢筋明细 **表 E. 15-20**

	筋号	直径(mm)	级别	图形	计算公式	公式描述	长度(mm)	根数	单重(kg)	总重(kg)
1	基础插筋 1	20	Φ	300 1103	15×20+500−40−2×20+1/6×(4800−700)	弯折长度+底板厚−保护层−底板钢筋直径+露出长度	1403	8	3.465	27.723
2	基础插筋 2	20	Φ	300 1803	15×20+500−40−2×20+1/6×(4800−700)+35×20	弯折长度+底板厚−保护层−底板钢筋网+露出长度+错开距离	2103	8	5.194	41.555
3	锚固区箍筋	10	Φ	540 540	(600−2×30)×4+2×11.9×d	边长−保护层×4+弯钩长度	2398	3	1.48	4.439
4	地下一层纵筋(连续)	20	Φ	5550	4800−1/6×(4800−700)+1/3×(4800−500)	柱高−基础甩筋长度+首层露出长度	5550	6	13.709	82.251

续表

	筋号	直径(mm)	级别	图形	计算公式	公式描述	长度(mm)	根数	单重(kg)	总重(kg)
5	地下一层纵筋(短变长)	20	Φ	6050	6050	柱高－梁高－基础甩筋长度＋锚固长度	6050	4	14.944	59.774
6	地下一层纵筋(长变短)	20	Φ	5050	5050	柱高－梁高－错开距离－基础甩筋长度＋锚固长度	5050	2	12.474	24.947
7	地下一层多出钢筋	20	Φ	240 3387	12×20＋4800－30－1/6×(4800－700)－35×20	弯折＋柱高－保护层－露出长度－错开距离	3627	4	8.959	35.835
8	－1层箍筋(外)	10	Φ	540 540	(600－2×30)×4＋2×11.9×d	下加密:4100/6,上加密:4100/6	2398	28	1.48	41.428
9	－1层箍筋(内)	10	Φ	290 540	(600－2×30)×2＋(600－2×30－2×10－20)/4×2＋20＋2×10＋2×11.9×d		1608	56	0.992	55.56
10	地下室柱节点箍筋1	12	Φ	540 540	(600－2×30)×4＋2×11.9×d		2446	7	2.172	15.204
11	地下室柱节点箍筋2	12	Φ	292 540	(600－2×30)×2＋(600－2×30－2×12－20)/4×2＋20＋2×12＋2×11.9×d		1658	14	1.472	20.612
12	纵筋	20	Φ	3883	4800－(4800－500)/3＋(3600－500)/6	柱高－本层露出长度＋上层露出长度	3883	12	9.591	115.09
13	首层箍筋(外)	10	Φ	540 540	(600－2×30)×4＋2×11.9×d	下加密:4300/3,上加密:4300/6	2398	34	1.48	50.305
14	首层箍筋(内)	10	Φ	207 520	(600－2×30)×2＋(600－2×30－2×10－20)/3×1＋20＋2×10＋2×11.9×d		1525	68	0.941	63.98
15	首层柱节点箍筋1	12	Φ	540 540	(600－2×30)×4＋2×11.9×d		2446	5	2.172	10.86
16	首层柱节点箍筋2	12	Φ	209 540	(600－2×30)×2＋(600－2×30－2×12－20)/3×1＋20＋2×12＋2×11.9×d		1575	10	1.399	13.986

续表

	筋号	直径(mm)	级别	图形	计算公式	公式描述	长度(mm)	根数	单重(kg)	总重(kg)
17	二层长桩纵筋	18	Φ	3530	3600－(3600－500)/6－35×20＋(3600－500)/6＋35×18	柱高－露出长度－本层错开距离＋上层露出长度＋上层错开距离	3530	6	7.06	42.36
18	二层短桩纵筋	18	Φ	3600	3600－(3600－500)/6＋(3600－500)/6	柱高－露出长度－上层露出长度	3600	6	7.2	43.2
19	二层箍筋(外)	10	Φ	540 540	(600－2×30)×4＋2×11.9×d	下加密:3100/6,上加密:3100/6	2398	22	1.48	32.55
20	二层箍筋(内)	10	Φ	207 520	(600－2×30)×2＋(600－2×30－2×10－20)/3×1＋20＋2×10＋2×11.9×d		1525	44	0.941	41.401
21	二层柱节点箍筋 1	12	Φ	540 540	(600－2×30)×4＋2×11.9×d		2446	5	2.172	10.86
22	二层柱节点箍筋 2	12	Φ	209 540	(600－2×30)×2＋(600－2×30－2×12－20)/3×1＋20＋2×12＋2×11.9×d		1575	10	1.399	13.986
23	三层柱内侧纵筋 1	18	Φ	216 3053	12×18＋3600－30－(3600－500)/6	弯折长度＋层高－保护层－露出长度	3269	6	6.538	39.228
24	三层柱内侧纵筋 2	18	Φ	216 2423	12×18＋3600－30－(3600－500)/6－18×35	弯折长度＋层高－保护层－露出长度＋错开距离	2639	6	5.278	31.666
25	三层箍筋(外)	10	Φ	540 540	(600－2×30)×4＋2×11.9×d	下加密:3100/6,上加密:3100/6	2398	22	1.48	32.55
26	三层箍筋(内)	10	Φ	207 520	(600－2×30)×2＋(600－2×30－2×10－20)/3×1＋20＋2×10＋2×11.9×d		1525	44	0.941	41.401
27	三层柱节点箍筋 1	12	Φ	540 540	(600－2×30)×4＋2×11.9×d		2446	5	2.172	10.86
28	三层柱节点箍筋 2	12	Φ	209 540	(600－2×30)×2＋(600－2×30－2×12－20)/3×1＋20＋2×12＋2×11.9×d		1575	10	1.399	13.986

d. KZ4钢筋明细，见表E.15-21。

KZ4钢筋明细　　表E.15-21

	筋号	直径(mm)	级别	图形	计算公式	公式描述	长度(mm)	根数	单重(kg)	总重(kg)
1	基础插筋1	20	Φ	300 1103	15×20+500−40−2×20+1/6×(4800−700)	弯折长度+底板厚−保护层−底板钢筋直径+露出长度	1403	8	3.465	27.72
2	基础插筋2	20	Φ	300 1803	15×20+500−40−2×20+1/6×(4800−700)+35×20	弯折长度+底板厚−保护层−底板钢筋网+露出长度+错开距离	2103	8	5.194	41.55
3	锚固区箍筋	10	Φ	540 540	(600−2×30)×4+2×11.9×d	边长−保护层×4+弯钩长度	2398	3	1.48	4.439
4	地下一层纵筋(连续)	20	Φ	5550	4800−1/6×(4800−700)+1/3×(4800−500)	柱高−基础甩筋长度+首层露出长度	5550	6	13.709	82.25
5	地下一层纵筋(短变长)	20	Φ	6050	6050	柱高−梁高−基础甩筋长度+锚固定度	6050	4	14.944	59.77
6	地下一层纵筋(长变短)	20	Φ	5050	5050	柱高−梁高−错开距离−基础甩筋长度+锚固长度	5050	2	12.474	24.94
7	地下一层多出钢筋	20	Φ	240 3387	12×20+4800−30−1/6×(4800−700)−35×20	弯折+柱高−保护层−露出长度−错开距离	3627	4	8.959	35.83
8	−1层箍筋(外)	10	Φ	540 540	(600−2×30)×4+2×11.9×d	下加密：4100/6，上加密：4100/6	2398	28	1.48	41.42
9	−1层箍筋(内)	10	Φ	290 540	(600−2×30)×2+(600−2×30−2×10−20)/4×2+20+2×10+2×11.9×d		1608	56	0.992	55.56
10	地下室柱节点箍筋1	12	Φ	540 540	(600−2×30)×4+2×11.9×d		2446	7	2.172	15.20
11	地下室柱节点箍筋2	12	Φ	292 540	(600−2×30)×2+(600−2×30−2×12−20)/4×2+20+2×12+2×11.9×d		1658	14	1.472	20.61

续表

	筋号	直径(mm)	级别	图形	计算公式	公式描述	长度(mm)	根数	单重(kg)	总重(kg)
12	首层柱封顶纵筋 1	20	Φ	770 2637	100−30+20×35+4800−1/3×(4800−500)−20×35−30	变截面差值−保护层+锚固+层高−长桩露出长度−保护层	3407	2	8.415	16.83
13	首层柱封顶纵筋 2	20	Φ	770 3337	100−30+20×35+4800−1/3×(4800−500)−30	变截面差值−保护层+锚固+层高−短桩露出长度−保护层	4107	2	10.144	20.28
14	伸入上层纵筋	20	Φ	3883	4800−(4800−500)/3+(3600−500)/6	柱高−本层露出长度+上层露出长度	3883	8	9.591	76.72
15	首层箍筋(外)	10	Φ	540 540	(600−2×30)×4+2×11.9×d	下加密:4300/3,上加密4300/6	2398	34	1.48	50.30
16 *	首层箍筋(内)	10	Φ	207 520	(600−2×30)×2+(600−2×30−2×10−20)/3×1+20+2×10+2×11.9×d		1525	68	0.941	63.98
17	首层柱节点箍筋 1	12	Φ	540 540	(600−2×30)×4+2×11.9×d		2446	5	2.172	10.86
18	首层柱节点箍筋 2	12	Φ	209 540	(600−2×30)×2+(600−2×30−2×12−20)/3×1+20+2×12+2×11.9×d		1575	10	1.399	13.98
19	插筋长桩	18	Φ	1903	(3600−500)/6+35×18+1.2×18×35	露出长度+错开距离+锚固长度	1903	2	3.806	7.612
20	插筋短桩	18	Φ	1273	(3600−500)/6+1.2×18×35	露出长度+锚固长度	1273	2	2.546	5.092
21	二层长桩纵筋	18	Φ	3530	3600−(3600−500)/6−35×20+(3600−500)/6+35×18	柱高−露出长度−本层错开距离+上层露出长度+上层错开距离	3530	4	7.06	28.24
22	二层短桩纵筋	18	Φ	3600	3600−(3600−500)/6+(3600−500)/6	柱高−露出长度−上层露出长度	3600	4	7.2	28.8
23	二层箍筋(外)	10	Φ	540 540	(600−2×30)×4+2×11.9×d	下加密:3100/6,上加密:3100/6	2398	22	1.48	32.55

续表

	筋号	直径(mm)	级别	图形	计算公式	公式描述	长度(mm)	根数	单重(kg)	总重(kg)
24	二层箍筋(内)	10	Ф	207 520	(600−2×30)×2+(600−2×30−2×10−20)/3×1+20+2×10+2×11.9×d		1525	44	0.941	41.40
25	二层柱节点箍筋1	12	Ф	540 540	(600−2×30)×4+2×11.9×d		2446	5	2.172	10.86
26	二层柱节点箍筋2	12	Ф	209 540	(600−2×30)×2+(600−2×30−2×12−20)/3×1+20+2×12+2×11.9×d		1575	10	1.399	13.98
27	三层柱外侧纵筋1	20	Ф	945 3053	1.5×18×35×3600−30−(3600−500)/6	1.5倍锚固+层高−保护层−露出长度	3998	2	9.875	19.75
28	三层柱外侧纵筋2	20	Ф	945 2423	1.5×18×35×3600−30−(3600−500)/6−18×35	1.5倍锚固+层高−保护层−露出长度−错开距离	3368	2	8.319	16.63
29	三层柱内侧纵筋1	20	Ф	216 3053	12×18+3600−30−(3600−500)/6	弯折长度+层高−保护层−露出长度	3269	4	8.074	32.29
30	三层柱内侧纵筋2	20	Ф	216 2423	12×18+3600−30−(3600−500)/6−18×35	弯折长度+层高−保护层−露出长度−错开距离	2639	4	6.518	26.07
31	三层箍筋(外)	10	Ф	540 540	(600−2×30)×4+2×11.9×d	下加密:3100/6,上加密:3100/6	2398	22	1.48	32.55
32	三层箍筋(内)	10	Ф	207 520	(600−2×30)×2+(600−2×30−2×10−20)/3×1+20+2×10+2×11.9×d		1525	44	0.941	41.40
33	三层柱节点箍筋1	12	Ф	540 540	(600−2×30)×4+2×11.9×d		2446	5	2.172	10.86
34	三层柱节点箍筋2	12	Ф	209 540	(600−2×30)×2+(600−2×30−2×12−20)/3×1+20+2×12+2×11.9×d		1575	10	1.399	13.98
35	角部防裂钢筋	10	Φ	300 300	300+300		600	5	0.37	1.851

（7）梁钢筋

1）图例

见图 E.15-46、图 E.15-47。

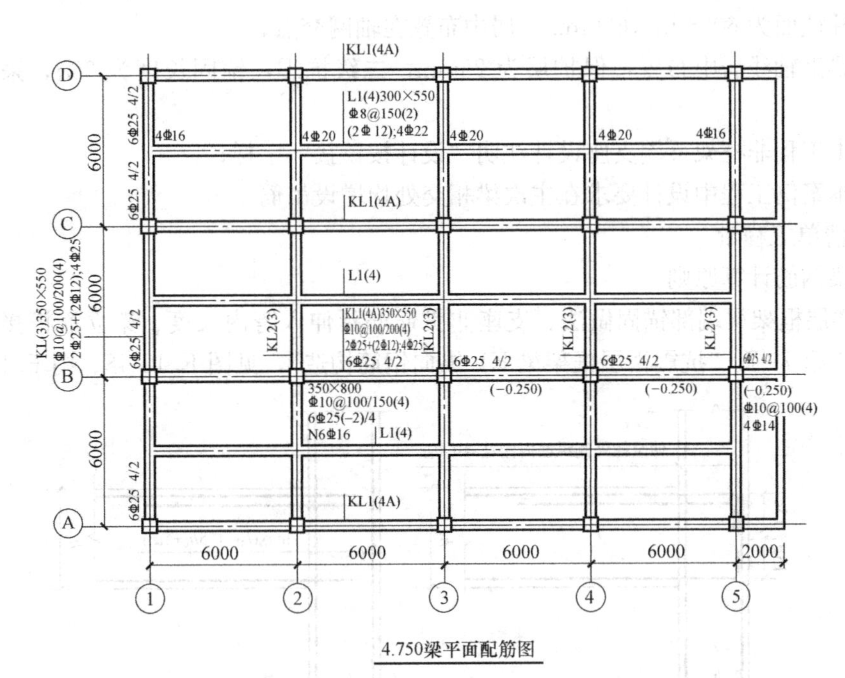

图 E.15-46 梁平面布置图（一）

图 E.15-47 梁平面布置图（二）

图例说明：

① 轴网如图所示，轴距为开间 6000mm、6000mm、6000mm、6000mm、进深 6000mm、6000mm、6000mm；

② 柱截面为 600mm×600mm，居中布置在轴网交点；

③ 梁沿轴线居中布置，保护层为 25mm，二级抗震，锚固长度为 35d，采用直螺纹连接；

④ 本工程非框架梁端支座设计注明“设计按铰接”字样；

⑤ 本案例工程中设计要求在主次梁相交处均增设吊筋。

2）清单工程量

① 梁钢筋计算原则

a. 楼层框架梁端部锚固做法、支座非贯通筋延伸入跨内长度、架立筋搭接参见图集 11G101-1 第 79 页“抗震楼层框架梁 KL 纵向钢筋构造”，见图 E. 15-48、图 E. 15-49。

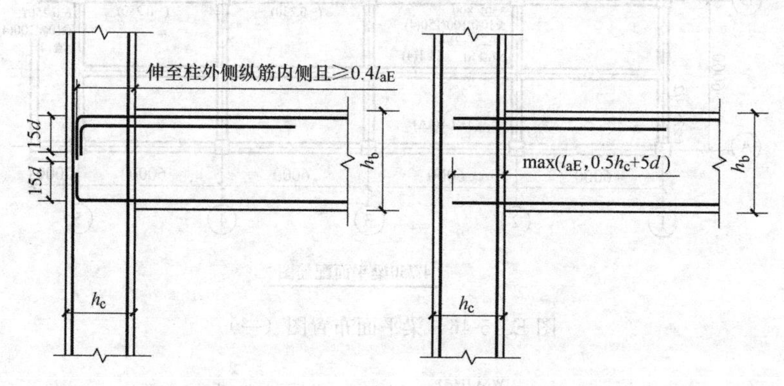

图 E. 15-48 楼层框架梁端节点

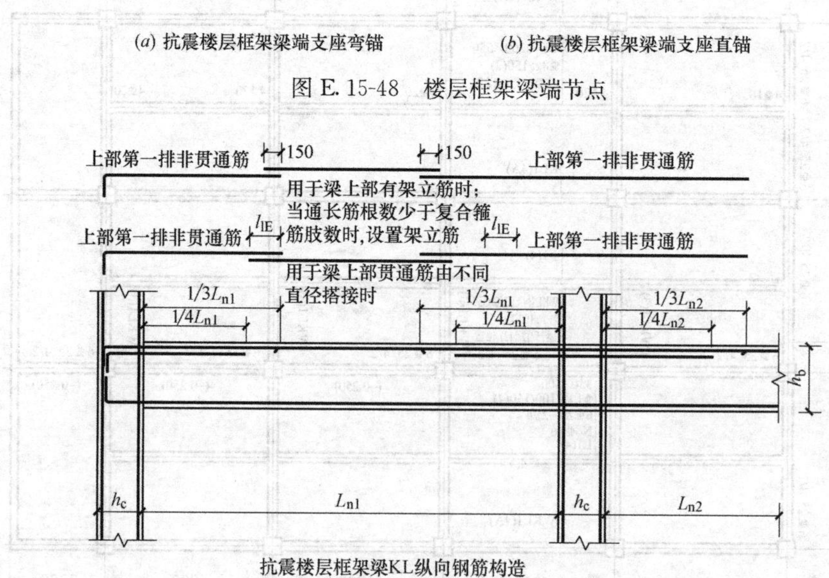

图 E. 15-49 纵向钢筋构造

b. 楼层框架梁中间支座两侧有高差参加做法参见图集 11G101-1 第 84 页“4”，见图 E. 15-50。

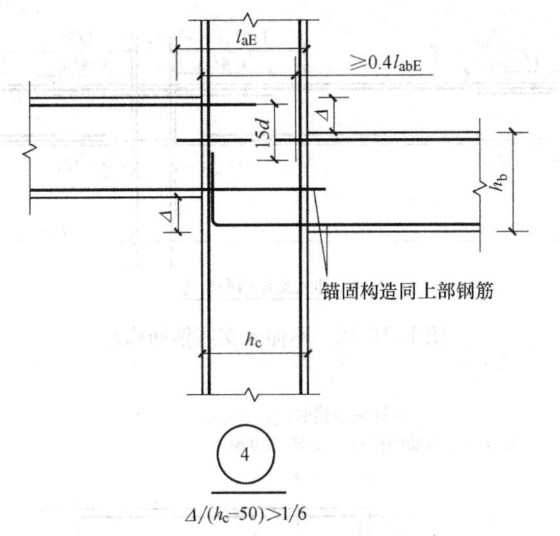

图 E. 15-50　楼层框架梁中间支座有高差构造

c. 悬挑端钢筋做法参见图集 11G101-1 第 89 页“纵向钢筋弯折构造 A”，如图 E. 15-51。

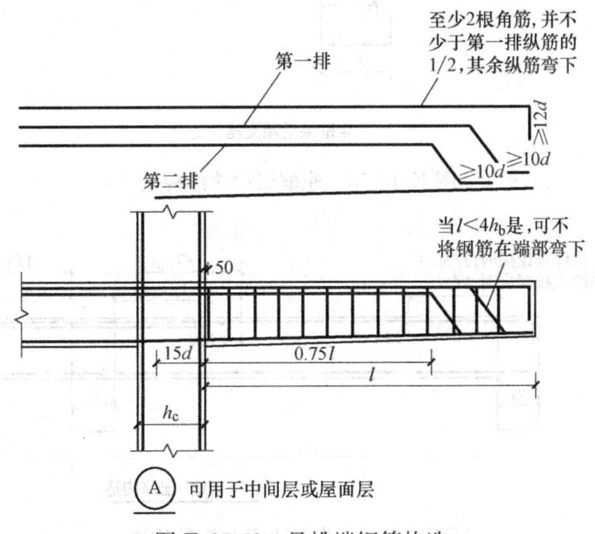

图 E. 15-51　悬挑端钢筋构造

d. 侧面受扭钢筋锚固做法参见图集 11G101-1 第 87 页“注释第 3 条”，如下：

梁侧面构造纵筋的搭接与锚固长度可取 15d，梁侧面受扭纵筋的搭接长度为 l_{lE} 或 l_l，其锚固长度为 l_{aE} 或 l_a，锚固方式同框架梁的下部钢筋。

e. 拉筋配置参见图集 11G101-1 第 87 页“注释第 4 条”，如下：

当梁宽≤350mm 时，拉筋直径为 6mm；梁宽>350mm，拉筋直径为 8mm。拉筋间距为非加密区箍筋间距的 2 倍。当设有多排拉筋时，上下两排拉筋竖向错开设置。

f. 下部不伸入支座钢筋的长度计算参见图集 11G101-1 第 87 页“不伸入支座的梁下部纵向钢筋断点位置”，见图 E. 15-52。

g. 非框架梁端部钢筋锚固做法、边支座钢筋延伸如跨内长度、中间支座非贯通筋延伸入跨内长度参见图集 11G101-1 第 86 页“非框架梁 L 配筋构造”，见图 E. 15-53、图 E. 15-54。

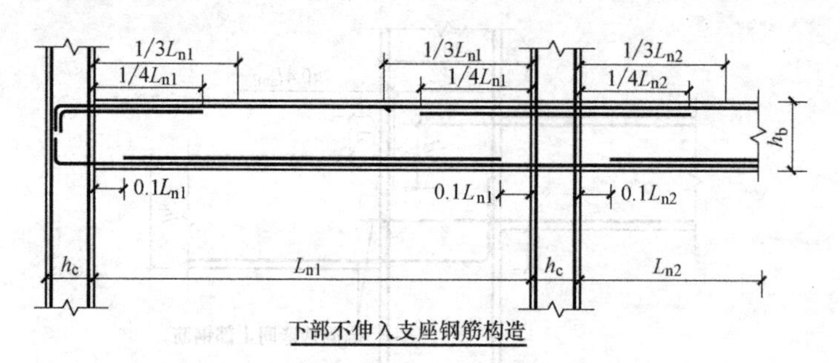

图 E. 15-52 不伸入支座钢筋构造

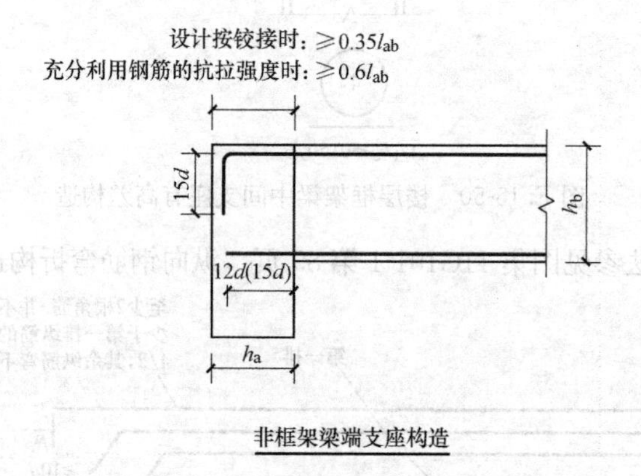

图 E. 15-53 非框架梁端部构造

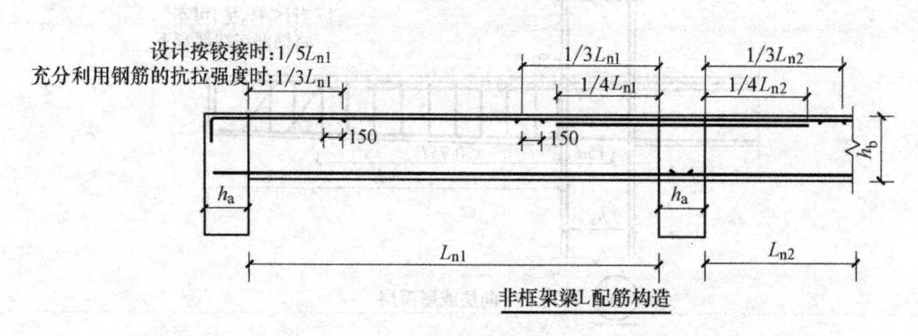

图 E. 15-54 非框架梁 L 配筋构造

h. 吊筋做法参见图集 11G101-1 第 87 页“附加吊筋构造”，如图 E. 15-55。

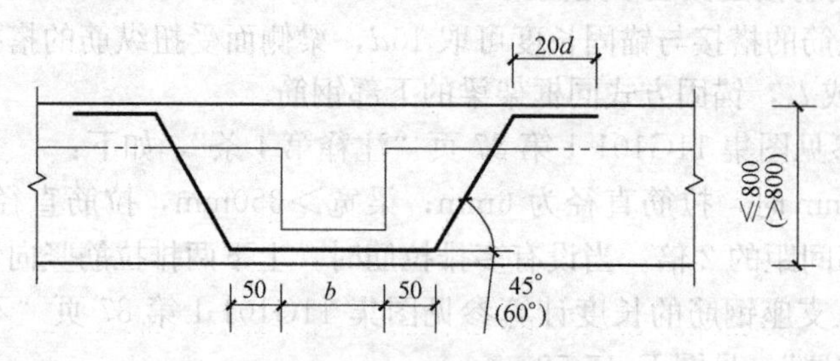

图 E. 15-55 附加吊筋构造

i. 屋面框架梁端部钢筋锚固做法、支座非贯通筋延伸入跨内长度参见图集 11G101-1 第 80 页“抗震屋面框架梁 WKL 纵向钢筋构造”，见图 E. 15-56。

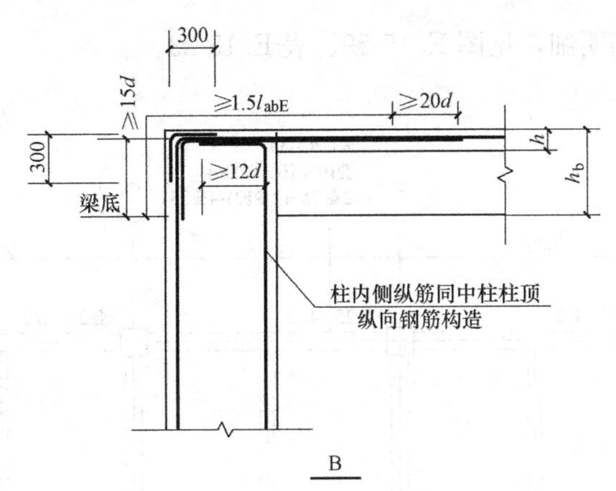

图 E.15-56 屋面框架梁端部构造

j. 屋面框架梁中间支座两侧有高差参加做法参见图集 11G101-1 第 84 页“1、2”节点，见图 E.15-57。

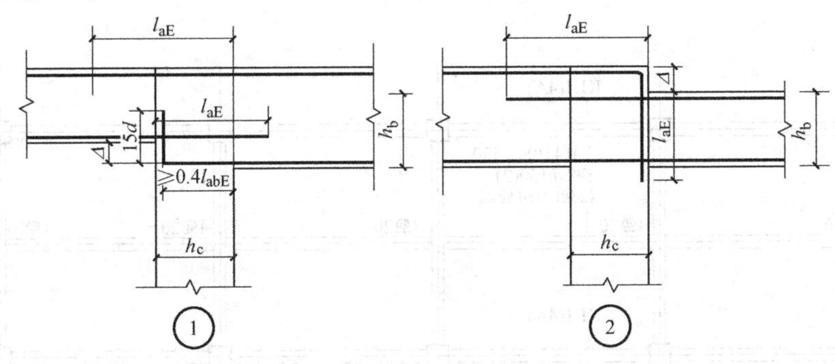

图 E.15-57 屋面框架梁中间支座高差构造

② 钢筋工程量明细

a. KL1（4A）钢筋明细，见图 E.15-58、表 E.15-22。

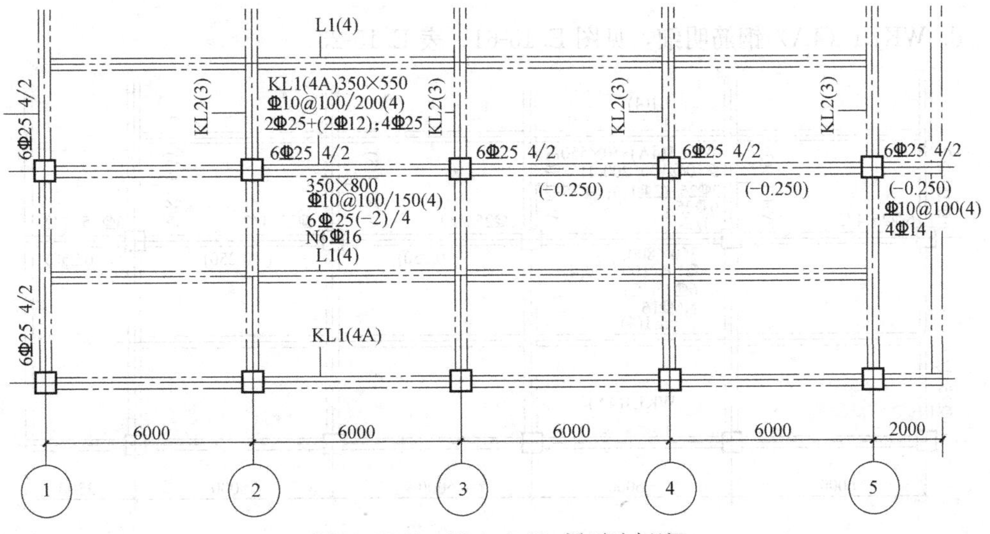

图 E.15-58 KL1（4A）梁平法标注

b. KL2（3）钢筋明细，见图 E. 15-59、表 E. 15-23。

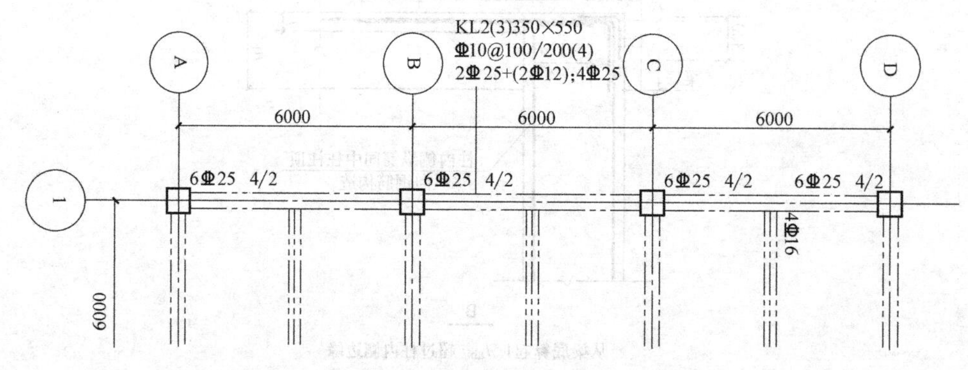

图 E. 15-59　KL2（3）梁平法标注

c. L1（4）钢筋明细，见图 E. 15-60、表 E. 15-24。

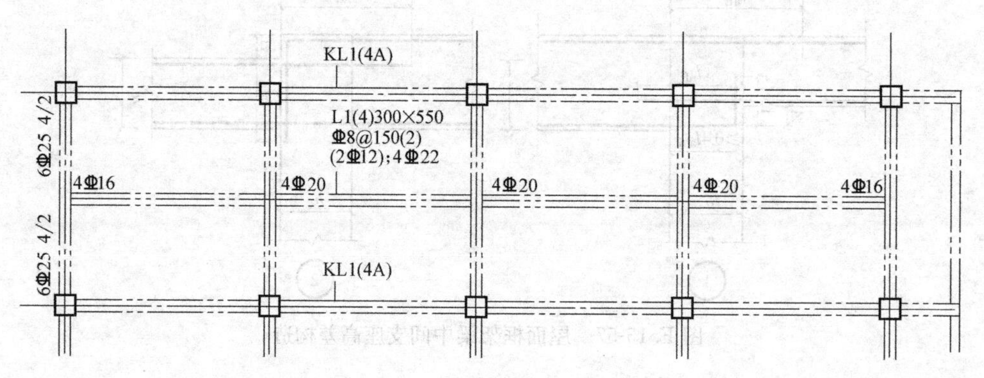

图 E. 15-60　L1（4）梁平法标注

d. WKL1（4A）钢筋明细，见图 E. 15-61、表 E. 15-25。

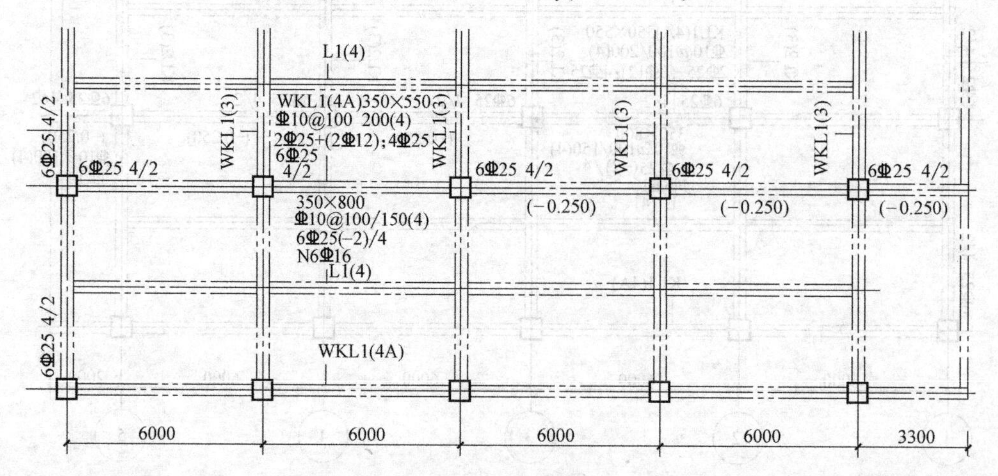

图 E. 15-61　WKL1（4A）梁平法标注

KL1（4A）钢筋明细 表 E. 15-22

	筋号	直径(mm)	级别	图形	计算公式	公式描述	长度(mm)	根数	单重(kg)	总重(kg)
1	1-3 轴上通长筋	25	Φ	375 12470 375	15×25+12000+2×300−2×30−2×10−2×25+15×25	弯折+轴距+柱偏心−柱保护层−柱纵筋直径−柱箍筋直径+弯折	13220	2	50.897	101.794
2	3-悬挑端上通长筋	25	Φ	12545 300	12000−300−30+35×25+12×25	轴距−柱偏心−保护层+锚固+弯折	12845	2	49.453	98.907
3	1 轴支座一排筋	25	Φ	375 2335	15×25+(6000−2×300)/3+600−30−10−25	弯折+伸入跨内长度+支座宽−保护层−柱箍筋直径−柱纵筋	2710	2	10.434	20.867
4	1 轴支座二排筋	25	Φ	375 1885	15×25+(6000−2×300)/4+600−30−10−25	弯折+伸入跨内长度+支座宽−保护层−柱箍筋直径−柱纵筋	2260	2	8.701	17.402
5	2 轴、4 轴支座一排筋	25	Φ	4200	(6000−2×300)/3×2+600	伸入跨内长度+支座宽	4200	2	16.17	32.34
6	2 轴、4 轴支座一排筋	25	Φ	3300	(6000−2×300)/3×2+600	伸入跨内长度+支座宽	3300	2	12.705	25.41
7	3 轴左一排支座筋	25	Φ	2335 375	(6000−2×300)/3+600−30−10−25+15×25	弯折+伸入跨内长度+支座宽−保护层−柱箍筋直径−柱纵筋	2710	2	10.434	20.867
8	3 轴左二排支座筋	25	Φ	1885 375	(6000−2×300)/4+600−30−10−25+15×25	弯折+伸入跨内长度+支座宽−保护层−柱箍筋直径−柱纵筋	2260	2	8.701	17.402
9	3 轴右一排支座筋	25	Φ	2675	(6000−2×300)/3+35×25	伸入跨内长度+锚固	2675	2	10.299	20.598
10	3 轴右二排支座筋	25	Φ	2225	(6000−2×300)/4+35×25	伸入跨内长度+锚固	2225	2	8.566	17.133

续表

	筋号	直径(mm)	级别	图形	计算公式	公式描述	长度(mm)	根数	单重(kg)	总重(kg)
11	5轴支座一排筋	25	Φ	3450 45 665 250	(6000−2×300)/3+600+(2000−300−30−150−(550−2×30−2×10))+(550−2×30−2×10)×1.414+10×25	(6000−2×300)/3+600+(2000−300−30−150−(550−2×30−2×10))+(550−2×30−2×10)×1.414+10×25	4365	2	16.805	33.611
12	5轴支座二排筋	25	Φ	3225 45 587 250	(6000−2×300)/4+600+(2000−300)×0.75)+(550−2×30−2×10−25−30)×1.414+10×25	(6000−2×300)/4+600+(2000−300)×0.75)+(550−2×30−2×10−25−30)×1.414+10×25	4062	2	15.639	31.277
13	1-2轴下部筋	25	Φ	375 6810	15×25+(6000−600+600−30−10−25)+35×25	弯折+轴距−柱偏心+支座宽−柱保护层−柱箍筋直径−柱纵筋直径+锚固	7185	4	27.662	110.649
14	2-3轴下部一排筋	25	Φ	375 6470 375	15×25+(6000+2×300−2×30−2×10−2×25+15×25	弯折+轴距+柱偏心−柱保护层−柱箍筋直径−柱纵筋直径+弯折	7220	4	27.797	111.188
15	2-3轴下部二排筋	25	Φ	4320	(6000−2×300)×0.8	净跨×0.8	4320	2	16.632	33.264
16	2-3轴侧面筋	16	Φ	6520	(6000−2×300)+2×35×16		6520	6	10.302	61.81
17	3-5轴下部筋	25	Φ	13150	12000−2×300+2×35×25	轴距−柱偏心+锚固长度	13150	4	50.628	202.51
18	悬挑端下部筋	14	Φ	2045	2000−300−30+15×25	跨长−柱偏心−保护层+锚固	2045	4	2.474	9.898
19	架立筋	12	Φ	2100	(6000−2×300)/3+2×150	跨长−柱偏心/3+搭接	2100	8	1.865	14.918
20	1、3、4跨箍筋1	10	Φ	290 490	(550−2×30)×2+(350−2×30)×2+2×11.9×d		1798	126	1.109	139.78

续表

	筋号	直径(mm)	级别	图形	计算公式	公式描述	长度(mm)	根数	单重(kg)	总重(kg)
21	1、3、4 跨箍筋 2	10	$\underline{\Phi}$	127 490	(550－2×30)×2＋((290－2×10－25)/3×1＋25＋2×10)×2＋2×11.9×d		1471	126	0.908	114.35
22	2 跨箍筋 1	10	$\underline{\Phi}$	290 740	(800－2×30)×2＋(350－2×30)×2＋2×11.9×d		2298	40	1.418	56.715
23	2 跨箍筋 2	10	$\underline{\Phi}$	127 740	(800－2×30)×2＋(290－2×10－25)/3×1＋25＋2×10×2＋2×11.9×d		1971	40	1.216	48.644
24	2 跨拉筋	6	Φ	290	290＋2×d＋2×11.9×d		445	57	0.099	5.631

KL2（3）钢筋明细 **表 E. 15-23**

	筋号	直径(mm)	级别	图形	计算公式	公式描述	长度(mm)	根数	单重(kg)	总重(kg)
1 *	A-D 轴上通长筋	25	$\underline{\Phi}$	375 18470 375	15×25＋18000＋2×300－2×30－2×10－2×25＋15×25	弯折＋轴距＋柱偏心－柱保护层－柱纵筋直径－柱箍筋直径＋弯折	19220	4	73.997	295.988
2	A、D 轴支座一排筋	25	$\underline{\Phi}$	375 2335	15×25＋(6000－2×300)/3＋600－30－10－25	弯折＋伸入跨内长度＋支座宽－保护层－柱箍筋直径－柱纵筋	2710	2	10.434	20.867
3	A、D 轴支座二排筋	25	$\underline{\Phi}$	375 1885	15×25＋(6000－2×300)/4＋600－30－10－25	弯折＋伸入跨内长度＋支座宽－保护层－柱箍筋直径－柱纵筋	2260	2	8.701	17.402
4	B、C 轴支座一排筋	25	$\underline{\Phi}$	4200	(600－2×300)/3×2＋600	伸入跨内长度＋支座宽	4200	2	16.17	32.34
5	B、C 轴支座二排筋	25	$\underline{\Phi}$	3300	(600－2×300)/4×2＋600	伸入跨内长度＋支座宽	3300	2	12.705	25.41
6	A-D 轴下通长筋	25	$\underline{\Phi}$	375 18470 375	15×25＋18000＋2×300－2×30－2×10－2×25＋15×25	弯折＋轴距＋柱偏心－柱保护层－柱箍筋直径－柱纵筋直径＋弯折	19220	4	73.997	295.988
7	架立筋	12	$\underline{\Phi}$	2100	(600－2×300)/3＋2×150	跨长－柱偏心/3＋搭接	2100	6	1.865	11.189

续表

	筋号	直径(mm)	级别	图形	计算公式	公式描述	长度(mm)	根数	单重(kg)	总重(kg)
8	跨箍筋1	10	Φ	290 490	(500−2×30)×2+(350−2×30)×2+2×11.9×d	15×25+6000+2×300−2×30−2×10−2×25+15×25	1798	108	1.109	119.812
9	跨箍筋2	10	Φ	127 490	(500−2×30)×2+((290−2×10−25)/3×1+25+2×10)×2+2×11.9×d		1471	108	0.908	98.022
10	吊筋	20	Φ	400 594 45 400 594 45 400	400+400+400+594+594		2388	6	5.898	35.39

L1（4）钢筋明细

表 E.15-24

	筋号	直径(mm)	级别	图形	计算公式	公式描述	长度(mm)	根数	单重(kg)	总重(kg)
1	1轴支座筋	16	Φ	240 1415	15×16+350−30−10−25+(6000−350)/5	弯折+主梁宽−保护层−主梁箍筋直径−主梁纵筋+伸入跨内长度	1655	4	2.615	10.46
2	2、3、4轴支座筋	20	Φ	4117	(6000−350)/3×2+350		4117	12	10.169	122.02
3	5轴支座筋	16	Φ	1415 240	350−30−10−25+(6000−350)/5		1415	4	2.236	8.943
4	下部筋	22	Φ	24250	24000−2×175+2×12×25	轴距−主梁偏心+锚固	24250	1	72.265	72.265
5	箍筋	8	Φ	240 490	(300−2×30)×2+(550−2×30)+2×11.9×d		1160	152	0.458	69.646

WKL1（4A）钢筋明细

表 E.15-25

	筋号	直径(mm)	级别	图形	计算公式	公式描述	长度(mm)	根数	单重(kg)	总重(kg)
1 *	1-3 轴上通长筋	25	Φ	520 12470 1095	550－30＋12000＋2×300－2×30－2×10－2×25＋250－30＋35×25	弯折＋轴距＋柱偏心－柱保护层－柱纵筋直径－柱箍筋直径＋弯折	14085	2	54.227	108.455
2	3-悬挑端上通长筋	25	Φ	12545 300	12000－300－30＋35×25＋12×25	轴距－柱偏心－保护层＋锚固＋弯折	12845	2	49.453	98.907
3	1 轴支座一排筋	25	Φ	520 2335	550－30＋(6000－2×300)/3＋600－30－10－25	弯折＋伸入跨内长度＋支座宽－保护层－柱箍筋直径－柱纵筋	2855	2	10.992	21.984
4	1 轴支座二排筋	25	Φ	520 1885	550－30＋(6000－2×300)/3＋600－30－10－25	弯折＋伸入跨内长度＋支座宽－保护层－柱箍筋直径－柱纵筋	2405	2	9.259	18.519
5	2 轴、4 轴支座一排筋	25	Φ	4200	(6000－2×300)/3×2＋600	伸入跨内长度＋支座宽	4200	2	16.17	32.34
6	2 轴、4 轴支座二排筋	25	Φ	3300	(6000－2×300)/3×2＋600	伸入跨内长度＋支座宽	3300	2	12.705	25.41
7	3 轴左一排支座筋	25	Φ	2335 1095	(6000－2×300)/3＋600－30－10－25＋250－30＋35×25	弯折＋伸入跨内长度＋支座宽－保护层－柱箍筋直径－柱纵筋	3430	2	13.206	26.411
8	3 轴左二排支座筋	25	Φ	1885 1095	(6000－2×300)/4＋600－30－10－25＋250－30＋35×25	弯折＋伸入跨内长度＋支座宽－保护层－柱箍筋直径－柱纵筋	2980	2	11.473	22.946

续表

	筋号	直径(mm)	级别	图形	计算公式	公式描述	长度(mm)	根数	单重(kg)	总重(kg)
9	3轴右一排支座筋	25	Φ	2675	(6000−2×300)/3+35×25	伸入跨内长度+锚固	2675	2	10.299	20.598
10	3轴右二排支座筋	25	Φ	2225	(6000−2×300)/4+35×25	伸入跨内长度+锚固	2225	2	8.566	17.133
11	5轴支座一排筋	25	Φ	3450 665 45 250	(6000−2×300)/3+600+(2000−300−30−150−(550−2×30−2×10))+(550−2×30−2×10)×1.414+10×25	(6000−2×300)/3+600+(2000−300−30−150−(550−2×30−2×10))+(550−2×30−2×10)×1.414+10×25	4365	2	16.805	33.611
12	5轴支座二排筋	25	Φ	3225 587 45 250	(6000−2×300)/4+600+((2000−300)×0.75)+(550−2×30−2×10−25−30)×1.414+10×25	(6000−2×300)/4+600+(2000−300)×0.75)+(550−2×30−2×10−25−30)×1.414+10×25	4062	2	15.639	31.277
13	1-2轴下部筋	25	Φ	375 6810	15×25+(6000−600+600−30−10−25)+35×25	弯折+轴距−柱偏心+支座宽−柱保护层−柱箍筋直径−柱纵筋直径+锚固	7185	4	27.662	110.649
14	2-3轴下部一排筋	25	Φ	375 6470 375	15×25+(6000+2×300−2×30−2×10−2×25+15×25	弯折+轴距+柱偏心−柱保护层−柱箍筋直径−柱纵筋直径+弯折	7220	4	27.797	111.188

续表

	筋号	直径(mm)	级别	图形	计算公式	公式描述	长度(mm)	根数	单重(kg)	总重(kg)
15	2-3 轴下部二排筋	25	Φ	4320	(6000−2×300)×0.8	净跨×0.8	4320	2	16.632	33.264
16	2-3 轴侧面筋	16	Φ	6520	(6000−2×300)+2×35×16	(600−2×300)/4+600−30−10−25+250−30+35×25	6520	6	10.302	61.81
17	3-5 轴下部筋	25	Φ	13150	12000−2×300+2×35×25	轴距－柱偏心＋锚固长度	13150	4	50.628	202.51
18	悬挑端下部筋	14	Φ	2045	2000−300−30+15×25	跨长－柱偏心－保护层＋锚固	2045	4	2.474	9.898
19	架立筋	12	Φ	2100	(6000−2×300)/3+2×150	跨长－柱偏心/3＋搭接	2100	8	1.865	14.918
20	1、3、4 跨箍筋 1	10	Φ	290 490	(550−2×30)×2+(350−2×30)×2+2×11.9×d		1798	126	1.109	139.78
21	1、3、4 跨箍筋 2	10	Φ	127 490	(550−2×30)×2+((290−2×10−25)/3×1+25+2×10)×2+2×11.9×d		1471	126	0.908	114.35
22	2 跨箍筋 1	10	Φ	290 740	(800−2×30)×2+(350−2×30)×2+2×11.9×d		2298	40	1.418	59.715
23	2 跨箍筋 2	10	Φ	127 740	(800−2×30)×2+((290−2×10−25)/3×1+25+2×10)×2+2×11.9×d		1971	40	1.216	48.644
24	2 跨箍筋	6	Φ	290	290+2×d+2×11.9×d		445	57	0.099	5.631

(8) 板钢筋

1) 图例

见图 E. 15-62。

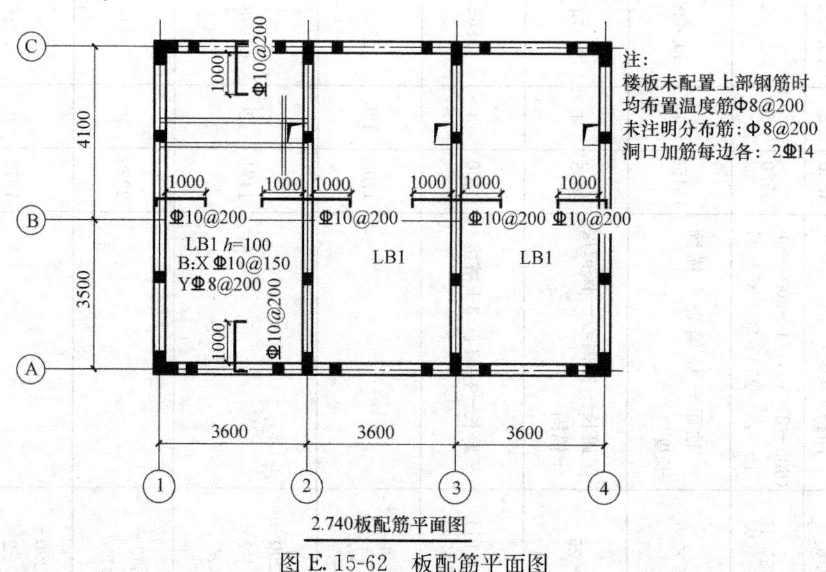

图 E. 15-62 板配筋平面图

图例说明:

① 轴网如图 E. 15-62 所示,轴距为开间 3600mm、3600mm、3600mm、进深 3500mm、4100mm;

② 板厚度均为 100mm,保护层为 15mm,锚固 $35d$;

③ 剪力墙厚度均为 200mm,沿轴线居中布置。

2) 清单工程量

① 板钢筋计算原则

a. 楼板底筋和负筋端部锚固做法参见图集 11G101-1 第 92 页“板在端部支座的锚固构造 b”节点做法,见图 E. 15-63。

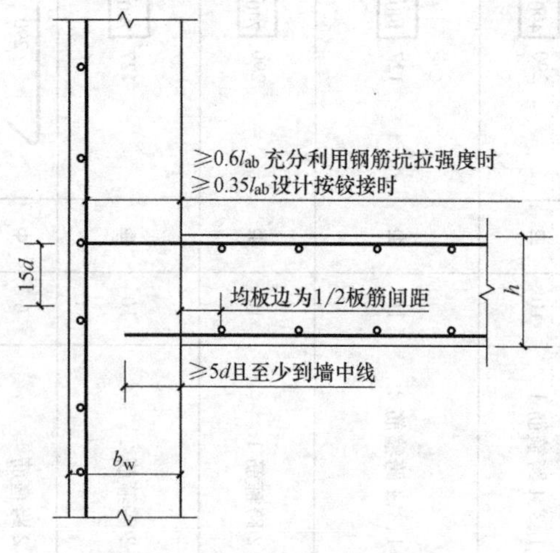

图 E. 15-63 板在端支座的锚固构造

b. 温度筋和负筋搭接,分布筋和受力筋搭接参见图集 11G101-1 第 94 页注第 2 条、3 条、4 条规定,如下:

抗裂构造钢筋自身及其与受力主筋搭接长度为 150mm,抗温度筋自身及其与受力主筋搭接长度为 l_1。

板上下贯通筋可兼做抗裂构造筋和抗温度筋。当下部贯通筋兼做抗温度筋时,其在支座的锚固由设计由确定。

分布筋自身及与受力主筋、构造钢筋的搭接长度为 150mm;当分布筋兼做抗温度筋时,其自身及与受力主筋、构造钢筋的搭接长度为 l_1;其在支座的锚固按受拉考虑。

② 钢筋计算明细

LB1 钢筋明细，见表 E. 15-26。

板钢筋明细 **表 E. 15-26**

	筋号	直径(mm)	级别	图形	计算公式	长度(mm)	根数	单重(kg)	总重(kg)
1	X 向底筋	10	Φ	3600	3600−125−100+max(5×*d*,200/2)+max(5×*d*,200/2)	3575	141	2.206	311.014
2	X 向洞口左侧底筋	10	Φ	3085	3600−100−400−15	3085	9	1.903	17.131
3	Y 向底筋	8	Φ	7600	3500+4100	7600	45	3.002	135.09
4	Y 向洞口下方底筋	8	Φ	5285	5285	5285	6	2.088	12.525
5	Y 向洞口下方底筋	8	Φ	1785	1785	1785	6	0.705	4.23
6	通长洞口加底筋	14	Φ	3600	3600	3600	12	4.356	52.272
7 *	短向洞口加底筋	14	Φ	640	640	640	6	0.774	4.646

(9) 墙钢筋

1) 图例

见图 E. 15-64～图 E. 15-68。

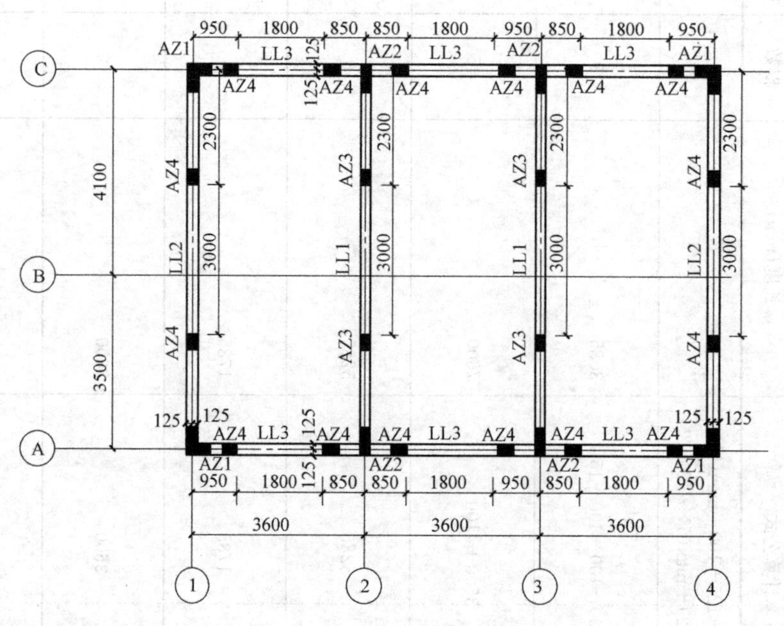

图 E. 15-64 首层墙体布置

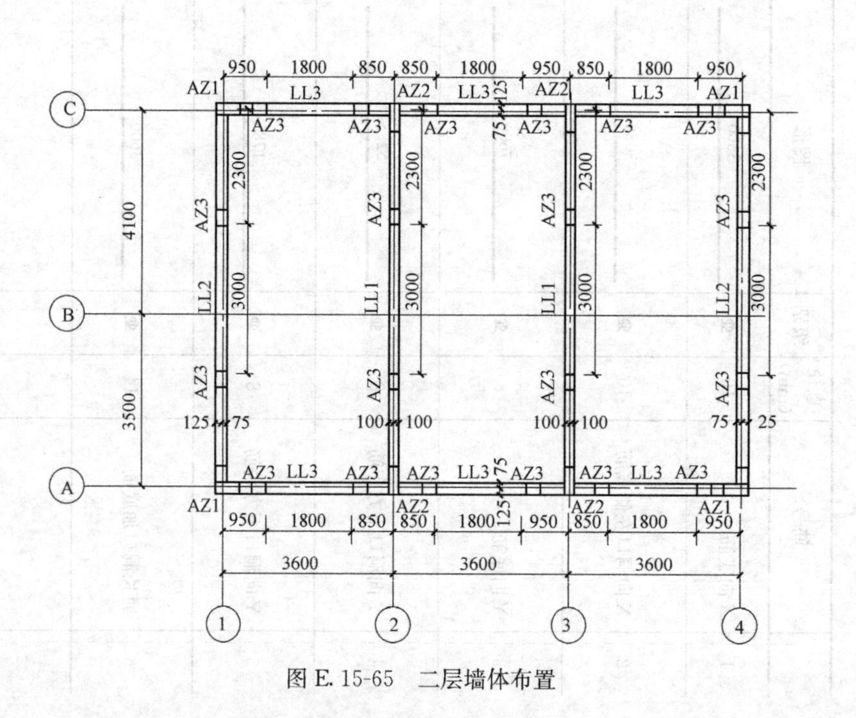

图 E. 15-65 二层墙体布置

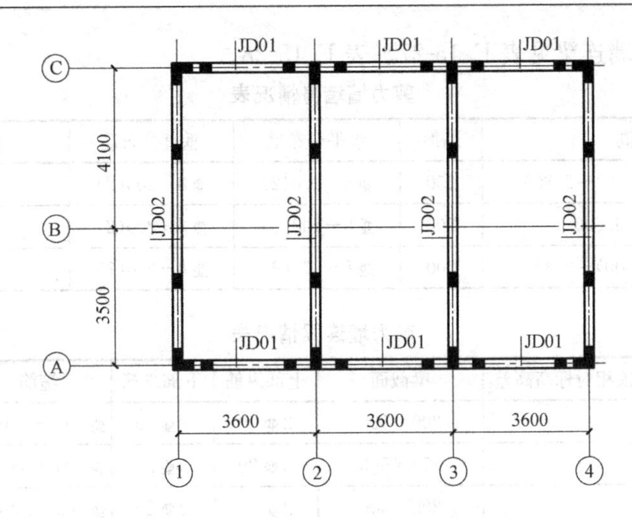

图 E. 15-66　剪力墙预留洞图

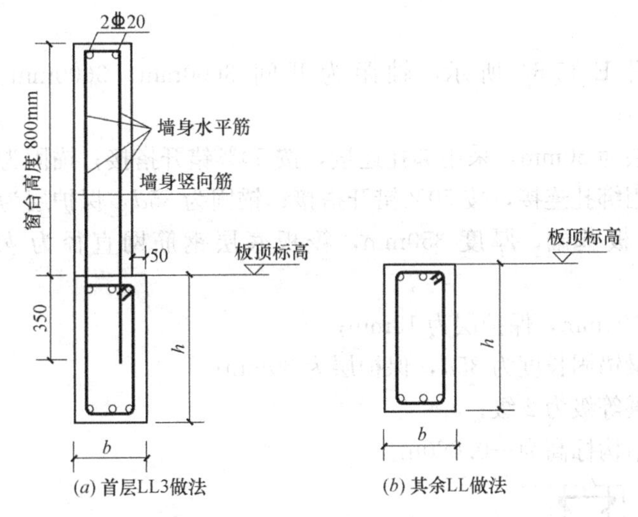

图 E. 15-67　连梁做法大样

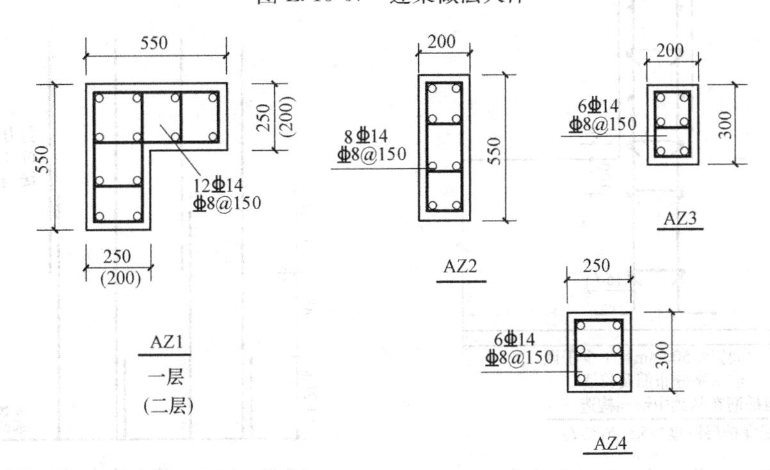

图 E. 15-68　暗柱大样图

剪力墙墙身、剪力墙连梁见表E.15-27、表E.15-28。

剪力墙墙身情况表　　表E.15-27

编号	标高	墙厚	水平分布筋	垂直分布筋	拉筋(双向梅花)
Q1	基础顶(−1.000)～2.800	250	Φ8−200(2)	Φ8−200(2)	Φ6−600×600
	2.800～5.600	200	Φ8−200(2)	Φ8−200(2)	Φ6−600×600
Q2	基础顶(−1.000)～2.800	200	Φ8−200(2)	Φ8−200(2)	Φ6−600×600

剪力墙连梁情况表　　表E.15-28

编号	所在楼层号	梁顶相对标高高差	梁截面	上部纵筋	下部纵筋	箍筋	侧面筋
LL1	1,2		200×500	2Φ20	2Φ20	Φ10a−100(2)	同墙身水平筋
LL2	1		250×500	3Φ20	3Φ20	Φ10a−100(2)	同墙身水平筋
	2		200×500	2Φ20	2Φ20	Φ10a−100(2)	同墙身水平筋
LL3	1		250×1300	3Φ20	3Φ20	Φ10a−100(2)	同墙身水平筋
	2		200×500	2Φ20	2Φ20	Φ10a−100(2)	同墙身水平筋

图例说明：

① 轴网如图E.15-64所示，轴距为开间3600mm、3600mm、3600mm、进深3500mm、4100mm；

② 暗柱保护层为30mm，采用绑扎连接，按50%错开搭接；锚固为35d；

③ 剪力墙采用绑扎连接，按50%错开搭接；锚固为35d，保护层为15mm；

④ 基础为筏板基础，厚度350mm，筏板底层钢筋网直径为ϕ14双向，保护层为40mm；

⑤ 楼层板厚100mm，保护层为15mm；

⑥ 剪力墙连梁锚固长度为35d，保护层为30mm；

⑦ 剪力墙抗震等级为2级；

⑧ 首层地面结构标高为—0.060m。

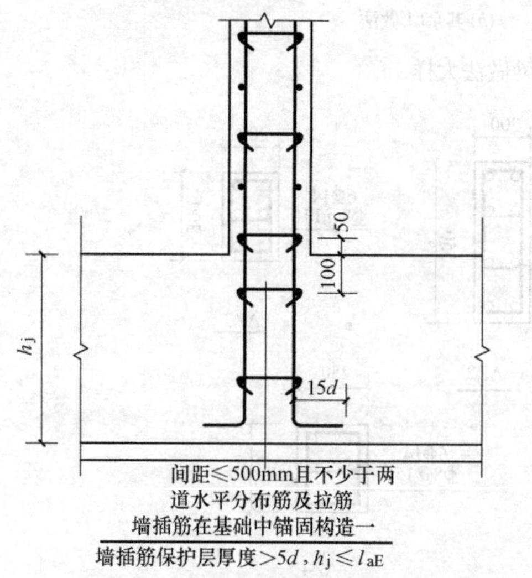

图E.15-69　剪力墙基础插筋构造

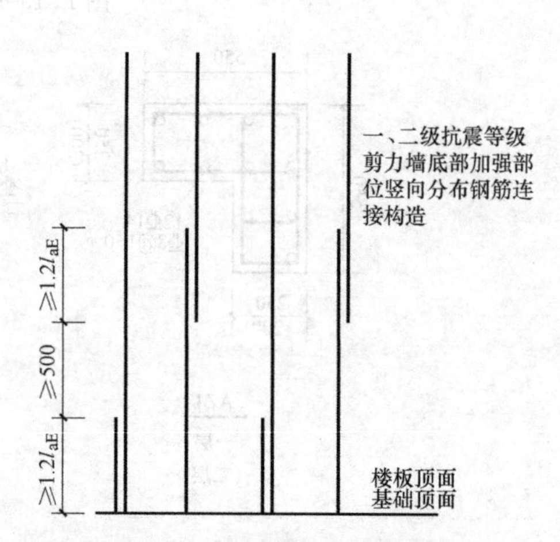

图E.15-70　剪力墙身竖向钢筋连接构造

2）清单工程量

① 剪力墙计算原则

a. 本案例工程中，剪力墙基础插筋做法参加图集 11G101-3 第 58 页“墙插筋在基础中的锚固”中的“墙插筋在基础中锚固构造（一）”，见图 E. 15-69。

b. 本案例工程中，剪力墙身竖向钢筋连接参加见图集 11G101-1 第 70 页“剪力墙身竖向分布钢筋连接构造”的做法，见图 E. 15-70。

c. 本案例工程中，剪力墙封顶参见图集 11G101-3 第 58 页“剪力墙竖向钢筋顶部构造”的做法，如图 E. 15-71。

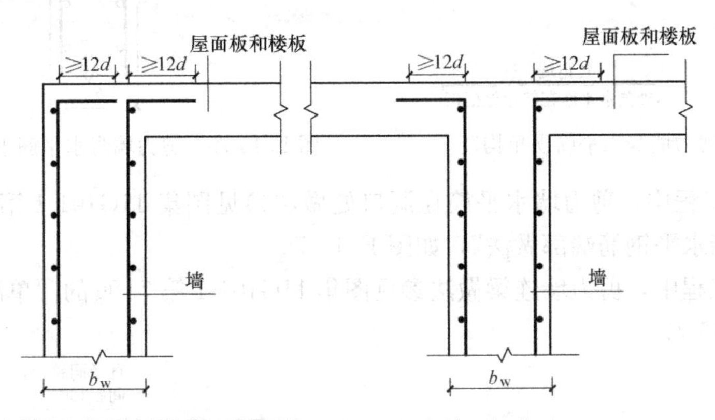

图 E. 15-71　剪力墙竖向钢筋顶部构造

d. 本案例工程中，剪力墙身外墙在首层和二层变截面参见图集 11G101-3 第 58 页“剪力墙变截面处竖向分布钢筋构造”做法，见图 E. 15-72。

e. 本案例工程中，剪力墙暗柱钢筋连接做法参见图集 11G101-1 第 73 页的“剪力墙边缘构件纵向钢筋连接构造”做法，见图 E. 15-73。

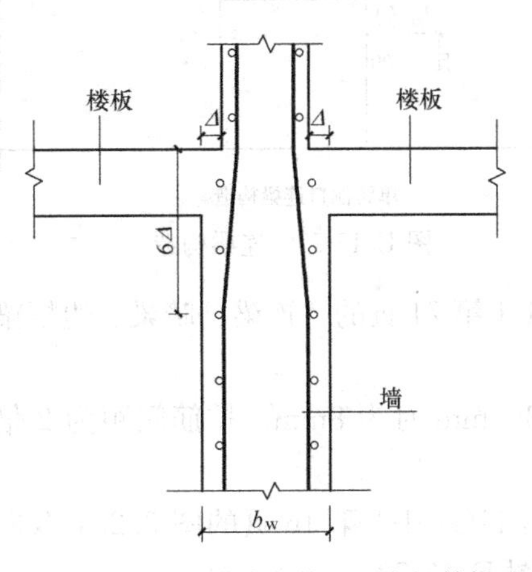

图 E. 15-72　剪力墙变截面竖向钢筋构造

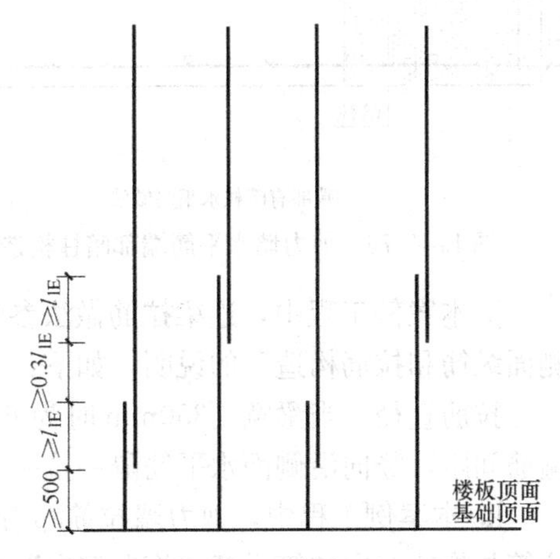

图 E. 15-73　剪力墙暗柱钢筋连接构造

f. 本案例工程中，剪力墙水平筋在拐角处做法参见图集 11G101-1 第 68 页的“转角墙三”构造做法，见图 E. 15-74。

g. 本案例工程中，剪力墙水平筋在丁字墙处做法参见图集 11G101-1 第 69 页的“翼墙”构造做法，见图 E. 15-75。

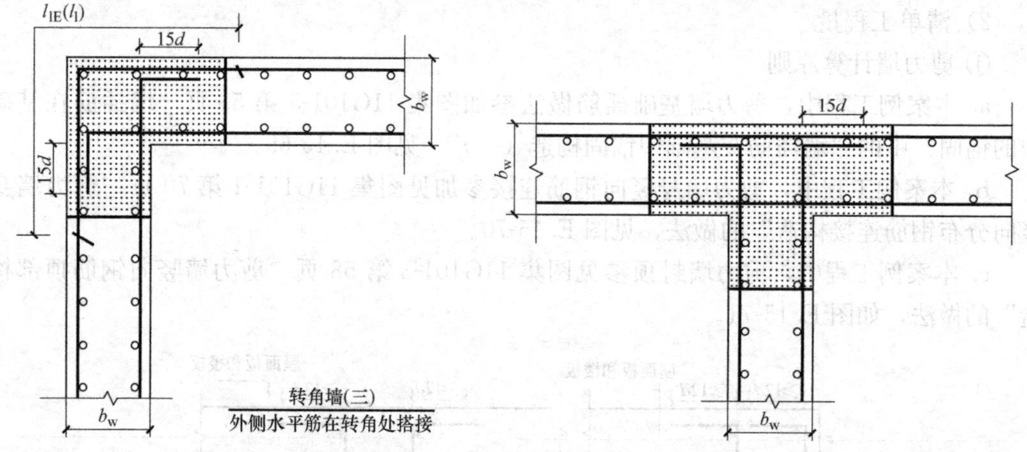

图 E. 15-74 剪力墙身水平筋拐角构造　　图 E. 15-75 剪力墙身水平筋丁字墙构造

h. 本案例工程中，剪力墙水平筋在洞口处做法参见图集 11G101-1 第 68 页的“端部有暗柱时剪力墙水平钢筋端部做法”，如图 E. 15-76。

i. 本案例工程中，剪力墙连梁做法参见图集 11G101-1 第 74 页的“单洞口连梁”构造做法，如图 E. 15-77。

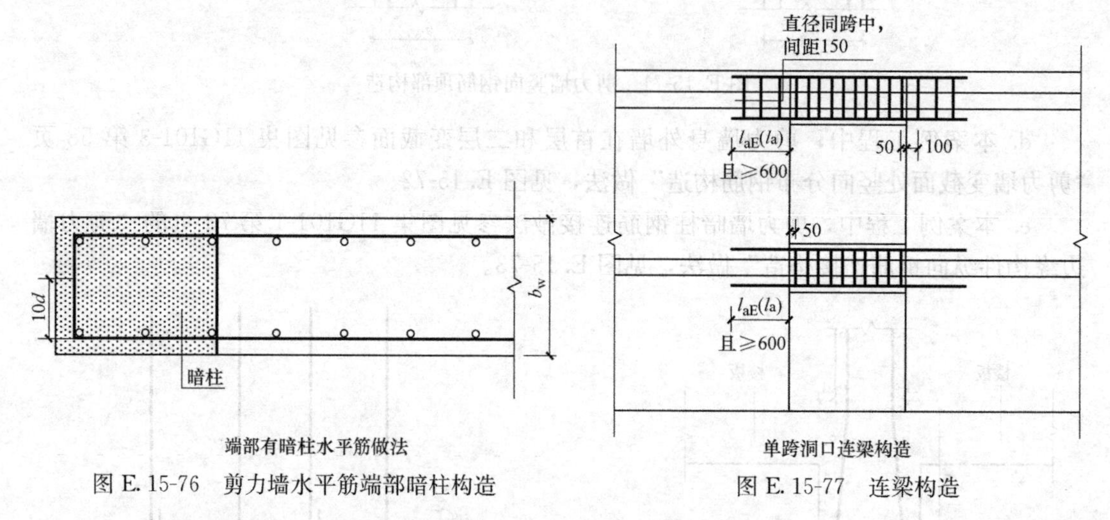

图 E. 15-76 剪力墙水平筋端部暗柱构造　　图 E. 15-77 连梁构造

j. 本案例工程中，连梁拉筋做法参见图集 11G101-1 第 74 页的“连梁、暗梁、边框梁侧面纵筋和拉筋构造”的说明，如下：

拉筋直径：当梁宽≤350mm 时为 6mm，梁宽＞350mm 时为 8mm，拉筋间距为 2 倍箍筋间距，竖向沿侧面水平筋隔一拉一。

k. 本案例工程中，剪力墙拉筋布置方法参见图集 11G101-1 第 16 页的图 3. 2. 4 双向拉筋与梅花双向拉筋示意“梅花双向”构造做法，如图 E. 15-78。

l. 本案例工程中暗柱采用绑扎搭接，因此在绑扎搭接范围内箍筋需要参照图集 11G101-1 第 54 页“纵向受力钢筋搭接区箍筋构造”及其备注，如图 E. 15-79。

m. 本案例剪力墙竖向分布筋距离暗柱的起步距离参见《混凝土结构施工钢筋排布规则与构造详图》12G901 第 3～5 页“剪力墙构造边缘构件排布构造详图”要求，如图 E. 15-80。

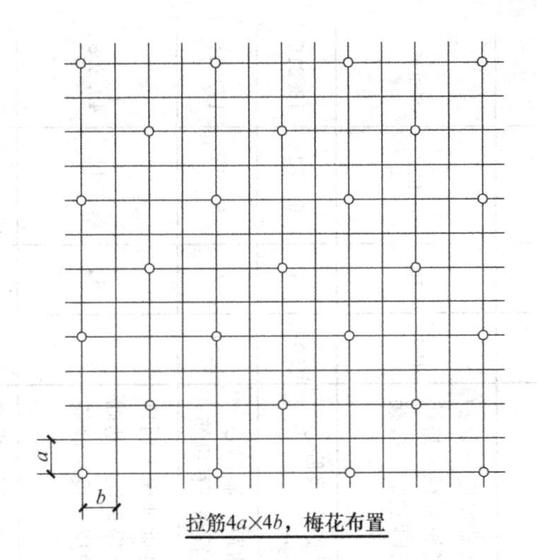

图 E.15-78　剪力墙拉筋梅花布置示意

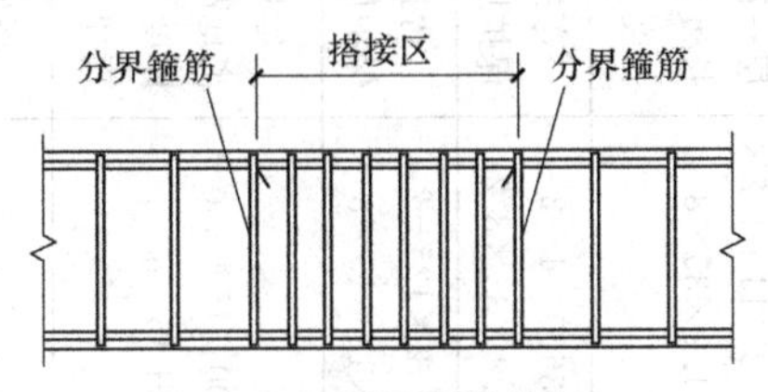

注：1.本图用于梁、柱类构件搭接区箍筋设置。
2.搭接区内箍筋直径不小于$d/4$（d为搭接钢筋最大直径），间距不应大于100mm及$5d$（d为搭接钢筋最小直径）。
3.当受压钢筋直径大于25mm时，尚应在搭接接头两个端面外100mm的范围内各设置两道箍筋

图 E.15-79　受力钢筋搭接区箍筋布置

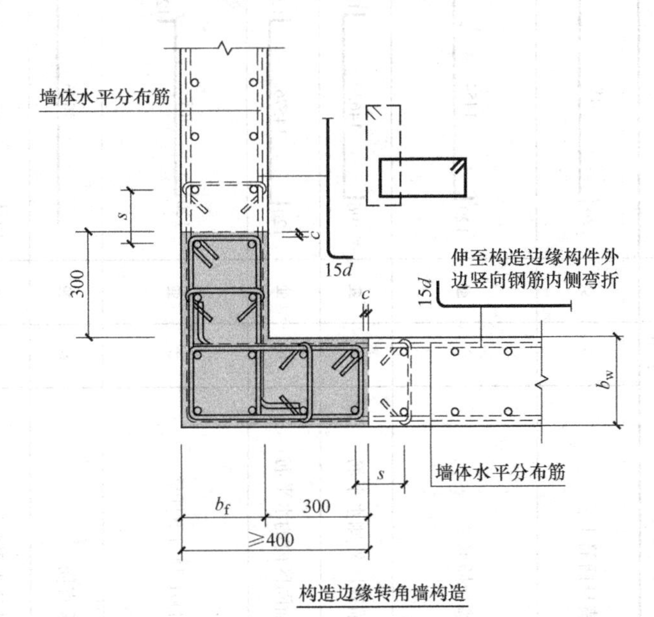

图 E.15-80　竖向分布钢筋起步距离

② 钢筋计算明细

首层墙体钢筋明细：

a. A 轴、C 轴/1—4 轴钢筋明细，见表 E. 15-29。

A 轴板钢筋明细　　　　表 E. 15-29

筋号	直径(mm)	级别	图形	计算公式	公式描述	长度(mm)	根数	单重(kg)	总重(kg)
墙身插筋 1	8	Φ	120 618	15×8+350−40−2×14+1.2×35×8	弯折＋基础厚度－保护层－筏板底筋直径＋搭接长度	738	10	0.292	2.915
墙身插筋 2	8	Φ	120 1454	15×8+350−40−2×14+1.2×35×8+500+1.2×35×8	弯折＋基础厚度－保护层－筏板底筋直径＋搭接长度＋错开距离＋搭接长度	1574	10	0.622	6.217
锚固区外侧水平筋	8	Φ	196 14620 196	1.4×35×8/2+3600×4+2×125−2×15+1.4×35×8/2	弯折＋轴距＋墙偏心－保护层＋弯折	15012	3	6.072	18.216
锚固区内侧水平筋	8	Φ	120 14576 120	15×8+3600×4+2×125−2×15−2×8−2×14+15×8	弯折＋轴距＋墙偏心－保护层－柱箍筋－柱纵筋	14816	3	5.995	17.984
JD01 洞口下插筋	8	Φ	120 2067 120	15×8+1000+800−15+350−40−2×14+15×8	弯折＋基础埋深＋洞口离地高度－保护层＋基础厚度－保护层－筏板底筋直径	2307	54	0.911	49.208
垂直筋	8	Φ	4076	2800+940+1.2×35×8	层高＋基础埋深＋搭接长度	4076	20	1.61	32.2
外侧水平筋	8	Φ	196 14620 196	1.4×35×8/2+3600×4+2×125−2×15+1.4×35×8/2	弯折＋轴距＋墙偏心－保护层＋弯折	15012	13	6.072	78.935
内侧水平筋	8	Φ	120 14576 120	15×8+3600×4+2×125−2×15−2×8−2×14+15×8	弯折＋轴距＋墙偏心－保护层－柱箍筋－柱纵筋	14816	13	5.995	77.929
1 轴、4 轴至洞口水平筋(外侧)	8	Φ	196 1045 120	1.4×35×8/2+950+125−2×15+15×8	弯折＋标距＋墙偏心－保护层＋弯折	1361	14	0.538	7.526

续表

筋号	直径(mm)	级别	图形	计算公式	公式描述	长度(mm)	根数	单重(kg)	总重(kg)
1轴、4轴至洞口水平筋(内侧)	8	Φ	120 1023 120	15×8+950+125−2×15−8−14+15×8	弯折＋标距＋墙偏心－保护层－暗柱箍筋直径－暗柱纵筋直径＋弯折	1263	14	0.499	6.984
2轴两侧洞口水平筋	8	Φ	120 1670 120	15×8+1700−2×15+15×8	弯折＋标距－保护层＋弯折	1910	14	0.754	10.562
3轴两侧洞口水平筋	8	Φ	120 1770 120	15×8+1800−2×15+15×8	弯折＋标距－保护层＋弯折	2010	14	0.794	11.115
拉筋	6	Φ	170	220+2×d+2×11.9×d	18×3+9×3+13×2+13×4	375	96	0.083	7.992

b. 1轴、4轴/A—C轴钢筋明细，见表E. 15-30。

1轴板钢筋明细（首层） 表E. 15-30

筋号	直径(mm)	级别	图形	计算公式	公式描述	长度(mm)	根数	单重(kg)	总重(kg)
墙身插筋1	8	Φ	120 618	15×8+350−40−2×14+1.2×35×8	弯折＋基础厚度－保护层－筏板底筋直径＋搭接长度	738	16	0.292	4.664
墙身插筋2	8	Φ	120 1454	15×8+350−40−2×14+1.2×35×8+500+1.2×35×8	弯折＋基础厚度－保护层－筏板底筋直径＋搭接长度＋错开距离＋搭接长度	1574	16	0.622	9.948
锚固区外侧水平筋	8	Φ	196 7820 196	1.4×35×8/2+7600+2×125−2×15+1.4×35×8/2	弯折＋轴距＋墙偏心－保护层＋弯折	8212	3	3.386	10.158
锚固区内侧水平筋	8	Φ	120 7776 120	15×8+7600+2×125−2×15−2×8−2×14+15×8	弯折＋轴距＋墙偏心－保护层－柱箍筋－柱纵筋	8016	3	3.309	9.926
JD01洞口下插筋	8	Φ	120 1267 120	15×8+1000−15+350−40−2×14+15×8	弯折＋基础埋深＋洞口离地高度－保护层＋基础厚度－保护层－筏板底筋直径	1507	30	0.595	17.858

续表

筋号	直径(mm)	级别	图形	计算公式	公式描述	长度(mm)	根数	单重(kg)	总重(kg)
垂直筋	8	Φ	4076	2800+940+1.2×35×8	层高+基础埋深+搭接长度	4076	32	1.61	51.521
外侧水平筋	8	Φ	196 7820 196	1.4×35×8/2+7600+2×125−2×15+1.4×35×8/2	弯折+轴距+墙偏心−保护层+弯折	8212	9	3.386	30.473
内侧水平筋	8	Φ	120 7776 120	15×8+7600+2×125−2×15−2×8−2×14+15×8	弯折+轴距+墙偏心−保护层−柱箍筋−柱纵筋	8016	9	3.309	29.777
A 轴、C 轴至洞口水平筋(外侧)	8	Φ	196 2395 120	1.4×35×8/2+2300+125−2×15+15×8	弯折+标距+墙偏心−保护层+弯折	2711	22	1.071	23.559
A 轴、C 轴至洞口水平筋(内侧)	8	Φ	120 2373 120	15×8+2300+125−2×15−8−14+15×8	弯折+标距+墙偏心−保护层−暗柱箍筋直径−暗柱纵筋直径+弯折	2613	22	1.032	22.707
拉筋	6	Φ	220	220+2×d+2×11.9×d	69×2+20	375	98	0.083	8.159

c. 2 轴、3 轴/A—C 轴钢筋明细，见表 E.15-31。

2 轴板钢筋明细（首层）　　**表 E.15-31**

筋号	直径(mm)	级别	图形	计算公式	公式描述	长度(mm)	根数	单重(kg)	总重(kg)
墙身插筋 1	8	Φ	120 618	15×8+350−40−2×14+1.2×35×8	弯折+基础厚度−保护层−筏板底筋直径+搭接长度	738	16	0.292	4.664
墙身插筋 2	8	Φ	120 1454	15×8+350−40−2×14+1.2×35×8+500+1.2×35×8	弯折+基础厚度−保护层−筏板底筋直径+搭接长度+错开距离+搭接长度	1574	16	0.622	9.948
锚固区外侧水平筋	8	Φ	196 7820 196	1.4×35×8/2+7600+2×125−2×15+1.4×35×8/2	弯折+轴距+墙偏心−保护层+弯折	8212	3	3.386	10.158

续表

筋号	直径(mm)	级别	图形	计算公式	公式描述	长度(mm)	根数	单重(kg)	总重(kg)
锚固区内侧水平筋	8	Φ	120 7776 120	15×8+7600+2×125−2×15−2×8−2×14+15×8	弯折+轴距+墙偏心−保护层−柱箍筋−柱纵筋	8016	3	3.309	9.926
JD01 洞口下插筋	8	Φ	120 1267 120	15×8+1000−15+350−40−2×14+15×8	弯折+基础埋深+洞口离地高度−保护层+基础厚度−保护层−筏板底筋直径	1507	30	0.595	17.858
垂直筋	8	Φ	4076	2800+940+1.2×35×8	层高+基础埋深+搭接长度	4076	32	1.61	51.521
外侧水平筋	8	Φ	196 7820 196	1.4×35×8/2+7600+2×125−2×15+1.4×35×8/2	弯折+轴距+墙偏心−保护层+弯折	8212	9	3.386	30.473
内侧水平筋	8	Φ	120 7776 120	15×8+7600+2×125−2×15−2×8−2×14+15×8	弯折+轴距+墙偏心−保护层−柱箍筋−柱纵筋	8016	9	3.309	29.777
A 轴、C 轴至洞口水平筋（外侧）	8	Φ	196 2395 120	1.4×35×8/2+2300+125−2×15+15×8	弯折+标距+墙偏心−保护层+弯折	2711	22	1.071	23.559
A 轴、C 轴至洞口水平筋（内侧）	8	Φ	120 2373 120	15×8+2300+125−2×15−8−14+15×8	弯折+标距+墙偏心−保护层+−暗柱箍筋直径−暗柱纵筋直径+弯折	2613	22	1.032	22.707
拉筋	6	Φ	170	170+2×d+2×11.9×d	69×2+20	325	98	0.072	7.071

二层墙体钢筋明细：

d. A轴、C轴/1-4轴钢筋明细，见表E.15-32。

A轴板钢筋明细（二层） **表E.15-32**

筋号	直径(mm)	级别	图形	计算公式	公式描述	长度(mm)	根数	单重(kg)	总重(kg)
竖向筋1	8	Φ	96 2785	12×8+2800−15	弯折+墙高−保护层	2881	10	1.138	11.38
竖向筋2	8	Φ	96 1949	12×8+2800−15−1.2×35×8−500	弯折+墙高−保护层−搭接−错开距离	2045	10	0.808	8.078
JD01洞口下插筋	8	Φ	154 1135	2×1135+154	弯折+基础埋深+洞口离地高度−保护层+基础厚度−保护层−筏板底筋直径	2424	27	0.957	25.852
JD01洞口下加筋	20	Φ	3200	1800+2×35×20		3200	6	7.904	47.424
外侧水平筋	8	Φ	196 14620 196	1.4×35×8/2+3600×4+2×125−2×15+1.4×35×8/2	弯折+轴距+墙偏心−保护层+弯折	15012	7	6.072	42.504
内侧水平筋	8	Φ	120 14576 120	15×8+3600×4+2×125−2×15−2×8−2×14+15×8	弯折+轴距+墙偏心−保护层−柱箍筋−柱纵筋	14816	7	5.995	41.962
1轴、4轴至洞口水平筋(外侧)	8	Φ	196 1045 120	1.4×35×8/2+950+125−2×15+15×8	弯折+标距+墙偏心−保护层+弯折	1361	14	0.538	8.602

续表

筋号	直径(mm)	级别	图形	计算公式	公式描述	长度(mm)	根数	单重(kg)	总重(kg)
1轴、4轴至洞口水平筋(内侧)	8	$\underline{\Phi}$	120 1023 120	15×8+950+125−2×15−8−14+15×8	弯折+标距+墙偏心−保护层+−暗柱箍筋直径−暗柱纵筋直径+弯折	1263	14	0.499	7.982
2轴两侧洞口水平筋	8	$\underline{\Phi}$	120 1670 120	15×8+1700−2×15+15×8	弯折+标距−保护层+弯折	1910	14	0.754	12.071
3轴两侧洞口水平筋	8	$\underline{\Phi}$	120 1770 120	15×8+1800−2×15+15×8	弯折+标距−保护层+弯折	2010	14	0.794	12.703
拉筋	6	Φ	170	170+2×d+2×11.9×d		325	63	0.072	4.545

e. 1轴、4轴/A−C轴钢筋明细，见表E. 15-33。

1轴板钢筋明细（二层） **表E. 15-33**

筋号	直径(mm)	级别	图形	计算公式	公式描述	长度(mm)	根数	单重(kg)	总重(kg)
竖向筋1	8	$\underline{\Phi}$	96 2785	12×8+2800−15	弯折+墙高−保护层	2881	16	1.138	18.208
竖向筋2	8	$\underline{\Phi}$	96 1949	12×8+2800−15−1.2×35×8−500	弯折+墙高−保护层−搭接−错开距离	2045	16	0.808	12.924
外侧水平筋	8	$\underline{\Phi}$	196 7820 196	1.4×35×8/2+7600+2×125−2×15+1.4×35×8/2	弯折+轴距+墙偏心−保护层+弯折	8212	3	3.386	10.158
内侧水平筋	8	$\underline{\Phi}$	120 7776 120	15×8+7600+2×125−2×15−2×8−2×14+15×8	弯折+轴距+墙偏心−保护层−柱箍筋−柱纵筋	8016	3	3.309	9.926
A轴、C轴至洞口水平筋(外侧)	8	$\underline{\Phi}$	196 2395 120	1.4×35×8/2+2300+125−2×15+15×8	弯折+标距+墙偏心−保护层+弯折	2711	24	1.071	25.7
A轴、C轴至洞口水平筋(内侧)	8	$\underline{\Phi}$	120 2373 120	15×8+2300+125−2×15−8−14+15×8	弯折+标距+墙偏心−保护层+−暗柱箍筋直径−暗柱纵筋直径+弯折	2613	24	1.032	24.771
拉筋	6	Φ	170	170+2×d+2×11.9×d		325	60	0.072	4.329

f. 2轴、3轴/A—C轴钢筋明细，见表E.15-34。

2轴板钢筋明细（二层） **表E.15-34**

筋号	直径(mm)	级别	图形	计算公式	公式描述	长度(mm)	根数	单重(kg)	总重(kg)
竖向筋1	8	Ф	96 ⌊ 2785	12×8+2800−15	弯折+墙高−保护层	2881	16	1.138	18.208
竖向筋2	8	Ф	96 ⌊ 1949	12×8+2800−15−1.2×35×8−500	弯折+墙高−保护层−搭接−错开距离	2045	16	0.808	12.924
外侧水平筋	8	Ф	196 ⌊ 7820 ⌋ 196	1.4×35×8/2+7600+2×125−2×15+1.4×35×8/2	弯折+轴距+墙偏心−保护层+弯折	8212	3	3.386	10.158
内侧水平筋	8	Ф	120 ⌊ 7776 ⌋ 120	15×8+7600+2×12−2×15−2×8−2×14+15×8	弯折+轴距+墙偏心−保护层−柱箍筋−柱纵筋	8016	3	3.309	9.926
A轴、C轴至洞口水平筋(外侧)	8	Ф	196 ⌊ 2395 ⌋ 120	1.4×35×8/2+2300+125−2×15+15×8	弯折+标距+墙偏心−保护层+弯折	2711	24	1.071	25.7
A轴、C轴至洞口水平筋(内侧)	8	Ф	120 ⌊ 2373 ⌋ 120	15×8+2300+125−2×15−8−14+15×8	弯折+标距+墙偏心−保护层+−暗柱箍筋直径−暗柱纵筋直径+弯折	2613	24	1.032	24.771
拉筋	6	Φ	170	$170+2\times d+2\times 11.9\times d$		325	60	0.072	4.329

g. AZ1 钢筋明细，见表 E. 15-35。

AZ1 钢筋明细（二层） **表 E. 15-35**

筋号	直径(mm)	级别	图形	计算公式	公式描述	长度(mm)	根数	单重(kg)	总重(kg)
插筋 1	14	Φ	210 / 1468	15×14+350−40−2×14+500+1.4×35×14	弯折+筏板厚−保护层−筏板筋直径+露出长度+搭接长度	1678	6	2.03	12.182
插筋 2	14	Φ	210 / 2360	15×8+350−40−2×14+500+1.4×35×14+0.3×1.4×35×14+1.4×35×14	弯折+筏板厚−保护层−筏板筋直径+露出长度+搭接长度+错开距离+搭接长度	2480	6	3.001	18.005
锚固区箍筋	8	Φ	220 / 520	2×220+2×520+2×11.9×d		1670	6	0.66	3.958
首层垂直筋	14	Φ	4426	2800+940+1.4×35×14	暗柱高度+基础埋深+搭接长度	4426	12	5.355	64.266
首层箍筋	8	Φ	220 / 520	2×220+2×52+2×11.9×d		734	72	0.29	20.875
首层拉筋	8	Φ	220	220+2×11.9×d		410	72	0.162	11.66
二层垂直筋 1	14	Φ	168 / 2285	12×14+2800−15−500	弯折+暗柱高度−保护层−露出长度	2453	6	2.968	17.809
二层垂直筋 2	14	Φ	168 / 1393	12×14+2800−15−500−1.4×35×14−0.3×1.4×35×14	弯折+暗柱高度−保护层−露出长度−搭接长度−错开距离	1561	6	1.889	11.333
二层箍筋	8	Φ	170 / 520	2×170+2×520+2×11.9×d		1570	58	0.62	35.969
二层拉筋	8	Φ	170	170+2×11.9×d		360	58	0.142	8.248

h. AZ2 钢筋明细，见表 E. 15-36。

AZ2 钢筋明细（二层）

表 E. 15-36

筋号	直径(mm)	级别	图形	计算公式	公式描述	长度(mm)	根数	单重(kg)	总重(kg)
插筋 1	14	Φ	210 1468	15×14+350−40−2×14+500+1.4×35×14	弯折+筏板厚−保护层−筏板筋直径+露出长度+搭接长度	1678	4	2.03	8.122
插筋 2	14	Φ	210 2360	15×8+350−40−2×14+500+1.4×35×14+0.3×1.4×35×14+1.4×35×14	弯折+筏板厚−保护层−筏板筋直径+露出长度+搭接长度+错开距离+搭接长度	2480	4	3.001	12.003
锚固区箍筋	8	Φ	170 520	2×170+2×520+2×11.9×d		1570	6	0.62	3.721
首层垂直筋	14	Φ	4426	2800+940+1.4×35×14	暗柱高度+基础埋深+搭接长度	4426	8	5.355	42.844
首层箍筋	8	Φ	170 520	2×170+2×520+2×11.9×d		1570	72	0.62	44.651
首层箍筋	8	Φ	170 193	2×170+2×193+2×11.9×d	(520−2×8−14)/3×1+14+2×8	916	72	0.362	26.051
二层垂直筋 1	14	Φ	168 2270	12×14+2800−15−500	弯折+暗柱高度−保护层−露出长度	2453	4	2.968	11.873
二层垂直筋 2	14	Φ	168 1378	12×14+2800−15−500−1.4×35×14−0.3×1.4×35×14	弯折+暗柱高度−保护层−露出长度−搭接长度−错开距离	1561	4	1.889	7.555
二层箍筋	8	Φ	170 520	2×170+2×520+2×11.9×d		1570	58	0.62	35.969
二层箍筋	8	Φ	170 193	2×170+2×193+211.9×d		916	58	0.362	20.986

i. AZ3 钢筋明细，见表 E. 15-37。

AZ3 钢筋明细（二层） **表 E. 15-37**

筋号	直径(mm)	级别	图形	计算公式	公式描述	长度(mm)	根数	单重(kg)	总重(kg)
插筋 1	14	Φ	210 1468	15×14+350−40−2×14+500+1.4×35×14	弯折+筏板厚−保护层−筏板筋直径+露出长度+搭接长度	1678	3	2.03	6.091
插筋 2	14	Φ	210 2360	15×8+350−40−2×14+500+1.4×35×14+0.3×1.4×35×14+1.4×35×14	弯折+筏板厚−保护层−筏板筋直径+露出长度+搭接长度+错开距离+搭接长度	2480	3	3.001	9.002
锚固区箍筋	8	Φ	170 270	2×170+2×270+2×11.9×d		1070	6	0.423	2.536
首层垂直筋	14	Φ	4426	2800+940+1.4×35×14	暗柱高度+基础埋深+搭接长度	4426	6	5.355	32.133
首层箍筋	8	Φ	170 270	2×170+2×270+2×11.9×d		1070	72	0.423	30.431
首层拉筋	8	Φ	170	170+2×11.9×d	(490−2×8−14)/3×1+14	360	72	0.142	10.238
二层垂直筋 1	14	Φ	168 2270	12×14+2800−15−500	弯折+暗柱高度−保护层−露出长度	2453	3	2.968	8.904
二层垂直筋 2	14	Φ	168 1378	12×14+2800−15−500−1.4×35×14−0.3×1.4×35×14	弯折+暗柱高度−保护层−露出长度−搭接长度−错开距离	1561	3	1.889	5.666
二层箍筋	8	Φ	170 270	2×170+2×270+2×11.9×d		1070	58	0.423	24.514
二层拉筋	8	Φ	170	170+2×11.9×d		360	58	0.142	8.248

j. AZ4 钢筋明细，见表 E. 15-38。

AZ4 钢筋明细（二层） 表 E. 15-38

筋号	直径(mm)	级别	图形	计算公式	公式描述	长度(mm)	根数	单重(kg)	总重(kg)
插筋 1	14	Φ	210 1468	15×14+350−40−2×14+500+1.4×35×14	弯折+筏板厚−保护层−筏板筋直径+露出长度+搭接长度	1678	3	2.03	6.091
插筋 2	14	Φ	210 2360	15×8+350−40−2×14+500+1.4×35×14+0.3×1.4×35×14+1.4×35×14	弯折+筏板厚−保护层−筏板筋直径+露出长度+搭接长度+错开距离+搭接长度	2480	3	3.001	9.002
锚固区箍筋	8	Φ	220 270	2×220+2×270+2×11.9×d		1170	6	0.462	2.773
首层垂直筋	14	Φ	4426	2800+940+1.4×35×14	暗柱高度+基础埋深+搭接长度	4426	6	5.355	32.133
首层箍筋	8	Φ	220 270	2×220+2×270+2×11.9×d		1170	72	0.462	33.275
首层拉筋	8	Φ	190	190+2×11.9×d	(490−2×8−14)/3×1+14	382	72	0.151	10.864
二层垂直筋 1	14	Φ	168 2270	12×14+2800−15−500	弯折+暗柱高度−保护层−露出长度	2453	3	2.968	8.904
二层垂直筋 2	14	Φ	168 1378	12×14+2800−15−500−1.4×35×14−0.3×1.4×35×14	弯折+暗柱高度−保护层−露出长度−搭接长度−错开距离	1561	3	1.889	5.666
二层箍筋	8	Φ	170 270	2×170+2×270+2×11.9×d		1070	58	0.423	24.514
二层拉筋	8	Φ	170	170+2×11.9×d		360	58	0.142	8.248

k. LL1 配筋，见表 E. 15-39。

LL1 钢筋明细（二层） **表 E. 15-39**

筋号	直径(mm)	级别	图形	计算公式	公式描述	长度(mm)	根数	单重(kg)	总重(kg)
首层纵筋	20	Ф	4400	3000＋2×35×20	连梁净跨＋锚固	4400	4	10.868	43.472
首层箍筋	10	Ф	154 470	2×154＋2×470＋2×11.9×d	200－2×15－2×8	1486	30	0.917	27.506
首层拉筋	6	Ф	170	170＋2×d＋2×11.9×d		325	16	0.072	1.154
二层纵筋	20	Ф	4400	300＋2×35×20	连梁净跨＋锚固	4400	4	10.868	43.472
二层箍筋	10	Ф	154 470	2×154＋2×470＋2×11.9×d	200－2×15－2×8	1486	38	0.917	34.841
二层拉筋	6	Φ	170	170＋2×d＋2×11.9×d		325	16	0.072	1.154

l. LL2 配筋，见表 E. 15-40。

LL2 钢筋明细（二层） **表 E. 15-40**

筋号	直径(mm)	级别	图形	计算公式	公式描述	长度(mm)	根数	单重(kg)	总重(kg)
首层纵筋	20	Ф	4400	3000＋2×35×20	连梁净跨＋锚固	4400	4	10.868	43.472
首层箍筋	10	Ф	204 470	2×204＋2×470＋2×11.9×d	200－2×15－2×8	1586	30	0.979	29.357
首层拉筋	6	Ф	220	220＋2×11.9×d		363	16	0.081	1.289
二层纵筋	20	Ф	4400	300＋2×35×20	连梁净跨＋锚固	4400	4	10.868	43.472
二层箍筋	10	Ф	154 470	2×154＋2×470＋2×11.9×d	200－2×15－2×8	1486	38	0.917	34.841
二层拉筋	6	Φ	170	170＋2×d＋2×11.9×d		325	16	0.072	1.154

m. LL3 配筋，见表 E. 15-41。

LL3 钢筋明细 **表 E. 15-41**

筋号	直径(mm)	级别	图形	计算公式	公式描述	长度(mm)	根数	单重(kg)	总重(kg)
首层纵筋	20	Φ̲	3200	1800＋2×35×20	连梁净跨＋锚固	3200	4	7.904	31.616
首层箍筋	10	Φ̲	204 470	2×204＋2×470＋2×11.9×d	200－2×15－2×8	1586	18	0.979	17.614
首层拉筋	6	Φ̲	220	220＋2×11.9×d		363	10	0.081	0.806
二层纵筋	20	Φ̲	3200	1800＋2×35×20	连梁净跨＋锚固	3200	4	7.904	31.616
二层箍筋	10	Φ̲	154 470	2×154＋2×470＋2×11.9×d	200－2×15－2×8	1486	26	0.917	23.838
二层拉筋	6	Φ	170	170＋2×d＋2×11.9×d		325	10	0.072	0.722

(10) 楼梯构件钢筋

1) 图例

见图 E. 15-81～图 E. 15-83。

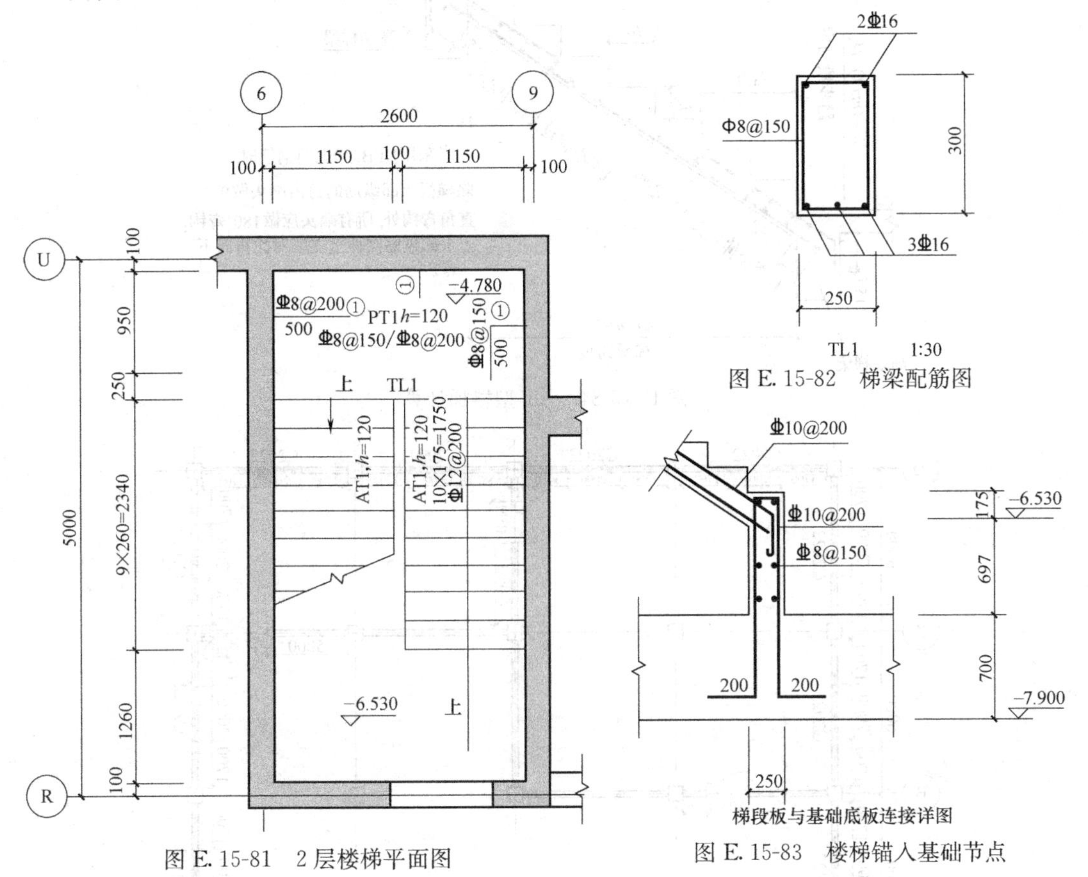

图 E. 15-81 2 层楼梯平面图

图 E. 15-82 梯梁配筋图

图 E. 15-83 楼梯锚入基础节点

图例说明：

① 平台板及梯段板分布筋均为Φ8@250；

② 楼梯钢筋锚固长度为 35d；

③ 梯段板上铁为Φ10@150；

④ 梯板保护层为 15；梯梁保护层为 15；

⑤ U 轴墙体厚度为 300mm，R 轴、6 轴、9 轴墙体厚度为 200mm。

2) 清单工程量

① 砌体填充墙钢筋计算原则

本案例工程所计算楼梯为 AT 型，计算规则参见 11G101-2《混凝土结构施工图平面整体表示方法制图规则和构造详图（现浇混凝土板式楼梯）》（后称“图集 11G101-2”）第 20 页规定，如图 E. 15-84。

② 钢筋计算明细，见表 E. 15-42。

梯板斜长系数为：$k\ \sqrt{260^2+175^2}/260=1.205$

(11) 砌体填充墙构件钢筋

1) 图例

见图 E. 15-85、图 E. 15-86。

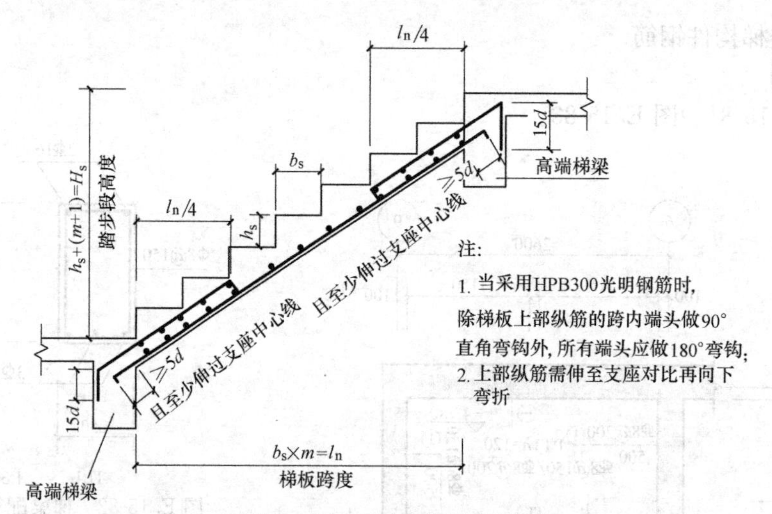

图 E. 15-84 AT 型楼梯计算

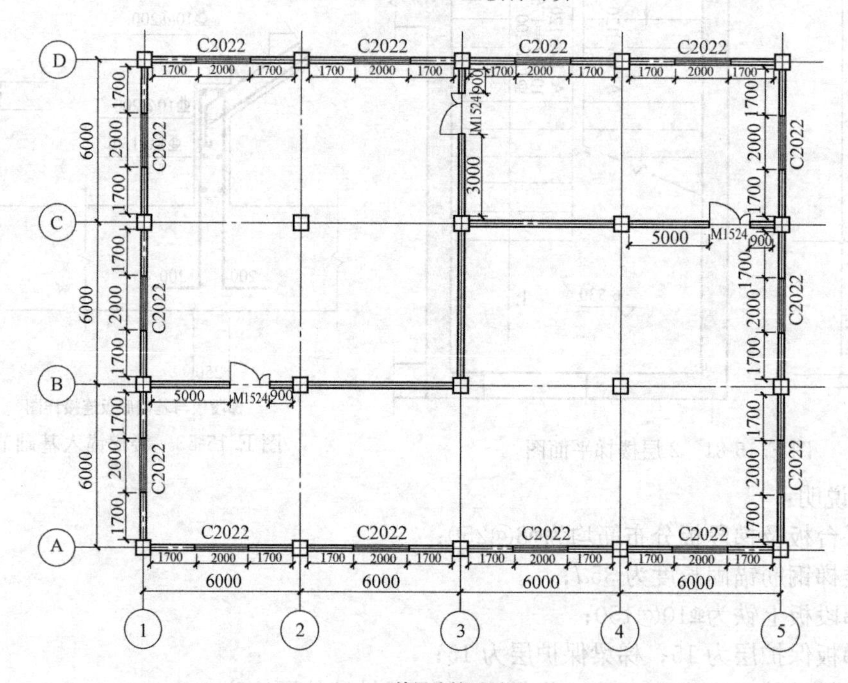

图 E. 15-85 首层建筑平面图

1.本工程使用陶粒空心砌块做隔墙围护，填充墙与框架柱，剪力墙的拉结筋按《砌体填充墙结构构造》06SG614-1采用；

2.填充墙内过梁、圈梁遇混凝土墙、柱时应在墙、柱内设预埋铁件，预埋件参见《砌体填充墙结构构造》06SG614-1

过梁梁宽同墙厚$L\geqslant1800$ 梁高200上铁2Φ10；下铁3Φ14；

$L<1800$ 梁高350上铁2Φ10；下铁3Φ14；

过梁箍筋均为Φ6@200(2)；

3.陶粒混凝土空心砌块隔墙内设构造柱间距≤3.0m，墙端头及转角，洞口两侧处均设构造柱构造柱截面尺寸:宽250，高同墙厚，配筋4Φ12/φ6@250

4.当砌体墙高度超过4m时，在墙中部设置圈梁一道，圈梁截面尺寸 高200，宽同墙厚，配筋4Φ10/φ6@200

5.当砌体墙与框架柱、构造柱处均设置拉结筋，拉结筋Φ6@400mm，伸入墙内700mm

图 E. 15-86 砌体墙说明

楼梯计算明细 **表 E. 15-42**

	筋号	直径(mm)	级别	图形	计算公式	长度(mm)	根数	单重(kg)	总重(kg)
1	梯梁纵筋	16	Φ̶	400 2720 400	2×(35×16−200+40)+2800−2×40	3520	5	5.562	27.808
2	梯梁箍筋	8	Φ	220 270	2×220+2×270+2×11.9×d	1170	17	0.462	7.857
3	基础插筋	10	Φ̶	200 1497 220 1497 200	200+220+200+1497+1497	3614	7	2.23	15.609
4	插筋水平筋	8	Φ̶	20 1200 200	1200+20+200	1420	14	0.561	7.853
5	梯板下铁	12	Φ̶	3121	1.205×(2340+250)	3121	14	2.771	38.8
6	梯板低端上铁	10	Φ̶	90 970 0 150	120−2×15+(2340/4+250−30)×1.205+15×10	1210	14	0.747	10.452
7	梯板高端上铁	10	Φ̶	150 0 970 90	120−2×15+(2340/4+250−30)×1.205+15×10	1210	14	0.747	10.452
8	梯板分布筋	8	Φ	1120	1120+2×6.25×d	1220	40	0.482	19.276
9	PT1 横向筋	8	Φ̶	2600	2400+200/2+200/2	2600	6	1.027	6.162
10	PT1 纵向筋	8	Φ̶	1225	950+250/2+300/2	1225	17	0.484	8.226
11	PT1 负筋	8	Φ̶	110 670 90	500+90+35×8	870	35	0.344	12.028
12	PT1 分布筋	8	Φ	1300	2400−2×500+2×150+12.5×d	1800	6	0.711	4.266

门窗表见表 E. 15-43。

门窗表　　表 E. 15-43

编号	所在楼层号	宽度(mm)	高度(mm)	离地高度(mm)
C2022	1	2000	2200	0
M1524	1	1500	2400	900

图例说明：

① 轴网如图所示，轴距为开间 6000mm、6000mm、6000mm、6000mm、进深 6000mm、6000mm、6000mm；

② 构造柱采取预留钢筋的做法施工，预留钢筋锚入梁或板内长度为 500mm，搭接长度为 600mm，保护层为 15mm，采用绑扎连接；

③ 过梁、圈梁锚固长度为 $35d$，搭接长度为 $48d$，保护层为 15mm；

④ 砌体墙厚度 190mm，沿轴线居中布置；

⑤ 圈梁、构造柱端部预埋铁件，后期施工圈梁、构造柱时，圈梁、构造柱端部弯折 $10d$ 并与钢板焊接；拉结钢筋遇柱时先预留铁件，后期施工时拉结钢筋与铁件焊接；铁件做法参见《砌体填充墙结构构造》06SG614-1 第 7 页做法。

2）清单工程量

① 砌体填充墙钢筋计算原则

a. 填充墙拉结筋、圈梁、过梁与框架柱的预埋铁件做法参见《砌体填充墙结构构造》06SG614-1 第 7 页做法，如图 E. 15-87～图 E. 15-91。

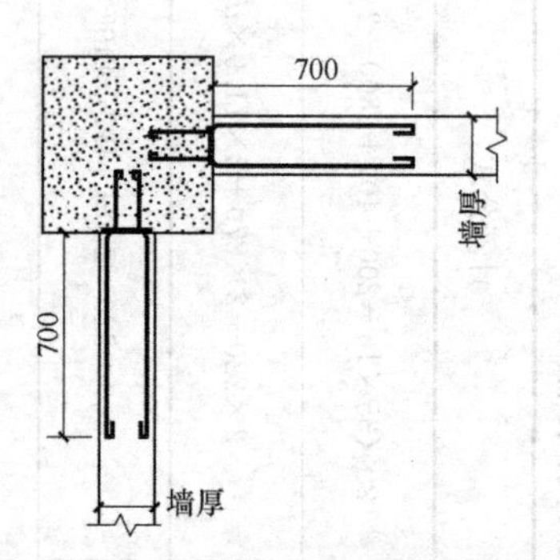

图 E. 15-87　框架柱拉结筋连接做法（一）

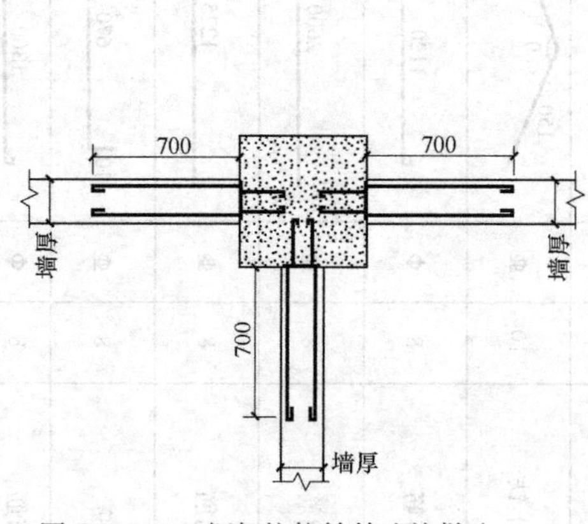

图 E. 15-88　框架柱拉结筋连接做法（二）

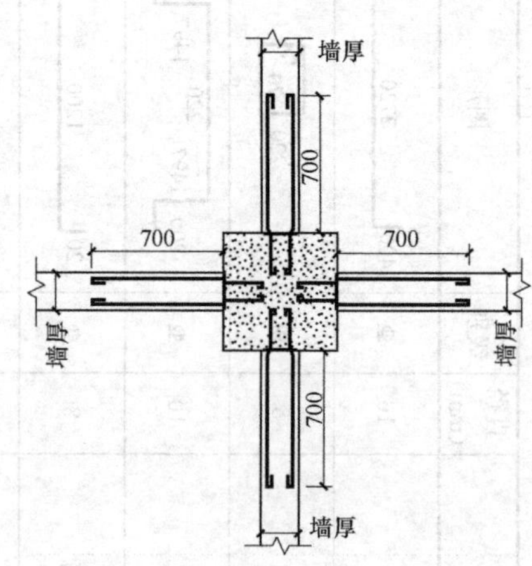

图 E. 15-89　框架柱拉结筋连接做法（三）

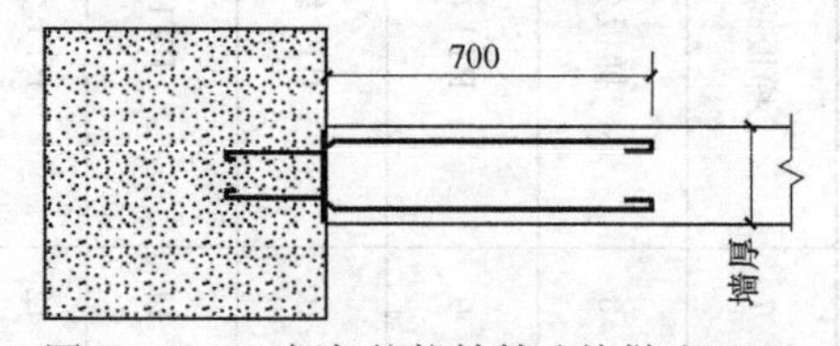

图 E. 15-90　框架柱拉结筋连接做法（四）

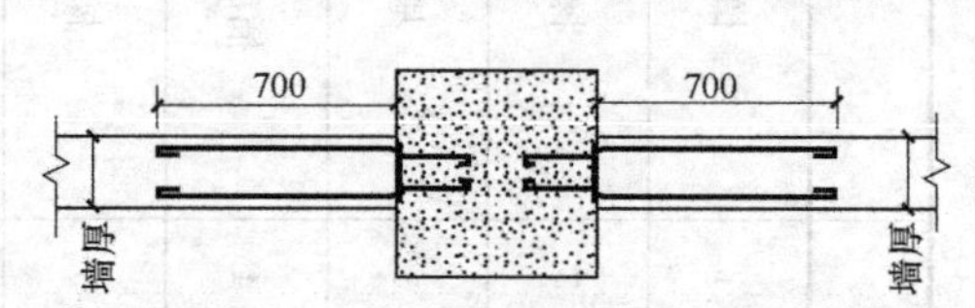

图 E. 15-91　框架柱拉结筋连接做法（五）

b. 填充墙拉结筋与构造柱连接做法参见《砌体填充墙结构构造》06SG614-1 第 24 页做法，如图 E. 15-92～图 E. 15-96。

c. 构造柱钢筋锚固做法参见《砌体填充墙结构构造》06SG614-1 第 25 页做法，如图 E. 15-97。

d. 构造柱箍筋布置参见《砌体填充墙结构构造》06SG614-1 第 25 页做法，如图 E. 15-98。

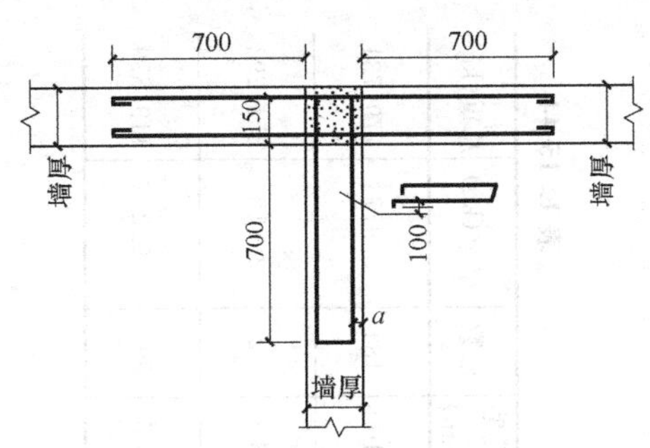

图 E. 15-92　构造柱拉结筋连接做法（一）

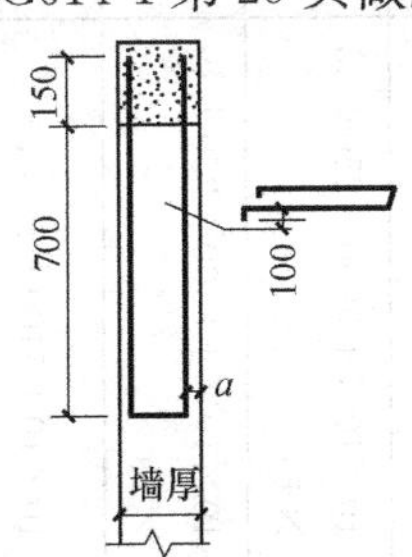

图 E. 15-93　构造柱拉结筋连接做法（二）

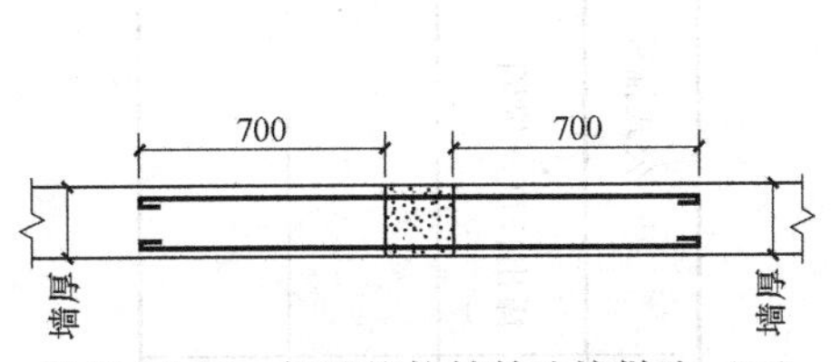

图 E. 15-94　构造柱拉结筋连接做法（三）

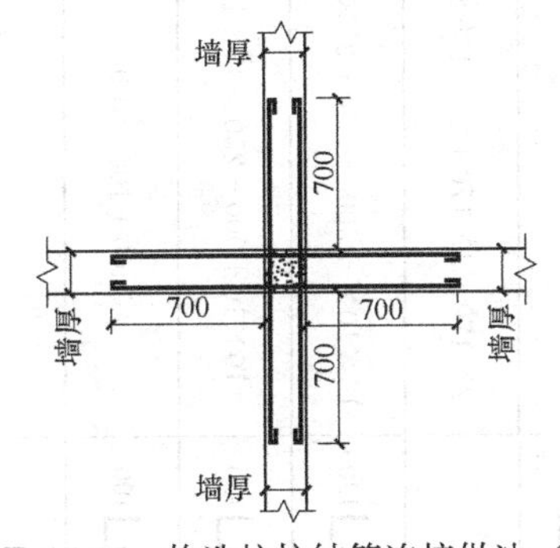

图 E. 15-95　构造柱拉结筋连接做法（四）

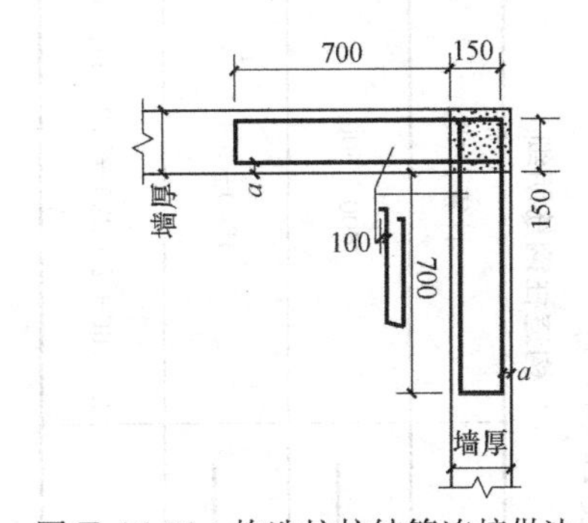

图 E. 15-96　构造柱拉结筋连接做法（五）

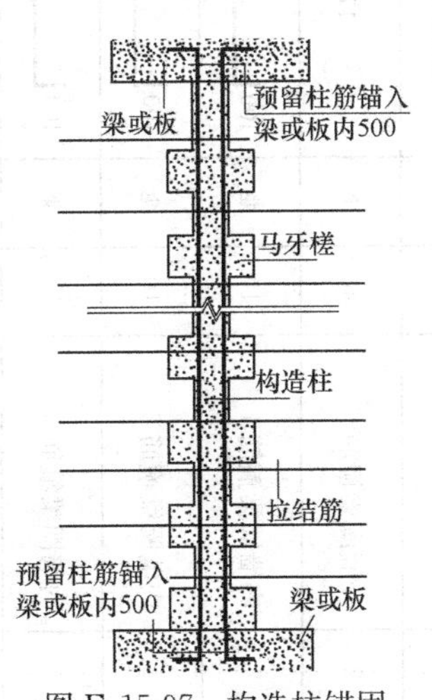

图 E. 15-97　构造柱锚固

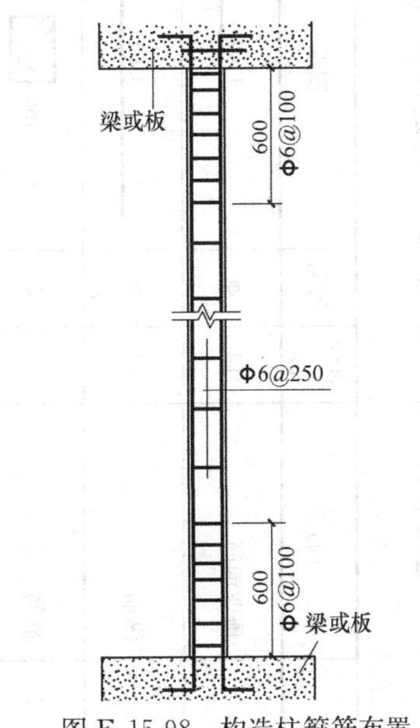

图 E. 15-98　构造柱箍筋布置

② 钢筋工程量计算明细

a. 构造柱钢筋计算明细（共 23 个构造柱），见表 E. 15-44。

构造柱钢筋明细 **表 E. 15-44**

	筋号	直径(mm)	级别	图形	计算公式	公式描述	长度(mm)	根数	单重(kg)	总重(kg)
1	预埋钢筋	12	Φ̲	1100	600＋500	露出长度＋锚固	1100	184	0.977	179.731
2	纵筋	12	Φ̲	4300	4800－500		4300	92	3.818	351.293
3	箍筋	6	Φ	160 220	2×160＋2×220＋×2×11.9×d		903	598	0.2	119.879

b. 圈梁钢筋计算明细，见表 E. 15-45。

圈梁钢筋明细 **表 E. 15-45**

	筋号	直径(mm)	级别	图形	计算公式	公式描述	长度(mm)	根数	单重(kg)	总重(kg)
1	外墙圈梁纵	10	Φ̲	100 1670 130	10×10＋1700－250＋35×10	焊接弯折＋圈梁长－构造柱截面＋锚固	1900	112	1.172	131.298
2	外墙圈梁箍筋	6	Φ	170 170	2×170＋2×170＋2×11.9×d		823	224	0.183	40.926
3	内墙圈梁箍筋 1	10	Φ̲	100 2970 130	10×10×＋3000－250＋35×10	10×10×＋3000－250＋35×10	3200	12	1.974	23.693
4	内墙圈梁箍筋 2	10	Φ̲	100 870 130	10×10＋900－250＋35×10	10×10×＋3000－250＋35×10	1100	12	0.679	8.144
5	内墙圈梁箍筋 3	10	Φ̲	100 5400 100	5400＋100＋100	10×10＋5400＋10×10	5600	12	3.455	41.462
6	内墙圈梁箍筋	6	Φ̲	170 170	2×170＋2×170＋2×11.9×d	15×3＋4×3＋28×3	823	141	0.183	25.762

c. 砌体加筋计算明细，见表 E. 15-46。

砌体钢筋明细 **表 E. 15-46**

	筋号	直径(mm)	级别	图形	计算公式	公式描述	长度(mm)	根数	单重(kg)	总重(kg)
1	外墙框架柱砌体加筋	6	Φ	160 700	2×700+160+2×6.25×d		1635	224	0.363	81.305
2	外墙构造柱砌体加筋	8	Φ	160 850 100	2×850+160+2×100		2060	224	0.814	182.269
3	内墙框架柱砌体加筋 1	8	Φ	160 700	2×700+160+2×6.25×d		1660	72	0.656	47.21
4	内墙框架柱砌体加筋 2	8	Φ	160 800 100	2×800+160+2×100		1960	24	0.774	18.581
5	内墙框架柱砌体加筋	8	Φ	160 850 100	2×800+160+2×100		2060	24	0.814	19.529

d. 过梁钢筋计算明细，见表 E. 15-47。

过梁钢筋明细 **表 E. 15-47**

	筋号	直径(mm)	级别	图形	计算公式	公式描述	长度(mm)	根数	单重(kg)	总重(kg)
1	C2022 过梁筋	10	Φ	2700	200+2×35×10		2700	2	1.666	3.332
2	C2022 过梁筋	14	Φ	2980	200+2×35×14		2980	3	3.606	10.817
3	C2022 箍筋	6	Φ	170 320	2×170+2×320+2×11.9×d		1123	11	0.249	2.742
4	M1524 过梁筋	10	Φ	2200	1500+2×35×10		2200	2	1.357	2.715
5	M1524 过梁筋	14	Φ	2480	1500+2×35×14		2480	3	3.001	9.002
6	M1524 箍筋	6	Φ	170 170	2×170+2×170+8×d+2×11.9×d		871	8	0.193	1.547

3）工程量清单项目组价

① 定额工程量计算规则

现浇构件钢筋按设计图示钢筋（网）长度（面积）乘以单位理论质量计算。

现浇构件中伸出构件的锚固钢筋应并入钢筋工程量内。

② 定额工程量

定额工程量图解与计算方法同清单工程量图解与计算方法。

（二）010515002 预制构件钢筋

1. 工程量计算规则

按设计图示钢筋（网）长度（面积）乘以单位理论重量计算。

说明：预制构件指在施工现场实施安装前已制作完成的装配式混凝土构件，一般常见的有预制混凝土楼盖板、桥梁用混凝土箱梁、工业厂房用预制混凝土屋架梁、涵洞框构、地基处理用预制混凝土桩等。如图 E. 15-99 所示预制叠合板。

图 E. 15-99 预制叠合板图

2. 工程量清单计算规则图解

（1）图例

见图 E. 15-100、图 E. 15-101。

图例说明：预制板编号为 YRB28. 18. 2，在楼层中共 79 块，①为预制板横向受力筋Φ8@200，②为预制板纵向受力筋Φ8@200，④a 为桁架上弦筋 1Φ8，④b 为桁架下弦筋 2Φ8，④c 为桁架格构筋 2Φ6。

（2）清单工程量

1）工程量计算明细，见表 E. 15-48。

2）工程量清单，见表 E. 15-49。

3. 工程量清单项目组价

（1）定额工程量计算规则

1）钢筋工程，应区别现浇、预制构件、不同钢种和规格，分别按设计长度乘以单位重量，以吨计算；

2）计算钢筋工程量时，设计已规定钢筋搭接长度的，按规则搭接长度计算；设计未规定搭接长度的，已包括在钢筋的损耗率之内，不另计算搭接长度。钢筋电渣压力焊接、套筒挤压等接头，以个计算。

（2）定额的工程量

定额的工程量图解及计算方法同清单工程量图解及计算方法。

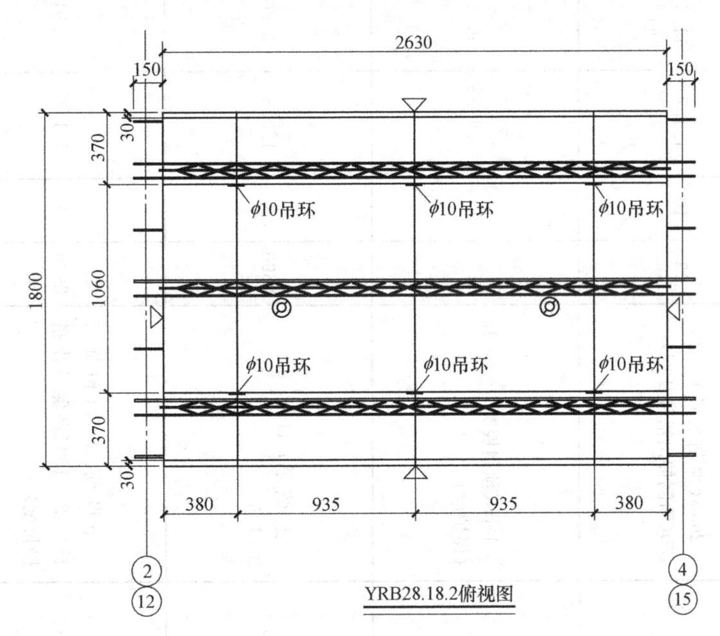

图 E. 15-100　预制叠合板施工图（一）

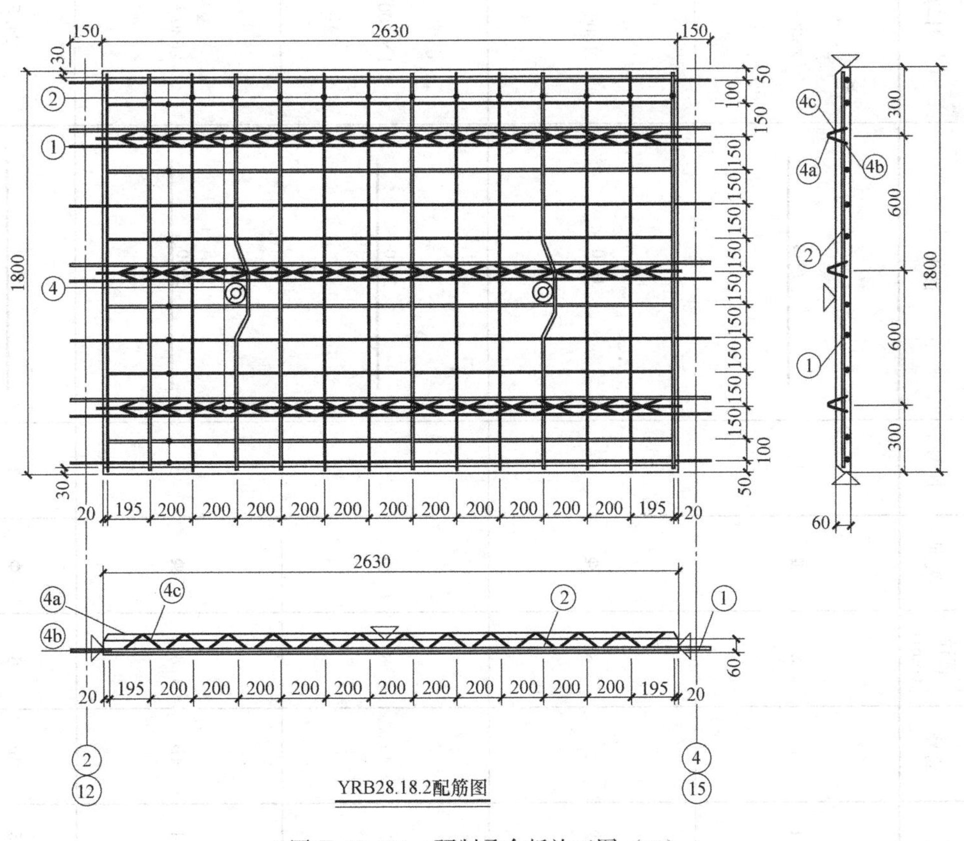

图 E. 15-101　预制叠合板施工图（二）

预制叠合板钢筋明细 表 E. 15-48

	筋号	直径 (mm)	级别	图号	图形	计算公式	公式描述	长度 (mm)	根数	单重(kg)	总重(kg)
1	1	8	Φ	1	2930	2630+2×150	2630(预制板长)+2×150(两侧伸出搭接长度)	2930	10	1.157	11.574
2	2	8	Φ	1	1770	1800−2×15	1800(预制板宽)−2×15(保护层)	1170	14	0.699	9.788
3	4a	8	Φ	1	2590	11×200+2×195	上弦筋：11×200+2×195	2590	3	1.023	3.069
4	4b	8	Φ	1	2930	2630+2×150	下弦筋：2630(预制板长)+2×150(两侧伸出搭接长度)	2930	6	1.157	6.944
5	4c	6	Φ	1	3100	24.5×130	格构筋，算出每个斜长，算出斜长数量	3185	2	0.707	1.414

工程量清单表　　表 E. 15-49

清单编码	项目名称	项目特征	计量单位	工程量
10515002001	预制构件钢筋	Φ8	t	1.13
10515002002	预制构件钢筋	Φ6	t	0.84

(三) 010515003 钢筋网片

1. 工程量清单计算规则

按设计图示钢筋（网）长度（面积）乘以单位理论质量计算。

说明：钢筋网又称焊接钢筋网、钢筋焊接网、钢筋焊网、钢筋焊接网片、钢筋网片等，是纵向钢筋和横向钢筋分别以一定的间距排列且互成直角、全部交叉点均焊接在一起的网片。

钢筋网理论重量（kg）＝钢筋网所用钢筋长度（m）×直径（mm）×丝径（mm）×0.00617（Φ10 钢筋 0.617kg/m）。

2. 工程量清单计算规则图解

（1）图例

见图 E. 15-102、图 E. 15-103。

图 E. 15-102　钢筋网片实例图

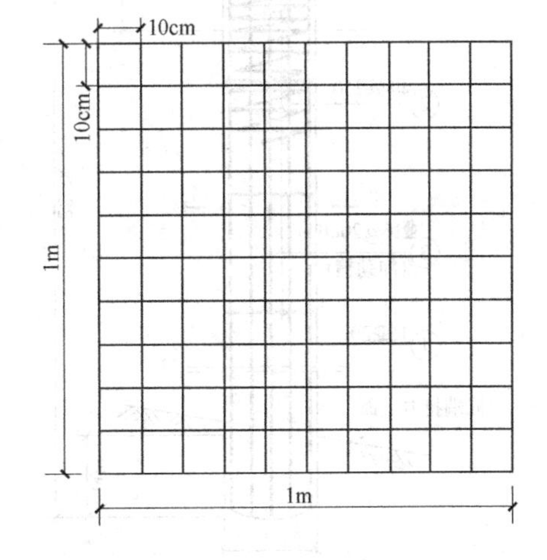

图 E. 15-103　钢筋网片计算示意图

图例说明：钢筋直径为 8mm，钢筋网片尺寸为 1m×1m，网格间距为 10cm×10cm。

（2）清单工程量

见表 E. 15-50。

清单工程量汇总　　表 E. 15-50

钢筋种类	长度(m)	根数	重量(kg)	总重(kg)
水平钢筋	1	1/0.1+1=11	1×11×0.3945856=4.34	4.34+4.34=8.68
垂直钢筋	1	1/0.1+1=11	1×11×0.3945856=4.34	

3. 工程量清单项目组价

（1）定额工程量计算规则

钢筋网片按设计图示钢筋（网）长度（面积）乘以单位理论质量计算。

(2) 定额的工程量

定额的工程量图解及计算方法同清单工程量图解及计算方法。

(四) 010515004 钢筋笼

1. 工程量清单计算规则

按设计图示钢筋（网）长度（面积）乘以单位理论质量计算。

说明：工程中一般将基础桩的钢筋划归到钢筋笼分项中。

2. 工程量清单计算规则图解

(1) 图例

见图E.15-104、图E.15-105。

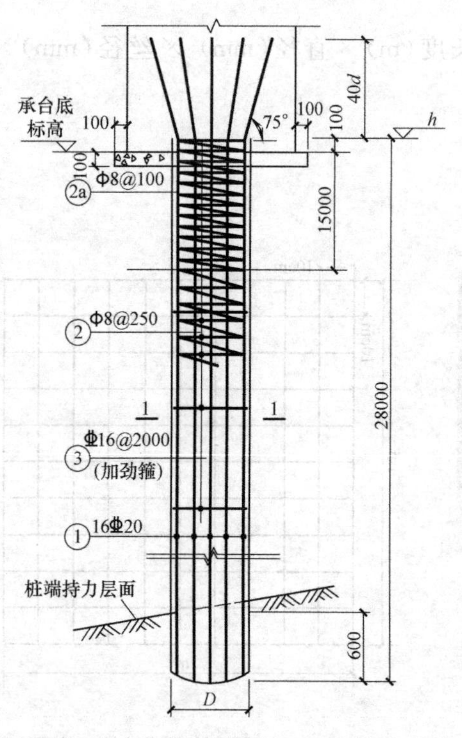

图E.15-104　钢筋笼（桩）立面示意图

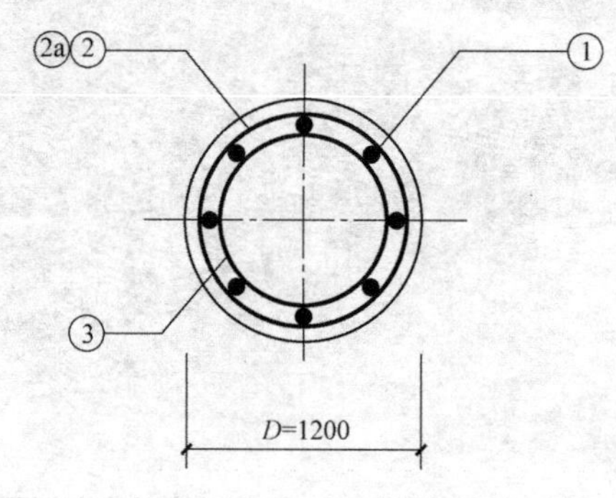

图E.15-105　1—1剖面

图例说明：桩名称编号为ZJ-1，基础共有289个桩；桩直径为1200mm，保护层为40mm，桩长28000mm。①为桩受力筋16Φ20；②、②a为桩身箍筋，其中桩身箍筋加密区1500mm＋100mm（桩顶伸入承台内的高度）＝1600mm，③为桩内部的加劲箍筋，按间距2000mm布置。计算钢筋笼工程量。

(2) 清单工程量

1）钢筋工程量明细，见表E.15-51。

2）工程量清单，见表E.15-52。

3. 工程量清单项目组价

(1) 定额工程量计算规则

钢筋笼按设计图示钢筋（网）长度（面积）乘以单位理论质量计算。

钢筋笼钢筋明细

表 E. 15-51

	筋号	直径(mm)	级别	图号	图形	计算公式	公式描述	长度(mm)	根数	单重(kg)	总重(kg)
1	1	20	Φ	1	28700	28000+40×d	桩长(28000)+伸入承台的锚固(40×d)	28800	16	71.136	1138.176
2	2	8	Φ	8	L; D_1; N_1; 钢筋分n段	SQRT(SQR(π×(1200−2×40+2×8))+SQR(100))×round(1600/100)+SQRT(SQR(π×(1200−2×40+2×8))+SQR(250))×round((28000−1600)/250)+3×(π×(1200−2×40+2×8))+2×10×8	加密区螺旋长度+非加密螺旋长度+两端各一圈半的平直端长度+2端弯钩长度	447216	1	185.631	185.631
3	3	16	Φ	358	1064; 300	π×(1064+2×d)+300+2×d	加劲箍筋放置在桩内部，搭接长度300mm	3775	15	5.965	89.468

工程量清单汇总 表 E.15-52

清单编码	项目名称	计量单位	工程量
010515004001	钢筋笼	t	328.932
010515004002	钢筋笼	t	25.856
010515004003	钢筋笼	t	53.647

(2) 定额工程量

定额的工程量图解及计算方法同清单工程量图解及计算方法。

(五) 010515005 先张法预应力钢筋

1. 工程量清单计算规则

按设计图示钢筋长度乘以理论质量计算。

2. 工程量清单计算规则图解

清单工程量图解及计算方法同本节（一）010515001 现浇构件钢筋部分图解及计算方法。

3. 工程量清单项目组价

(1) 定额工程量计算规则

先张法预应力钢筋，按构件外形尺寸计算长度，后张法预应力钢筋按设计图规定的预应力钢筋预留孔道长度，并区别不同的锚具类型，分别按下列规定计算：

1) 低合金钢筋两端采用螺杆锚具时，预应力的钢筋按预留孔道长度减 0.35m，螺杆另行计算；

2) 低合金钢筋一端采用镦头插片，另一端螺杆锚具时，预应力钢筋长度按预留孔道长度计算，螺杆另行计算；

3) 低合金钢筋一端采用镦头插片，另一端采用帮条锚具时，预应力钢筋增加 0.15m，两端均采用帮条锚具时预应力钢筋共增加 0.3m 计算；

4) 低合金钢筋采用后张混凝土自锚时，预应力钢筋长度增加 0.35m 计算；

5) 低合金钢筋或钢绞线采用 JM、XM、QM 型锚具，孔道长度在 20m 以内时，预应力钢筋长度增加 1m，孔道长度 20m 以上时预应力钢筋长度增加 1.8m 计算；

6) 碳素钢丝采用锥形锚具，孔道长在 20m 以内时，预应力钢筋长度增加 1m，孔道长在 20m 以上时，预应力钢筋长度增加 1.8m；

7) 碳素钢丝两端采用镦粗头时，预应力钢丝长度增加 0.35m 计算。

(2) 定额工程量

定额的工程量图解及计算方法同现浇构件钢筋图解及计算方法。

(六) 010515006 后张法预应力钢筋

1. 工程量清单计算规则

按设计图示钢筋（丝束、绞线）长度乘单位理论质量计算：

(1) 低合金钢筋两端采用螺杆锚具时，钢筋长度按孔道长度减 0.35m 计算，螺杆另行计算；

(2) 低合金钢筋一端采用镦头插片，另一端螺杆锚具时，钢筋长度按预留孔道长度计算，螺杆另行计算；

(3) 低合金钢筋一端采用镦头插片，另一端采用帮条锚具时，钢筋增加 0.15m 计算，两端均采用帮条锚具时，钢筋长度按孔道长度增加 0.3m 计算；

(4) 低合金钢筋采用后张混凝土自锚时，钢筋长度按孔道长度增加 0.35m 计算；

(5) 低合金钢筋（钢绞线）采用 JM、XM、QM 型锚具，孔道长度在 20m 以内时，钢筋长度增加 1m 计算，孔道长度 20m 以上时，钢筋长度增加 1.8m 计算；

(6) 碳素钢丝采用锥形锚具，孔道长度在 20m 以内时，钢筋长度增加 1m 计算，孔道长度在 20m 以上时，钢筋长度增加 1.8m 计算；

(7) 碳素钢丝采用镦头锚具时，钢丝束长度按孔道长度增加 0.35m 计算。

2. 工程量清单计算规则图解

清单工程量图解及计算方法同本节（一）010515001 现浇构件钢筋部分图解及计算方法。

3. 工程量清单项目组价

(1) 定额工程量计算规则

同清单计算规则。

(2) 定额工程量

定额的工程量图解及计算方法同本节（一）010515001 现浇构件钢筋图解及计算方法。

(七) 010515007 预应力钢丝

1. 工程量清单计算规则

同本节（六）010515006 后张法预应力钢筋部分。

2. 工程量清单计算规则图解

清单工程量图解及计算方法同本节（一）010515001 现浇构件钢筋部分 2.（1）筏板基础钢筋的图解及计算方法。

3. 工程量清单项目组价

(1) 定额工程量计算规则

预应力钢丝束按设计图示长度乘以单位理论质量计算。

(2) 定额的工程量

定额的工程量图解及计算方法同本节（一）010515001 现浇构件钢筋部分图解及计算方法。

(八) 010515008 预应力钢绞线

1. 工程量清单计算规则

计算规则同本节（六）010515006 后张法预应力钢筋部分。

2. 工程量清单计算规则图解

(1) 图例

见图 E.15-106～图 E.15-108。

(2) 清单工程量

见表 E.15-53。

3. 工程量清单项目组价

(1) 定额工程量计算规则

预应力钢绞线按设计图示长度乘以单位理论质量计算。

说明：

1. 预应力混凝土梁采用 C40 混凝土，普通钢筋采用 HRB335 钢，预应力钢筋采用 $1\times7\phi15.2$ 钢绞线，强度标准值 $f_{ptk}=1860\text{MPa}$，强度设计值 $f_{py}=1260\text{MPa}$。
2. 张拉控制应力为 $0.70f_{ptk}=1302\text{MPa}$。预应力钢筋均采用一端张拉。
3. 预应力梁应在混凝土达到设计强度后方可进行张拉，张拉前不得拆除梁底支撑。
4. 锚具的制作应符合《混凝土结构工程施工质量验收规范》GB 50204—2015 及《预应力筋用锚具、夹具和连接器应用技术规程》JGJ 85—2010 的规定。端部承压板、局压网片应满足局部承压和张拉设备的要求。
5. 预应力放置于预埋波纹管中，张拉完毕后用 M40 微膨胀水泥浆压力灌浆。
6. 预应力大梁在支模板时应按规定起拱 0.2%。
7. 预应力部分的施工应由具有相应预应力设计施工资质的单位承担，并应预先提出预应力施工及调整的详细方案，经设计同意后方可进行预应力大梁的施工。
8. 普通钢筋的配置详见各预应力梁所在各层梁配筋图。
9. 设计单根钢绞线长度＝孔道长度＋工艺操作长度，孔道长度＝直线长度＋曲线增量。其中，直线长度为每段预应力筋一侧的张拉端外边至另一侧的张拉端外边（或固定端外边）的直线距离；梁内预应力孔道的曲线增量按每跨增加一倍的梁高累加计算；工艺操作长度为：孔道长度在 20m 以内时另外增加 1m，孔道长度在 20m 以上时另外增加 1.8m。
10. 为保证工程质量，有粘结筋波纹管应采用镀锌及嵌波纹管。
11. 在布筋施工过程中，应严格防止预应力波纹管破损，如发现破损应及时用粘胶带缠裹密实。同时波纹管的接头处也应用粘胶带缠裹密实以防漏浆

图 E.15-106　预应力钢筋施工说明

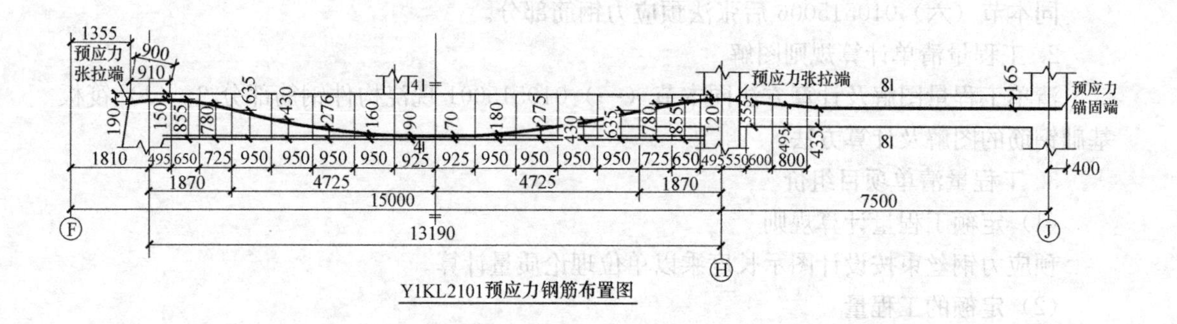

图 E.15-107　预应力梁钢筋布置图

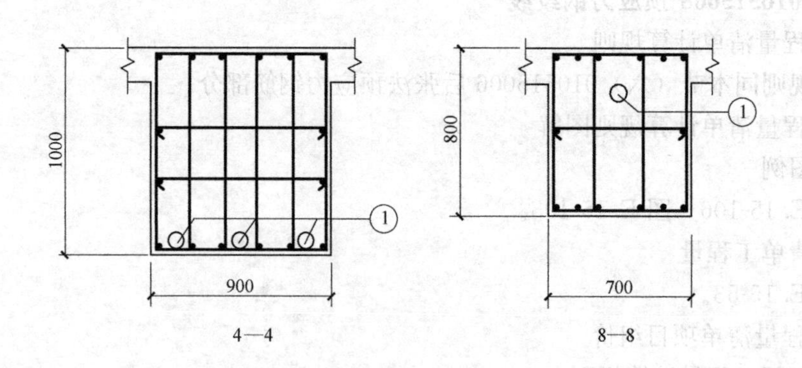

图 E.15-108　预应力梁钢筋详图

预应力钢筋明细 表 E. 15-53

	筋号	直径(mm)	级别	图号	图形	计算公式	公式描述	长度(mm)	根数	单重(kg)	总重(kg)
1	1	1×7-15.2	Φ^s	1	16045	13190+910/2+400+1000+1000	梁跨长度+支座宽+支座宽+梁跨高度+工艺长度	16045	2	17.666	35.331
2	2	1×7-15.2	Φ^s	1	24345	13190+910/2++7500+400+1000+1800	梁跨长度+支座宽+梁跨长度+支座宽+梁跨高度+工艺长度	24345	1	26.804	26.804

(2) 定额的工程量

定额工程量图解及计算方法同清单工程量图解及计算方法。

(九) 010515009 支撑钢筋(铁马)

1. 工程量清单计算规则

按钢筋长度乘单位理论质量计算。

注：a. 支撑筋(铁马)主要指在钢筋工程施工过程中，为了保证钢筋工程的质量符合设计及规范的要求，需要采取一些施工方法，如在基础、板中增加马凳筋，剪力墙中增加梯子筋、柱构件中增加定位框。如图 E. 15-109。

b. 现浇构件中固定位置的支撑钢筋、双层钢筋用的“铁马”在编制工程量清单时，其工程数量可为暂估量，结算时按现场签证数量计算。

2. 工程量清单计算规则图解

(1) 图例

见图 E. 15-109。

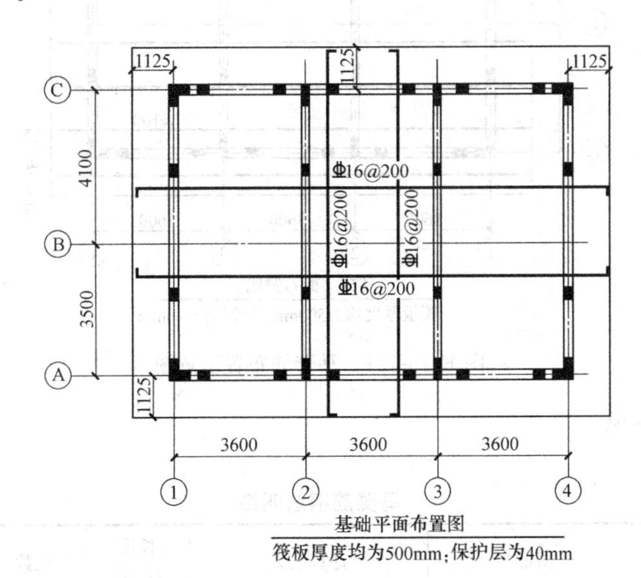

图 E. 15-109 筏板基础布置平面图

图例说明：

1) 轴网如图 E. 15-109 所示，轴距为开间 3600mm、3600mm、3600mm，进深

3500mm、4100mm；

2）筏板厚度为500mm，保护层为40mm；

3）该基础为筏板基础，厚度较厚，且筏板配筋较大，为了保证筏板钢筋的高度及钢筋网的稳定性，且施工时马凳筋大多采用加工成品后的剩余料头或余料进行加工，根据施工方案，确定马凳筋直径采用$\phi16$的进行加工；横筋长度采用小于1500mm的料头进行加工，三角低筋需要搁置在底层底板钢筋之上，因此必须大于底层钢筋的间距，在此减去250mm即可，三角形角度采用70°进行加工；马凳筋高度需要扣除筏板上下保护层厚度，扣除筏板上层钢筋网、筏板底层钢筋直径；因此采用如图E.15-110所示马凳筋进行支撑。

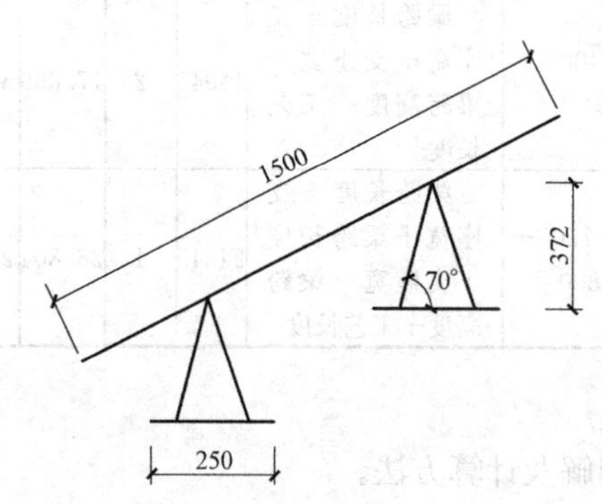

图E.15-110　马凳筋示意图

马凳筋布置说明：马凳筋平行于X方向，受力筋按照间距1200mm布置，第一排马凳筋距筏板边缘600mm开始放置，两根马凳筋之间搭接100mm；因此该案例中每排需要放置9个马凳筋，共放置9排，布置如图E.15-111。

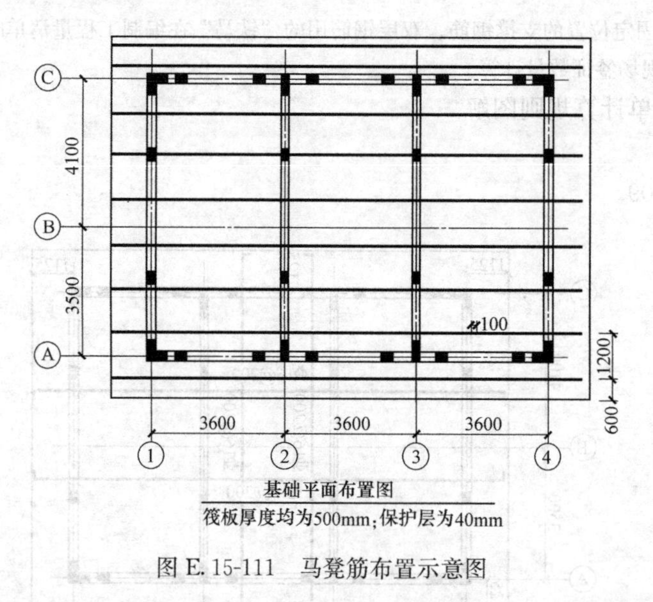

图E.15-111　马凳筋布置示意图

（2）清单工程量

见表E.15-54。

马凳筋钢筋明细　　表E.15-54

筋号	直径(mm)	级别	图形	计算公式	长度(mm)	根数	单重(kg)	总重(kg)
马凳筋	16	Φ	1500 / 385 / 250	1500+2×250+4×385	3540	81	5.593	453.049

3. 工程量清单项目组价

(1) 定额工程量计算规则

支撑钢筋（铁马）按钢筋长度乘以单位理论质量计算。

(2) 定额的工程量

定额工程量图解及计算方法同清单工程量图解及计算方法。

(十) 010515010 声测管

1. 工程量清单计算规则

按设计图示尺寸以质量计算。

说明：声测管是灌注桩进行超声检测法时探头进入桩身内部的通道。它是灌注桩超声检测系统的重要组成部分，它在桩内的预埋方式及其在桩的横截面上的布置形式，将直接影响检测结果。因此，需检测的桩应在设计时将声测管的布置和埋置方式标入图纸，在施工时应严格控制埋置的质量，以确保检测工作顺利进行。

图 E. 15-112　声测管示意图

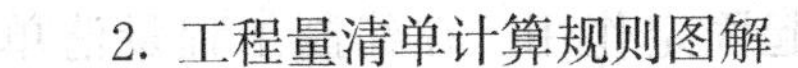

2. 工程量清单计算规则图解

(1) 图例

见图 E.15-112、图 E. 15-113。

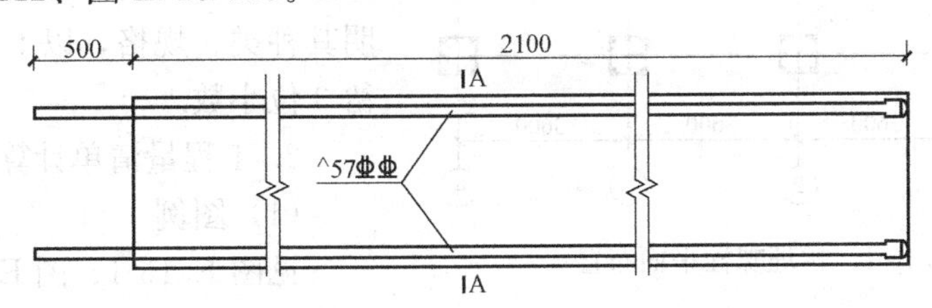

附注：

1. 本图尺寸均以毫米为单位；
2. 抗滑桩声测管于每根桩内预埋4根声波检测管（镀锌焊接钢管），内径ϕ57mm，壁厚3.75mm，以做桩身检测之用；
3. 施工时注意，声测管接头及底部密封好，上端露出桩顶10cm，顶部用木塞封闭，防止砂浆、杂物堵塞管道；
4. 检测管接头也可采用焊接方法；
5. 声测管每延米重量为5.033kg

图 E. 15-113　声测管设计图

(2) 清单工程量

声测管重量＝4×(500＋2100)/1000×5.033＝52.3kg

3. 工程量清单项目组价

(1) 定额工程量计算规则

定额工程量计算规则同清单工程量计算规则。

(2) 定额的工程量

定额工程量图解及计算方法同清单工程量图解及计算方法。

E. 16 螺栓、铁件

一、项目的划分及说明

项目划分为预埋螺栓、预埋铁件、机械连接。

注：在编制工程量清单时，如果设计未明确，其工程数量可为暂估量，实际工程量按现场签证数量计算。

二、工程量计算与组价

（一）010516001 螺栓

1. 工程量清单计算规则

按设计图示尺寸乘以质量计算。

说明：螺栓是在设备安装中用来固定设备而提前在设备基础上把螺栓预埋在混凝土中，后期在设备安装或管道安装时起固定作用。在编制工程量清单时，应将当前工程中所有相同规格的螺栓进行汇总，同时在项目特征描述中注明其种类、规格，以 t 为单位计算，保留 3 位小数。

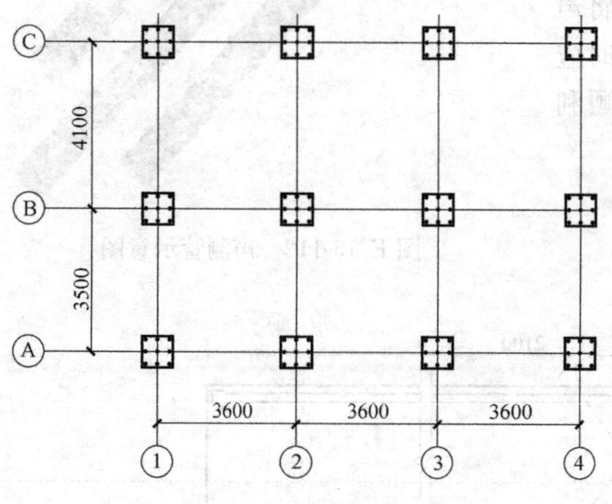

图 E. 16-1 预埋螺栓平面布置

2. 工程量清单计算规则图解

（1）图例

见图 E. 16-1、图 E. 16-2。

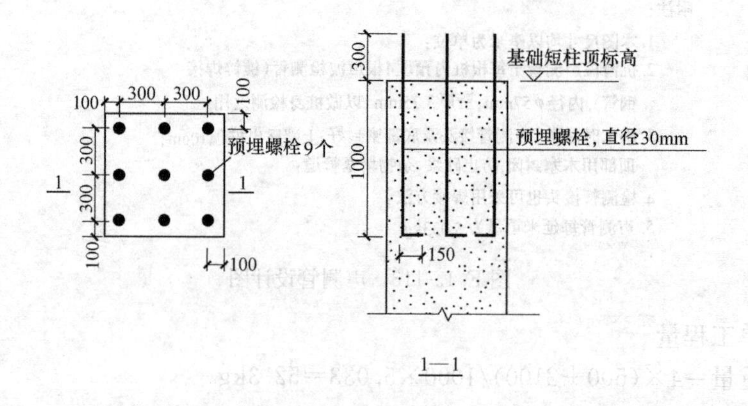

图 E. 16-2 预埋螺栓详图

图例说明：如图所示，开间轴距为 3600mm、3600mm、3600mm；进深轴距为 3500mmm、4100mm；基础短柱截面为 800mm×800mm，设计要求在每个短柱柱顶预埋地脚螺栓；每个基础短柱预埋 9 个螺栓，螺栓规格为Φ30，露出基础短柱长度为 300mm，锚入基础短柱内 1000mm，锚固端端部弯折 150mm；如详图所示。

(2) 清单工程量

见表 E.16-1。

预埋螺栓工程量明细　　表 E.16-1

分类	规格(mm)	尺寸(mm)	数量	重量(kg)
螺栓	30	1450	108	869.6

3. 工程量清单项目组价

(1) 定额工程量计算规则

定额工程量计算规则同清单工程量计算规则。

(2) 定额的工程量

定额工程量图解及计算方法同清单工程量图解及计算方法。

(二) 010516002 预埋铁件

1. 工程量清单计算规则

按设计图示尺寸乘以质量计算。

说明：预埋铁件指预先埋入的钢铁结构件，一般仅指埋入混凝土结构中者，也称为“预埋件”。预埋铁件一部分埋入混凝土中起到锚固定位作用，露出来的剩余部分用来连接混凝土的附属结构，如幕墙、钢结构支架等。在编制工程量清单时，应将当前工程中所有同规格的预埋铁件进行汇总，同时在项目特征描述中注明其钢材种类、规格、铁件尺寸，以 t 为单位计算，保留 3 位小数。

2. 工程量清单计算规则图解

(1) 图例

见图 E.16-3、图 E.16-4。

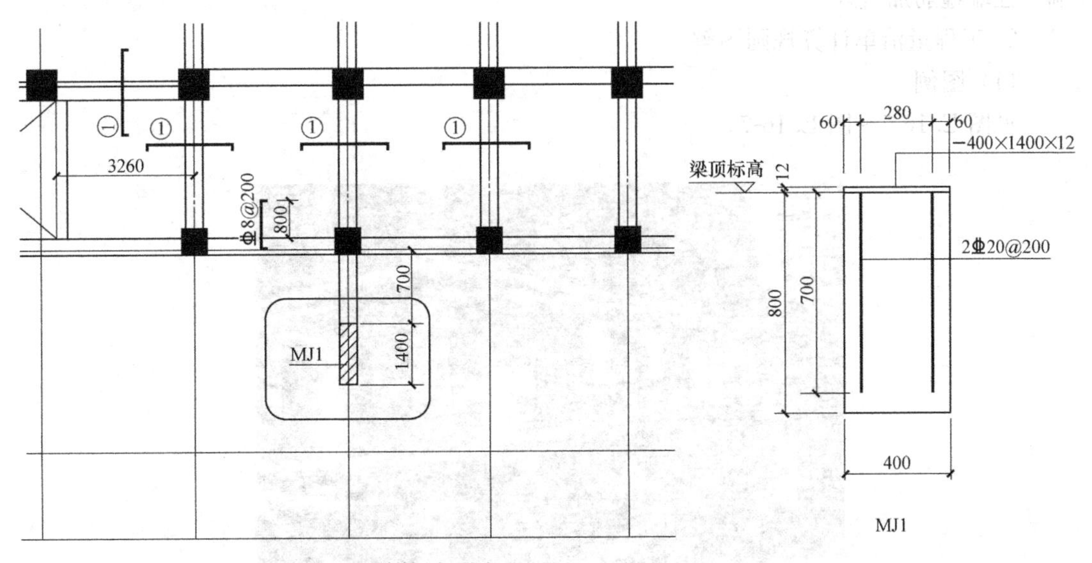

图 E.16-3　预埋铁件平面图　　图 E.16-4　预埋铁件详图

图例说明：

如图所示，设计要求在悬挑梁端部放置一个预埋铁件，预埋铁件钢板宽度为 400mm，钢板长度为 1400mm，钢板厚度为 12mm；预埋铁件锚筋为Φ20@200，共布置两排，锚筋长度为 700 并锚入梁内；如详图所示。

(2) 清单工程量

见表 E. 16-2。

预埋铁件工程量明细　　　　表 E. 16-2

分类	规格(mm)	尺寸(mm)	数量	重量(kg)
钢板	12	400×1400×12		52.752
锚筋	20	700	16	27.664

3. 工程量清单项目组价

(1) 定额工程量计算规则

预埋铁件按设计图示尺寸以质量计算。

(2) 定额的工程量

定额工程量图解及计算方法同清单工程量图解及计算方法。

(三) 010516003 机械连接

1. 工程量清单计算规则

按数量计算。

说明：机械连接是钢筋连接接头的一种工艺。一般包含镦粗直螺纹连接、滚压直螺纹连接、锥螺纹连接、套管挤压连接三种形式。在编制工程量清单时，应将当前工程中所有相同连接形式、相同规格的机械接头数量进行汇总，同时在项目特征描述中注明其连接方式、螺纹套筒种类、规格，以个为单位计算。

规范规定：钢筋接头宜设置在受力较小处，同一根钢筋宜少设接头，接头宜避开梁端、柱端箍筋加密区。

2. 工程量清单计算规则图解

(1) 图例

见图 E. 16-5～图 E. 16-7。

图 E. 16-5　钢筋机械连接

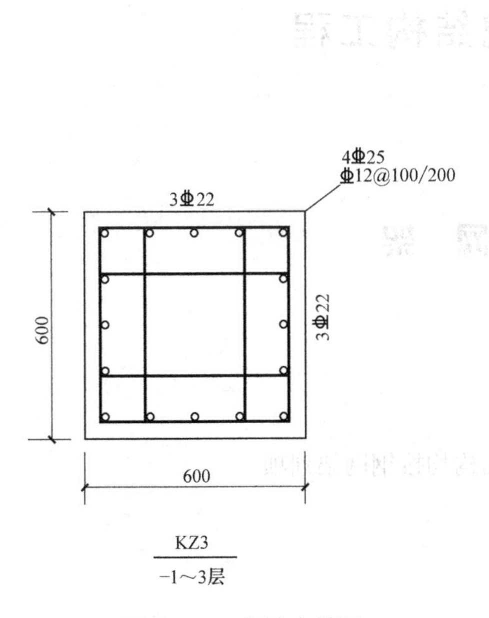

图 E.16-6 框柱大样图

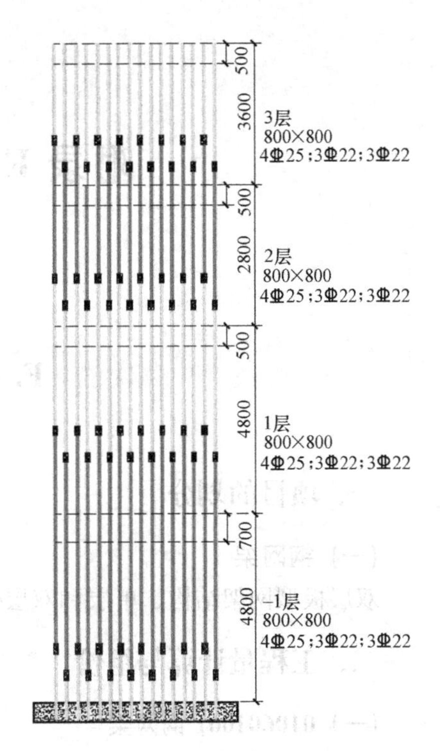

图 E.16-7 框柱接头排布图

（2）清单工程量

见表 E.16-3。

清单工程量汇总 **表 E.16-3**

清单编码	项目名称	项目特征	计量单位	工程量
010516001003001	机械连接	Φ25	个	16
010516001003002	机械连接	Φ22	个	48

3. 工程量清单项目组价

（1）定额工程量计算规则

定额工程量计算规则同清单工程量计算规则。

（2）定额的工程量

定额工程量图解及计算方法同清单工程量图解及计算方法。

附录 F　金属结构工程

F.1　钢　网　架

一、项目的划分

（一）钢网架

双层板型网架结构、单层和双层壳型网架结构均按钢网架列项。

二、工程量计算与组价

（一）010601001 钢网架

1. 工程量清单计算规则

按设计图示尺寸以质量计算。不扣除孔眼的质量，焊条、铆钉等不另增加质量。

说明：球节点钢网架制作工程量按钢网架整个重量计算，即钢杆件、球节点、支座等重量之和，不扣除球节点开孔所占重量。

2. 工程量清单计算规则图解

（1）图例

见图 F.1-1、图 F.1-2。

图 F.1-1　钢网架现场施工图

图例说明：某钢结构网架施工图，其高度为 4.447m，跨度为 14.707m，图 F.1-2 表示了各杆件长度及定位、零件详细尺寸，图中圆圈数字表示构件的零件编号。

（2）清单工程量

1）计算思路：先按照清单计量规则计算各零件重量，汇总后为该网架清单量。在工程中一般采用统计杆长度方法和列表统计量的方法。

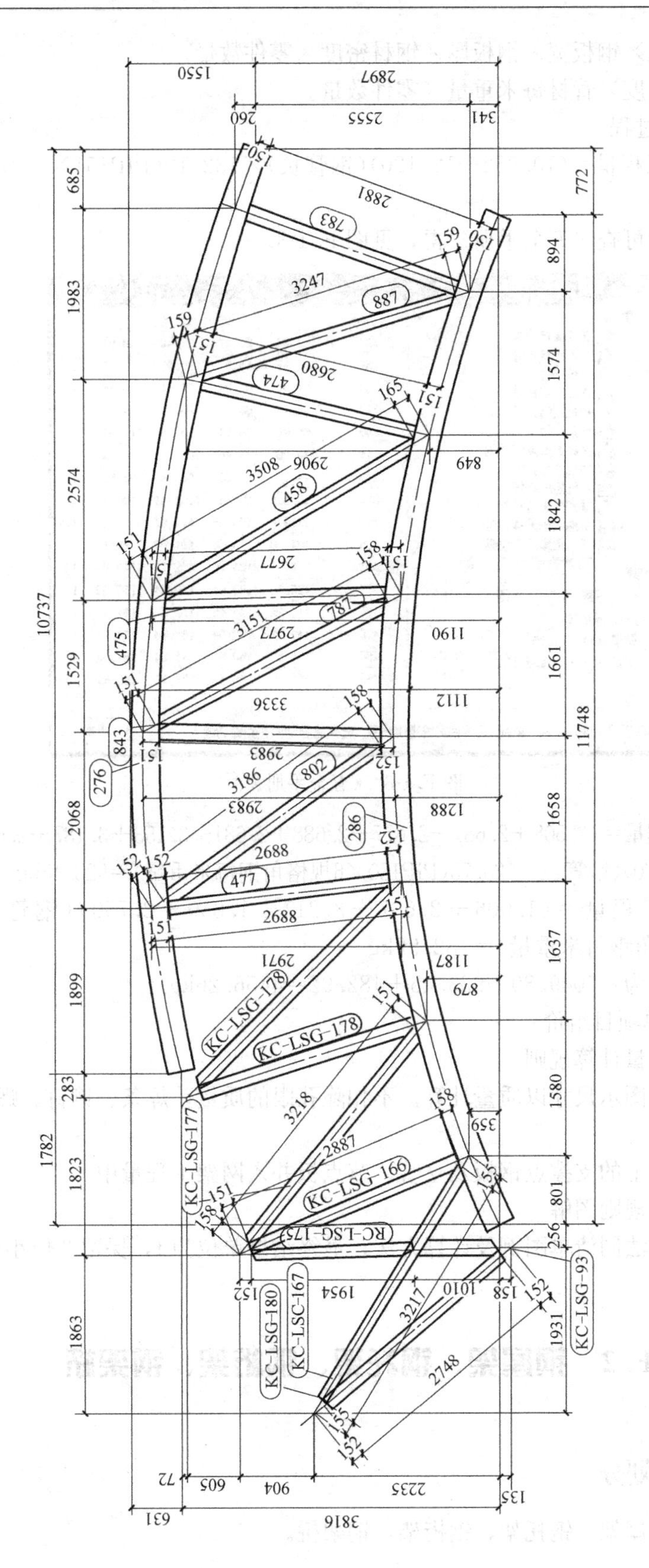

图 F.1-2 钢网架施工详图

板材：钢板长×钢板宽×钢板厚×钢材密度×零件数量。

管材：管材长度×管材每米重量×零件数量。

2）图例计算过程

PIP351×16工程量=(10.952+12.120)(钢管长)×132.19(PIP351×16规格角钢每米重量)=3049.89kg

钢管理论重量可查《五金手册》得，见图F.1-3。

五金手册

钢管
普通焊接钢管
加厚焊接钢管
镀锌钢管
直缝电焊钢管
热轧无缝钢管
冷拔无缝钢管
冷拔方形无缝钢管
热轧方形钢管
热轧矩形钢管
椭圆形无缝钢管
平椭圆形无缝钢管
正六角形无缝钢管

外径(mm)	14	15	16	17
159	50.06	53.27	56.43	59.53
168	53.17	56.6	59.98	63.31
180	57.31	61.04	64.71	68.34
194	62.15	66.22	70.24	74.21
203	65.94	69.54	73.78	77.97
219	70.78	75.46	80.1	84.69
245	79.76	83.08	90.36	95.59
273	89.42	95.44	101.41	107.33
299	98.4	105.06	111.67	118.23
325	107.38	114.68	121.93	129.13
351	116.35	124.29	132.19	140.03
377	125.33	133.91	142.44	150.93
402	133.94	143.15	152.3	161.4
426	142.25	152.04	161.78	171.47
450	150.52	160.9	171.24	181.52
465	155.7	166.46	177.16	187.81

查询表：

名称	值	选择
外径(mm)	351	
壁厚(mm)	16	
重量(Kg/m)	132.19	☑

请在表格中选择或输入值，然后按回车键查询结果，结果将自动保存到剪切板上　退出

图F.1-3　《五金手册》

PIP180×6工程量=(3.508+2.681+2.677+2.688+2.681+3.153+3.187+2.683+3.427+2.689+3.218+3.270)(钢管长)×25.75(PIP180×6规格角钢每米重量)=923.45kg

PIP180×10工程量=(1.006+2.697+3.217+1.850+2.750)(钢管长)×41.92(PIP180×10规格角钢每米重量)=482.92kg

该网架总重量为：3049.89+923.45+482.92=4456.26kg

3. 工程量清单项目组价

(1) 定额工程量计算规则

钢网架按设计图示尺寸以质量计算。不扣除孔眼的质量，焊条、铆钉、螺栓等不另增加质量。

依附在钢网架上的支撑点钢板及立管、节点板并入网架工程量中。

(2) 定额计算规则图解

图例及计算方法同清单图例及计算方法，最终结果单位为t，保留3位小数。

F.2　钢屋架、钢托架、钢桁架、钢架桥

一、项目的划分

项目划分为钢屋架，钢托架、钢桁架，钢架桥。

(一) 钢屋架

一般钢屋架、轻钢屋架和冷弯薄壁型钢屋架均列入此项。

(二) 钢托架、钢桁架

支承中间屋架的桁架为托架，一般如平行弦桁架、普通钢桁架、重型钢桁架、轻型钢桁架均按此列项。

(三) 钢架桥

也称钢构桥。主要承重结构采用刚架的桥梁。常用的钢架桥有门式钢架桥和斜腿钢架桥等。

二、工程量计算与组价

(一) 010602001 钢屋架

1. 工程量清单计算规则

(1) 以榀计量，按设计图示数量计算。

(2) 以吨计算，按设计图示尺寸以质量计算。不扣除孔眼的质量，焊条、铆钉、螺栓等不另增加质量。

说明：以榀计量，按标准图设计的应注明标准图代号，按非标准图设计的项目特征必须描述单榀屋架的质量。

2. 工程量清单计算规则图解

(1) 图例

见图 F.2-1、图 F.2-2。

图 F.2-1 钢屋架现场施工图

图例说明：某钢结构半榀屋架施工图，其高度为4m，半榀跨度为13.75m，图中方框内数字表示屋架零件编号。计算钢屋架工程量。

(2) 清单工程量

1) 计算思路：先按照清单计量规则计算各零件重量，统计汇总后为该屋架清单量。在工程中一般采用列表统计量的方法。

板材：钢板长×钢板宽×钢板厚×钢材密度×零件数量。

型材：长度×单位长度重量×零件数量。

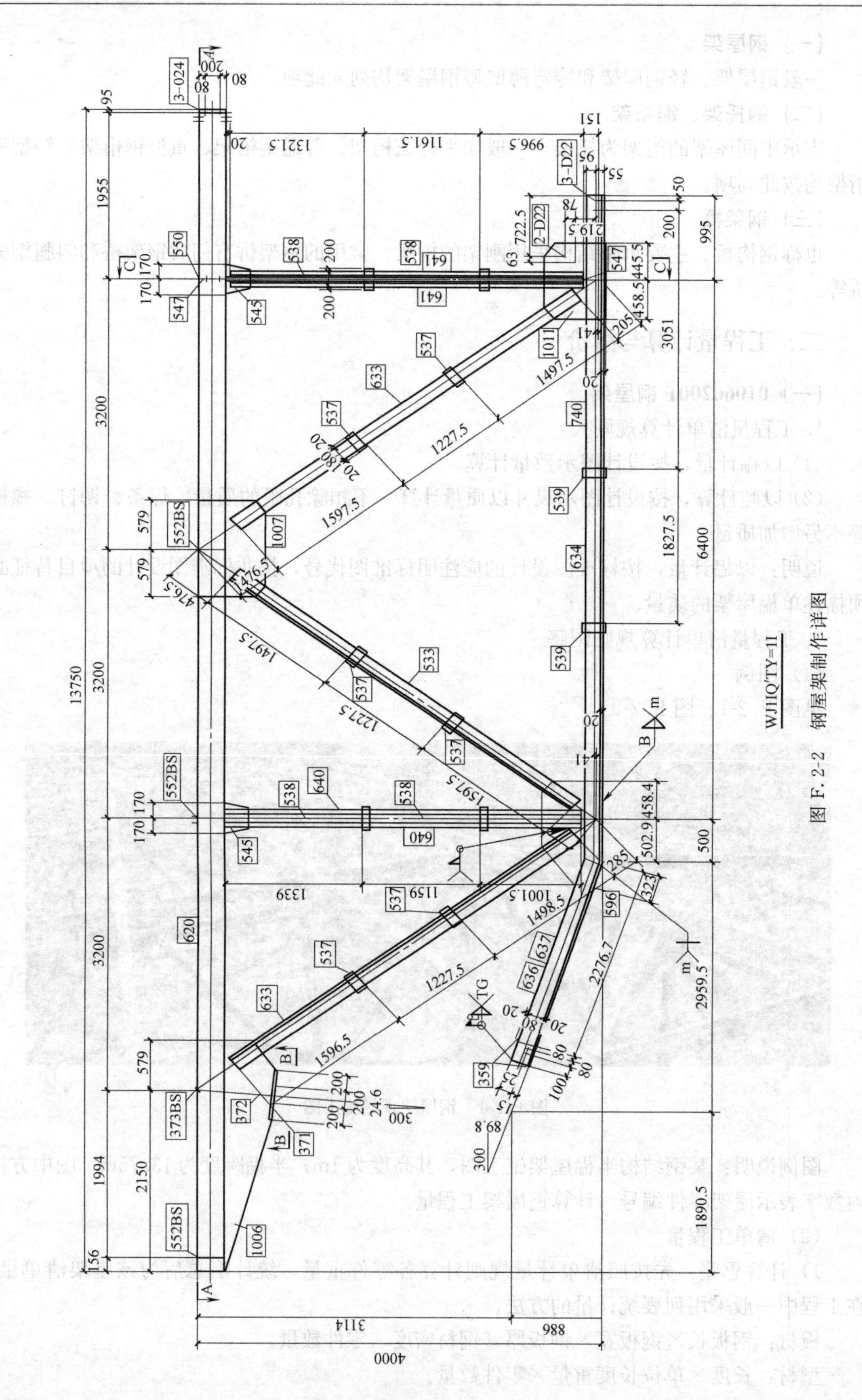

图 F. 2-2　钢屋架制作详图

2）图例计算过程

例 1：零件编号为359的清单工程量＝(0.014(钢板厚)×0.286(钢板宽)×0.402(钢板长)—1/2×0.0459×0.2155×0.014)×7850(钢材密度)×1（零件数量）＝12.10kg

例 2：零件编号为634的清单工程量＝7.895(角钢长)×48.6(L180×18规格角钢每米重量)×1(零件数量)＝383.70kg

半榀屋架计算明细见表 F.2-1。

半榀屋架计算明细 **表 F.2-1**

零件编号	规格	长度(mm)	计算式	总重(kg)	数量	零件详图
359	PL14×286	402	＝[(0.014×0.286×0.402)－1/2×0.0459×0.2155×0.014]×7850×1	12.10	1	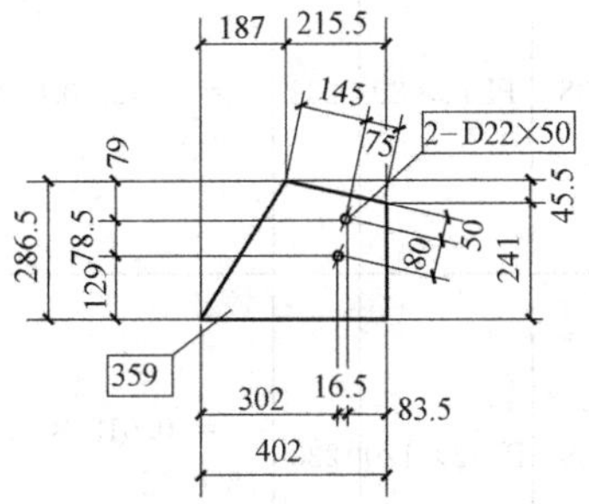
371	PL20×400	600	＝0.02×0.400×0.600×7850×1	37.68	1	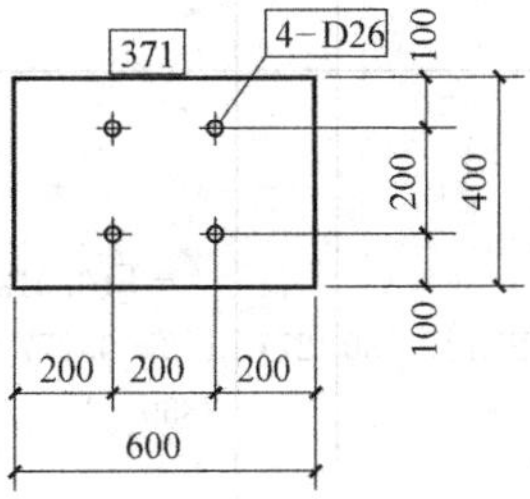
372	PL10×193	478	＝[(0.010×0.193×0.478)－1/2×0.059×0.4785×0.01]×7850×2	12.27	2	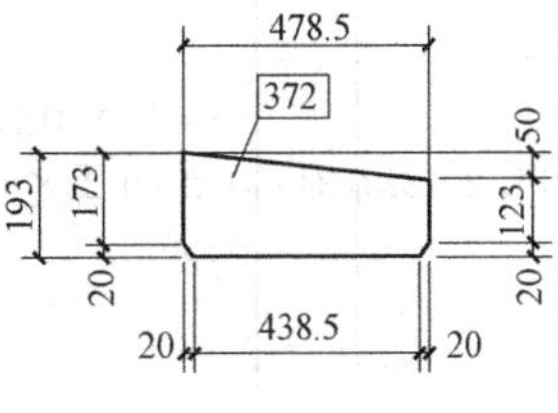
373	PL10×143	270	＝(0.010×0.143×0.270－1/2×0.02×0.02×0.010×2)×7850×2	6.00	2	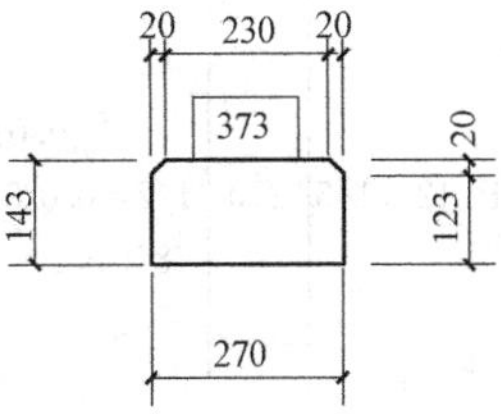

续表

零件编号	规格	长度(mm)	计算式	总重(kg)	数量	零件详图
537	PL12×100	200	＝0.012×0.100×0.200×7850×6	11.30	6	200 537 100
538	PL12×80	232	＝0.012×0.08×0.232×7850×8	13.99	8	232 538 80
539	PL12×120	220	＝0.012×0.120×0.220×7850×2	4.97	2	220 539 120
542	PL12×180	277	＝[(0.012×0.180×0.277)－1/2×0.277×0.0082×0.012]×7850×1	4.59	1	277 542 137 25 18 82 98 180 25 12 103 137
545	PL12×220	340	＝[(0.012×0.220×0.340)－1/2×0.22×0.059×0.012×2]×7850×2	11.65	2	59 222 59 545 220 340
547	PL12×145	270	＝[(0.012×0.145×0.270)－1/2×0.025×0.025×0.012×2]×7850×1	3.63	1	25 220 25 547 145 25 120 270

续表

零件编号	规格	长度(mm)	计算式	总重(kg)	数量	零件详图
550	PL12×245	270	=[(0.012×0.245×0.270)−1/2×0.025×0.025×0.012×2]×7850×1	6.17	1	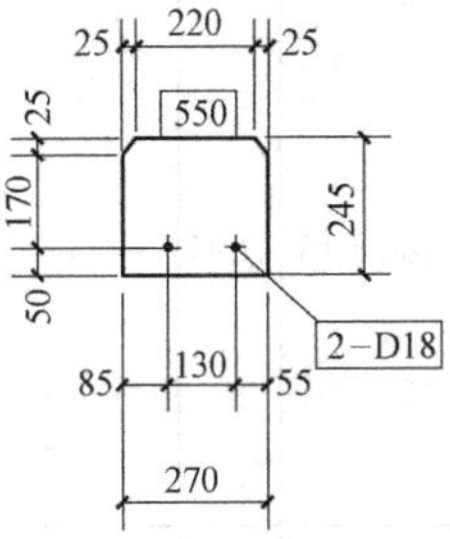 25 220 25 550 25 170 50 245 2−D18 85 130 55 270
552	PL12×145	269	=[(0.012×0.145×0.269)−1/2×0.025×0.025×0.012×2]×7850×6	21.69	6	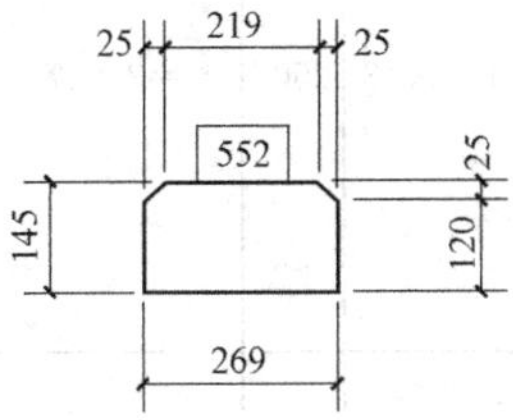 25 219 25 552 145 25 120 269
596	PL14×602	1271	=[0.014×0.602×1.2705−(0.5×0.1555×0.126×2+0.5×0.291×0.1725+0.354×0.126+0.5×0.211×0.063+0.5×0.0925×0.3095)×0.014]×7850×1	71.94	1	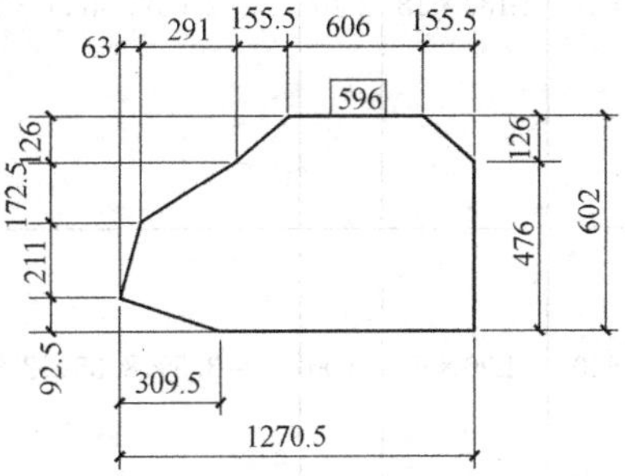 63 291 155.5 606 155.5 596 126 172.5 211 92.5 126 476 602 309.5 1270.5
620	HW300×300×10×15	13750	=13.75×93×1	1278.75	1	 620
633	L160×12	4323	=4.323×29.4×6	762.58	6	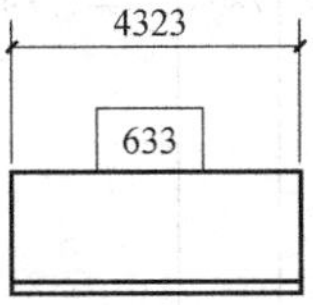 4323 633

续表

零件编号	规 格	长度(mm)	计算式	总重(kg)	数量	零件详图
634	L180×18	7895	=7.895×48.6×1	383.70	1	26.5 7868.5 634 3-D22 86 94 7725 2@60 50 7895
636	L180×18	2507	=2.057×48.6×1	99.97	1	2480.5 26.5 636 55 125 2-D22 100 80 2326.5 2506.5
637	L180×18	2507	=2.057×48.6×1	99.97	1	26.5 2480.5 637 2-D22 55 125 2326.5 80 100 2506.5
640	L90×6	3500	=3.5×8.35×2	58.45	2	640 3500
641	L90×6	3480	=3.48×8.35×2	58.12	2	641 3480
740	L180×18	7895	=7.895×48.6×1	383.70	1	7868.5 26.5 3-D22 740 86 94 50 7725 2@60 7895

续表

零件编号	规格	长度(mm)	计算式	总重(kg)	数量	零件详图
759	PL12×193	337	=0.012×0.193×0.337×7850×1	6.13	1	759；163；137；13；25；18；25；193；143；50；150；2-D18；125；82；130；337
1006	PL14×502	2729	=[0.014×0.502×2.729−(0.5×0.1895×0.1205+0.1555×0.1205+0.5×0.126×0.1555+0.5×0.598×0.05+1.7865×0.05+0.5×1.7865×0.4525)×0.014]×7850×1	90.29	1	钢材理论质量 7.85kg/m³
			1006；1786.5；598；189.5；155.5；50；120.5；502；452.5；126；256；2729			
1007	PL14×382	1158	=[(0.014×0.382×1.158)−1/2×0.0555×0.126×0.014×2]×7850×1	47.85	1	1007；155.5；847.5；155.5；382；126；256；1158
1011	PL14×602	904	=[(0.014×0.602×0.904)−(1/2 0.0555×0.126×0.014)−0.14×0.1135×0.014]×7850×1	57.68	1	1011；668；63；173；55.5；608.5；140；2-D22；126；12.5；113.5；78；602；476；319.5；476；904
	构件总重			3545.17		本屋架清单工程量为 3545.17kg

3. 工程量清单项目组价

(1) 定额工程量计算规则

钢屋架按设计图示尺寸以质量计算，不扣除孔眼的质量，焊条、铆钉、螺栓等不另增加质量。

钢屋架上的节点板、加强板分别并入相应构件工程量中。

(2) 定额计算规则图解

图例及计算方法同清单图例及计算方法，最终结果单位为t，保留三位小数。

(二) 010602002 钢托架

1. 清单计算规则

按设计图示尺寸以质量计算，不扣除孔眼的质量，焊条、铆钉、螺栓等不另增加质量。

2. 工程量清单计算规则图解

参看本节（三）010602003钢桁架部分图例及计算用例。

3. 工程量清单项目组价

(1) 定额工程量计算规则

钢托架按设计图示尺寸以质量计算，不扣除孔眼的质量，焊条、铆钉、螺栓等不另增加质量。

钢托架上的节点板、加强板分别并入相应构件工程量中。

(2) 定额计算规则图解

图例及计算方法同清单，参看钢桁架图例及计算；最终结果单位为t，保留三位小数。

(三) 010602003 钢桁架

1. 工程量清单计算规则

按设计图示尺寸以质量计算。不扣除孔眼的质量，焊条、铆钉、螺栓等不另增加质量。

说明：钢桁架是指用钢材制造的桁架，支承中间屋架的桁架成为托架，托架一般采用平行弦桁架，其腹杆采用带竖杆的人字形体系，因钢托架为钢桁架之一种形式，故只做钢桁架的图解算例，普通钢桁架一般用单腹式杆件，通常是两个角钢组成的T形截面，有时也用十字形、槽形或管形等截面组成，在节点处用一块节点板连接，构造简单，应用广。重型钢桁架杆件由钢板或型钢组成的工形或箱形截面组成，节点处用两块平行的节点板连接；常用于跨度和荷载较大的钢桁架，如桥梁和大跨度屋盖结构。轻型钢桁架用小角钢及圆钢或薄壁型钢组成；节点处可用节点板连接，也可将杆件直接相连；主要用于小跨度轻屋面的屋盖结构。

2. 工程量清单计算规则图解

(1) 图例

见图F.2-3～图F.2-5。

图例说明：某钢结构桁架图，其高度为1.5m，跨度为12m，半榀跨度为6m，图F.2-4表示了各杆件长度及定位，图F.2-5表示了各零件详细尺寸，图中圆圈数字表示构件的零件编号。计算钢桁架工程量。

图 F.2-3 钢桁架现场施工图

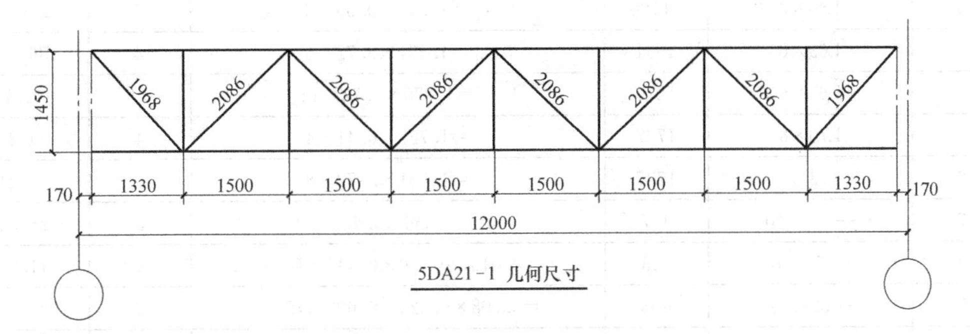

图 F.2-4 钢桁架杆件尺寸图

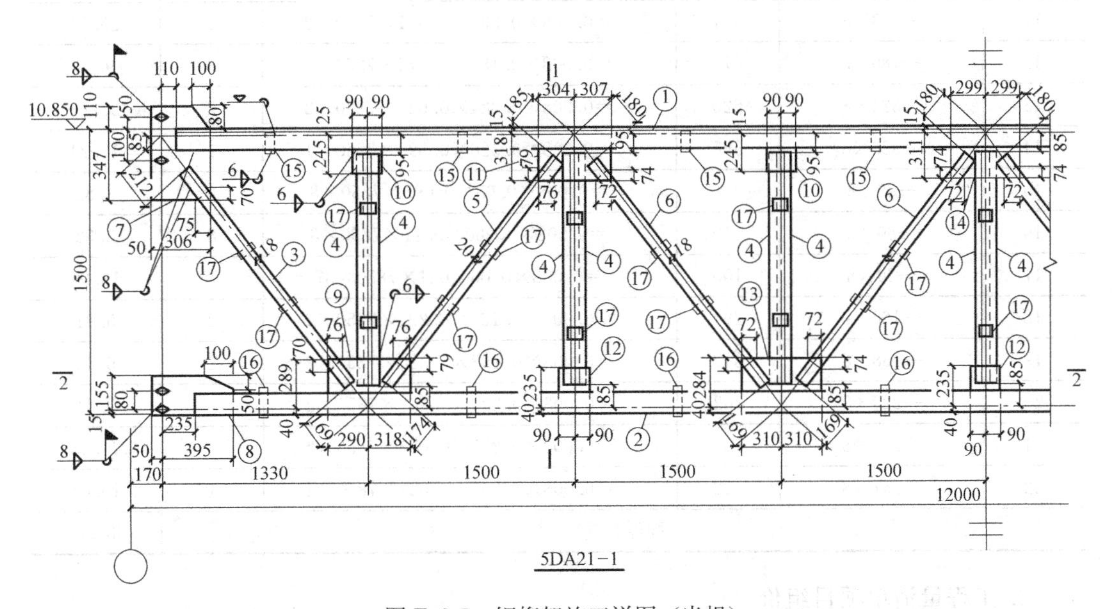

图 F.2-5 钢桁架施工详图（半榀）

(2) 清单工程量

1) 计算思路：先按照清单计量规则计算各零件重量，统计汇总后为该桁架清单量。

在工程中一般采用列表统计量的方法。

板材：钢板长×钢板宽×钢板厚×钢材密度×零件数量。

型材：长度×单位长度重量×零件数量。

2）图例计算过程

例1：零件编号为7的清单工程量=0.01(钢板厚)×0.356(钢板宽)×0.457(钢板长)×7850(钢材密度)×2(零件数量)=25.54kg

例2:零件编号为1的清单工程量=11.44(角钢长)×8.35(L90×6规格角钢每米重量)×2(零件数量)=191.05kg

表F.2-2给出了整个桁架计算明细。

桁架计算明细　　　　**表F.2-2**

零件标记	规格	长度	计算式	数量	总重(kg)
1	L90×6	11440	=11.44×8.35×2	2	191.05
2	L80×8	11190	=11.19×9.66×2	2	216.19
3	L63×6	1591	=1.591×5.72×4	4	36.40
4	L63×6	1270	=1.270×5.72×14	14	101.70
5	L70×6	1727	=1.727×6.41×4	4	44.28
6	L63×6	1737	=1.731×5.72×8	8	79.21
7	—356×10	457	=0.01×0.356×0.457×7850×2	2	25.54
8	—170×10	445	=0.010×0.170×0.445×7850×2	2	11.88
9	—329×8	608	=0.008×0.329×0.608×7850×2	2	25.12
10	—180×8	260	=0.008×0.180×0.260×7850×4	4	11.76
11	—333×8	611	=0.008×0.333×0.611×7850×2	2	25.55
12	—180×8	275	=0.008×0.180×0.275×7850×3	3	9.33
13	—324×8	620	=0.008×0.324×0.620×7850×2	2	25.23
14	—326×8	598	=0.008×0.326×0.598×7850×1	1	12.24
15	—80×8	95	=0.008×0.08×0.095×7850×8	8	3.82
16	—60×8	110	=0.008×0.060×0.11×7850×8	8	3.32
17	—60×8	100	=0.008×0.06×0.1×7850×37	37	13.94
18	—160×8	294	=0.008×0.160×0.294×7850×2	2	5.91
19	—158×8	342	=0.008×0.158×0.324×7850×2	2	6.43
20	—223×8	262	=0.008×0.223×0.262×7850×2	2	7.34
21	—257×8	622	=0.008×0.257×0.622×7850×2	2	20.08
22	—257×8	622	=0.008×0.257×0.622×7850×1	1	10.04
构件总重					886.36

3. 工程量清单项目组价

(1) 定额工程量计算规则

钢桁架按设计图示尺寸以质量计算，不扣除孔眼的质量，焊条、铆钉、螺栓等不另增加质量。

钢桁架上的节点板、加强板分别并入相应构件工程量中。

(2) 定额计算规则图解

图例及计算方法同清单图例及计算方法，最终结果单位为 t，保留三位小数。

(四) 010602004 钢桥架

1. 清单计算规则

按设计图示尺寸以质量计算，不扣除孔眼的质量，焊条、铆钉、螺栓等不另增加质量。

2. 工程量清单计算规则图解

参看本节（三）010602003 钢桁架部分图例及计算。

3. 工程量清单项目组价

(1) 定额工程量计算规则

钢桥架按设计图示尺寸以质量计算，不扣除孔眼的质量，焊条、铆钉、螺栓等不另增加质量。

钢桥架上的节点板、加强板分别并入相应构件工程量中。

(2) 定额计算规则图解

图例及计算方法同清单图例及计算方法，最终结果单位为 t，保留三位小数。

F.3 钢 柱

一、项目的划分

项目划分为实腹钢柱、空腹钢柱、钢管柱。

(一) 实腹钢柱、空腹钢柱

实腹钢柱具有整体的截面，空腹钢柱截面分为两肢或多肢，各肢间用缀条或缀板联系，当荷载较大、柱身较宽时钢材用量较省，常用的工字钢、H 型钢、槽钢及焊制截面等柱按此列项。

(二) 钢管柱

焊接钢管柱、无缝钢管柱、焊接螺旋钢管柱均按此列项。

二、工程量计算与组价

(一) 010603001 实腹钢柱

1. 工程量清单计算规则

按设计图示尺寸以质量计算。不扣除孔眼的质量，焊条、铆钉、螺栓等不另增加质量，依附在钢柱上的牛腿及悬臂梁等并入钢柱工程量内。

说明：大中型工业厂房、大跨度公共建筑、高层房屋、轻型活动房屋、工作平台、栈桥和支架等的柱，大多采用钢柱。

2. 工程量清单计算规则图解

(1) 图例

见图 F. 3-1、图 F. 3-2。

图 F. 3-1　钢柱现场施工图

图例说明：某钢结构实腹柱图，其高度为 3. 3m，图 F. 3-2 中右侧为详图，左侧为详图剖面图，图中方框内数字表示钢柱的零件编号。计算钢柱工程量。

（2）清单工程量

1）计算思路：先按照清单计量规则计算各零件重量，统计汇总后为该柱清单量。在工程中一般采用列表统计量的方法。

板材：钢板长×钢板宽×钢板厚×钢材密度×零件数量。

型材：长度×单位长度重量×零件数量。

2）图例计算过程

① 板材：

零件编号为2031的清单工程量＝0. 01（钢板厚）×［1/2×（0. 0894＋0. 2033）×0. 0628＋1/2×（0. 1391＋0. 2033）×0. 2597］（图示尺寸的面积）×7850（钢材密度）×1（零件数量）＝4. 21kg

零件编号为2034的清单工程量＝0. 01（钢板厚）×0. 2（钢板宽）×0. 2（钢板长）×7850（钢材密度）×1（零件数量）＝3. 14kg

零件编号为2058的清单工程量＝0. 02（钢板厚）×0. 25（钢板宽）×0. 25（钢板长）×7850（钢材密度）×1（零件数量）＝9. 81kg

② 型材：

零件编号为2057的清单工程量＝3. 27（H200×200×8×12长度）×50. 5（查《五金手册》）×1（零件数量）＝165. 14kg

汇总的该柱工程量为：4. 21＋3. 14＋9. 81＋165. 14＝182. 30kg

3. 工程量清单项目组价

（1）定额工程量计算规则

实腹钢柱按设计图示尺寸以质量计算。不扣除孔眼的质量，焊条、铆钉、螺栓等不另

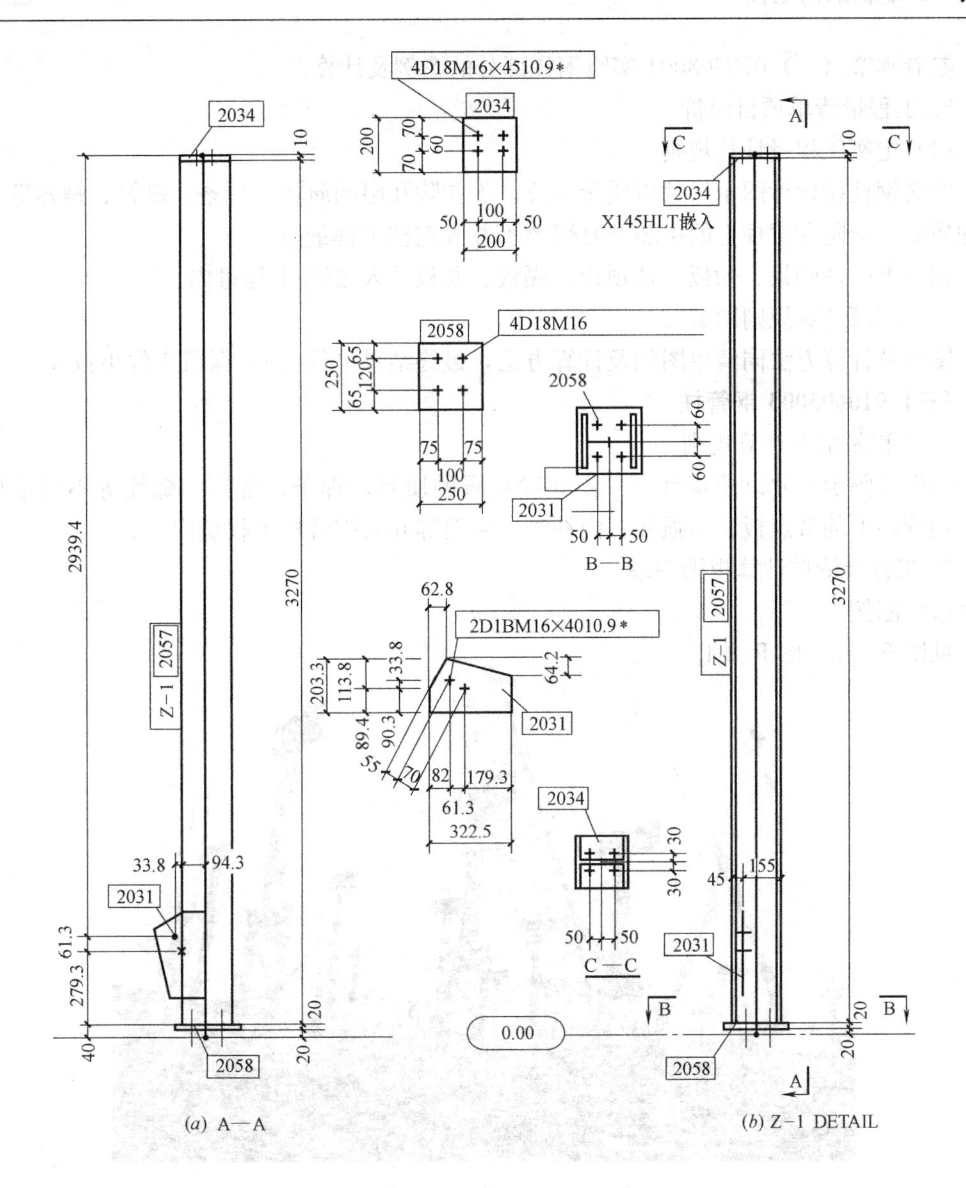

图 F.3-2　钢柱施工详图

增加质量。依附在钢柱上的牛腿及悬臂梁等并入钢柱工程量内。

钢柱上的柱脚板、劲板、柱顶板、隔板、肋板并入钢柱工程量内。

(2) 定额计算规则图解

图例及计算方法同清单图例及计算方法，其中腹板和翼板计算时根据定额计算规则每边增加 25mm 计算，最终结果单位为 t，保留三位小数。

(二) 010603002 空腹钢柱

1. 工程量清单计算规则

按设计图示尺寸以质量计算。不扣除孔眼的质量，焊条、铆钉、螺栓等不另增加质量，依附在钢柱上的牛腿及悬臂梁等并入钢柱工程量内。

2. 工程量清单计算规则图解

参看本节（一）010603001 实腹钢柱部分的图例及计算。

3. 工程量清单项目组价

（1）定额工程量计算规则

空腹钢柱按设计图示尺寸以质量计算。不扣除孔眼的质量，焊条、铆钉、螺栓等不另增加质量。依附在钢柱上的牛腿及悬臂梁等并入钢柱工程量内。

钢柱上的柱脚板、劲板、柱顶板、隔板、肋板并入 钢柱工程量内。

（2）定额计算规则图解

图例及计算方法同清单图例及计算方法，最终结果单位为 t，保留三位小数。

（三）010603003 钢管柱

1. 工程量清单计算规则

按设计图示尺寸以质量计算。不扣除孔眼的质量，焊条、铆钉、螺栓等不另增加质量，钢管柱上的节点板、加强环、内补管、牛腿等并入钢管柱工程量内。

2. 工程量清单计算规则图解

（1）图例

见图 F. 3-3、图 F. 3-4。

图 F. 3-3 钢管柱现场施工图

图例说明：某钢结构钢管柱图，其高度为 1.8m，图中圆圈数字表示构件的零件编号。计算钢管柱工程量。

（2）清单工程量

1）计算思路：先按照清单计量规则计算各零件重量，统计汇总后为该柱清单量。在工程中一般采用列表统计量的方法。

板材：钢板长×钢板宽×钢板厚×钢材密度×零件数量。

型材：长度×单位长度重量×零件数量。

2）图例计算过程

① 板材：

零件编号为2的清单工程量＝0.025(钢板厚)×0.9(钢板宽)×0.9(钢板长)×7850(钢材密度)×1(零件数量)＝158.96kg

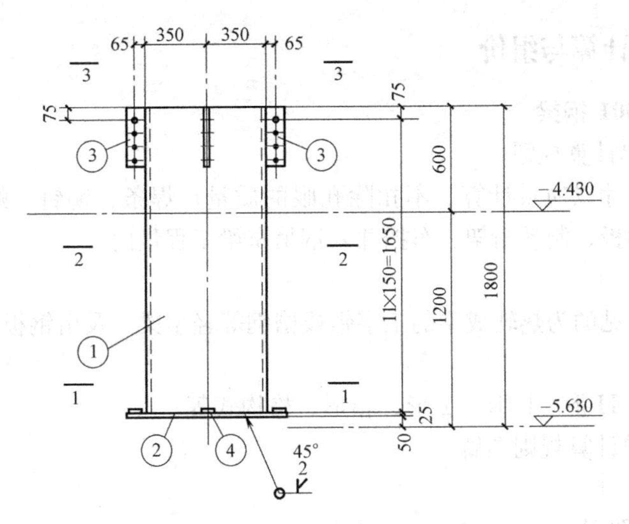

图 F.3-4 钢管柱施工详图

零件编号为4的清单工程量＝0.02(钢板厚)×0.8(钢板宽)×0.8(钢板长)×7850×8＝803.84kg

零件编号为3的清单工程量＝0.016(钢板厚)×0.115(钢板宽)×0.335(钢板长)×7850(钢材密度)×8(零件数量)＝38.71kg

② 型材：

零件编号为1的清单工程量＝0.03(管壁厚)×3.14×(0.7－0.03)(管中心线直径)×1.725(管长)×7850(钢材密度)＝854.64kg

汇总的该柱工程量为:158.96＋803.84＋38.71＋854.64＝1856.15kg

3. 工程量清单项目组价

(1) 定额工程量计算规则

钢管柱按设计图示尺寸以质量计算。不扣除孔眼的质量，焊条、铆钉、螺栓等不另增加质量，钢管柱上的节点板、加强环、内衬管、牛腿等并入钢管柱工程量内。

(2) 定额计算规则图解

图例及计算方法同清单图例及计算方法，最终结果单位为 t，保留三位小数。

F.4 钢　　梁

一、项目的划分

项目划分为钢梁、钢吊车梁。

(一) 钢梁

常用的屋面梁、楼层梁及常用截面形式为工字钢、H 型钢、槽钢等梁按此列项。

(二) 钢吊车梁

制动梁、制动板、制动桁架、车挡等均按此列项。

二、工程量计算与组价

（一）010604001 钢梁

1. 工程量清单计算规则

按设计图示尺寸以质量计算。不扣除孔眼的质量，焊条、铆钉、螺栓等不另增加质量，制动梁、制动板、制动桁架、车挡并入钢吊车梁工程量内。

说明：

（1）工程中常见的为热轧成型的工字钢或槽钢等轻型梁，及由钢板或型钢焊接或铆接而成的组合梁。

（2）梁类型指 H 形、L 形、T 形、箱形、格构式等。

2. 工程量清单计算规则图解

（1）图例

见图 F. 4-1、图 F. 4-2。

图 F. 4-1　钢梁现场施工图

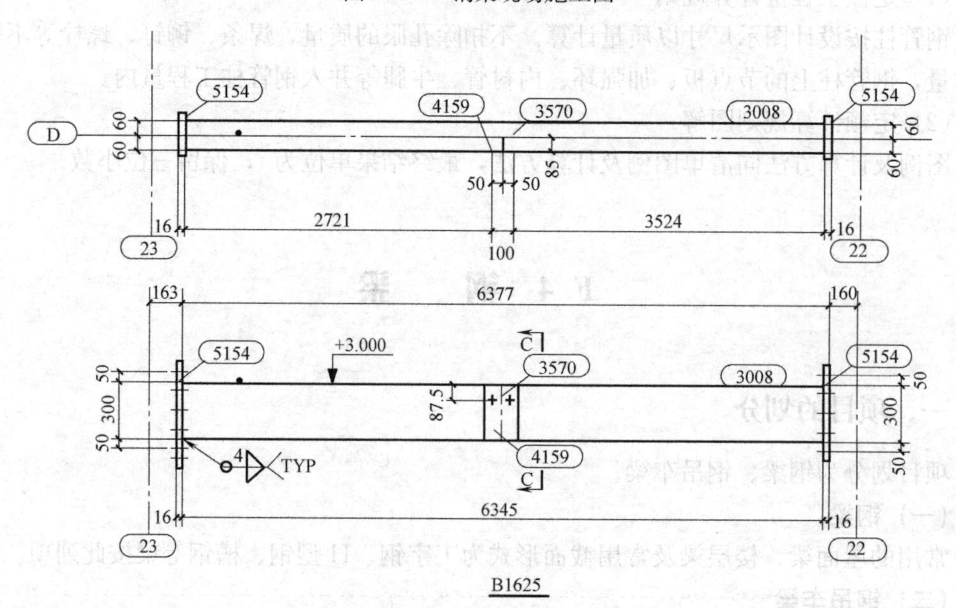

图 F. 4-2　钢梁施工详图

图例说明：某钢结构梁施工图，其跨度 6.377m，其主要材料规格为 H300×150×6.5×9 型钢，上为详图顶视图、下为正视图，图中圆圈内数字表示构件的零件编号。计算钢梁工程量。

（2）清单工程量

1）计算思路：先按照清单计量规则计算各零件重量，统计汇总后为该梁清单量。在工程中一般采用列表统计量的方法。

板材：钢板长×钢板宽×钢板厚×钢材密度×零件数量。

型材：长度×单位长度重量×零件数量。

2）图例计算过程

① 板材：

零件编号为3570的清单工程量＝0.01（钢板厚）×0.07（钢板宽）×0.280（钢板长）×7850（钢材密度）×1（零件数量）＝1.54kg

零件编号为4159的清单工程量＝0.012（钢板厚）×0.180（钢板宽）×0.282（钢板长）×7850（钢材密度）×1（零件数量）＝4.78kg

零件编号为5154的清单工程量＝0.016（钢板厚）×0.500（钢板宽）×0.220（钢板长）×7850（钢材密度）×2（零件数量）＝27.63kg

② 型材：

零件编号为2057的清单工程量＝6.345（长度）×37.3（H300×150×6.5×9查《五金手册》）×1（零件数量）＝236.67kg

汇总的该梁工程量为：1.54＋4.78＋27.63＋236.67＝270.62kg

3. 清单项目组价

（1）定额工程量计算规则

金属结构制作按图示尺寸以 t 计算，不扣除孔眼、切边的重量，焊条、铆钉、螺栓等重量，已包括在定额内不另计算。在计算不规则或多边形钢板重量时均以其最大对角线乘最大宽度的矩形面积计算。

制动梁的制作工程量包括制动梁、制动桁架、制动板重量；墙架的制作工程量包括墙架柱、墙架梁及连接柱杆重量；钢柱制作工程量包括依附于柱上的牛腿及悬臂梁重量。

（2）定额计算规则图解

图例及计算方法同清单图例及计算方法，最终结果单位为 t，保留三位小数。

（二）010604002 钢吊车梁

1. 工程量清单计算规则

按设计图示尺寸以质量计算。不扣除孔眼、切边、切肢的质量，焊条、铆钉、螺栓等不另增加质量，不规则或多边形钢板，以其外接矩形面积乘以厚度乘以单位理论质量计算，制动梁、制动板、制动桁架、车挡并入钢吊车梁工程量内。

2. 工程量清单计算规则图解

（1）图例

见图 F.4-3～图 F.4-8。

图 F. 4-3　钢吊车梁现场施工图

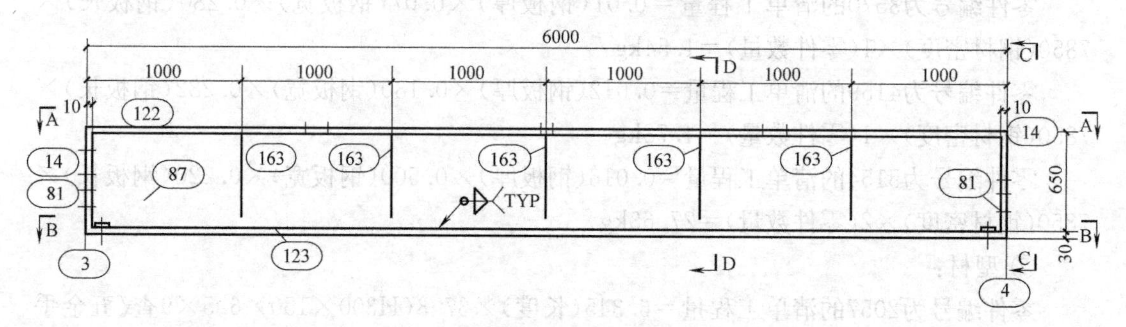

图 F. 4-4　钢吊车梁施工详图（一）

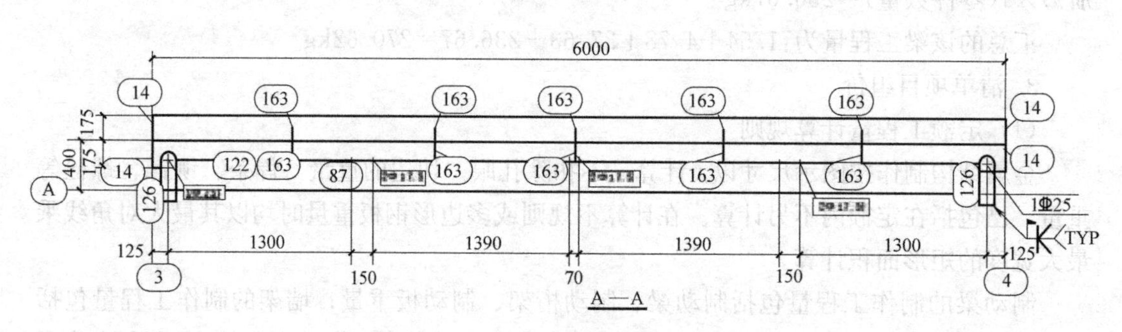

图 F. 4-5　钢吊车梁施工详图（二）

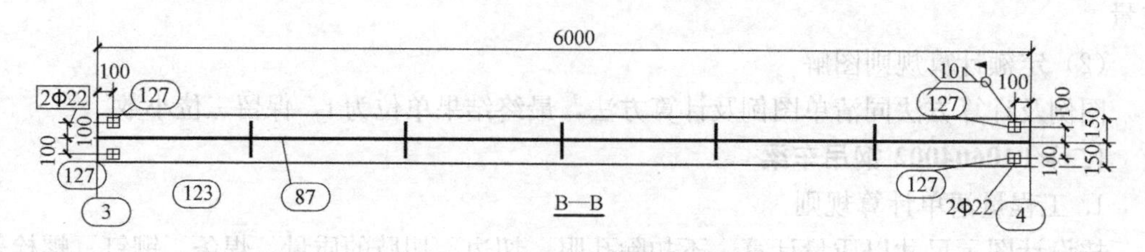

图 F. 4-6　钢吊车梁施工详图（三）

图例说明：某钢结构吊车梁详图，由立面图和 A—A、B—B、C—C、D—D 剖面图组成，其高度为 0.65m，跨度为 6m，全部采用钢板焊制而成，图中圆圈数字表示构件的零件编号。计算钢吊车梁工程量。

（2）清单工程量

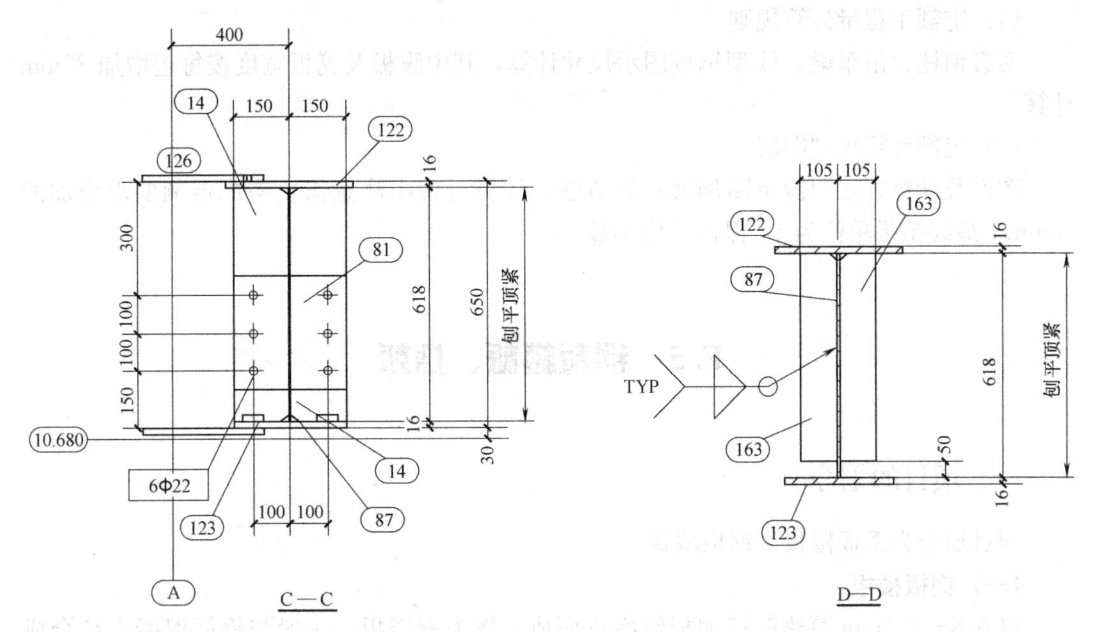

图 F. 4-7 钢吊车梁施工详图（四） 图 F. 4-8 钢吊车梁施工详图（五）

1）计算思路：先按照清单计量规则计算各零件重量，对于焊制 H 型钢截面按照其图示尺寸，按照板材计算重量，统计汇总后为该吊车梁清单量。在工程中一般采用列表统计量的方法。

板材：钢板长×钢板宽×钢板厚×钢材密度×零件数量。

型材：长度×单位长度重量×零件数量。

2）图例计算过程

板材：

零件编号为14的清单工程量＝0.012（钢板厚）×0.145（钢板宽）×0.618（钢板长）×7850（钢材密度）×4（零件数量）＝33.77kg

表 F. 4-1 给出了整个钢吊车梁的计算明细。

吊车梁计算明细 表 F. 4-1

零件标记	规 格	长度	计算式	数量	总重(kg)
14	PL12×145	618	＝0.012×0.145×0.618×7850×4	4	33.77
81	PL10×300	300	＝0.01×0.300×0.300×7850×2	2	14.13
87	PL10×618	5980	＝0.01×0.618×5.98×7850×1	1	290.11
122	PL16×350	5980	＝0.016×0.35×5.98×7850×1	1	262.88
123	PL16×300	5980	＝0.016×0.3×5.98×7850×1	1	225.33
126	PL16×100	410	＝0.016×0.1×0.41×7850×2	2	10.30
127	PL16×60	60	＝0.016×0.06×0.06×7850×4	4	1.81
163	PL8×100	568	＝0.008×0.1×0.568×7850×10	10	35.67
构件总重					874

3. 工程量清单项目组价

（1）定额工程量计算规则

实腹钢柱、吊车梁、H 型钢按图示尺寸计算，其中腹板及翼板宽度按每边增加 25mm 计算。

（2）定额计算规则图解

图例及计算方法同清单图例及计算方法，计算过程中注意需要考虑定额要求增加的 25mm，最终结果单位为 t，保留三位小数。

F.5　钢板楼板、墙板

一、项目的划分

项目划分为钢板楼板、钢板墙板。

（一）钢板楼板

以 0.8～1.5mm 厚热镀锌钢板经冷弯而成，作为钢楼板，一般与钢筋混凝土结合成一个整体承受荷载。

（二）钢板墙板

常见的波形、双曲波形、肋形、V 形、加劲型等。

二、工程量计算与组价

（一）010605001 钢板楼板

1. 工程量清单计算规则

按设计图示尺寸以铺设水平投影面积计算。不扣除单个面积≤0.3m² 柱、垛及孔洞所占面积。

说明：压型板与混凝土结合成组合楼板，可省去木模板并可作为承重结构。同时为加强压型板与混凝土的结合力，宜在钢板上预焊栓钉或压制双向加劲肋。

2. 工程量清单计算规则图解

（1）图例

见图 F.5-1、图 F.5-2。

图 F.5-1　压型钢板楼板现场施工图

图例说明：某压型楼板建筑，轴网如图所示，轴距为3000mm。计算楼板工程量。

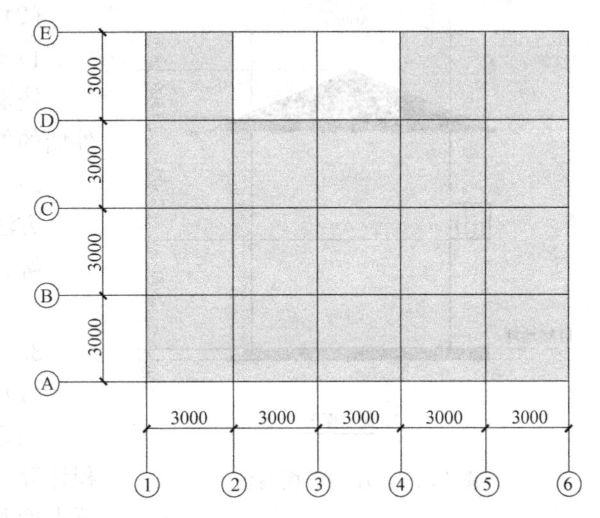

图 F.5-2 压型钢板楼板平面布置图

（2）清单工程量

1）计算思路：按楼逐层计算面积，再汇总统计。

2）图例计算过程

方法：按照矩形计算，然后减去中间缺口。

解：压型钢板面积

$S=(3\times5)\times(3\times4)-3\times3\times2$

$=162m^2$

3. 工程量清单项目组价

（1）定额工程量计算规则

钢板楼板按设计图示规格尺寸以铺设水平投影面积计算。不扣除单个面积≤0.3m² 柱、垛及孔洞所占面积。

（2）定额计算规则图解

图例及计算方法同清单图例及计算方法。

（二）010605002 钢板墙板

1. 工程量清单计算规则

按设计图示尺寸以铺挂面积计算。不扣除单个≤0.3m² 以内的梁、孔洞所占面积，包角、包边、窗台泛水等不另增加面积。

说明：压型板用作工业厂房屋面板、墙板时，在一般无保温要求的情况下，每平方米用钢量约5～11kg。有保温要求时，可用矿棉板、玻璃棉、泡沫塑料等作绝热材料。

2. 工程量清单计算规则图解

（1）图例

见图 F.5-3、图 F.5-4。

图 F.5-3 压型钢板墙板

图例说明：某办公楼，其墙面采用压型钢板，层高为2.6m，侧立面的跨度为5m。两侧布置，计算墙板工程量。

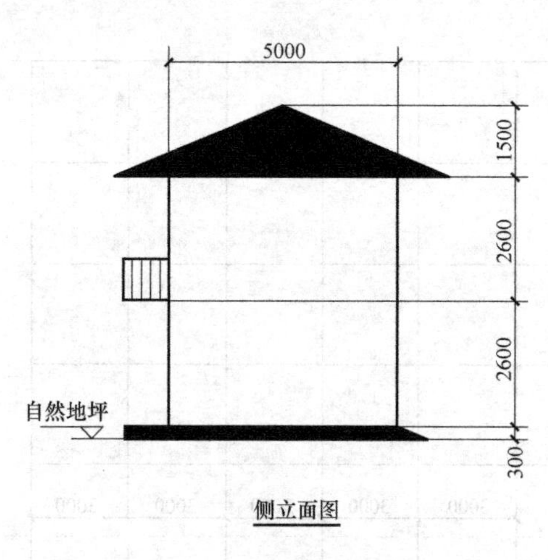

图 F.5-4 压型钢板墙板

(2) 清单工程量

1) 计算思路:

按墙面立面图以铺挂面积计算，一般按外墙的外皮计算。

2) 图例计算过程

方法：按照矩形计算。

解：压型钢板面积 $S=(2.6\times5)\times2\times2$

$=52\text{m}^2$

3. 工程量清单项目组价

(1) 定额工程量计算规则

钢板墙板按设计图示规格尺寸以铺挂面积计算。不扣除单个面积≤0.3m² 梁、孔洞所占面积，包角、包边、窗台泛水、女儿墙顶等不另加面积。

(2) 定额计算规则图解

图例及计算方法同清单图例及计算方法。

F.6 钢 构 件

一、项目的划分

项目划分为钢支撑、钢拉条，钢檩条，钢天窗架，钢挡风架，钢墙架，钢平台、钢走道，钢梯，钢护栏，钢漏斗，钢板天沟，钢支架，零星钢构件。

(一) 钢支撑、钢拉条

钢支撑一般情况是倾斜的连接构件，可分为垂直支撑、水平支撑、柱间支撑、箱形支撑等，最常见的是人字形和交叉形状的，截面形式可以是钢管、H 型钢、角钢等。

拉条是檩条之间固定的连接杆，有直拉条和斜拉条，一般用直径 $\phi12$ 的圆钢。

钢支撑、钢拉条类型指单式、复式；钢檩条类型指型钢式、格构式；钢漏斗形式指方形、圆形；天沟形式指矩形沟或半圆形沟。

(二) 钢檩条

墙面檩条、墙面檩条刚性拉条、屋面檩条、组合檩条，截面主要有 C 型钢、Z 型钢檩条、槽钢、角钢等列入此项。

(三) 钢天窗架

上悬钢天窗、中悬钢天窗、电动采光排烟侧开型天窗。

(四) 钢挡风架

天窗挡风架、柱侧挡风架、山墙防风桁架、柱侧挡风架、山墙防风桁架等列入此项。

(五) 钢墙架

钢墙架是现代建筑工程中的一种金属结构建材，一般多由型钢制作而成为墙的骨架，并主要包括墙架柱、墙架梁和连接杆件。

（六）钢平台、钢走道

现代钢结构平台、走道结构形式多样，功能也一应俱全。其最大的特点是全组装式结构，设计灵活，可根据不同的现场情况设计并制造符合场地要求、使用功能要求及满足物流要求的钢结构平台、走道。在现代的存储中较为广泛应用，平台结构通常由铺板、主次梁、柱、柱间支撑，以及梯子、栏杆等组成并列入此项。

（七）钢梯

普通钢梯、屋面检修钢梯、吊车钢梯、中柱式钢螺旋钢梯、板式钢螺旋钢梯等列入此项。

（八）钢护栏

活动栏杆、平台栏杆等按此列项。

（九）钢漏斗

方形漏斗、圆形漏斗等按此列项。

（十）零星钢构件

指加工铁件等小型构件。

二、工程量计算与组价

（一）010606001 钢支撑、钢拉条

1. 工程量清单计算规则

按设计图示尺寸以质量计算，不扣除孔眼的质量，焊条、铆钉、螺栓等不另增加质量。

2. 工程量清单计算规则图解

（1）图例

见图 F.6-1～F.6-3。

图 F.6-1 钢支撑现场施工图

图例说明：某框架结构钢支撑，跨度为 3.8m，支撑长度为 3.66m。同一规格框架上有两根相同支撑，支撑截面规格为 L90×7 的角钢。计算钢支撑工程量。

（2）清单工程量

1）计算思路：先按照清单计量规则计算各零件重量，统计汇总后为该支撑清单量。

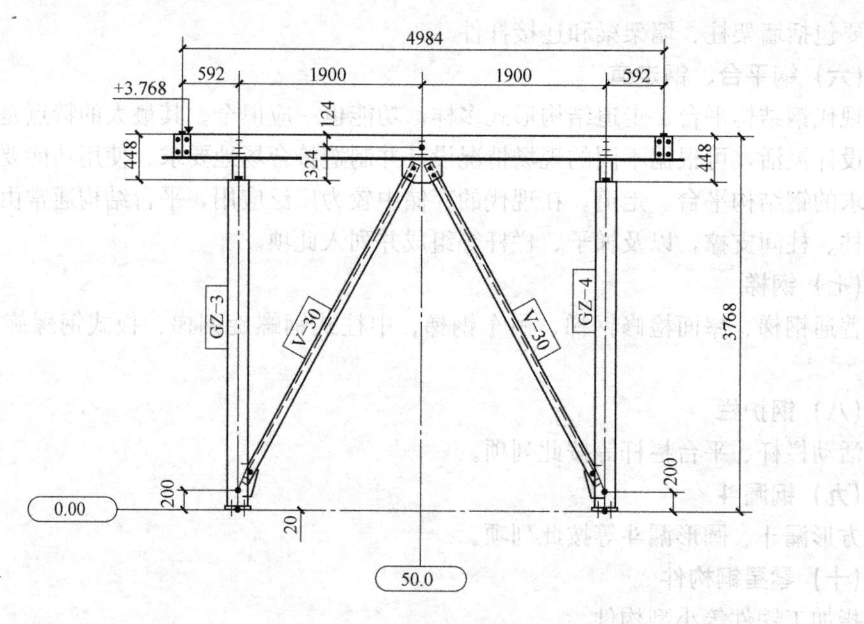

图 F. 6-2　钢支撑立面布置图

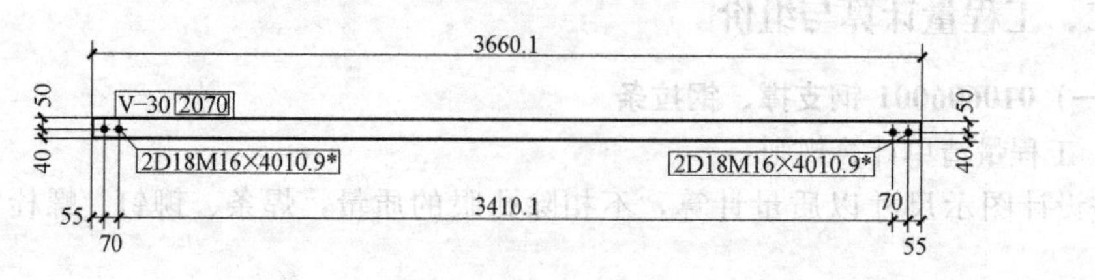

图 F. 6-3　钢支撑制作详图

在工程中一般采用列表统计量的方法。

板材：钢板长×钢板宽×钢板厚×钢材密度×零件数量。

型材：长度×单位长度重量×零件数量。

2）图例计算过程

型材：

零件编号为2070的清单工程量＝3.66(长度)×9.656(L90×7查《五金手册》)×2(零件数量)＝70.68kg

3. 工程量清单项目组价

(1) 定额工程量计算规则

钢构件按设计图示尺寸以质量计算。不扣除孔眼的质量，焊条、铆钉、螺栓等不另增加质量。

依附在漏斗或天沟的型钢并入漏斗或天沟工程量内。

(2) 定额计算规则图解

图例及计算方法同清单图例及计算方法，最终结果单位为 t，保留三位小数。

(二) 010606002 钢檩条

1. 工程量清单计算规则

按设计图示尺寸以质量计算，不扣除孔眼的质量，焊条、铆钉、螺栓等不另增加质量。

2. 工程量清单计算规则图解

(1) 图例

见图 F.6-4～图 F.6-6。

图 F.6-4 钢檩条现场施工图

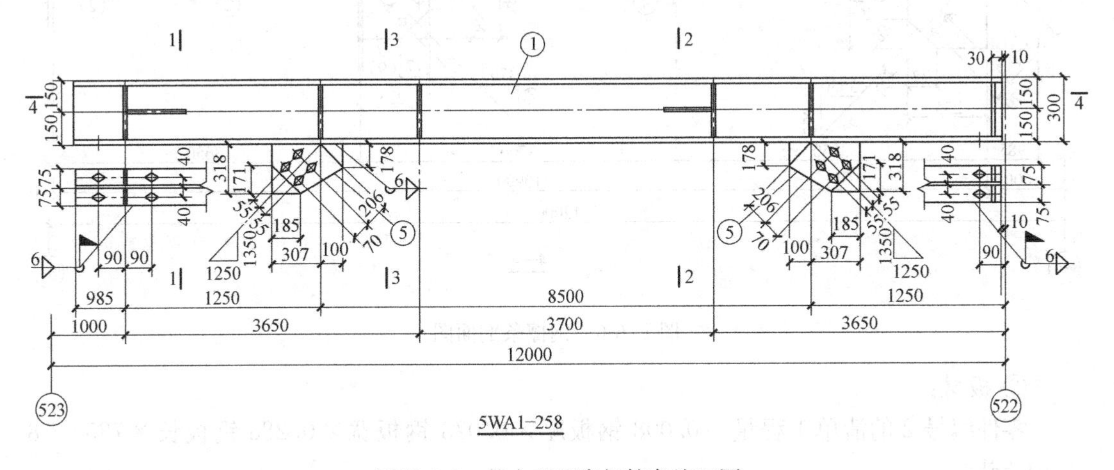

图 F.6-5 某大型厂房钢檩条施工图

图例说明：某大型厂房屋面钢檩条，由详图及1—1、2—2、3—3、4—4剖面图组成，檩条长度为12m，檩条主规格为H300×150×4.5×6的高频焊H型钢。计算钢檩条工程量。

(2) 清单工程量

1) 计算思路：先按照清单计量规则计算各零件重量，统计汇总后为檩条清单量。在工程中一般采用列表统计量的方法。

板材：钢板长×钢板宽×钢板厚×钢材密度×零件数量。

型材：长度×单位长度重量×零件数量。

2) 图例计算过程

① 型材：

零件编号为1的清单工程量＝[0.0045腹板厚×(0.3腹板高－0.006翼缘板厚×2)＋0.006翼缘板厚×0.15翼缘板宽×2]×11.975型钢长×7850×1＝291.04kg

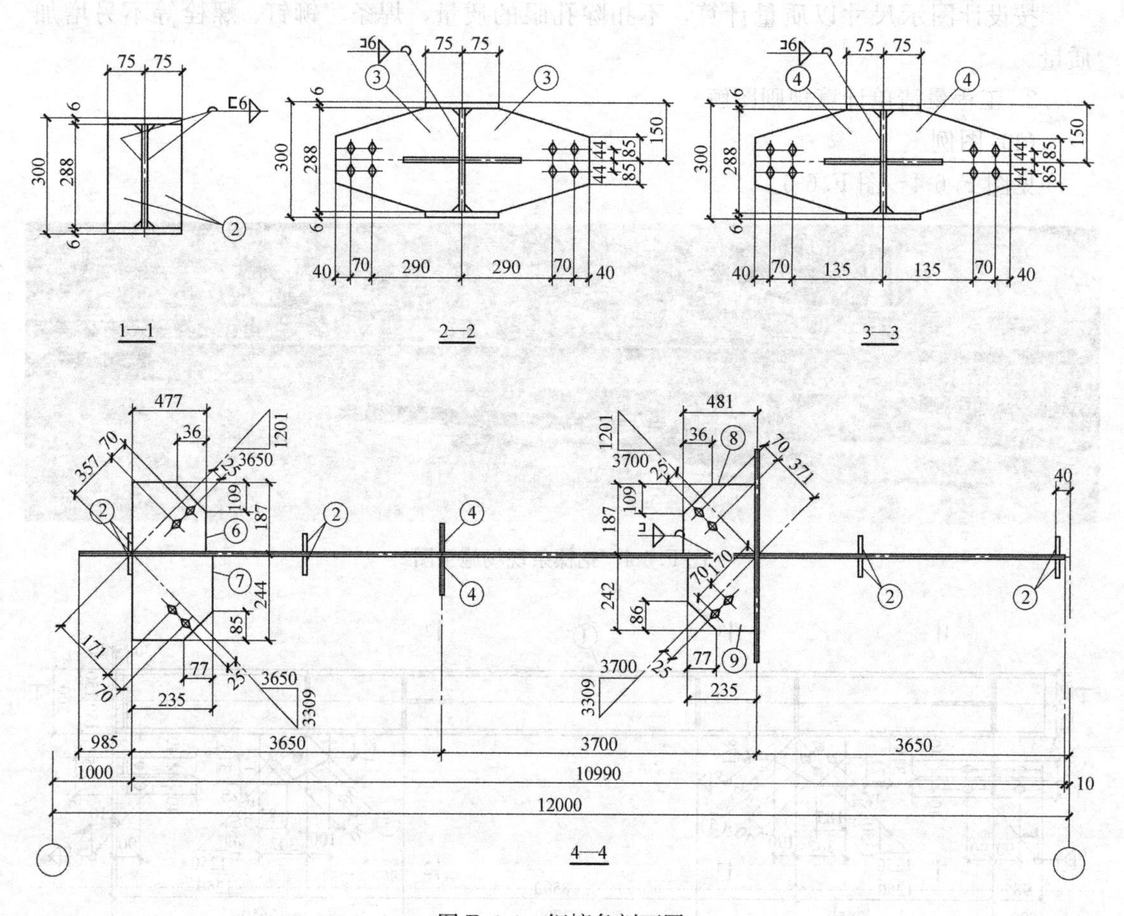

图 F. 6-6　钢檩条剖面图

② 板材：

零件编号 2 的清单工程量＝0.008 钢板厚×0.073 钢板宽×0.288 钢板长×7850×8＝10.56kg

其余零件计算方法见表 F. 6-1。

计算明细　　　　表 F. 6-1

零件标记	规 格	长度	计算式	数量	总重(kg)
1	H300×150×4.5×6	11975	＝(0.0045×(0.3－0.006×2)＋0.006×0.15×2)×11.975×7850×1	1	291.04
2	－73×8	288	＝0.008×0.073×0.288×7850×8	8	10.56
3	－288×8	397	＝0.008×0.288×0.397×7850×2	2	14.36
4	－243×8	288	＝0.008×0.243×0.288×7850×2	2	8.79
5	－318×8	407	＝0.008×0.318×0.407×7850×2	2	16.26
6	－185×8	473	＝0.008×0.185×0.473×7850×1	1	5.50
7	－231×8	242	＝0.008×0.231×0.242×7850×1	1	3.51
8	－185×8	477	＝0.008×0.185×0.477×7850×1	1	5.54
9	－231×8	240	＝0.008×0.231×0.240×7850×1	1	3.48
构件总重					359.04

3. 工程量清单项目组价

(1) 定额工程量计算规则

钢构件按设计图示尺寸以质量计算。不扣除孔眼的质量，焊条、铆钉、螺栓等不另增加质量。

依附在漏斗或天沟的型钢并入漏斗或天沟工程量内。

(2) 定额计算规则图解

图例及计算方法同清单图例及计算方法，最终结果单位为t，保留三位小数。

(三) 010606003 钢天窗架

1. 工程量清单计算规则

按设计图示尺寸以质量计算，不扣除孔眼的质量，焊条、铆钉、螺栓等不另增加质量。

2. 工程量清单计算规则图解

(1) 图例

见图F.6-7～图F.6-9。

图F.6-7 钢窗架施工图

图例说明：某大型厂房钢窗架系统图，跨度为12.81m，其高度为3m，其下为支撑屋架，THB15规格为L75×6的角钢。计算钢天窗架工程量。

(2) 清单工程量

1) 计算思路：先按照清单计量规则计算各零件重量，统计汇总后为该钢窗架清单量。在工程中一般采用列表统计量的方法。

板材：钢板长×钢板宽×钢板厚×钢材密度×零件数量

型材：长度×单位长度重量×零件数量

2) 图例计算过程

型材：

零件编号为824的清单工程量＝3.585(长度)×6.905(L75×6查《五金手册》)×1(零件数量)＝24.75kg

3. 工程量清单项目组价

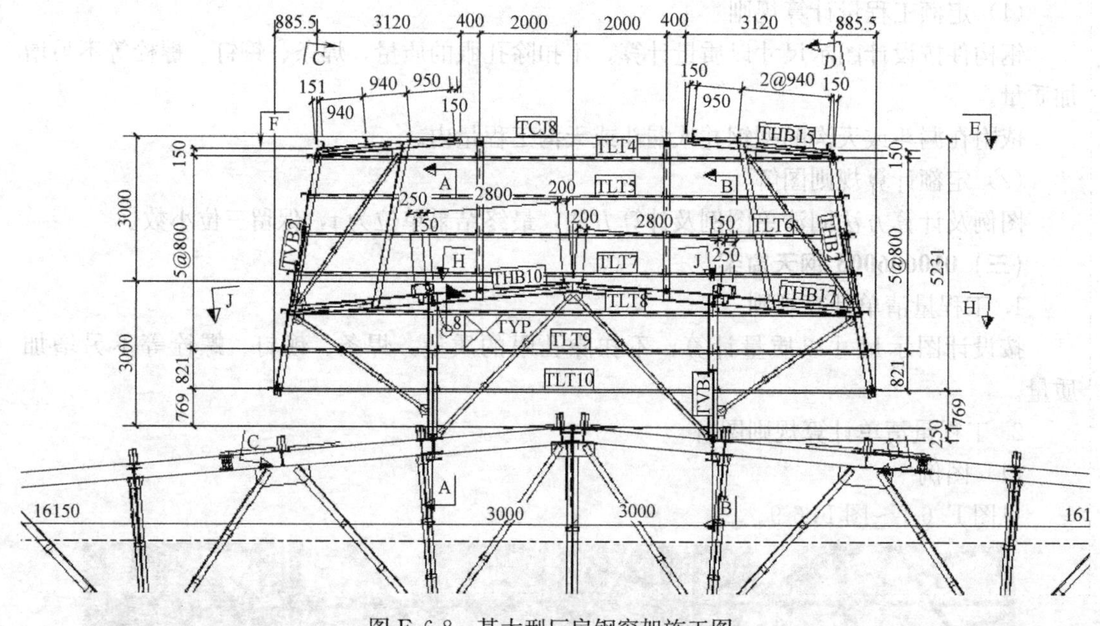

图 F. 6-8　某大型厂房钢窗架施工图

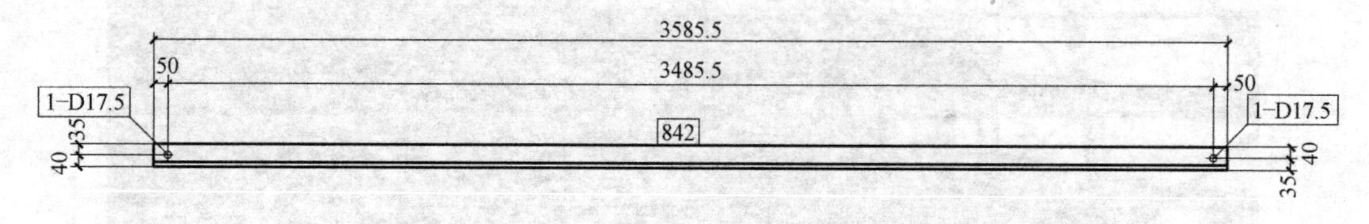

图 F. 6-9　钢窗架系统 THB15 构件详图

(1) 定额工程量计算规则

钢构件按设计图示尺寸以质量计算。不扣除孔眼的质量，焊条、铆钉、螺栓等不另增加质量。

依附在漏斗或天沟的型钢并入漏斗或天沟工程量内。

(2) 定额计算规则图解

图例及计算方法同清单图例及计算方法，最终结果单位为 t，保留三位小数。

(四) 010606004 钢挡风架

1. 工程量清单计算规则

按设计图示尺寸以质量计算，不扣除孔眼的质量，焊条、铆钉、螺栓等不另增加质量。

2. 工程量清单计算规则图解

参看本节（五）010606005 钢墙架部分图例及计算。

3. 工程量清单项目组价

(1) 定额工程量计算规则

钢构件按设计图示尺寸以质量计算。不扣除孔眼的质量，焊条、铆钉、螺栓等不另增加质量。

依附在漏斗或天沟的型钢并入漏斗或天沟工程量内。

(2) 定额计算规则图解

图例及计算方法参看钢墙架图例及计算方法，最终结果单位为 t，保留三位小数。

(五) 010606005 钢墙架

1. 工程量清单计算规则

按设计图示尺寸以质量计算，不扣除孔眼的质量，焊条、铆钉、螺栓等不另增加质量。

2. 工程量清单计算规则图解

(1) 图例

见图 F.6-10、图 F.6-11。

图 F.6-10　钢墙架施工图

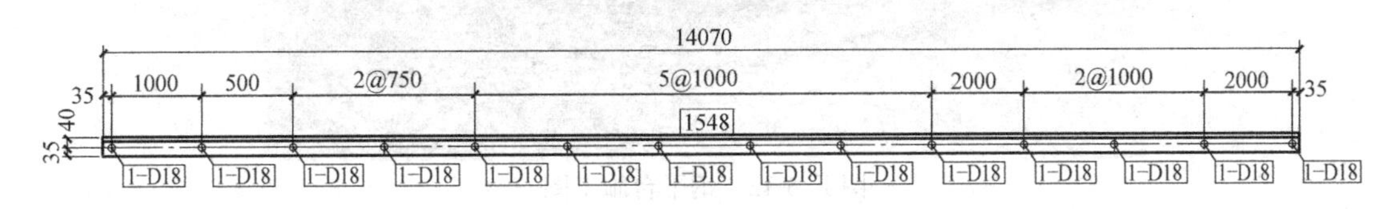

QJ17(QTY=1)

图 F.6-11　钢墙架系统构件详图

图例说明：某大型厂房钢墙架系统构件详图，其长度为 14.7m，构件主规格为 L75×6 的角钢，1－D18 表示开孔编号，该构件编号为 1548。计算钢墙架工程量。

(2) 清单工程量

1) 计算思路：先按照清单计量规则计算各零件重量，统计汇总后为该墙架清单量。在工程中一般采用列表统计量的方法。

板材：钢板长×钢板宽×钢板厚×钢材密度×零件数量。

型材：长度×单位长度重量×零件数量。

2) 图例计算过程

型材：

零件编号为 1548 的清单工程量＝14.07（长度）×6.905（L75×6 查《五金手册》）×1（零件数量）＝97.15kg

3. 工程量清单项目组价

（1）定额工程量计算规则

钢构件按设计图示尺寸以质量计算。不扣除孔眼的质量，焊条、铆钉、螺栓等不另增加质量。

依附在漏斗或天沟的型钢并入漏斗或天沟工程量内。

（2）定额计算规则图解

图例及计算方法同清单图例及计算方法，最终结果单位为t，保留三位小数。

（六）010606006 钢平台

1. 工程量清单计算规则

按设计图示尺寸以质量计算，不扣除孔眼的质量，焊条、铆钉、螺栓等不另增加质量。

2. 工程量清单计算规则图解

（1）图例

见图F.6-12～图F.6-15。

图F.6-12　钢平台施工图

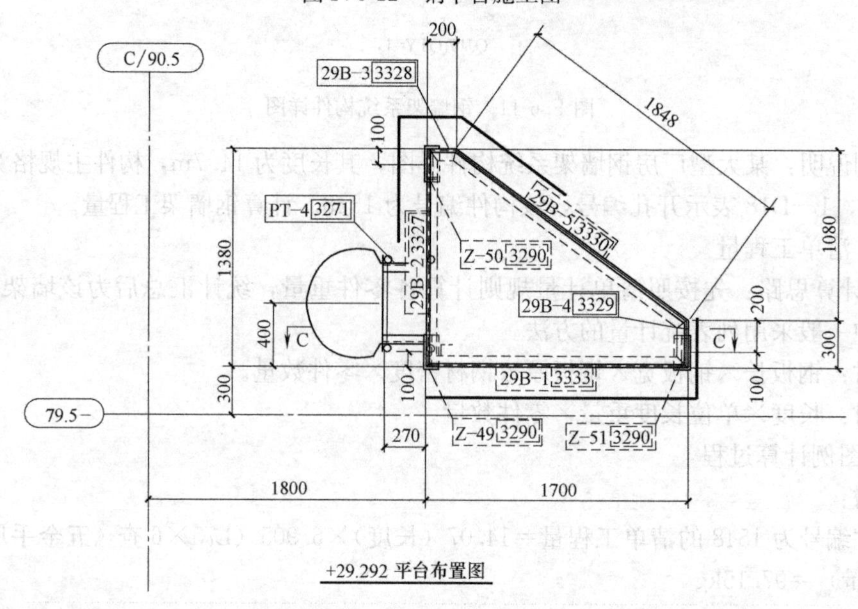

图F.6-13　钢平台平面布置图

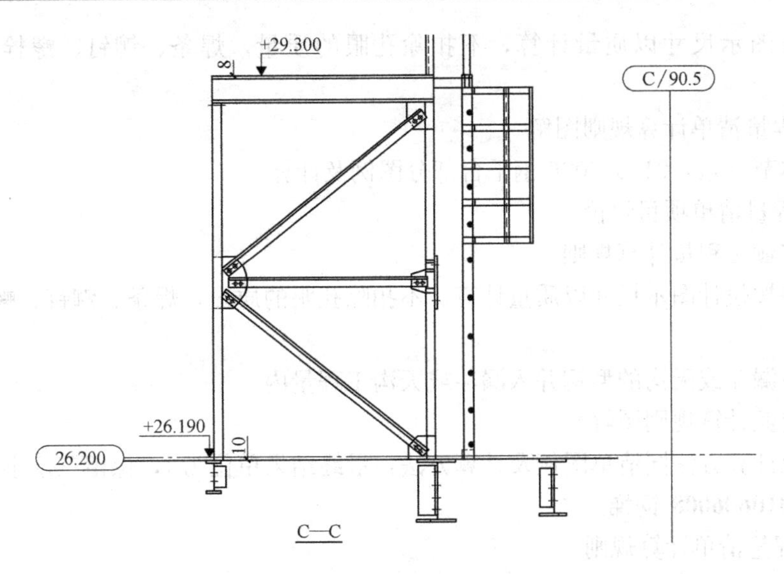

图 F.6-14 钢平台剖面图

图例说明：某大型框架钢平台详图，由布置图和剖面图可以看出，该平台由平台柱、平台梁、平台铺板、平台栏杆、直爬梯组成，为简化计算过程，实例只算 29B-2 平台梁重量，其余算法相同。29B-2 规格为 C20 的槽钢。计算钢平台工程量。

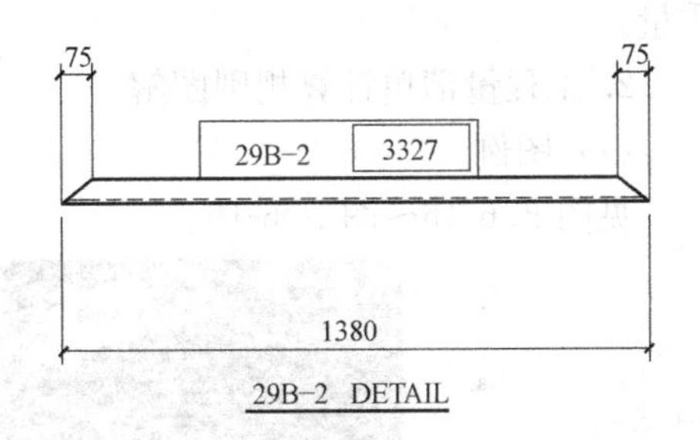

图 F.6-15 钢平台编号为 29B-2 构件详图

(2) 清单工程量

1) 计算思路：先按照清单计量规则计算各零件重量，统计汇总后为该钢平台清单量。在工程中一般采用列表统计量的方法。

板材：钢板长×钢板宽×钢板厚×钢材密度×零件数量。

型材：长度×单位长度重量×零件数量。

2) 图例计算过程

型材：

零件编号为 3327 的清单工程量＝1.38（长度）×25.777（C20 查《五金手册》）×1（零件数量）＝35.57kg

3. 工程量清单项目组价

(1) 定额工程量计算规则

钢构件按设计图示尺寸以质量计算。不扣除孔眼的质量，焊条、铆钉、螺栓等不另增加质量。

依附在漏斗或天沟的型钢并入漏斗或天沟工程量内。

(2) 定额计算规则图解

图例及计算方法同清单图例及计算方法，最终结果单位为 t，保留三位小数。

(七) 010606007 钢走道

1. 工程量清单计算规则

按设计图示尺寸以质量计算，不扣除孔眼的质量，焊条、铆钉、螺栓等不另增加质量。

2. 工程量清单计算规则图解

参看本节（六）010606006 钢平台部分图例及计算。

3. 工程量清单项目组价

(1) 定额工程量计算规则

钢构件按设计图示尺寸以质量计算。不扣除孔眼的质量，焊条、铆钉、螺栓等不另增加质量。

依附在漏斗或天沟的型钢并入漏斗或天沟工程量内。

(2) 定额计算规则图解

图例及计算方法同清单图例及计算方法，最终结果单位为 t，保留三位小数。

(八) 010606008 钢梯

1. 工程量清单计算规则

按设计图示尺寸以质量计算，不扣除孔眼的质量，焊条、铆钉、螺栓等不另增加质量。

2. 工程量清单计算规则图解

(1) 图例

见图 F. 6-16～图 F. 6-19。

图 F. 6-16　钢楼梯现场施工图

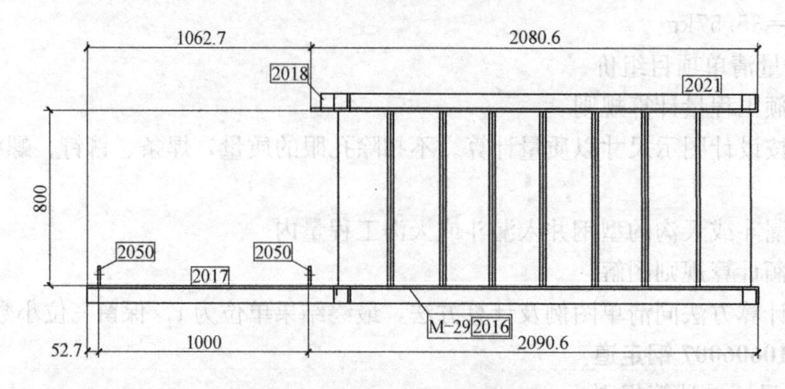

图 F. 6-17　钢梯平面布置图

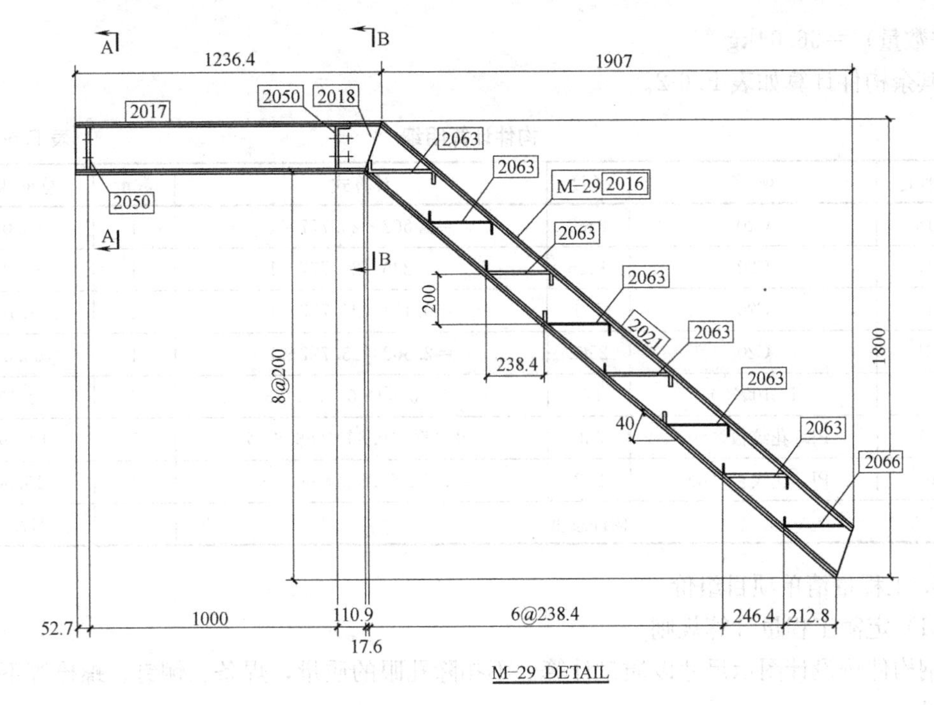

图 F. 6-18 钢梯立面图

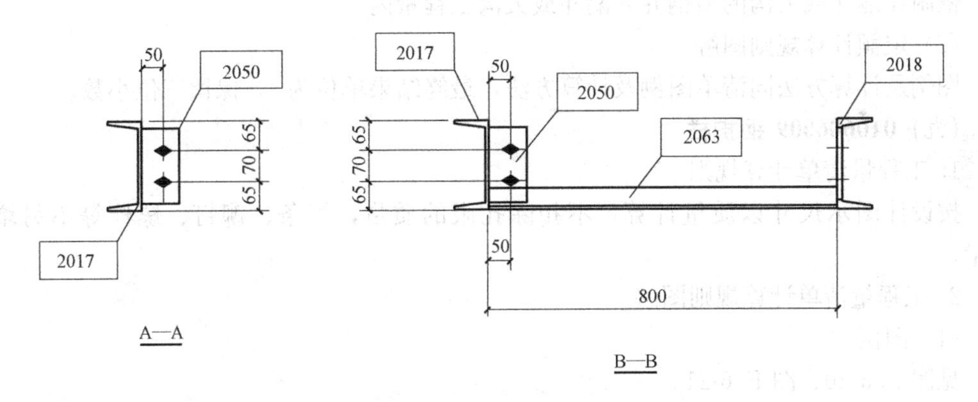

图 F. 6-19 钢梯剖面图

图例说明：某大型框架钢梯详图，由布置图和剖面图可以看出，该平台由钢踏步、梯梁、平台铺板组成，由图可知梯高 2.8m，梯宽 0.8m，梯段斜长 2.08m，平台长 1.62m。计算钢梯工程量。

（2）清单工程量

1）计算思路：先按照清单计量规则计算各零件重量，统计汇总后为该柱钢梯清单量。在工程中一般采用列表统计量的方法。

板材：钢板长×钢板宽×钢板厚×钢材密度×零件数量。

型材：长度×单位长度重量×零件数量。

2）图例计算过程

型材：

零件编号为 2016 的清单工程量＝2.562（长度）×25.777（C20 查《五金手册》）×1

（零件数量）＝66.04kg

其余构件计算如表 F.6-2。

构件计算明细　　　　表 F.6-2

零件标记	规 格	长度	计算式	数量	总重(kg)
2016	C20	2562	＝2.562×25.777×1	1	66.04
2017	C20	1236	＝1.236×25.777×1	1	31.86
2018	C20	174	＝0.174×25.777×1	1	4.49
2021	C20	2562	＝2.562×25.777×1	1	66.04
2050	PL10×90	170	＝0.01×0.09×0.17×7850×2	2	2.40
2063	PL8 花纹板×800	350	＝0.350×0.800×66.8×7	7	130.93
2066	PL8 花纹板×800	292	＝0.292×0.800×66.8×1	1	15.60
构件总重					317.36

3. 工程量清单项目组价

（1）定额工程量计算规则

钢构件按设计图示尺寸以质量计算。不扣除孔眼的质量，焊条、铆钉、螺栓等不另增加质量。

依附在漏斗或天沟的型钢并入漏斗或天沟工程量内。

（2）定额计算规则图解

图例及计算方法同清单图例及计算方法，最终结果单位为 t，保留三位小数。

（九）010606009 钢护栏

1. 工程量清单计算规则

按设计图示尺寸以质量计算，不扣除孔眼的质量，焊条、铆钉、螺栓等不另增加质量。

2. 工程量清单计算规则图解

（1）图例

见图 F.6-20、图 F.6-21。

图 F.6-20　钢护栏现场施工图

图例说明：某大型框架护栏详图，该护栏由立柱、横杆、踢脚板等组成，上图中护栏

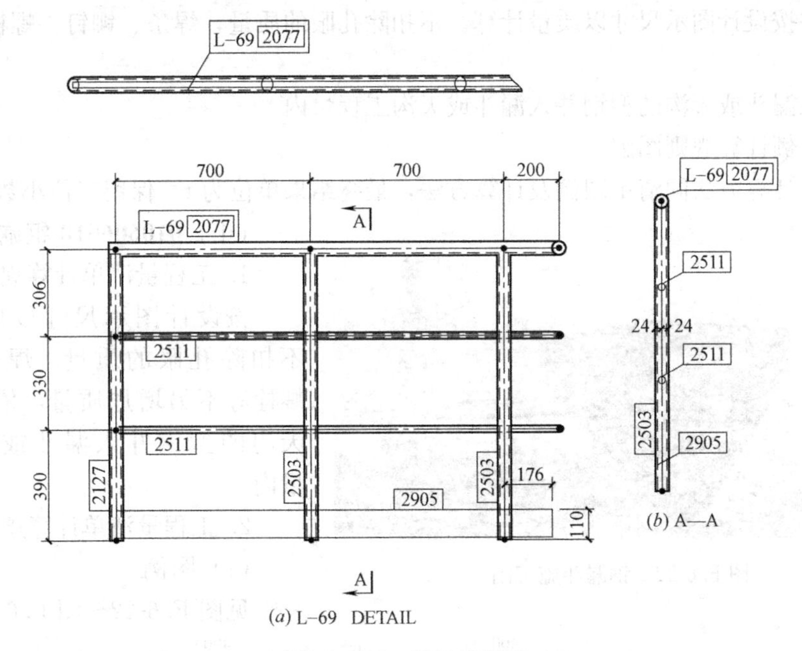

图 F.6-21 钢护栏详图

长 1.6m，栏杆高 1.05m。计算钢护栏工程量。

（2）清单工程量

1）计算思路：先按照清单计量规则计算各零件重量，统计汇总后为该栏杆清单量。在工程中一般采用列表统计量的方法。

板材：钢板长×钢板宽×钢板厚×钢材密度×零件数量。

型材：长度×单位长度重量×零件数量。

2）图例计算过程

型材：

零件编号为 2077 的清单工程量＝1.648（长度）×3.87（48×3.5 焊管查《五金手册》）×1（零件数量）＝6.38kg

表 F.6-3 为整个栏杆的计算明细。

栏杆计算明细 表 F.6-3

零件标记	规 格	长度	计算式	数量	总重(kg)
2077	PIP48×3.5	1648	＝1.648×3.87×1	1	6.38
2127	PIP48×3.5	1050	＝1.050×3.87×1	1	4.06
2503	PIP48×3.5	1026	＝1.026×3.87×2	2	7.94
2511	PIP26.8×2.75	1613	＝1.613×1.66×2	2	5.36
2905	PL4×100	1576	＝0.004×0.1×1.567×7850×1	1	4.92
构件总重(kg)					28.66

3. 工程量清单项目组价

（1）定额工程量计算规则

钢构件按设计图示尺寸以质量计算。不扣除孔眼的质量，焊条、铆钉、螺栓等不另增加质量。

依附在漏斗或天沟的型钢并入漏斗或天沟工程量内。

（2）定额计算规则图解

图例及计算方法同清单图例及计算方法，最终结果单位为t，保留三位小数。

图F.6-22　钢漏斗施工图

（十）010606010 钢漏斗

1. 工程量清单计算规则

按设计图示尺寸以质量计算，不扣除孔眼的质量，焊条、铆钉、螺栓等不另增加质量，依附漏斗或天沟的型钢并入漏斗或天沟工程量内。

2. 工程量清单计算规则图解

（1）图例

见图F.6-22～图F.6-24。

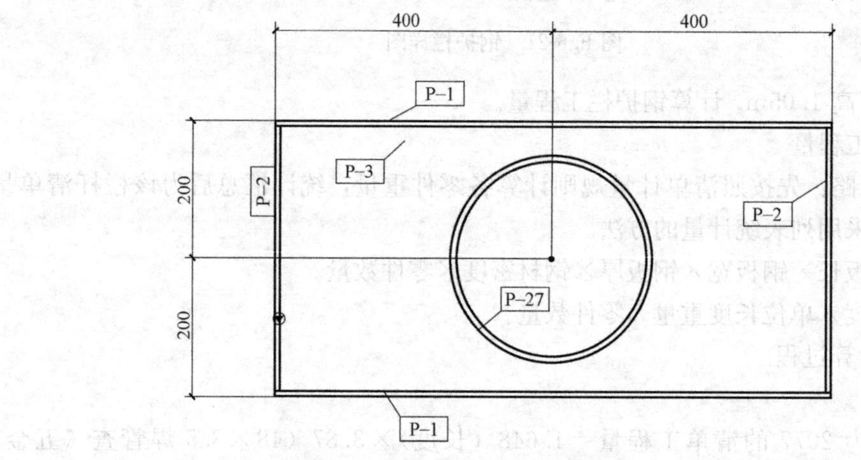

图F.6-23　钢漏斗平面图

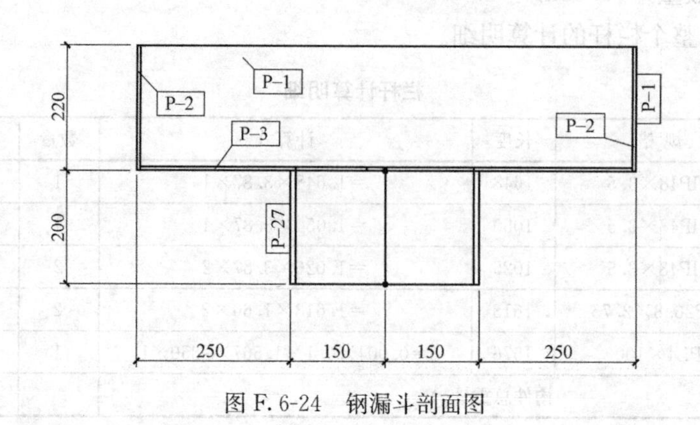

图F.6-24　钢漏斗剖面图

图例说明：某大型厂房漏斗详图，漏斗长0.8m、宽0.4m、高4.2m，其零件P-1为－6×800×200钢板、P-2为－6×220×388钢板、P-3为－6×388×788钢板、P-27为

D300×8×200 钢管。计算钢漏斗工程量。

（2）清单工程量

1）计算思路：先按照清单计量规则计算各零件重量，统计汇总后为该漏斗清单量。在工程中一般采用列表统计量的方法。

板材：钢板长×钢板宽×钢板厚×钢材密度×零件数量。

型材：长度×单位长度重量×零件数量。

2）图例计算过程

① 例 1：零件编号为 P-1 的清单工程量＝0.006（钢板厚）×0.220（钢板宽）×0.800（钢板长）×7850×2＝16.58kg

零件编号为 P-2 的清单工程量＝0.006（钢板厚）×0.220（钢板宽）×0.388（钢板长）×7850×2＝8.04kg

零件编号为 P-3 的清单工程量＝0.006（钢板厚）×0.388（钢板宽）×0.788（钢板长）×7850×1＝14.40kg

② 例 2：型材

零件编号为 P-27 的清单工程量＝0.2（长度）×57.41（D300×查《五金手册》）×1（零件数量）＝11.48kg

该漏斗的工程量为：16.58＋8.04＋14.40＋11.48＝50.50kg

3. 工程量清单项目组价

（1）定额工程量计算规则

钢构件按设计图示尺寸以质量计算。不扣除孔眼的质量，焊条、铆钉、螺栓等不另增加质量。

依附在漏斗或天沟的型钢并入漏斗或天沟工程量内。

（2）定额计算规则图解

图例及计算方法同清单图例及计算方法，最终结果单位为 t，保留三位小数。

（十一）010606011 钢板天沟

1. 工程量清单计算规则

按设计图示尺寸以质量计算，不扣除孔眼的质量，焊条、铆钉、螺栓等不另增加质量，依附漏斗或天沟的型钢并入漏斗或天沟工程量内。

2. 工程量清单计算规则图解

参看钢漏斗图例及计算。

3. 工程量清单项目组价

（1）定额工程量计算规则

钢构件按设计图示尺寸以质量计算。不扣除孔眼的质量，焊条、铆钉、螺栓等不另增加质量。

依附在漏斗或天沟的型钢并入漏斗或天沟工程量内。

（2）定额计算规则图解

图例及计算方法参看钢漏斗图例及计算方法，最终结果单位为 t，保留三位小数。

（十二）010606012 钢支架

1. 工程量清单计算规则

按设计图示尺寸以质量计算，不扣除孔眼的质量，焊条、铆钉、螺栓等不另增加质量。

2. 工程量清单计算规则图解

（1）图例

见图F. 6-25～图F. 6-28。

图F. 6-25　钢支架施工图

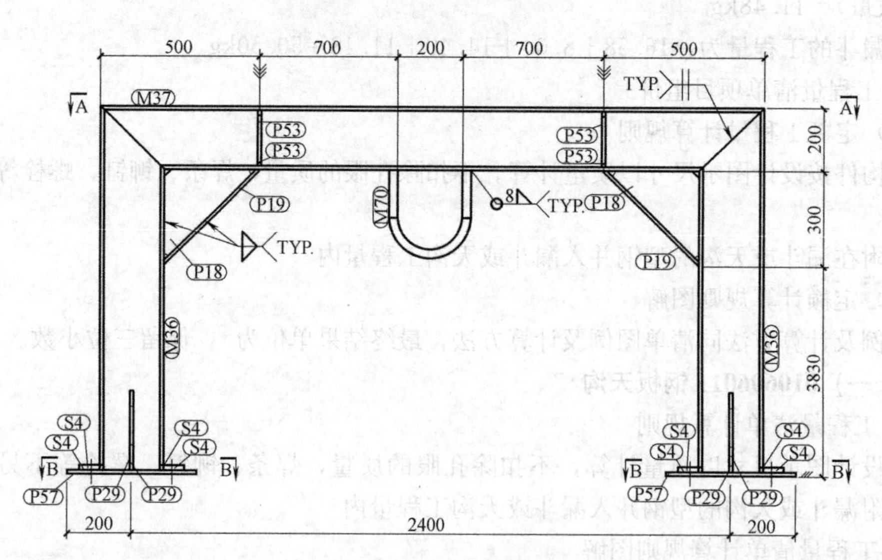

图F. 6-26　钢支架详图

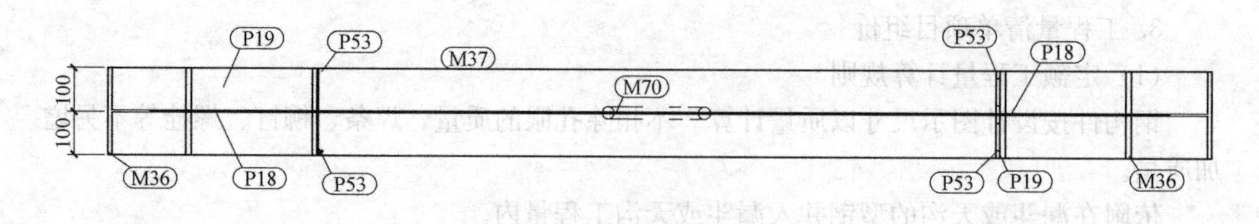

图F. 6-27　钢支架剖面图（一）

图例说明：某大型厂房支架详图，其主结构为HW200×200×8×12的H型钢，该支架跨度为2.4m，高度为4.33m。计算钢支架工程量。

（2）清单工程量

1）计算思路：先按照清单计量规则计算各零件重量，统计汇总后为该支架清单量。在工程中一般采用列表统计量的方法。

板材：钢板长×钢板宽×钢板厚×钢材密度×零件数量。

型材：长度×单位长度重量×零件数量。

2）图例计算过程

例：型材

零件编号为M36的清单工程量=4.314（长度）×50.5（HW200×200×8×12查《五金手册》）×2（零件数量）=435.71kg

表F.6-4为整个支架的计算明细。

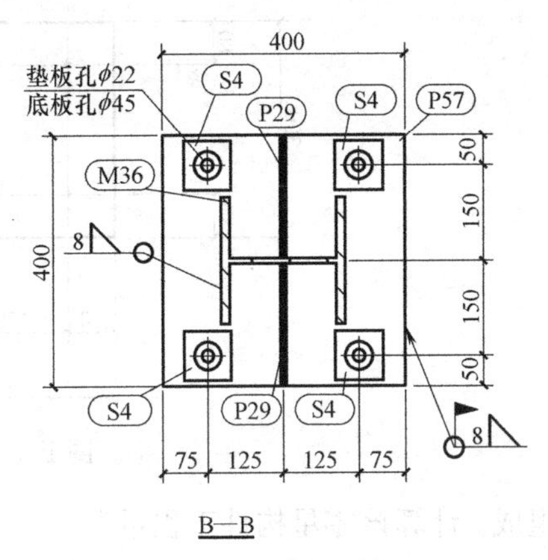

图F.6-28　钢支架剖面图（二）

支架计算明细　　表F.6-4

零件标记	规格	长度	计算式	数量	总重(kg)
M36	HW200×200×8×12	4314	=4.314×50.5×2	2	435.71
M37	HW200×200×8×12	2600	=2.600×50.5×1	1	131.30
M70	D28	658	=0.658×4.83×1	1	3.18
P18	PL10×272	271	=0.010×0.272×0.271×7850×2	2	11.57
P19	PL10×200	424	=0.010×0.200×0.424×7850×2	2	13.31
P29	PL10×196	250	=0.010×0.196×0.250×7850×4	4	15.39
P53	PL8×96	176	=0.008×0.096×0.176×7850×4	4	4.24
P57	PL16×400	400	=0.016×0.400×0.400×7850×2	2	40.19
S4	PL16×80	80	=0.016×0.080×0.080×7850×8	8	6.43
构件总重					661.32

3. 工程量清单项目组价

（1）定额工程量计算规则

钢构件按设计图示尺寸以质量计算。不扣除孔眼的质量，焊条、铆钉、螺栓等不另增加质量。

依附在漏斗或天沟的型钢并入漏斗或天沟工程量内。

（2）定额计算规则图解

图例及计算方法同清单图例及计算方法，最终结果单位为t，保留三位小数。

（十三）010606013 零星钢结构

1. 工程量清单计算规则

按设计图示尺寸以质量计算，不扣除孔眼的质量，焊条、铆钉、螺栓等不另增加质量。

2. 工程量清单计算规则图解

（1）图例

见图F.6-29。

图例说明：某零星钢结构埋件详图，该埋件由20mm厚300×300的钢板和4根钢筋

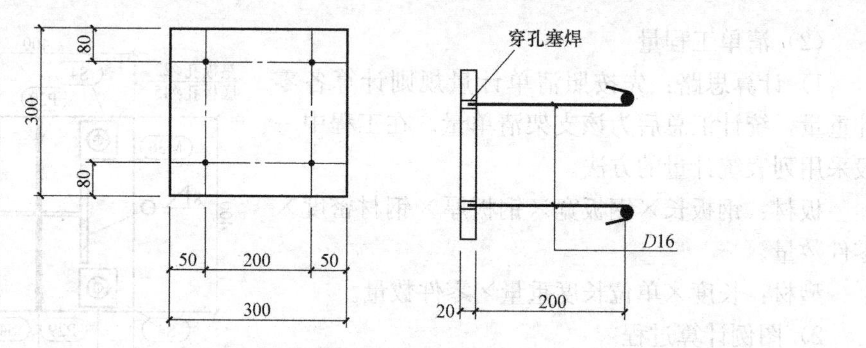

图 F. 6-29　零星钢结构铁件详图

组成。计算该零星构件工程量。

(2) 清单工程量

1) 计算思路：先按照清单计量规则计算各零件重量，统计汇总后为该铁件清单量。

板材：钢板长×钢板宽×钢板厚×钢材密度×零件数量。

型材：长度×单位长度重量×零件数量。

2) 图例计算过程

埋件工程量：0.02×0.3×0.3×7850×1+(0.2+5×0.016)×1.58×4=15.90kg

3. 工程量清单项目组价

(1) 定额工程量计算规则

钢构件按设计图示尺寸以质量计算。不扣除孔眼的质量，焊条、铆钉、螺栓等不另增加质量。

依附在漏斗或天沟的型钢并入漏斗或天沟工程量内。

(2) 定额计算规则图解

图例及计算方法同清单图例及计算方法，最终结果单位为 t，保留三位小数。

F.7　金属制品

一、项目的划分

项目划分为成品空调金属百页护栏、成品栅栏、成品雨篷、金属网栏、砖块墙钢丝网加固、后浇带金属网。

(一) 钢丝网、金属网

钢丝网区分砌块墙钢丝网和抹灰钢丝网，都按照砌块墙钢丝网列项，注意区分材料和加固方式。

后浇带金属网单独列项。

二、工程量计算与组价

(一) 010607001 成品空调金属百页护栏

1. 工程量清单计算规则

按设计图示尺寸等以框外围展开面积计算。

2. 工程量清单计算规则图解

(1) 图例

见图 F. 7-1。

图 F. 7-1 空调百页护栏

图例说明：图示空调百页护栏，每个长度 900mm，宽度 350mm，高度 500mm，计算图示单个护栏工程量。

(2) 清单工程量

计算思路：框扣尺寸 30mm，护栏尺寸扣减框扣尺寸后计算护栏工程量。

计算结果：$S=(0.9-0.06)\times(0.5-0.03)+(0.35-0.06)\times(0.5-0.03)\times2$

$=0.67\text{m}^2$

3. 工程量清单项目组价

(1) 定额工程量计算规则

成品空调金属百页护栏按设计图示尺寸等以框外围展开面积计算。

(2) 定额计算规则图解

图例及计算方法同清单图例及计算方法。

(二) 010607002 成品栅栏

1. 工程量清单计算规则

按设计图示尺寸以框外围展开面积计算。

2. 工程量清单计算规则图解

(1) 图例

见图 F. 7-2。

图例说明：图示成品栅栏每段长度 1500mm，高度 1050m，计算单段栅栏的工程量。

(2) 清单工程量

1) 计算思路：框扣尺寸 30mm，栅栏尺寸减去框扣尺寸后的面积。

2) 图例计算结果：$s=(1.5-0.06)\times(1.05-0.03)$

$=1.47\text{m}^2$

3. 工程量清单项目组价

(1) 定额工程量计算规则

图 F. 7-2 成品栅栏

成品栅栏按设计图示尺寸等以框外围展开面积计算。

(2) 定额计算规则图解

图例及计算方法同清单图例及计算方法。

(三) 010607003 成品雨篷

1. 工程量清单计算规则

(1) 以米计算，按设计图示接触边以米计算。

(2) 以平方米计算，按设计图示尺寸以展开面积计算。

图 F. 7-3 钢结构玻璃雨篷

说明：

以米计量时，必须描述雨篷宽度。

2. 工程量清单计算规则图解

(1) 图例

见图 F. 7-3。

图例说明：钢结构玻璃雨棚，长3000mm，宽 1500mm，计算雨篷工程量。

(2) 清单工程量

1) 计算思路：依据计算规则，按接触边计算或按设计图示尺寸以展开面积计算。

2) 图例计算过程

以米计算：$L=3\text{m}$。

以平方米计算：$s=3\times1.5=4.5\text{m}^2$。

3. 工程量清单项目组价

(1) 定额工程量计算规则

定额工程量计算规则同清单工程量计算规则。

(2) 定额计算规则图解

图例及计算方法同清单图例及计算方法，最终结果单位为 t，保留三位小数。

(四) 010607004 金属网栏

1. 工程量清单计算规则

按设计图示尺寸以框外围展开面积计算。

说明：

网栏分类：网栏主要分为桃型柱网栏、双边丝网栏、双圈网栏、三角弯折网栏、波浪网栏、框架网栏。

桃型柱网栏：桃型柱网栏是一种新型的防护产品，现主要用于发达城市的公路、铁路、高速公路、住宅小区、桥梁、飞机场、工厂、体育场、绿地等的防护。本产品也有很多叫法，如：桃型柱隔离栅、围栏、护栏网等。它具有美观大方、不受地形起伏限制及安装方便、规格多样等特点。桃型柱护栏网产品规格可根据客户要求定做。

双边丝网栏：双边丝网栏是一种采用冷拔低碳丝焊接成网筒状卷边与网面一体的隔离栅产品，在使用时将连接附件与钢管支柱一起进行固定，此种双圈网栏通常采用编焊而成；主要用于铁路、公路、高速公路、飞机场、桥梁、小区、工厂、建筑工地、港口、绿地等的美化防护。双边丝网栏又名双边丝护栏网、隔离栅、网栏。具有结构简练、便于运输安装、不受地形起伏限制，特别是对于山地、坡地、多弯地带适应性极强，坚固耐用、价格中等偏低、适合大面积采用的特点。

双圈网栏：双圈网栏可用于公路、铁路、桥梁、高速公路、住宅小区、工厂、建筑工地、飞机场、体育场、港口、绿地的装饰防护。双圈隔离栅是南方的叫法，北方叫作双圈护栏网、双圈围栏、双圈护栏网。其产品具有造型美观、花色多样等特点。双圈网栏规格可按客户要求定做，价格较低。

三角折弯网栏：三角折弯网栏是将焊接的优质丝、片经过加工折弯后组装而成的，折弯既增加美观性，同时增加网片强度，两者兼得。主要应用于学校、小区、公路、高速公路、铁路、桥梁、飞机场、港口、体育场、建筑工地、公园、绿地、封山护林等地区的防护。另有折弯护栏网、折弯围栏、折弯护栏网的叫法。折弯隔离栅具有防腐、防老化、抗晒、耐高低温、结构简练、美观实用、便于运输安装，防盗性能好，折弯隔离栅受实际地形限制小，对于山地、坡地、多弯地带适应性极强，价格适中的特点。

波浪网栏：波浪网栏用优质盘条作为原材料，经由镀锌、pvc 热缩粉末浸塑保护的焊接式卷网或片网与立柱主要用特制的塑料卡子或高强度不锈钢钢丝卡子连接而成；水平双线（间隔平均分布）的设计加强了围网的坚固程度，而网线的波浪形状则使围网的外形更加美观。主要用于高速公路、飞机场、铁路、小区、工厂、建筑工地、港口码头、绿地、封山护林、畜牧、饲养等的防护。又名荷兰网、波浪护栏网、围栏、护栏网。具有安装方便、牢固、价格低等特点。波浪网栏产品规格可根据客户要求加工定做。

框架网栏：框架网栏是用冷拔低碳钢丝焊接而成的，用连接附件与钢管支柱固定。主要用于厂区围栏、高速公路、铁路、机场、桥梁、飞机场、绿地、小区、建筑工地、码头港口等领域；框架隔离栅还有框架护栏网—框架围栏—框架护栏网的叫法；强度高、刚性好、造型美观、安装简便、感觉明亮、价格低、坚固耐用、不易褪色等特点。框架网栏产品规格可根据客户要求加工定做。

2. 工程量清单计算规则图解

(1) 图例

见图 F. 7-4。

图 F. 7-4　金属网栏

图例说明：网栏总长 15m，高 2m，计算网栏工程量。

(2) 清单工程量

图例计算结果：$s=15\times2=30\text{m}^2$

3. 工程量清单项目组价

（1）定额工程量计算规则

金属网栏按设计图示尺寸以框外围展开面积计算。

（2）定额计算规则图解

图例及计算方法同清单图例及计算方法。

（五）010607005 砌块墙钢丝网加固

1. 工程量清单计算规则

按设计图示尺寸以面积计算。

说明：

一般在填充墙与框架梁底和框架柱的交界处以及两种不同墙体材料（结构墙与砌块墙）交接处及线槽电盒处，为了控制裂缝需布设钢丝网。一般为宽 200mm，缝两边各 100mm。当抹灰总厚度大于或等于 35mm 时应采取加强措施：1）在抹灰层的中间加钉一层铁丝网；2）当厚度大于 50mm 时，应用 $\phi6$ 钢筋焊成 300×300 的方格网，并用钢筋与主体焊接牢固。

2. 工程量清单计算规则图解

（1）图例

见图 F.7-5、图 F.7-6。

图 F.7-5 钢丝网

图 F.7-6 墙上梁底钢丝网片

（2）清单工程量

图例说明：如图 F.7-6 所示，墙长 3.6m，钢丝网片宽 200mm，计算钢丝网片工程量。

图例计算结果：$s=3.6\times0.2=0.72\text{m}^2$

3. 工程量清单项目组价

（1）定额工程量计算规则

砌块墙钢丝网加固按设计图示尺寸以面积计算。

（2）定额计算规则图解

图例及计算方法同清单图例及计算方法。

（六）010607006 后浇带金属网

1. 工程量清单计算规则

按设计图示尺寸以面积计算。

2. 工程量清单计算规则图解

参看本节（五）010607005 砌块墙钢丝网加固部分。

3. 工程量清单项目组价

（1）定额工程量计算规则

定额工程量计算规则同清单工程量计算规则。

（2）定额计算规则图解

图例及计算方法参看本节（五）010607005 砌块墙钢丝网加固部分。

附录G　木结构工程

G.1　木　屋　架

一、项目的划分

项目划分为木屋架、钢木屋架。

（一）木屋架

由木材制成的桁架式屋盖构件，称之为木屋架。常用的木屋架是方木或圆木连接的豪式木屋架，一般分为三角形和梯形两种。

（二）钢木屋架

钢木屋架是指受压杆件如上弦杆及斜杆均采用木材制作，受拉杆件如下弦杆及拉杆均采用钢材制作，拉杆一般用圆钢材料，下弦杆可以采用圆钢或型钢材料的屋架。

（三）计算和列项说明

（1）屋架的跨度应以上、下弦中心线两交点之间的距离计算。

（2）带气楼的屋架和马尾、折角以及正交部分的半屋架，按相关屋架项目编码列项。

（3）以榀计量，按标准图设计的应注明标准图代号，按非标准图设计的项目特征必须按清单要求予以描述。

二、工程量计算与组价

（一）010701001 木屋架

1. 工程量清单计算规则

（1）以榀计量，按设计图示数量计算。

（2）以立方米计量，按设计图示的规格尺寸以体积计算。

说明：以榀计量时，必须描述跨度、规格。

2. 工程量清单计算规则图解

（1）图例

见图G.1-1、图G.1-2。

图例说明：6m跨度普通木屋架，一面刨光，上弦杆规格为160mm×160mm，腹杆规格为100mm×100mm，立杆规格为100mm×100mm，下弦杆规格为160mm×160mm；中间立杆高1500mm，两侧立杆高各为750mm，上弦杆长3354mm。计算木屋架工程量。

（2）清单工程量

计算结果：榀数

图 G.1-1 木屋架

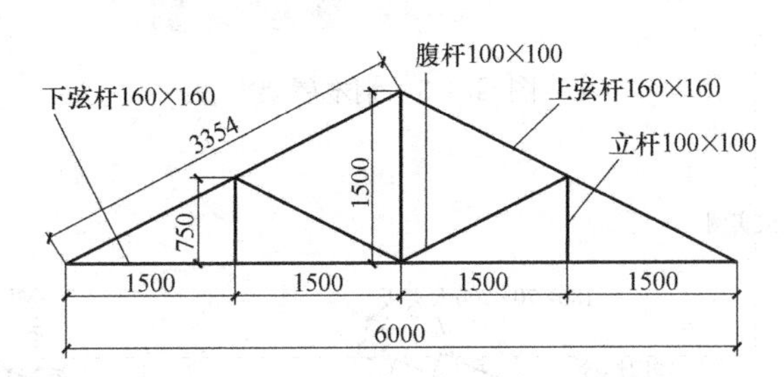

图 G.1-2 6m 跨度普通木屋架

或体积＝截面面积×长度

$$V = 0.16\times0.16\times3.354\times2+0.16\times0.16\times6+0.1\times0.1\times1.5+0.1\times0.1\times0.75\times2 + \sqrt{(1.5\times1.5+0.75\times0.75)}\times2\times0.1\times0.1 = 0.39\text{m}^3$$

3. 工程量清单项目组价

(1) 定额工程量计算规则

木屋架按设计图示的规格尺寸以体积计算。

带气楼的屋架和马尾、折角、正交部分的半屋架以及与屋架连接的挑檐木、支撑等木构件并入相连的屋架工程量中。

(2) 定额工程量

体积＝截面面积×长度

$$V = (0.16+0.003)\times(0.16+0.003)\times3.354\times2+(0.16+0.003)\times(0.16+0.003)\times6+(0.1+0.003)\times(0.1+0.003)\times1.5+(0.1+0.003)\times(0.1+0.003)\times0.75\times2+\sqrt{(1.5\times1.5+0.75\times0.75)}\times2\times(0.1+0.003)\times(0.1+0.003) = 0.41\text{m}^3$$

(二) 010701002 钢木屋架

1. 工程量清单计算规则

以榀计量，按设计图示数量计算。

2. 工程量清单计算规则图解

(1) 图例

见图 G. 1-3、图 G. 1-4。

图 G. 1-3 钢木屋架

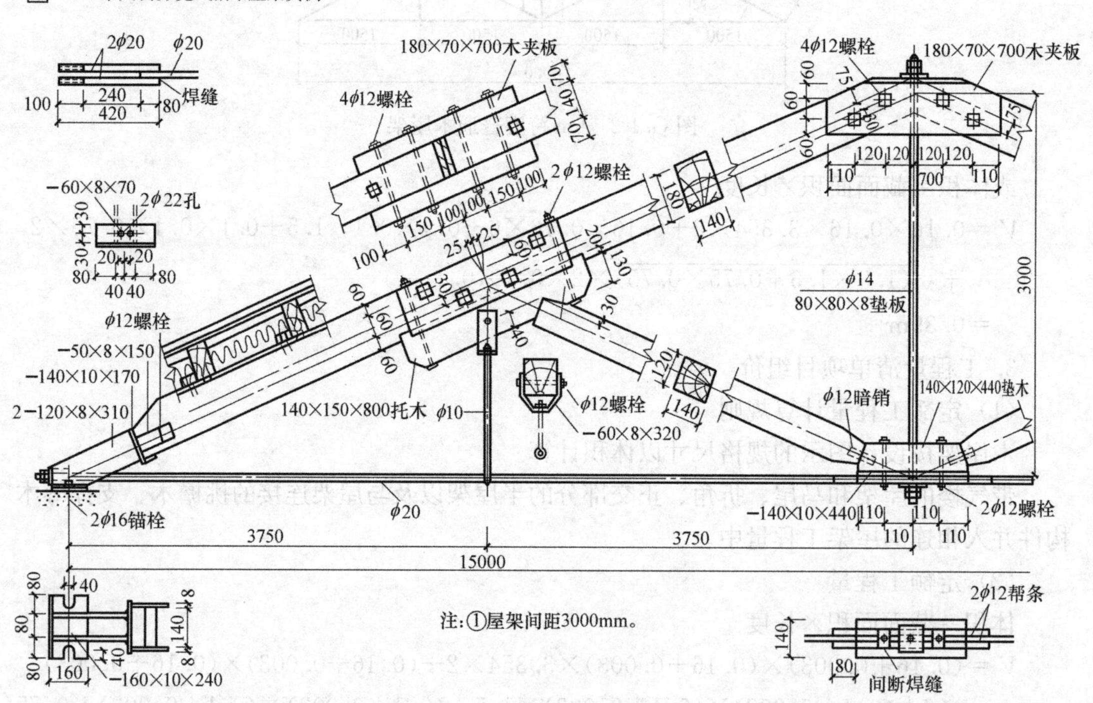

图 G. 1-4 钢木屋架实例

图例说明：详细尺寸参见附图。计算钢木屋架工程量。

（2）清单工程量

计算公式：榀数

榀数＝1 榀

3. 工程量清单项目组价

（1）定额工程量计算规则

木屋架的制作安装工程量，按以下规定计算：

1）木屋架制作安装均按设计断面竣工木料以立方米计算，其后备长度及配置损耗均不计算在内。

2）方木屋架一面刨光时增加 3mm，两面刨光时增加 5mm，圆木屋架按屋架刨光时木材体积每立方米增加 0.05m³ 算。附属于屋架的夹板、垫木等并入相应的屋架制作项目中，不另行计算；与屋架连接的挑檐木、支撑等，其工程量并入屋架竣工木料体积内计算。

3）屋架的制作安装应区别不同跨度，其跨度应以屋架上下弦杆的中心线交点之间的长度为准。带气楼的屋架并入所依附屋架的体积内计算。

4）屋架的马尾、折角和正交部分半屋架，应并入相连屋架的体积计算。

5）钢木屋架区分圆、方木，按竣工木料以立方米计算。

（2）定额工程量

上面方木屋架断面为 190mm×150mm，长度分别为 8.08m。

上面方木屋架的体积：$V=0.19\times0.15\times8.08$

$=0.23\text{m}^3$

G.2　木　构　件

一、项目的划分

项目划分为木柱、木梁、木檩、木楼梯和其他木构件。

（一）木柱、木梁、木檩、木楼梯

木柱、木梁、木檩、木楼梯，按柱、梁、木檩、木楼梯分别列项计算。

注：木楼梯的栏杆（栏板）、扶手，应按《房屋建筑与装饰工程工程量计算规范》GB 50854—2013 附录 Q 中的相关项目编码列项。

（二）其他木构件

除木柱、木梁、木檩、木楼梯的木构件按其他木构件列项。

二、工程量计算与组价

（一）010702001 木柱

1. 工程量清单计算规则

按设计图示尺寸以体积计算。

2. 工程量清单计算规则

（1）图例

见图 G.2-1、图 G.2-2。

图例说明：图为一公园休憩小亭，其直径为 6m。木柱直径为 220mm，高度为 3m。木梁尺寸为 100mm×150mm。计算

图 G.2-1　木柱

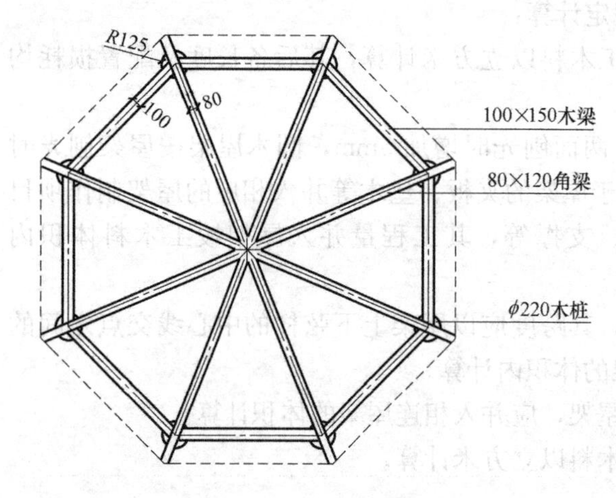

图 G. 2-2　平面图

单根木柱工程量。

（2）清单工程量

计算公式：V=截面面积×高度

单根柱体积 $V=3.142\times0.11\times0.11\times3$

$=0.11\mathrm{m}^3$

3. 工程量清单项目组价

（1）定额工程量计算规则

木柱按设计图示尺寸以体积计算。

简支檩长度设计无规定时，按屋架或山墙中距增加 200mm 计算，如两端出山，檩条长度算至博风板；连续檩条长度按设计长度计算，其接头长度按全部连续檩木总体积的 5%计算。

（2）定额工程量

图例及计算方法同清单图例及计算方法。

图 G. 2-3　木梁

（二）010702002 木梁

1. 工程量清单计算规则

按设计图示尺寸以体积计算。

2. 工程量清单计算规则

（1）图例

见图 G. 2-2、图 G. 2-3。

图例说明：本图为一公园休憩小亭，其直径为 6m。木柱直径为 220mm，高度为 3m。木梁尺寸为 100mm×150mm。木梁净长为 3m，计算单根木梁工程量。

（2）清单工程量

计算公式：V=截面面积×长度－扣柱体积

单根梁体积 $V=0.1\times0.15\times3$

$=0.05\mathrm{m}^3$

3. 工程量清单项目组价

（1）定额工程量计算规则

木梁按设计图示尺寸以体积计算。

简支檩长度设计无规定时，按屋架或山墙中距增加 200mm 计算，如两端出山，檩条长度算至博风板；连续檩条长度按设计长度计算，其接头长度按全部连续檩木总体积的 5%计算。

（2）定额工程量

图例及计算方法同清单图例及计算方法。

（三）010702003 木檩

1. 工程量清单计算规则

(1) 以立方米计量，按设计图示尺寸以体积计算。

(2) 以米计量，按设计图示尺寸以长度计算。

说明：以米计量时，必须描述构件规格尺寸。

2. 工程量清单计算规则

(1) 图例

见图 G.2-4。

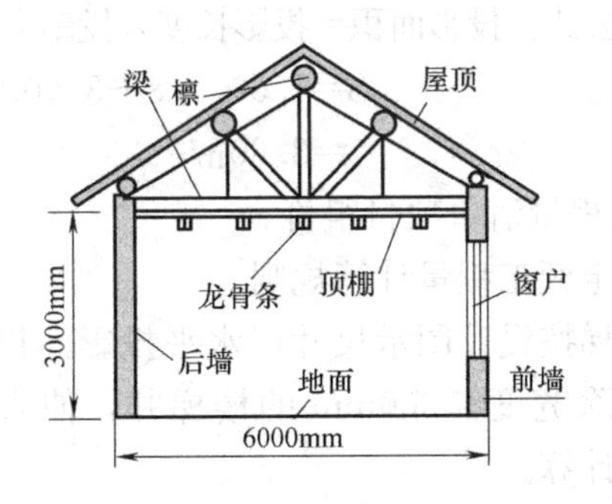

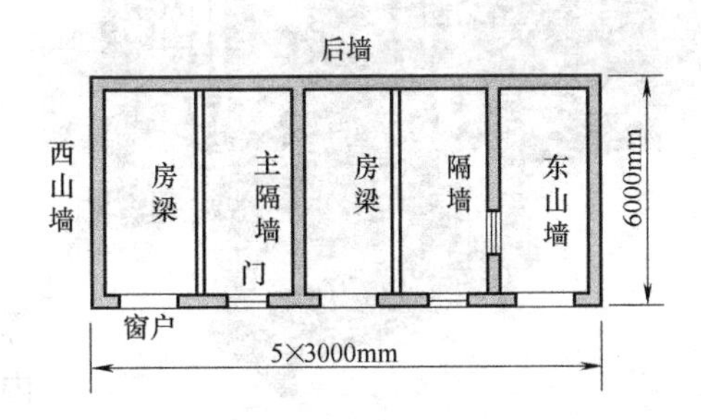

图 G.2-4 木檩

图例说明：本图为一砖木结构的民房，如图 G.2-5 所示，民房开间为 5×3000mm，进深为 6000mm，木檩规格为 ϕ120mm，木檩长度为开间长度，计算单根木檩工程量。

(2) 清单工程量

计算公式：体积=截面面积×长度

单根木檩体积 $V=3.14\times0.06\times0.06\times15$

$=0.17\text{m}^3$

或 $L=15\text{m}$

3. 工程量清单项目组价

(1) 定额工程量计算规则

木檀按设计图示尺寸以体积计算。

简支檀长度设计无规定时，按屋架或山墙中距增加 200mm 计算，如两端出山，檀条长度算至博风板；连续檀条长度按设计长度计算，其接头长度按全部连续檀木总体积的 5%计算。

(2) 定额工程量

计算公式：体积=截面面积×长度

单根木檩体积 $V=(3.14\times0.06\times0.06\times15)\times(1+5\%)=0.18\text{m}^3$

(四) 010702004 木楼梯

1. 工程量清单计算规则

按设计图示尺寸以水平投影面积计算。不扣除宽度≤300mm 的楼梯井，伸入墙内部分不计算。

2. 工程量清单计算规则

(1) 图例

见图 G.2-5。

图G.2-5　木楼梯

图例说明：图中木楼梯为双跑楼梯，其中一跑高度为600mm，宽度为800mm，投影长度为1500mm；另一跑高度为2100mm，宽度为800mm，投影长度为3000mm。计算木楼梯工程量。

（2）清单工程量

计算公式：投影面积=投影长度×投影宽度

$$S=1.5\times0.8+3\times0.8=3.60\text{m}^2$$

3. 工程量清单项目组价

（1）定额工程量计算规则

木楼梯按设计图示尺寸以水平投影面积计算。不扣除宽度≤300mm的楼梯井，伸入墙内部分不计算。

（2）定额工程量

图例及计算方法同清单图例及计算方法。

（五）010702005 其他木构件

1. 工程量清单计算规则

（1）以立方米计量，按设计图示尺寸以体积计算。

（2）以米计量，按设计图示尺寸以长度计算。

说明：以米计量时，必须描述构件规格尺寸。

2. 工程量清单计算规则

（1）图例

见图G.2-6。

图G.2-6　装饰木架

图例说明：木架长1500mm，高900mm，宽300mm，板厚30mm。计算木架工程量。

（2）清单工程量

计算公式：木架体积=长×宽×厚

$$V=1.5\times0.3\times0.03\times3+0.9\times0.3\times0.03\times6=0.09\text{m}^3$$

或　$L=1.5\text{m}$

3. 工程量清单项目组价

（1）定额工程量计算规则

定额工程量计算规则同清单工程量计算规则。

（2）定额工程量

图例及计算方法同清单图例及计算方法。

G.3 屋面木基层

一、项目的划分

屋面木基层包括椽子、屋面板、挂瓦条、顺水条等。屋面系统的木结构是由屋面木基层和木屋架（或钢木屋架）两部分组成的。

二、工程量计算与组价

（一）010703001 屋面木基层

1. 工程量清单计算规则

按设计图示尺寸以斜面积计算，不扣除房上烟囱、风帽底座、风道、小气窗、斜沟等所占面积。小气窗的出檐部分不增加面积。

2. 工程量清单计算规则

（1）图例

见图 G.3-1、图 G.3-2。

图 G.3-1 屋面木基层示意图

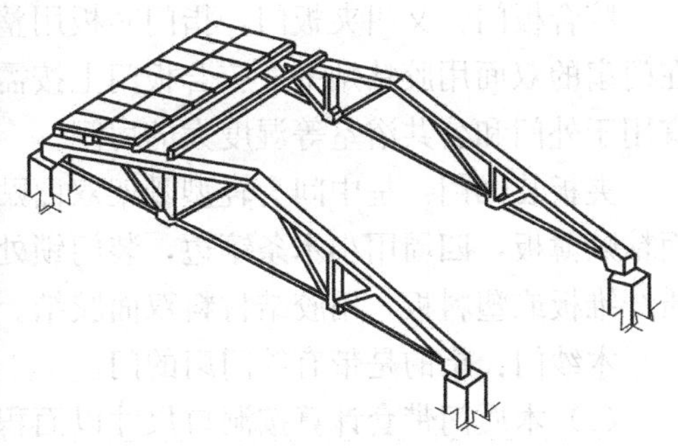

图 G.3-2 屋面木基层

图例说明：屋架跨度为 1800mm，长 6000mm，高 1200mm，屋架上面有檩、椽子、屋面板、挂瓦条。屋面板厚度 50mm。计算屋面木基层工程量。

（2）清单工程量

计算公式：屋面木基层面积＝斜长×宽度

$$S=2\times1.8\times\sqrt{(3^2+1.2^2)}$$
$$=11.63\text{m}^2$$

3. 工程量清单项目组价

（1）定额工程量计算规则

屋面木基层按设计图示尺寸以斜面积计算，不扣除房上烟囱、风帽底座、风道、小气窗、斜沟等所占面积。小气窗的出檐部分不增加面积。

（2）定额工程量

图例及计算方法同清单图例及计算方法。

附录H 门 窗 工 程

H.1 木 门

一、项目的划分

项目划分为木质门、木质门带套、木质连窗门、木质防火门、木门框、门锁安装。

(1) 木质门应区分镶板木门、企口木板门、实木装饰门、胶合板门、夹板装饰门、木纱门、全玻门（带木质扇框）、木质半玻门（带木质扇框）等项目，分别编码列项。

镶板门：镶板门又名冒头门、框档门，是指由边梃、上冒头、中冒头、下冒头组成门扇骨架，内镶门芯板构成的门。

企口木板门：是指木板门的拼接面呈凸凹的接头面。

胶合板门：又叫夹板门，指门芯板用整块板（例如三夹板）置于门梃双面裁口内，并在门扇的双面用胶粘贴平。胶合板门上按需要也可留出洞口安装玻璃和百叶。胶合板门不宜用于外门和公共浴室等湿度大的房间。

夹板装饰门：是中间为轻型骨架双面贴薄板的门。夹板门采用较小的方木作骨架，双面粘贴薄板，四周用小木条镶边，装门锁处另加附加木，夹板门的面板一般为胶合板、硬质纤维板或塑料板，用胶结材料双面胶结。

木纱门：指的是带有纱门扇的门。

(2) 木质门带套计算按洞口尺寸以面积计算，不包括门套的面积，但门套应计算在综合单价中。

(3) 连窗门：是门和窗连在一起的一个整体，一般窗的距地高度加上窗的高度是等于门的高度的，也就是门顶和窗顶在同一高度，而且连在一起的门窗，俗称门耳窗，也叫门连窗、门带窗等，可分单耳窗和双耳窗。

(4) 防火门：是为适应建筑防火的要求而发展起来的一种新型门。按耐火极限分，国际ISO标准有甲、乙、丙三个等级：按材质区分，目前有钢质防火门、复合玻璃防火门和木质防火门。木质门系用胶合板经化学防火涂料处理。

(5) 单独制作安装木门框按木门框项目编码列项。

二、工程量计算与组价

(一) 010801001 木质门

1. 工程量清单计算规则

(1) 以樘计量，按设计图示数量计算。

（2）以平方米计量，按设计图示洞口尺寸以面积计算。

说明：以樘计量时，必须描述门代号及洞口尺寸。

2. 工程量清单计算规则图解

（1）图例

见图 H.1-1～图 H.1-3。

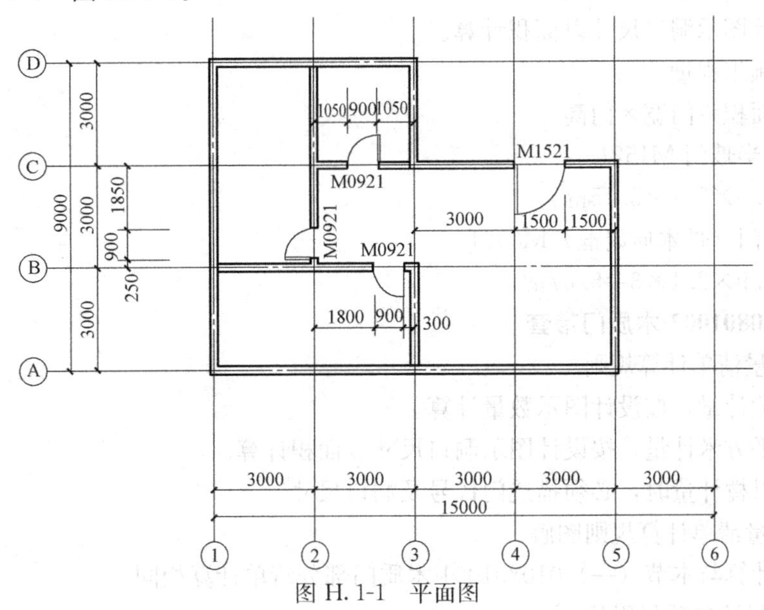

图 H.1-1 平面图

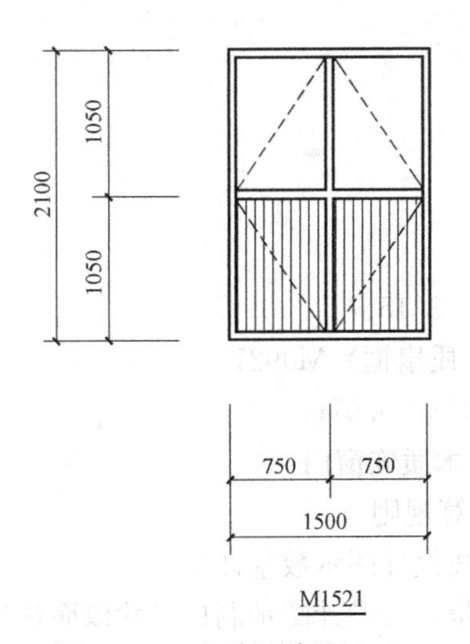

图 H.1-2 木质门详图（一）

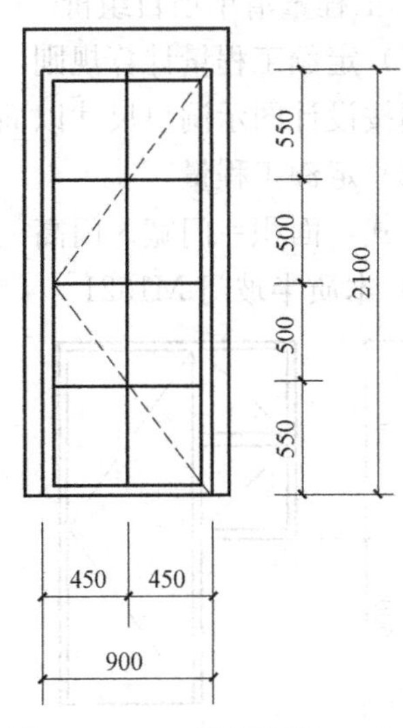

图 H.1-3 木质门详图（二）

图例说明：如图所示，M1521 木质半玻门，尺寸为 1500mm×2100mm，M0921 全玻门（带木质扇框）尺寸 900mm×2100mm。计算工程量。

（2）清单工程量

1）木质半玻门 M1521

数量＝1 樘

面积＝1.5×2.1＝3.15m^2

2）全玻门（带木质扇框）M0921

数量=3 樘

面积=0.9×2.1×3=5.67m²

3. 工程量清单项目组价

（1）定额工程量计算规则

门按设计图示洞口尺寸以面积计算。

（2）定额工程量

公式：面积=门宽×门高

1）木质半玻门 M1521

面积=1.5×2.1=3.15m²

2）全玻门（带木质扇框）M0921

面积=0.9×2.1×3=5.67m²

（二）010801002 木质门带套

1. 工程量清单计算规则

（1）以樘计量，按设计图示数量计算。

（2）以平方米计量，按设计图示洞口尺寸以面积计算。

说明：以樘计量时，必须描述门代号及洞口尺寸。

2. 工程量清单计算规则图解

图例及计算与本节（一）010801001 木质门部分清单计算相同。

3. 工程量清单项目组价

（1）定额工程量计算规则

门按设计图示洞口尺寸以面积计算。

（2）定额工程量

公式：面积=门宽×门高

1）木质半玻门 M1521

面积=1.5×2.1=3.15m²

2）全玻门（带木质扇框）M0921

面积=0.9×2.1×3=5.67m²

（三）010801003 木质连窗门

1. 工程量清单计算规则

（1）以樘计量，按设计图示数量计算。

（2）以平方米计量，按设计图示洞口尺寸以面积计算。

说明：以樘计量时，必须描述门代号及洞口尺寸。

2. 工程量清单计算规则图解

（1）图例

见图 H.1-4。

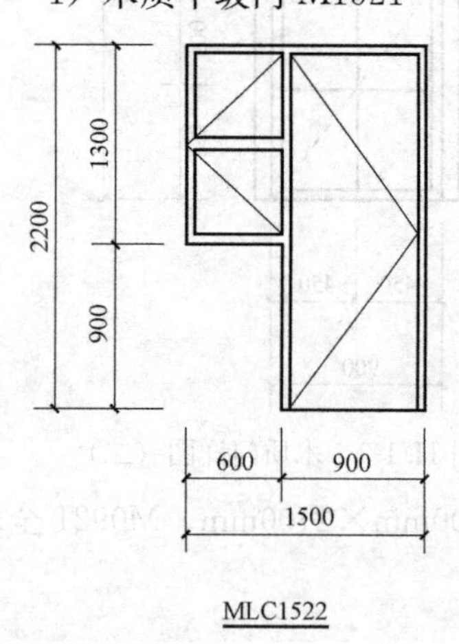

图 H.1-4　连窗门

图例说明：某住宅楼阳台木质门联窗，如图所示，共 18 樘。计算门联窗工程量。

（2）清单工程量

木质门联窗 MLC1522

数量=18 樘

面积=(0.9×2.2+0.6×1.3)×18=49.68m^2

3. 工程量清单项目组价

(1) 定额工程量计算规则

门按设计图示洞口尺寸以面积计算。

(2) 定额工程量

门连窗面积=门洞宽×门洞高+窗洞宽×窗洞高

面积= (0.9×2.2+0.6×1.3) ×18=49.68m^2

(四) 010801004 木质防火门

1. 工程量清单计算规则

(1) 以樘计量，按设计图示数量计算。

(2) 以平方米计量，按设计图示洞口尺寸以面积计算。

说明：以樘计量时，必须描述门代号及洞口尺寸。

2. 工程量清单计算规则图解

(1) 图例

见图 H.1-5。

图例说明：木质防火门，门宽 1200mm，门高 2100mm，共 8 樘。计算防火门工程量。

(2) 清单工程量

数量=8 樘

面积=1.2×2.1×8=20.16m^2

3. 工程量清单项目组价

(1) 定额工程量计算规则

门按设计图示洞口尺寸以面积计算。

(2) 定额工程量

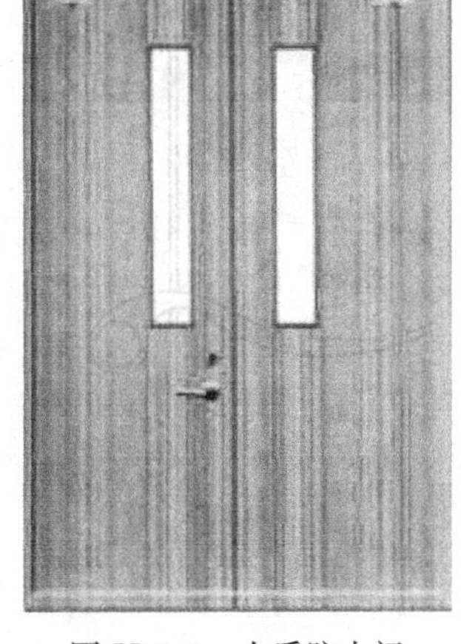

图 H.1-5 木质防火门

面积=门宽×门高

面积=1.2×2.1×8=20.16m^2

(五) 010801005 木门框

1. 工程量清单计算规则

(1) 以樘计量，按设计图示数量计算。

(2) 以米计量，按设计图示框的中心线以延长米计算。

说明：以樘计量时，必须描述门代号及洞口尺寸。

2. 工程量清单计算规则图解

(1) 图例

见图 H.1-6。

图例说明：右侧门尺寸 1200mm×2100mm，

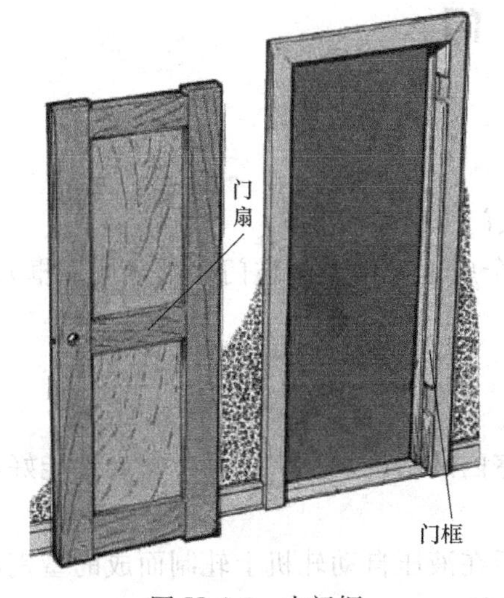

图 H.1-6 木门框

框厚80mm。计算右侧门工程量。

(2) 清单工程量

数量＝1樘

长度＝1.2＋2.1×2－0.08＝5.32m

3. 工程量清单项目组价

(1) 定额工程量计算规则

门按设计图示洞口尺寸以面积计算。

(2) 定额工程量

面积＝1.2×2.1＝2.52m^2

(六) 010801006 门锁安装

1. 工程量清单计算规则

按设计图示数量计算。

2. 工程量清单计算规则图解

(1) 图例

见图H.1-7。

图例说明：如图所示，在本工程中安装如图所示的门锁，经统计共有100扇相同的门需要安装。计算门锁工程量。

(2) 清单工程量

门锁数量：100个。

3. 工程量清单项目组价

(1) 定额工程量计算规则

门锁按设计图示数量计算。

(2) 定额工程量

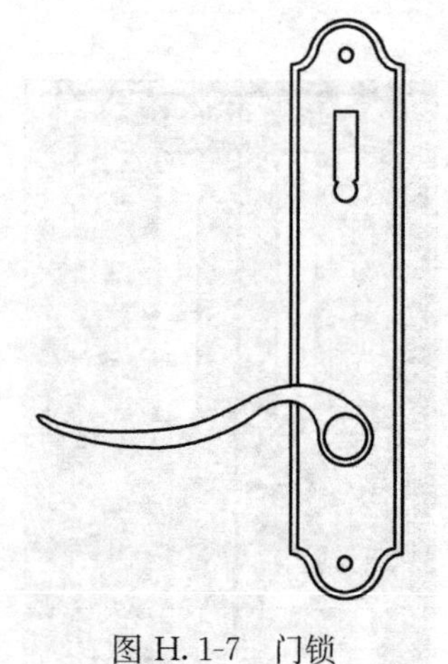

图H.1-7 门锁

门锁数量：100个

H.2 金属门

一、项目的划分

项目划分为金属（塑钢）门、彩板门、钢质防火门、防盗门。

(1) 金属门应区分金属平开门、金属推拉门、金属地弹门、全玻门（带金属扇框）、金属半玻门（带扇框）等项目，分别编码列项。

金属平开门是一种靠平开方式关闭或开启的门。

金属推拉门即可左右推拉启闭的门。

金属地弹门，外形美观豪华，采光好，能展示室内的活动，开启灵活，密封性能好，多适用于商场、宾馆大门、银行等公共场合使用。

(2) 彩板门是采用0.7～1mm厚的彩色涂层钢板在液压自动轧机上轧制而成的型钢，组角后形成各种型号的钢门，有着良好的隔音保温性能。

（3）钢质防火门是指用冷轧薄钢板做门框、门板、骨架；在门扇内部填充不燃材料，并配以五金件所组成的能满足耐火稳定性、完整性和隔热性要求的门。

（4）防盗门是指专门安装于入户门外部的铁制门，具有安全防盗作用，材料主要有钢、铝合金两种。

二、工程量计算与组价

（一）010802001 金属（塑钢）门

1. 工程量清单计算规则

（1）以樘计量，按设计图示数量计算。

（2）以平方米计量，按设计图示洞口尺寸以面积计算。

说明：以樘计量时，必须描述门代号及洞口尺寸。

2. 工程量清单计算规则图解

（1）图例

见图 H.2-1。

图例说明：某仓库大门为金属平开门，门尺寸为 3300mm×2700mm，共 1 樘。计算门工程量。

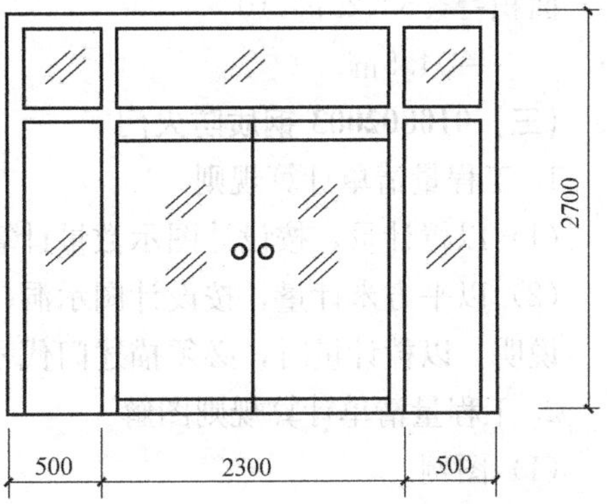

图 H.2-1　金属门

（2）清单工程量

数量＝1 樘

面积＝3.3×2.7

＝8.91m²

3. 工程量清单项目组价

（1）定额工程量计算规则

铝合金门窗制作、安装，铝合金、不锈钢门窗、彩板组角钢门窗、塑钢门窗、钢门窗安装，均按设计门窗洞口面积计算。

（2）定额工程量

公式：面积＝门宽×门高

面积＝3.3×2.7

＝8.91m²

（二）010802002 彩板门

1. 工程量清单计算规则

（1）以樘计量，按设计图示数量计算。

（2）以平方米计量，按设计图示洞口尺寸以面积计算。

说明：以樘计量时，必须描述门代号及洞口尺寸。

2. 工程量清单计算规则图解

（1）图例

见图 H.2-2。

图例说明：某房间采用彩板门，门尺寸为 3500mm×2700mm，共 10 樘。计算彩钢门工程量。

（2）清单工程量

数量＝10 樘

面积＝3.5×2.7×10

　　＝94.5㎡

图 H.2-2　彩板门

3. 工程量清单项目组价

（1）定额工程量计算规则

铝合金门窗制作、安装，铝合金、不锈钢门窗、彩板组角钢门窗、塑钢门窗、钢门窗安装，均按设计门窗洞口面积计算。

（2）定额工程量

公式：面积＝门宽×门高

面积＝3.5×2.7×10

　　＝94.5㎡

（三）010802003 钢质防火门

1. 工程量清单计算规则

（1）以樘计量，按设计图示数量计算。

（2）以平方米计量，按设计图示洞口尺寸以面积计算。

说明：以樘计量时，必须描述门代号及洞口尺寸。

2. 工程量清单计算规则图解

（1）图例

见图 H.2-3。

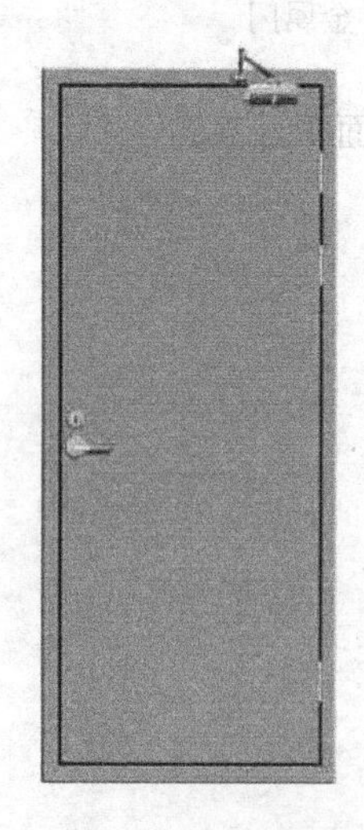

图 H.2-3　钢质防火门

图例说明：钢质防火门，门宽 900mm，高度 2100mm，共 3 樘。计算门工程量。

（2）清单工程量

数量＝3 樘

面积＝0.9×2.1×3

　　＝5.67㎡

3. 工程量清单项目组价

（1）定额工程量计算规则

铝合金门窗制作、安装，铝合金、不锈钢门窗、彩板组角钢门窗、塑钢门窗、钢门窗安装，均按设计门窗洞口面积计算。

（2）定额工程量

公式：面积＝门宽×门高

面积＝0.9×2.1×3

　　＝5.67㎡

（四）010802004 防盗门

1. 工程量清单计算规则

（1）以樘计量，按设计图示数量计算。

（2）以平方米计量，按设计图示洞口尺寸以面积计算。

说明：以樘计量时，必须描述门代号及洞口尺寸。

2. 工程量清单计算规则图解

（1）图例

见图 H.2-4。

图例说明：入户防盗门，门宽 1200mm，高度 2100mm，共 8 樘。计算门工程量。

图 H.2-4 防盗门

（2）清单工程量

数量＝8 樘

面积＝$1.2\times2.1\times8=20.16m^2$

3. 工程量清单项目组价

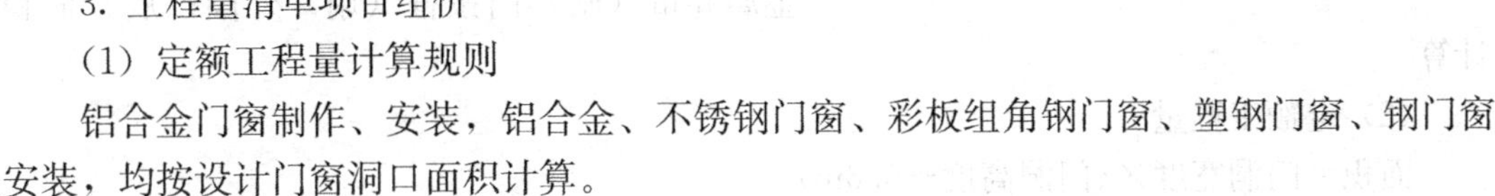

（1）定额工程量计算规则

铝合金门窗制作、安装，铝合金、不锈钢门窗、彩板组角钢门窗、塑钢门窗、钢门窗安装，均按设计门窗洞口面积计算。

（2）定额工程量

公式：面积＝门宽×门高

面积＝$1.2\times2.1\times8=20.16m^2$

H.3 金属卷帘（闸）门

一、项目的划分

项目划分为金属卷帘（闸）门、防火卷帘（闸）门。

（1）金属卷闸门是由铝合金或铝合金进一步加工后制成的一种能上卷或向下展开的门，常用于饭店等场合。

（2）防火卷帘门：是由板条、导轨、卷轴、手动和电动启闭系统等组成，板条选用钢制 C 形重叠组合结构。具有结构紧凑、体积小、不占使用面积、造型新颖、刚性强、密封性好等优点。

二、工程量计算与组价

（一）010803001 金属卷帘（闸）门

1. 工程量清单计算规则

（1）以樘计量，按设计图示数量计算。

（2）以平方米计量，按设计图示洞口尺寸以面积计算。

说明：以樘计量时，必须描述门代号及洞口尺寸。

2. 工程量清单计算规则图解

（1）图例

见图 H. 3-1。

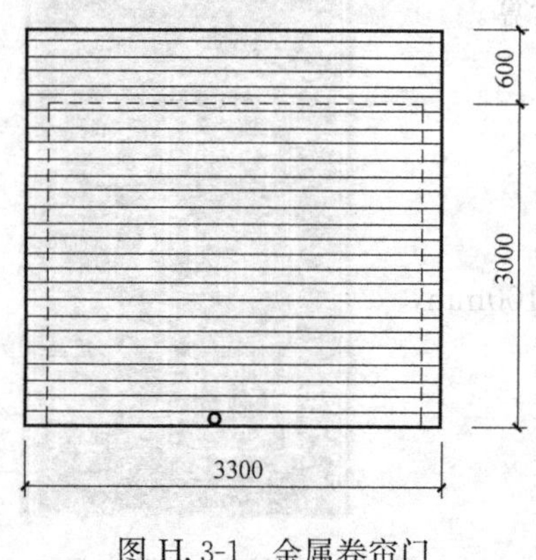

图 H. 3-1　金属卷帘门

图例说明：上图为某车库铝合金卷帘门共 5 樘，立面图如图所示，门洞口尺寸为 3300mm × 3000mm；经安装时测量，卷筒罩展开面积为 3m²。计算卷帘门工程量。

（2）清单工程量

数量＝5 樘

面积＝3.3×3×5＝49.5m²

3. 工程量清单项目组价

（1）定额工程量计算规则

门按设计图示洞口尺寸以面积计算。

金属卷帘（闸）门按框（扇）外围以展开面积计算。

（2）定额工程量

面积＝门洞宽度×(门洞高度＋0.6m)

面积＝3.3×(3＋0.6)×5＝59.4m²

（二）010803002 防火卷帘（闸）门

1. 工程量清单计算规则

(1) 以樘计量，按设计图示数量计算。

(2) 以平方米计量，按设计图示洞口尺寸以面积计算。

说明：以樘计量时，必须描述门代号及洞口尺寸。

2. 工程量清单计算规则图解

图例及计算与本节（一）010803001 金属卷帘（闸）门部分清单计算相同。

3. 工程量清单项目组价

（1）定额工程量计算规则

卷闸门安装按洞口高度增加 600mm 乘以门实际宽度以平方米计算；电动装置安装以套计算，小门安装以个计算。

（2）定额工程量

面积＝门洞宽度×(门洞高度＋0.6m)

面积＝3.3×(3＋0.6)×5＝59.4m²

H. 4　厂库房大门、特种门

一、项目的划分

项目划分为木板大门、钢木大门、全钢板大门、防护铁丝门、金属格栅门、钢质花饰大门、特种门。

（1）金属格栅门，又称拉闸门。一般采用薄钢板经机械滚压工艺成形。

(2) 特种门应区分冷藏门、冷冻间门、保温门、变电室门、隔声门、防射线门、人防门、金库门等项目，分别编码列项。

二、工程量计算与组价

(一) 010804001 木板大门

1. 工程量清单计算规则

(1) 以樘计量，按设计图示数量计算。

(2) 以平方米计量，按设计图示洞口尺寸以面积计算。

说明：以樘计量时，必须描述门代号及洞口尺寸。

2. 工程量清单计算规则图解

(1) 图例见图 H.1-1、图 H.4-1、图 H.4-2。

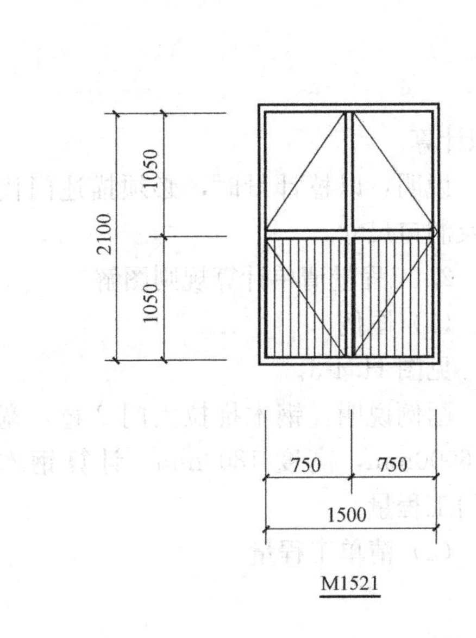

图 H.4-1 木板大门详图（一）

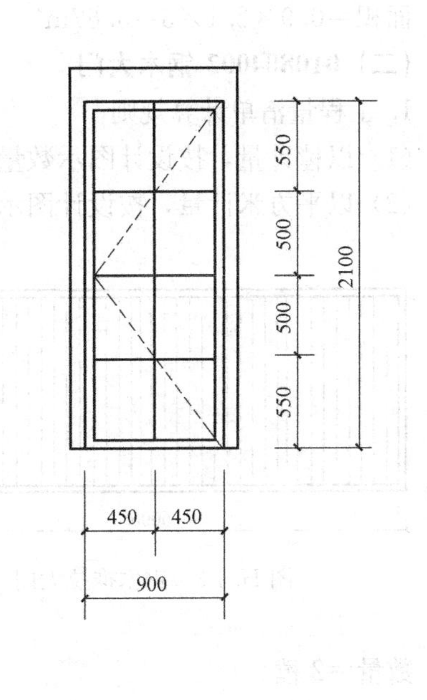

图 H.4-2 木板大门详图（二）

图例说明：如图所示，木板门，M1521 尺寸为 1500mm×2100mm，M0921 尺寸 900mm×2100mm。计算木板大门工程量。

(2) 清单工程量

1) M1521：

数量=1 樘

面积=1.5×2.1=3.15m^2

2) M0921：

数量=3 樘

面积=0.9×2.1×3=5.67m^2

3. 工程量清单项目组价

(1) 定额工程量计算规则

各类门、窗制作、安装工程量均按门、窗洞口面积计算。

1）门、窗盖口条、贴脸、披水条，按图示尺寸以延长米计算，执行木装修项目。

2）普通窗上部带有半圆窗的工程量应分别按半圆窗和普通窗计算。其分界线以普通窗和半圆窗之间的横框上裁口线为分界线。

3）门窗扇包镀锌铁皮，按门、窗洞口面积以平方米计算；门窗框包镀锌铁皮，钉橡皮条、钉毛毡按图示门窗洞口尺寸以延长米计算。

（2）定额工程量

公式：面积＝门宽×门高

1）M1521：

面积＝1.5×2.1＝3.15m^2

2）M0921：

面积＝0.9×2.1×3＝5.67m^2

（二）010804002 钢木大门

1. 工程量清单计算规则

（1）以樘计量，按设计图示数量计算。

（2）以平方米计量，按设计图示洞口尺寸以面积计算。

说明：以樘计量时，必须描述门代号及洞口尺寸。

2. 工程量清单计算规则图解

（1）图例

见图 H.4-3。

图例说明：钢木推拉大门 2 樘，宽度 6000mm，高度 1800mm。计算钢木大门工程量。

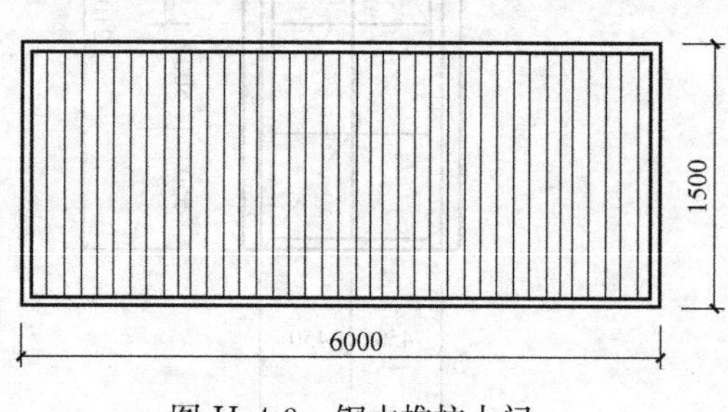

图 H.4-3　钢木推拉大门

（2）清单工程量

数量＝2 樘

面积＝6×1.8×2＝21.6m^2

3. 工程量清单项目组价

（1）定额工程量计算规则

1）门、窗盖口条、贴脸、披水条，按图示尺寸以延长米计算，执行木装修项目。

2）普通窗上部带有半圆窗的工程量应分别按半圆窗和普通窗计算。其分界线以普通窗和半圆窗之间的横框上裁口线为分界线。

3）门窗扇包镀锌铁皮，按门、窗洞口面积以平方米计算；门窗框包镀锌铁皮，钉橡皮条、钉毛毡按图示门窗洞口尺寸以延长米计算。

（2）定额工程量

数量＝1 樘

面积＝6×1.8×2＝21.6m^2

（三）010804003 全钢板大门

1. 工程量清单计算规则

（1）以樘计量，按设计图示数量计算。

（2）以平方米计量，按设计图示洞口尺寸以面积计算。

说明：以樘计量时，必须描述门代号及洞口尺寸。

2. 工程量清单计算规则图解

（1）图例

见图 H.4-4。

图例说明：如图所示为全钢板大门，宽 2100mm，高 2400mm，共 1 樘。计算工程量。

（2）清单工程量

数量＝1 樘

面积＝2.1×2.4＝5.04m^2

图 H.4-4　全钢板大门

3. 工程量清单项目组价

（1）定额工程量计算规则

各类门、窗制作、安装工程量均按门、窗洞口面积计算。

1）门、窗盖口条、贴脸、披水条，按图示尺寸以延长米计算，执行木装修项目。

2）普通窗上部带有半圆窗的工程量应分别按半圆窗和普通窗计算。其分界线以普通窗和半圆窗之间的横框上裁口线为分界线。

3）门窗扇包镀锌铁皮，按门、窗洞口面积以平方米计算；门窗框包镀锌铁皮，钉橡皮条、钉毛毡按图示门窗洞口尺寸以延长米计算。

（2）定额工程量

面积＝1.5×2.1＝3.15m^2

（四）010804004 防护铁丝门

1. 工程量清单计算规则

（1）以樘计量，按设计图示数量计算。

（2）以平方米计量，按设计图示门框或扇以面积计算。

说明：以樘计量时，必须描述门代号及洞口尺寸。

2. 工程量清单计算规则图解

（1）图例

见图 H.4-5。

图 H.4-5　防护铁丝门

图例说明：幼儿园教室侧门安装防护铁丝门，宽度 4500mm，高度 2800mm，共 1 樘。计算工程量。

（2）清单工程量

数量＝1 樘

面积＝4.5×2.8＝12.6m^2

3. 工程量清单项目组价

(1) 定额工程量计算规则

各类门、窗制作、安装工程量均按门、窗洞口面积计算。

1) 门、窗盖口条、贴脸、披水条，按图示尺寸以延长米计算，执行木装修项目。

2) 普通窗上部带有半圆窗的工程量应分别按半圆窗和普通窗计算。其分界线以普通窗和半圆窗之间的横框上裁口线为分界线。

3) 门窗扇包镀锌铁皮，按门、窗洞口面积以平方米计算；门窗框包镀锌铁皮，钉橡皮条、钉毛毡按图示门窗洞口尺寸以延长米计算。

(2) 定额工程量

面积$=4.5\times2.8=12.6\text{m}^2$

(五) 010804005 金属格栅门

1. 工程量清单计算规则

(1) 以樘计量，按设计图示数量计算。

(2) 以平方米计量，按设计图示洞口尺寸以面积计算。

图 H.4-6 金属格栅门

说明：以樘计量时，必须描述门代号及洞口尺寸。

2. 工程量清单计算规则图解

(1) 图例

见图 H.4-6。

图例说明：某大门采用金属格栅门，门宽1800mm，高度2100mm，共1樘。计算工程量。

(2) 清单工程量

数量=1樘

面积$=1.8\times2.1=3.78\text{m}^2$

3. 工程量清单项目组价

(1) 定额工程量计算规则

各类门、窗制作、安装工程量均按门、窗洞口面积计算。

1) 门、窗盖口条、贴脸、披水条，按图示尺寸以延长米计算，执行木装修项目。

2) 普通窗上部带有半圆窗的工程量应分别按半圆窗和普通窗计算。其分界线以普通窗和半圆窗之间的横框上裁口线为分界线。

3) 门窗扇包镀锌铁皮，按门、窗洞口面积以平方米计算；门窗框包镀锌铁皮，钉橡皮条、钉毛毡按图示门窗洞口尺寸以延长米计算。

(2) 定额工程量

公式：面积=门宽×门高

面积$=1.8\times2.1=3.78\text{m}^2$

(六) 010804006 钢质花饰大门

1. 工程量清单计算规则

(1) 以樘计量，按设计图示数量计算。

(2) 以平方米计量，按设计图示门框或扇尺寸以面积计算。

说明：以樘计量时，必须描述门代号及洞口尺寸。

2. 工程量清单计算规则图解

(1) 图例

见图 H.4-7。

图例说明：某别墅小区大门采用钢制花饰大门，门框宽度 6000mm，高度 2500mm。计算工程量。

图 H.4-7 钢质花饰大门

(2) 清单工程量

数量=1 樘

面积=6×2.5=15m^2

3. 工程量清单项目组价

(1) 定额工程量计算规则

钢质花饰大门按设计图示门框或扇尺寸以面积计算。

(2) 定额工程量

面积=6×2.5=15m^2

(七) 010804007 特种门

1. 工程量清单计算规则

(1) 以樘计量，按设计图示数量计算。

(2) 以平方米计量，按设计图示洞口尺寸以面积计算。

说明：以樘计量时，必须描述门代号及洞口尺寸。

2. 工程量清单计算规则图解

(1) 图例

见图 H.4-8。

图例说明：单扇活门槛防护密闭门，宽 900mm，高 2100mm，共 6 樘。计算工程量。

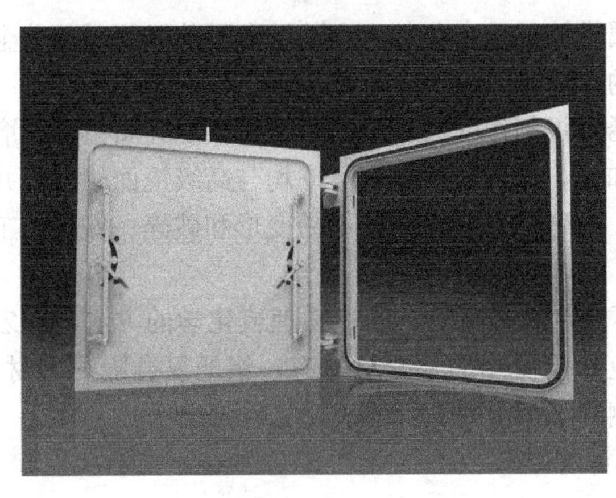

图 H.4-8 人防门

(2) 清单工程量

数量=6 樘

面积=0.9×2.1×6=11.34m^2

3. 工程量清单项目组价

(1) 定额工程量计算规则

各类门、窗制作、安装工程量均按门、窗洞口面积计算。

1) 门、窗盖口条、贴脸、披水条，按图示尺寸以延长米计算，执行木装修项目。

2) 普通窗上部带有半圆窗的工程量应分别按半圆窗和普通窗计算。其分界线以普通窗和半圆窗之间的横框上裁口线为分界线。

3）门窗扇包镀锌铁皮，按门、窗洞口面积以平方米计算；门窗框包镀锌铁皮，钉橡皮条、钉毛毡按图示门窗洞口尺寸以延长米计算。

（2）定额工程量

面积$=0.9\times2.1\times6=11.34m^2$

H.5　其　他　门

一、项目的划分

项目划分为电子感应门、旋转门、电子对讲门、电动伸缩门、全玻自由门、镜面不锈钢饰面门、复合材料门等。

（1）电子感应门：利用电子感应原理来控制门的关闭及旋转的门。

（2）旋转门：金属旋转门多用于中、高级民用、公共建筑物，如宾馆、商场、机场、使馆、银行等，作为建筑设施的启闭、控制人流和控制室内温度是行之有效的。

（3）电子对讲门：一般用于楼道或单元的大门，门框和门扇用优质冷轧钢板压制而成，门扇分为大小两扇，小扇上设置对讲系统，来客可与住户通话、开启。

（4）电子伸缩门：根据电动原理能自动伸缩来控制门的开闭。

（5）全玻门：指门扇芯安装玻璃制作的门。全玻门常用于办公楼、宾馆、公共建筑的大门。

全玻自由门（无扇框）即只有上下金属横档，或在角部为安装轴套只装极少一部分金属件。活动门扇的开闭是由地弹簧来实现的。

（6）镜面不锈钢饰面门：采用镜面不锈钢板制作的门。镜面不锈钢板是经高精度研磨不锈钢表面，使其表面细腻、光滑、光亮如镜，其反射率、变形率均与高级镜面相似，并有与玻璃不同的装饰效果。有耐火、耐潮、耐腐蚀、易清洁、不易变形和破碎、安装施工方便等特点，但要注意硬坚物划伤表面。

（7）复合材料窗：由两种或两种以上不同性质的材料，通过物理或化学的方法，在宏观上组成具有新性能的材料。建筑门窗行业目前使用的复合材料有：铝塑复合隔热型材、塑钢型材、铝木复合型材、加衬钢的玻璃钢纤维型材等。

二、工程量计算与组价

（一）010805001 电子感应门

1. 工程量清单计算规则

（1）以樘计量，按设计图示数量计算。

（2）以平方米计量，按设计图示洞口尺寸以面积计算。

说明：以樘计量时，必须描述门代号及洞口尺寸。

2. 工程量清单计算规则图解

（1）图例

见图 H. 5-1。

图例说明：某酒店，大厅为电子感应门，门尺寸为 2000mm×2100mm，共 1 樘。计算工程量。

(2) 清单工程量

数量=1 樘

面积=2×2.1=4.2m²

3. 工程量清单项目组价

(1) 定额工程量计算规则

各类门、窗制作、安装工程量均按门、窗洞口面积计算。

图 H. 5-1　电子感应门

1) 门、窗盖口条、贴脸、披水条，按图示尺寸以延长米计算，执行木装修项目。

2) 普通窗上部带有半圆窗的工程量应分别按半圆窗和普通窗计算。其分界线以普通窗和半圆窗之间的横框上裁口线为分界线。

3) 门窗扇包镀锌铁皮，按门、窗洞口面积以平方米计算；门窗框包镀锌铁皮，钉橡皮条、钉毛毡按图示门窗洞口尺寸以延长米计算。

(2) 定额工程量

面积=2×2.1=4.2m²

(二) 010805002 旋转门

1. 工程量清单计算规则

(1) 以樘计量，按设计图示数量计算。

(2) 以平方米计量，按设计图示洞口尺寸以面积计算。

说明：以樘计量时，必须描述门代号及洞口尺寸。

2. 工程量清单计算规则图解

(1) 图例

见图 H. 5-2。

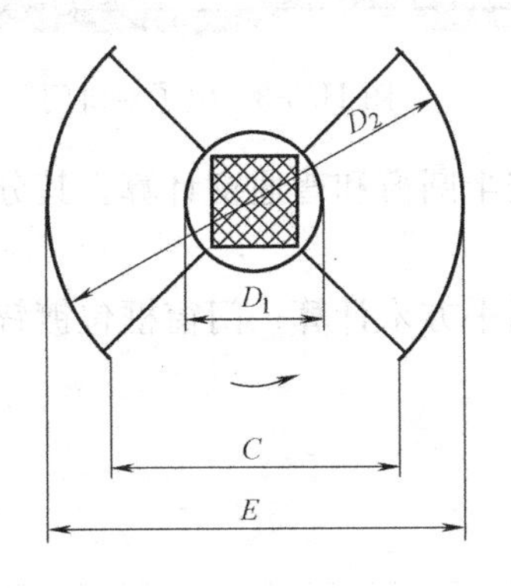

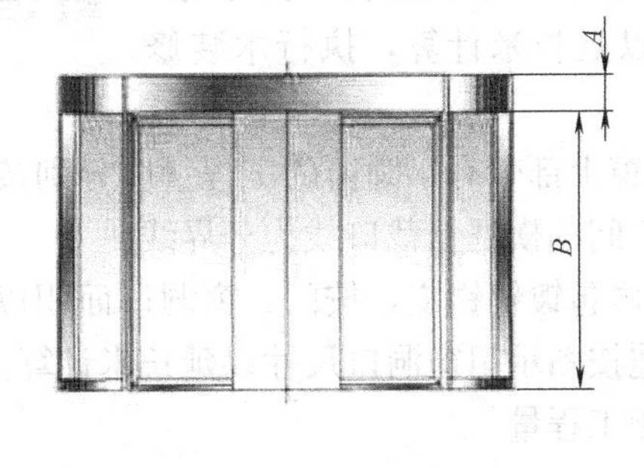

图 H. 5-2　旋转门

图例说明：某酒店安装一樘2翼自动旋转门，总高度2600mm，外径3680mm。计算工程量。

（2）清单工程量

数量＝1樘

面积＝3.68×2.6＝9.57m^2

3. 工程量清单项目组价

（1）定额工程量计算规则

旋转门按设计图示数量计算。

（2）定额工程量

面积＝3.68×2.6＝9.57m^2

（三）010805003 电子对讲门

1. 工程量清单计算规则

（1）以樘计量，按设计图示数量计算。

（2）以平方米计量，按设计图示洞口尺寸以面积计算。

说明：以樘计量时，必须描述门代号及洞口尺寸。

2. 工程量清单计算规则图解

（1）图例

见图H.5-3。

图例说明：某小区1号楼6个单元门用电子对讲门，门宽2000mm，高度2400mm。计算工程量。

（2）清单工程量

数量＝6樘

面积＝2×2.4×6＝28.8m^2

3. 工程量清单项目组价

（1）定额工程量计算规则

各类门、窗制作、安装工程量均按门、窗洞口面积计算。

1）门、窗盖口条、贴脸、披水条，按图示尺寸以延长米计算，执行木装修项目。

图H.5-3　电子对讲门

2）普通窗上部带有半圆窗的工程量应分别按半圆窗和普通窗计算。其分界线以普通窗和半圆窗之间的横框上裁口线为分界线。

3）门窗扇包镀锌铁皮，按门、窗洞口面积以平方米计算；门窗框包镀锌铁皮，钉橡皮条、钉毛毡按图示门窗洞口尺寸以延长米计算。

（2）定额工程量

面积＝2×2.4×6＝28.8m^2

（四）010805004 电动伸缩门

1. 工程量清单计算规则

（1）以樘计量，按设计图示数量计算。

（2）以平方米计量，按设计图示洞口尺寸以面积计算。

说明：以樘计量时，必须描述门代号及洞口尺寸。

2. 工程量清单计算规则图解

（1）图例

见图 H.5-4。

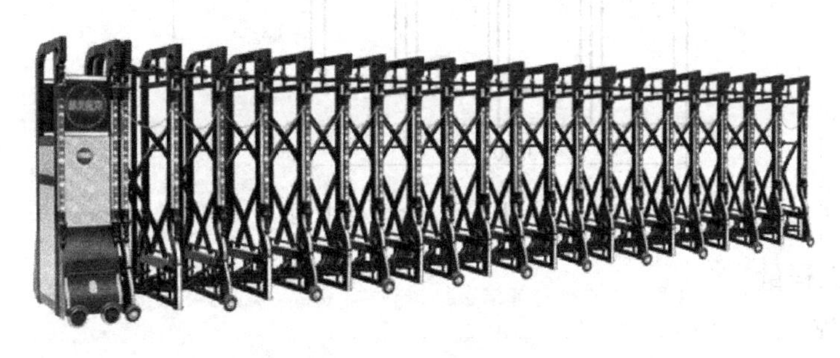

图 H.5-4　电动伸缩门

图例说明：某大门采用电动伸缩门，大门宽度 5000mm，高度 2600mm，共 1 樘。计算工程量。

（2）清单工程量

数量=1 樘

面积=5×2.6=13m²

3. 工程量清单项目组价

（1）定额工程量计算规则

各类门、窗制作、安装工程量均按门、窗洞口面积计算。

1）门、窗盖口条、贴脸、披水条，按图示尺寸以延长米计算，执行木装修项目。

2）普通窗上部带有半圆窗的工程量应分别按半圆窗和普通窗计算。其分界线以普通窗和半圆窗之间的横框上裁口线为分界线。

3）门窗扇包镀锌铁皮，按门、窗洞口面积以平方米计算；门窗框包镀锌铁皮，钉橡皮条、钉毛毡按图示门窗洞口尺寸以延长米计算。

（2）定额工程量

面积=5×2.6=13m²

（五）010805005 全玻自由门

1. 工程量清单计算规则

（1）以樘计量，按设计图示数量计算。

（2）以平方米计量，按设计图示洞口尺寸以面积计算。

说明：以樘计量时，必须描述门代号及洞口尺寸。

2. 工程量清单计算规则图解

（1）图例

见图 H.5-5。

图例说明：如图为全玻自由门，宽 3300mm，高 3000mm，共 10 樘。计算工程量。

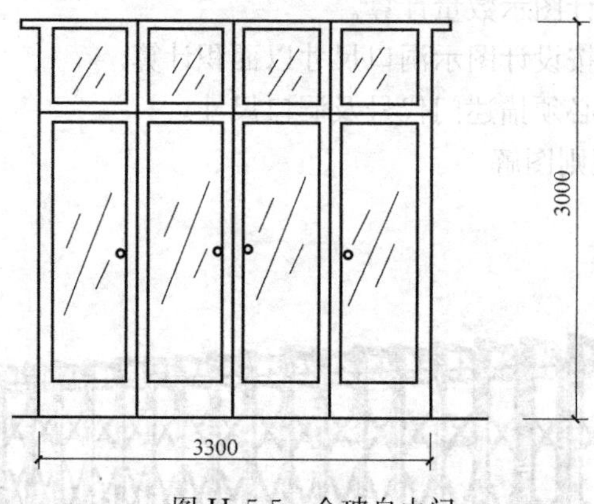

图 H.5-5 全玻自由门

(2) 清单工程量

数量=10 樘

面积=3.3×3×10=99m²

3. 工程量清单项目组价

(1) 定额工程量计算规则

各类门、窗制作、安装工程量均按门、窗洞口面积计算。

1) 门、窗盖口条、贴脸、披水条，按图示尺寸以延长米计算，执行木装修项目。

2) 普通窗上部带有半圆窗的工程量应分别按半圆窗和普通窗计算。其分界线以普通窗和半圆窗之间的横框上裁口线为分界线。

3) 门窗扇包镀锌铁皮，按门、窗洞口面积以平方米计算；门窗框包镀锌铁皮，钉橡皮条、钉毛毡按图示门窗洞口尺寸以延长米计算。

(2) 定额工程量

面积=3.3×3×10=99m²

(六) 010805006 镜面不锈钢饰面门

1. 工程量清单计算规则

(1) 以樘计量，按设计图示数量计算。

(2) 以平方米计量，按设计图示洞口尺寸以面积计算。

说明：以樘计量时，必须描述门代号及洞口尺寸。

2. 工程量清单计算规则图解

(1) 图例

见图 H.5-6。

图例说明：电梯门采用镜面不锈钢饰面门，宽 1000mm，高 2100mm，共 2 樘。计算工程量。

(2) 清单工程量

数量=2

面积=1×2.1×2=4.2m²

3. 工程量清单项目组价

(1) 定额工程量计算规则

图 H.5-6 镜面不锈钢饰面门

各类门、窗制作、安装工程量均按门、窗洞口面积计算。

1）门、窗盖口条、贴脸、披水条，按图示尺寸以延长米计算，执行木装修项目。

2）普通窗上部带有半圆窗的工程量应分别按半圆窗和普通窗计算。其分界线以普通窗和半圆窗之间的横框上裁口线为分界线。

3）门窗扇包镀锌铁皮，按门、窗洞口面积以平方米计算；门窗框包镀锌铁皮，钉橡皮条、钉毛毡按图示门窗洞口尺寸以延长米计算。

（2）定额工程量

面积＝1×2.1×2＝4.2m^2

（七）010805007 复合材料门

1. 工程量清单计算规则

（1）以樘计量，按设计图示数量计算。

（2）以平方米计量，按设计图示洞口尺寸以面积计算。

说明：以樘计量时，必须描述门代号及洞口尺寸。

2. 工程量清单计算规则图解

（1）图例

见图 H.5-7。

图例说明：某阳台门采用铝木复合门，门宽 1200mm，高度 2100mm，共 8 樘。计算工程量。

图 H.5-7 铝木复合门

（2）清单工程量

数量＝8 樘

面积＝1.2×2.1×8＝20.16m^2

3. 工程量清单项目组价

（1）定额工程量计算规则

各类门、窗制作、安装工程量均按门、窗洞口面积计算。

1）门、窗盖口条、贴脸、披水条，按图示尺寸以延长米计算，执行木装修项目。

2）普通窗上部带有半圆窗的工程量应分别按半圆窗和普通窗计算。其分界线以普通窗和半圆窗之间的横框上裁口线为分界线。

3）门窗扇包镀锌铁皮，按门、窗洞口面积以平方米计算；门窗框包镀锌铁皮，钉橡皮条、钉毛毡按图示门窗洞口尺寸以延长米计算。

（2）定额工程量

面积＝1.2×2.1×8＝20.16m^2

H.6 木　窗

一、项目的划分

项目划分为木质窗、木飘（凸）窗、木橱窗、木纱窗。

（1）木质窗应区分木百叶窗、木组合窗、木天窗、木固定窗、木装饰空花窗等项目，分别编码列项。

百叶窗，是由多片百叶片构成的窗。按材料质地分为木质板、PVC 空心板和铝合金空心异形板三种。

异形木百叶窗，是除矩形木百叶窗以外其他形状木百叶窗的总称。

木组合窗，是以套插方式将窗框进行横向及竖向组合从而符合设计要求。

固定窗，是指将玻璃直接镶嵌在窗框上，不能开启，只能采光及眺望。这种窗构造简单。异形木固定窗：是指除矩形木固定窗之外的其他形状的木固定窗。

装饰空花木窗：对木质门窗进行花饰处理而制作成的具有装饰性的木窗。

（2）木橱窗、木飘（凸）窗以樘计量，项目特征必须描述框截面及外围展开面积。

二、工程量计算与组价

（一）010806001 木质窗

1. 工程量清单计算规则

（1）以樘计量，按设计图示数量计算。

（2）以平方米计量，按设计图示洞口尺寸以面积计算。

说明：以樘计量时，必须描述窗代号及洞口尺寸。

2. 工程量清单计算规则图解

（1）图例

见图 H. 6-1。

图例说明：单层木窗，中间部分为框上装玻璃。框断面 66cm^2，共 10 樘；窗尺寸为 3000mm×3000mm。计算工程量。

（2）清单工程量

数量＝10 樘

面积＝3×3×10＝90m^2

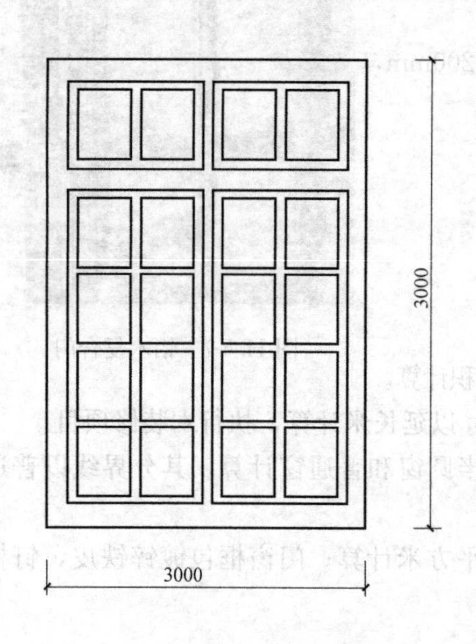

图 H. 6-1　木质平开窗

3. 工程量清单项目组价

（1）定额工程量计算规则

各类门、窗制作、安装工程量均按门、窗洞口面积计算。

1）门、窗盖口条、贴脸、披水条，按图示尺寸以延长米计算，执行木装修项目。

2）普通窗上部带有半圆窗的工程量应分别按半圆窗和普通窗计算。其分界线以普通窗和半圆窗之间的横框上裁口线为分界线。

3）门窗扇包镀锌铁皮，按门、窗洞口面积以平方米计算；门窗框包镀锌铁皮，钉橡皮条、钉毛毡按图示门窗洞口尺寸以延长米计算。

（2）定额工程量

面积＝3×3×10＝90m^2

（二）010806002 木飘（凸）窗

1. 工程量清单计算规则

（1）以樘计量，按设计图示数量计算。

（2）以平方米计量，按设计图示尺寸以框外围展开面积计算。

说明：以樘计量时，必须描述窗代号及洞口尺寸。

2. 工程量清单计算规则图解

（1）图例

见图 H.6-2。

图例说明：某房间飘窗，长 3000mm，宽 800mm，高 1950mm。计算工程量。

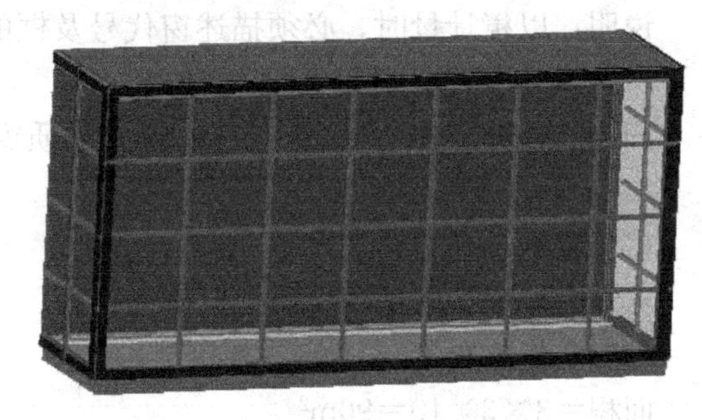

图 H.6-2 木飘窗

（2）清单工程量

数量＝1 樘

飘窗面积＝3×1.95＋0.8×1.95×2＝8.97m^2

3. 工程量清单项目组价

（1）定额工程量计算规则

木飘（凸）窗按设计图示尺寸以框外围展开面积计算。

（2）定额工程量

飘窗面积＝3×1.95＋0.8×1.95×2＝8.97m^2

（三）010806003 木橱窗

1. 工程量清单计算规则

（1）以樘计量，按设计图示数量计算。

（2）以平方米计量，按设计图示尺寸以框外围展开面积计算。

说明：以樘计量时，必须描述窗代号、框截面及外围展开面积。

图 H.6-3 木橱窗

2. 工程量清单计算规则图解

（1）图例

见图 H.6-3。

图例说明：某地下商场木橱窗，框外围总长 10m，高 2.8m。计算工程量。

（2）清单工程量

数量＝1 樘

面积＝10×2.8＝28m^2

3. 工程量清单项目组价

（1）定额工程量计算规则

木厨窗按设计图示尺寸以框外围展开面积计算。

（2）定额工程量

面积＝10×2.8＝28m^2

(四) 010806004 木纱窗

1. 工程量清单计算规则

(1) 以樘计量，按设计图示数量计算。

(2) 以平方米计量，按框的外围尺寸以面积计算。

说明：以樘计量时，必须描述窗代号及框的外围尺寸。

2. 工程量清单计算规则图解

图例及计算与本节（一）010806001 木质窗部分清单计算相同。

3. 工程量清单项目组价

(1) 定额工程量计算规则

木纱窗按设计图示洞口尺寸以面积计算。

(2) 定额工程量

面积＝3×3×10＝90m^2

H.7 金属窗

一、项目的划分

项目划分为金属（塑钢、断桥）窗、金属防火窗、金属百叶窗、金属纱窗、金属格栅窗、金属（塑钢、断桥）橱窗、金属（塑钢、断桥）飘（凸）窗、彩板窗、复合材料窗。

(1) 金属窗应区分金属组合窗、防盗窗等项目，分别编码列项。

(2) 百叶窗：由许多横条板组成。用以遮光挡雨，还可以通风透气，一般有固定式和活动式两种。

(3) 金属隔栅窗：是一种可以通过设置在底部上的轨道和滑轮沿水平方向做自由伸缩启闭的栅栏窗。

(4) 彩板窗：是采用0.7～1mm厚的彩色涂层钢板在液压自动轨上轧制而成的型钢，经组角而成的各种规格型号的钢窗。在窗、扇、玻璃间缝隙都是采用特制的胶条为介质的软接触层，有着很好的隔声保温性能。

(5) 复合材料窗，是由两种或两种以上不同性质的材料，通过物理或化学的方法，在宏观上组成具有新性能的材料。建筑门窗行业目前使用的复合材料有：铝塑复合隔热型材、塑钢型材、铝木复合型材、加衬钢的玻璃钢纤维型材等。

二、工程量计算与组价

(一) 010807001 金属（塑钢、断桥）窗

1. 工程量清单计算规则

(1) 以樘计量，按设计图示数量计算。

(2) 以平方米计量，按设计图示洞口尺寸以面积计算。

说明：以樘计量时，必须描述窗代号及洞口尺寸。

2. 工程量清单计算规则图解

（1）图例

见图 H.7-1。

图例说明：某宿舍铝合金推拉窗，窗尺寸为 1800mm×1800mm，共 80 樘。计算工程量。

（2）清单工程量

数量=80 樘

面积=1.8×1.8×80=259.2m^2

3. 工程量清单项目组价

（1）定额工程量计算规则

铝合金门窗制作、安装，铝合金、不锈钢门窗、彩板组角钢门窗、塑钢门窗、钢门窗安装，均按设计门窗洞口面积计算。

图 H.7-1 金属推拉窗

（2）定额工程量

公式：面积=窗宽×窗高

面积=1.8×1.8×80=259.2m^2

（二）010807002 金属防火窗

1. 工程量清单计算规则

（1）以樘计量，按设计图示数量计算。

（2）以平方米计量，按设计图示洞口尺寸以面积计算。

说明：以樘计量时，必须描述窗代号及洞口尺寸。

2. 工程量清单计算规则图解

图例及计算与本节（一）010807001 金属（塑钢、断桥）窗部分清单计算相同。

3. 工程量清单项目组价

（1）定额工程量计算规则

铝合金门窗制作、安装，铝合金、不锈钢门窗、彩板组角钢门窗、塑钢门窗、钢门窗安装，均按设计门窗洞口面积计算。

（2）定额工程量

公式：面积=窗宽×窗高

面积=1.8×1.8×80=259.2m^2

图 H.7-2 百叶窗

（三）010807003 金属百叶窗

1. 工程量清单计算规则

（1）以樘计量，按设计图示数量计算。

（2）以平方米计量，按设计图示洞口尺寸以面积计算。

说明：以樘计量时，必须描述窗代号及洞口尺寸。

2. 工程量清单计算规则

（1）图例

见图 H.7-2。

图例说明：一住宅楼共 6 层，全部安装金属百叶窗，每层有 6 樘。洞口尺寸宽 2400mm，高 1700mm。计算工程量。

(2) 清单工程量

数量＝6×6＝36 樘

面积＝36×2.4×(1.2＋0.5)＝146.88m^2

3. 工程量清单项目组价

(1) 定额工程量计算规则

铝合金门窗制作、安装，铝合金、不锈钢门窗、彩板组角钢门窗、塑钢门窗、钢门窗安装，均按设计门窗洞口面积计算。

(2) 定额工程量

面积＝36×2.4×(1.2＋0.5)＝146.88m^2

(四) 010807004 金属纱窗

1. 工程量清单计算规则

(1) 以樘计量，按设计图示数量计算。

(2) 以平方米计量，按框的外围尺寸以面积计算。

说明：以樘计量时，必须描述窗代号及框的外围尺寸。

2. 工程量清单计算规则图解

(1) 图例

图 H.7-3 单层带纱钢窗

见图 H.7-3。

图例说明：采用单层带纱钢窗，框的外围尺寸是高度 1500mm，宽度 1500mm，共 20 樘。计算工程量。

(2) 清单工程量

数量＝20 樘

面积＝1.5×1.5×20＝45m^2

3. 工程量清单项目组价

(1) 定额工程量计算规则

铝合金门窗制作、安装，铝合金、不锈钢门窗、彩板组角钢门窗、塑钢门窗、钢门窗安装，均按设计门窗洞口面积计算。

(2) 定额工程量

面积＝1.5×1.5×20＝45m^2

(五) 010807005 金属格栅窗

1. 工程量清单计算规则

(1) 以樘计量，按设计图示数量计算。

(2) 以平方米计量，按设计图示洞口尺寸以面积计算。

说明：以樘计量时，必须描述窗代号及洞口尺寸。

2. 工程量清单计算规则图解

(1) 图例

见图 H.7-4。

图例说明：金属格栅窗，宽 2100mm，高 2100mm，共 3 樘。计算工程量。

(2) 清单工程量

数量=3 樘

洞口面积=2.1×2.1×3=13.23m^2

3. 工程量清单项目组价

(1) 定额工程量计算规则

铝合金门窗制作、安装，铝合金、不锈钢门窗、彩板组角钢门窗、塑钢门窗、钢门窗安装，均按设计门窗洞口面积计算。

(2) 定额工程量

洞口面积=2.1×2.1×3=13.23m^2

图 H.7-4 金属格栅窗

(六) 010807006 金属（塑钢、断桥）橱窗

1. 工程量清单计算规则

(1) 以樘计量，按设计图示数量计算。

(2) 以平方米计量，按设计图示尺寸以框外围展开面积计算。

说明：以樘计量时，必须描述窗代号及框的外围展开面积。

2. 工程量清单计算规则图解

(1) 图例

见图 H.7-5。

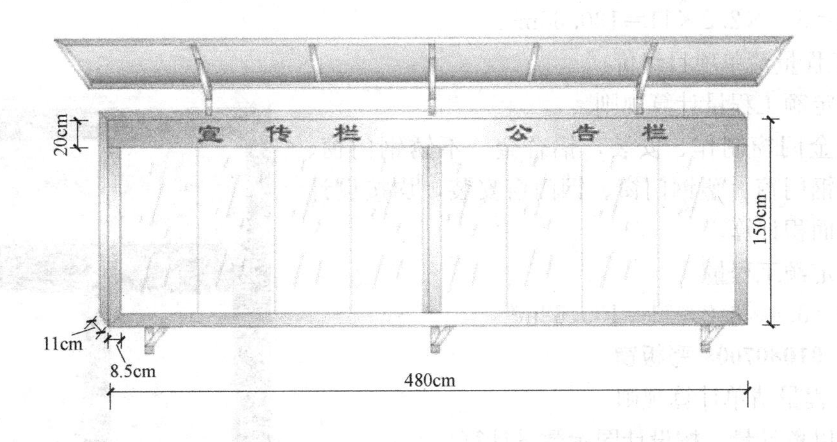

图 H.7-5 塑钢橱窗

图例说明：如图宣传橱窗，采用不锈钢冲压板做框架，底封 25×13 管，4mm 铝塑板，雨篷为 25×13 管支架封 6mm 阳光板。橱窗框外围长度 480cm，高度 150cm，共 6 樘。计算工程量。

(2) 清单工程量

数量＝6 樘

面积＝4.8×1.5×6＝43.2m²

3. 工程量清单项目组价

(1) 定额工程量计算规则

定额工程量计算规则同清单工程量计算规则。

(2) 定额工程量

数量＝6 樘

面积＝4.8×1.5×6＝43.2m²

(七) 010806007 金属（塑钢、断桥）飘（凸）窗

1. 工程量清单计算规则

(1) 以樘计量，按设计图示数量计算。

(2) 以平方米计量，按设计图示尺寸以框外围展开面积计算。

说明：以樘计量时，必须描述窗代号及框的外围展开面积。

2. 工程量清单计算规则图解

(1) 图例

见图 H.7-6。

图 H.7-6　铝合金塑钢飘窗

图例说明：飘窗用铝合金塑钢窗，框外围展开总长度 5400mm，高度 2200mm，共 11 樘。计算工程量。

(2) 清单工程量

数量＝11 樘

面积＝5.4×2.2×11＝130.68m²

3. 工程量清单项目组价

(1) 定额工程量计算规则

铝合金门窗制作、安装，铝合金、不锈钢门窗、彩板组角钢门窗、塑钢门窗、钢门窗安装，均按设计门窗洞口面积计算。

(2) 定额工程量

面积＝5.4×2.2×11＝130.68m²

(八) 010807008 彩板窗

1. 工程量清单计算规则

(1) 以樘计量，按设计图示数量计算。

(2) 以平方米计量，按设计图示尺寸以洞口尺寸或框外围展开面积计算。

说明：以樘计量时，必须描述窗代号及洞口尺寸。

2. 工程量清单计算规则图解

(1) 图例

图 H.7-7　彩板窗

见图 H.7-7。

图例说明：彩板平开窗，宽 1200mm，高 1500mm，共 10 樘。计算工程量。

(2) 清单工程量

数量=10 樘

面积=$1.2\times1.5\times10=18m^2$

3. 工程量清单项目组价

(1) 定额工程量计算规则

铝合金门窗制作、安装，铝合金、不锈钢门窗、彩板组角钢门窗、塑钢门窗、钢门窗安装，均按设计门窗洞口面积计算。

(2) 定额工程量

面积=$1.2\times1.5\times10=18m^2$

(九) 010807009 复合材料窗

1. 工程量清单计算规则

(1) 以樘计量，按设计图示数量计算。

(2) 以平方米计量，按设计图示尺寸以洞口尺寸或框外围展开面积计算。

说明：以樘计量时，必须描述窗代号及洞口尺寸。

2. 工程量清单计算规则图解

(1) 图例

见图 H.7-8。

图例说明：铝木复合窗，宽 1200mm，高 1500mm，共 10 樘。计算工程量。

(2) 清单工程量

数量=10 樘

面积=$1.2\times1.5\times10=18m^2$

3. 工程量清单项目组价

(1) 定额工程量计算规则

同工程量清单计算规则。

(2) 定额工程量

面积=$1.2\times1.5\times10=18m^2$

图 H.7-8 铝木复合窗

H.8 门 窗 套

一、项目的划分

项目划分为木门窗套、木筒子板、饰面夹板筒子板、金属门窗套、石材门窗套、门窗木贴脸、成品木门窗套。

门窗套：用于保护和装饰门框及窗框。门窗套包括筒子板和贴脸，与墙连接在一起。在门窗洞口的两个立面垂直面，过去一般不做抹灰的清水墙面，此面可以凸出外墙形成边框，也可以与外墙齐平，既要立面垂直平整，又要墙缝大小一致、粘结牢固，同时还要满足外墙面平整要求，故此处质量要求较高。

（1）木门窗套：木质材料制作的门窗套，适用于单独门窗套的制作、安装。

（2）木筒子板：是在门洞口外两侧墙面用五夹板或 20mm 厚优质木板做成的护壁板。

（3）饰面夹板筒子板：在一些高级装饰的房间中的门窗洞口周边墙面（外门窗在洞口内侧墙面）、过厅门洞的周边或装饰性洞口周围，用装饰板饰面的做法。

（4）金属门窗套：在窗口处凸出墙面镶一个金属套子，如不锈钢窗套。

（5）石材门窗套：比较常见的有天然大理石、花岗石等。

（6）门窗贴脸：当门窗柜和内墙面齐平时与墙总有一条明显缝口。在门窗使用筒子板时，也与墙面存有缝口，为了遮盖此种缝口而装订的木板盖缝条叫贴脸，它的作用是整洁、防止通风，一般用于高级装修。

二、工程量计算与组价

（一）010808001 木门窗套

1. 工程量清单计算规则

（1）以樘计量，按设计图示数量计算。

（2）以平方米计量，按设计图示尺寸以展开面积计算。

（3）以米计量，按设计图示中心以延长米计算。

说明：以樘计量时，必须描述窗代号及洞口尺寸。

2. 工程量清单计算规则图解

（1）图例

见图 H. 8-1、图 H. 8-2。

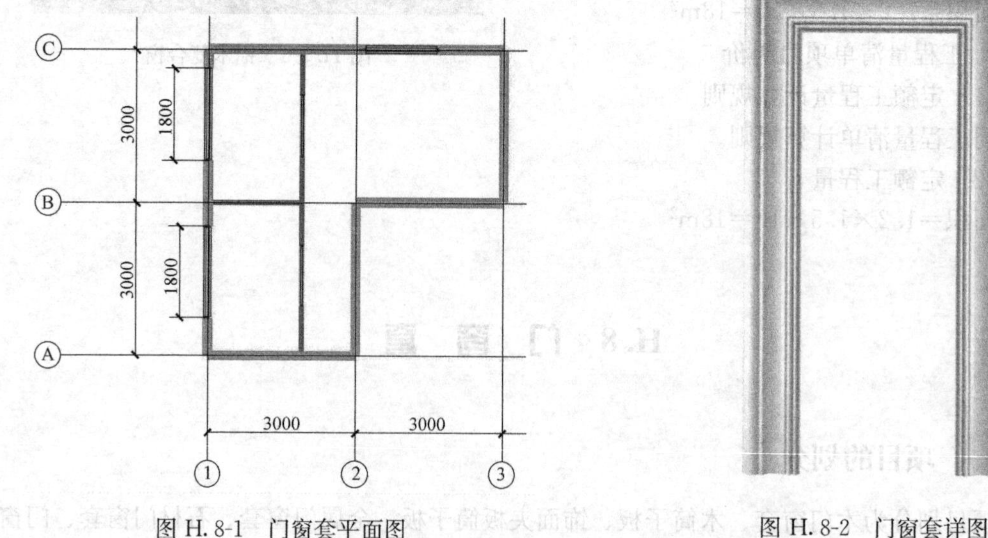

图 H. 8-1　门窗套平面图

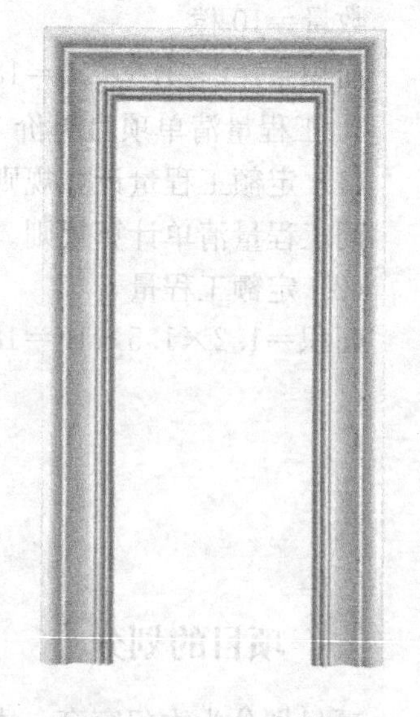

图 H. 8-2　门窗套详图

图例说明：某房间设计平面如图所示，窗尺寸为1800mm×1800mm，共计2樘，窗套设计宽度为80mm。计算工程量。

(2) 清单工程量

数量=2樘

窗套面积=(1.8+1.8)×2×0.08×2=1.152m^2

长度=(1.8+1.8)×2×2=14.4m^2

3. 工程量清单项目组价

(1) 定额工程量计算规则

定额工程量计算规则同清单工程量计算规则。

(2) 定额工程量

数量=2樘

窗套面积=(1.8+1.8)×2×0.08×2=1.152m^2

长度=(1.8+1.8)×2×2=14.4m^2

(二) 010808002 木筒子板

1. 工程量清单计算规则

(1) 以樘计量，按设计图示数量计算。

(2) 以平方米计量，按设计图示尺寸以展开面积计算。

(3) 以米计量，按设计图示中心以延长米计算。

说明：以樘计量时，必须描述筒子板宽度。

2. 工程量清单计算规则图解

(1) 图例

见图 H.8-3。

图 H.8-3 筒子板

图例说明：某房间，门尺寸为1200mm×2100mm，共计2樘，窗套设计宽度为160mm。计算工程量。

(2) 清单工程量

数量=2樘

面积=(2.1×2+1.2)×0.16×2=1.73m^2

长度=(2.1×2+1.2) ×2=10.8m

3. 工程量清单项目组价

(1) 定额工程量计算规则

木筒子板按设计图示尺寸以展开面积计算。

(2) 定额工程量

数量=2樘

面积=(2.1×2+1.2)×0.16×2=1.73m^2

长度=(2.1×2+1.2)×2=10.8m

(三) 010808003 饰面夹板筒子板

1. 工程量清单计算规则

(1) 以樘计量，按设计图示数量计算。

(2) 以平方米计量，按设计图示尺寸以展开面积计算。

(3) 以米计量，按设计图示中心以延长米计算。

说明：以樘计量时，必须描述窗代号及洞口尺寸。

2. 工程量清单计算规则图解

图例及计算与本节（二）010808002 木筒子板部分清单计算相同。

3. 工程量清单项目组价

(1) 定额工程量计算规则

饰面夹板筒子板按设计图示尺寸以展开面积计算。

(2) 定额工程量

数量＝2 樘

面积＝(2.1×2＋1.2)×0.16×2＝1.73m^2

长度＝(2.1×2＋1.2)×2＝10.8m

(四) 010808004 金属门窗套

1. 工程量清单计算规则

(1) 以樘计量，按设计图示数量计算。

(2) 以平方米计量，按设计图示尺寸以展开面积计算。

(3) 以米计量，按设计图示中心以延长米计算。

说明：以樘计量时，必须描述窗代号及洞口尺寸。

2. 工程量清单计算规则图解

图例及计算与本节（一）010808001 木门窗套部分清单计算相同。

3. 工程量清单项目组价

(1) 定额工程量计算规则

金属门窗套按设计图示尺寸以展开面积计算。

(2) 定额工程量

数量＝2 樘

窗套面积＝(1.8＋1.8)×2×0.08×2＝1.152m^2

长度＝(1.8＋1.8)×2×2＝14.4m^2

(五) 010808005 石材门窗套

1. 工程量清单计算规则

(1) 以樘计量，按设计图示数量计算。

(2) 以平方米计量，按设计图示尺寸以展开面积计算。

(3) 以米计量，按设计图示中心以延长米计算。

说明：以樘计量时，必须描述窗代号及洞口尺寸。

2. 工程量清单计算规则图解

图例及计算与本节（一）010808001 木门窗套部分清单计算相同。

3. 工程量清单项目组价

(1) 定额工程量计算规则

石材门窗套按设计图示尺寸以展开面积计算。

(2) 定额工程量

数量=2 樘

窗套面积=(1.8+1.8)×2×0.08×2=1.152m²

长度=(1.8+1.8)×2×2=14.4m²

(六) 010808006 门窗木贴脸

1. 工程量清单计算规则

(1) 以樘计量，按设计图示数量计算。

(2) 以米计量，按设计图示尺寸以延长米计算。

说明：以樘计量时，必须描述窗代号及洞口尺寸。

2. 工程量清单计算规则图解

(1) 图例

见图 H.8-4。

图 H.8-4 贴脸

图例说明：某房间，门尺寸为 1200mm×2100mm，共计 2 樘，窗套贴脸宽度 160mm。计算工程量。

(2) 清单工程量

数量=2 樘

长度=(2.1×2+1.2)×2=10.8m

3. 工程量清单项目组价

(1) 定额工程量计算规则

定额工程量计算规则同清单工程量计算规则。

(2) 定额工程量

数量=2 樘

长度=(2.1×2+1.2)×2=10.8m

(七) 010808007 成品木门窗套

1. 工程量清单计算规则

(1) 以樘计量，按设计图示数量计算。

(2) 以平方米计量，按设计图示尺寸以展开面积计算。

(3) 以米计量，按设计图示中心以延长米计算。

说明：以樘计量时，必须描述窗代号及洞口尺寸。

2. 工程量清单计算规则图解

图例及计算与本节 (一) 010808001 木门窗套部分清单计算相同。

3. 工程量清单项目组价

(1) 定额工程量计算规则

成品木门窗套按设计图示尺寸以展开面积计算。

(2) 定额工程量

数量＝2 樘

窗套面积＝(1.8＋1.8)×2×0.08×2＝1.152m^2

长度＝(1.8＋1.8)×2×2＝14.4m^2

H.9 窗 台 板

一、项目的划分

项目划分为木窗台板、铝塑窗台板、金属窗台板、石材窗台板。

(1) 木窗台板是用木制成的窗台面。为增加室内装饰效果，临时摆设物件，常常有意识在窗内侧沿处设置窗台板。窗台板宽度是 100～200mm，厚度 20～50mm 不等。

(2) 铝塑窗台板，用铝塑材料制成的窗台面。铝塑材料的材质决定了它有塑料盒金属的双重特性，这种材质可制成各种色彩的窗台板，美观、大方、价格适中。

(3) 金属窗台板：用金属材料加工而成的窗台面。常用的金属装饰板有：不锈钢装饰板、铝合金装饰板、烤漆钢板和复合钢板等。

(4) 石材窗台板：用大理石、花岗石等石材制作而成的窗台面，常用的人造石材有人造花岗岩、大理石和水磨石三种。人造石材具有很好的装饰性、耐腐蚀、耐污染、施工方便、耐久性好、良好的可加工性。

二、工程量计算与组价

(一) 010809001 木窗台板

1. 工程量清单计算规则

按设计图示尺寸以展开面积计算。

2. 工程量清单计算规则图解

(1) 图例

见图 H.9-1、图 H.9-2。

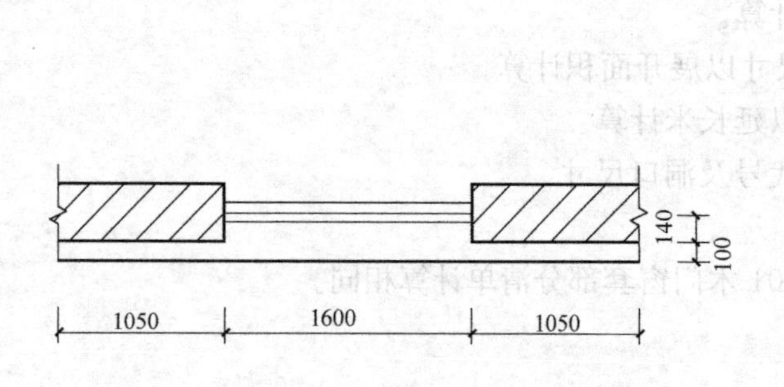

图 H.9-1 窗台板平面图

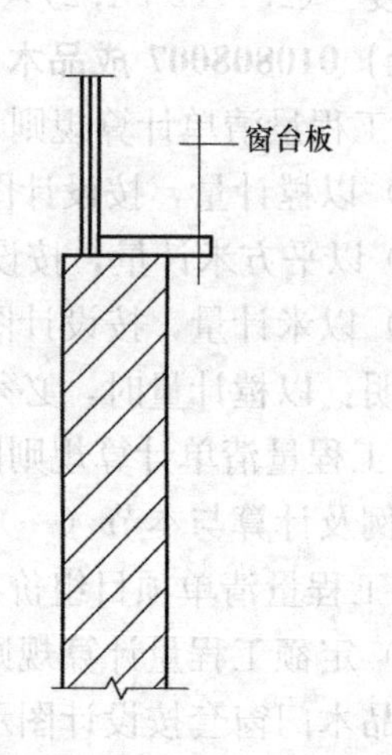

图 H.9-2 窗台板立面图

图例说明：设计要求做硬木窗台板，如图所示，窗尺寸为1600mm×1800mm，单位工程有20个该类型窗。计算工程量。

(2) 清单工程量

窗台板工程量=设计图示尺寸以展开面积计算

窗台板面积=(0.14×1.6+0.1×3.7)×20=11.88m²

3. 工程量清单项目组价

(1) 定额工程量计算规则

窗台板按设计图示尺寸以展开面积计算。

(2) 定额工程量

窗台板面积=(0.14×1.6+0.1×3.7)×20=11.88m²

(二) 010809002 铝塑窗台板

1. 工程量清单计算规则

按设计图示尺寸以展开面积计算。

2. 工程量清单计算规则图解

图例及计算与本节（一）010809001木窗台板部分清单计算相同。

3. 工程量清单项目组价

(1) 定额工程量计算规则

窗台板按设计图示尺寸以展开面积计算。

(2) 定额工程量

窗台板面积=(0.14×1.6+0.1×3.7)×20=11.88m²

(三) 010809003 金属窗台板

1. 工程量清单计算规则

按设计图示尺寸以展开面积计算。

2. 工程量清单计算规则图解

图例及计算与本节（一）010809001木窗台板部分清单计算相同。

3. 工程量清单项目组价

(1) 定额工程量计算规则

窗台板按设计图示尺寸以展开面积计算。

(2) 定额工程量

窗台板面积=(0.14×1.6+0.1×3.7)×20=11.88m²

(四) 010809004 石材窗台板

1. 工程量清单计算规则

按设计图示尺寸以展开面积计算。

2. 工程量清单计算规则图解

图例及计算与本节（一）010809001木窗台板部分清单计算相同。

3. 工程量清单项目组价

(1) 定额工程量计算规则

窗台板按设计图示尺寸以展开面积计算。

(2) 定额工程量

窗台板面积=(0.14×1.6+0.1×3.7)×20=11.88m²

H.10　窗帘、窗帘盒、轨

一、项目的划分

项目划分为窗帘、木窗帘盒、饰面夹板、塑料窗帘盒、铝合金窗帘盒、窗帘轨。

(1) 窗帘是用布、竹、苇、麻、纱、塑料、金属材料等制作的遮蔽或调节室内光照的挂在窗上的帘子。常用的品种有：布窗帘、纱窗帘、无缝纱帘、遮光窗帘、隔音窗帘、直立帘、罗马帘、木竹帘、铝百叶、卷帘、窗纱、立式移帘。

(2) 窗帘盒：是用木质或塑料等材料制成安装于窗子上方，用以遮挡、支撑窗帘杆(轨)、滑轮和拉线等的盒形体。窗帘盒有明、暗两种，明窗帘盒是成品或半成品在施工现场安装完成，暗窗帘盒一般是在房间吊顶安装时，留出窗帘位置，并与吊顶一体完成，只需在吊顶临窗处安装轨道即可。

(3) 木窗帘盒：吊挂窗帘而装设于窗户内侧顶上的一种木质长条盒子。有明、暗两种。

(4) 窗帘轨（杆）：是安装于窗子上方，用于悬挂窗帘的横杆，以便窗帘开合，又可增加窗帘布艺美观。

二、工程量计算与组价

(一) 010810001 窗帘

1. 工程量清单计算规则

(1) 以米计量，按设计图示尺寸以成活后长度计算。

(2) 以平方米计量，按图示尺寸以成活后展开面积计算。

2. 工程量清单计算规则图解

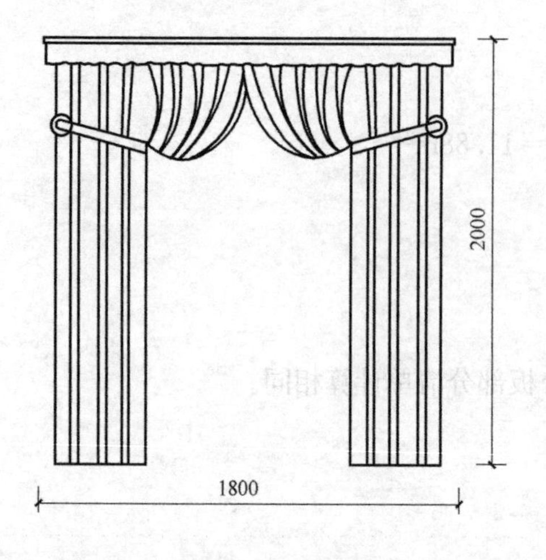

图 H.10-1　窗帘

(1) 图例

见图 H.10-1。

图例说明：某工程有20个窗户，窗帘为双层布艺，按1：2考虑褶皱，长度1.8m，高度2m，其窗帘盒为木质。计算工程量。

(2) 清单工程量

窗帘长度=1.8×2×20=3.6×20=72m

窗帘面积=1.8×2×2×20=144m²

3. 工程量清单项目组价

(1) 定额工程量计算规则

窗帘按图示尺寸以成活后展开面积计算。

(2) 定额工程量

窗帘长度=1.8×2×20=3.6×20=72m

窗帘面积＝1.8×2×2×20＝144m²

(二) 010810002 木窗帘盒

1. 工程量清单计算规则

按设计图示尺寸以长度计算。

2. 工程量清单计算规则图解

(1) 图例

见图 H.10-2、图 H.10-3。

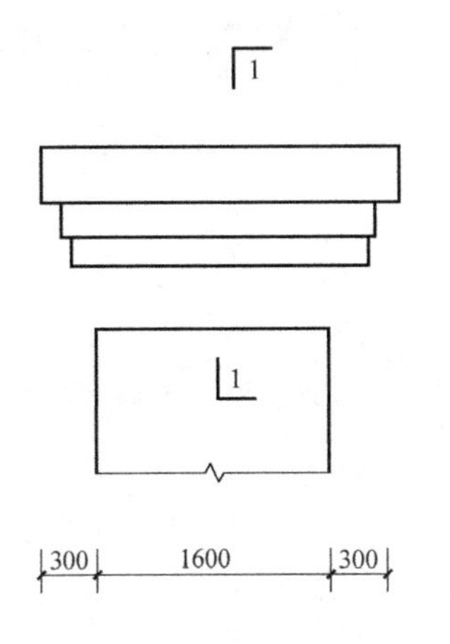

图 H.10-2　木质窗帘盒立面图

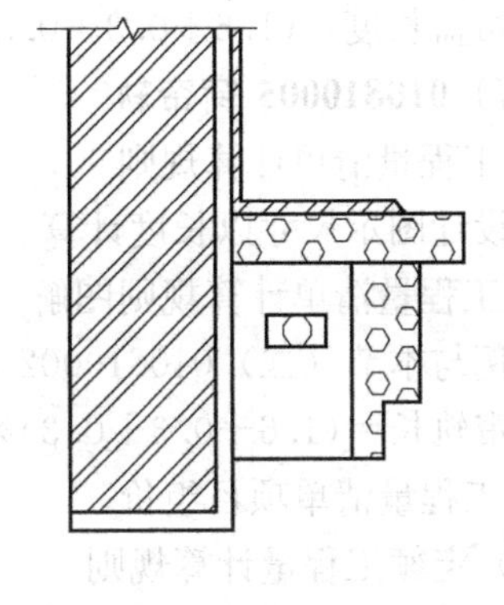

图 H.10-3　木质窗帘盒剖面图

图例说明：某工程有 20 个窗户，其窗帘盒为木质，尺寸如图所示。窗帘盒长度为 2.2 m。计算工程量。

(2) 清单工程量

窗帘盒长度＝(1.6＋0.3＋0.3)×20＝44m

3. 工程量清单项目组价

(1) 定额工程量计算规则

窗帘盒按设计图示尺寸以长度计算。

(2) 定额工程量

窗帘盒长度＝(1.6＋0.3＋0.3)×20＝44m

(三) 010810003 饰面夹板、塑料窗帘盒

1. 工程量清单计算规则

按设计图示尺寸以长度计算。

2. 工程量清单计算规则图解

图例及计算与本节（二）010810002 木窗帘盒部分清单计算相同。

3. 工程量清单项目组价

(1) 定额工程量计算规则

窗帘盒按设计图示尺寸以长度计算。

(2) 定额工程量

窗帘盒长度＝(1.6＋0.3＋0.3)×20＝44 m

（四）010810004 铝合金窗帘盒

1. 工程量清单计算规则

按设计图示尺寸以长度计算。

2. 工程量清单计算规则图解

图例及计算与本节（二）010810002 木窗帘盒部分清单计算相同。

3. 工程量清单项目组价

（1）定额工程量计算规则

窗帘盒按设计图示尺寸以长度计算。

（2）定额工程量

窗帘盒长度＝(1.6＋0.3＋0.3)×20＝44m

（五）010810005 窗帘轨

1. 工程量清单计算规则

按设计图示尺寸以长度计算。

2. 工程量清单计算规则图解

图例与本节（二）010810002 木窗帘盒部分清单相同。

窗帘轨长＝(1.6＋0.3＋0.3)×20＝44m

3. 工程量清单项目组价

（1）定额工程量计算规则

窗帘轨按设计图示尺寸以长度计算。

（2）定额工程量

窗帘轨长＝(1.6＋0.3＋0.3)×20＝44m

附录J　屋面及防水工程

J.1　瓦、型材及其他屋面

一、项目的划分

项目划分为瓦屋面、型材屋面、阳光板屋面、玻璃钢屋面和膜结构屋面。

屋面是建筑物最上层的外围护构件，用于抵抗自然界的雨、雪、风、霜、太阳辐射、气温变化等不利因素的影响，保证建筑内部有一个良好的使用环境，屋面应满足坚固耐久、防水、保温、隔热、防火和抵御各种不良影响的功能要求。

（一）瓦屋面与型材屋面

小青瓦、平瓦、琉璃瓦、石棉水泥瓦等按瓦屋面列项。

压型钢板、金属压型夹心板按型材屋面列项。

（二）膜结构屋面

膜结构屋面适用于膜布屋面，膜结构可分为充气膜结构和张拉膜结构两大类。充气膜结构是靠室内不断充气，使室内外产生一定压力差（一般在10～30mm水柱之间），室内外的压力差使屋盖膜布受到一定的向上的浮力，从而实现较大的跨度。张拉膜结构则通过柱及钢架支承或钢索张拉成型，其造型非常优美灵活。膜结构所用膜材料由基布和涂层两部分组成。基布主要采用聚酯纤维和玻璃纤维材料，涂层材料主要为聚氯乙烯和聚四氟乙烯。

二、工程量计算与组价

（一）010901001 瓦屋面

1. 工程量清单计算规则

按设计图示尺寸以斜面积计算。

不扣除房上烟囱、风帽底座、风道、小气窗、斜沟等所占面积。小气窗的出檐部分不增加面积。

2. 工程量清单计算规则图解

（1）图例

见图J.1-1～图J.1-3。

图J.1-1　瓦屋面示意图

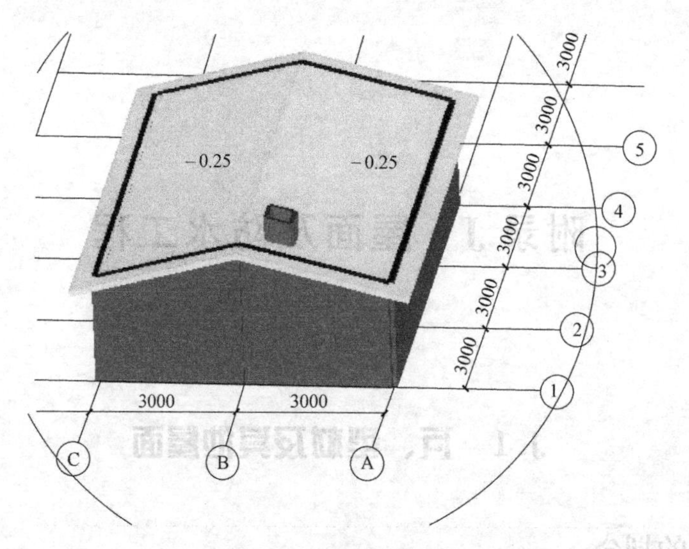

图 J. 1-2　屋面三维图

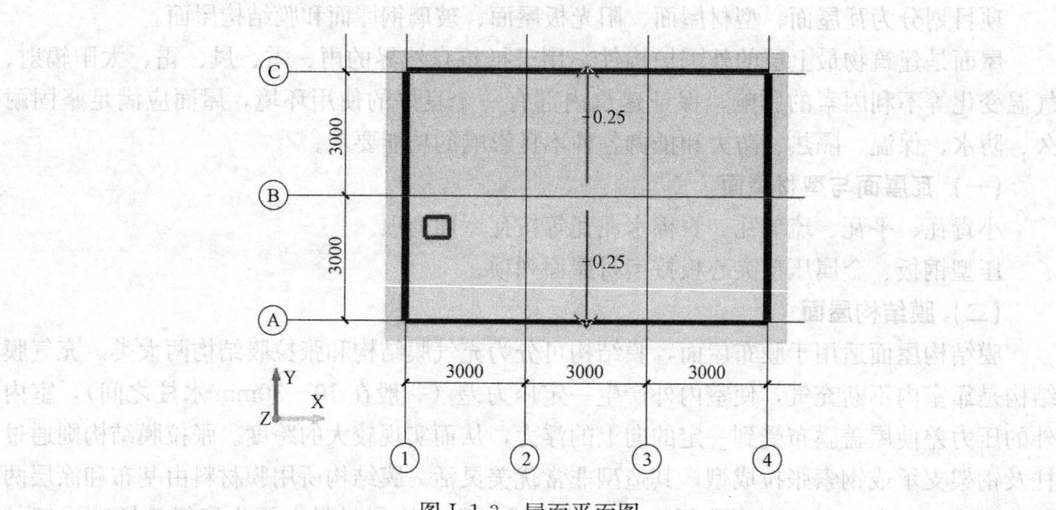

图 J. 1-3　屋面平面图

图例说明：轴线尺寸如图示，屋面坡度为 0.25，四边挑出各 500mm，屋面上有烟囱 500mm×600mm。计算工程量。

(2) 清单工程量

屋面面积计算（屋面展开面积）=长×宽

斜边长度$=\sqrt{3.5^2+(3.5\times0.25)^2}\times2=7.215$m

$S=7.215\times(9+1)=72.15\text{m}^2$

3. 工程量清单项目组价

(1) 定额工程量计算规则

瓦屋面按设计图示尺寸以斜面积计算。

不扣除房上烟囱、风帽底座、风道、小气窗、斜沟等所占面积。小气窗的出檐部分不增加面积。

(2) 定额工程量

公式：屋面面积＝屋面水平投影面积×延尺系数 C

查表 $C=1.0308$

$S=(3+0.5)\times2\times(9+1)\times1.0308=72.16\text{m}^2$

（二）010901002 型材屋面

1. 工程量清单计算规则

按设计图示尺寸以斜面积计算。

不扣除房上烟囱、风帽底座、风道、小气窗、斜沟等所占面积。小气窗的出檐部分不增加面积。

图 J. 1-4　型材屋面示意图

2. 工程量清单计算规则图解

（1）图例

见图 J. 1-2～图 J. 1-4。

图例说明：轴线尺寸如图示，屋面坡度为 0.25，四边挑出各 500mm，屋面上有烟囱 500mm×600mm。计算工程量。

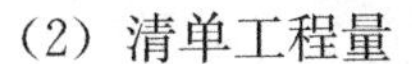

（2）清单工程量

屋面面积计算（屋面展开面积）＝长×宽

斜边长度$=\sqrt{3.5^2+(3.5\times0.25)^2}\times2=7.215\text{m}$

$S=7.215\times(9+1)=72.15\text{m}^2$

3. 工程量清单项目组价

（1）定额工程量计算规则

型材屋面按设计图示尺寸以斜面积计算。

不扣除房上烟囱、风帽底座、风道、小气窗、斜沟等所占面积。小气窗的出檐部分不增加面积。

（2）定额工程量

公式：屋面面积屋面＝水平投影面积×延尺系数 C

查表 $C=1.0308$

$S=(3+0.5)\times2\times(9+1)\times1.0308=72.16\text{m}^2$

（三）010901003 阳光板屋面

1. 工程量清单计算规则

按设计图示尺寸以斜面积计算。不扣除屋面面积≤0.3m² 孔洞所占面积。

说明：阳光板厚度大多是 4mm、6mm、8mm、10mm，这些厚度的板通常为双层结构，再厚点的通常表现为多层以及异形结构。

图 J. 1-5　阳光板屋面示意图

2. 工程量清单计算规则图解

（1）图例

见图 J. 1-5～图 J. 1-7。

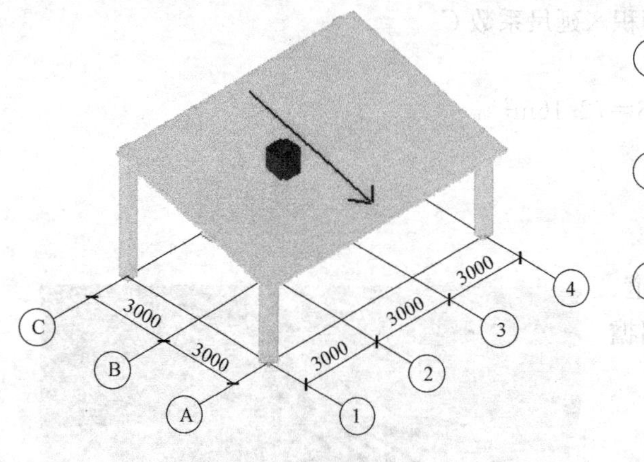

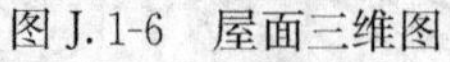
图 J. 1-6　屋面三维图

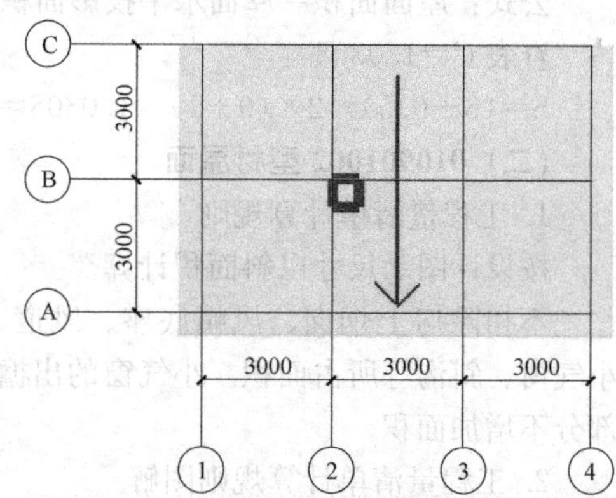

图 J. 1-7　屋面平面图

图例说明：轴线尺寸如图示，屋面坡度为 0.25，三边挑出各 500mm，屋面上有烟囱 600mm×600mm。计算工程量。

（2）清单工程量

屋面面积计算（屋面展开面积）＝长×宽

斜边长度$=\sqrt{6.5^2+(6.5\times0.25)^2}=6.7\text{m}$

$S=6.7\times(9+1)-0.36=66.64\text{m}^2$

3. 工程量清单项目组价

（1）定额工程量计算规则

阳光板屋面按设计图示尺寸以斜面积计算。不扣除屋面面积≤0.3m² 孔洞所占面积。

（2）定额工程量

公式：屋面水平投影面积×延尺系数 C=屋面面积

查表 $C=1.0308$

$S=(6+0.5)\times(9+1)\times1.0308=67\text{m}^2$

（四）010901004 玻璃钢屋面

1. 工程量清单计算规则

按设计图示尺寸以斜面积计算。不扣除屋面面积≤0.3m² 孔洞所占面积。

2. 工程量清单计算规则图解

（1）图例

见图 J. 1-6～图 J. 1-8。

图例说明：轴线尺寸如图示，屋面坡度为 0.25，三边挑出各 500mm，屋面上有烟囱 600mm×600mm。计算工程量。

（2）清单工程量

图 J. 1-8　玻璃钢屋面示意图

屋面面积计算（屋面展开面积）＝长×宽

斜边长度$=\sqrt{6.5^2+(6.5\times0.25)^2}=6.7\text{m}$

$S=6.7\times(9+1)-0.36=66.64\text{m}^2$

3. 工程量清单项目组价

(1) 定额工程量计算规则

玻璃钢屋面按设计图示尺寸以斜面积计算。不扣除屋面面积≤0.3m^2孔洞所占面积。

(2) 定额工程量

公式：屋面面积＝屋面水平投影面积×延尺系数C

查表C＝1.0308

$$S=(6+0.5)\times(9+1)\times1.0308=67.00m^2$$

(五) 010901005 膜结构屋面

1. 工程量清单计算规则

按设计图示尺寸以需要覆盖的水平投影面积计算。

说明：计算工程量时要注意不是膜本身的水平投影面积，而是需覆盖的水平投影面积。

2. 工程量清单计算规则图解

(1) 图例

见图J.1-9、图J.1-10。

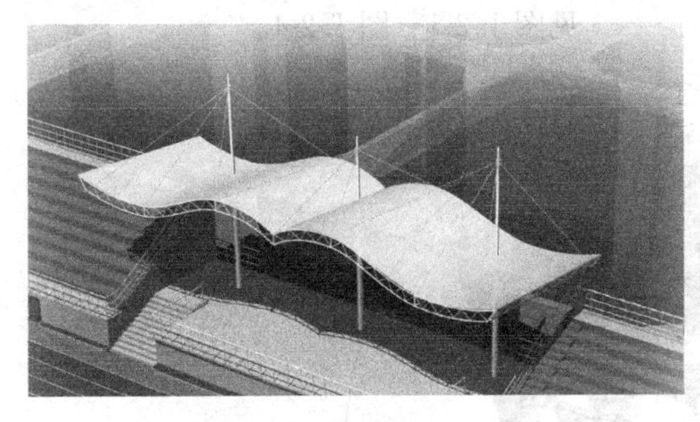

图J.1-9 膜结构屋面三维图

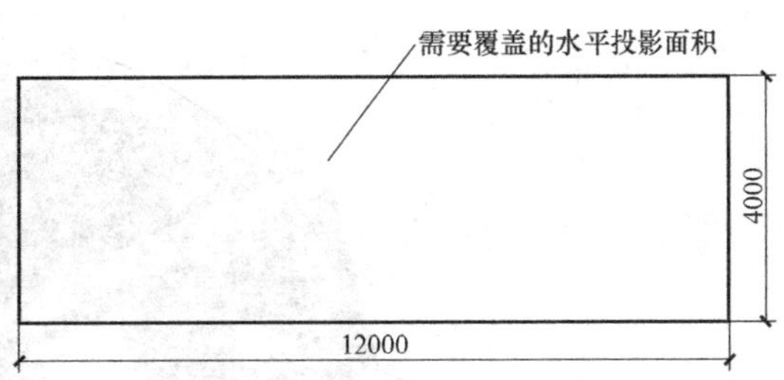

图J.1-10 膜结构屋面平面图

(2) 清单工程量

屋面面积计算＝长×宽

$$S=12\times4=48m^2$$

3. 工程量清单项目组价

(1) 定额工程量计算规则

膜结构屋面按设计图示尺寸以需要覆盖的水平投影面积计算。

(2) 定额工程量

$S=12\times4=48m^2$

J.2 屋面防水及其他

一、项目的划分

项目划分为屋面卷材防水、屋面涂膜防水、屋面刚性层、屋面排水管、屋面排（透）

气管、屋面（廊、阳台）泄（吐）水管、屋面天沟、檐沟、屋面变形缝。

二、工程量计算与组价

（一）010902001 屋面卷材防水

1. 工程量清单计算规则

图 J. 2-1　屋面卷材防水示意图

按设计图示尺寸以面积计算。

（1）斜屋面（不包括平屋顶找坡）按斜面积计算，平屋面按水平投影面积计算；

（2）不扣除屋面烟囱、风帽底座、风道、屋面小气窗和斜沟所占面积；

（3）屋面女儿墙、伸缩缝和天窗等处的弯起部分，并入屋面工程量内。

2. 工程量清单计算规则图解

（1）图例

见图 J. 2-1～图 J. 2-4。

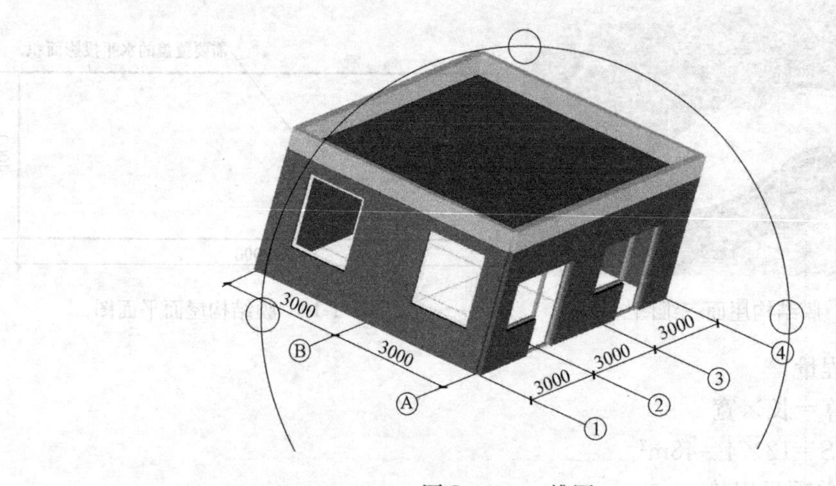

图 J. 2-2　三维图

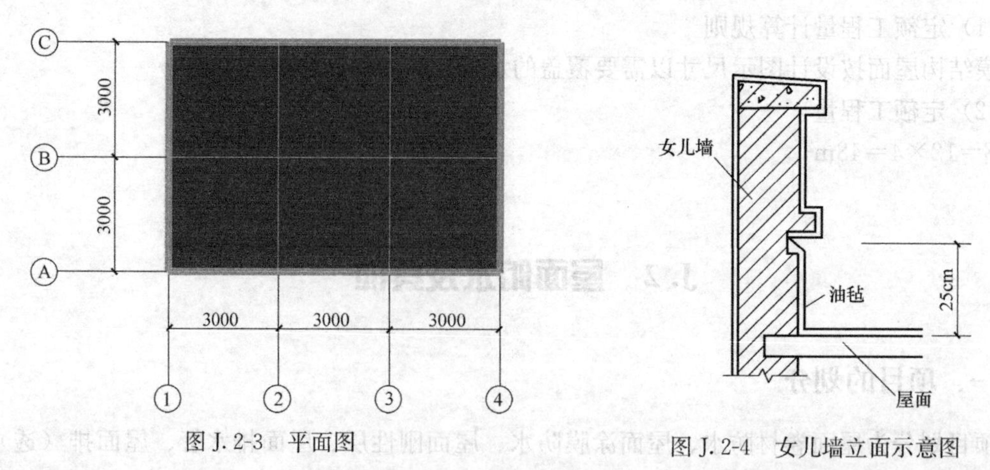

图 J. 2-3　平面图

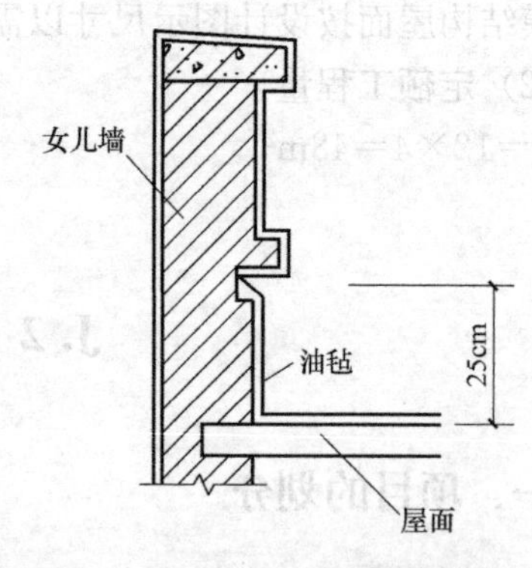

图 J. 2-4　女儿墙立面示意图

图例说明：如上图所示，女儿墙厚200mm，计算卷材防水工程量。

（2）清单工程量

S=水平投影+女儿墙弯起部分

$S=(6-0.2)\times(9-0.2)+((6-0.2)+(9-0.2))\times2\times0.25=58.34m^2$

3. 工程量清单项目组价

（1）定额工程量计算规则

屋面防水按设计图示尺寸以面积计算。

1）斜屋面（不包括平屋顶找坡）按斜面积计算，平屋面按水平投影面积计算；

2）不扣除屋面烟囱、风帽底座、风道、屋面小气窗和斜沟所占面积；

3）屋面女儿墙、伸缩缝和天窗等处的弯起部分，并入屋面工程量内。

（2）定额工程量

S=水平投影+女儿墙弯起部分

$S=(6-0.2)\times(9-0.2)+[(6-0.2)+(9-0.2)]\times2\times0.25=58.34m^2$

（二）010902002 屋面涂膜防水

1. 工程量清单计算规则

按设计图示尺寸以面积计算。

（1）斜屋顶（不包括平屋顶找坡）按斜面积计算，平屋顶按水平投影面积计算；

（2）不扣除房上烟囱、风帽底座、风道、屋面小气窗和斜沟所占面积；

（3）屋面的女儿墙、伸缩缝和天窗等处的弯起部分，并入屋面工程量内。

2. 工程量清单计算规则图解

（1）图例

见图J.2-2、图J.2-3、图J.2-5。

图J.2-5 屋面涂膜防水示意图

图示说明：轴线尺寸如图所示，女儿墙部分未涂膜，墙厚200mm。计算工程量。

（2）清单工程量

$S=(6-0.2)\times(9-0.2)=51.04m^2$

3. 工程量清单项目组价

（1）定额工程量计算规则

屋面防水按设计图示尺寸以面积计算。

1）斜屋面（不包括平屋顶找坡）按斜面积计算，平屋面按水平投影面积计算；

2）不扣除屋面烟囱、风帽底座、风道、屋面小气窗和斜沟所占面积；

3）屋面女儿墙、伸缩缝和天窗等处的弯起部分，并入屋面工程量内。

（2）定额工程量

$S=(6-0.2)\times(9-0.2)=51.04m^2$

（三）010902003 屋面刚性层

1. 工程量清单计算规则

图 J. 2-6 屋面刚性层示意图

按设计图示尺寸以面积计算。不扣除房上烟囱、风帽底座、风道等所占面积。

2. 工程量清单计算规则图解

(1) 图例

见图 J. 2-2、图 J. 2-6。

图示说明：轴线尺寸如图所示，墙厚200mm。计算工程量。

(2) 清单工程量

$S=(6-0.2)\times(9-0.2)=51.04\text{m}^2$

3. 工程量清单项目组价

(1) 定额工程量计算规则

屋面防水按设计图示尺寸以面积计算。

1) 斜屋面（不包括平屋顶找坡）按斜面积计算，平屋面按水平投影面积计算；

2) 不扣除屋面烟囱、风帽底座、风道、屋面小气窗和斜沟所占面积；

3) 屋面女儿墙、伸缩缝和天窗等处的弯起部分，并入屋面工程量内。

(2) 定额工程量

$S=(6-0.2)\times(9-0.2)=51.04\text{m}^2$

(四) 010902004 屋面排水管

1. 工程量清单计算规则

按设计图示尺寸以长度计算。设计未标注尺寸的，以檐口至设计室外散水上表面垂直距离计算。

2. 工程量清单计算规则图解

(1) 图例

见图 J. 2-7。

图示说明：图为 ϕ100 PVC 水落管，檐口标高 3.5m，室内外高差 0.3m，沿四周共设 6 根排水管。计算工程量。

图 J. 2-7 屋面排水管示意图

(2) 清单工程量

$L=(3.5+0.3)\times6=22.8\text{m}$

3. 工程量清单项目组价

(1) 定额工程量计算规则

屋面排水管按设计图示尺寸以长度计算。设计未标注尺寸的，以檐口至设计室外散水上表面垂直距离计算。

(2) 定额工程量

$L=(3.5+0.3)\times6=22.8\text{m}$

(五) 010902005 屋面排（透）气管

1. 工程量清单计算规则

按设计图示尺寸以长度计算。

2. 工程量清单计算规则图解

(1) 图例

见图 J. 2-8。

图示说明：如图所示排气管的高度为 0. 8m。计算工程量。

(2) 清单工程量

$L=0.8$m

3. 工程量清单项目组价

(1) 定额工程量计算规则

屋面排（透）气管按设计图示数量计算。

(2) 定额工程量

$L=0.8$m

(六) 010902006 屋面（廊、阳台）泄（吐）水管

1. 工程量清单计算规则

按设计图示数量计算。

2. 工程量清单计算规则图解

(1) 图例

见图 J. 2-9。

图 J. 2-8 排气管示意图

图 J. 2-9 泄水管示意图

图示说明：如图所示屋面，总共设有 2 个泄水管。计算泄水管工程量。

(2) 清单工程量

$SL=2$ 个

3. 工程量清单项目组价

(1) 定额工程量计算规则

屋面（廊、阳台）泄（吐）水管按设计图示数量计算。

(2) 定额工程量

$SL=2$ 个

（七）010902007 屋面天沟、檐沟

1. 工程量清单计算规则

按设计图示尺寸以展开面积计算。

2. 工程量清单计算规则图解

（1）图例

见图 J. 2-10。

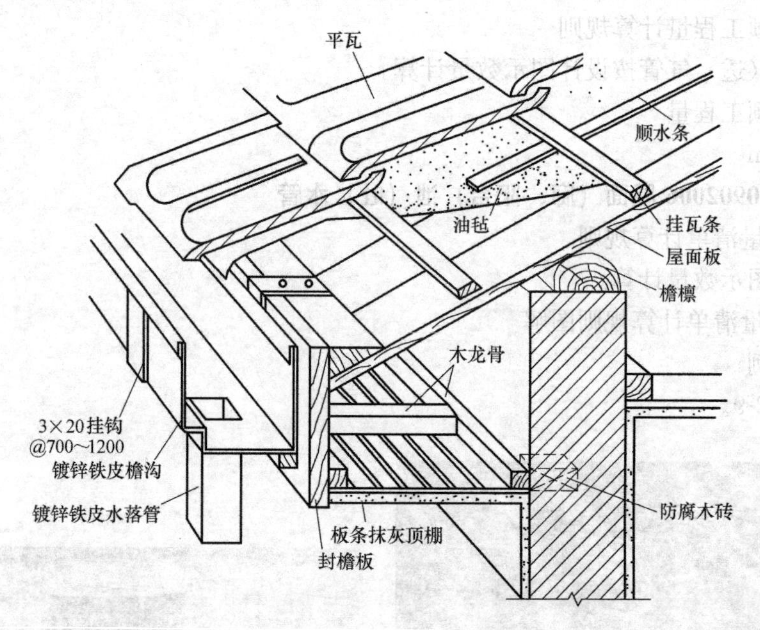

图 J. 2-10　檐沟示意图

图示说明：如图所示檐沟展开面积为 800mm，檐沟长度为 17. 6m。计算檐沟工程量。

（2）清单工程量

檐沟展开面积 $S=0.8\times17.6=14.08\text{m}^2$

3. 工程量清单项目组价

（1）定额工程量计算规则

屋面天沟、檐沟按设计图示尺寸以展开面积计算。

（2）定额工程量

$S=0.8\times17.6=14.08\text{m}^2$

（八）010902008 屋面变形缝

1. 工程量清单计算规则

按设计图示以长度计算。

2. 工程量清单计算规则图解

（1）图例

见图 J. 2-11、图 J. 2-12。

图示说明：坡屋面屋脊处留有变形缝，长度为 9m。

（2）清单工程量

变形缝 $L=9\text{m}$

图 J.2-11 屋面变形缝示意图

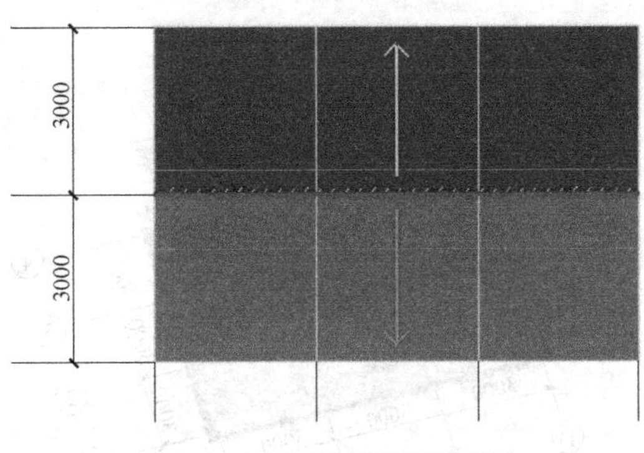

图 J.2-12 屋面变形缝平面图

3. 工程量清单项目组价

(1) 定额工程量计算规则

变形缝按设计图示长度计算。

(2) 定额工程量

变形缝 $L=9$m

J.3 墙面防水、防潮

一、项目的划分

项目划分为墙面卷材防水、墙面涂膜防水、墙面砂浆防水（防潮）、墙面变形缝。

二、工程量计算与组价

(一) 010903001 墙面卷材防水

1. 工程量清单计算规则

按设计图示尺寸以面积计算。

2. 工程量清单计算规则图解

图 J.3-1 墙面卷材防水示意图

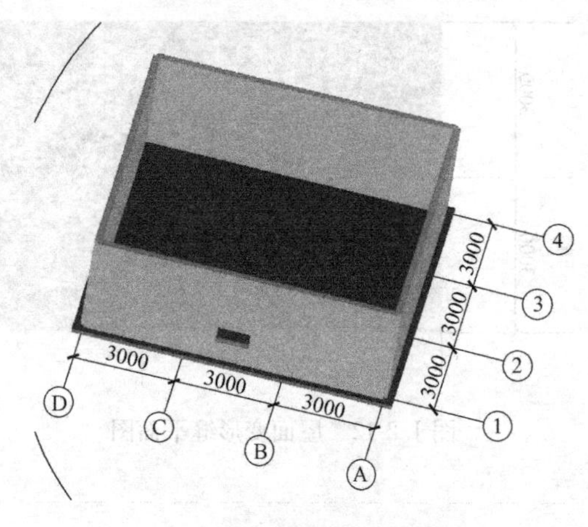

图 J. 3-2　墙面防水三维图

(1) 图例

见图 J. 3-1、图 J. 3-2。

图例说明：墙高度为 1.5m，墙厚 200mm，计算墙面卷材防水工程量。

(2) 清单工程量

$S=(9+0.2)\times4\times1.5=55.2\text{m}^2$

3. 工程量清单项目组价

(1) 定额工程量计算规则

墙面防水按设计图示尺寸以面积计算。应扣除$>0.3\text{m}^2$空洞所占面积。附墙柱、墙垛侧面并入墙体工程量内。

(2) 定额工程量

$S=(9+0.2)\times4\times1.5=55.2\text{m}^2$

(二) 010903002 墙面涂膜防水

1. 工程量清单计算规则

按设计图示尺寸以面积计算。

2. 工程量清单计算规则图解

(1) 图例

见图 J. 3-2、图 J. 3-3。

图例说明：墙高度为 3m，墙厚 200mm，墙上洞口尺寸为 1000mm×500mm。计算涂膜防水工程量。

(2) 清单工程量

$S=(9+0.2)\times4\times3-1\times0.5$

$=109.9\text{m}^2$

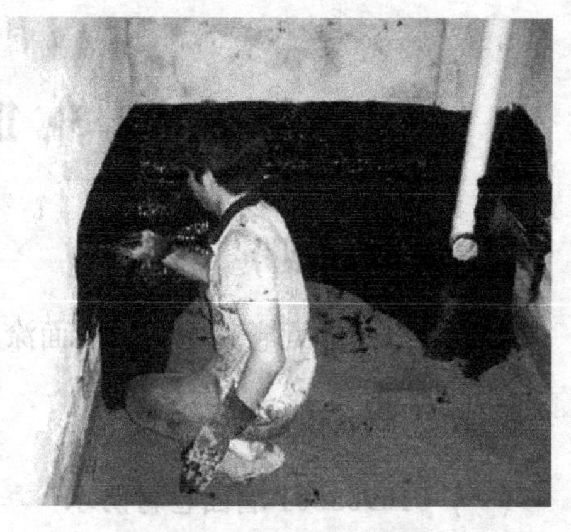

图 J. 3-3　地面涂膜防水示意图

3. 工程量清单项目组价

(1) 定额工程量计算规则

墙面防水按设计图示尺寸以面积计算。应扣除$>0.3\text{m}^2$空洞所占面积。附墙柱、墙垛侧面并入墙体工程量内。

(2) 定额工程量

$S=(9+0.2)\times4\times3-1\times0.5=109.9\text{m}^2$

(三) 010903003 墙面砂浆防水 (防潮)

1. 工程量清单计算规则

按设计图示尺寸以面积计算。

2. 工程量清单计算规则图解

(1) 图例

见图 J. 3-2、图 J. 3-4。

图例说明：墙高度为 3m，墙厚 200mm，墙上洞口尺寸为 1000mm×500mm。计算工程量。

图 J.3-4 墙面砂浆防水示意图

（2）清单工程量

$S=(9+0.2)\times4\times3-1\times0.5=109.9m^2$

3. 工程量清单项目组价

（1）定额工程量计算规则

墙面防水按设计图示尺寸以面积计算。应扣除>0.3m² 空洞所占面积。附墙柱、墙垛侧面并入墙体工程量内。

（2）定额工程量

$S=(9+0.2)\times4\times3-1\times0.5=109.9m^2$

（四）010903004 墙面变形缝

1. 工程量清单计算规则

按设计图示以长度计算。

2. 工程量清单计算规则图解

（1）图例

图例说明：某工程墙体高 40m，计算工程量。

（2）清单工程量

$L=40m$

3. 工程量清单项目组价

（1）定额工程量计算规则

变形缝按设计图示长度计算。

（2）定额工程量

$L=40m$

J.4 楼（地）面防水、防潮

一、项目的划分

项目划分为楼（地）面卷材防水、楼（地）面涂膜防水、楼（地）面砂浆防水（防潮)、楼（地）面变形缝。

二、工程量计算与组价

(一) 010904001 楼（地）面卷材防水

1. 工程量清单计算规则

图 J. 4-1 楼面卷材防水示意图

按设计图示尺寸以面积计算。

(1) 楼（地）面防水：按主墙间净空面积计算，扣除凸出地面的构筑物、设备基础等所占面积，不扣除间壁墙及单个面积≤0.3m² 柱、垛、烟囱和孔洞所占面积；

(2) 楼（地）面防水反边高度≤300mm 算作地面防水，反边高度>300mm 算作墙面防水。

2. 工程量清单计算规则图解

(1) 图例

见图 J. 4-1、图 J. 4-2。

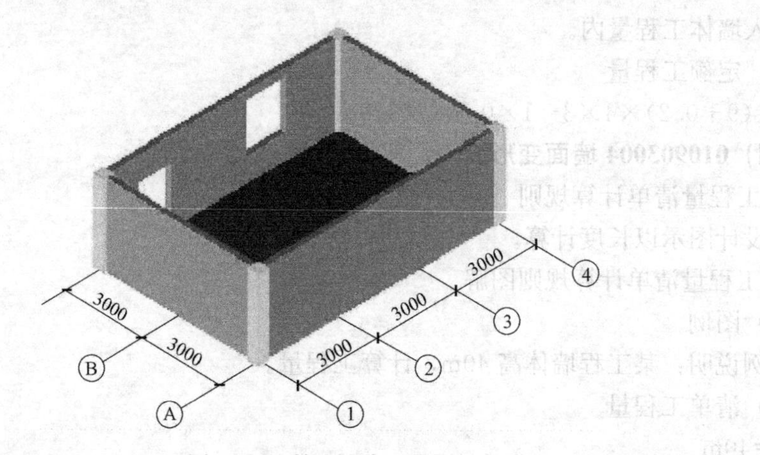

图 J. 4-2 楼面防水三维图

图例说明：墙高度为 3m，墙厚 200mm，居中布置，轴线尺寸如图示；楼面整体铺卷材防水，计算楼面防水工程量。

(2) 清单工程量

$S=(9-0.2)\times(6-0.2)=51.04m^2$

3. 工程量清单项目组价

(1) 定额工程量计算规则

1) 楼（地）面按主墙间净空面积计算，扣除凸出地面的构筑物、设备基础等所占面积，不扣除间壁墙及单个面积≤0.3m² 柱、垛、烟囱和孔洞所占面积。

2) 楼（地）面防水反边高度≤300mm 时执行楼（地）面防水，反边高度>300mm 时，立面工程量执行墙面防水相应定额子目。

3) 满堂红基础防水按设计图示尺寸以面积计算，反梁（井字格）部分按展开面积并入相应工程量内。

4）桩头防水按设计图示数量计算。

5）防水板护层按设计图示面积计算。

6）蓄水池、游泳池等构筑物的防水按设计图示尺寸以面积计算。

（2）定额工程量

$S=(9-0.2)\times(6-0.2)=51.04m^2$

（二）010904002 楼（地）面涂膜防水

1. 工程量清单计算规则

按设计图示尺寸以面积计算。

（1）楼（地）面防水：按主墙间净空面积计算，扣除凸出地面的构筑物、设备基础等所占面积，不扣除间壁墙及单个面积≤0.3m² 柱、垛、烟囱和孔洞所占面积；

（2）楼（地）面防水反边高度≤300mm 算作地面防水，反边高度>300mm 算作墙面防水。

2. 工程量清单计算规则图解

（1）图例

见图 J.4-2、图 J.4-3。

图例说明：轴线尺寸如图示，墙高度为 3m，墙厚 200mm，居中布置，楼面铺涂膜防水，计算楼面防水工程量。

图 J.4-3　楼面涂膜防水示意图

（2）清单工程量

$S=(9-0.2)\times(6-0.2)=51.04m^2$

3. 工程量清单项目组价

（1）定额工程量计算规则

1）楼（地）面按主墙间净空面积计算，扣除凸出地面的构筑物、设备基础等所占面积，不扣除间壁墙及单个面积≤0.3m² 柱、垛、烟囱和孔洞所占面积。

2）楼（地）面防水反边高度≤300mm 时执行楼（地）面防水，反边高度>300mm 时，立面工程量执行墙面防水相应定额子目。

3）满堂红基础防水按设计图示尺寸以面积计算，反梁（井字格）部分按展开面积并入相应工程量内。

4）桩头防水按设计图示数量计算。

5）防水板护层按设计图示面积计算。

6）蓄水池、游泳池等构筑物的防水按设计图示尺寸以面积计算。

（2）定额工程量

$S=(9-0.2)\times(6-0.2)=51.04m^2$

（三）010904003 楼（地）面砂浆防水（防潮）

1. 工程量清单计算规则

按设计图示尺寸以面积计算。

(1) 楼（地）面防水：按主墙间净空面积计算，扣除凸出地面的构筑物、设备基础等所占面积，不扣除间壁墙及单个面积≤0.3m² 柱、垛、烟囱和孔洞所占面积；

(2) 楼（地）面防水反边高度≤300mm算作地面防水，反边高度>300mm算作墙面防水。

2. 工程量清单计算规则图解

(1) 图例

见图J.4-2、图J.4-4。

图例说明：轴线如图示，墙高度为3m，墙厚200mm，居中布置，楼面为水泥砂浆防水，计算楼面防水工程量。

(2) 清单工程量

$S=(9-0.2)\times(6-0.2)=51.04\text{m}^2$

图J.4-4　砂浆防水示意图

3. 工程量清单项目组价

(1) 定额工程量计算规则

1) 楼（地）面按主墙间净空面积计算，扣除凸出地面的构筑物、设备基础等所占面积，不扣除间壁墙及单个面积≤0.3m² 柱、垛、烟囱和孔洞所占面积。

2) 楼（地）面防水反边高度≤300mm时执行楼（地）面防水，反边高度>300mm时，立面工程量执行墙面防水相应定额子目。

3) 满堂红基础防水按设计图示尺寸以面积计算，反梁（井字格）部分按展开面积并入相应工程量内。

4) 桩头防水按设计图示数量计算。

5) 防水板护层按设计图示面积计算。

6) 蓄水池、游泳池等构筑物的防水按设计图示尺寸以面积计算。

(2) 定额工程量

$S=(9-0.2)\times(6-0.2)=51.04\text{m}^2$

(四) 010904004 楼（地）面变形缝

1. 工程量清单计算规则

按设计图示以长度计算。

2. 工程量清单计算规则图解

(1) 图例

见图J.4-5、图J.4-6。

图例说明：变形缝长度为3.6m。计算工程量。

(2) 清单工程量

$L=3.6\text{m}$

3. 工程量清单项目组价

(1) 定额工程量计算规则

变形缝以设计图示长度计算。

图 J.4-5 楼面变形缝示意图

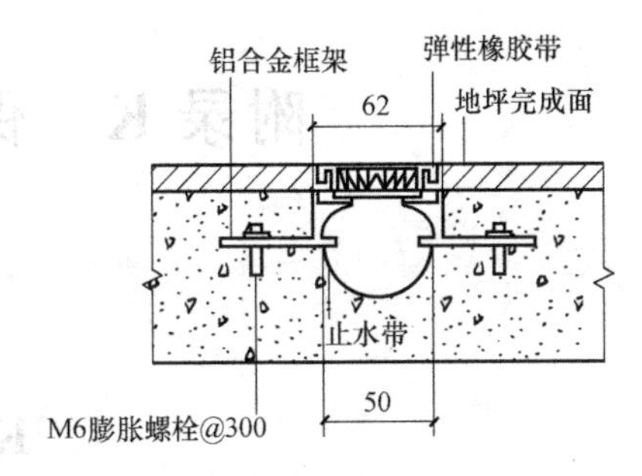

图 J.4-6 楼面变形缝做法图

（2）定额工程量

$L=3.6$m

附录K　保温、隔热、防腐工程

K.1　保温、隔热

一、项目的划分

项目划分为保温隔热屋面、保温隔热天棚、保温隔热墙面、保温柱及梁、保温隔热楼地面、其他保温隔热。本附录只适合单独做保温列项，如是保温隔热装饰面层，按附录L、M、N、P、Q中相关的项目编码列项，如仅做找平层按附录L或M中的砂浆找平层项目编码列项。

二、工程量计算与组价

（一）011001001 保温隔热屋面

1. 工程量清单计算规则

按设计图示尺寸以面积计算。扣除面积＞0.3m^2孔洞及占位面积。

2. 工程量清单计算规则图解

（1）图例

见图K.1-1、图K.1-2。

图例说明：轴线尺寸如图示，墙厚为200mm，保温隔热层厚度为10mm，计算保温隔热的工程量。

图K.1-1　屋面保温隔热层示意图

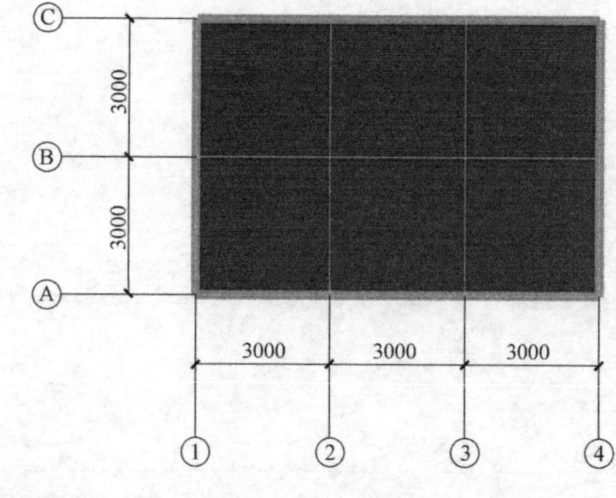

图K.1-2　平面图

（2）清单工程量

$S=(9-0.2)\times(6-0.2)=51.04\text{m}^2$

3. 工程量清单项目组价

（1）定额工程量计算规则

按设计图示尺寸以面积计算。扣除面积＞0.3m^2孔洞及占位面积。

屋面找坡按设计图示水平投影面积乘以平均厚度以体积计算。

（2）定额工程量

$V=(9-0.2)\times(6-0.2)\times0.01=0.51\text{m}^3$

（二）011001002 保温隔热天棚

1. 工程量清单计算规则

按设计图示尺寸以面积计算。扣除面积＞0.3m^2孔洞及占位面积，与天棚相连的梁按展开面积，计算并入天棚工程量内。

2. 工程量清单计算规则图解

（1）图例

见图 K.1-2、图 K.1-3。

图例说明：轴线尺寸如图示，墙厚为200mm，居中布置，天棚保温隔热层厚度为 10mm。计算天棚保温隔热层工程量。

图 K.1-3 天棚保温隔热

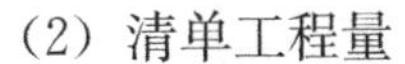

（2）清单工程量

$S=(9-0.2)\times(6-0.2)=51.04\text{m}^2$

3. 工程量清单项目组价

（1）定额工程量计算规则

按设计图示尺寸以面积计算。扣除面积＞0.3m^2孔洞及占位面积，与天棚相连的梁按展开面积，计算并入天棚工程量内。

（2）定额工程量

$V=(9-0.2)\times(6-0.2)\times0.01=0.510\text{m}^3$

（三）011001003 保温隔热墙面

1. 工程量清单计算规则

按设计图示尺寸以面积计算。扣除门窗洞口以及面积＞0.3m^2梁、孔洞所占面积；门窗洞口侧壁以及与墙相连的柱，并入保温墙体工程量内。

2. 工程量清单计算规则图解

（1）图例

见图 K.1-4、图 K.1-5。

图例说明：轴线尺寸如图示，墙厚为200mm，墙高为 3m，墙体居中布置，保温隔热层厚度为 60mm（包括 10mm 空气层厚度），门洞

图 K.1-4 保温隔热墙面示意图

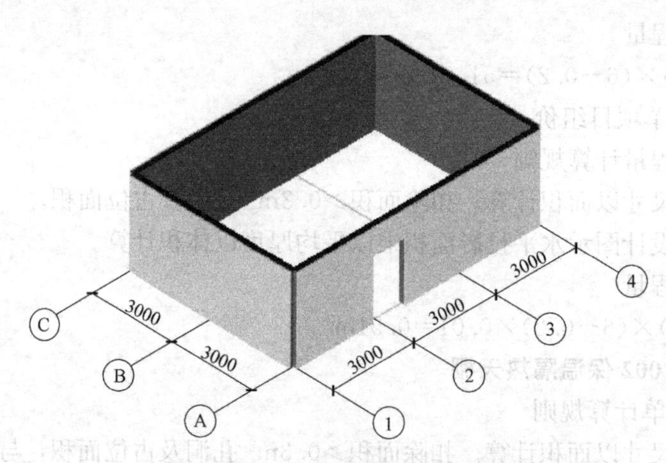

图 K.1-5 墙面保温隔热示意图

口尺寸为 1200mm×2100mm，框厚 60mm。计算墙面保温隔热工程量。

(2) 清单工程量

S =保温面积−门洞口面积+门侧壁

=(9+0.26+6+0.26)×2×3−1.2×2.1+(1.2+2.1×2)×0.12=91.25m²

3. 工程量清单项目组价

(1) 定额工程量计算规则

按设计图示尺寸以面积计算。扣除门窗洞口以及面积>0.3m² 梁、孔洞所占面积；门窗洞口侧壁以及与墙相连的柱，并入保温墙体工程量内。

(2) 定额工程量

V =[(9+0.26+6+0.26)×2×3−1.2×2.1+(1.2+2.1×2)×0.12]×0.05

=4.56m³

(四) 011001004 保温柱、梁

1. 工程量清单计算规则

按设计图示尺寸以面积计算

(1) 柱按设计图示柱断面保温层中心线展开长度乘保温层高度以面积计算，扣除面积>0.3 平方米梁所占面积；

(2) 梁按设计图示梁断面保温层中心线展开长度乘保温层长度以面积计算。

2. 工程量清单计算规则图解

(1) 图例

见图 K.1-6、图 K.1-7。

图例说明：室外独立柱尺寸为 400mm×400mm，柱保温层厚度为 60mm（包括 10mm 空气层厚度），柱高为 3m。计算工程量。

(2) 清单工程量

S =(0.4+0.01×2+0.05)×4×3×2

=11.28m²

3. 工程量清单项目组价

(1) 定额工程量计算规则

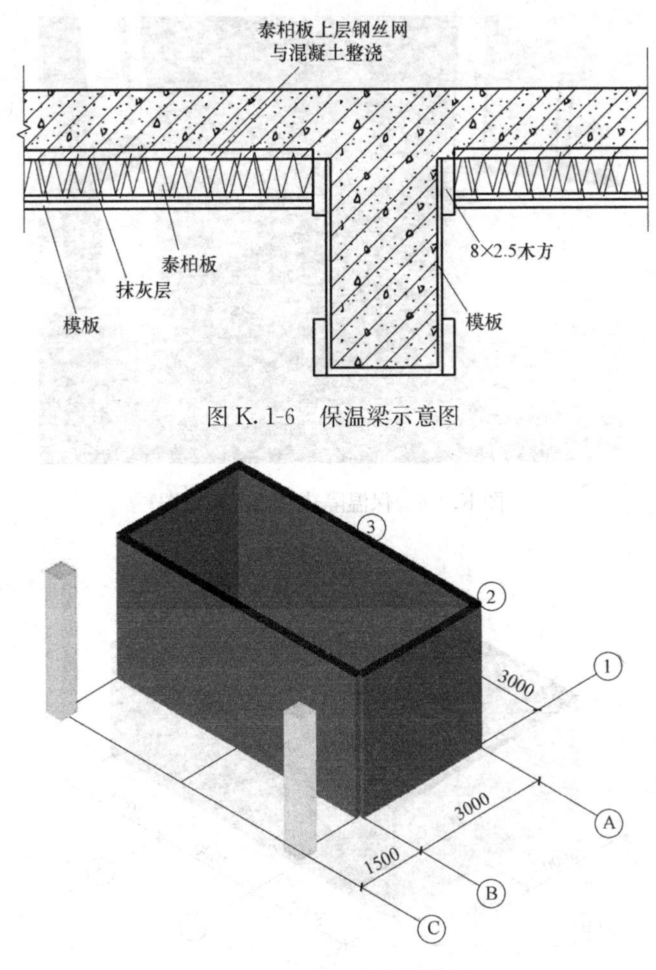

图 K.1-6　保温梁示意图

图 K.1-7　柱面保温隔热图

1）柱按设计图示柱断面保温层中心线展开长度乘保温层高度以面积计算，扣除面积>$0.3m^2$ 梁所占面积；

2）梁按设计图示梁断面保温层中心线展开长度乘保温层长度以面积计算。

（2）定额工程量

$V=11.28\times0.05=0.56m^3$

（五）011001005 保温隔热楼地面

1. 工程量清单计算规则

按设计图示尺寸以展开面积计算。扣除面积>$0.3m^2$ 柱、垛、孔洞及占位面积。门洞、空圈、暖气包槽、壁龛的开口部分不增加面积。

2. 工程量清单计算规则图解

（1）图例

见图 K.1-8、图 K.1-9。

图例说明：轴线尺寸如图示。墙厚为 200mm，居中布置，楼面保温隔热层厚度为 50mm，计算楼面保温隔热工程量。

（2）清单工程量

图 K.1-8　保温隔热楼地面示意图

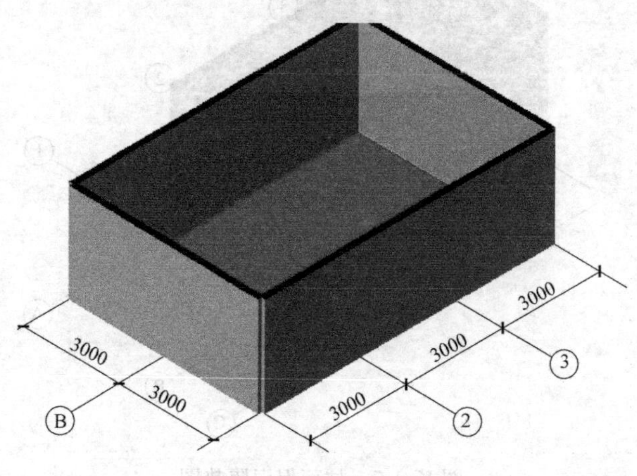

图 K.1-9　三维示意图

$S=(9-0.2)\times(6-0.2)=51.04\mathrm{m}^2$

3. 工程量清单项目组价

(1) 定额工程量计算规则

按设计图示尺寸以展开面积计算。扣除面积>0.3m² 柱、垛、孔洞及占位面积。

(2) 定额工程量

$V=51.04\times0.05=2.55\mathrm{m}^3$

(六) 011001006 其他保温隔热

1. 工程量清单计算规则

按设计图示尺寸以展开面积计算。扣除面积>0.3m² 孔洞及占位面积。

2. 工程量清单计算规则图解

(1) 图例

见图 K.1-9。

图例说明：如图所示，池槽底面做保温隔热，池槽侧壁厚度为 200mm，保温隔热层厚度为 50mm。计算池槽底面保温隔热的工程量。

(2) 清单工程量

$S=(9-0.2)\times(6-0.2)=51.04m^2$

3. 工程量清单项目组价

（1）定额工程量计算规则

按设计图示尺寸以展开面积计算。扣除面积>0.3m² 孔洞及占位面积。

（2）定额工程量

$V=51.04\times0.05=2.55m^3$

K.2 防腐面层

一、项目的划分

项目划分为防腐混凝土面层、防腐砂浆面层、防腐胶泥面层、玻璃钢防腐面层、聚氯乙烯板面层、块料防腐面层、池槽块料防腐面层。本附录不包括防腐踢脚线，防腐踢脚线可按“附录 L.5 踢脚线”项目编码列项。

二、工程量计算与组价

（一）011002001 防腐混凝土面层

1. 工程量清单计算规则

按设计图示尺寸以面积计算。

（1）平面防腐：扣除凸出地面的构筑物、设备基础等以及面积>0.3m² 孔洞、柱、垛等所占面积，门洞、空圈、暖气包槽、壁龛的开口部分不增加面积。

（2）立面防腐：扣除门、窗、洞口以及面积>0.3m² 孔洞、梁所占面积，门、窗、洞口侧壁、垛突出部分按展开面积并入墙面积内。

2. 工程量清单计算规则图解

（1）图例

见图 K.2-1、图 K.2-2。

图 K.2-1　防腐混凝土面层示意图

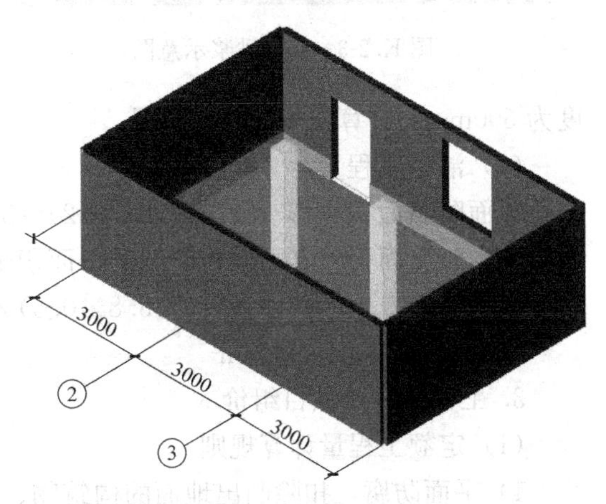

图 K.2-2　三维图

图例说明：轴线尺寸如图示，墙厚为200mm，独立柱截面尺寸为400mm×400mm，门尺寸为1200mm×2100mm，门框宽度为60mm，立面防腐高度为500mm。计算防腐工程量。

（2）清单工程量

平面防腐面积＝(9－0.2)×(6－0.2)＝51.04m²

立面防腐面积＝立面面积－门洞口面积＋门洞口侧壁面积

＝(8.8×0.5＋5.8×0.5)×2－1.2×0.5＋(0.2－0.06)/2×2×0.5

＝14.07m²

3. 工程量清单项目组价

（1）定额工程量计算规则

1）平面防腐：扣除凸出地面的构筑物、设备基础等以及面积＞0.3m² 孔洞、柱、垛等所占面积，门洞、空圈、暖气包槽、壁龛的开口部分不增加面积。

2）立面防腐：扣除门、窗、洞口以及面积＞0.3m² 孔洞、梁所占面积，门、窗、洞口侧壁、垛突出部分按展开面积并入墙面积内。

（2）定额工程量

防腐面积＝平面防腐面积＋立面防腐面积

＝(9－0.2)×(6－0.2)＋(8.8×0.5＋5.8×0.5)×2－1.2×0.5＋(0.2－0.06)/2×2×0.5

＝65.11m²

（二）011002002 防腐砂浆面层

1. 工程量清单计算规则

同本节（一）011002001 防腐混凝土面层部分。

2. 工程量清单计算规则图解

（1）图例

见图K.2-2、图K.2-3。

图K.2-3 防腐砂浆示意图

图例说明：轴线尺寸如图示，墙厚为200mm，独立柱截面尺寸为400mm×400mm，门尺寸为1200mm×2100mm，门框宽度为60mm，居中布置，立面防腐高度为500mm。计算防腐砂浆工程量。

（2）清单工程量

平面防腐面积＝(9－0.2)×(6－0.2)＝51.04m²

立面防腐面积＝立面面积－门洞口面积＋门洞口侧壁面积

＝(8.8×0.5＋5.8×0.5)×2－1.2×0.5＋(0.2－0.06)/2×2×0.5

＝14.07m²

3. 工程量清单项目组价

（1）定额工程量计算规则

1）平面防腐：扣除凸出地面的构筑物、设备基础等以及面积＞0.3m² 孔洞、柱、垛等所占面积，门洞、空圈、暖气包槽、壁龛的开口部分不增加面积。

2）立面防腐：扣除门、窗、洞口以及面积>0.3m² 孔洞、梁所占面积，门、窗、洞口侧壁、垛突出部分按展开面积并入墙面积内。

（2）定额工程量

防腐面积=平面防腐面积+立面防腐面积

$=(9-0.2)\times(6-0.2)+(8.8\times0.5+5.8\times0.5)\times2-1.2\times0.5+(0.2-0.06)/2\times2\times0.5$

$=65.11\text{m}^2$

（三）011002003 防腐胶泥面层

1. 工程量清单计算规则

同本节（一）011002001 防腐混凝土面层部分。

2. 工程量清单计算规则图解

（1）图例

见图 K.2-2、图 K.2-4。

图 K.2-4 防腐胶泥面层示意图

图例说明：轴线尺寸如图示，墙厚为 200mm，独立柱截面尺寸为 400mm×400mm，门尺寸为 1200mm×2100mm，门框宽度为 60mm，居中布置，立面防腐高度为 500mm。计算防腐工程量。

（2）清单工程量

平面防腐面积$=(9-0.2)\times(6-0.2)=51.04\text{m}^2$

立面防腐面积=立面面积-门洞口面积+门洞口侧壁面积

$=(8.8\times0.5+5.8\times0.5)\times2-1.2\times0.5+(0.2-0.06)/2\times2\times0.5$

$=14.07\text{m}^2$

3. 工程量清单项目组价

（1）定额工程量计算规则

1）平面防腐：扣除凸出地面的构筑物、设备基础等以及面积>0.3m² 孔洞、柱、垛等所占面积，门洞、空圈、暖气包槽、壁龛的开口部分不增加面积。

2）立面防腐：扣除门、窗、洞口以及面积>0.3m² 孔洞、梁所占面积，门、窗、洞口侧壁、垛突出部分按展开面积并入墙面积内。

（2）定额工程量

防腐面积=平面防腐面积+立面防腐面积

$=(9-0.2)\times(6-0.2)+(8.8\times0.5+5.8\times0.5)\times2-1.2\times0.5+(0.2-0.06)/2\times2\times0.5$

$=65.11\text{m}^2$

（四）011002004 玻璃钢防腐面层

1. 工程量清单计算规则

同本节（一）011002001 防腐混凝土面层部分。

2. 工程量清单计算规则图解

图 K. 2-5 玻璃钢防腐示意图

(1) 图例

见图 K. 2-2、图 K. 2-5。

图例说明：轴线尺寸如图示，墙厚为 200mm，独立柱截面尺寸为 400mm × 400mm，门尺寸为 1200mm × 2100mm，门框宽度为 60mm，居中布置，立面防腐高度为 500mm。计算工程量。

(2) 清单工程量

平面防腐面积＝(9－0.2)×(6－0.2)

＝51.04m²

立面防腐面积＝立面面积－门洞口面积＋门洞口侧壁面积

＝(8.8×0.5＋5.8×0.5)×2－1.2×0.5＋(0.2－0.06)/2×2×0.5

＝14.07m²

3. 工程量清单项目组价

(1) 定额工程量计算规则

1) 平面防腐：扣除凸出地面的构筑物、设备基础等以及面积＞0.3m² 孔洞、柱、垛等所占面积，门洞、空圈、暖气包槽、壁龛的开口部分不增加面积。

2) 立面防腐：扣除门、窗、洞口以及面积＞0.3m² 孔洞、梁所占面积，门、窗、洞口侧壁、垛突出部分按展开面积并入墙面积内。

(2) 定额工程量

防腐面积＝平面防腐面积＋立面防腐面积

＝(9－0.2)×(6－0.2)＋(8.8×0.5＋5.8×0.5)×2－1.2×0.5＋(0.2－0.06)/2×2×0.5

＝65.11m²

(五) 011002005 聚氯乙烯板面层

1. 工程量清单计算规则

同本节（一）011002001 防腐混凝土面层部分。

2. 工程量清单计算规则图解

(1) 图例

见图 K. 2-2、图 K. 2-6。

图例说明：轴线尺寸如图示，墙厚为 200mm，独立柱截面尺寸为 400mm×400mm，门尺寸为 1200mm×2100mm，门框宽度为 60mm，居中布置，立面防腐高度为 500mm。计算防腐工程量。

(2) 清单工程量

平面防腐面积＝(9－0.2)×(6－0.2)＝51.04m²

立面防腐面积＝立面面积－门洞口面积＋门洞口侧壁面积

＝(8.8×0.5＋5.8×0.5)×2－1.2×0.5＋(0.2－0.06)/2×2×0.5

＝14.07m²

图 K.2-6　聚氯乙烯板面层

3. 工程量清单项目组价

（1）定额工程量计算规则

1）平面防腐：扣除凸出地面的构筑物、设备基础等以及面积>0.3m^2 孔洞、柱、垛等所占面积，门洞、空圈、暖气包槽、壁龛的开口部分不增加面积。

2）立面防腐：扣除门、窗、洞口以及面积>0.3m^2 孔洞、梁所占面积，门、窗、洞口侧壁、垛突出部分按展开面积并入墙面积内。

（2）定额工程量

防腐面积＝平面防腐面积＋立面防腐面积

＝(9－0.2)×(6－0.2)＋(8.8×0.5＋5.8×0.5)×2－1.2×0.5＋(0.2－0.06)/2×2×0.5

＝65.11m^2

（六）011002006 块料防腐面层

1. 工程量清单计算规则

同本节（一）010101001 防腐混凝土面层部分。

2. 工程量清单计算规则图解

（1）图例

见图 K.2-2、图 K.2-7。

图例说明：轴线尺寸如图示，墙厚为200mm，独立柱截面尺寸为 400mm×400mm，门尺寸为 1200mm×2100mm，门框宽度为 60mm，居中布置，立面防腐高度为 500mm。计算防腐工程量。

（2）清单工程量

平面防腐面积＝(9－0.2)×(6－0.2)

＝51.04m^2

图 K.2-7　碳化防腐示意图

立面防腐面积=立面面积−门洞口面积+门洞口侧壁面积

$=(8.8\times0.5+5.8\times0.5)\times2-1.2\times0.5+(0.2-0.06)/2\times2\times0.5$

$=14.07m^2$

3. 工程量清单项目组价

(1) 定额工程量计算规则

1) 平面防腐：扣除凸出地面的构筑物、设备基础等以及面积>0.3m² 孔洞、柱、垛等所占面积，门洞、空圈、暖气包槽、壁龛的开口部分不增加面积。

2) 立面防腐：扣除门、窗、洞口以及面积>0.3m² 孔洞、梁所占面积，门、窗、洞口侧壁、垛突出部分按展开面积并入墙面积内。

(2) 定额工程量

防腐面积=平面防腐面积+立面防腐面积

$=(9-0.2)\times(6-0.2)+(8.8\times0.5+5.8\times0.5)\times2-1.2\times0.5+(0.2-0.06)/2\times2\times0.5$

$=65.11m^2$

(七) 011002007 池、槽块料防腐面层

1. 工程量清单计算规则

按设计图示尺寸以展开面积计算。

2. 工程量清单计算规则图解

(1) 图例

见图 K.2-8。

图例说明：轴线尺寸如图示，墙厚为 200mm，居中布置，立面防腐高度为 3m。计算防腐工程量。

(2) 清单工程量

防腐面积=平面防腐面积+立面防腐面积

$=(9-0.2)\times(6-0.2)+(8.8+5.8)\times2\times3$

$=138.64m^2$

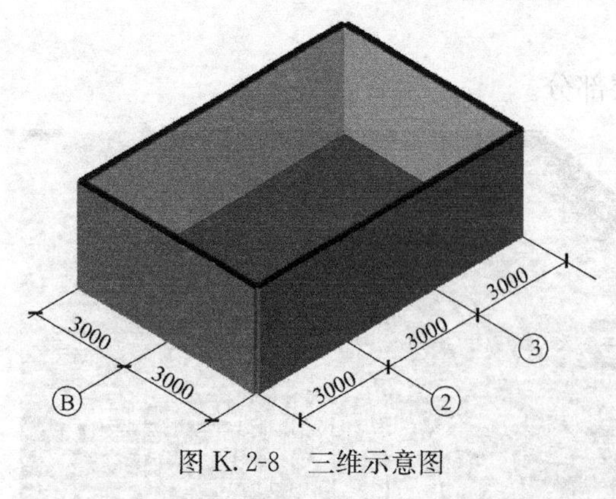

图 K.2-8 三维示意图

3. 工程量清单项目组价

(1) 定额工程量计算规则

1) 平面防腐：扣除凸出地面的构筑物、设备基础等以及面积>0.3m² 孔洞、柱、垛等所占面积，门洞、空圈、暖气包槽、壁龛的开口部分不增加面积。

2) 立面防腐：扣除门、窗、洞口以及面积>0.3m² 孔洞、梁所占面积，门、窗、洞口侧壁、垛突出部分按展开面积并入墙面积内。

(2) 定额工程量

防腐面积=平面防腐面积+立面防腐面积

$=(9-0.2)\times(6-0.2)+(8.8+5.8)\times2\times3$

$=138.64m^2$

K.3 其他防腐

一、项目的划分

项目划分为隔离层、砌筑沥青浸渍砖及防腐涂料。

二、工程量计算与组价

(一) 011003001 隔离层

1. 工程量清单计算规则

同K.2节(一)011002001防腐混凝土面层部分。

2. 工程量清单计算规则图解

(1) 图例

见图K.2-2、图K.3-1。

图例说明：轴线尺寸如图示，墙厚为200mm，独立柱截面尺寸为400mm×400mm，门尺寸为1200mm×2100mm，门框宽度为60mm，立面高度为500mm。计算工程量。

图K.3-1 隔离层示意图

(2) 清单工程量

平面防腐面积＝(9－0.2)×(6－0.2)＝51.04m²

立面防腐面积＝立面面积－门洞口面积＋门洞口侧壁面积

＝(8.8×0.5＋5.8×0.5)×2－1.2×0.5＋(0.2－0.06)/2×2×0.5

＝14.07m²

3. 工程量清单项目组价

(1) 定额工程量计算规则

隔离层按设计图示尺寸以面积计算。

(2) 定额工程量

防腐面积＝平面防腐面积＋立面防腐面积

＝(9－0.2)×(6－0.2)＋(8.8×0.5＋5.8×0.5)×2－1.2×0.5＋(0.2－0.06)/2×2×0.5

＝65.11m²

(二) 011003002 砌筑沥青浸渍砖

1. 工程量清单计算规则

按设计图示尺寸以体积计算。

2. 工程量清单计算规则图解

(1) 图例

见图K.1-9、图K.3-2。

图 K.3-2 沥青浸渍砖示意图

图例说明：轴线尺寸如图示，墙厚为 200mm，下层铺设一层厚度为 60mm 的砌筑沥青浸渍砖。计算防腐工程量。

（2）清单工程量

$$V=(9-0.2)\times(6-0.2)\times0.06$$
$$=3.0624\mathrm{m}^3$$

3. 工程量清单项目组价

（1）定额工程量计算规则

1）平面防腐：扣除凸出地面的构筑物、设备基础等以及面积>0.3m² 孔洞、柱、垛等所占面积，门洞、空圈、暖气包槽、壁龛的开口部分不增加面积。

2）立面防腐：扣除门、窗、洞口以及面积>0.3m² 孔洞、梁所占面积，门、窗、洞口侧壁、垛突出部分按展开面积并入墙面积内。

（2）定额工程量

$$S=(9-0.2)\times(6-0.2)$$
$$=51.04\mathrm{m}^2$$

（三）011003003 防腐涂料

1. 工程量清单计算规则

同防腐混凝土面层。

2. 工程量清单计算规则图解

（1）图例

见图 K.2-2、图 K.3-3。

图例说明：轴线尺寸如图示，墙厚为 200mm，独立柱截面尺寸为 400mm×400mm，门尺寸为 1200mm×2100mm，门框宽度为 60mm，立面防腐高度为 500mm。计算工程量。

（2）清单工程量

平面防腐面积 $=(9-0.2)\times(6-0.2)=51.04\mathrm{m}^2$

立面防腐面积＝立面面积－门洞口面积＋门洞口侧壁面积

$$=(8.8\times0.5+5.8\times0.5)\times2-1.2\times0.5+(0.2-0.06)/2\times2\times0.5$$
$$=14.07\mathrm{m}^2$$

图 K.3-3 防腐涂料示意图

3. 工程量清单项目组价

（1）定额工程量计算规则

1）平面防腐：扣除凸出地面的构筑物、设备基础等以及面积$>0.3m^2$孔洞、柱、垛等所占面积，门洞、空圈、暖气包槽、壁龛的开口部分不增加面积。

2）立面防腐：扣除门、窗、洞口以及面积$>0.3m^2$孔洞、梁所占面积，门、窗、洞口侧壁、垛突出部分按展开面积并入墙面积内。

（2）定额工程量

防腐面积＝平面防腐面积＋立面防腐面积

$=(9-0.2)\times(6-0.2)+(8.8\times0.5+5.8\times0.5)\times2-1.2\times0.5+(0.2-0.06)/2\times2\times0.5$

$=65.11m^2$

附录 L 楼地面装饰工程

L.1 整体面层及找平层

一、项目的划分

项目划分为水泥砂浆楼地面、现浇水磨石楼地面、细石混凝土楼地面、菱苦土楼地面、自流坪楼地面、平面砂浆找平层。

(1) 整体面层是指一次性连续铺筑而成的面层。如：水泥砂浆面层、细石混凝土面层、水磨石面层等。

(2) 水泥、砂子和水的混合物叫水泥砂浆。

(3) 细石混凝土一般是指粗骨料最大粒径不大于 15mm 的混凝土，混凝土是指由胶凝材料（如水泥）、水和骨料等按适当比例配制，经混合搅拌，硬化成型的一种人工石材。

(4) 水磨石是将碎石拌入水泥制成混凝土制品后表面磨光的制品。常用来制作地砖、台面、水槽等制品。

(5) 菱苦土楼地面是以菱苦土、氧化镁溶液、木屑、滑石粉及矿物颜料等配置成胶泥，经铺抹压平，养护稳定后，用磨光机磨光打蜡而成。

(6) 自流坪为无溶剂、自流平、粒子致密的厚浆型环氧地坪涂料，它是多种材料同水混合而成的液态物质，倒入地面后，这种物质可根据地面的高低不平顺势流动，对地面进行自动找平，并很快干燥，固化后的地面会形成光滑、平整、无缝的新基层。

二、工程量计算与组价

（一）011101001 水泥砂浆楼地面

1. 工程量清单计算规则

按设计图示尺寸以面积计算。扣除凸出地面构筑物、设备基础、室内铁道、地沟等所占面积，不扣除间壁墙及≤0.3m^2柱、垛、附墙烟囱及孔洞所占面积。门洞、空圈、暖气包槽、壁龛的开口部分不增加面积。

说明：

(1) 该面积指墙内净面积。

(2) 间壁墙指墙厚小于等于 120mm 的墙。

2. 工程量清单计算规则图解

(1) 图例

见图 L.1-1、图 L.1-2。

图 L.1-1 水泥砂浆楼地面

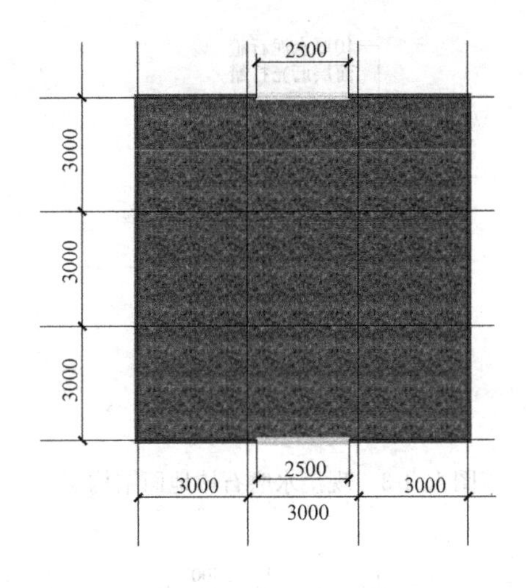

图 L.1-2 水泥砂浆楼地面图例

图例说明：墙厚为 200mm，开间为 9000mm，进深为 9000mm，窗 C-1 为 2500mm×1600mm，离地高度 900mm，居中布置，框厚 60mm，门 M-1 为 2500mm×2000mm，框厚 60mm，居中布置。计算楼地面工程量。

(2) 清单工程量

$$楼地面面积\ S=(9-0.2)\times(9-0.2)=77.44\text{m}^2$$

3. 工程量清单项目组价

(1) 定额工程量计算规则

整体面层按设计图示尺寸以面积计算。扣除凸出地面构筑物、设备基础、室内管道、地沟等所占面积，不扣除间壁墙（墙厚≤120mm）及≤0.3m²柱、垛、附墙烟囱及孔洞所占面积。门洞、空圈、暖气包槽、壁龛的开口部分不增加面积。

找平层按设计图示尺寸以面积计算。

(2) 定额计算规则图解

图例及计算方法同清单图例及计算方法。

(二) 011101002 现浇水磨石楼地面

1. 工程量清单计算规则

同本节（一）011101001 水泥砂浆楼地面部分。现浇水磨楼地面结构层见图 L.1-3、图 L.1-4。

2. 工程量清单计算规则图解

(1) 图例

见图 L.1-5。

图例说明：墙厚为 200mm，开间为 9000mm，进深为 9000mm，窗 C-1 为 2500mm×1600mm，离地高度 900mm，居中布置，框厚 60mm，门 M-1 为 2500mm×2000mm，框厚 60mm，居中布置。计算楼地面工程量。

(2) 清单工程量

$$\begin{aligned}楼地面面积\ S&=(9-0.2)\times(9-0.2)\\&=77.44\text{m}^2\end{aligned}$$

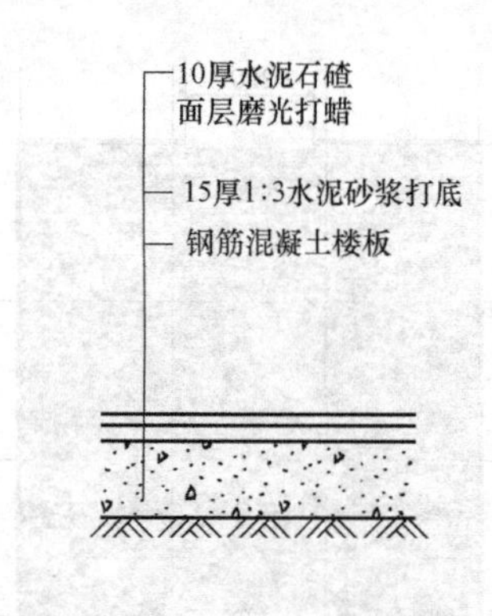

图 L.1-3 现浇水磨石楼地面结构层

图 L.1-4 现浇水磨石楼地面

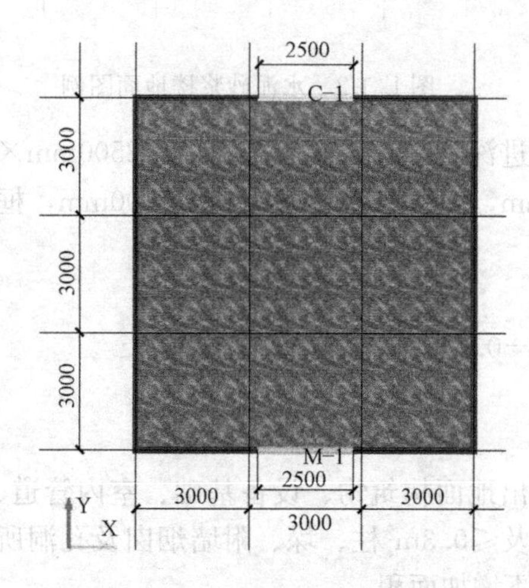

图 L.1-5 现浇水磨石楼地面图例

2. 工程量清单计算规则图解

(1) 图例

见图 L.1-6、图 L.1-7。

图例说明：墙厚为 200mm，水泥砂浆楼地面开间为 8800mm，进深为 8800mm，窗 C-1 为 2500mm×1600mm，离地高度 900mm，居中布置，框厚 60mm，门 M-1 为 2500mm×2000mm，框厚 60mm，居中布置，如图所示。计算楼地面工程量。

(2) 清单工程量

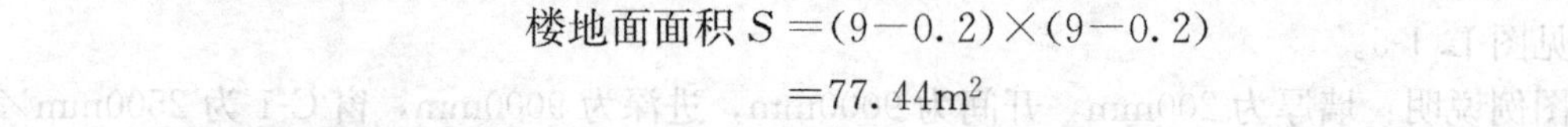

楼地面面积 $S=(9-0.2)\times(9-0.2)$

$=77.44\text{m}^2$

3. 工程量清单项目组价

(1) 定额工程量计算规则

整体面层按设计图示尺寸以面积计算。扣除凸出地面构筑物、设备基础、室内管道、地沟等所占面积，不扣除间壁墙（墙厚≤120mm）及≤0.3m^{2}柱、垛、附墙烟囱及孔洞所占面积。门洞、空圈、暖气包槽、壁龛的开口部分不增加面积。

3. 工程量清单项目组价

(1) 定额工程量计算规则

整体面层按设计图示尺寸以面积计算。扣除凸出地面构筑物、设备基础、室内管道、地沟等所占面积，不扣除间壁墙（墙厚≤120mm）及≤0.3m^{2}柱、垛、附墙烟囱及孔洞所占面积。门洞、空圈、暖气包槽、壁龛的开口部分不增加面积。

找平层按设计图示尺寸以面积计算。

(2) 定额计算规则图解

图例及计算方法同清单图例及计算方法。

(三) 011101003 细石混凝土楼地面

1. 工程量清单计算规则

同本节（一）011101001 水泥砂浆楼地面部分。

图 L. 1-6　细石混凝土楼地面

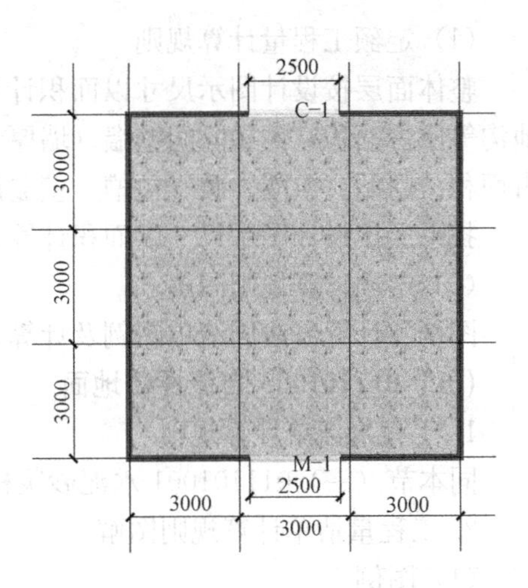

图 L. 1-7　细石混凝土楼地面图例

找平层按设计图示尺寸以面积计算。

(2) 定额计算规则图解

图例及计算方法同清单图例及计算方法。

(四) 011101004 菱苦土楼地面

1. 工程量清单计算规则

同本节（一）011101001 水泥砂浆楼地面部分。

2. 工程量清单计算规则图解

见图 L. 1-8、图 L. 1-9。

图 L. 1-8　菱苦土楼地面

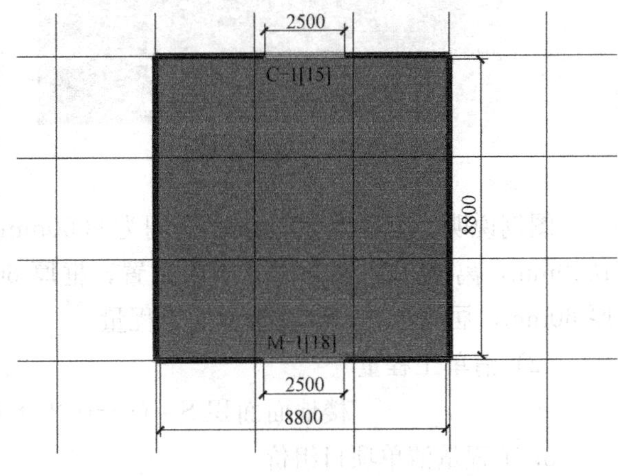

图 L. 1-9　菱苦土楼地面图例

(1) 图例说明：墙厚为 200mm，开间为 9000mm，进深为 9000mm，窗 C-1 为 2500mm×1600mm，离地高度 900mm，居中布置，框厚 60mm，门 M-1 为 2500mm×2000mm，框厚 60mm，居中布置。计算楼地面工程量。

(2) 清单工程量

$$楼地面面积\ S=(9-0.2)\times(9-0.2)=77.44\text{m}^2$$

3. 工程量清单项目组价

（1）定额工程量计算规则

整体面层按设计图示尺寸以面积计算。扣除凸出地面构筑物、设备基础、室内管道、地沟等所占面积，不扣除间壁墙（墙厚≤120mm）及≤0.3m²柱、垛、附墙烟囱及孔洞所占面积。门洞、空圈、暖气包槽、壁龛的开口部分不增加面积。

找平层按设计图示尺寸以面积计算。

（2）定额计算规则图解

图例及计算方法同清单图例及计算方法。

（五）011101005 自流坪楼地面

1. 工程量清单计算规则

同本节（一）011101001 水泥砂浆楼地面部分。

2. 工程量清单计算规则图解

（1）图例

见图 L. 1-10、图 L. 1-11。

图 L. 1-10　自流坪楼地面

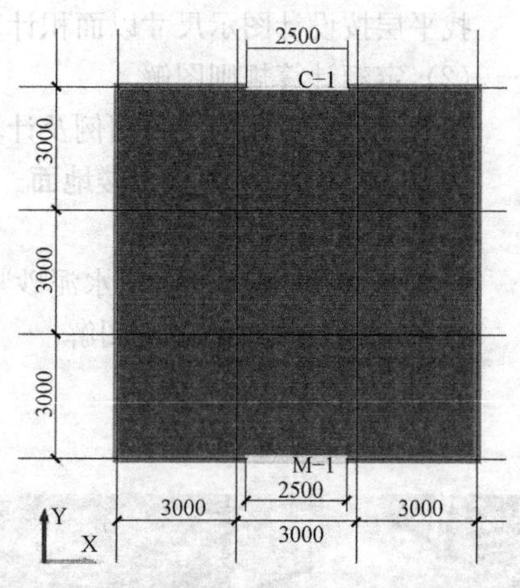

图 L. 1-11　自流坪楼地面图例

图例说明：墙厚为 200mm，开间为 9000mm，进深为 9000mm，窗 C-1 为 2500mm×1600mm，离地高度 900mm，居中布置，框厚 60mm，门 M-1 为 2500mm×2000mm，框厚 60mm，居中布置。计算楼地面工程量。

（2）清单工程量

$$楼地面面积\ S=(9-0.2)\times(9-0.2)=77.44\text{m}^2$$

3. 工程量清单项目组价

（1）定额工程量计算规则

整体面层按设计图示尺寸以面积计算。扣除凸出地面构筑物、设备基础、室内管道、地沟等所占面积，不扣除间壁墙（墙厚≤120mm）及≤0.3m²柱、垛、附墙烟囱及孔洞所占面积。门洞、空圈、暖气包槽、壁龛的开口部分不增加面积。

找平层按设计图示尺寸以面积计算。

（2）定额计算规则图解

图例及计算同清单图例及计算

（六）011101006 平面砂浆找平层

1. 工程量清单计算规则

按设计图示尺寸以面积计算。

2. 工程量清单计算规则图解

（1）图例

见图 L.1-12～图 L.1-14。

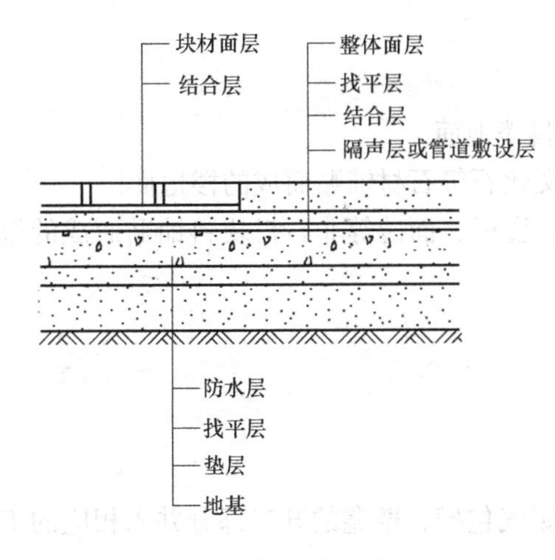

图 L.1-12　地面结构图

图 L.1-13　水泥砂浆找平层

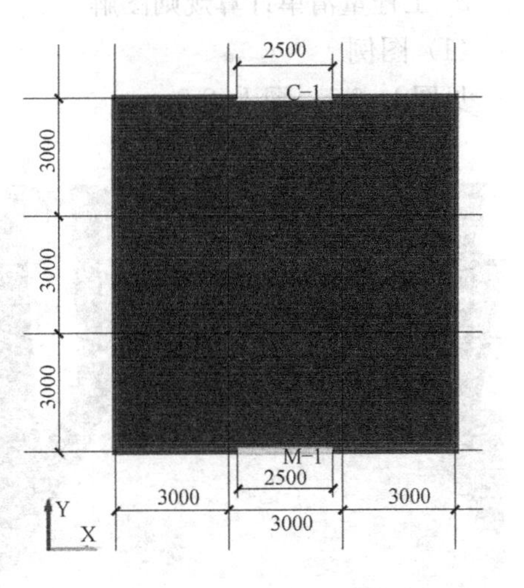

图 L.1-14　平面找平层图例

图例说明：墙厚为 200mm，开间为 9000mm，进深为 9000mm，窗 C-1 为 2500mm×1600mm，离地高度 900mm，居中布置，框厚 60mm，门 M-1 为 2500mm×2000mm，框厚 60mm，居中布置。计算工程量。

（2）清单工程量

楼地面面积 $S=(9-0.2)\times(9-0.2)=77.44\text{m}^2$

3. 工程量清单项目组价

（1）定额工程量计算规则

整体面层按设计图示尺寸以面积计算。扣除凸出地面构筑物、设备基础、室内管道、地沟等所占面积，不扣除间壁墙（墙厚≤120mm）及≤0.3m² 柱、垛、附墙烟囱及孔洞所占面积。门洞、空圈、暖气包槽、壁龛的开口部分不增加面积。

找平层按设计图示尺寸以面积计算。

（2）定额计算规则图解

图例见图 L.1-14。

图例说明：墙厚为 200mm，开间为 9000mm，进深为 9000mm，窗 C-1 为 2500mm×1600mm，离地高度 900mm，居中布置，框厚 60mm，门 M-1 为 2500mm×2000mm，框厚 60mm，居中布置。计算工程量。

(3) 定额工程量

找平层面积 $S=(9-0.2)\times(9-0.2)=77.44\text{m}^2$

L.2 块料面层

一、项目的划分

项目划分为石材楼地面、碎石材楼地面、块料楼地面。

(1) 石材楼地面是指采用大理石、花岗岩、文化石等石材铺贴而成的楼地面。

(2) 块料楼地面是指采用假麻石、陶瓷锦砖、瓷板、面砖等非石材块料铺贴而成的楼地面。

二、工程量计算与组价

(一) 011102001 石材楼地面

1. 工程量清单计算规则

按设计图示尺寸以面积计算。门洞、空圈、暖气包槽、壁龛的开口部分并入相应的工程量内。

2. 工程量清单计算规则图解

(1) 图例

见图 L.2-1、图 L.2-2。

图 L.2-1 石材楼地面

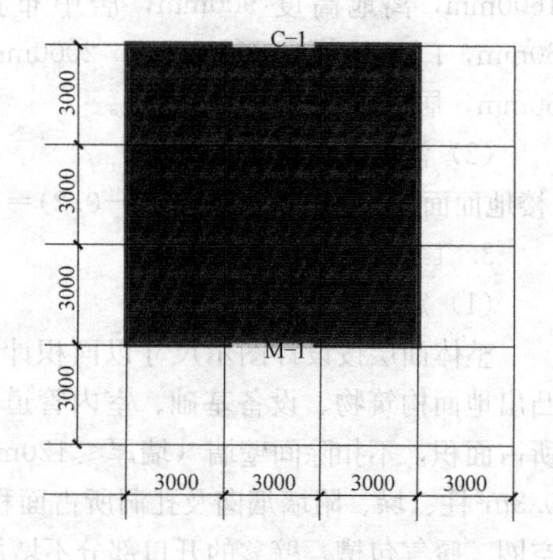

图 L.2-2 石材楼地面图例

图例说明：墙厚为 200mm，开间为 9000mm，进深为 9000mm，窗 C-1 为 2500mm×1600mm，离地高度 900mm，居中布置，框厚 60mm，门 M-1 为 2500mm×2000mm，框厚 60mm，居中布置。门底面贴石材，齐外墙边，计算楼地面工程量。

(2) 清单工程量

楼地面面积 $S=(9-0.2)\times(9-0.2)+2.5\times0.2$（加洞口底面积）$=77.94\text{m}^2$

3. 工程量清单项目组价

(1) 定额工程量计算规则

按图示尺寸实铺面积以平方米计算，门洞、空圈、暖气包槽和壁龛的开口部分的工程量并入相应的面层内计算。

说明：镶拼面积小于 0.015m^2的石材执行点缀定额。

(2) 定额计算规则图解

图例见图 L.2-2。

图例说明：墙厚为 200mm，开间为 9000mm，进深为 9000mm，窗 C-1 为 2500mm×1600mm，离地高度 900mm，居中布置，框厚 60mm，门 M-1 为 2500mm×2000mm，框厚 60mm，居中布置。计算楼地面工程量。

(3) 定额工程量

楼地面面积 $S=(9-0.2)\times(9-0.2)+0.07\times2.5\times2$(加洞口侧壁面积)$=77.79m^2$

(二) 011102002 碎石材楼地面

1. 工程量清单计算规则

按设计图示尺寸以面积计算。门洞、空圈、暖气包槽、壁龛的开口部分并入相应的工程量内。

2. 工程量清单计算规则图解

(1) 图例

见图 L.2-3、图 L.2-4。

图 L.2-3 碎石材地面

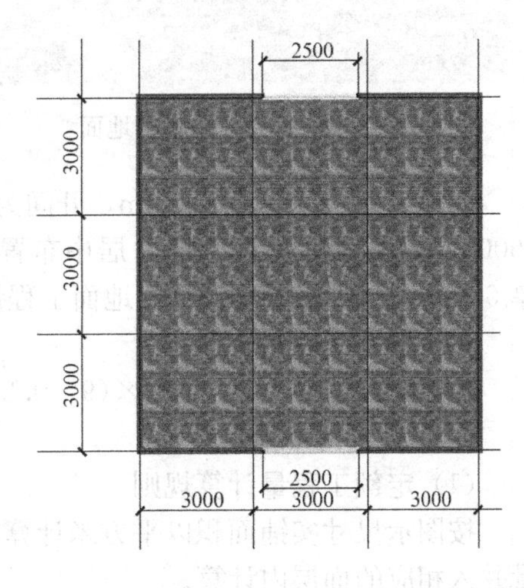

图 L.2-4 碎石材地面图例

图例说明：墙厚为 200mm，开间为 9000mm，进深为 9000mm，窗 C-1 为 2500mm×1600mm，离地高度 900mm，居中布置，框厚 60mm，门 M-1 为 2500mm×2000mm，框厚 60mm，居中布置。计算楼地面工程量。

(2) 清单工程量

楼地面面积 $S=(9-0.2)\times(9-0.2)+0.07\times2.5\times2$(加洞口侧壁面积)$=77.79m^2$

3. 工程量清单项目组价

(1) 定额工程量计算规则

按图示尺寸实铺面积以平方米计算，门洞、空圈、暖气包槽和壁龛的开口部分的工程量并入相应的面层内计算。

（2）定额计算规则图解

图例及计算同清单工程量图例及计算。

（三）011102003 块料楼地面

1. 工程量清单计算规则

按设计图示尺寸以面积计算。门洞、空圈、暖气包槽、壁龛的开口部分并入相应的工程量内。

2. 工程量清单计算规则图解

（1）图例

见图 L. 2-5、图 L. 2-6。

图 L. 2-5　块料楼地面

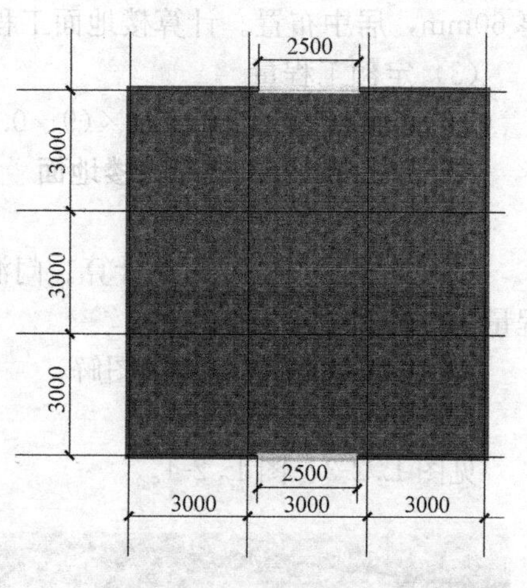

图 L. 2-6　块料楼地面图例

图例说明：墙厚为 200mm，开间为 9000mm，进深为 9000mm，窗 C-1 为 2500mm×1600mm，离地高度 900mm，居中布置，框厚 60mm，门 M-1 为 2500mm×2000mm，框厚 60mm，居中布置。计算楼地面工程量。

（2）清单工程量

楼地面面积 $S=(9-0.2)\times(9-0.2)+0.07\times2.5\times2$(加洞口侧壁面积)$=77.79\text{m}^2$

3. 工程量清单项目组价

（1）定额工程量计算规则

按图示尺寸实铺面积以平方米计算，门洞、空圈、暖气包槽和壁龛的开口部分的工程量并入相应的面层内计算。

（2）定额计算规则图解

图例及计算同清单工程量图例及计算

L. 3　橡塑面层

一、项目的划分

项目划分为橡胶板楼地面、橡胶板卷材楼地面、橡胶板楼地面、橡胶卷材楼地面。

使用橡胶材料及塑料材料作为地面材质的一种楼地面，有块状和卷材及无缝整体。

二、工程量计算与组价

（一）011103001 橡胶板楼地面

1. 工程量清单计算规则

按设计图示尺寸以面积计算。门洞、空圈、暖气包槽、壁龛的开口部分并入相应的工程量内。

2. 工程量清单计算规则图解

（1）图例

见图 L.3-1、图 L.3-2。

图 L.3-1　橡胶板楼地面

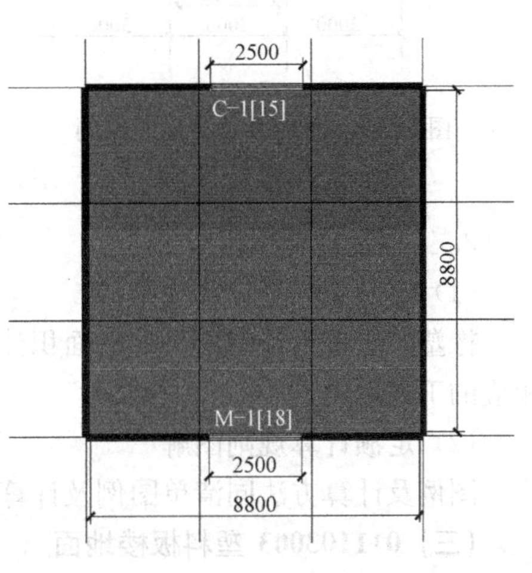

图 L.3-2　橡胶板楼地面图例

图例说明：轴网如图所示，开间为 9000mm，进深为 9000mm。墙厚为 200mm，居中布置，窗 C-1 为 2500mm×1600mm，离地高度 900mm，框厚 60mm，门 M-1 为 2500mm×2000mm，框厚 60mm，居中布置。计算楼地面工程量。

（2）清单工程量

$$楼地面面积\ S=(9-0.2)\times(9-0.2)+0.07\times2.5\times2(加洞口侧壁面积)$$
$$=77.79m^2$$

3. 工程量清单项目组价

（1）定额工程量计算规则

橡塑面层按设计图示尺寸以面积计算。门洞、空圈、暖气包槽、壁龛的开口部分并入相应的工程量内。

（2）定额计算规则图解

图例及计算方法同清单图例及计算方法。

（二）011103002 橡胶板卷材楼地面

1. 工程量清单计算规则

按设计图示尺寸以面积计算。门洞、空圈、暖气包槽、壁龛的开口部分并入相应的工程量内。

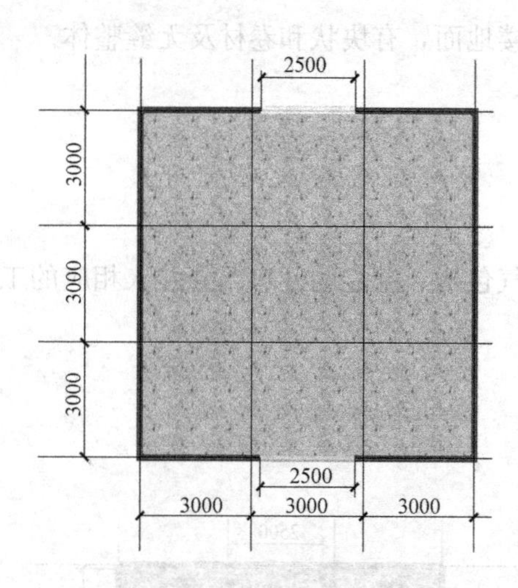

图 L. 3-3 橡胶卷材楼地面图例

2. 工程量清单计算规则图解

(1) 图例

见图 L. 3-3。

图例说明：轴网如图所示，开间为 9000mm，进深为 9000mm。墙厚为 200mm，居中布置；窗 C-1 为 2500mm×1600mm，离地高度 900mm，居中布置，框厚 60mm，门 M-1 为 2500mm×2000mm，框厚 60mm，居中布置。计算楼地面工程量。

(2) 清单工程量

楼地面面积 $S=(9-0.2)\times(9-0.2)+0.07\times2.5\times2$(加洞口侧壁面积)

$=77.79\text{m}^2$

3. 工程量清单项目组价

(1) 定额工程量计算规则

橡塑面层按设计图示尺寸以面积计算。门洞、空圈、暖气包槽、壁龛的开口部分并入相应的工程量内。

(2) 定额计算规则图解

图例及计算方法同清单图例及计算方法。

(三) 011103003 塑料板楼地面

1. 工程量清单计算规则

按设计图示尺寸以面积计算。门洞、空圈、暖气包槽、壁龛的开口部分并入相应的工程量内。

2. 工程量清单计算规则图解

(1) 图例

见图 L. 3-4、图 L. 3-5。

图 L. 3-4 塑料板地面

图例说明：墙厚为 200mm，开间为 9000mm，进深为 9000mm，窗 C-1 为 2500mm×1600mm，离地高度 900mm，居中布置，框厚 60mm，门 M-1 为 2500mm×2000mm，框厚 60mm，居中布置。计算楼地面工程量。

（2）清单工程量

楼地面面积 $S=(9-0.2)\times(9-0.2)+$

$0.07\times2.5\times2$(加洞口侧壁面积)

$=77.79\text{m}^2$

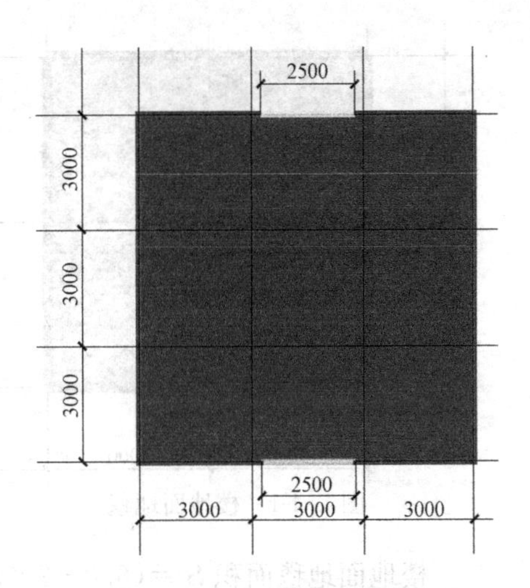

图 L.3-5　塑料板地面图例

3. 工程量清单项目组价

（1）定额工程量计算规则

橡塑面层按设计图示尺寸以面积计算。门洞、空圈、暖气包槽、壁龛的开口部分并入相应的工程量内。

（2）定额计算规则图解

图例及计算方法同清单图例及计算方法。

（四）011103004 塑料卷材楼地面

1. 工程量清单计算规则

按设计图示尺寸以面积计算。门洞、空圈、暖气包槽、壁龛的开口部分并入相应的工程量内。

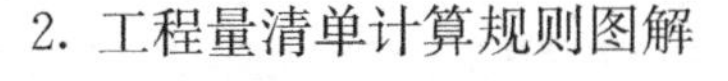

2. 工程量清单计算规则图解

图例及计算与本节（一）011103001 橡胶板楼地面部分清单计算相同。

3. 工程量清单项目组价

（1）定额工程量计算规则

橡塑面层按设计图示尺寸以面积计算。门洞、空圈、暖气包槽、壁龛的开口部分并入相应的工程量内。

（2）定额计算规则图解

图例及计算与本节（一）011103001 橡胶板楼地面部分清单计算相同。

L.4　其他材料面层

一、项目的划分

项目划分为地毯楼地面、竹木（复合）地板、金属复合地板、防静电活动地板。

地毯，是以棉、麻、毛、丝、草等天然纤维或化学合成纤维类原料，经手工或机械工艺进行编结、栽绒或纺织而成的地面铺敷物。

二、工程量计算与组价

（一）011104001 地毯楼地面

1. 工程量清单计算规则

按设计图示尺寸以面积计算。门洞、空圈、暖气包槽、壁龛的开口部分并入相应的工

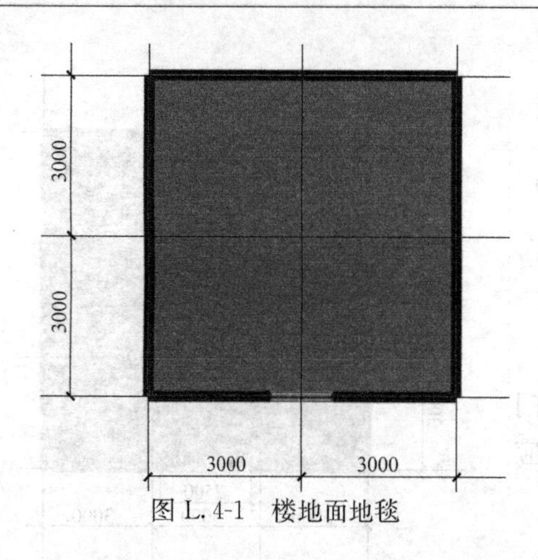

图 L. 4-1　楼地面地毯

程量内。

2. 工程量清单计算规则图解

（1）图例

见图 L. 4-1。

图例说明：轴网如图所示，轴距为 3000mm，房间外墙为 200mm 厚的混凝土墙，外墙按轴线居中布置，外墙上留有宽 1200mm 的门洞口，居中布置，框厚 60mm。门洞口地面铺地毯，齐外墙边。计算楼地面工程量。

（2）清单工程量

楼地面地毯面积 $S=(6.0-2\times0.1)\times(6.0-2\times0.1)+(1.2-0.06\times2)\times0.2$

$=33.856\text{m}^2$

3. 工程量清单项目组价

（1）定额工程量计算规则

其他材料面层按设计图示尺寸以面积计算。门洞、空圈、暖气包槽、壁龛的开口部分并入相应的工程量内。

（2）定额计算规则图解

1）图例

参见图 L. 4-1 地毯楼地面。

2）定额工程量

楼地面地毯面积 $=(6.0-2\times0.1)\times(6.0-2\times0.1)+(1.2-0.06\times2)\times0.2$

$=33.856\text{m}^2$

（二）011104002 竹木（复合）地板

1. 工程量清单计算规则

设计图示尺寸以面积计算。门洞、空圈、暖气包槽、壁龛的开口部分并入相应的工程量内。

2. 工程量清单计算规则图解

同本节（一）011104001 地毯楼地面部分工程量清单计算规则图解。

3. 工程量清单项目组价

（1）定额工程量计算规则

其他材料面层按设计图示尺寸以面积计算。门洞、空圈、暖气包槽、壁龛的开口部分并入相应的工程量内。

（2）定额计算规则图解

同本节（一）011104001 地毯楼地面部分定额计算规则图解

（三）011104003 金属复合地板

1. 工程量清单计算规则

按设计图示尺寸以面积计算。门洞、空圈、暖气包槽、壁龛的开口部分并入相应的工程量内。

2. 工程量清单计算规则图解

同本节（一）011104001 地毯楼地面部分工程量清单计算规则图解。

3. 工程量清单项目组价

（1）定额工程量计算规则

其他材料面层按设计图示尺寸以面积计算。门洞、空圈、暖气包槽、壁龛的开口部分并入相应的工程量内。

（2）定额计算规则图解

同本节（一）011104001 地毯楼地面部分定额计算规则图解

（四）011104004 防静电活动地板

1. 工程量清单计算规则

按设计图示尺寸以面积计算。门洞、空圈、暖气包槽、壁龛的开口部分并入相应的工程量内。

说明：防静电活动地板指用支架和横梁连接后架空的防静电地板，见图 L. 4-2。

2. 工程量清单计算规则图解

同本节（一）011104001 地毯楼地面部分工程量清单计算规则图解。

3. 工程量清单项目组价

（1）定额工程量计算规则

其他材料面层按设计图示尺寸以面积计算。门洞、空圈、暖气包槽、壁龛的开口部分并入相应的工程量内。

（2）定额计算规则图解

同本节（一）011104001 地毯楼地面定额计算规则图解。

图 L. 4-2　防静电活动地板

L. 5　踢　脚　线

一、项目的划分

项目划分为水泥砂浆踢脚线、石材踢脚线、块料踢脚线、塑料板踢脚线、木质踢脚线、金属踢脚线以及防静电踢脚线。

在居室设计中，阴角线、腰线、踢脚线起着视觉的平衡作用，利用它们的线形感觉及材质、色彩等在室内相互呼应，可以起到较好的美化装饰效果。踢脚线的另一个作用是它的保护功能。踢脚线，顾名思义就是脚踢得着的墙面区域，所以较易受到冲击。做踢脚线可以更好地使墙体和地面之间结合牢固，减少墙体变形，避免外力碰撞造成破坏。另外，踢脚线也比较容易擦洗，如果拖地溅上脏水，擦洗非常方便。

踢脚线材料材料区分如下：1）水泥、砂子和水的混合物叫水泥砂浆；2）石材是指大理石、花岗岩、文化石等；3）块料指假麻石、陶瓷锦砖、瓷板、面砖等；4）水磨石是将碎石拌入水泥制成混凝土制品后表面磨光的制品，常用来制作地砖、台面、水槽等制品；5）能将踢脚上的静电及时释放的踢脚叫防静电踢脚。

二、工程量计算与组价

（一）011105001 水泥砂浆踢脚线

1. 工程量清单计算规则

（1）以平方米计量，按设计图示长度乘以高度以面积计算；

（2）以米计量，按延长米计算。

说明：以米计量时，必须描述踢脚线高度。

2. 工程量清单计算规则图解

（1）图例

见图 L.5-1。

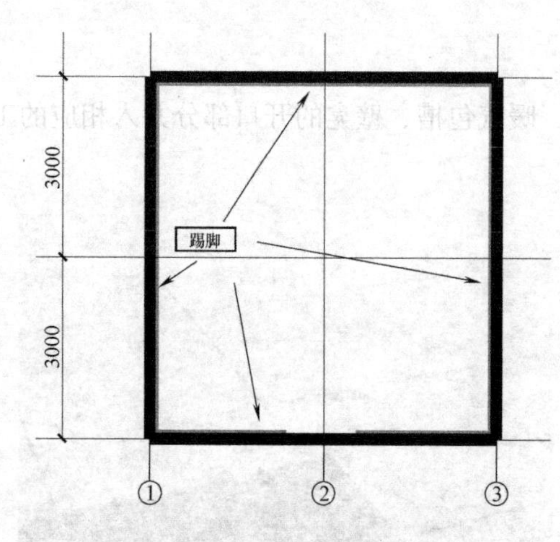

图 L.5-1 水泥砂浆踢脚线图例

图例说明：轴网如图所示，轴距开间进深均为3000mm，房间外墙为200mm厚的混凝土墙，外墙按轴线居中布置，外墙上留有宽1200mm的门洞口，居中布置，框厚60mm。房间地面的一圈布置有踢脚线，踢脚线高150mm。计算踢脚线工程量。

（2）清单工程量

$$水泥砂浆踢脚线面积 S=(6.0-0.2)\times4\times0.15-1.2\times0.15+(0.2-0.06)/2\times2\times0.15=3.321\text{m}^2$$

$$水泥砂浆踢脚线长度 L=(6.0-0.2)\times4-1.2+(0.2-0.06)/2\times2=22.14\text{m}$$

3. 工程量清单项目组价

（1）定额工程量计算规则

踢脚线按设计图示尺寸以长度计算。

（2）定额计算规则图解

图例同图 L.5-1 水泥砂浆踢脚线图例。

$$水泥砂浆踢脚线长度 L=(6.0-0.2)\times4=23.2\text{m}$$

（二）011105002 石材踢脚线

1. 工程量清单计算规则

（1）以平方米计量，按设计图示长度乘以高度以面积计算。

（2）以米计量，按延长米计算。

说明：以米计量时，必须描述踢脚线高度。

2. 工程量清单计算规则图解

同本节（一）011105001 水泥砂浆踢脚线部分清单计算规则图解。

3. 工程量清单项目组价

(1) 定额工程量计算规则

踢脚线按设计图示尺寸以长度计算。

(2) 定额计算规则图解

同本节（一）011105001 水泥砂浆踢脚线部分定额计算规则图解。

(三) 011105003 块料踢脚线

1. 工程量清单计算规则

(1) 以平方米计量，按设计图示长度乘以高度以面积计算。

(2) 以米计量，按延长米计算。

说明：以米计量时，必须描述踢脚线高度。

2. 工程量清单计算规则图解

同本节（一）011105001 水泥砂浆踢脚线部分清单计算规则图解。

3. 工程量清单项目组价

(1) 定额工程量计算规则

踢脚线按设计图示尺寸以长度计算。

(2) 定额计算规则图解

同本节（一）011105001 水泥砂浆踢脚线部分定额计算规则图解。

(四) 011105004 塑料板踢脚线

1. 工程量清单计算规则

(1) 以平方米计量，按设计图示长度乘以高度以面积计算。

(2) 以米计量，按延长米计算。

说明：以米计量时，必须描述踢脚线高度。

2. 工程量清单计算规则图解

同本节（一）011105001 水泥砂浆踢脚线部分清单计算规则图解。

3. 工程量清单项目组价

(1) 定额工程量计算规则

踢脚线按设计图示尺寸以长度计算。

(2) 定额计算规则图解

同本节（一）011105001 水泥砂浆踢脚线部分定额计算规则图解。

(五) 011105005 木质踢脚线

1. 工程量清单计算规则

(1) 以平方米计量，按设计图示长度乘以高度以面积计算。

(2) 以米计量，按延长米计算。

说明：以米计量时，必须描述踢脚线高度。

2. 工程量清单计算规则图解

同本节（一）011105001 水泥砂浆踢脚线部分清单计算规则图解。

3. 工程量清单项目组价

(1) 定额工程量计算规则

踢脚线按设计图示尺寸以长度计算。

(2) 定额计算规则图解

同本节（一）011105001 水泥砂浆踢脚线部分清单计算规则图解。

（六）011105006 金属踢脚线

1. 工程量清单计算规则

(1) 以平方米计量，按设计图示长度乘以高度以面积计算。

(2) 以米计量，按延长米计算。

说明：以米计量时，必须描述踢脚线高度。

2. 工程量清单计算规则图解

同本节（一）011105001 水泥砂浆踢脚线部分清单计算规则图解。

3. 工程量清单项目组价

(1) 定额工程量计算规则

踢脚线按设计图示尺寸以长度计算。

(2) 定额计算规则图解

同本节（一）011105001 水泥砂浆踢脚线部分定额计算规则图解。

（七）011105007 防静电踢脚线

1. 工程量清单计算规则

(1) 以平方米计量，按设计图示长度乘以高度以面积计算。

(2) 以米计量，按延长米计算。

说明：以米计量时，必须描述踢脚线高度。

2. 工程量清单计算规则图解

同本节（一）011105001 水泥砂浆踢脚线部分清单计算规则图解。

3. 工程量清单项目组价

(1) 定额工程量计算规则

踢脚线按设计图示尺寸以长度计算。

(2) 定额计算规则图解

同本节（一）011105001 水泥砂浆踢脚线部分定额计算规则图解。

L.6 楼梯面层

一、项目的划分

项目划分为石材楼梯面层、块料楼梯面层、拼碎块料面层、水泥砂浆楼梯面层、现浇水磨石楼梯面层、地毯楼梯面层、木板楼梯面层、橡胶板楼梯面层、塑料板楼梯面层。

楼梯面层工程量清单项目的设置、计量按本节规定执行。

二、工程量计算与组价

（一）011106001 石材楼梯面层

1. 工程量清单计算规则

按设计图示尺寸以楼梯（包括踏步、休息平台及≤500mm的楼梯井）水平投影面积计算。楼梯与楼地面相连时，算至梯口梁内侧边沿；无梯口梁者，算至最上一层踏步边沿加300mm。

说明：楼梯面层：包括踏步、休息平台以及小于500mm宽的楼梯井表面。

2. 工程量清单计算规则图解

(1) 图例

见图L.6-1～图L.6-3。

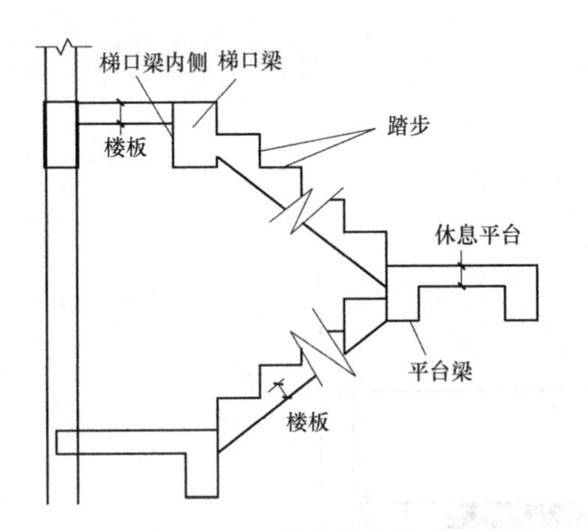

图L.6-1 楼梯组成剖面

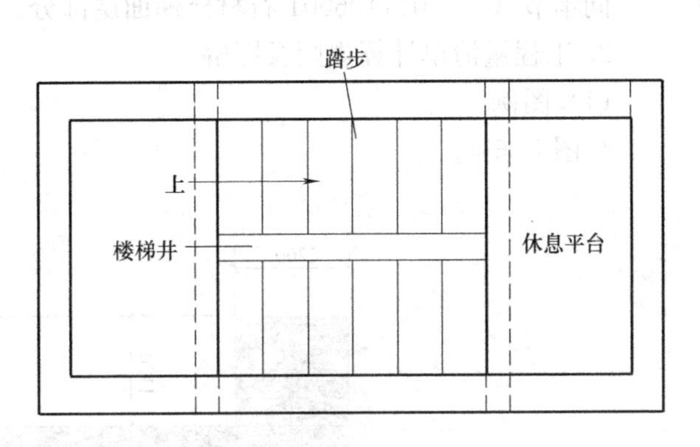

图L.6-2 楼梯组成平面

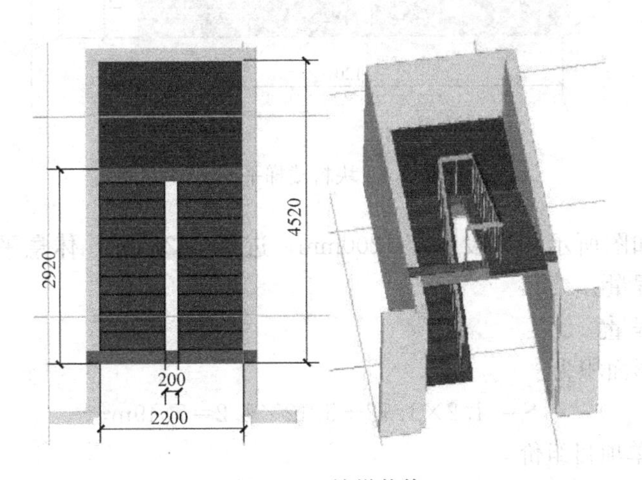

图L.6-3 楼梯装修

图例说明：楼梯尺寸如图所示。进深4520mm；楼梯间宽度2200mm，楼梯井宽度200mm。计算楼梯装饰工程量。

(2) 清单工程量

楼梯投影面积 $S=2.2\times4.52=9.94\text{m}^2$

说明：楼梯井宽度=200mm<500mm，所以投影面积不扣除楼梯井面积。

3. 工程量清单项目组价

(1) 定额工程量计算规则

楼梯面层按设计图示尺寸以楼梯（包括踏步、休息平台及≤500mm的楼梯井）水平投影面积计算。楼梯与楼地面相连时，算至梯口梁内侧边沿；无梯口梁者，算至最上一层踏步边沿加300mm。

(2) 定额计算规则图解

同清单图例。

(3) 定额工程量计算

同清单计算。

(二) 011106002 块料楼梯面层

1. 工程量清单计算规则

同本节(一) 011106001石材楼梯面层部分。

2. 工程量清单计算规则及图解

(1) 图例

见图L. 6-4。

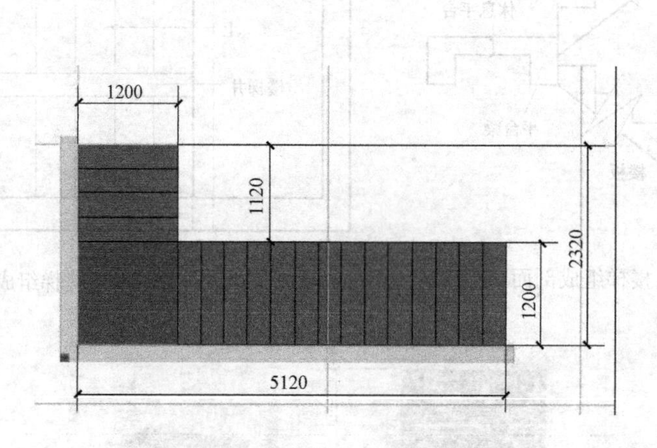

图L. 6-4 块料楼梯平面装修

图例说明：如图所示：梯段宽度1200mm，进深5120mm，休息平台宽度1200mm。计算楼梯装饰工程量。

(2) 清单工程量

楼梯水平投影面积为

$$S = 1.2 \times 1.12 + 5.12 \times 1.2 = 7.49\text{m}^2$$

3. 工程量清单项目组价

(1) 定额工程量计算规则

楼梯面层按设计图示尺寸以楼梯（包括踏步、休息平台及≤500mm的楼梯井）水平投影面积计算。楼梯与楼地面相连时，算至梯口梁内侧边沿；无梯口梁者，算至最上一层踏步边沿加300mm。

(2) 定额计算规则图解

图例及计算方法同清单图例及计算方法。

(三) 011106003 拼碎块料面层

1. 工程量清单计算规则

同本节(一) 011106001石材楼梯面层部分。

2. 工程量清单计算规则及图解

(1) 图例

同本节（二）011106002 块料楼梯面层部分图例。

(2) 清单工程量

同本节（二）011106002 块料楼梯面层部分计算方法。

3. 工程量清单项目组价

(1) 定额工程量计算规则

楼梯面层按设计图示尺寸以楼梯（包括踏步、休息平台及≤500mm 的楼梯井）水平投影面积计算。楼梯与楼地面相连时，算至梯口梁内侧边沿；无梯口梁者，算至最上一层踏步边沿加 300mm。

(2) 定额计算规则图解

图例及计算方法同清单图例及计算方法。

(四) 011106004 水泥砂浆楼梯面层

1. 工程量清单计算规则

同本节（一）011106001 石材楼梯面层部分。

2. 工程量清单计算规则图解

(1) 图例

见图 L.6-5。

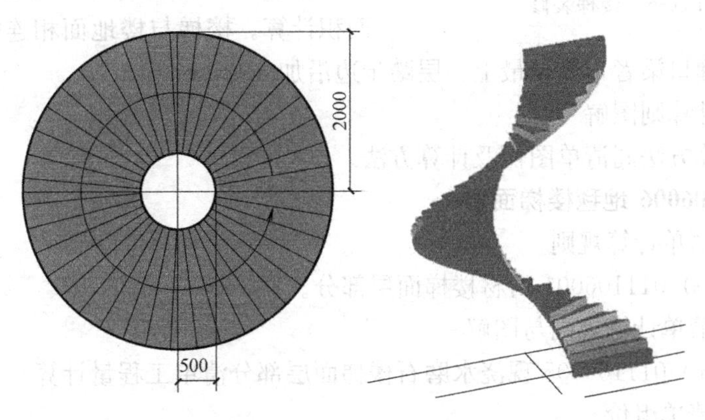

图 L.6-5 水泥砂浆楼梯装修

(2) 清单工程量

$$楼梯水平投影面积 = \pi\times2^2-\pi\times0.5^2 = 11.78m^2$$

3. 工程量清单项目组价

(1) 定额工程量计算规则

楼梯面层按设计图示尺寸以楼梯（包括踏步、休息平台及≤500mm 的楼梯井）水平投影面积计算。楼梯与楼地面相连时，算至梯口梁内侧边沿；无梯口梁者，算至最上一层踏步边沿加 300mm。

(2) 定额计算规则图解

图例及计算方法同清单图例及计算方法。

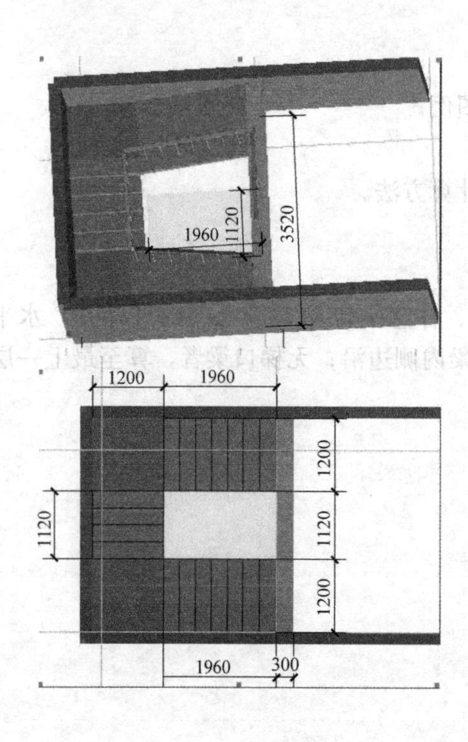

图 L. 6-6　楼梯装修

（五）011106005 现浇水磨石楼梯面层

1. 工程量清单计算规则

同本节（一）011106001 石材楼梯面层部分。

2. 工程量清单计算规则图解

（1）图例

见图 L. 6-6。

图例说明：如图所示，三跑楼梯三个梯段宽度均为 1200mm，踏步高度 150mm，踏步宽度 280mm，楼梯井宽度 1120mm，楼梯井面积 1.12m×1.96m。计算楼梯装饰工程量。

（2）清单工程量

楼梯水平投影面积$=3.52\times3.16-1.12\times1.96$

$=8.93\text{m}^2$

3. 工程量清单组价

（1）定额工程量计算规则

楼梯面层按设计图示尺寸以楼梯（包括踏步、休息平台及≤500mm 的楼梯井）水平投影面积计算。楼梯与楼地面相连时，算至梯口梁内侧边沿；无梯口梁者，算至最上一层踏步边沿加 300mm。

（2）定额计算则图解

图例及计算方法同清单图例及计算方法。

（六）011106006 地毯楼梯面层

1. 工程量清单计算规则

同本节（一）011106001 石材楼梯面层部分。

2. 工程量清单计算规则与图解

同本节（五）011106005 现浇水磨石楼梯面层部分清单工程量计算。

3. 工程量清单组价

（1）定额工程量计算规则

楼梯面层按设计图示尺寸以楼梯（包括踏步、休息平台及≤500mm 的楼梯井）水平投影面积计算。楼梯与楼地面相连时，算至梯口梁内侧边沿；无梯口梁者，算至最上一层踏步边沿加 300mm。

（2）定额计算规则图解

图例及计算方法同清单图例及计算方法。

（七）011106007 木板楼梯面层

1. 工程量清单计算规则

同本节（一）011106001 石材楼梯面层部分。

2. 工程量清单计算规则图解

同本节（五）011106005 现浇水磨石楼梯面层部分清单工程量计算。

3. 工程量清单项目组价

（1）定额工程量计算规则

楼梯面层按设计图示尺寸以楼梯（包括踏步、休息平台及≤500mm 的楼梯井）水平投影面积计算。楼梯与楼地面相连时，算至梯口梁内侧边沿；无梯口梁者，算至最上一层踏步边沿加 300mm。

（2）定额计算规则图解

图例及计算方法同清单图例及计算方法。

（八）011106008 橡胶板楼梯面层

1. 工程量清单计算规则

同本节（一）011106001 石材楼梯面层部分。

2. 工程量清单计算规则图解

同本节（五）011106005 现浇水磨石楼梯面层部分清单工程量计算。

3. 工程量清单项目组价

（1）定额工程量计算规则

楼梯面层按设计图示尺寸以楼梯（包括踏步、休息平台及≤500mm 的楼梯井）水平投影面积计算。楼梯与楼地面相连时，算至梯口梁内侧边沿；无梯口梁者，算至最上一层踏步边沿加 300mm。

（2）定额计算规则图解

图例及计算方法同清单图例及计算方法。

（九）011106009 塑料板楼梯面层

1. 工程量清单计算规则

同本节（一）011106001 石材楼梯面层部分。

2. 工程量清单计算规则图解

同本节（五）011106005 现浇水磨石楼梯面层部分清单工程量计算。

3. 工程量清单项目组价

（1）定额工程量计算规则

楼梯面层按设计图示尺寸以楼梯（包括踏步、休息平台及≤500mm 的楼梯井）水平投影面积计算。楼梯与楼地面相连时，算至梯口梁内侧边沿；无梯口梁者，算至最上一层踏步边沿加 300mm。

（2）定额计算规则图解

图例及计算方法同清单图例及计算方法。

L.7 台阶装饰

一、项目的划分

项目划分为石材台阶面、块料台阶面、拼碎块料台阶面、水泥砂浆台阶面、现浇水磨石台阶面、剁假石台阶面。同一铺贴面上有不同种类、材质的材料，应该分别执行相应子目。

台阶装饰工程量清单项目的设置、计量按本节的规定执行。

二、工程量计算与组价

（一）011107001 石材台阶面

1. 工程量清单计算规则

按设计图示尺寸以台阶（包括最上层踏步边沿加300mm）水平投影面积计算。

2. 工程量清单计算规则图解

（1）图例

见图L.7-1、图L.7-2。

图L.7-1 室外台阶

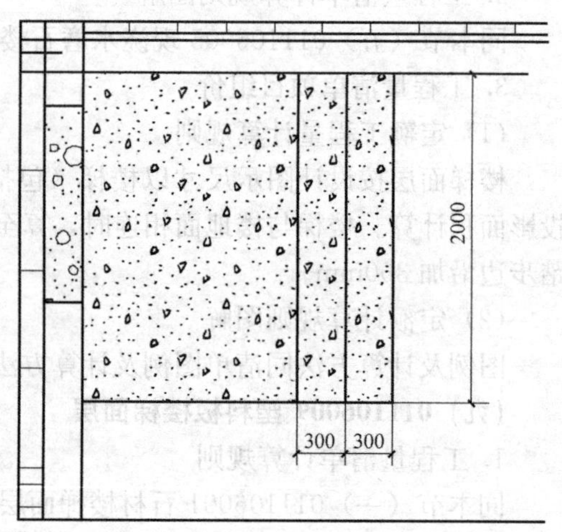

图L.7-2 石材台阶平面图

图例说明：台阶为尺寸如图所示，踏步宽300mm，台阶宽2000mm，计算台阶装饰工程量。

（2）清单工程量

$$石材台阶面面积 S=2\times(0.3\times3+0.3)=2.4m^2$$

说明：踏步数为3，最上一层加300mm所以为0.3×3+0.3。

3. 工程量清单项目组价

（1）定额工程量计算规则

台阶按设计图示尺寸以台阶（包括最上层踏步边沿加300mm）水平投影面积计算。

（2）定额计算规则图解

图例及计算方法同清单图例及计算方法。

（二）011107002 块料台阶面

1. 工程量清单计算规则

按设计图示尺寸以台阶（包括最上层踏步边沿加300mm）水平投影面积计算。

2. 工程量清单计算规则及图解

同本节（一）011107001 石材台阶面部分工程量清单计算规则图解。

3. 工程量清单项目组价

（1）定额工程量计算规则

台阶按设计图示尺寸以台阶（包括最上层踏步边沿加 300mm）水平投影面积计算。

（2）定额计算规则图解

图例及计算方法同清单图例及计算方法。

（三）011107003 拼碎块料台阶面

1. 工程量清单计算规则

按设计图示尺寸以台阶（包括最上层踏步边沿加 300mm）水平投影面积计算。

2. 工程量清单计算规则及图解

同本节（一）011107001 石材台阶面部分工程量清单计算规则图解。

3. 工程量清单项目组价

（1）定额工程量计算规则

台阶按设计图示尺寸以台阶（包括最上层踏步边沿加 300mm）水平投影面积计算。

（2）定额计算规则图解

图例及计算方法同清单图例及计算方法。

（四）011107004 水泥砂浆台阶面

1. 工程量清单计算规则

按设计图示尺寸以台阶（包括最上层踏步边沿加 300mm）水平投影面积计算。

2. 工程量清单计算规则及图解

同本节（一）011107001 石材台阶面部分工程量清单计算规则图解。

3. 工程量清单项目组价

（1）定额工程量计算规则

台阶按设计图示尺寸以台阶（包括最上层踏步边沿加 300mm）水平投影面积计算。

（2）定额计算规则图解

图例及计算方法同清单图例及计算方法。

（五）011107005 现浇水磨石台阶面

1. 工程量清单计算规则

按设计图示尺寸以台阶（包括最上层踏步边沿加 300mm）水平投影面积计算。

2. 工程量清单计算规则及图解

同本节（一）011107001 石材台阶面部分工程量清单计算规则图解。

3. 工程量清单项目组价

（1）定额工程量计算规则

台阶按设计图示尺寸以台阶（包括最上层踏步边沿加 300mm）水平投影面积计算。

（2）定额计算规则图解

图例及计算方法同清单图例及计算方法。

（六）011107006 剁假石台阶面

1. 工程量清单计算规则

按设计图示尺寸以台阶（包括最上层踏步边沿加 300mm）水平投影面积计算。

2. 工程量清单计算规则及图解

同本节（一）011107001 石材台阶面部分工程量清单计算规则图解。

3. 工程量清单项目组价

（1）定额工程量计算规则

台阶按设计图示尺寸以台阶（包括最上层踏步边沿加 300mm）水平投影面积计算。

（2）定额计算规则图解

图例及计算方法同清单图例及计算方法。

L.8 零星装饰项目

一、项目的划分

项目划分为石材零星项目、拼碎石材项目、块料零星项目、水泥砂浆零星项目。同一铺贴面上有不同种类、材质的材料，应该分别执行相应子目。

零星项目适用于楼梯侧面、台阶的牵边，小便池、蹲台、池槽，以及面积在 $1m^2$ 以内且定额未列项目的工程。

二、工程量计算与组价

（一）011108001 石材零星项目

1. 工程量清单计算规则

按设计图示尺寸以面积计算。

2. 工程量清单计算规则图解

（1）图例

见图 L.8-1。

图例说明：楼地面地砖中，有 4 块正方形 1000×1000 的装饰蓝色石材，计算装饰石材的工程量。

（2）清单工程量

石材面积 $S=4\times(1\times1)=4m^2$

3. 工程量清单项目组价

（1）定额工程量计算规则

零星项目按设计图示尺寸以面积计算。

（2）定额计算规则图解

图例及计算方法同清单图例及

图 L.8-1　石材零星项目

计算方法。

（二）011108002 拼碎石材零星项目

1. 工程量清单计算规则

按设计图示尺寸以面积计算。

2. 工程量清单计算规则图解

同本节（一）011108001 石材零星项目部分工程量清单计算规则图解。

3. 工程量清单项目组价

（1）定额工程量计算规则

零星项目按设计图示尺寸以面积计算。

（2）定额计算规则图解

图例及计算方法同清单图例及计算方法。

（三）011108003 块料零星项目

1. 工程量清单计算规则

按设计图示尺寸以面积计算。

2. 工程量清单计算规则图解

同本节（一）011108001 石材零星项目部分工程量清单计算规则图解。

3 工程量清单项目组价

（1）定额工程量计算规则

零星项目按设计图示尺寸以面积计算。

（2）定额计算规则图解

图例及计算方法同清单图例及计算方法。

（四）011108004 水泥砂浆零星项目

1. 工程量清单计算规则

按设计图示尺寸以面积计算。

2. 工程量清单计算规则图解

同本节（一）011108001 石材零星项目部分工程量清单计算规则图解。

3. 工程量清单项目组价

（1）定额工程量计算规则

零星项目按设计图示尺寸以面积计算。

（2）定额计算规则图解

图例及计算方法同清单图例及计算方法。

附录M　墙、柱面装饰与隔断、幕墙工程

M.1　墙面抹灰

一、项目的划分

项目划分为墙面一般抹灰、墙面装饰抹灰、墙面勾缝、立面砂浆找平层。

抹灰工程按使用的材料和装饰效果分为一般抹灰、装饰抹灰和特殊抹灰。

(1) 一般抹灰所用的材料有：水泥砂浆、水泥混合砂浆、聚合物水泥砂浆、膨胀珍珠岩水泥砂浆、石灰砂浆、麻刀灰、纸筋灰、石膏灰等。其外面一般还会再贴装饰材料。

(2) 装饰抹灰的底层和中层与一般抹灰相同，但面层材料有区别，装饰抹灰的面层材料主要有：水泥石子浆、水泥色浆、聚合物水泥砂浆等。其外面一般不再做其他装饰，而是在面层上做出一些花纹的效果等。

(3) 特殊抹灰是指为了满足某些特殊的要求（如保温、耐酸、防水等）而采用保温砂浆、耐酸砂浆、防水砂浆等进行的抹灰。

二、工程量计算与组价

(一) 011201001 墙面一般抹灰

1. 工程量清单计算规则

按设计图示尺寸以面积计算。扣除墙裙、门窗洞口及单个≥0.3m^2的孔洞面积，不扣除踢脚线、挂镜线和墙与构件交接处的面积，门窗洞口和孔洞的侧壁及顶面不增加面积。附墙柱、梁、垛、烟囱侧壁并入相应的墙面面积内。

(1) 外墙抹灰面积按外墙垂直投影面积计算；

(2) 外墙裙抹灰面积按其长度乘以高度计算；

(3) 内墙抹灰面积按主墙间的净长乘以高度计算；

1) 无墙裙的，高度按室内楼地面至天棚底面计算；

2) 有墙裙的，高度按墙裙顶至天棚底面计算；

3) 有吊顶天棚抹灰，高度算至天棚底；

(4) 内墙裙抹灰面按内墙净长乘以高度计算。

墙裙：在墙面抹灰中，当遇到人群活动比较频繁且常受到碰撞的墙或防潮、防水要求较高的墙体，为保护墙身，常对那些易受碰撞或易受潮的墙面做保护处理的部分，其一般高度为1.5m左右。除了具有一定的装饰目的以外，也具有避免纯色墙体因人身活动摩擦而产生的污浊或划痕。因此，在材料选择上常常选用在耐磨性、耐腐蚀性、可擦洗等方面

优于原墙面的材质。

挂镜线：又称“画镜线”。钉在居室四周墙壁上部的水平木条，用来悬挂镜框或画幅等。

2. 工程量清单计算规则图解

(1) 图例

见图 M.1-1、图 M.1-2。

图 M.1-1 墙面抹灰

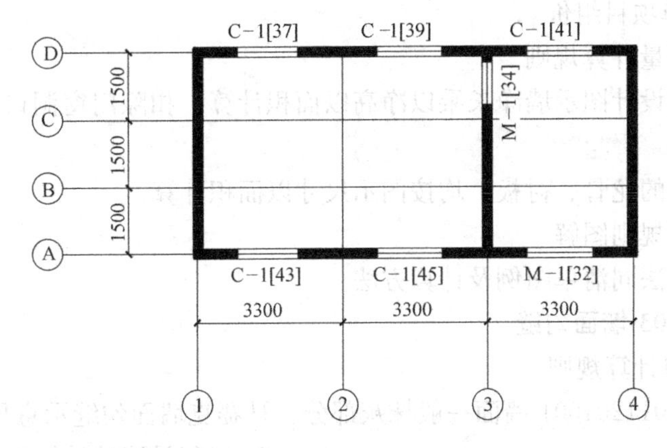

图 M.1-2 内墙面一般抹灰平面图

图例说明：该房间开间为 3300mm×3，进深为 1500mm×3，门 M-1：900mm×2000mm，窗 C-1：1500mm×1800mm，门窗均居中布置，框厚为 60mm；墙 Q-1 厚 240mm，顶板厚 150mm，层高为 3m。计算内墙抹灰工程量。

(2) 清单工程量

内墙面抹灰面积

$=(6.6-0.24+4.5-0.24)\times2\times(3-0.15)-1.5\times1.8\times4-0.9\times2+(3.3-0.24+4.5-0.24)\times2\times(3-0.15)-1.5\times1.8-0.9\times2\times2=83.358m^2$

3. 工程量清单项目组价

(1) 定额工程量计算规则

墙面抹灰及找平层按设计图示尺寸以面积计算。扣除墙裙、门窗洞口及单个$>0.3m^2$

的孔洞面积，不扣除踢脚线、挂镜线和墙与构件交接处的面积，门窗洞口和孔洞的侧壁及顶面不增加面积。附墙柱、梁、垛、烟囱侧壁并入相应的墙面面积内。

1）外墙抹灰面积按外墙垂直投影面积计算。

飘窗凸出墙面部分并入外墙面工作量内。

2）外墙裙抹灰面积按其长度乘以高度计算。

3）内墙抹灰面积按主墙间的净长乘以高度计算。

① 无墙裙的，高度按室内楼地面至天棚底面计算。

② 有墙裙的，高度按墙裙顶至天棚底面计算。

③ 有吊顶天棚抹灰，其高度算至吊顶底面另加 200mm。

4）内墙裙抹灰面按内墙净长乘以高度计算。

（2）定额计算规则图解

图例及计算方法同清单图例及计算方法。

（二）011201002 墙面装饰抹灰

1. 工程量清单计算规则

同本节（一）011201001 墙面一般抹灰部分。

2. 工程量清单计算规则图解

同本节（一）011201001 墙面一般抹灰部分工程量清单计算规则图解。

3. 工程量清单项目组价

（1）定额工程量计算规则

墙面装饰板按设计图示墙净长乘以净高以面积计算。扣除门窗洞口及单个＞0.3m^{2}的空洞所占面积。

装饰板墙面中的龙骨、衬板，均按图示尺寸以面积计算。

（2）定额计算规则图解

图例及计算方法同清单图例及计算方法。

（三）011201003 墙面勾缝

1. 工程量清单计算规则

同本节（一）011201001 墙面一般抹灰部分。马赛克墙面勾缝示意见图 M. 1-3。

图 M. 1-3 马赛克墙面勾缝示意图

2. 工程量清单计算规则图解

同本节（一）011201001 墙面一般抹灰部分工程量清单计算规则图解。

3. 工程量清单项目组价

（1）定额工程量计算规则

墙面勾缝按垂直投影面积计算，应扣除墙裙和墙面抹灰的面积，不扣除门窗洞口、门窗套、腰线等零星抹灰所占的面积，附墙柱和门窗洞口侧面的勾缝面积亦不增加。独立柱、房上烟囱勾缝，按图示尺寸以平方米计算。

（2）定额计算规则图解

图例及计算方法同清单图例及计算方法。

(四) 011201004 立面砂浆找平层

1. 工程量清单计算规则

同本节（一）011201001 墙面一般抹灰部分。墙体断面见图 M.1-4。

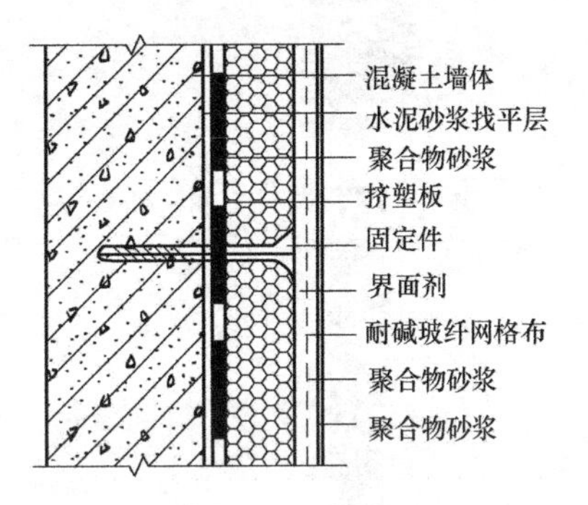

图 M.1-4　墙体断面图

2. 工程量清单计算规则图解

图例及计算方法同本节（一）011201001 墙面一般抹灰部分清单图例及计算方法。

3. 工程量清单项目组价

(1) 定额工程量计算规则

定额工程量计算规则同清单工程量计算规则。

(2) 定额计算规则图解

图例及计算方法同清单图例及计算方法。

M.2　柱（梁）面抹灰

一、项目的划分

项目划分为柱（梁）面一般抹灰、柱（梁）面装饰抹灰、柱（梁）面砂浆找平、柱面勾缝。

抹灰工程按使用的材料和装饰效果分为一般抹灰、装饰抹灰和特殊抹灰。

(1) 一般抹灰所用的材料有：水泥砂浆、水泥混合砂浆、聚合物水泥砂浆、膨胀珍珠岩水泥砂浆、石灰砂浆、麻刀灰、纸筋灰、石膏灰等。其外面一般还会再贴装饰材料。

(2) 装饰抹灰的底层和中层与一般抹灰相同，但面层材料有区别，装饰抹灰的面层材料主要有：水泥石子浆、水泥色浆、聚合物水泥砂浆等。其外面一般不再做其他装饰，而是在抹灰面做出一些花纹的效果等。

(3) 特殊抹灰是指为了满足某些特殊的要求（如保温、耐酸、防水等）而采用保温砂浆、耐酸砂浆、防水砂浆等进行的抹灰。

二、工程量计算与组价

(一) 011202001 柱、梁面一般抹灰

1. 工程量清单计算规则

(1) 柱面抹灰：按设计图示柱断面周长乘以高度以面积计算；

(2) 梁面抹灰：按设计图示梁断面周长乘以面积计算。

2. 工程量清单计算规则图解

(1) 图例

见图 M.2-1、图 M.2-2。

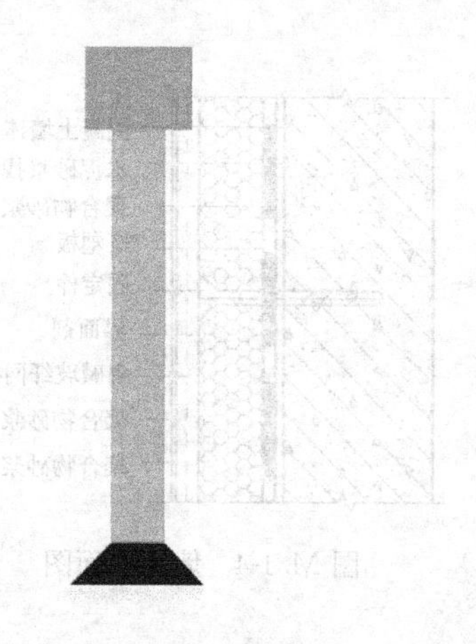

图 M.2-1 柱面一般抹灰

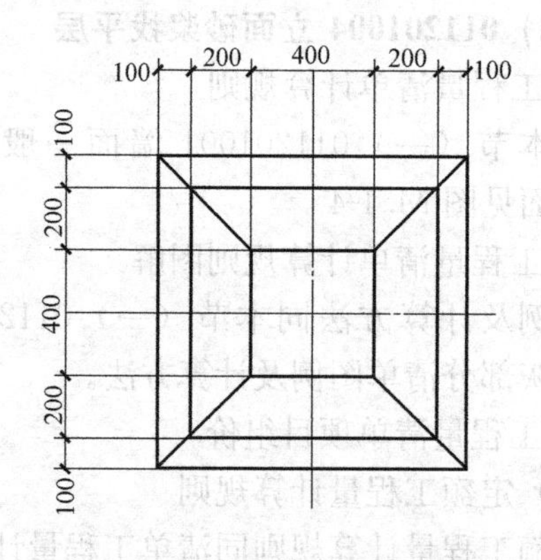

图 M.2-2 柱面一般抹灰截面图

图例说明：柱截面尺寸为 400mm×400mm，柱高 3m，柱墩截面尺寸为 800mm×800mm，高度为 600mm，柱帽顶截面尺寸为 1000mm×1000mm，柱头截面为 400mm×400mm，柱帽高度为 300mm。计算柱面抹灰工程量。

（2）清单工程量

1）公式

柱面抹灰面积＝柱断面周长×高度

2）图例计算过程

柱身抹灰面积＝$0.4\times4\times3=4.8\text{m}^2$

柱帽抹灰面积＝$(1+0.4)/2\times\sqrt{0.3^2+0.3^2}\times4=1.19\text{m}^2$

柱墩抹灰面积＝$(0.8\times0.8-0.4\times0.4)+0.8\times0.6\times4=2.4\ \text{m}^2$

工程量合计：$4.8+1.19+2.4=8.39\ \text{m}^2$

3. 工程量清单项目组价

（1）定额工程量计算规则

1）柱面抹灰按设计图示柱断面周长乘以高度以面积计算。

异形柱、柱上的牛腿及独立柱的柱帽、柱基座均按展开面积计算，并入相应柱抹灰工程量中。

2）梁面抹灰按设计图示梁断面周长乘以长度以面积计算。

异形梁按展开面积计算，并入相应梁抹灰工程量中。

（2）定额计算规则图解

图例及计算方法同清单图例及计算方法。

（二）011202002 柱、梁面装饰抹灰

1. 工程量清单计算规则

（1）柱面抹灰：按设计图示柱断面周长乘以高度以面积计算；

（2）梁面抹灰：按设计图示梁断面周长乘以面积计算。

2. 工程量清单计算规则图解

同柱、梁面一般抹灰工程量清单计算规则图解。

3. 工程量清单项目组价

(1) 定额工程量计算规则

柱面装饰抹灰：按柱外围饰面尺寸乘以柱的高度以平方米计算。

梁面装饰抹灰：定额工程量计算规则同清单工程量计算规则。

(2) 定额计算规则图解

图例及计算方法同清单图例及计算方法。

(三) 011202003 柱、梁面砂浆找平

1. 工程量清单计算规则

(1) 柱面抹灰：按设计图示柱断面周长乘以高度以面积计算；

(2) 梁面抹灰：按设计图示梁断面周长乘以面积计算。

2. 工程量清单计算规则图解

同柱、梁面一般抹灰工程量清单计算规则图解。

3. 工程量清单项目组价

(1) 定额工程量计算规则

柱面装饰抹灰：按柱外围饰面尺寸乘以柱的高度以平方米计算。

梁面装饰抹灰：定额工程量计算规则同清单工程量计算规则。

(2) 定额计算规则图解

图例及计算方法同清单图例及计算方法。

(四) 011202004 柱面勾缝

1. 工程量清单计算规则

按设计图示柱断面周长乘高度以面积计算。

2. 工程量清单计算规则图解

同柱、梁面一般抹灰工程量清单计算规则图解。

3. 工程量清单项目组价

(1) 定额工程量计算规则

按结构断面周长乘高度计算。

(2) 定额计算规则图解

图例及计算方法同清单图例及计算方法。

M. 3 零星抹灰

一、项目的划分

项目划分为零星项目一般抹灰、零星项目装饰抹灰、零星项目砂浆找平。

零星抹灰：一些窗台线、门窗套、挑檐、腰线等、遮阳板、天沟、雨棚外边线等如果抹灰展开宽度超过 300mm 时及大便槽、小便槽、洗手池等都属于零星项目，他们的抹灰称为零星抹灰。

窗台线：窗台的下口线。

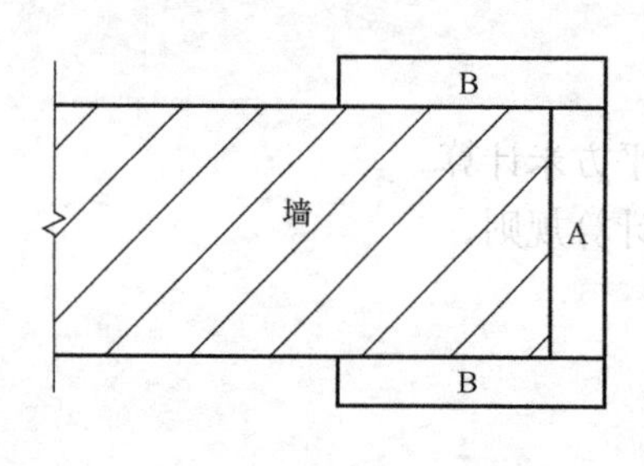

图 M. 3-1　门窗套

门窗套：用于保护和装饰门框及窗框。门窗套包括筒子板和贴脸，与墙连接在一起。如图 M. 3-1 所示，门窗套包括 A 面和 B 面；筒子板指 A 面，贴脸指 B 面。

挑檐：屋面挑出外墙的部分，主要是为了方便做屋面排水，对外墙也起到保护作用。一般南方多雨，出挑较大，北方少雨，出挑较小。挑檐也起到美观的作用，部分坡屋顶、瓦屋顶不做挑檐，少许无组织排水的平屋顶也不做挑檐。

腰线：建筑装饰的一种做法，一般指建筑墙面上的水平横线，在外墙面上通常是在窗口的上或下沿（也可以在其他部位）将砖挑出 60mm×120mm，做成一条通长的横带，主要起装饰作用。在卫生间的墙面上用不同花色的瓷砖（有专门的腰线瓷砖）贴一圈横向的线条，也称为腰线。

天沟：屋面排水分有组织排水和无组织排水（自由排水）。有组织排水一般是把雨水集到天沟内再由雨水管排下，集聚雨水的沟就被称为天沟。天沟分内天沟和外天沟，内天沟是指在外墙以内的天沟，一般有女儿墙；外天沟是挑出外墙的天沟，一般没女儿墙。天沟多用白铁皮或石棉水泥制成。

二、工程量计算与组价

（一）011203001 零星项目一般抹灰

1. 工程量清单计算规则

按设计图示尺寸以面积计算。

2. 工程量清单计算规则图解

(1) 图例

见图 M. 3-2、图 M. 3-3。

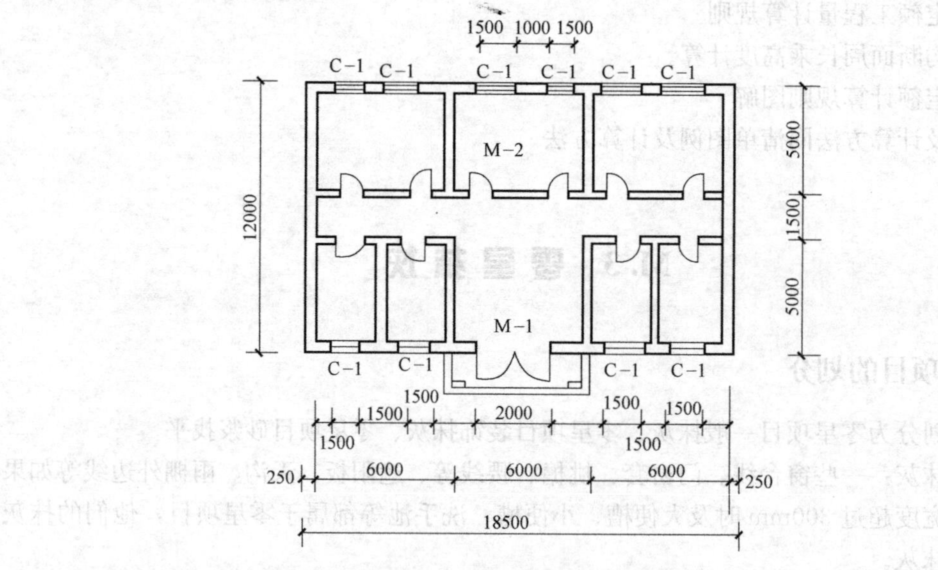

图 M. 3-2　窗台线-平面图

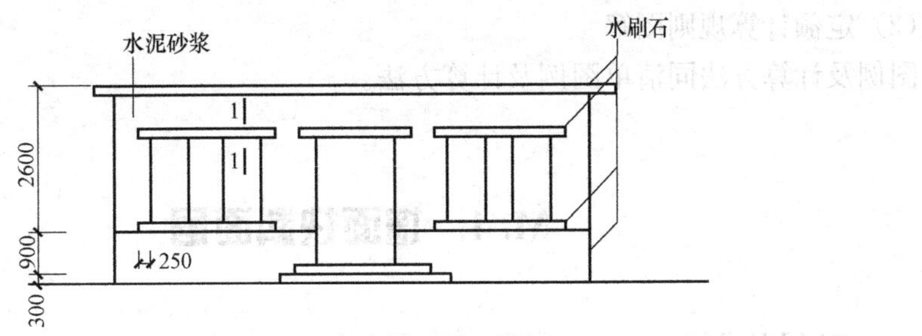

图 M.3-3　窗台线-正立面图

图例说明：墙厚 240mm，门 M-1：2000mm×2100mm，M-2：1200mm×2100mm，窗 C-1：1500mm×1800mm，窗间距如图示，窗台线宽度为 120mm，框厚 60mm，伸入墙左右均为 250mm。计算窗台线工程量。

（2）清单工程量

C-1 窗台线面积

=(0.06+0.12×2)×(1.5×3+0.25×2)×2×4+(0.06+0.12×2)×(1.5×2+1+0.25×2)×2+0.06×0.12×4×5

=14.24m²

3. 工程量清单项目组价

（1）定额工程量计算规则

零星项目按设计图示尺寸以展开面积计算。

（2）定额计算规则图解

同工程量清单计算规则图解。

（二）011203002 零星项目装饰抹灰

1. 工程量清单计算规则

按设计图示尺寸以面积计算。

2. 工程量清单计算规则图解

同本节（一）011203001 零星项目一般抹灰部分工程量清单计算规则图解。

3. 工程量清单项目组价

（1）定额工程量计算规则

零星项目按图示尺寸以展开面积计算。

（2）定额计算规则图解

图例及计算方法同清单图例及计算方法。

（三）011203003 零星项目砂浆找平

1. 工程量清单计算规则

按设计图示尺寸以面积计算。

2. 工程量清单计算规则图解

同本节（一）011203001 零星项目一般抹灰部分工程量清单计算规则图解。

3. 工程量清单项目组价

（1）定额工程量计算规则

定额工程量计算规则同清单工程量计算规则。

(2) 定额计算规则图解

图例及计算方法同清单图例及计算方法。

M.4　墙面块料面层

一、项目的划分

项目划分为石材墙面、拼碎石材墙面、块料墙面、干挂石材钢骨架。

(一) 石材墙面

采用大理石、花岗岩、水磨石、文化石等石材做墙面面层的装饰，是一种高级装饰材料。

(二) 拼碎石材墙面

采用碎石、水泥、胶结材料在墙体表面涂刷成装饰效果的墙面。

(三) 块料墙面

采用陶瓷锦砖、水泥花砖、面砖等非石材材料铺贴在墙表面形成装饰面层。

(四) 干挂石材钢骨架

一种只挂不贴的装饰施工方法，与镶贴块料最大的区别就在于是否使用水泥砂浆，一般在图纸上有说明。

二、工程量计算与组价

(一) 011204001 石材墙面

1. 工程量清单计算规则

按镶贴表面积计算。

说明：即按实际贴块料的面积计算，凡是粘贴块料的地方：门窗洞口、凸出墙面柱、梁等都需要计算出块料面积并入墙面工程量中。

2. 工程量清单计算规则图解

(1) 图例

见图 M. 4-1～图 M. 4-3。

图 M. 4-1　石材墙面

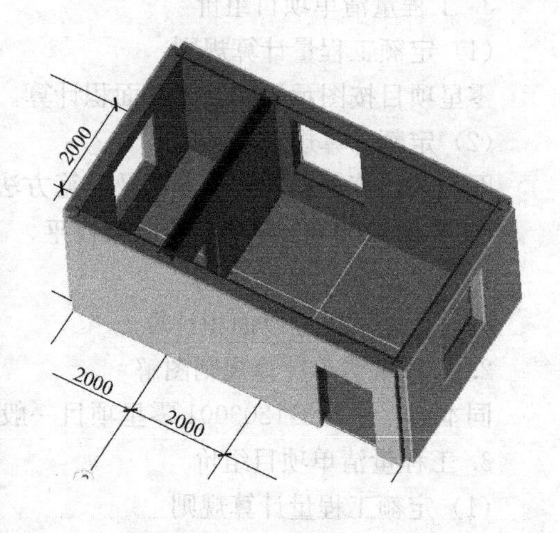

图 M. 4-2　石材墙面三维图

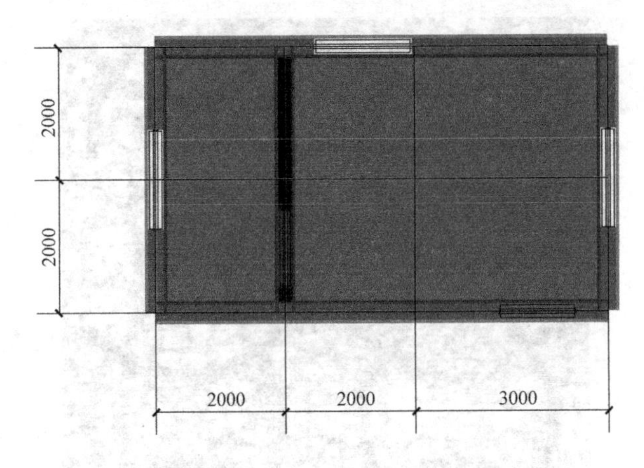

图 M.4-3 石材墙面平面图

图例说明：外墙墙厚 240mm，内墙墙厚 200mm，窗 C-1：1500mm×1800mm，离地高度 900mm，框厚 60mm；门 M-1：1200mm×2100mm，框厚 60mm，层高为 3000mm。石材墙面总厚度 100mm（包括结合层、面层），门窗框的框外边贴 100mm，计算外墙块料工程量。

（2）清单工程量

1）外墙面镶贴块料面积

$S_1=[(7+0.24+0.1\times2)+(4+0.24+0.1\times2)]\times2\times3-(1.5-0.2)\times(1.8-0.2)\times3-(1.2-0.2)\times(2.1-0.1)=63.04\text{m}^2$

2）门窗框贴块料

$S_2=[(1.3+1.6)\times2\times3+(1+2\times2)]\times0.10=2.24\text{m}^2$

3. 工程量清单项目组价

（1）定额工程量计算规则

1）墙面镶贴块料面层均按图示尺寸以实贴面积计算。

2）墙裙以高度在 1500mm 以内为准，超过 1500mm 时按墙面计算，高度低于 300mm 以内时，按踢脚板计算。

（2）定额计算规则图解

图例及计算方法同清单图例及计算方法。

（二）011204002 拼碎石材墙面

1. 工程量清单计算规则

按镶贴表面积计算。

2. 工程量清单计算规则图解

（1）图例

见图 M.4-4、图 M.4-5。

图例说明：墙面尺寸为 6000mm×1800mm，墙裙尺寸为 6000mm×1200mm。计算墙面块料工程量。

（2）清单工程量

墙面面积为：$6\times1.8=10.8\text{m}^2$

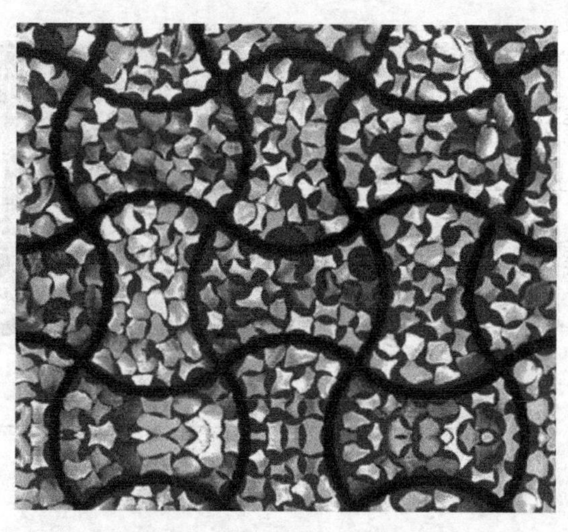

图 M.4-4　拼碎石材墙面

图 M.4-5　拼碎石材墙面图例

墙裙面积为：$6\times1.2=7.2m^2$

3. 工程量清单项目组价

(1) 定额工程量计算规则

1) 墙面镶贴块料面层均按图示尺寸以实贴面积计算。

2) 墙裙以高度在 1500mm 以内为准，超过 1500mm 时按墙面计算，高度低于 300mm 以内时，按踢脚板计算。

(2) 定额计算规则图解

图例及计算方法同清单图例及计算方法。

(三) 011204003 块料墙面

1. 工程量清单计算规则

按镶贴表面积计算。

2. 工程量清单计算规则图解

(1) 图例

同本节（一）011204001 石材墙面部分工程量清单计算规则图解

3. 工程量清单项目组价

(1) 定额工程量计算规则

1) 墙面镶贴块料面层均按图示尺寸以实贴面积计算。

2) 墙裙以高度在 1500mm 以内为准，超过 1500mm 时按墙面计算，高度低于 300mm 以内时，按踢脚板计算。

(2) 定额计算规则图解

图例及计算方法同清单图例及计算方法。

(四) 020204004 干挂石材钢骨架

1. 工程量清单计算规则

按设计图示以质量计算。

2. 工程量清单计算规则图解

计算方法：首先根据设计图示尺寸算出钢骨架的长度，接着在《五金手册》（图 M.4-6）中查找出该种钢骨架每米的质量，然后用长度乘以每米的质量即得。

- 圆钢
  - 热轧圆钢
  - 热轧圆盘条
  - 冷拉圆钢
  - 银亮圆钢
- 多边形钢
- 扁钢
- 钢板
- 角钢
- 槽钢
- 工字钢
- 钢管
- 钢丝

查询表：

名称	值	选择
直径 (mm)		
重量 (kg/m)		☑
截面积 (cm²)		☐

直径(mm)	重量(kg/m)	截面积(cm²)
5.5	0.186	0.2375
6	0.222	0.2827
6.5	0.26	0.3318
7	0.302	0.3848
8	0.395	0.5027
9	0.499	0.6362
10	0.617	0.7854
11	0.746	0.9503
12	0.888	1.131
13	1.04	1.327
14	1.21	1.539
15	1.39	1.767
16	1.58	2.011
17	1.78	2.27
18	2	2.545
19	2.23	2.835

图 M.4-6 《五金手册》

（1）图例

见图 M.4-7、图 M.4-8。

图 M.4-7 干挂石材钢骨架

图例说明：其中一条竖向通长钢骨架为 50×50×5 热镀锌角钢，长度为（1250×10+1275×2+900）mm。计算石材钢骨架工程量。

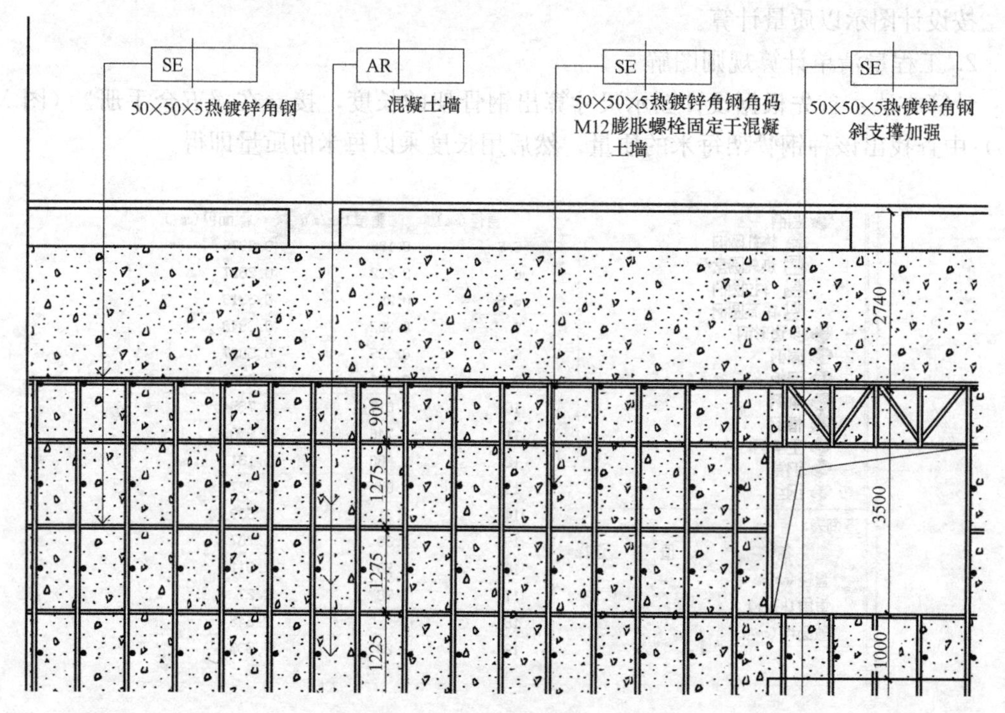

图 M.4-8　干挂石材墙面立面局部放大图

（2）清单工程量

根据《五金手册》，50mm×50mm×5mm 热镀锌角钢每米质量为 3.77kg/m。

竖向通常角钢重量为：（1.25×10＋1.275×2＋0.9）×3.77＝60.13kg

3. 工程量清单项目组价

（1）定额工程量计算规则

定额工程量计算规则同清单。

（2）定额计算规则图解

图例及计算方法同清单图例及计算方法。

M.5　柱（梁）面镶贴块料

一、项目的划分

项目划分为石材柱面、块料柱面、拼碎块柱面、石材梁面、块料梁面。

拼碎石材柱面，是采用碎石块和水泥砂浆混合镶贴在柱表面的一种装饰。

二、工程量计算与组价

（一）011205001 石材柱面

1. 工程量清单计算规则

按镶贴表面积计算。

2. 工程量清单计算规则图解

（1）图例

见图 M.5-1。

图例说明：独立柱截面尺寸如图，柱截面为 400mm×400mm，柱高 3m，在柱身一面贴上石材。总厚度 120mm（包括结合层、面层），计算石柱装饰量。

（2）清单工程量

石材柱面面积 $S=(0.4+0.12\times2)\times4\times3$

$=7.68\text{m}^2$

3. 工程量清单项目组价

（1）定额工程量计算规则

柱镶贴块料按结构断面周长乘以柱的高度以平方米计算。

（2）定额计算规则图解

图例及计算方法同清单图例及计算方法。

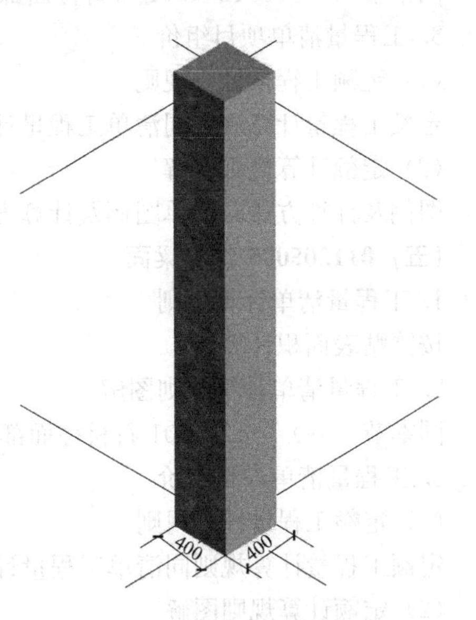

图 M.5-1 石材柱面

（二）011205002 块料柱面

1. 工程量清单计算规则

按镶贴表面积计算。

2. 工程量清单计算规则图解

同本节（一）011205001 石材柱面部分工程量清单计算规则图解。

3. 工程量清单项目组价

（1）定额工程量计算规则

柱镶贴块料按结构断面周长乘以柱的高度以平方米计算。

（2）定额计算规则图解

图例及计算方法同本节（一）011205001 石材柱面部分清单图例及计算方法。

（三）011205003 拼碎块柱面

1. 工程量清单计算规则

按镶贴表面积计算。

2. 工程量清单计算规则图解

同本节（一）011205001 石材柱面部分工程量清单计算规则图解。

3. 工程量清单项目组价

（1）定额工程量计算规则

柱镶贴块料按结构断面周长乘以柱的高度以平方米计算。

（2）定额计算规则图解

图例及计算方法同清单图例及计算方法。

（四）011205004 石材梁面

1. 工程量清单计算规则

按镶贴表面积计算。

2. 工程量清单计算规则图解

同本节（一）011205001石材柱面部分工程量清单计算规则图解。

3. 工程量清单项目组价

(1) 定额工程量计算规则

定额工程量计算规则同清单工程量计算规则。

(2) 定额计算规则图解

图例及计算方法同清单图例及计算方法。

(五) 011205005 块料梁面

1. 工程量清单计算规则

按镶贴表面积计算。

2. 工程量清单计算规则图解

同本节（一）011205001石材柱面部分工程量清单计算规则图解。

3. 工程量清单项目组价

(1) 定额工程量计算规则

定额工程量计算规则同清单工程量计算规则。

(2) 定额计算规则图解

图例及计算方法同清单图例及计算方法。

M.6 镶贴零星块料

一、项目的划分

项目划分为石材零星项目、块料零星项目、拼碎块零星项目。

墙柱面≤0.5m²的少量分散的镶贴块料面层按镶贴零星块料项目执行。

二、工程量计算与组价

(一) 011206001 石材零星项目

1. 工程量清单计算规则

按镶贴表面积计算。

2. 工程量清单计算规则图解

同本节（一）011205001石材柱面部分工程量清单计算规则图解。

3. 工程量清单项目组价

(1) 定额工程量计算规则

按图示尺寸以展开面积计算。

(2) 定额计算规则图解

图例及计算方法同M.7节中（一）011207001墙面装饰板部分清单图例及计算方法。

(二) 011206002 块料零星项目

1. 工程量清单计算规则

按镶贴表面积计算。

2. 工程量清单计算规则图解

同 M.5 节中（一）011205001 石材柱面部分工程量清单计算规则图解。

3. 工程量清单项目组价

(1) 定额工程量计算规则

按图示尺寸以展开面积计算。

(2) 定额计算规则图解

图例及计算方法同清单图例及计算方法。

(三) 011206003 拼碎块零星项目

1. 工程量清单计算规则

按镶贴表面积计算。

2. 工程量清单计算规则图解

同 M.5 节中（一）011205001 石材柱面部分工程量清单计算规则图解。

3. 工程量清单项目组价

(1) 定额工程量计算规则

按图示尺寸以展开面积计算。

(2) 定额计算规则图解

图例及计算方法同清单图例及计算方法。

M.7 墙 饰 面

一、项目的划分

项目划分为墙面装饰板和墙面装饰浮雕。

墙饰面的主要目的是保护墙体、美化室内环境，让被装饰的墙清新环保。

墙饰面根据所用材料不同分为涂料饰面、墙纸类饰面、板材类饰面、玻璃类饰面、陶瓷墙砖、石材饰面、金属板饰面等。

二、工程量计算与组价

(一) 011207001 墙面装饰板

1. 工程量清单计算规则

按设计图示墙净长乘以净高以面积计算。扣除门窗洞口及单个$>0.3m^2$的孔洞所占面积。板墙面示意见图 M.7-1。

图 M.7-1 板墙面

2. 工程量清单计算规则图解

(1) 图例

见图 M.7-2。

图例说明：墙面尺寸如图，墙上开

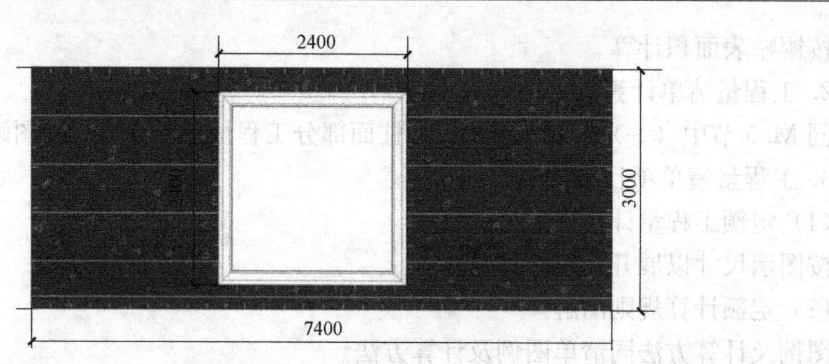

图 M.7-2 装饰板墙面图示

2400mm×2400mm 的墙洞，墙厚 200mm。计算墙面装饰量。

(2) 清单工程量

装饰板墙面面积 $S=7.4\times3-(2.4\times2.4)=16.44\text{m}^2$

3. 工程量清单项目组价

(1) 定额工程量计算规则

定额工程量计算规则同清单工程量计算规则。

(2) 定额计算规则图解

图例及计算方法同清单图例及计算方法。

(二) 011207002 墙面装饰浮雕

1. 工程量清单计算规则

按设计图示尺寸以面积计算。

2. 工程量清单计算规则图解

参看本节（一）011207001 墙面装饰板部分图解及计算过程。

3. 工程量清单项目组价

(1) 定额工程量计算规则

定额工程量计算规则同清单工程量计算规则。

(2) 定额计算规则图解

图例及计算方法同清单图例及计算方法。

M.8 柱（梁）饰面

一、项目的划分

项目划分为柱（梁）面装饰和成品装饰柱。

柱（梁）饰面是对柱、梁等表面的装饰。附着在其上面的装饰材料和装饰物是与各表面成刚性的连接在一体的，它们之间不能产生分离甚至剥落现象。

二、工程量计算与组价

(一) 011208001 柱（梁）面装饰

1. 工程量清单计算规则

按设计图示饰面外围尺寸以面积计算。柱帽、柱墩并入相应柱饰面工程量内。

2. 工程量清单计算规则图解

(1) 图例

见图 M.8-1。

图例说明：独立柱装饰，柱断面尺寸为 400mm×400mm，柱高 3m，在柱身上布置镭射玻璃饰面。计算柱面装饰量。

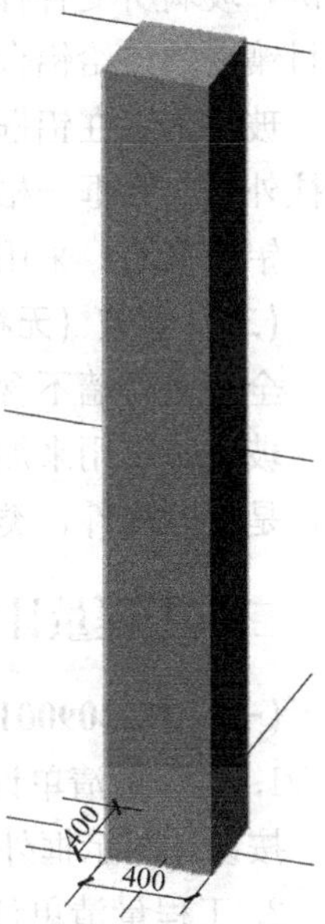

(2) 清单工程量

柱面装饰面面积 $S=0.4\times3\times4=4.8m^2$

图 M.8-1 柱面装饰

3. 工程量清单项目组价

(1) 定额工程量计算规则

柱饰面面积按外围饰面尺寸乘以高度计算。

(2) 定额计算规则图解

图例及计算方法同清单图例及计算方法。

(二) 011208002 成品装饰柱

1. 工程量清单计算规则

(1) 以根计量，按设计数量计算；

(2) 以米计算，按设计图示长度计算。

说明：以根计量时，必须描述高度尺寸。

2. 工程量清单计算规则图解

参看本节（一）011208001 柱（梁）面装饰部分图例及计算。

3. 工程量清单项目组价

(1) 定额工程量计算规则

柱饰面面积按外围饰面尺寸乘以高度计算。

(2) 定额计算规则图解

图例及计算方法同清单图例及计算方法。

M.9 幕墙工程

一、项目的划分

项目划分为带骨架幕墙和全玻（无框玻璃）幕墙。

建筑幕墙的定义：由面板与支承结构体系（支承装置与支承结构）组成的、可相对主体结构有一定位移能力或自身有一定变形能力、不承担主体结构所受作用的建筑外围护墙。

(一) 带骨架幕墙

将骨架和玻璃（铝板）连接构成的幕墙，分为：隐框玻璃幕墙、半隐框玻璃幕墙和明框玻璃幕墙。

隐框玻璃幕墙：是将玻璃用硅酮结构密封胶（简称结构胶）粘结在铝框上，在大多数情况下，不再加金属连接件。因此，铝框全部隐蔽在玻璃后面，形成大面积全玻璃镜面。

半隐框玻璃幕墙分横隐竖不隐或竖隐横不隐两种。不论哪种半隐框幕墙，均为一对应边用结构胶粘结成玻璃装配组件，而另一对应边采用铝合金镶嵌槽玻璃装配的方法。换句话讲，玻璃所受各种荷载，有一对应边用结构胶传给铝合金框架，而另一对应边由铝合金型材镶嵌槽传给铝合金框架。

玻璃镶嵌在铝框内，成为四边有铝框的幕墙构件，幕墙构件镶嵌在横梁上，形成横梁立柱外露，铝框分格明显的立面。

铝板幕墙：采用优质高强度铝合金板材和龙骨连接构成的幕墙。

（二）全玻（无框玻璃）幕墙

全玻璃幕墙不含骨架，由玻璃肋和玻璃面板构成的玻璃幕墙。

玻璃肋：用来加强幕墙的抗冲击力强度及抗风压的性能的条状玻璃，垂直于玻璃幕墙，是受力构件，类似带骨架幕墙的骨架，分为单肋、双肋和通肋。

二、工程量计算与组价

（一）011209001 带骨架幕墙

1. 工程量清单计算规则

按设计图示框外围尺寸以面积计算。与幕墙同种材质的窗所占面积不扣除。

2. 工程量清单计算规则图解

(1) 图例

见图 M. 9-1～图 M. 9-3。

图 M. 9-1 半隐框玻璃幕墙

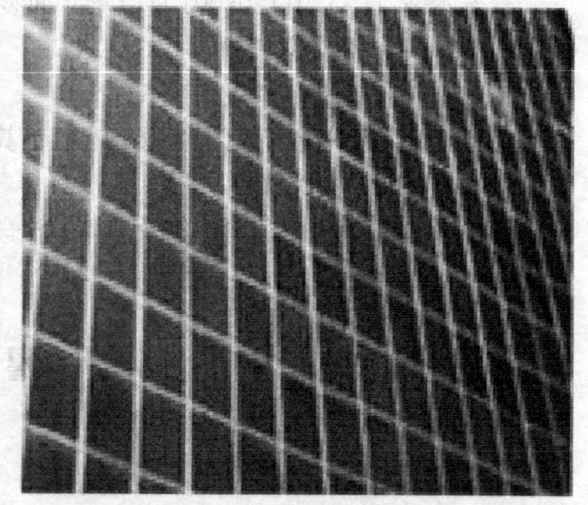

图 M. 9-2 明框玻璃幕墙

图示幕墙为隐框玻璃幕墙，蓝灰色中空镀膜玻璃尺寸：16. 8m 宽、34. 85m 高，立柱（亚光不锈钢构件）宽度为 0. 7m。计算幕墙工程量。

(2) 清单工程量

隐框玻璃幕墙面积＝16. 8×34. 85－0. 7×34. 85×2＝536. 69m^2

3. 工程量清单项目组价

(1) 定额工程量计算规则

幕墙按四周框外围面积计算。

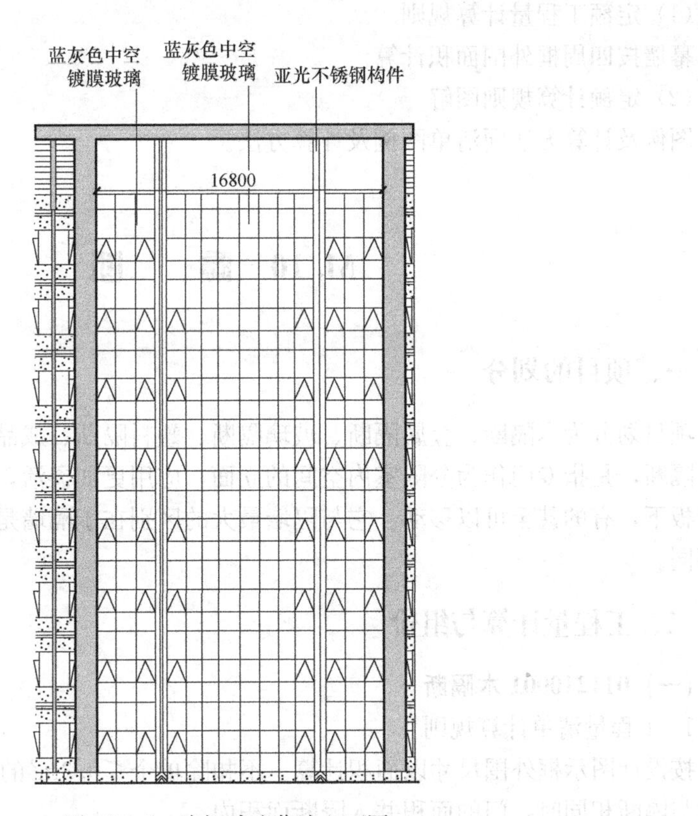

图 M.9-3 隐框玻璃幕墙立面图

(2) 定额计算规则图解

图例及计算方法同清单图例及计算方法。

(二) 011209002 全玻(无框玻璃)幕墙

1. 工程量清单计算规则

按设计图示尺寸以面积计算。带肋全玻幕墙按展开面积计算。

2. 工程量清单计算规则图解

(1) 图例

见图 M.9-4。

幕墙高度＝32m，宽度＝18m；肋玻璃宽度＝250mm，间距＝1000mm，计算幕墙工程量。

(2) 清单工程量

全玻璃幕墙面积＝32×18＋0.25×32×2＋0.25×18×2＝601m^2

注：带肋玻璃幕墙按展开面积计算，需要计算幕墙本身的量加上肋玻璃的面积。

3. 工程量清单项目组价

图 M.9-4 双肋全玻璃幕墙

(1) 定额工程量计算规则

幕墙按四周框外围面积计算。

(2) 定额计算规则图解

图例及计算方法同清单图例及计算方法。

M.10 隔断

一、项目的划分

项目划分为木隔断、金属隔断、玻璃隔断、塑料隔断、成品隔断和其他隔断。

隔断，是指专门作为分隔室内空间的立面，应用更加灵活，主要起遮挡作用，一般不做到板下，有的甚至可以移动。它与隔墙最大的区别在于隔墙是做到板下的，即立面的高度不同。

二、工程量计算与组价

(一) 011210001 木隔断

1. 工程量清单计算规则

按设计图示框外围尺寸以面积计算。不扣除单个≤0.3m^{2}的空洞所占面积；浴厕门的材质与隔断相同时，门的面积并入隔断面积内。

图 M.10-1 木隔断

2. 工程量清单计算规则图解

同 M.7 节中（一）011207001 墙面装饰板部分工程量清单计算规则图解。

3. 工程量清单项目组价

(1) 定额工程量计算规则

浴厕木隔断，按下横档底面至上横档顶面高度乘以图示长度以面积计算，门扇面积并入隔断面积内计算。

(2) 定额计算规则图解

图例及计算方法同清单图例及计算方法。

（二）011210002 金属隔断

1. 工程量清单计算规则

按设计图示框外围尺寸以面积计算。不扣除单个≤$0.3m^2$的空洞所占面积；浴厕门的材质与隔断相同时，门的面积并入隔断面积内。金属隔断示意见图 M.10-2。

2. 工程量清单计算规则图解

参看 M.7 节中（一）011207001 墙面装饰板部分工程量清单计算规则图解。

3. 工程量清单项目组价

（1）定额工程量计算规则

定额工程量计算规则同清单工程量计算规则。

（2）定额计算规则图解

图例及计算方法同清单图例及计算方法。

图 M.10-2　金属隔断

（三）011210003 玻璃隔断

1. 工程量清单计算规则

按设计图示框外围尺寸以面积计算。不扣除单个≤$0.3m^2$的空洞所占面积。玻璃隔断示意见图 M.10-3。

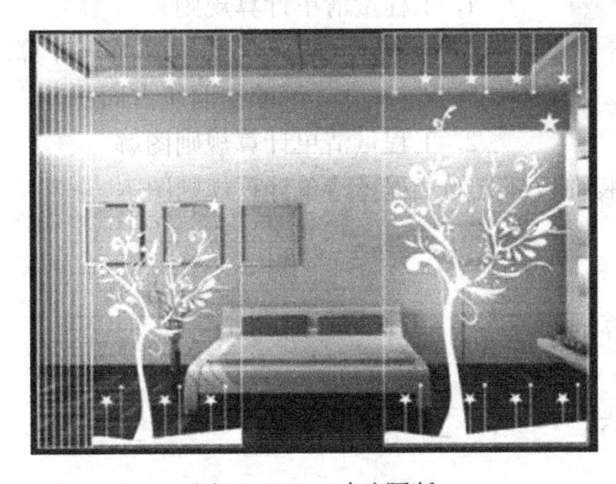

图 M.10-3　玻璃隔断

2. 工程量清单计算规则图解

参看 M.7 节中（一）011207001 墙面装饰板部分清单计算规则图解。

3. 工程量清单项目组价

（1）定额工程量计算规则

定额工程量计算规则同清单工程量计算规则。

（2）定额计算规则图解

图例及计算方法同清单图例及计算方法。

（四）011210004 塑料隔断

1. 工程量清单计算规则

按设计图示框外围尺寸以面积计算。不扣除单个≤$0.3m^2$的空洞所占面积。

2. 工程量清单计算规则图解

参看 M.7 节中（一）011207001 墙面装饰板部分清单计算规则图解。

3. 工程量清单项目组价

（1）定额工程量计算规则

定额工程量计算规则同清单工程量计算规则。

（2）定额计算规则图解

图例及计算方法同清单图例及计算方法。

（五）011210005 成品隔断

1. 工程量清单计算规则

（1）以平方米计量，按设计图示框外围尺寸以面积计算。

（2）以间计量，按设计间的数量计算。

说明：以间计量时，必须描述隔断材料规格。

2. 工程量清单计算规则图解

成品隔断示意见图 M. 10-4。

图 M. 10-4　成品隔断示意图

以平方米计量，参看 M. 7 节中（一）011207001 墙面装饰板部分的工程量清单计算规则图解。

3. 工程量清单项目组价

（1）定额工程量计算规则

定额工程量计算规则同清单工程量计算规则。

（2）定额计算规则图解

图例及计算方法同清单图例及计算方法。

（六）011210006 其他隔断

1. 工程量清单计算规则

按设计图示框外围尺寸以面积计算。不扣除单个≤0.3m^2的空洞所占面积。

2. 工程量清单计算规则图解

参看 M. 7 节中（一）011207001 墙面装饰板部分的工程量清单计算规则图解。

3. 工程量清单项目组价

（1）定额工程量计算规则

定额工程量计算规则同清单工程量计算规则。

（2）定额计算规则图解

图例及计算方法同清单图例及计算方法。

附录N 天棚工程

N.1 天棚抹灰

一、项目的划分

天棚抹灰是指直接在楼板底部抹石灰砂浆或混合砂浆。

二、工程量计算与组价

(一) 011301001 天棚抹灰

1. 工程量清单计算规则

按设计图示尺寸以水平投影面积计算。不扣除间壁墙、垛、柱、附墙烟囱、检查口和管道所占的面积，带梁天棚的梁两侧抹灰面积并入天棚面积内，板式楼梯底面抹灰按斜面积计算，锯齿形楼梯底板抹灰按展开面积计算。

注：

1. 间壁墙：小于120mm厚的墙，包括：隔墙、间隔墙、隔断。
2. 隔墙：根据人们生活、生产活动的需要，将建筑物分隔成不同使用功能空间的墙体。
3. 间隔墙：隔墙的一种，墙体较薄，多使用轻质材料构成，在地面面层做好后再行施工的墙体。
4. 隔断：不封顶的间壁墙就是隔断。
5. 板式楼梯：由梯段板、休息平台和平台梁组成。其梯段板是一块带踏步的斜板，它承受着梯段的全部荷载，然后通过平台梁将荷载传给墙体或柱子。
6. 锯齿形楼梯：梯段踏步板呈阶梯状的楼梯。

2. 工程量清单计算规则图解

(1) 图例

见图N.1-1～图N.1-3。

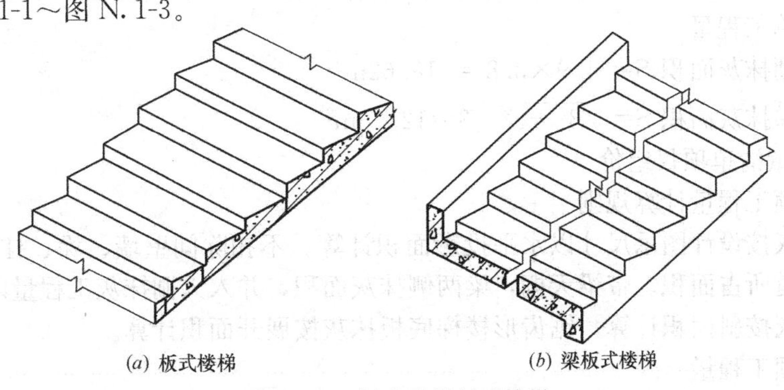

(*a*) 板式楼梯　(*b*) 梁板式楼梯

图N.1-1　板式及梁板式楼梯

图 N.1-2 锯齿形楼梯示意图

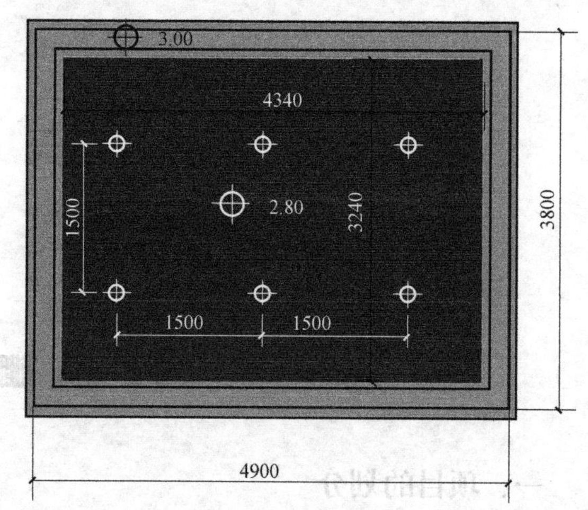

图 N.1-3 天棚抹灰

图例说明：跌级天棚外圈尺寸为 4.9m×3.8m，标高 3m，中间部分尺寸为 4.34m×3.24m，标高 2.8m。计算天棚抹灰工程量。

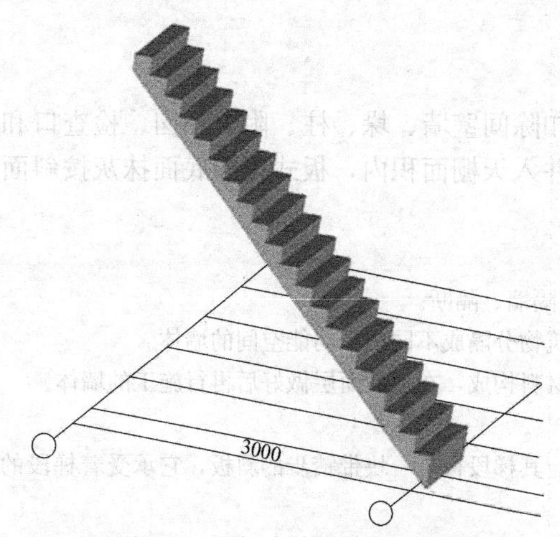

图 N.1-4 板式楼梯抹灰三维图

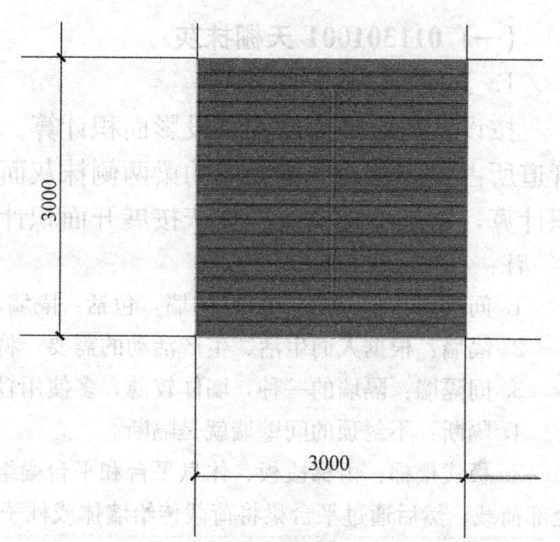

图 N.1-5 板式楼梯抹灰平面图

图例说明：板式楼梯，投影尺寸 3000mm×3000mm，踏步总高度 3m，踏步高度 150mm，板厚 100mm。计算板式楼梯抹灰工程量（图 N.1-4、图 N.1-5）。

（2）清单工程量

跌级天棚抹灰面积 $S=4.9\times3.8=18.62\text{m}^2$

板式楼梯抹灰面积 $S=\sqrt{3^2+3^2}\times3=12.73\text{m}^2$

3. 工程量清单项目组价

（1）定额工程量计算规则

天棚抹灰按设计图示尺寸以水平投影面积计算。不扣除间壁墙、垛、柱、附墙烟囱、检查口和管道所占面积。带梁天棚，梁两侧抹灰面积，并入天棚抹灰工程量内计算。板式楼梯底面抹灰按斜面积计算，锯齿形楼梯底板抹灰按展开面积计算。

（2）定额工程量

跌级天棚抹灰面积 $S=4.9\times3.8+(3.24+4.34)\times2\times0.2=21.65\text{m}^2$

N.2 天棚吊顶

一、项目的划分

项目划分为吊顶天棚、格栅吊顶、吊筒吊顶、藤条造型悬挂吊顶、织物软雕吊顶和装饰网架吊顶。

吊顶天棚，指不直接在顶板上做装修，而是采用一些构件作龙骨，悬吊在顶板上，在龙骨下面做面板装修的一种天棚。

格栅吊顶，指主、副龙骨纵横分布组合成的一种天棚，层次分明，立体感强、造型新颖，防火防潮、通风好。

吊筒吊顶，包括木（竹）吊筒、金属吊筒、塑料吊筒及圆形、矩形、扁钟形吊筒等。

藤条造型悬挂吊顶：天棚面层呈条形状的吊顶。

织物软雕吊顶，是指用绢纱、布幔等织物或充气薄膜装饰室内顶棚的一种天棚形式。

网架吊顶，指采用不锈钢管、铝合金管等材料制作成的呈空间网架结构状的吊顶。

二、工程量计算与组价

（一）011302001 吊顶天棚

1. 工程量清单计算规则

按设计图示尺寸以水平投影面积计算。天棚面中的灯槽及跌级、锯齿形、吊挂式、藻井式天棚面积不展开计算。不扣除间壁墙、检查口、附墙烟囱、柱垛和管道所占面积，扣除单个＞0.3m^2的孔洞、独立柱及天棚相连的窗帘盒所占面积。

说明：

灯槽：指天棚中凹进去的小槽，作用是安装一些带有装饰效果的灯。形状可以多种多样。

跌级天棚：天棚面层不在同一标高上的天棚（图 N.2-1、图 N.2-2）。

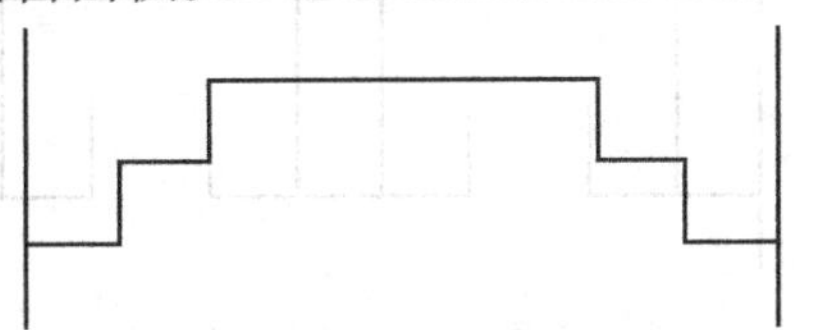

图 N.2-1 跌级天棚示意图

图 N.2-2 跌级天棚立面示意图

锯齿形天棚：为了避免灯光直射，由若干个单坡天棚组成的天棚（图N.2-3、图N.2-4）。

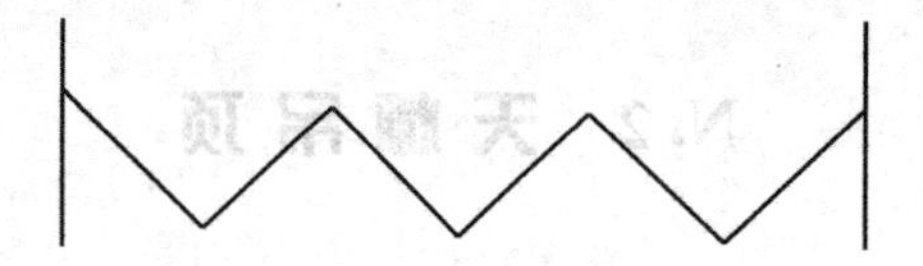

图N.2-3 锯齿形天棚示意图

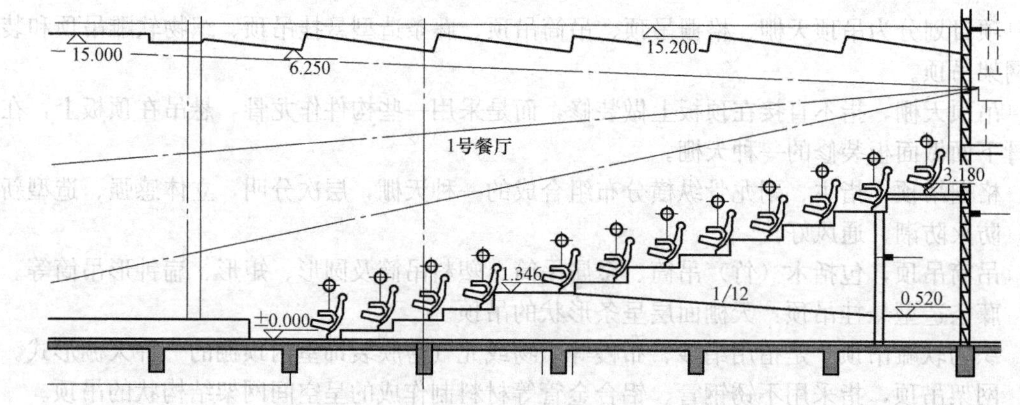

图N.2-4 锯齿形天棚剖面形状（黄色线）

吊挂式天棚：在屋顶或上层楼面上悬挂桁架，然后垂直于桁架方向设置主龙骨，在主龙骨上设置吊筋（图N.2-5）。

藻井式天棚：根据形状命名的一种天棚，做成藻井形式，呈向上凸起的形式，形状可以是圆形、矩形或多边形等（图N.2-6、图N.2-7）。

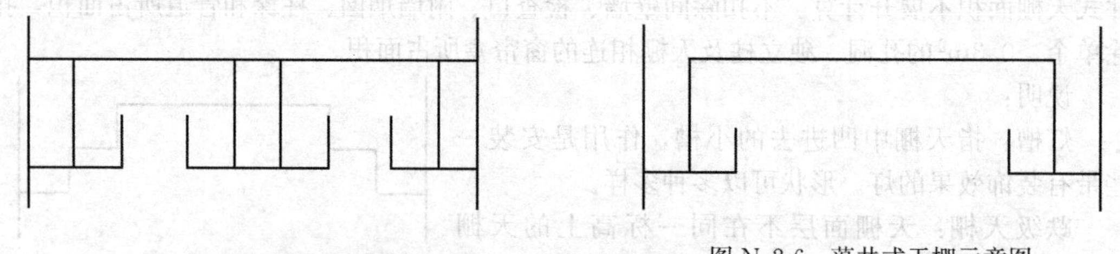

图N.2-5 吊挂式天棚示意图

图N.2-6 藻井式天棚示意图

图N.2-7 藻井天棚

2. 工程量清单计算规则图解

(1) 图例

见图 N.2-8。

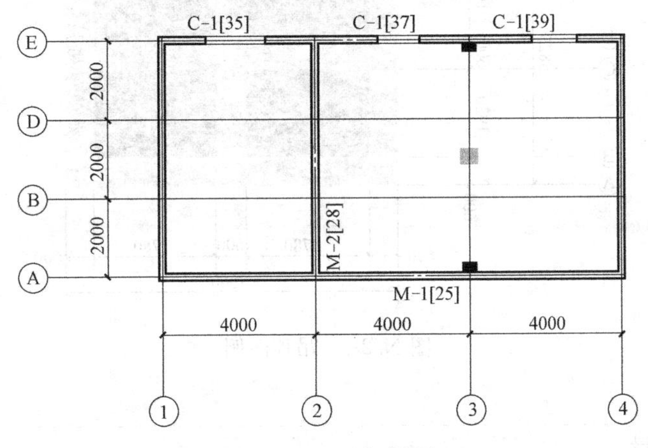

图 N.2-8　天棚吊顶

图例说明：如图，房间开间为 4000mm×3，进深为 2000mm×3，外墙 Q-1 厚 240mm，间壁墙 Q-2 厚 100mm，独立柱截面尺寸为 400mm×400mm。A、E 轴墙上有墙垛。计算天棚工程量。

(2) 清单工程量

1) 计算公式

天棚吊顶面积＝房间水平投影面积－单个 0.3m^{2}以外的孔洞－独立柱－与天棚相连的窗帘盒所占面积

2) 计算结果

天棚吊顶面积＝(12－0.24)×(6－0.24)－0.4×0.4＝67.58m^2

3. 工程量清单项目组价

(1) 定额工程量计算规则

1) 吊顶天棚按实际图示尺寸以水平投影面积计算。天棚面中的灯槽及跌级、锯齿形、吊挂式、藻井式天棚面积不展开计算。不扣除间壁墙、检查口、附墙烟囱和管道所占面积，扣除单个＞0.3m^{2}的空洞，独立柱及与天棚相连的窗帘盒所占的面积。

2) 天棚中的格栅吊顶、吊筒吊顶、悬挂（藤条、软组织）吊顶均按设计图示尺寸以水平投影面积计算。

3) 拱形吊顶和穹顶吊顶的龙骨按拱顶和穹顶部分的水平投影面积计算；吊顶面层按图示展开面积计算。

4) 超长吊顶按其超过高度部分的水平投影面积计算。

(2) 定额计算规则图解

1) 图例

见图 N.2-9。

图例说明：该房间开间为 4000mm×3，进深为 2000mm×3，外墙 Q-1 厚 240mm，间壁墙 Q-2 厚 100mm，独立柱截面尺寸为 400mm×400mm。A、E 轴墙上有墙垛。计算天

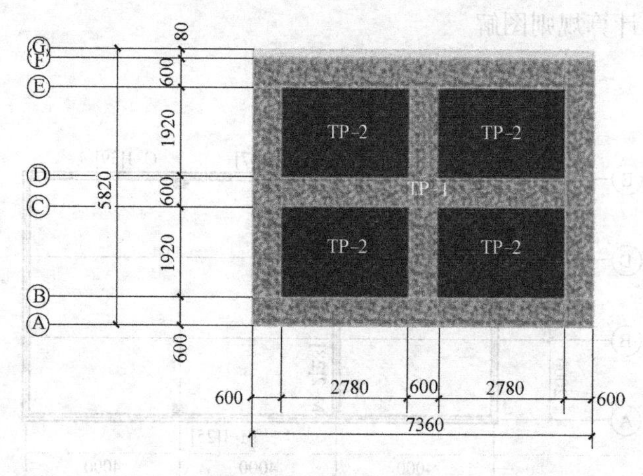

图 N. 2-9 吊顶图例

棚工程量。

2）定额工程量

天棚吊顶面积＝(12－0.24)×(6－0.24)＝67.74m²

3）图例

图例说明：如图 N. 2-9。房间开间为 600mm、2780mm、600mm、2780mm、600mm，进深为 600mm、1920mm、600mm、1920mm、600mm、180mm，天棚 TP-1 标高为 2900mm，TP-2 标高为 2700mm，F-G 轴间为窗帘盒，宽度为 180mm。计算天棚工程量。

4）定额工程量

天棚吊顶面积＝7.36×(5.82－0.18)＝41.51m²

立面板面积＝(2.78×0.2＋1.92×0.2)×2×4＝7.52m²

(二) 011302002 格栅吊顶

1. 工程量清单计算规则

按设计图示尺寸以水平投影面积计算。

2. 工程量清单计算规则图解

(1) 图例

见图 N. 2-10、图 N. 2-11。

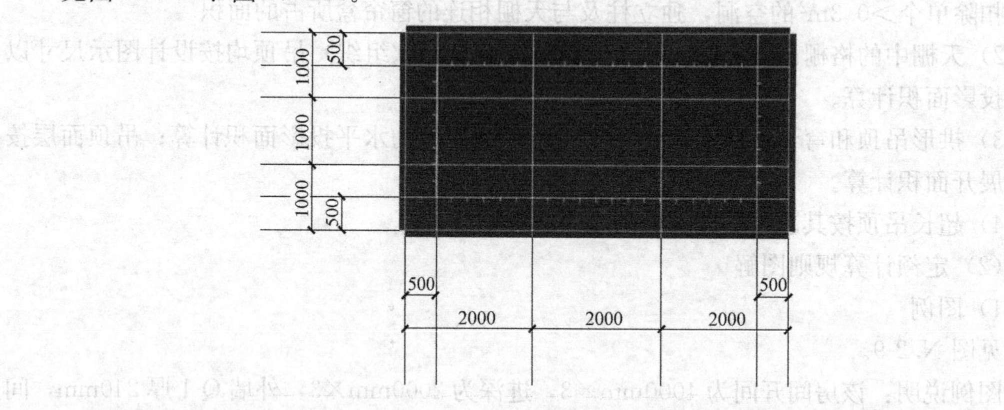

图 N. 2-10 吊顶平面图

图 N.2-11 吊顶剖面图

图例说明：如图，房间开间为 2000mm×3，进深为 1000mm×3，外墙 Q-1 厚 240mm，格栅吊顶距离楼板的距离为 300mm。计算格栅吊顶工程量。

（2）清单工程量

1）公式

格栅吊顶面积＝吊顶水平投影面积

2）图例计算过程

格栅吊顶面积＝(6－0.24)×(3－0.24)＝15.90m²

3. 工程量清单项目组价

（1）定额工程量计算规则

计算天棚中的格栅吊顶按设计图示尺寸以水平投影面积计算。

（2）定额计算规则图解

1）图例

见图 N.2-9。

图例说明：如图，房间开间为 600mm、2780mm、600mm、2780mm、600mm，进深为 600mm、1920mm、600mm、1920mm、600mm、180mm，天棚 TP-1，标高为 2.9m，TP-2 标高为 2.7m，外墙厚为 200mm，柱截面尺寸为 400mm×400mm。计算吊顶工程量。

2）定额工程量

格栅吊顶面积＝7.36×5.82＝42.84m²

立面板面积＝(2.78×0.2＋1.92×0.2)×2×4＝7.52m²

（三）011302003 吊筒吊顶

1. 工程量清单计算规则

按设计图示尺寸以水平投影面积计算。

2. 工程量清单计算规则图解

（1）图例

见图 N.2-10、图 N.2-12。

图例说明：如图，房间开间为 2000mm×3，进深为 1000mm×3，外墙 Q-1 厚 240mm，吊筒吊顶距离楼板的距离为 300mm。计算吊筒吊顶工程量。

（2）清单工程量

吊筒吊顶面积＝(6－0.24)×(3－0.24)＝15.90m²

3. 工程量清单项目组价

（1）定额工程量计算规则

天棚中的吊筒吊顶按设计图示尺寸以水平投影面积计算。

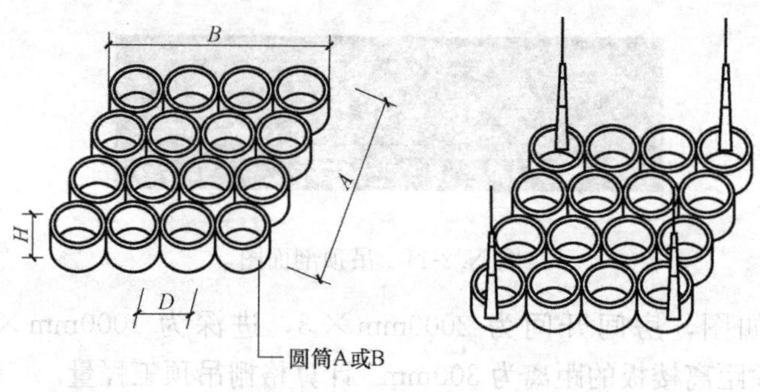

图 N. 2-12　吊筒吊顶

(2) 定额计算规则图解

1) 图例

见图 N. 2-9。

图例说明：如图，房间开间为 600mm、2780mm、600mm、2780mm、600mm，进深为 600mm、1920mm、600mm、1920mm、600mm、180mm，天棚 TP-1，标高为 2.9m，TP-2 标高为 2.7m，外墙厚为 200mm，柱截面尺寸为 400mm×400mm。计算吊筒吊顶工程量。

2) 定额工程量

吊筒吊顶面积＝7.36×5.82＝42.84m^2

立面板面积＝(2.78×0.2＋1.92×0.2)×2×4＝7.52m^2

(四) 011302004 藤条造型悬挂吊顶

1. 工程量清单计算规则

按设计图示尺寸以水平投影面积计算。

2. 工程量清单计算规则图解

见图 N. 2-13。

图例及计算方法同本节（二）011302002 格栅吊顶部分工程量清单图例及计算方法。

图 N. 2-13　藤条造型悬挂吊顶

3. 工程量清单项目组价

(1) 定额工程量计算规则

天棚中的藤条吊顶按设计图示尺寸以水平投影面积计算。

(2) 定额计算规则图解

图例及计算方法同清单图例及计算方法。

(五) 011302005 织物软雕吊顶

1. 工程量清单计算规则

按设计图示尺寸以水平投影面积计算。

2. 工程量清单计算规则图解

图例及计算方法同本节（二）011302002 格栅吊顶部分工程量清单图例及计算方法。

3. 工程量清单项目组价

(1) 定额工程量计算规则

天棚中的软组织吊顶按设计图示尺寸以水平投影面积计算。

(2) 定额计算规则图解

图例及计算方法同清单图例及计算方法。

(六) 011302006 装饰网架吊顶

1. 工程量清单计算规则

按设计图示尺寸以水平投影面积计算。

2. 工程量清单计算规则图解

(1) 图例

见图 N. 2-10、图 N. 2-14。

图 N. 2-14 装饰网架吊顶

图例说明：如图，房间开间为 2000mm×3，进深为 1000mm×3，外墙 Q-1 厚 240mm，网架吊顶距离楼板的距离为 300mm。计算网架吊顶工程量。

(2) 清单工程量

网架吊顶投影面积=(6−0.24)×(3−0.24)=15.90m²

3. 工程量清单项目组价

(1) 定额工程量计算规则

1) 天棚装饰面积，按主墙间实铺面积以平方米计算，不扣除间壁墙、检查口、附墙烟囱和管道所占面积，应扣除独立柱及与天棚相连的窗帘盒所占的面积。

2) 天棚中的折线：跌落等圆弧形、拱形、高低灯槽及其他艺术形式天棚面层均按展开面积计算。

(2) 定额计算规则图解

1) 图例

见图 N. 2-10、图 N. 2-11。

图例说明：如图，房间开间为 2000mm×3，进深为 1000mm×3，外墙 Q-1 厚 240mm，网架吊顶距离楼板的距离为 300mm。计算网架吊顶工程量。

2) 定额工程量

网架吊顶平面面积=(6−0.24)×(3−0.24)=15.90m²

网架吊顶立面板面积=(6−0.24+3−0.24)×2×0.3=5.11m²

N.3 采光天棚

一、项目的划分

采光天棚示意见图 N. 3-1。

图 N. 3-1 采光天棚

二、工程量计算与组价

(一) 011303001 采光天棚

1. 工程量清单计算规则

按框外围展开面积计算。

2. 工程量清单计算规则图解

(1) 图例

见图 N. 2-11。

图例说明：如图，房间开间为2000mm×3，进深为1000mm×3，外墙Q-1厚240mm，采光天棚距离楼板的距离为300mm。

(2) 清单工程量

采光天棚面积=(6－0.24)×(3－0.24)=15.90m^2

3. 工程量清单项目组价

(1) 定额工程量计算规则

采光天棚按框外围展开面积计算。

(2) 定额工程量计算图解

1) 图例

见图 N. 2-10、图 N. 2-11。

图例说明：如图，房间开间为 2000mm × 3，进深为 1000mm × 3，外墙 Q-1 厚240mm，采光吊顶距离楼板的距离为300mm。计算采光天棚的工程量。

2) 定额工程量

采光天棚平面面积=(6－0.24)×(3－0.24)=15.90m^2

采光天棚立面板面积=(6－0.24+3－0.24)×2×0.3=5.11m^2

N.4 天棚其他装饰

一、项目的划分

项目划分为灯带（槽）和送（回）风口。

天棚其他装饰包括：灯带（槽）、风口。

灯槽：是隐藏灯具，改变灯光方向的凹槽。灯槽在有的地方叫作灯带。

嵌顶灯槽与嵌顶灯带附加龙骨的区别在于灯槽是局部，灯带是大部，或者说灯槽是一个灯的，而灯带是通长的。灯槽是一个灯或是一组灯，灯带是多个或多组组成并形成的灯带。

送风口：是指空调管道中间向室内输送空气的管口。

回风口：又称吸风口、排风口，是空调管道中间向室外输送空气的管口。

二、工程量计算与组价

（一）011304001 灯带（槽）

1. 工程量清单计算规则

按设计图示尺寸以框外围面积计算。

LED灯带：是指把LED灯用特殊的加工工艺焊接在铜线或者带状柔性线路板上面，再连接上电源发光，因其发光时形状如一条光带而得名。一般嵌装在天棚或墙面内，由光盒连续布置组成光带。

2. 工程量清单计算规则图解

（1）图例

见图N.4-1～图N.4-3。

图N.4-1 灯带

图N.4-2 灯槽

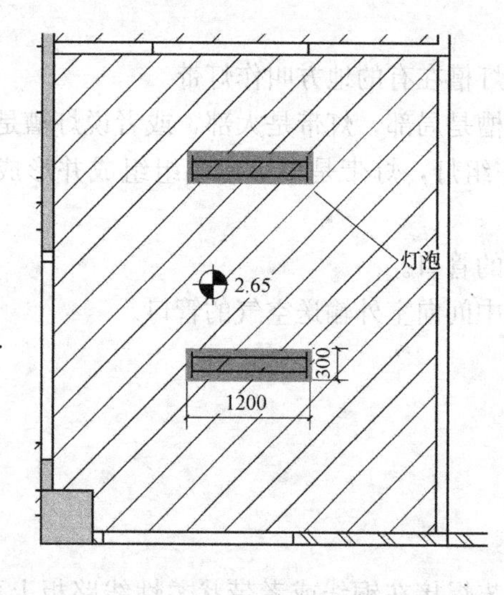

图 N.4-3 天棚上灯带

图例说明：天棚上有两个框外围尺寸为 1.2m×0.3m 的灯带。计算灯带的工程量。

(2) 清单工程量

灯带面积 $S=1.2\times0.3\times2=0.72\text{m}^2$

3. 工程量清单项目组价

(1) 定额工程量计算规则

灯带按设计图示尺寸以框外围展开面积计算。

灯带附加龙骨按设计图示尺寸以长度计算。

(2) 定额计算规则图解

图例及计算方法同清单图例及计算方法。

(二) 011304002 送风口、回风口

1. 工程量清单计算规则

按设计图示数量计算。送风口、回风口见图 N.4-4、图 N.4-5。

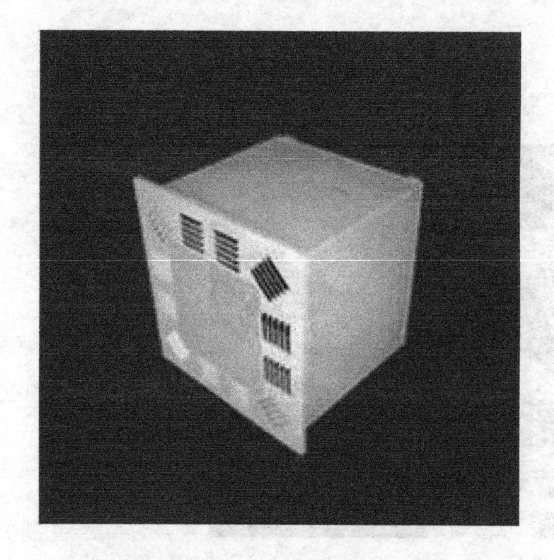
图 N.4-4 送风口

图 N.4-5 回风口

2. 工程量清单计算规则图解

(1) 图例

见图 N.4-6。

图例说明：如图，天棚上有两个送风口和两个回风口，尺寸如图所示，计算其工程量。

(2) 清单工程量

送风口数量=2 个

回风口数量=2 个

3. 工程量清单项目组价

(1) 定额工程量计算规则

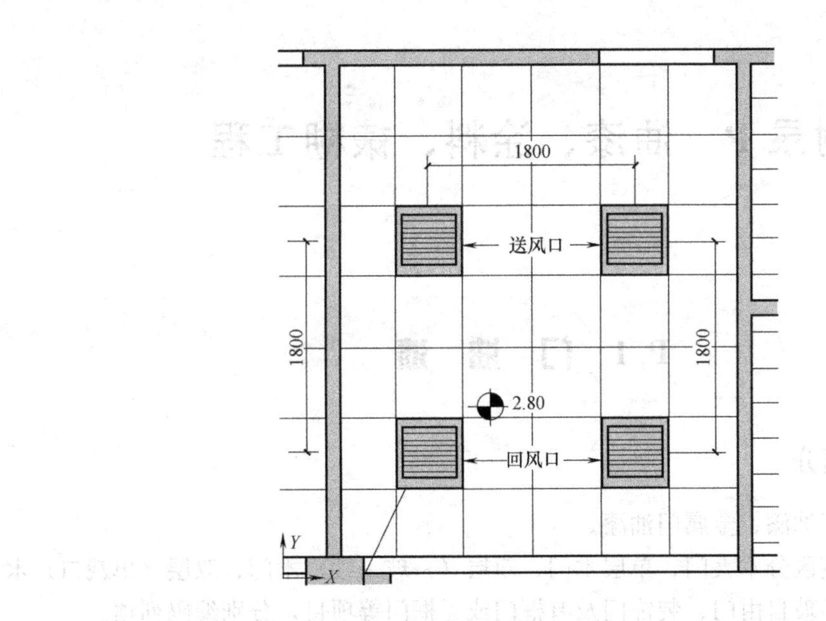

图 N. 4-6 送风口和回风口平面图

风口、检修口等按设计图示数量计算。

(2) 定额计算规则图解

图例及计算方法同清单图例及计算方法。

附录P　油漆、涂料、裱糊工程

P.1　门　油　漆

一、项目的划分

项目划分为木门油漆、金属门油漆。

（1）木门油漆应区分木大门、单层木门、双层（一玻一纱）木门、双层（单裁口）木门、全玻自由门、半玻自由门、装饰门及有框门或无框门等项目，分别编码列项。

（2）金属门油漆应区分平开门、推拉门、钢制防火门等项目，分别编码列项。

二、工程量计算与组价

（一）011401001 木门油漆

1. 工程量清单计算规则

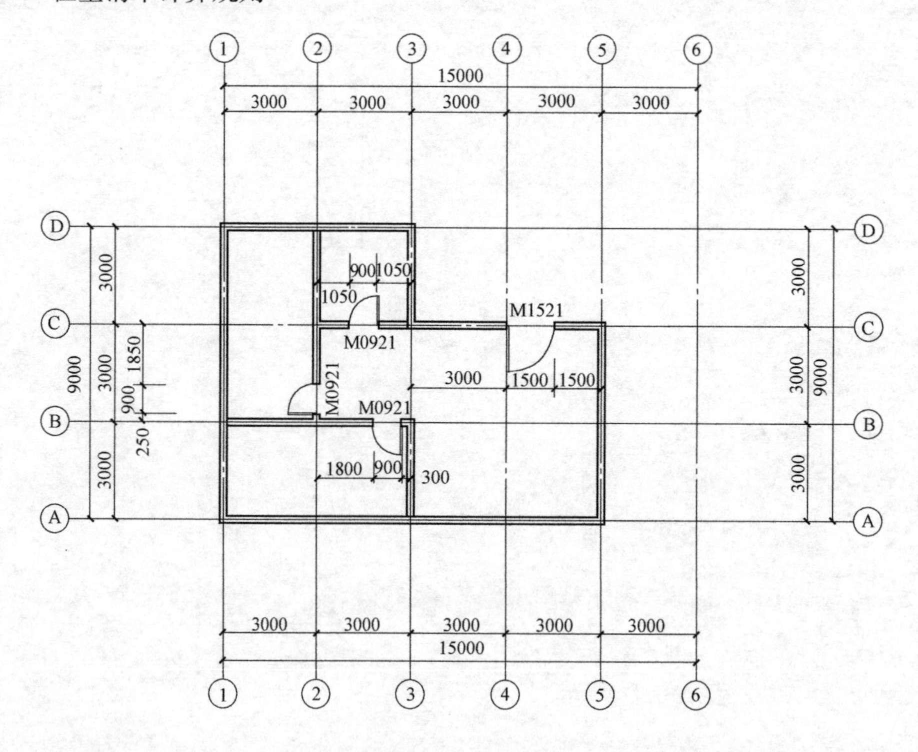

图 P. 1-1　平面图

(1) 以樘计量，按设计图示数量计量。

(2) 以平方米计量，按设计图示洞口尺寸以面积计量。

说明：以樘计量时，必须描述门代号及洞口尺寸。

2. 清单计算规则图解

(1) 图例

见图 P. 1-1～图 P. 1-3。

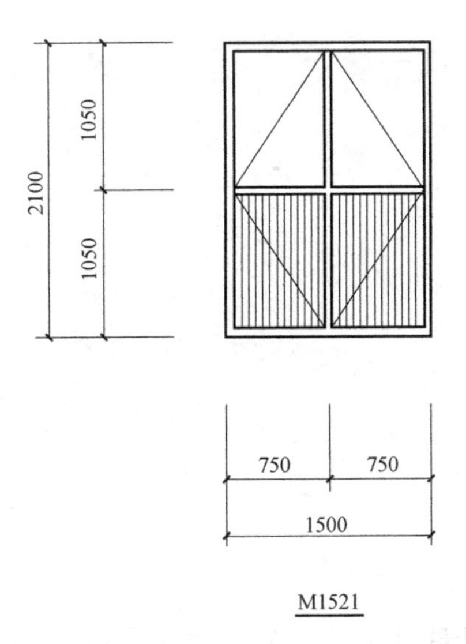

图 P. 1-2 木门详图（一）

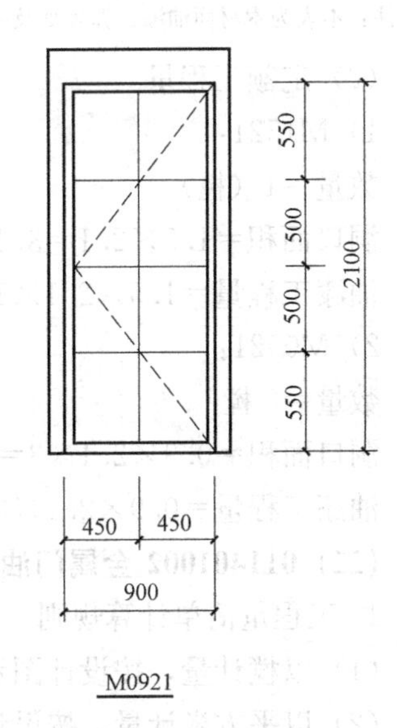

图 P. 1-3 木门详图（二）

图例说明：某房间门安装如图所示，单层木门，门尺寸如图所示，M1521 尺寸为 1500mm×2100mm，M0921 为 900mm×2100mm，双面刷油，油漆为底油一遍，调合漆三遍。计算木门油漆工程量。

(2) 清单工程量

1) M1521：

数量＝1 樘

洞口面积＝1.5×2.1＝3.15m^2

2) M0921：

数量＝3 樘

洞口面积＝0.9×2.1×3＝5.67m^2

3. 工程量清单项目组价

(1) 定额工程量计算规则

木材面的工程量分别按表 P. 1-1 相应的计算规则计算。

门油漆工程量计算规则及系数表 **表 P. 1-1**

项目名称	系数	工程量计算方法
单层木门	1.00	按单面洞口面积计算
双层(一玻一纱)木门	1.36	

续表

项目名称	系数	工程量计算方法
双层(单裁口)木门	2.00	按单面洞口面积计算
单层全玻门	0.83	
木百叶门	1.25	
厂库大门	1.1	

注：本表为木材面油漆计算规则及系数表。

(2) 定额工程量

1) M1521：

数量=1（樘）

洞口面积=1.5×2.1=3.15m²

油漆工程量=1.5×2.1×1（系数）=3.15m²

2) M0921：

数量=3 樘

洞口面积=0.9×2.1×3=5.67m²

油漆工程量=0.9×2.1×3×1（系数）=5.67m²

(二) 011401002 金属门油漆

1. 工程量清单计算规则

(1) 以樘计量，按设计图示数量计量。

(2) 以平方米计量，按设计图示洞口尺寸以面积计量。

说明：以樘计量时，必须描述门代号及洞口尺寸。

2. 清单计算规则图解

图例及计算与本节（一）011401001 木门油漆部分清单计算相同。

3. 工程量清单项目组价

(1) 定额工程量计算规则

金属面的工程量应按表 P.1-2 相应的计算规则计算。

金属门窗油漆工程量计算规则及系数表　　表 P.1-2

项目名称	系数	工程量计算方法
单层钢门窗	1.00	按单面洞口面积计算
双层(一玻一纱)钢门窗	1.48	
钢百叶钢门	2.74	
半截百叶钢门	2.22	
满钢门或包铁皮门	1.63	
钢折叠门	2.3	
射线防护门	2.96	框(扇)外围面积
厂库房平开、推拉门	1.7	
铁丝网大门	0.81	

注：本表为金属面油漆工程量计算规则及系数表。

（2）定额工程量

1）M1521：

数量＝1（樘）

洞口面积＝1.5×2.1＝3.15m^2

油漆工程量＝1.5×2.1×1（系数）＝3.15m^2

2）M0921：

数量＝3樘

洞口面积＝0.9×2.1×3＝5.67m^2

油漆工程量＝0.9×2.1×3×1（系数）＝5.67m^2

P.2　窗　油　漆

一、项目的划分

项目划分为木窗油漆、金属窗油漆。

（1）木窗油漆应区分单层木窗、双层（一玻一纱）木窗、双层框扇（单裁口）木窗、双层框三层（二玻一纱）木窗、单层组合窗、双层组合窗、木百叶窗、木推拉窗等，分别编码列项。

（2）金属窗油漆应区分平开窗、推拉窗、固定窗、组合窗、金属格栅窗。

二、工程量计算与组价

（一）011402001 木窗油漆

1. 工程量清单计算规则

（1）以樘计量，按设计图示数量计量

（2）以平方米计量，按设计图示洞口尺寸以面积计算。

说明：以樘计量时，必须描述窗代号及洞口尺寸。

2. 清单计算规则图解

（1）图例

图例说明：如图P.2-1，窗为双层（一玻一纱）木窗，洞口尺寸为1800mm×1800mm，共10樘，设计为刷油粉1遍，刮腻子、刷调和漆1遍，磁漆2遍。计算窗油漆工程量。

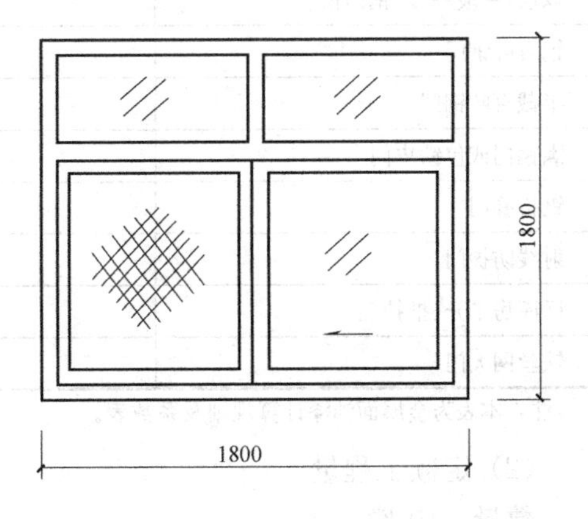

图P.2-1　窗图示

（2）清单工程量

数量＝10樘

洞口面积＝1.8×1.8×10＝32.4m^2

3. 工程量清单项目组价

（1）定额工程量计算规则

木材面的工程量应按表P.2-1相应的计算规则计算。

窗油漆计算规则及系数表　　表 P. 2-1

项目名称	系数	工程量计算方法
单层玻璃窗	1.00	按单面洞口面积计算
双层(一玻一纱)木窗	1.36	
双层框扇(单裁口)木窗	2.00	
双层框三层(二玻一纱)木窗	2.60	
单层组合窗	0.83	
双层组合窗	1.13	
木百叶窗	1.50	

注：本表为木材面油漆计算规则及系数表。

(2) 定额工程量

数量＝10 樘

洞口面积＝1.8×1.8×10＝32.4m²

窗油漆工程量＝1.8×1.8×10×1.36（系数)＝44.06m²

(二) 011402002 金属窗油漆

1. 工程量清单计算规则

(1) 以樘计量，按设计图示数量计量；

(2) 以平方米计量，按设计图示洞口尺寸以面积计算。

说明：以樘计量时，必须描述窗代号及洞口尺寸。

2. 清单计算规则图解

图例及计算与本节（一）011402001 木窗油漆部分清单计算相同。

3. 工程量清单项目组价

(1) 定额工程量计算规则

金属面油漆的工程量应按表 P. 2-2 相应的计算规则计算。

金属门窗油漆计算规则及系数表　　表 P. 2-2

项目名称	系数	工程量计算方法
单层钢门窗	1.00	按单面洞口面积计算
双层(一玻一纱)钢门窗	1.48	
钢百叶钢门	2.74	
半截百叶钢门	2.22	
满钢门或包铁皮门	1.63	
钢折叠门	2.3	
射线防护门	2.96	框(扇)外围面积
厂库房平开、推拉门	1.7	
铁丝网大门	0.81	

注：本表为金属面油漆计算规则及系数表。

(2) 定额工程量

数量＝10 樘

洞口面积＝1.8×1.8×10＝32.4m²

窗油漆工程量＝1.8×1.8×10×1.48（系数）＝47.95m²

P.3 木扶手及其他板条、线条油漆

一、项目的划分

项目划分为木扶手油漆、窗帘盒油漆、封檐板、顺水板油漆、挂衣板、黑板框油漆、挂镜线、窗帘棍、单独木线油漆。

（1）木扶手：即栏杆的顶部用于手依靠的木构件。在栏杆上装木扶手时，一般应在栏杆顶装一块扁铁，而后用螺丝将扶手安装其上，这块扁铁称为托板。木扶手不带托板指的是木扶手与栏杆直接相连。

木扶手应区分带托板与不带托板，分别编码列项，若是木栏杆代扶手，木扶手不应单独列项，应包含在木栏杆油漆中。

（2）封檐板：是指堵塞檐口部分的板，封檐是檐口外墙高出屋面将檐口包住的构造做法。

（3）顺水板，又称顺水条，指的是屋面压油毡纸的小木条。另外还有房间四壁上吊挂物品所钉的木条板，即挂镜线，也有的称为压线条。

（4）挂镜线：用于室内悬挂字画的装饰线，有美化墙面的作用，一般低于顶面20～30cm，挂镜线按材质可分为木挂镜线、塑料挂镜线、不锈钢或镜钛金等金属挂镜线。

（5）单独木线窗帘棍：是用来安装窗帘并使用窗帘布悬吊的横杆。

二、工程量计算与组价

（一）011403001 木扶手油漆

1. 工程量清单计算规则

按设计图示尺寸以长度计算。

2. 清单计算规则图解

（1）图例

见图 P.3-1。

图例说明：楼梯木扶手如图所示，经计算木扶手（不带托板）的长度为 16m，刷调和漆两遍。计算楼梯木扶手的油漆工程量。

（2）清单工程量

木扶手刷油漆＝16m

3. 工程量清单项目组价

（1）定额工程量计算规则

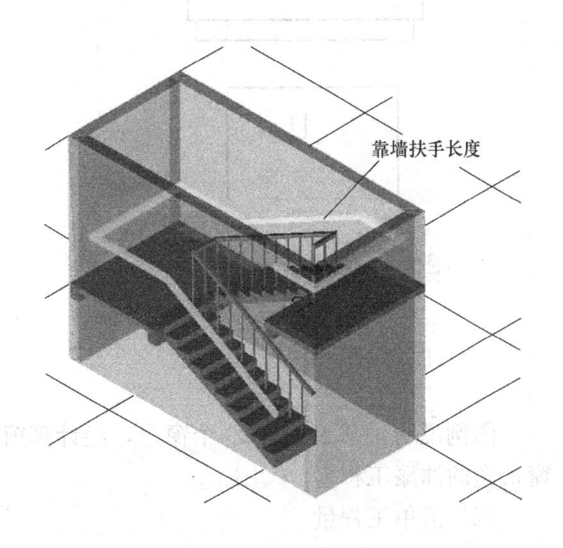

图 P.3-1　木扶手图示

木材面的工程量应按表P.3-1相应的计算规则计算。

木材面油漆计算规则及系数表　　表P.3-1

项目名称	系数	工程量计算方法
木扶手(不带托板)	1.00	按延长米计算
木扶手(带托板)	2.60	
窗帘盒	2.04	
封檐板、顺水板	1.74	
挂衣板、黑板框	0.52	
生活园地框、挂镜线、窗帘棍	0.35	

注：本表为木材面油漆计算规则及系数表。

(2) 定额工程量

木扶手刷油漆＝16×1＝16m

(二) 011403002 窗帘盒油漆

1. 工程量清单计算规则

按设计图示尺寸以长度计算。

2. 清单计算规则图解

(1) 图例

见图P.3-2、图P.3-3。

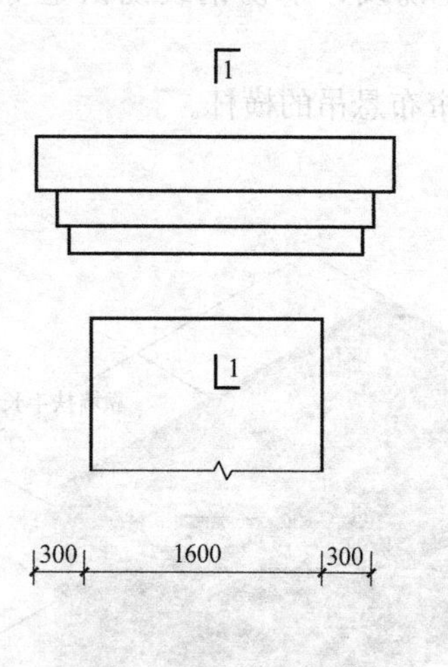

图P.3-2　窗帘盒立面图

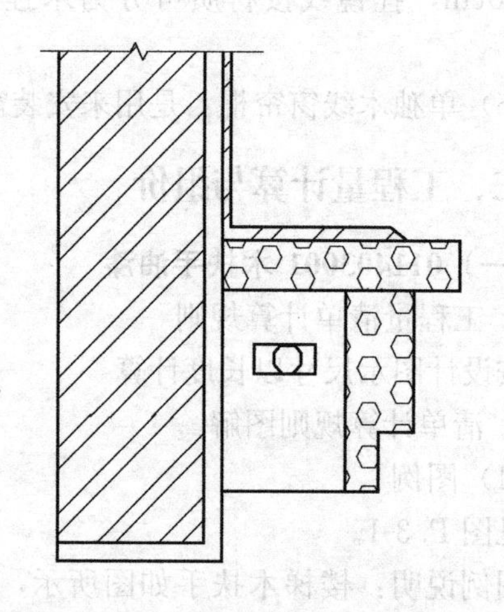

图P.3-3　窗帘盒剖面图

图例说明：某工程有20个窗户，经计算窗帘盒的长度为2.2m，刷调和漆两遍。计算窗帘盒的油漆工程量。

(2) 清单工程量

窗帘盒油漆＝2.2×20＝44m

3. 工程量清单项目组价

(1) 定额工程量计算规则

木材面的工程量应按表 P.3-2 相应的计算规则计算。

木材面油漆计算规则及系数表 **表 P.3-2**

项目名称	系数	工程量计算方法
木扶手(不带托板)	1.00	按延长米计算
木扶手(带托板)	2.60	
窗帘盒	2.04	
封檐板、顺水板	1.74	
挂衣板、黑板框	0.52	
生活园地框、挂镜线、窗帘棍	0.35	

注：本表为木材面油漆计算规则及系数表。

(2) 定额工程量

窗帘盒油漆＝2.2×20×2.04（系数）＝89.76m

(三) 011403003 封檐板、顺水板油漆

1. 工程量清单计算规则

按设计图示尺寸以长度计算。

2. 清单计算规则图解

(1) 图例

见图 P.3-4。

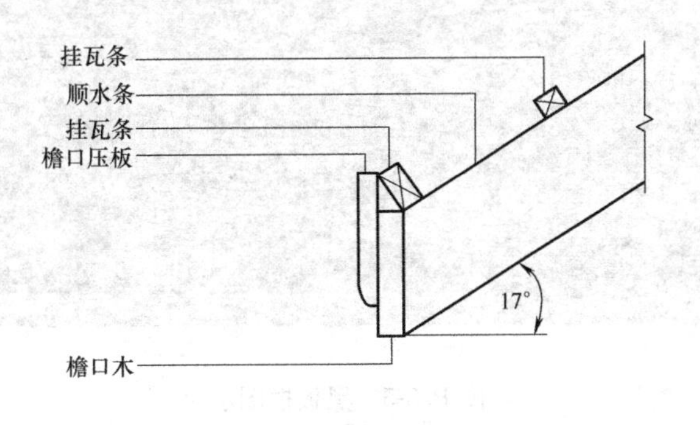

图 P.3-4　封檐板图示

图例说明：如图所示，封檐板的长度为 18m，刷调和漆两遍。计算封檐板的油漆工程量。

(2) 清单工程量

封檐板油漆＝18m

3. 工程量清单项目组价

(1) 定额工程量计算规则

木材面的工程量应按表 P.3-3 相应的计算规则计算。

木材面油漆工程量计算规则及系数表　　表 P. 3-3

项目名称	系数	工程量计算方法
木扶手(不带托板)	1.00	按延长米计算
木扶手(带托板)	2.60	
窗帘盒	2.04	
封檐板、顺水板	1.74	
挂衣板、黑板框	0.52	
生活园地框、挂镜线、窗帘棍	0.35	

注：本表为木材面油漆计算规则及系数表。

(2) 定额工程量

封檐板油漆＝18×1.74（系数)＝31.32m

(四) 011403004 挂衣板、黑板框油漆

1. 工程量清单计算规则

按设计图示尺寸以长度计算。

2. 清单计算规则图解

(1) 图例

见图 P. 3-5。

图 P. 3-5　黑板框图示

图例说明：如图示黑板的长度为 3.5m，高度为 1.2m，刷调和漆两遍。计算黑板的油漆工程量。

(2) 清单工程量

黑板框油漆＝(3.5＋1.2)×2＝9.4m

3. 工程量清单项目组价

(1) 定额工程量计算规则

黑板框油漆的工程量按表 P. 3-4 规定计算，并乘以表列系数以延长米计算。金属构件油漆的工程量按构件重量计算。

木材面油漆工程量计算规则及系数表　　表 P.3-4

项目名称	系数	工程量计算方法
木扶手(不带托板)	1.00	按延长米计算
木扶手(带托板)	2.60	
窗帘盒	2.04	
封檐板、顺水板	1.74	
挂衣板、黑板框	0.52	
生活园地框、挂镜线、窗帘棍	0.35	

注：本表为木材面油漆计算规则及系数表。

(2) 定额工程量

黑板框油漆=(3.5+1.2)×2×0.52=4.89m

(五) 011403005 挂镜线、窗帘棍、单独木线油漆

1. 工程量清单计算规则

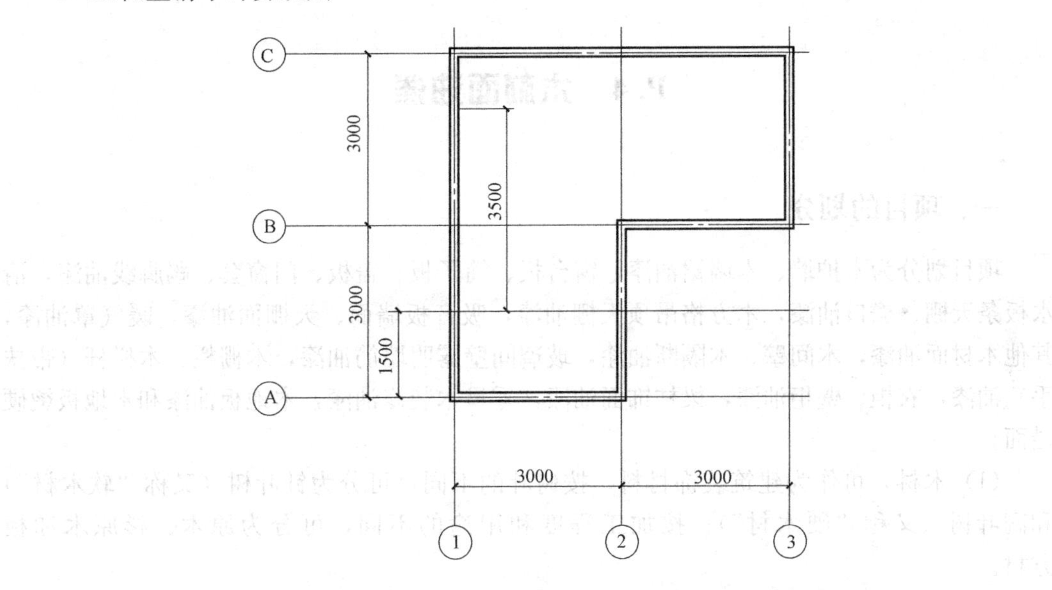

图 P.3-6　挂镜线平面图

按设计图示尺寸以长度计算。

2. 清单计算规则图解

(1) 图例

见图 P.3-6、图 P.3-7。

图例说明：如图示挂镜线的长度为 3.5m，刷调和漆两遍。

(2) 清单工程量

挂镜线油漆=3.5m

3. 工程量清单项目组价

(1) 定额工程量计算规则

木材面的工程量应按表 P.3-5 相应

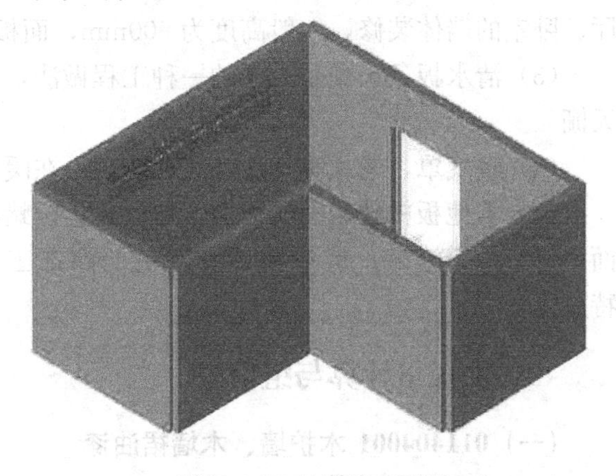

图 P.3-7　挂镜线立面图

的计算规则计算。

木材面油漆工程量计算规则及系数表　　表P.3-5

项目名称	系数	工程量计算方法
木扶手(不带托板)	1.00	按延长米计算
木扶手(带托板)	2.60	
窗帘盒	2.04	
封檐板、顺水板	1.74	
挂衣板、黑板框	0.52	
生活园地框、挂镜线、窗帘棍	0.35	

注：本表为木材面油漆计算规则及系数表。

(2) 定额工程量

挂镜线油漆＝3.5×0.35(系数)＝1.23 m

P.4　木材面油漆

一、项目的划分

项目划分为木护墙、木墙裙油漆，窗台板、筒子板、盖板、门窗套、踢脚线油漆，清水板条天棚、檐口油漆，木方格吊顶天棚油漆，吸音板墙面、天棚面油漆，暖气罩油漆，其他木材面油漆，木间壁、木隔断油漆，玻璃间壁露明墙筋油漆，木栅栏、木栏杆（带扶手）油漆，衣柜、壁柜油漆，梁柱饰面油漆，零星木装修油漆，木地板油漆和木地板烫硬蜡面。

(1) 木材，可作为建筑装饰材料，按树叶的不同，可分为针叶树（又称“软木材”）和阔叶树（又称“硬木材”）；按加工程度和用途的不同，可分为原木、杉原木和板方材。

(2) 木墙裙是用木龙骨、胶合板、装饰线条构造的护墙设施，在家庭装修中多用于客厅、卧室的墙体装修，一般高度为900mm，面板材料胶合板可充分利用。

(3) 清水板条天棚是天棚的一种工程做法，将预先刨光的木板条钉在木龙骨下面作为天棚。

(4) 暖气罩，老式暖气片外表不美观，在暖气片外部用木工板做的一种装饰。

(5) 木地板烫硬蜡面又称白木地板原色烫蜡。一般是在以各种形式铺贴的硬木地板表面上进行烫蜡施工，是一种具有特色的涂饰工艺，具有可塑性、易熔化、不溶于水等特点。

二、工程量计算与组价

(一) 011404001 木护墙、木墙裙油漆

1. 工程量清单计算规则

按设计图示尺寸以面积计算。

2. 清单计算规则图解

(1) 图例

见图 P. 4-1、图 P. 4-2。

图 P. 4-1　木墙裙图示

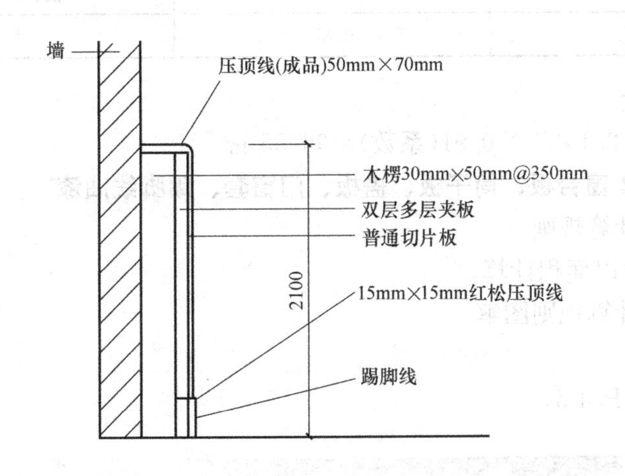

图 P. 4-2　墙裙做法

图例说明：某会议室的一面墙做 2100mm 高的凹凸木墙裙，该木墙裙长 50m，凹凸面层贴普通贴面板，油漆、润油粉 2 遍，刮腻子，漆片，清漆。计算木墙裙油漆工程量。

(2) 清单工程量

墙裙油漆面积＝2.1×50＝105 m²

3. 工程量清单项目组价

(1) 定额工程量计算规则

1) 楼地面、天棚面、墙、柱、梁面的喷（刷）涂料、抹灰面、油漆及裱糊工程，均按楼地面、天棚面、墙、柱、梁面装饰工程相应的工程量计算规则规定计算。

2) 木材面、金属面油漆的工程量应按表 P. 4-1 规定计算，并乘以表列系数以平方米计算。

其他木材面油漆工程量计算规则及系数表 表 P.4-1

项目名称	系数	工程量计算方法
木板、纤维板、胶合板天棚、檐口	1.00	长×宽
清水板条天棚、檐口	1.07	
木方格吊顶天棚	1.20	
吸声板、墙面、天棚面	0.87	
鱼鳞板墙	2.48	
木护墙、墙裙	0.91	
窗台板、筒子板、盖板	0.82	
暖气罩	1.28	
屋面板(带檩条)	1.11	斜长×宽
木间壁、木隔断	1.90	单面外围面积
玻璃间壁露明墙筋	1.65	
木栅栏、木栏杆(带扶手)	1.82	
木屋架	1.79	跨度(长)×中高×1/2
衣柜、壁柜	0.91	投影面积(不展开)
零星木装修	0.87	展开面积

(2) 定额工程量

墙裙油漆面积＝2.1×50×0.91(系数)＝95.55 m²

(二) 011404002 窗台板、筒子板、盖板、门窗套、踢脚线油漆

1. 工程量清单计算规则

按设计图示尺寸以面积计算。

2. 工程量清单计算规则图解

(1) 图例

见图 P.4-3～图 P.4-5。

图 P.4-3 窗台板示意图

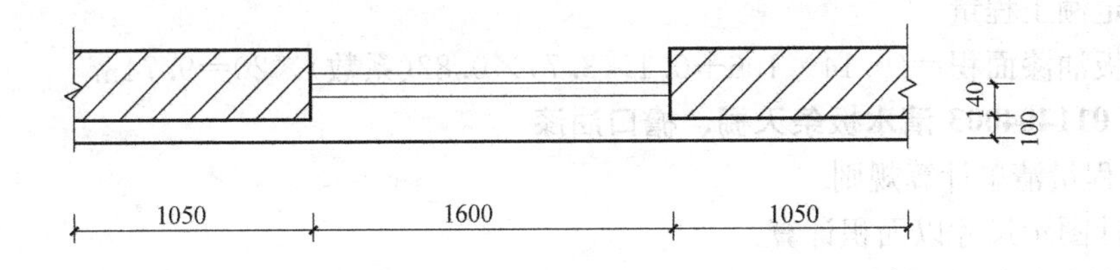

图 P. 4-4 窗台板平面图

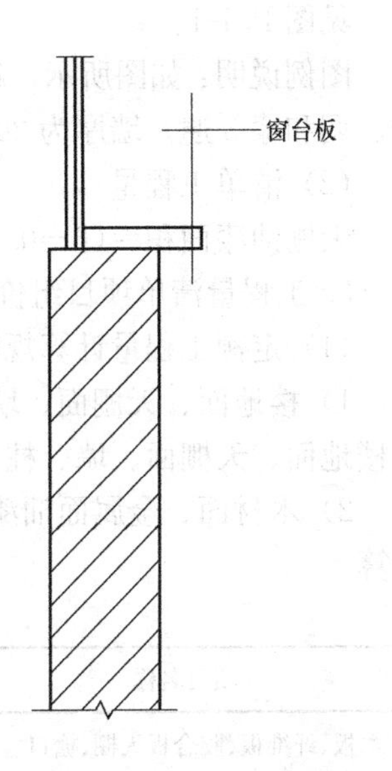

图 P. 4-5 窗台板剖面图

图例说明：设计要求做硬木窗台板，润油粉、刮腻子、调和漆 2 遍、磁漆 1 遍。如图所示，窗尺寸为 1600mm×1800mm，该工程有 20 个该类型窗，计算窗台板油漆工程量。

（2）清单工程量

窗台板工程量＝设计图示尺寸以展开面积计算

窗台板油漆面积＝(0.14×1.6＋0.1×3.7)×20＝11.88m²

3. 工程量清单项目组价

（1）定额工程量计算规则

1）楼地面、天棚面、墙、柱、梁面的喷（刷）涂料、抹灰面、油漆及裱糊工程，均按楼地面、天棚面、墙、柱、梁面装饰工程相应的工程量计算规则规定计算。

2）木材面、金属面油漆的工程量应按表 P. 4-2 规定计算，并乘以表列系数以平方米计算。

其他木材面油漆工程量系数表 **表 P. 4-2**

项目名称	系数	工程量计算方法
木板、纤维板、胶合板天棚、檐口	1.00	长×宽
清水板条天棚、檐口	1.07	
木方格吊顶天棚	1.20	
吸声板、墙面、天棚面	0.87	
鱼鳞板墙	2.48	
木护墙、墙裙	0.91	
窗台板、筒子板、盖板	0.82	
暖气罩	1.28	
屋面板(带檩条)	1.11	斜长×宽
木间壁、木隔断	1.90	单面外围面积
玻璃间壁露明墙筋	1.65	
木栅栏、木栏杆(带扶手)	1.82	
木屋架	1.79	跨度(长)×中高×1/2
衣柜、壁柜	0.91	投影面积(不展开)
零星木装修	0.87	展开面积

(2) 定额工程量

窗台板油漆面积=(0.14×1.6+0.1×3.7)×0.82(系数)×20=9.74m²

(三) 011404003 清水板条天棚、檐口油漆

1. 工程量清单计算规则

按设计图示尺寸以面积计算。

2. 清单计算规则图解

(1) 图例

见图P.1-1。

图例说明:如图所示,1～3轴交A～B轴线之间的清水板条天棚,刷润滑粉、刮腻子、调和漆3遍。墙厚为200mm,计算天棚油漆工程量。

(2) 清单工程量

天棚油漆面积=(6-0.2)×(3-0.2)=16.24m²

3. 工程量清单项目组价

(1) 定额工程量计算规则

1) 楼地面、天棚面、墙、柱、梁面的喷(刷)涂料、抹灰面、油漆及裱糊工程,均按楼地面、天棚面、墙、柱、梁面装饰工程相应的工程量计算规则规定计算。

2) 木材面、金属面油漆的工程量应按表P.4-3规定计算,并乘以表列系数以平方米计算。

其他木材面油漆工程量系数表 **表P.4-3**

<table>
<tr><th>项目名称</th><th>系数</th><th>工程量计算方法</th></tr>
<tr><td>木板、纤维板、胶合板天棚、檐口</td><td>1.00</td><td rowspan="8">长×宽</td></tr>
<tr><td>清水板条天棚、檐口</td><td>1.07</td></tr>
<tr><td>木方格吊顶天棚</td><td>1.20</td></tr>
<tr><td>吸声板、墙面、天棚面</td><td>0.87</td></tr>
<tr><td>鱼鳞板墙</td><td>2.48</td></tr>
<tr><td>木护墙、墙裙</td><td>0.91</td></tr>
<tr><td>窗台板、筒子板、盖板</td><td>0.82</td></tr>
<tr><td>暖气罩</td><td>1.28</td></tr>
<tr><td>屋面板(带檩条)</td><td>1.11</td><td>斜长×宽</td></tr>
<tr><td>木间壁、木隔断</td><td>1.90</td><td rowspan="3">单面外围面积</td></tr>
<tr><td>玻璃间壁露明墙筋</td><td>1.65</td></tr>
<tr><td>木栅栏、木栏杆(带扶手)</td><td>1.82</td></tr>
<tr><td>木屋架</td><td>1.79</td><td>跨度(长)×中高×1/2</td></tr>
<tr><td>衣柜、壁柜</td><td>0.91</td><td>投影面积(不展开)</td></tr>
<tr><td>零星木装修</td><td>0.87</td><td>展开面积</td></tr>
</table>

(2) 定额工程量

天棚油漆面积＝(6－0.2)×（3－0.2)×1.07(系数)＝17.38m^2

(四) 011404004 木方格吊顶天棚油漆

1. 工程量清单计算规则

按设计图示尺寸以面积计算。

2. 清单计算规则图解

图例及计算与本节（三）011404003清水板条天棚、檐口油漆部分清单计算相同。

3. 工程量清单项目组价

（1）定额工程量计算规则

1）楼地面、天棚面、墙、柱、梁面的喷（刷）涂料、抹灰面、油漆及裱糊工程，均按楼地面、天棚面、墙、柱、梁面装饰工程相应的工程量计算规则规定计算。

2）木材面、金属面油漆的工程量应按表P.4-4规定计算，并乘以表列系数以平方米计算。

其他木材面油漆工程量系数表　　　**表 P.4-4**

项目名称	系数	工程量计算方法
木板、纤维板、胶合板天棚、檐口	1.00	长×宽
清水板条天棚、檐口	1.07	
木方格吊顶天棚	1.20	
吸声板、墙面、天棚面	0.87	
鱼鳞板墙	2.48	
木护墙、墙裙	0.91	
窗台板、筒子板、盖板	0.82	
暖气罩	1.28	
屋面板(带檩条)	1.11	斜长×宽
木间壁、木隔断	1.90	单面外围面积
玻璃间壁露明墙筋	1.65	
木栅栏、木栏杆(带扶手)	1.82	
木屋架	1.79	跨度(长)×中高×1/2
衣柜、壁柜	0.91	投影面积(不展开)
零星木装修	0.87	展开面积

（2）定额工程量

天棚油漆面积＝(6－0.2)×(3－0.2)×1.2(系数)＝19.49m^2

(五) 011404005 吸音板墙面、天棚面油漆

1. 工程量清单计算规则

按设计图示尺寸以面积计算。

2. 清单计算规则图解

图例及计算与本节（三）011404003清水板条天棚、檐口油漆部分清单计算相同。

3. 工程量清单项目组价

（1）定额工程量计算规则

同工程量清单计算规则。

（2）定额工程量

天棚油漆面积=(6－0.2)×(3－0.2)×0.87(系数)=14.13m²

（六）011404006 暖气罩油漆

1. 工程量清单计算规则

按设计图示尺寸以面积计算。

2. 清单计算规则图解

（1）图例

见图P.4-6、图P.4-7。

图P.4-6 暖气罩示意图

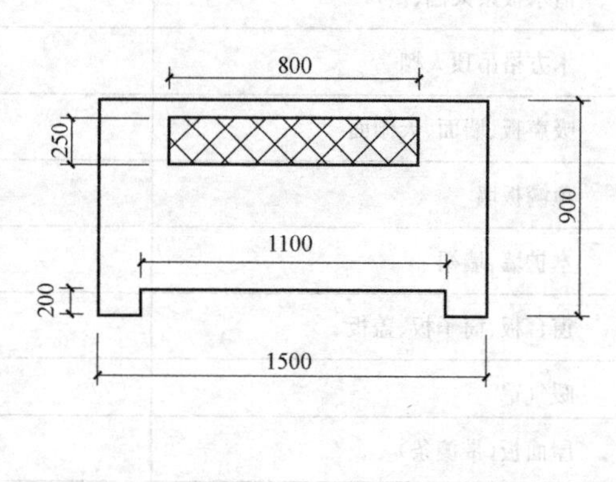

图P.4-7 暖气罩尺寸

图例说明：暖气罩尺寸如图所示，五合板基层，榉木板面层，机制木花格散热口，共18个，刷润滑粉、刮腻子、调和漆3遍。计算暖气罩油漆工程量。

（2）清单工程量

暖气罩油漆面积=(1.5×0.9－1.10×0.20－0.80×0.25)×18=16.74m²

3. 工程量清单项目组价

（1）定额工程量计算规则

1）楼地面、天棚面、墙、柱、梁面的喷（刷）涂料、抹灰面、油漆及裱糊工程，均按楼地面、天棚面、墙、柱、梁面装饰工程相应的工程量计算规则规定计算。

2）木材面、金属面油漆的工程量应按表P.4-5规定计算，并乘以表列系数以平方米计算。

其他木材面油漆工程量系数表 表 P.4-5

项目名称	系数	工程量计算方法
木板、纤维板、胶合板天棚、檐口	1.00	长×宽
清水板条天棚、檐口	1.07	
木方格吊顶天棚	1.20	
吸声板、墙面、天棚面	0.87	
鱼鳞板墙	2.48	
木护墙、墙裙	0.91	
窗台板、筒子板、盖板	0.82	
暖气罩	1.28	
屋面板(带檩条)	1.11	斜长×宽
木间壁、木隔断	1.90	单面外围面积
玻璃间壁露明墙筋	1.65	
木栅栏、木栏杆(带扶手)	1.82	
木屋架	1.79	跨度(长)×中高×1/2
衣柜、壁柜	0.91	投影面积(不展开)
零星木装修	0.87	展开面积

(2) 定额工程量

图例与清单相同

暖气罩油漆面积＝(1.5×0.9－1.10×0.20－0.80×0.25)×18×1.28(系数)＝21.43m^2

(七) 011404007 其他木材面

1. 工程量清单计算规则

按设计图示尺寸以面积计算。

2. 清单计算规则图解

(1) 图例

见图 P.4-8。

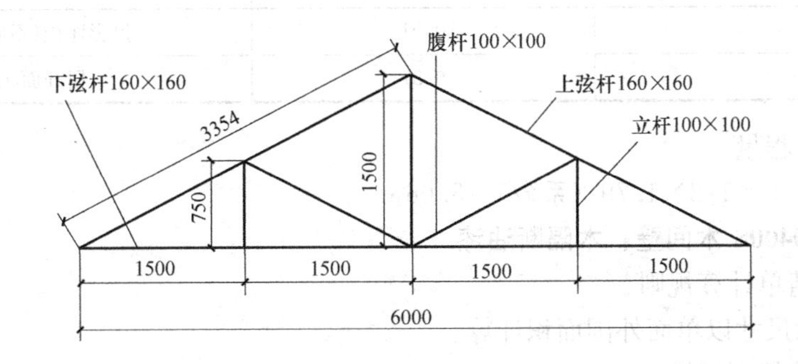

图 P.4-8 木屋架图示

图例说明：如图，6m 跨度普通木屋架，一面刨光，上弦杆规格为 160mm×160mm，腹杆规格为 100mm×100mm，立杆规格为 100mm×100mm，下弦杆规格为 160mm×160mm，中间立杆高 1500mm，两侧立杆高各为 750mm，上弦杆长 3354mm，刷桐油 2 遍。计算屋架油漆工程量。

（2）清单工程量

油漆工程量

$=0.16\times3.354\times4\times2+0.16\times6\times4+0.1\times1.5\times4+0.1\times0.75\times4\times2+0.1\times\sqrt{(1.5\times1.5+0.75\times0.75)}\times4\times2$

$=10.67\text{m}^2$

3. 工程量清单项目组价

（1）定额工程量计算规则

1）楼地面、天棚、墙、柱、梁面的喷（刷）涂料、抹灰面油漆及裱糊工程，均按表 P. 4-6 相应的计算规则计算。

2）木材面的工程量应按表 P. 4-6 相应的计算规则计算。

其他木材面油漆工程量计算规则及系数表 **表 P. 4-6**

项目名称	系数	工程量计算方法
木板、纤维板、胶合板天棚、檐口	1.00	长×宽
清水板条天棚、檐口	1.07	
木方格吊顶天棚	1.20	
吸声板、墙面、天棚面	0.87	
鱼鳞板墙	2.48	
木护墙、墙裙	0.91	
窗台板、筒子板、盖板	0.82	
暖气罩	1.28	
屋面板(带檩条)	1.11	斜长×宽
木间壁、木隔断	1.90	单面外围面积
玻璃间壁露明墙筋	1.65	
木栅栏、木栏杆(带扶手)	1.82	
木屋架	1.79	跨度(长)×中高×1/2
衣柜、壁柜	0.91	投影面积(不展开)
零星木装修	0.87	展开面积

（2）定额工程量

面积$=6\times1.5\times1/2\times1.79$（系数）$=8.06\text{m}^2$

（八）011404008 木间壁、木隔断油漆

1. 工程量清单计算规则

按设计图示尺寸以单面外围面积计算。

2. 清单计算规则图解

（1）图例

见图 P. 4-9、图 P. 4-10。

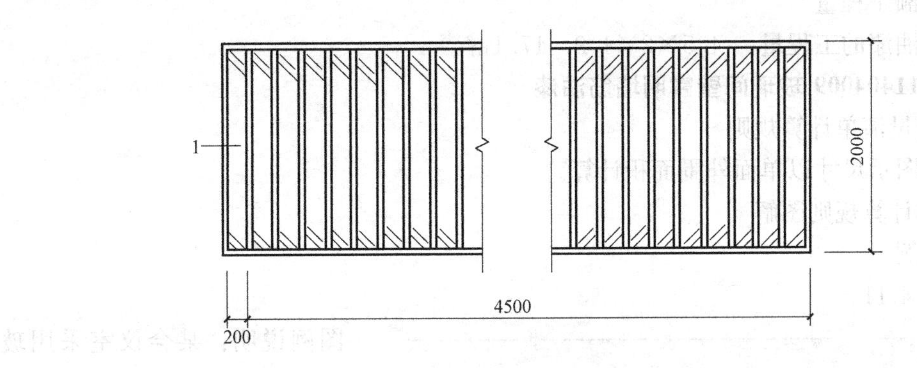

图 P.4-9 隔断示意图

图例说明：直栅漏空木隔断，尺寸如图所示，刷润滑粉、刮腻子、调和漆 3 遍。计算隔断油漆工程量。

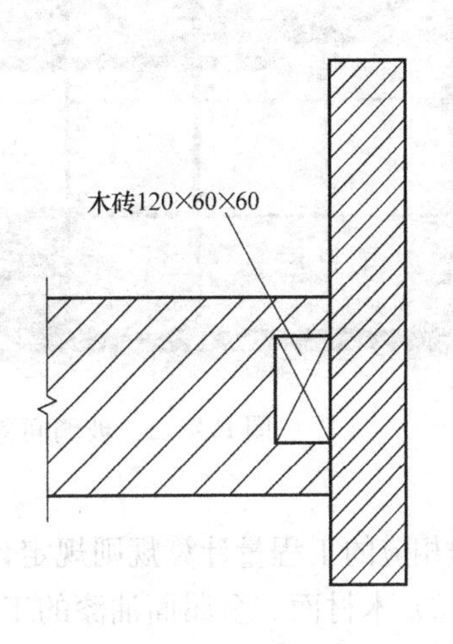

图 P.4-10 隔断详图

（2）清单工程量

木隔断油漆的工程量＝4.5×2＝9m²

3. 工程量清单项目组价

（1）定额工程量计算规则

1）楼地面、天棚面、墙、柱、梁面的喷（刷）涂料、抹灰面、油漆及裱糊工程，均按楼地面、天棚面、墙、柱、梁面装饰工程相应的工程量计算规则规定计算。

2）木材面、金属面油漆的工程量分别按表 P.4-7 规定计算，并乘以表列系数以平方米计算。

其他木材面油漆工程量计算规则及系数表 **表 P.4-7**

项目名称	系数	工程量计算方法
木板、纤维板、胶合板天棚、檐口	1.00	长×宽
清水板条天棚、檐口	1.07	
木方格吊顶天棚	1.20	
吸声板、墙面、天棚面	0.87	
鱼鳞板墙	2.48	
木护墙、墙裙	0.91	
窗台板、筒子板、盖板	0.82	
暖气罩	1.28	
屋面板(带檩条)	1.11	斜长×宽
木间壁、木隔断	1.90	单面外围面积
玻璃间壁露明墙筋	1.65	
木栅栏、木栏杆(带扶手)	1.82	
木屋架	1.79	跨度(长)×中高×1/2
衣柜、壁柜	0.91	投影面积(不展开)
零星木装修	0.87	展开面积

（2）定额工程量

木隔断油漆的工程量＝ 4.5×2×1.9＝17.1m²

（九）011404009 玻璃间壁露明墙筋油漆

1. 工程量清单计算规则

按设计图示尺寸以单面外围面积计算。

2. 清单计算规则图解

（1）图例

见图 P. 4-11。

图 P. 4-11 玻璃间壁墙图示

图例说明：某会议室采用玻璃间壁隔断，隔断长度 6000mm，高度 2700mm，刷清漆。计算隔断油漆工程量。

（2）清单工程量

油漆面积＝6×2.7＝16.2m²

3. 工程量清单项目组价

（1）定额工程量计算规则

1）楼地面、天棚面、墙、柱、梁面的喷（刷）涂料、抹灰面、油漆及裱糊工程，均按楼地面、天棚面、墙、柱、梁面装饰工程相应的工程量计算规则规定计算。

2）木材面、金属面油漆的工程量分别按表 P. 4-8 规定计算，并乘以表列系数以平方米计算。

其他木材面油漆工程量计算规则及系数表 **表 P. 4-8**

项目名称	系数	工程量计算方法
木板、纤维板、胶合板天棚、檐口	1.00	长×宽
清水板条天棚、檐口	1.07	
木方格吊顶天棚	1.20	
吸声板、墙面、天棚面	0.87	
鱼鳞板墙	2.48	
木护墙、墙裙	0.91	
窗台板、筒子板、盖板	0.82	
暖气罩	1.28	
屋面板(带檩条)	1.11	斜长×宽
木间壁、木隔断	1.90	单面外围面积
玻璃间壁露明墙筋	1.65	
木栅栏、木栏杆(带扶手)	1.82	
木屋架	1.79	跨度(长)×中高×1/2
衣柜、壁柜	0.91	投影面积(不展开)
零星木装修	0.87	展开面积

（2）定额工程量

油漆面积＝6×2.7×1.65（系数）＝26.73m²

（十）011404010 木栅栏、木栏杆（带扶手）油漆

1. 工程量清单计算规则

按设计图示尺寸以单面外围面积计算。

2. 清单计算规则图解

（1）图例

见图 P.4-12。

图例说明：某别墅区园内做绿化区木栅栏，高度 1000mm，该木栅栏总长 50m，刷清漆。计算木栅栏油漆工程量。

（2）清单工程量

油漆面积＝1×50＝50m²

3. 工程量清单项目组价

（1）定额工程量计算规则

1）楼地面、天棚面、墙、柱、梁面的喷（刷）涂料、抹灰面、油漆及裱糊工程，均按楼地面、天棚面、墙、柱、梁面装饰工程相应的工程量计算规则规定计算。

图 P.4-12 木栅栏

2）木材面、金属面油漆的工程量分别按表 P.4-9 规定计算，并乘以表列系数以平方米计算。

其他木材面油漆工程量计算规则及系数表 **表 P.4-9**

项目名称	系数	工程量计算方法
木板、纤维板、胶合板天棚、檐口	1.00	长×宽
清水板条天棚、檐口	1.07	
木方格吊顶天棚	1.20	
吸声板、墙面、天棚面	0.87	
鱼鳞板墙	2.48	
木护墙、墙裙	0.91	
窗台板、筒子板、盖板	0.82	
暖气罩	1.28	
屋面板（带檩条）	1.11	斜长×宽
木间壁、木隔断	1.90	单面外围面积
玻璃间壁露明墙筋	1.65	
木栅栏、木栏杆（带扶手）	1.82	
木屋架	1.79	跨度（长）×中高×1/2
衣柜、壁柜	0.91	投影面积（不展开）
零星木装修	0.87	展开面积

（2）定额工程量

油漆面积＝1×50×1.82（系数）＝91m²

（十一）011404011 衣柜、壁柜油漆

1. 工程量清单计算规则

按设计图示尺寸以油漆部分展开面积计算。

图 P. 4-13　壁柜图示

2. 清单计算规则图解

（1）图例

图例说明：图 P. 4-13 为餐厅壁柜，长度 2000mm，宽度 600mm，高度 2100mm，除面板外，均刷清漆 4 遍。计算壁柜的油漆工程量。

（2）清单工程量

壁柜油漆＝2.1×2＋2.1×0.6×2＋2×0.6＝7.92m²

3. 工程量清单项目组价

（1）定额工程量计算规则

1）楼地面、天棚面、墙、柱、梁面的喷（刷）涂料、抹灰面、油漆及裱糊工程，均按楼地面、天棚面、墙、柱、梁面装饰工程相应的工程量计算规则规定计算。

2）木材面、金属面油漆的工程量分别按表 P. 4-10 规定计算，并乘以表列系数以平方米计算。

其他木材面油漆工程量计算规则及系数表　　**表 P. 4-10**

项目名称	系数	工程量计算方法
木板、纤维板、胶合板天棚、檐口	1.00	长×宽
清水板条天棚、檐口	1.07	
木方格吊顶天棚	1.20	
吸声板、墙面、天棚面	0.87	
鱼鳞板墙	2.48	
木护墙、墙裙	0.91	
窗台板、筒子板、盖板	0.82	
暖气罩	1.28	
屋面板（带檩条）	1.11	斜长×宽
木间壁、木隔断	1.90	单面外围面积
玻璃间壁露明墙筋	1.65	
木栅栏、木栏杆（带扶手）	1.82	
木屋架	1.79	跨度（长）×中高×1/2
衣柜、壁柜	0.91	投影面积（不展开）
零星木装修	0.87	展开面积

(2) 定额工程量

壁柜油漆=(2.1×2.0+2.1×2×0.6+2×0.6)×0.91(系数)=7.21m²

(十二) 011404012 梁柱饰面油漆

1. 工程量清单计算规则

按设计图示尺寸以油漆部分展开面积计算。

2. 工程量清单计算规则图解

(1) 图例

见图 P. 4-14、图 P. 4-15。

图 P. 4-14　刷漆柱面示意图

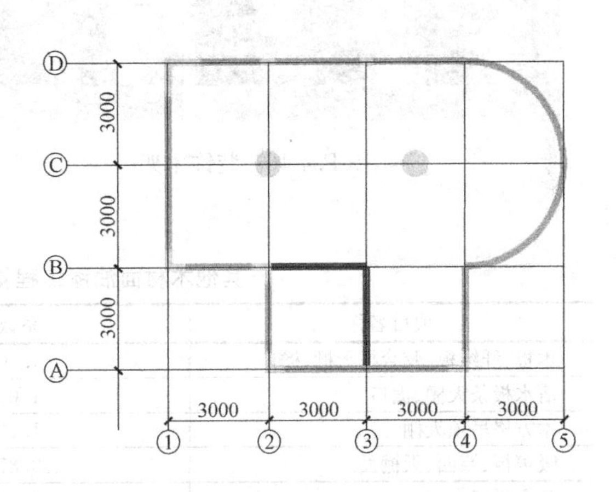

图 P. 4-15　柱面平面图

图例说明：某大厅有圆柱 2 个，直径为 0.8m，高 3m，刷乳胶漆，计算柱油漆工程量。

(2) 清单工程量

柱面油漆=3.14×0.8×3×2=15.07m²

3. 工程量清单项目组价

(1) 定额工程量计算规则

楼地面、天棚面、墙、柱、梁面的喷（刷）涂料、抹灰面、油漆及裱糊工程，均按楼地面、天棚面、墙、柱、梁面装饰工程相应的工程量计算规则规定计算。

(2) 定额工程量

柱面油漆=3.14×0.8×3×2=15.07m²

(十三) 011404013 零星木装修油漆

1. 工程量清单计算规则

按设计图示尺寸以油漆部分展开面积计算。

2. 清单计算规则图解

(1) 图例

见图 P. 4-16。

图例说明：木架长 1500mm，高 900mm，宽 300mm，板厚 30mm，刷聚酯漆。计算

图 P.4-16 装饰木架

装饰木架的油漆工程量。

（2）清单工程量

面积＝（0.9×0.3×2＋0.9×0.03）×6＋（1.5×0.3×2＋1.5×0.03）×3＝6.24m²

3. 工程量清单项目组价

（1）定额工程量计算规则

1）楼地面、天棚面、墙、柱、梁面的喷（刷）涂料、抹灰面、油漆及裱糊工程，均按楼地面、天棚面、墙、柱、梁面装饰工程相应的工程量计算规则规定计算。

2）木材面、金属面油漆的工程量分别按表 P.4-11 规定计算，并乘以表列系数以平方米计算。

其他木材面油漆工程量计算规则及系数表 **表 P.4-11**

项目名称	系数	工程量计算方法
木板、纤维板、胶合板天棚、檐口	1.00	长×宽
清水板条天棚、檐口	1.07	
木方格吊顶天棚	1.20	
吸声板、墙面、天棚面	0.87	
鱼鳞板墙	2.48	
木护墙、墙裙	0.91	
窗台板、筒子板、盖板	0.82	
暖气罩	1.28	
屋面板(带檩条)	1.11	斜长×宽
木间壁、木隔断	1.90	单面外围面积
玻璃间壁露明墙筋	1.65	
木栅栏、木栏杆(带扶手)	1.82	
木屋架	1.79	跨度(长)×中高×1/2
衣柜、壁柜	0.91	投影面积(不展开)
零星木装修	0.87	展开面积

（2）定额工程量

零星装修油漆＝实刷展开面积×0.87

＝[（0.9×0.3×2＋0.9×0.03）×6＋（1.5×0.3×2＋1.5×0.03）×3]×0.87（系数）

＝5.43m²

（十四）011404014 木地板油漆

1. 工程量清单计算规则

按设计图示尺寸以面积计算。空洞、空圈、暖气包槽、壁龛的开口部分并入相应的工程量。

2. 清单计算规则图解

（1）图例

见图 P.4-17、图 P.4-18。

图 P.4-17 木地板示意图

图例说明：二层某房间为胶合板地板，刷润滑粉、刮腻子、调和漆 3 遍，上做润滑粉刷漆 3 遍，擦蜡 2 遍；房间尺寸如图所示，墙厚 200mm，门的尺寸为 1500mm×2100mm。计算木地板油漆工程量。

（2）清单工程量

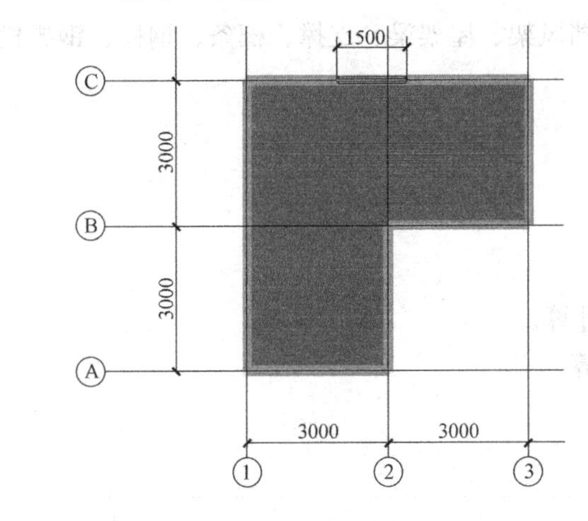

图 P.4-18 木地板平面图

木地板油漆=(5.8×2.8+3×2.8)+(1.5×0.2)=24.94m²

3. 工程量清单项目组价

（1）定额工程量计算规则

1）楼地面、天棚面、墙、柱、梁面的喷（刷）涂料、抹灰面、油漆及裱糊工程，均按楼地面、天棚面、墙、柱、梁面装饰工程相应的工程量计算规则规定计算。

2）木材面、金属面油漆的工程量分别按表 P.4-12 规定计算，并乘以表列系数以平方米计算。

木地板油漆工程量计算规则及系数表 **表 P.4-12**

项目名称	系数	工程量计算方法
木地板、木踢脚线	1.00	长×宽
木楼梯(不包括底面)	2.30	水平投影面积

（2）定额工程量

木地板油漆=(5.8×2.8+3×2.8)+(1.5×0.2) =24.94m²

(十五) 011404015 木地板烫硬蜡面

1. 工程量清单计算规则

设计图示尺寸以面积计算。空洞、空圈、暖气包槽、壁龛的开口部分并入相应的工程量。

2. 清单计算规则图解

图例及计算与本节（十四）011404014 木地板油漆部分相同。

3. 工程量清单项目组价

（1）定额工程量计算规则

1）楼地面、天棚面、墙、柱、梁面的喷（刷）涂料、抹灰面、油漆及裱糊工程，均按楼地面、天棚面、墙、柱、梁面装饰工程相应的工程量计算规则规定计算。

2）木材面、金属面油漆的工程量分别按表 P. 4-12 规定计算，并乘以表列系数以平方米计算。

（2）定额工程量

面积＝（5.8×2.8＋3×2.8）＋（1.5×0.2）＝24.94m^2

P. 5 金属面油漆

一、项目的划分

金属面油漆一般包含钢屋架、天窗架、挡风架、屋架梁、支撑、檩条、钢柱、钢栅栏门、钢栏杆、钢爬梯、钢扶梯等构件。

二、工程量计算与组价

（一）011405001 金属面油漆

1. 工程量清单计算规则

（1）以吨计量，按设计图示尺寸以质量计算。

（2）以平方米计量，按设计展开面积计算。

2. 工程量清单计算规则图解

（1）图例

见图 P. 5-1、图 P. 5-2。

图 P. 5-1 栏杆现场施工图

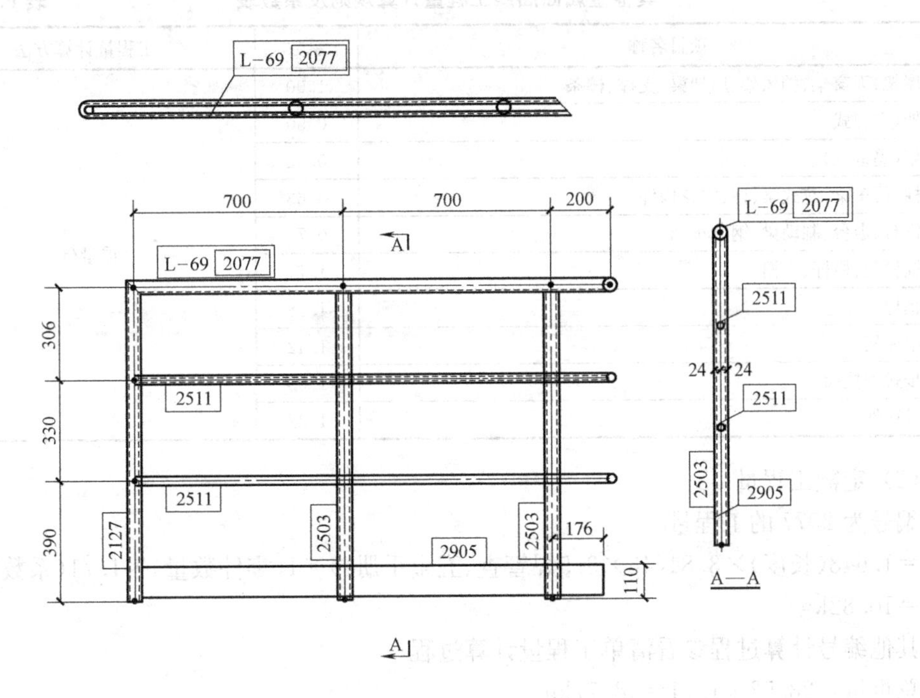

图 P. 5-2　钢栏杆详图

图例说明：某大型框架栏杆详图，该栏杆由立柱、横杆、踢脚板等组成，由图可知栏杆长 1.6m，栏杆高 1.05m。计算栏杆的油漆工程量。

（2）清单工程量

编号为 2077 的工程量

=1.648(长度)×3.84(48×3.5焊管查《五金手册》)×1(零件数量)

=6.33kg

表 P. 5-1 为整个栏杆计算明细。

栏杆计算明细　　表 P. 5-1

零件标记	规 格	长度	计算式	数量	总重(kg)
2077	PIP48×3.5	1648	=1.648×3.84×1	1	6.33
2127	PIP48×3.5	1050	=1.050×3.84×1	1	4.03
2503	PIP48×3.5	1026	=1.026×3.84×2	2	7.88
2511	PIP26.8×2.75	1613	=1.613×1.66×2	2	5.36
2905	PL4×100	1576	=0.004×0.1×1.567×7850×1	1	4.92
构件总重(kg)					28.52

3. 工程量清单项目组价

（1）定额工程量计算规则

金属面油漆的工程量分别按表 P. 5-2 相应的计算规则计算。

其他金属面油漆工程量计算规则及系数表 表P.5-2

项目名称	系数	工程量计算方法
钢屋架、天窗架、挡风架、屋架梁、支撑、檩条	1.00	重量(t)
墙架(空腹式)	0.50	
墙架(隔板式)	0.82	
钢柱、吊车梁、花式梁、柱、空花构件	0.63	
操作台、走台、制动梁、钢梁车挡	0.71	
钢栅栏门、栏杆、窗栅	1.71	
钢爬梯	1.18	
轻型屋架	1.42	
踏步式钢扶梯	1.05	
零星铁件	1.32	

(2) 定额工程量

编号为2077的工程量

=1.648(长度)×3.84(48×3.5焊管查《五金手册》)×1(零件数量)×1.71(系数)

=10.82kg

其他编号计算过程参看清单工程量计算过程。

总重量:28.52×1.71=48.77kg

P.6 抹灰面油漆

一、项目的划分

项目划分为抹灰面油漆、抹灰线条油漆和满刮腻子。

抹灰面油漆指在水泥砂浆面、混凝土面等表面上的油漆涂刷。

(1) 抹灰面油漆:抹灰面最常见的是乳胶漆,它是施工最方便、价格也最适宜的一种油漆。

(2) 抹灰线条油漆:在抹灰线条上施涂色素,一般常用铅油、调和漆。

(3) 满刮腻子:腻子又称填泥。是一种厚浆状涂料,涂施于底漆上或直接涂施于物体上,用以清除被涂物表面上高低不平的缺陷,腻子的施工称为刮腻子。此项目只适用于仅做“满刮腻子”的项目。

二、工程量计算与组价

(一) 011406001 抹灰面油漆

1. 工程量清单计算规则

按设计图示尺寸以面积计算。

2. 工程量清单计算规则图解

(1) 图例

见图 P. 6-1、图 P. 6-2。

图 P. 6-1 抹灰面刷漆示意图

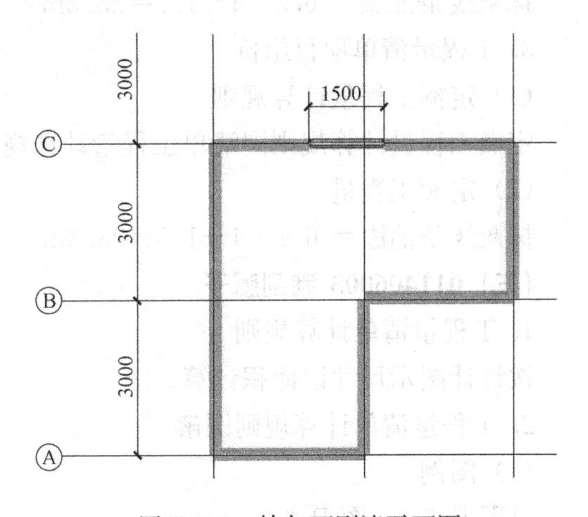

图 P. 6-2 抹灰面刷漆平面图

图例说明：在阅读室抹灰面上刷油漆墙裙，底油 1 遍、调和漆 2 遍。墙裙高度为 900mm，墙为砌块墙，200mm 厚，其上有一门，门尺寸为 1500mm×2100mm，框厚 60mm，居中布置。计算墙裙油漆工程量。

(2) 清单工程量

墙裙抹灰面油漆＝(5.8×0.9)×4－1.5×2.1＝17.73m^2

3. 工程量清单项目组价

(1) 定额工程量计算规则

楼地面、天棚面、墙、柱、梁面的喷(刷)涂料、抹灰面、油漆及裱糊工程，均按楼地面、天棚面、墙、柱、梁面装饰工程相应的工程量计算规则规定计算。

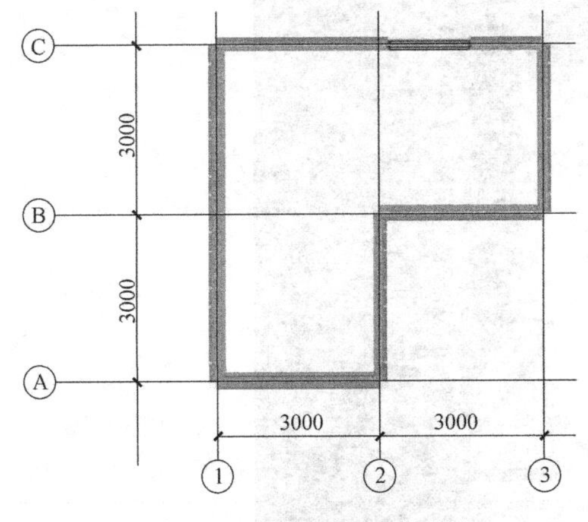

图 P. 6-3 抹灰线条平面图

(2) 定额工程量

墙裙抹灰面油漆＝(5.8×0.9)×4－1.5×2.1＝17.73m^2

(二) 011406002 抹灰线条油漆

1. 工程量清单计算规则

按设计图示尺寸以长度计算。

2. 工程量清单计算规则图解

(1) 图例

见图 P. 6-3、图 P. 6-4。

图例说明：在外墙装饰线条上刷油漆，底油 1 遍、调和漆 2 遍。线条高度为 900mm，墙为砌块墙，厚 200mm，其上有一门，门

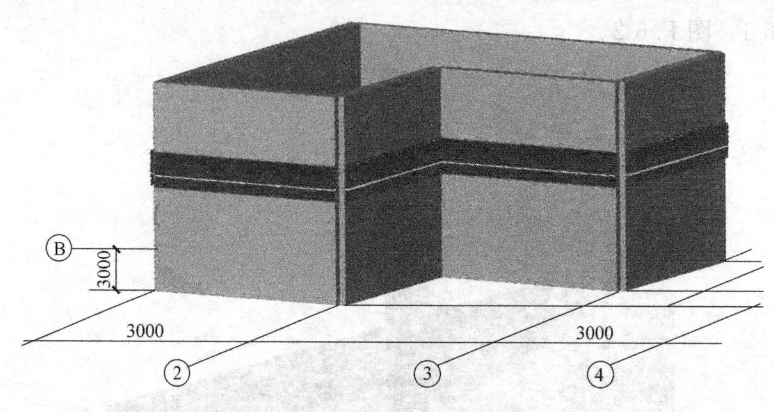

图 P. 6-4　抹灰线条立面图示

尺寸为1500mm×2100mm，框厚60mm，居中布置。计算抹灰线条油漆工程量。

（2）清单工程量

抹灰线条油漆＝ 6.2×4－1.5＝23.3m

3. 工程量清单项目组价

（1）定额工程量计算规则

定额工程量计算规则同清单工程量计算规则。

（2）定额工程量

抹灰线条油漆＝ 6.2×4－1.5＝23.3m

（三）011406003 满刮腻子

1. 工程量清单计算规则

按设计图示尺寸以面积计算。

2. 工程量清单计算规则图解

（1）图例

见图 P. 6-5、图 P. 6-6。

图 P. 6-5　满刮腻子示意图

图例说明：轴网尺寸如图所示，房间墙为砌块墙，厚200mm，顶棚只做满刮腻子2遍。计算腻子的工程量。

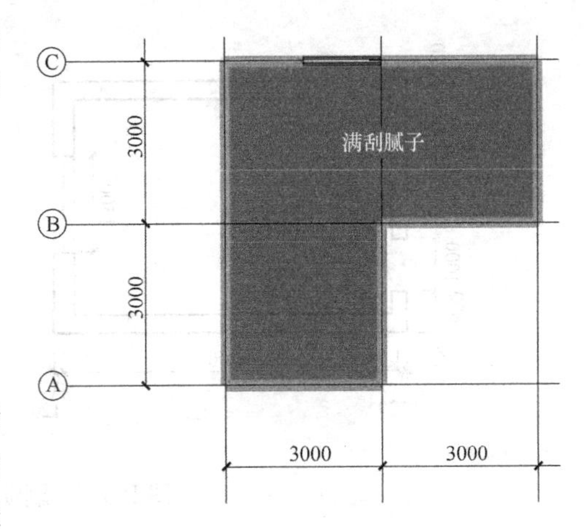

图 P.6-6 满刮腻子平面图

（2）清单工程量

面积＝5.8×2.8＋2.8×3

＝24.64m²

3. 工程量清单项目组价

（1）定额工程量计算规则

楼地面、天棚面、墙、柱、梁面的喷（刷）涂料、抹灰面、油漆及裱糊工程，均按楼地面、天棚面、墙、柱、梁面装饰工程相应的工程量计算规则规定计算。

（2）定额工程量

面积＝5.8×2.8＋2.8×3

＝24.64m²

P.7 喷刷涂料

一、项目的划分

项目划分为墙面喷刷涂料、天棚喷刷涂料、空花格、栏杆刷涂料、线条刷涂料、金属构件刷防火涂料、木材构件喷刷防火涂料。

喷刷涂料是将专用涂料按分层要求进行喷涂的施工工艺。

二、工程量计算与组价

（一）011407001 墙面喷刷涂料

图 P.7-1 墙面刷喷涂料示意图

1. 工程量清单计算规则

按设计图示尺寸以面积计算。

2. 工程量清单计算规则图解

（1）图例

见图 P.7-1、图 P.7-2。

图例说明：某工程如图所示尺寸，门尺寸 1000mm × 2700mm，窗1500mm×1800mm，窗离地高度 1m，墙裙高度 1m，地面刷过氯乙烯涂料，三合板木墙裙上润油粉，刷硝基清漆6遍，墙面、顶棚刷乳胶漆3遍（光面）。计算墙面涂料工程量。

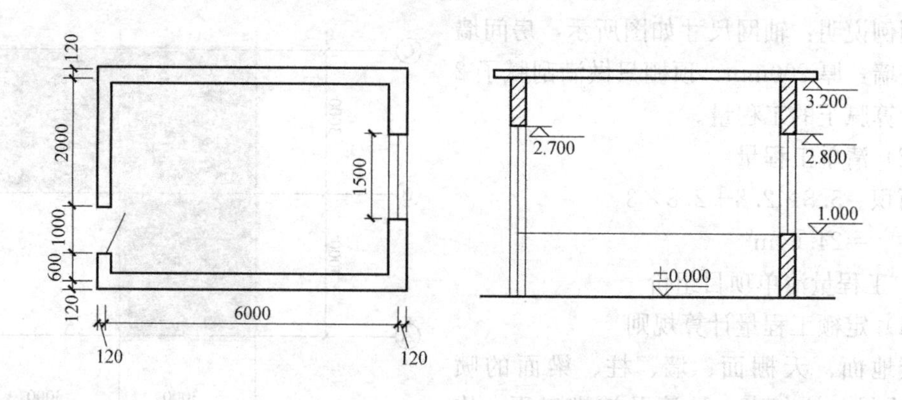

图 P.7-2　刷喷涂料平立面图

（2）清单工程量

墙面涂料

=(5.76+3.36)×2×2.20−1.00×(2.70−1.00)−1.50×1.80=35.73m²

3. 工程量清单项目组价

（1）定额工程量计算规则

楼地面、天棚面、墙、柱、梁面的喷（刷）涂料、抹灰面、油漆及裱糊工程，均按楼地面、天棚面、墙、柱、梁面装饰工程相应的工程量计算规则规定计算。

（2）定额工程量

墙面涂料

=(5.76+3.36)×2×2.20−1.00×(2.70−1.00)−1.50×1.80=35.73m²

（二）011407002 天棚喷刷涂料

1. 工程量清单计算规则

按设计图示尺寸以面积计算。

2. 工程量清单计算规则图解

（1）图例

与本节（一）011407001 墙面刷喷涂料部分清单相同。

（2）清单工程量

天棚涂料=5.76×3.36=19.35m²

3. 工程量清单项目组价

（1）定额工程量计算规则

楼地面、天棚面、墙、柱、梁面的喷（刷）涂料、抹灰面、油漆及裱糊工程，均按楼地面、天棚面、墙、柱、梁面装饰工程相应的工程量计算规则规定计算。

（2）定额工程量

天棚涂料=5.76×3.36=19.35m²

（三）011407003 空花格、栏杆刷涂料

1. 工程量清单计算规则

按设计图示尺寸以单面外围面积计算。

2. 工程量清单计算规则图解

(1) 图例

见图 P.7-3。

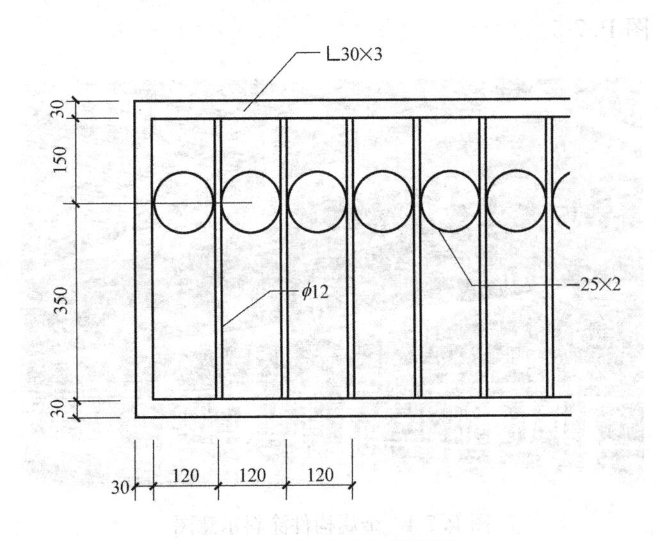

图 P.7-3 空花格示意图

图例说明：铁栅门顶空花格，外围高度 560mm，长度 3660mm，刷涂料。计算其涂料工程量。

(2) 清单工程量

涂料面积＝0.56×3.66＝2.05m²

3. 工程量清单项目组价

(1) 定额工程量计算规则

定额工程量计算规则同清单工程量计算规则。

(2) 定额工程量

涂料面积＝0.56×3.66＝2.05m²

(四) 011407004 线条刷涂料

1. 工程量清单计算规则

按设计图示尺寸以长度计算。

2. 工程量清单计算规则图解

图例及计算与 P.6 节中（二）011406002 抹灰线条油漆部分清单计算相同。

3. 工程量清单项目组价

(1) 定额工程量计算规则

定额工程量计算规则同清单工程量计算规则。

(2) 定额工程量

抹灰线条涂料＝ 6.2×4－1.5＝23.3m

(五) 011407005 金属构件刷防火涂料

1. 工程量清单计算规则

(1) 以吨计量，按设计图示尺寸以质量计算。

(2) 以平方米计量，按设计展开面积计算。

2. 工程量清单计算规则图解

(1) 图例

见图 P. 7-4、图 P. 7-5。

图 P. 7-4　金属构件涂料示意图

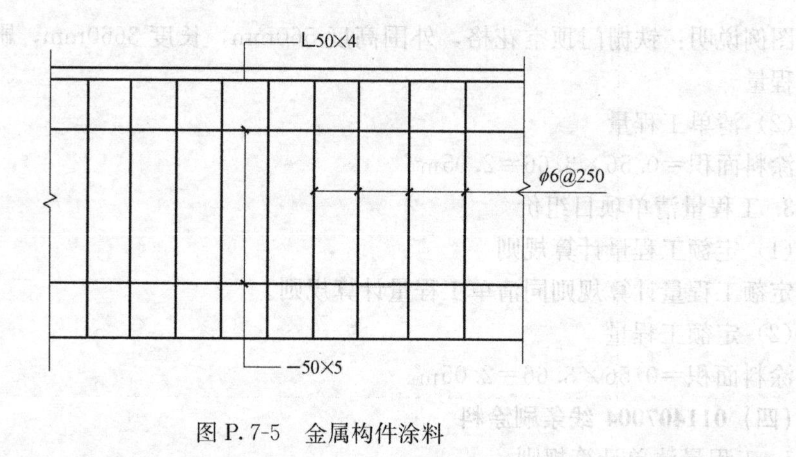

图 P. 7-5　金属构件涂料

图例说明：操作平台栏杆如图所示，展开长度 4.8m，扶手采用 L50×4 角钢，横衬用−50×5 扁钢，竖杆用 ϕ16 钢筋每隔 250mm 一道，竖杆长 1m，栏杆刷防火涂料。计算栏杆涂料工程量。

(2) 清单工程量

角钢扶手：L50×4 角钢每米重 3.059kg，重量＝4.8×3.059＝14.68kg

横衬：−50×5 扁钢每米重 1.57kg，重量＝4.8×2×1.57＝15.07kg

竖杆：ϕ16 钢筋每米重 1.58kg，共 4.8/0.25＝19 根，重量＝1×19（ϕ16 钢筋）×1.58＝30.02kg

栏杆重量＝14.68＋15.07＋30.02＝59.77kg

3. 工程量清单项目组价

(1) 定额工程量计算规则

定额工程量计算规则同清单工程量计算规则。

(2) 定额工程量

角钢扶手：L50×4 角钢每米重 3.059kg，重量＝4.8×3.059＝14.68kg

横衬：－50×5 扁钢每米重 1.57kg，重量＝4.8×2×1.57＝15.07kg

竖杆：ϕ16 钢筋每米重 1.58kg，共 4.8/0.25＝19 根，重量＝1×19（ϕ16 钢筋）×1.58＝30.02kg

栏杆重量＝14.68＋15.07＋30.02＝59.77kg

(六) 011407006 木材构件喷刷防火涂料

1. 工程量清单计算规则

按设计图示尺寸以面积计算。

2. 工程量清单计算规则图解

(1) 图例

见图 P.7-6。

图 P.7-6　木梁示意图

图例说明：如图采用木梁吊顶，梁截面尺寸 240mm×240mm，长度 6000mm，共 14 根，刷防火涂料，计算木梁涂料工程量。

(2) 清单工程量

面积＝（0.24＋2×0.24）×6×14＝60.48m²

3. 工程量清单项目组价

(1) 定额工程量计算规则

木材面、金属面油漆涂料的工程量分别按表 P.7-1 规定计算，并乘以表列系数以平方米计算。

木地板涂料工程量计算规则及系数表　　**表 P.7-1**

项目名称	系数	工程量计算方法
木地板、木踢脚线	1.00	长×宽
木楼梯(不包括底面)	2.30	水平投影面积

(2) 定额工程量

面积＝(0.24＋2×0.24)×6×14＝60.48m²

P.8　裱　糊

一、项目的划分

项目划分为墙纸裱糊和织锦缎裱糊。

裱糊是指采用壁纸或墙布等软质卷材裱贴于室内的墙、柱面、顶面及各种装饰造型构件表面的装饰工程。

二、工程量计算与组价

(一) 011408001 墙纸裱糊

1. 工程量清单计算规则

按设计图示尺寸以面积计算。

2. 工程量清单计算规则图解

(1) 图例

见图 P.8-1、图 P.8-2。

图 P.8-1　墙纸裱糊示意图

图例说明：某房间平面布置如图所示，其中墙为砖墙，墙厚 240mm，门的尺寸为 1200mm×2500mm，窗的尺寸为 1800mm×1500mm，门窗框厚均为 90mm，内墙面贴拼花墙纸，层高 3m，板厚 100mm。计算墙纸工程量。

(2) 清单工程量

墙纸裱糊＝5.76×(3－0.1)－(1.8×1.5)＋(6.6×0.075)＋(5.76×2.9)－(1.2×2.5)＋(6.2×0.075)＋(5.76×2.9)×2＝62.08m^2

3. 工程量清单项目组价

(1) 定额工程量计算规则

楼地面、天棚面、墙、柱、梁面的喷（刷）涂料、抹灰面、油漆及裱糊工程，均按楼地面、天棚面、墙、柱、梁面装饰工程相应的工程量计算规则规定计算。

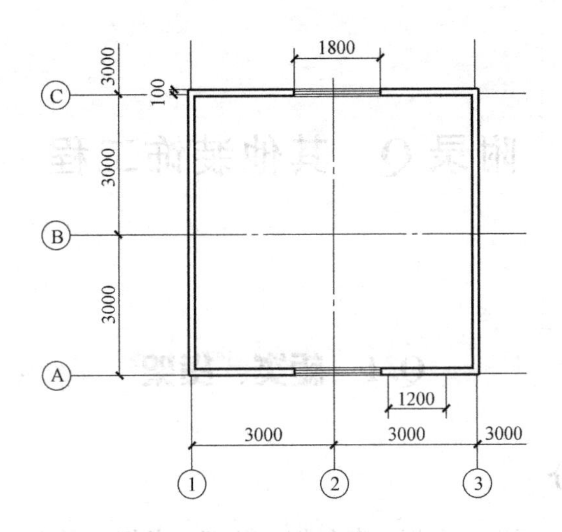

图 P.8-2 墙纸裱糊平面图

(2) 定额工程量

墙纸裱糊＝5.76×(3－0.1)－(1.8×1.5)＋(6.6×0.075)＋(5.76×2.9)－(1.2×2.5)＋(6.2×0.075)＋(5.76×2.9)×2＝62.08m^2

(二) 011408002 织锦缎裱糊

1. 工程量清单计算规则

按设计图示尺寸以面积计算。

2. 工程量清单计算规则图解

图例及计算与本节（一）011408001 墙纸裱糊部分清单计算相同。

3. 工程量清单项目组价

(1) 定额工程量计算规则

楼地面、天棚面、墙、柱、梁面的喷（刷）涂料、抹灰面、油漆及裱糊工程，均按楼地面、天棚面、墙、柱、梁面装饰工程相应的工程量计算规则规定计算。

(2) 定额工程量

墙纸裱糊＝5.76×(3－0.1)－(1.8×1.5)＋(6.6×0.075)＋(5.76×2.9)－(1.2×2.5)＋(6.2×0.075)＋(5.76×2.9)×2＝62.08m^2

附录Q　其他装饰工程

Q.1　柜类、货架

一、项目的划分

项目划分为柜台、酒柜、衣柜、存包柜、鞋柜、书柜、厨房壁柜、木壁柜、厨房低柜、厨房吊柜、矮柜、吧台背柜、酒吧吊柜、酒吧台、展台、收银台、试衣间、货架、书架和服务台。

厨房壁柜和厨房吊柜以嵌入墙内为壁柜，以支架固定在墙上的为吊柜。

台柜的规格以能分离的成品单体长、宽、高来表示。如：一个组合书柜分上下两部分，下部为独立的矮柜，上部为敞开式的书柜，可以分为上、下两部分标注尺寸。

台柜工程量以“个”计算，即能分离的同规格的单体个数计算。

柜项目以“个”计算，应按设计图纸或说明，包括台柜、台面材料（石材、皮草、金属、实木等）、内隔板材料、连件、配件等，均应包括在报价内。

柜台：营业用的台子类器具，式样像柜，用木头、金属、玻璃等制成。

二、工程量计算与组价

（一）011501001 柜台

1. 工程量清单计算规则

(1) 以个计量，按设计图示数量计量；

(2) 以米计量，按设计图示尺寸以延长米计算；

(3) 以立方米计量，按设计图示尺寸以体积计算。

说明：以个计量时，必须描述台柜规格。

2. 工程量清单计算规则图解

(1) 图例

见图 Q.1-1、图 Q.1-2。

图例说明：图为某商店柜台，高为 0.95m，共 6 个尺寸，如图所示；计算工程量。

(2) 清单工程量

1) 柜台数量＝6 个

2) 柜台长度 $L=1.5\times6=9\text{m}$

3) 柜台体积 $V=1\times0.95\times1.5\times6=8.55\text{m}^3$

3. 工程量清单项目组价

图 Q.1-1　柜台

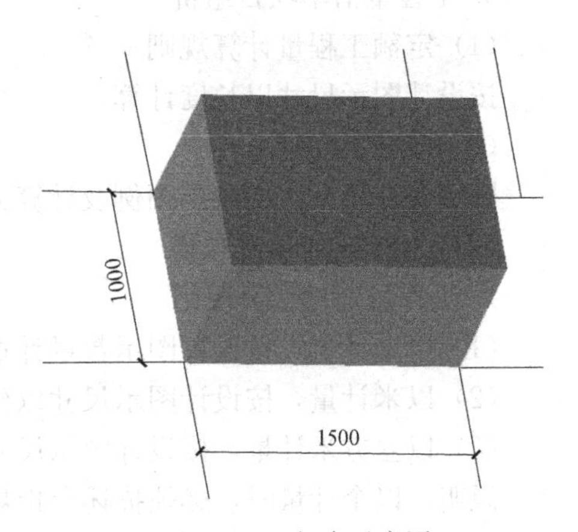

图 Q.1-2　柜台示意图

（1）定额工程量计算规则

按设计图示数量计算。

（2）定额工程量

图例及计算方法同清单图例及计算方法。

（二）011501002 酒柜

1. 工程量清单计算规则

（1）以个计量，按设计图示数量计量。

（2）以米计量，按设计图示尺寸以延长米计算。

（3）以立方米计量，按设计图示尺寸以体积计算。

说明：以个计量时，必须描述台柜规格。

2. 工程量清单计算规则图解

见图 Q.1-3，计算参看本节（一）011501001 柜台部分计算。

3. 工程量清单项目组价

（1）定额工程量计算规则

按设计图示尺寸以长度计算。

（2）定额工程量

图例及计算方法同清单图例及计算方法。

（三）011501003 衣柜

1. 工程量清单计算规则

（1）以个计量，按设计图示数量计量；

（2）以米计量，按设计图示尺寸以延长米计算；

（3）以立方米计量，按设计图示尺寸以体积计算。

说明：以个计量时，必须描述台柜规格。

2. 工程量清单计算规则图解

参看本节（一）011501001 柜台部分计算。

图 Q.1-3　酒柜

3. 工程量清单项目组价

(1) 定额工程量计算规则

按设计图示尺寸以长度计算。

(2) 定额工程量

图例及计算方法同清单图例及计算方法。

(四) 011501004 存包柜

1. 工程量清单计算规则

(1) 以个计量，按设计图示数量计量；

(2) 以米计量，按设计图示尺寸以延长米计算；

(3) 以立方米计量，按设计图示尺寸以体积计算。

说明：以个计量时，必须描述台柜规格。

2. 工程量清单计算规则图解

参看本节（一）011501001 柜台部分计算。

3. 工程量清单项目组价

(1) 定额工程量计算规则

按设计图示数量计算。

(2) 定额工程量

图例及计算方法同清单图例及计算方法。

(五) 011501005 鞋柜

1. 工程量清单计算规则

(1) 以个计量，按设计图示数量计量；

(2) 以米计量，按设计图示尺寸以延长米计算；

(3) 以立方米计量，按设计图示尺寸以体积计算。

说明：以个计量时，必须描述台柜规格。

2. 工程量清单计算规则图解

参看本节（一）011501001 柜台部分计算。

3. 工程量清单项目组价

(1) 定额工程量计算规则

按设计图示数量计算。

(2) 定额工程量

图例及计算方法同清单图例及计算方法。

(六) 011501006 书柜

1. 工程量清单计算规则

(1) 以个计量，按设计图示数量计量；

(2) 以米计量，按设计图示尺寸以延长米计算；

(3) 以立方米计量，按设计图示尺寸以体积计算。

说明：以个计量时，必须描述台柜规格。

2. 工程量清单计算规则图解

参看本节（一）011501001 柜台部分计算。

3. 工程量清单项目组价
(1) 定额工程量计算规则
按设计图示尺寸以长度计算。
(2) 定额工程量
图例及计算方法同清单图例及计算方法。

(七) 011501007 厨房壁柜

1. 工程量清单计算规则
(1) 以个计量，按设计图示数量计量；
(2) 以米计量，按设计图示尺寸以延长米计算；
(3) 以立方米计量，按设计图示尺寸以体积计算。
说明：以个计量时，必须描述台柜规格。
2. 工程量清单计算规则图解
参看本节（一）011501001 柜台部分计算。
3. 工程量清单项目组价
(1) 定额工程量计算规则
按设计图示尺寸以长度计算。
(2) 定额工程量
图例及计算方法同清单图例及计算方法。

(八) 011501008 木壁柜

1. 工程量清单计算规则
(1) 以个计量，按设计图示数量计量；
(2) 以米计量，按设计图示尺寸以延长米计算；
(3) 以立方米计量，按设计图示尺寸以体积计算。
说明：以个计量时，必须描述台柜规格。
2. 工程量清单计算规则图解
参看本节（一）011501001 柜台部分计算。
3. 工程量清单项目组价
(1) 定额工程量计算规则
按设计图示尺寸以长度计算。
(2) 定额工程量
图例及计算方法同清单图例及计算方法。

(九) 011501009 厨房低柜

1. 工程量清单计算规则
(1) 以个计量，按设计图示数量计量；
(2) 以米计量，按设计图示尺寸以延长米计算；
(3) 以立方米计量，按设计图示尺寸以体积计算。
说明：以个计量时，必须描述台柜规格。
2. 工程量清单计算规则图解
参看本节（一）011501001 柜台部分计算。

3. 工程量清单项目组价

(1) 定额工程量计算规则

按设计图示尺寸以长度计算。

(2) 定额工程量

图例及计算方法同清单图例及计算方法。

(十) 011501010 厨房吊柜

1. 工程量清单计算规则

(1) 以个计量，按设计图示数量计量；

(2) 以米计量，按设计图示尺寸以延长米计算；

(3) 以立方米计量，按设计图示尺寸以体积计算。

说明：以个计量时，必须描述台柜规格。

2. 工程量清单计算规则图解

参看本节（一）011501001 柜台部分计算。

3. 工程量清单项目组价

(1) 定额工程量计算规则

按设计图示尺寸以长度计算。

(2) 定额工程量

图例及计算方法同清单图例及计算方法。

(十一) 011501011 矮柜

1. 工程量清单计算规则

(1) 以个计量，按设计图示数量计量；

(2) 以米计量，按设计图示尺寸以延长米计算；

(3) 以立方米计量，按设计图示尺寸以体积计算。

说明：以个计量时，必须描述台柜规格。

2. 工程量清单计算规则图解

参看本节（一）011501001 柜台部分计算。

3. 工程量清单项目组价

(1) 定额工程量计算规则

按设计图示尺寸以长度计算。

(2) 定额工程量

图例及计算方法同清单图例及计算方法。

(十二) 011501012 吧台背柜

1. 工程量清单计算规则

(1) 以个计量，按设计图示数量计量；

(2) 以米计量，按设计图示尺寸以延长米计算；

(3) 以立方米计量，按设计图示尺寸以体积计算。

说明：以个计量时，必须描述台柜规格。

2. 工程量清单计算规则图解

参看本节（一）011501001 柜台部分计算。

3. 工程量清单项目组价

（1）定额工程量计算规则

按设计图示尺寸以长度计算。

（2）定额工程量

图例及计算方法同清单图例及计算方法。

（十三）011501013 酒吧吊柜

1. 工程量清单计算规则

（1）以个计量，按设计图示数量计量；

（2）以米计量，按设计图示尺寸以延长米计算；

（3）以立方米计量，按设计图示尺寸以体积计算。

说明：以个计量时，必须描述台柜规格。

2. 工程量清单计算规则图解

参看本节（一）011501001 柜台部分计算。

3. 工程量清单项目组价

（1）定额工程量计算规则

按设计图示尺寸以长度计算。

（2）定额工程量

图例及计算方法同清单图例及计算方法。

（十四）011501014 酒吧台

1. 工程量清单计算规则

（1）以个计量，按设计图示数量计量；

（2）以米计量，按设计图示尺寸以延长米计算；

（3）以立方米计量，按设计图示尺寸以体积计算。

说明：以个计量时，必须描述台柜规格。

2. 工程量清单计算规则图解

参看本节（一）011501001 柜台部分计算。

3. 工程量清单项目组价

（1）定额工程量计算规则

按设计图示数量计算。

（2）定额工程量

图例及计算方法同清单图例及计算方法。

（十五）011501015 展台

1. 工程量清单计算规则

（1）以个计量，按设计图示数量计量；

（2）以米计量，按设计图示尺寸以延长米计算；

（3）以立方米计量，按设计图示尺寸以体积计算。

说明：以个计量时，必须描述台柜规格。

2. 工程量清单计算规则图解

参看本节（一）011501001 柜台部分计算。

3. 工程量清单项目组价
(1) 定额工程量计算规则
按设计图示尺寸以长度计算。
(2) 定额工程量
图例及计算方法同清单图例及计算方法。

(十六) 011501016 收银台

1. 工程量清单计算规则
(1) 以个计量，按设计图示数量计量；
(2) 以米计量，按设计图示尺寸以延长米计算；
(3) 以立方米计量，按设计图示尺寸以体积计算。
说明：以个计量时，必须描述台柜规格。
2. 工程量清单计算规则图解
参看本节（一）011501001 柜台部分计算。
3. 工程量清单项目组价
(1) 定额工程量计算规则
按设计图示数量计算。
(2) 定额工程量
图例及计算方法同清单图例及计算方法。

(十七) 011501017 试衣间

1. 工程量清单计算规则
(1) 以个计量，按设计图示数量计量；
(2) 以米计量，按设计图示尺寸以延长米计算；
(3) 以立方米计量，按设计图示尺寸以体积计算。
说明：以个计量时，必须描述台柜规格。
2. 工程量清单计算规则图解
参看本节（一）011501001 柜台部分计算。
3. 工程量清单项目组价
(1) 定额工程量计算规则
按设计图示数量计算。
(2) 定额工程量
图例及计算方法同清单图例及计算方法。

(十八) 011501018 货架

1. 工程量清单计算规则
(1) 以个计量，按设计图示数量计量；
(2) 以米计量，按设计图示尺寸以延长米计算；
(3) 以立方米计量，按设计图示尺寸以体积计算。
说明：以个计量时，必须描述台柜规格。
2. 工程量清单计算规则图解
参看本节（一）011501001 柜台部分计算。

3. 工程量清单项目组价

(1) 定额工程量计算规则

按设计图示数量计算。

(2) 定额工程量

图例及计算方法同清单图例及计算方法。

(十九) 011501019 书架

1. 工程量清单计算规则

(1) 以个计量，按设计图示数量计量；

(2) 以米计量，按设计图示尺寸以延长米计算；

(3) 以立方米计量，按设计图示尺寸以体积计算。

说明：以个计量时，必须描述台柜规格。

2. 工程量清单计算规则图解

参看本节（一）011501001 柜台部分计算。

3. 工程量清单项目组价

(1) 定额工程量计算规则

按设计图示尺寸以长度计算。

(2) 定额工程量

图例及计算方法同清单图例及计算方法。

(二十) 011501020 服务台

1. 工程量清单计算规则

(1) 以个计量，按设计图示数量计量；

(2) 以米计量，按设计图示尺寸以延长米计算；

(3) 以立方米计量，按设计图示尺寸以体积计算。

说明：以个计量时，必须描述台柜规格。

2. 工程量清单计算规则图解

参看本节（一）011501001 柜台部分计算。

3. 工程量清单项目组价

(1) 定额工程量计算规则

按设计图示数量计算。

(2) 定额工程量

图例及计算方法同清单图例及计算方法。

Q.2　压条、装饰线

一、项目的划分

项目划分为金属装饰线、木质装饰线、石材装饰线、石膏装饰线、镜面玻璃线、铝塑装饰线、塑料装饰线和GRC装饰线条。

装饰线条是指装饰工程中各平接面、相交面、层次面、对接面衔接口，交接条的收边封口材料。在装饰结构上起固定、连接、加强装饰面的作用。通常分为压条和装饰条两类。

压条、装饰线项目已包括在门扇、墙柱面、天棚等项目内的，不再单独列项。

具体可见图 Q. 2-1～图 Q. 2-3。

图 Q. 2-1　外墙装饰线

图 Q. 2-2　内墙装饰线

图 Q. 2-3　顶棚装饰线

二、工程量计算与组价

（一）011502001 金属装饰线

1. 工程量清单计算规则

按设计图示尺寸以长度计算。

2. 工程量清单计算规则图解

（1）图例

见图 Q. 2-4、图 Q. 2-5。

图示说明：在图示房间中贴金属装饰线，长、宽如图所示，墙厚 200mm，计算工程量。

（2）清单工程量

金属装饰线条工程量＝(6－0.2)×4＝23.2m

3. 工程量清单项目组价

图 Q.2-4 金属装饰线

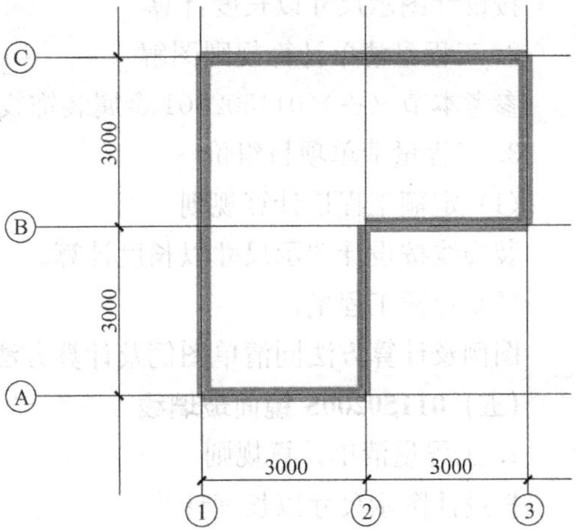

图 Q.2-5 金属装饰线平面图

(1) 定额工程量计算规则

装饰线按设计图示尺寸以长度计算。

(2) 定额工程量

图例及计算方法同清单图例及计算方法。

(二) 011502002 木质装饰线

1. 工程量清单计算规则

按设计图示尺寸以长度计算。

2. 工程量清单计算规则图解

参考本节（一）011502001 金属装饰线部分计算。

3. 工程量清单项目组价

(1) 定额工程量计算规则

装饰线按设计图示尺寸以长度计算。

(2) 定额工程量

图例及计算方法同清单图例及计算方法。

(三) 011502003 石材装饰线

1. 工程量清单计算规则

按设计图示尺寸以长度计算。

2. 工程量清单计算规则图解

参考本节（一）011502001 金属装饰线部分计算。

3. 工程量清单项目组价

(1) 定额工程量计算规则

装饰线按设计图示尺寸以长度计算。

(2) 定额工程量

图例及计算方法同清单图例及计算方法。

(四) 011502004 石膏装饰线

1. 工程量清单计算规则

按设计图示尺寸以长度计算。

2. 工程量清单计算规则图解

参考本节（一）011502001 金属装饰线部分计算。

3. 工程量清单项目组价

(1) 定额工程量计算规则

装饰线按设计图示尺寸以长度计算。

(2) 定额工程量

图例及计算方法同清单图例及计算方法。

(五) 011502005 镜面玻璃线

1. 工程量清单计算规则

按设计图示尺寸以长度计算。

2. 工程量清单计算规则图解

参考本节（一）011502001 金属装饰线部分计算。

3. 工程量清单项目组价

(1) 定额工程量计算规则

装饰线按设计图示尺寸以长度计算。

(2) 定额工程量

图例及计算方法同清单图例及计算方法。

(六) 011502006 铝塑装饰线

1. 工程量清单计算规则

按设计图示尺寸以长度计算。

2. 工程量清单计算规则图解

参考本节（一）011502001 金属装饰线部分计算。

3. 工程量清单项目组价

(1) 定额工程量计算规则

装饰线按设计图示尺寸以长度计算。

(2) 定额工程量

图例及计算方法同清单图例及计算方法。

(七) 011502007 塑料装饰线

1. 工程量清单计算规则

按设计图示尺寸以长度计算。

2. 工程量清单计算规则图解

参考本节（一）011502001 金属装饰线部分计算。

3. 工程量清单项目组价

(1) 定额工程量计算规则

装饰线按设计图示尺寸以长度计算。

(2) 定额工程量

图例及计算方法同清单图例及计算方法。

（八）011502008 GRC 装饰线条

1. 工程量清单计算规则

按设计图示尺寸以长度计算。

2. 工程量清单计算规则图解

参考本节（一）011502001 金属装饰线部分计算。

3. 工程量清单项目组价

（1）定额工程量计算规则

装饰线按设计图示尺寸以长度计算。

（2）定额工程量

图例及计算方法同清单图例及计算方法。

Q.3　扶手、栏杆、栏板装饰

一、项目的划分

项目划分为金属扶手、栏杆、栏板，硬木扶手、栏杆、栏板，塑料扶手、栏杆、栏板，GRC 扶手、栏杆、栏板，金属靠墙扶手，硬木靠墙扶手，塑料靠墙扶手，玻璃栏板。

二、工程量计算与组价

（一）011503001 金属扶手、栏杆、栏板

1. 工程量清单计算规则

按设计图示以扶手中心线长度（包括弯头长度）计算。

2. 清单计算规则图解

（1）图例

见图 Q.3-1、图 Q.3-2。

图 Q.3-1　扶手、栏杆

图 Q.3-2　楼梯金属扶手、栏杆

图例说明：如图所示，楼梯金属扶手，总长度为25m，刷调和漆两遍。计算楼梯扶手工程量。

（2）清单工程量

楼梯扶手工程量＝25m

3. 工程量清单项目组价

（1）定额工程量计算规则

1）栏杆（板）按扶手中心线水平投影长度乘以栏杆（板）高度以面积计算。栏杆（板）高度从结构上表面算至扶手底面。

2）扶手（包括弯头）按扶手中心线水平投影长度计算。

（2）定额工程量

图例及计算方法同清单图例及计算方法。

（二）011503002 硬木扶手、栏杆、栏板

1. 工程量清单计算规则

按设计图示以扶手中心线长度（包括弯头长度）计算。

2. 清单计算规则图解

（1）图例

见图Q. 3-3。

图Q. 3-3　木扶手装饰三维图

图例说明：如图所示，楼梯扶手总长度为9m。计算楼梯扶手工程量。

（2）清单工程量

楼梯扶手工程量＝9m

3. 工程量清单项目组价

（1）定额工程量计算规则

1）栏杆（板）按扶手中心线水平投影长度乘以栏杆（板）高度以面积计算。栏杆（板）高度从结构上表面算至扶手底面。

2）扶手（包括弯头）按扶手中心线水平投影长度计算。

（2）定额工程量

图例及计算方法同清单图例及计算方法。

(三) 011503003 塑料扶手、栏杆、栏板

1. 工程量清单计算规则

按设计图示以扶手中心线长度（包括弯头长度）计算。

2. 清单计算规则图解

参考本节（一）011503001 金属扶手、栏杆、栏板部分计算。

3. 工程量清单项目组价

（1）定额工程量计算规则

1）栏杆（板）按扶手中心线水平投影长度乘以栏杆（板）高度以面积计算。栏杆（板）高度从结构上表面算至扶手底面。

2）扶手（包括弯头）按扶手中心线水平投影长度计算。

（2）定额工程量

图例及计算方法同清单图例及计算方法。

(四) 011503004 GRC 扶手、栏杆、栏板

1. 工程量清单计算规则

按设计图示以扶手中心线长度（包括弯头长度）计算。

2. 清单计算规则图解

参考本节（一）011503001 金属扶手、栏杆、栏板部分计算。

3. 工程量清单项目组价

（1）定额工程量计算规则

1）栏杆（板）按扶手中心线水平投影长度乘以栏杆（板）高度以面积计算。栏杆（板）高度从结构上表面算至扶手底面。

2）扶手（包括弯头）按扶手中心线水平投影长度计算。

（2）定额工程量

图例及计算方法同清单图例及计算方法。

(五) 011503005 金属靠墙扶手

1. 工程量清单计算规则

按设计图示以扶手中心线长度（包括弯头长度）计算。

2. 清单计算规则图解

（1）图例

见图 Q.3-4。

图 Q.3-4　金属靠墙扶手三维图

图例说明：楼梯扶手如图所示，楼梯扶手长度为22m，刷调和漆两遍；计算扶手工程量。

(2) 清单工程量

金属扶手工程量＝22m

3. 工程量清单项目组价

(1) 定额工程量计算规则

扶手（包括弯头）按扶手中心线水平投影长度计算。

(2) 定额工程量

图例及计算方法同清单图例及计算方法。

(六) 011503006 硬木靠墙扶手

1. 工程量清单计算规则

按设计图示以扶手中心线长度（包括弯头长度）计算。

2. 清单计算规则图解

参考本节（五）011503005金属靠墙扶手部分计算。

3. 工程量清单项目组价

(1) 定额工程量计算规则

扶手（包括弯头）按扶手中心线水平投影长度计算。

(2) 定额工程量

图例及计算方法同清单图例及计算方法。

(七) 011503007 塑料靠墙扶手

1. 工程量清单计算规则

按设计图示以扶手中心线长度（包括弯头长度）计算。

2. 清单计算规则图解

参考本节（五）011503005金属靠墙扶手部分计算。

3. 工程量清单项目组价

(1) 定额工程量计算规则

扶手（包括弯头）按扶手中心线水平投影长度计算。

(2) 定额工程量

图例及计算方法同清单图例及计算方法。

(八) 011503008 玻璃栏板

1. 工程量清单计算规则

按设计图示以扶手中心线长度（包括弯头长度）计算。

2. 清单计算规则图解

参考本节（五）011503005金属靠墙扶手部分计算。

3. 工程量清单项目组价

(1) 定额工程量计算规则

栏杆（板）按扶手中心线水平投影长度乘以栏杆（板）高度以面积计算。栏杆（板）高度从结构上表面算至扶手底面。

(2) 定额工程量

图例及计算方法同清单图例及计算方法。

Q.4 暖 气 罩

一、项目的划分

项目划分为饰面板暖气罩、塑料板暖气罩和金属暖气罩。

暖气罩骨架可以用钢材、木材、铝合金型材制作，面层可以用钢板、穿孔钢板、铝合金饰面板、塑料面板、软木板、木夹板、钢板网、美格铝网（铝合金花格）制作。

暖气罩挂板式是指钩挂在暖气片上；平墙式是指凹入墙内；明式是指凸出墙面；半凹半凸式按明式定额子目执行。

二、工程量计算与组价

（一）011504001 饰面板暖气罩

1. 工程量清单计算规则

按设计图示尺寸以垂直投影面积（不展开）计算。

2. 工程量清单计算规则图解

（1）图例

见图 Q.4-1、图 Q.4-2。

图 Q.4-1 暖气罩

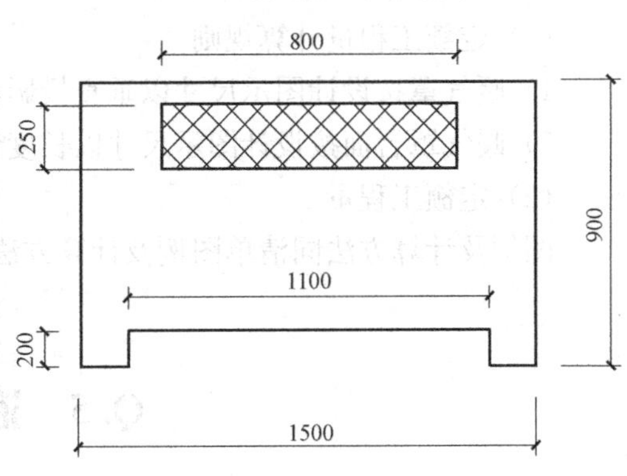

图 Q.4-2 暖气罩面板示意图

图示说明：平墙式暖气罩，尺寸如图所示，五合板基层，榉木板面层，机制木花格散热口，共 18 个，计算暖气罩工程量。

（2）清单工程量

$$S=(1.5\times0.9-1.10\times0.20-0.80\times0.25)\times18=16.74\text{m}^2$$

3. 工程量清单项目组价

（1）定额工程量计算规则

1）暖气罩按设计图示尺寸以垂直投影面积（不展开）计算。

2）暖气罩台面按设计图示尺寸以长度计算。

（2）定额工程量

图例及计算方法同清单图例及计算方法。

（二）011504002 塑料板暖气罩

1. 工程量清单计算规则

按设计图示尺寸以垂直投影面积。

2. 工程量清单计算规则图解

参考本节（一）011504001 饰面板暖气罩部分计算。

3. 工程量清单项目组价

（1）定额工程量计算规则

1）暖气罩按设计图示尺寸以垂直投影面积（不展开）计算。

2）暖气罩台面按设计图示尺寸以长度计算。

（2）定额工程量

图例及计算方法同清单图例及计算方法。

（三）011504003 金属暖气罩

1. 工程量清单计算规则

按设计图示尺寸以垂直投影面积。

2. 工程量清单计算规则图解

参考本节（一）011504001 饰面板暖气罩部分计算。

3. 工程量清单项目组价

（1）定额工程量计算规则

1）暖气罩按设计图示尺寸以垂直投影面积（不展开）计算。

2）暖气罩台面按设计图示尺寸以长度计算。

（2）定额工程量

图例及计算方法同清单图例及计算方法。

Q.5 浴厕配件

一、项目的划分

项目划分为洗漱台、晒衣架、帘子杆、浴缸拉手、卫生间扶手、毛巾杆（架）、毛巾环、卫生纸盒、肥皂盒、镜面玻璃和镜箱。

洗漱台多用石质（天然石材、人造石材等）、玻璃等材料制作。

镜面玻璃和灯箱等的基层材料是指材料背后的垫衬材料，如胶合板、油毡等。

镜箱是指以镜面玻璃作主要饰面门，以其他材料，如木、塑料作箱子，用于洗漱间，并可存放化妆品的设施。

二、工程量计算与组价

(一) 011505001 洗漱台

1. 工程量清单计算规则

(1) 以平方米计量，设计图示尺寸以台面外接矩形面积计算。不扣除孔洞、挖弯、削角所占面积，挡板、吊沿板面积并入台面面积内。

(2) 以个计量，按设计图示数量计算。

说明：以个计量时，必须描述台柜规格。

2. 工程量清单计算规则图解

(1) 图例

见图 Q.5-1、图 Q.5-2。

图 Q.5-1 洗漱台

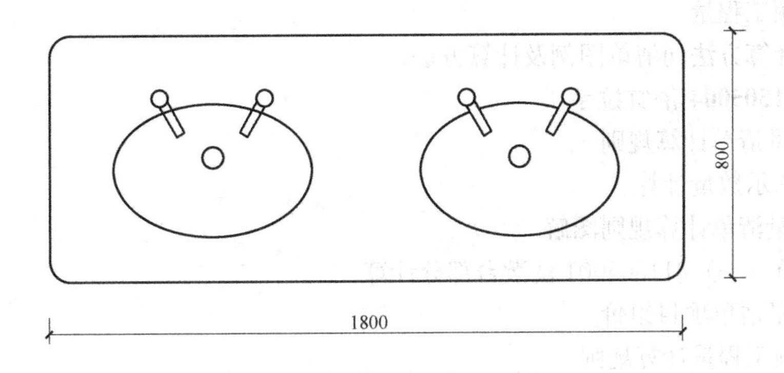

图 Q.5-2 洗漱台示意图

图例说明：大理石洗漱台，支架、配件的品种、规格为角钢 40mm×3mm。计算洗漱台的工程量。

(2) 清单工程量

$$洗漱台工程量=1.8\times0.8=1.44\text{m}^2$$

3. 工程量清单项目组价

(1) 定额工程量计算规则

洗漱台按设计图示尺寸以台面外接矩形面积计算。不扣除空洞、挖弯、削角所占面积，挡板、吊沿板面积并入台面面积内。

(2) 定额工程量

图例及计算方法同清单图例及计算方法。

(二) 011505002 晒衣架

1. 工程量清单计算规则

按设计图示数量计算。

2. 工程量清单计算规则图解

参考本节（一）011505001洗漱台部分计算。

3. 工程量清单项目组价

（1）定额工程量计算规则

晒衣架按设计图示数量计算。

（2）定额工程量

图例及计算方法同清单图例及计算方法。

（三）011505003 帘子杆

1. 工程量清单计算规则

按设计图示数量计算。

2. 工程量清单计算规则图解

参考本节（一）011505001洗漱台部分计算。

3. 工程量清单项目组价

（1）定额工程量计算规则

帘子杆按设计图示数量计算。

（2）定额工程量

图例及计算方法同清单图例及计算方法。

（四）011505004 浴缸拉手

1. 工程量清单计算规则

按设计图示数量计算。

2. 工程量清单计算规则图解

参考本节（一）011505001洗漱台部分计算。

3. 工程量清单项目组价

（1）定额工程量计算规则

浴缸拉手按设计图示数量计算。

（2）定额工程量

图例及计算方法同清单图例及计算方法。

（五）011505005 卫生间扶手

1. 工程量清单计算规则

按设计图示数量计算。

2. 工程量清单计算规则图解

参考本节（一）011505001洗漱台部分计算。

3. 工程量清单项目组价

（1）定额工程量计算规则

卫生间扶手按设计图示数量计算。

（2）定额工程量

图例及计算方法同清单图例及计算方法。

（六）011505006 毛巾杆（架）

1. 工程量清单计算规则

按设计图示数量计算。

2. 工程量清单计算规则图解

(1) 图例

见图 Q.5-3、图 Q.5-4。

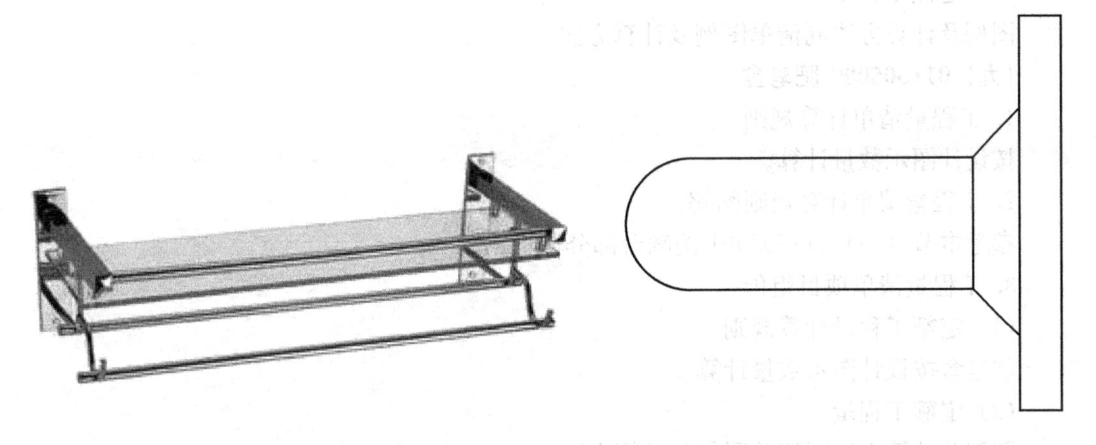

图 Q.5-3 毛巾架

图 Q.5-4 毛巾架示意图

图例说明：浴室内有同规格的不锈钢毛巾架 2 个。计算毛巾架工程量。

(2) 清单工程量

毛巾架=2 个

3. 工程量清单项目组价

(1) 定额工程量计算规则

毛巾杆（架）按设计图示数量计算。

(2) 定额工程量

图例及计算方法同清单图例及计算方法。

(七) 011505007 毛巾环

1. 工程量清单计算规则

按设计图示数量计算。

2. 工程量清单计算规则图解

参考本节（六）011505006 毛巾杆（架）部分计算。

3. 工程量清单项目组价

(1) 定额工程量计算规则

毛巾环按设计图示数量计算。

(2) 定额工程量

图例及计算方法同清单图例及计算方法。

(八) 011505008 卫生纸盒

1. 工程量清单计算规则

按设计图示数量计算。

2. 工程量清单计算规则图解

参考本节（一）011505001 洗漱台部分计算。

3. 工程量清单项目组价

(1) 定额工程量计算规则

卫生纸盒按设计图示数量计算。

(2) 定额工程量

图例及计算方法同清单图例及计算方法。

(九) 011505009 肥皂盒

1. 工程量清单计算规则

按设计图示数量计算。

2. 工程量清单计算规则图解

参考本节（一）011505001 洗漱台部分计算。

3. 工程量清单项目组价

(1) 定额工程量计算规则

肥皂盒按设计图示数量计算。

(2) 定额工程量

图例及计算方法同清单图例及计算方法。

(十) 011505010 镜面玻璃

1. 工程量清单计算规则

按设计图示尺寸以边框外围面积计算。

2. 工程量清单计算规则图解

(1) 图例

见图 Q. 5-5。

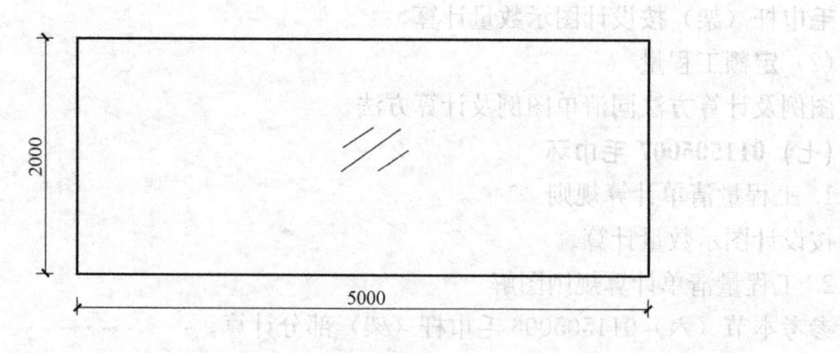

图 Q. 5-5　镜面玻璃

图例说明：按设计要求在门厅内安装一块不带框镜面玻璃，尺寸如图所示。计算镜面玻璃的工程量。

(2) 清单工程量

$$镜面玻璃的工程量=5\times2=10\text{m}^2$$

3. 工程量清单项目组价

(1) 定额工程量计算规则

镜面玻璃按设计图示尺寸以边框外围面积计算。

(2) 定额工程量

图例及计算方法同清单图例及计算方法。

(十一) 011505011 镜箱

1. 工程量清单计算规则

按设计图示数量计算。

2. 工程量清单计算规则图解

(1) 图例

见图 Q. 5-6、图 Q. 5-7。

图 Q. 5-6　镜箱

2000

5000

图 Q. 5-7　镜箱示意图

图例说明：如图为卫生间镜箱正面尺寸，共有 2 个。计算镜箱的工程量。

(2) 清单工程量

镜箱工程量=2 个

3. 工程量清单项目组价

(1) 定额工程量计算规则

镜箱按设计图示数量计算。

(2) 定额工程量

图例及计算方法同清单图例及计算方法。

Q. 6　雨篷、旗杆

一、项目的划分

项目划分为雨篷吊挂饰面、金属旗杆和玻璃雨篷。

旗杆的砌砖或混凝土台座包含在旗杆清单项中。

旗杆的高度指旗杆台座上表面至杆顶的尺寸（包括球珠）。

二、工程量计算与组价

(一) 011506001 雨篷吊挂饰面

1. 工程量清单计算规则

按设计图示尺寸以水平投影面积计算。

2. 工程量清单计算规则图解

（1）图例

见图 Q. 6-1、图 Q. 6-2。

图 Q. 6-1　雨篷吊挂饰面

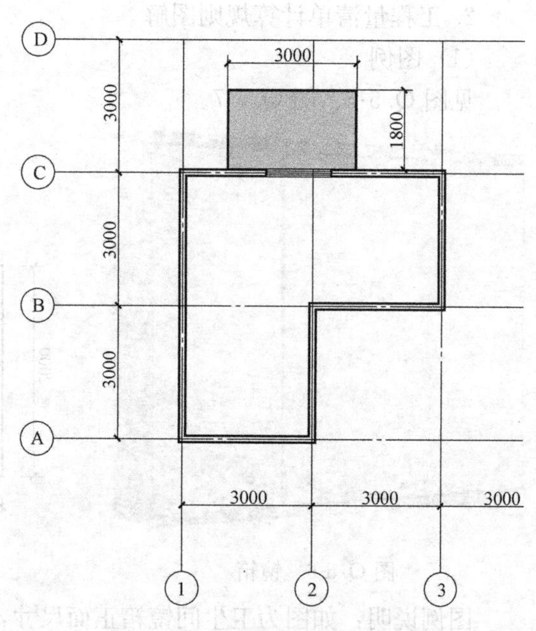

图 Q. 6-2　雨篷吊挂饰面示意图

图例说明：雨篷尺寸如图所示，宽 3m，长 1.8m，雨篷悬挑部分饰面采用红色有机玻璃板，计算雨篷装饰的工程量。

（2）清单工程量

雨篷吊挂饰面面积＝3×1.8＝5.4m²

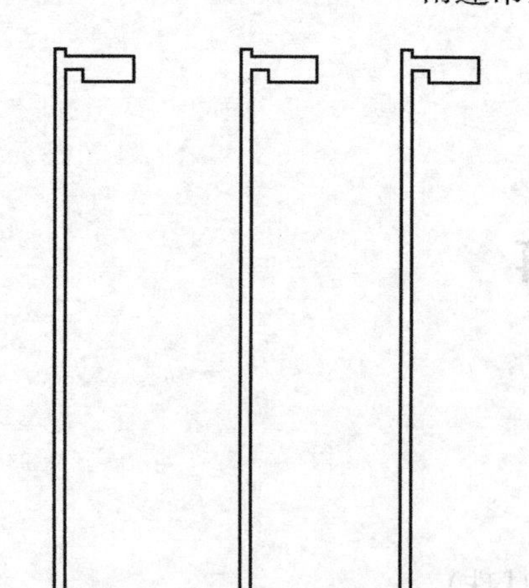

图 Q. 6-3　旗杆示意图

3. 工程量清单项目组价

（1）定额工程量计算规则

定额工程量计算规则同清单工程量计算规则。

（2）定额工程量

图例及计算方法同清单图例及计算方法。

（二）011506002 金属旗杆

1. 工程量清单计算规则

按设计图示数量计算。

2. 工程量清单计算规则图解

（1）图例

见图 Q. 6-3。

图例说明：图为某大厦门前不锈钢旗杆，共 3 根，旗杆高度为 15m，计算旗杆工程量。

（2）清单工程量

旗杆工程量＝3 根

3. 工程量清单项目组价

(1) 定额工程量计算规则

旗杆按设计图示数量计算。

(2) 定额工程量

图例及计算方法同清单图例及计算方法。

(三) 011506003 玻璃雨篷

1. 工程量清单计算规则

按设计图示尺寸以水平投影面积计算。

2. 工程量清单计算规则图解

参考本节（一）011506001 雨篷吊挂饰面部分计算。

3. 工程量清单项目组价

(1) 定额工程量计算规则

定额工程量计算规则同清单工程量计算规则。

(2) 定额工程量

图例及计算方法同清单图例及计算方法。

Q.7 招牌、灯箱

一、项目的划分

项目划分为平面、箱式招牌、竖式标箱、灯箱和信报箱。

平面招牌指直接挂钉在建筑物表面的招牌，也称为附贴式招牌，一般突出墙面很少，还可固定在大面积玻璃窗上。

箱式招牌指凸出建筑物表面的招牌，一般在500mm左右。

竖挂招牌指竖向的长方形六面体招牌。

二、工程量计算与组价

(一) 011507001 平面、箱式招牌

1. 工程量清单计算规则

按设计图示尺寸以正立面边框外围面积计算。复杂形的凸凹造型部分不增加面积。

2. 工程量清单计算规则图解

(1) 图例

见图 Q.7-1～图 Q.7-3。

图例说明：设计要求做钢结构箱式招牌，尺寸如图所示，计算招牌的工程量。

图 Q.7-1 箱式招牌

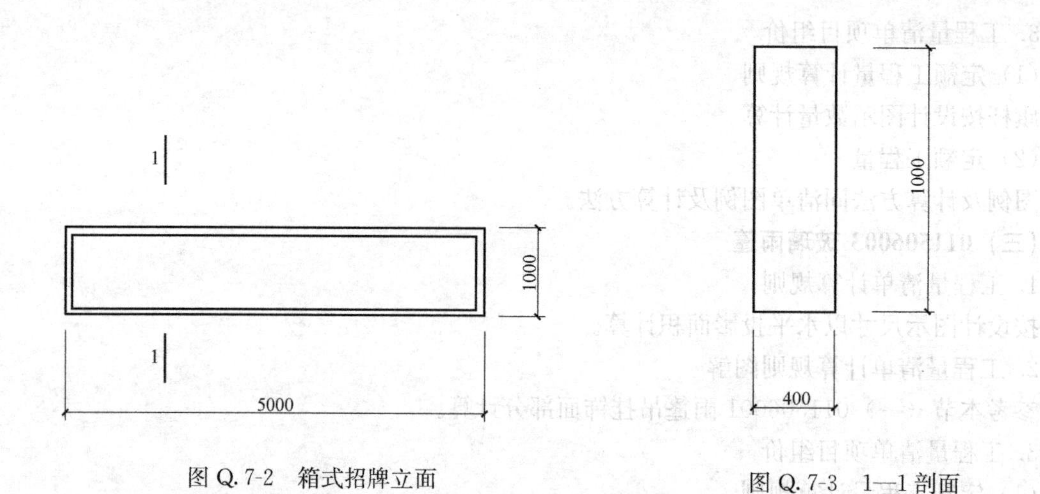

图 Q. 7-2 箱式招牌立面

图 Q. 7-3 1—1 剖面

(2) 清单工程量

箱式招牌的工程量＝5×1＝5m²

3. 工程量清单项目组价

(1) 定额工程量计算规则

1) 平面招牌（基层）按设计图示尺寸以正立面边框外围面积计算。复杂形的凸凹造型部分不增加面积。

2) 箱式招牌的基层按其外围图示尺寸以体积计算。

(2) 定额工程量

箱式招牌基层工程量＝5×1×0.4＝2m³

(二) 011507002 竖式标箱

1. 工程量清单计算规则

按设计图示数量计算。

2. 工程量清单计算规则图解

参考本节（一）011507001 平面、箱式招牌部分计算。

3. 工程量清单项目组价

(1) 定额工程量计算规则

竖式标箱的基层按其外围图示尺寸以体积计算。

(2) 定额工程量

参考本节（一）011507001 平面、箱式招牌部分计算。

(三) 011507003 灯箱

1. 工程量清单计算规则

按设计图示数量计算。

2. 工程量清单计算规则图解

参考本节（一）011507001 平面、箱式招牌部分计算。

3. 工程量清单项目组价

(1) 定额工程量计算规则

灯箱的面层按设计图示展开面积计算。

(2) 定额工程量

参考本节（一）011507001 平面、箱式招牌部分计算。

(四) 011507004 信报箱

1. 工程量清单计算规则

按设计图示数量计算。

2. 工程量清单计算规则图解

参考本节（一）011507001 平面、箱式招牌部分计算。

3. 工程量清单项目组价

(1) 定额工程量计算规则

定额工程量计算规则同清单工程量计算规则。

(2) 定额工程量

参考本节（一）011507001 平面、箱式招牌部分计算。

Q.8 美术字

一、项目的划分

项目划分为泡沫塑料字、有机玻璃字、木质字、金属字和吸塑字。

美术字是指单独字面式招牌。根据材质不同有有机玻璃字、泡沫塑料字等。

二、工程量计算与组价

(一) 011508001 泡沫塑料字

1. 工程量清单计算规则

按设计图示数量计算。

2. 工程量清单计算规则图解

(1) 图例

见图 Q.8-1、图 Q.8-2。

图 Q.8-1 泡沫塑料字（一）

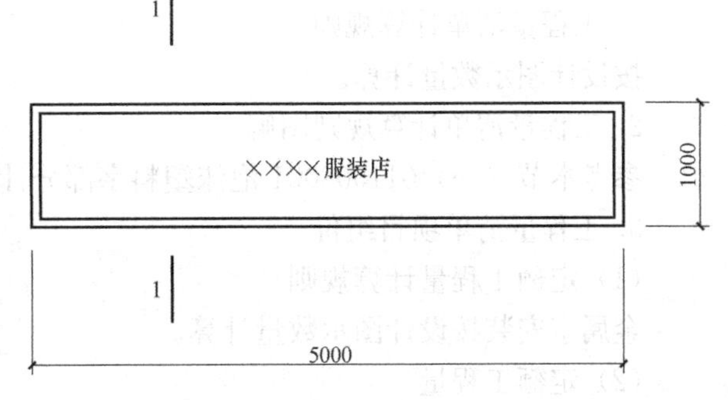

图 Q.8-2 泡沫塑料字（二）

图例说明：某服装店采用钢结构箱式招牌，店名采用泡沫塑料字，规格为380mm×380mm，共7个，如图所示。计算泡沫塑料字的工程量。

（2）清单工程量

泡沫塑料字的工程量=7个

3. 工程量清单项目组价

（1）定额工程量计算规则

美术字安装按设计图示数量计算。

（2）定额工程量

图例及计算方法同清单图例及计算方法。

（二）011508002 有机玻璃字

1. 工程量清单计算规则

按设计图示数量计算。

2. 工程量清单计算规则图解

参考本节（一）011508001泡沫塑料字部分计算。

3. 工程量清单项目组价

（1）定额工程量计算规则

有机玻璃字安装按设计图示数量计算。

（2）定额工程量

图例及计算方法同清单图例及计算方法。

（三）011508003 木质字

1. 工程量清单计算规则

按设计图示数量计算。

2. 工程量清单计算规则图解

参考本节（一）011508001泡沫塑料字部分计算。

3. 工程量清单项目组价

（1）定额工程量计算规则

木质字安装按设计图示数量计算。

（2）定额工程量

图例及计算方法同清单图例及计算方法。

（四）011508004 金属字

1. 工程量清单计算规则

按设计图示数量计算。

2. 工程量清单计算规则图解

参考本节（一）011508001泡沫塑料字部分计算。

3. 工程量清单项目组价

（1）定额工程量计算规则

金属字安装按设计图示数量计算。

（2）定额工程量

图例及计算方法同清单图例及计算方法。

（五）011508005 吸塑字

1. 工程量清单计算规则

按设计图示数量计算

2. 工程量清单计算规则图解

参考本节（一）011508001 泡沫塑料字部分计算。

3. 工程量清单项目组价

（1）定额工程量计算规则

吸塑字安装按设计图示数量计算。

（2）定额工程量

图例及计算方法同清单图例及计算方法。

附录R 拆除工程

R.1 砖砌体拆除

一、项目的划分

拆除砖砌体包括拆除砖砌的墙、柱、水池等各种砖砌结构，包括砌体表面的抹灰层、块料层、龙骨及装饰面层等附着物种类包含在砖砌体拆除中。

二、工程量计算与组价

（一）011601001 砖砌体拆除

1. 工程量清单计算规则

（1）以立方米计量，按拆除的体积计算。

（2）以米计量，按拆除的延长米计算。

说明：以米计量时，必须在项目特征中描述拆除构件的截面尺寸；以立方米计量时，项目特征可以不描述拆除构件的截面尺寸。

2. 工程量清单计算规则图解

（1）图例

见图 R.1-1、图 R.1-2。

图 R.1-1 拆除砖房屋

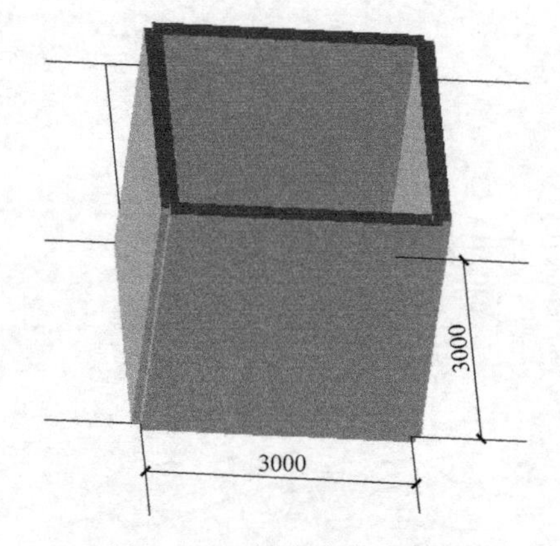

图 R.1-2 拆除砖墙示意图

图例说明：如图所示，墙按轴线居中布置，墙中心线围成的矩形尺寸为 3000mm×3000mm，墙厚为 200mm，墙高为 3m。计算墙体拆除工程量。

（2）清单工程量

拆除工程量按体积计算

$$V=3\times4\times0.2\times3=7.2m^3$$

3. 工程量清单项目组价

（1）定额工程量计算规则

以计量，按拆除的体积计算。

（2）定额工程量

图例及工程量计算方法同清单工程量计算图解。

R.2 混凝土及钢筋混凝土构件拆除

一、项目的划分

项目划分为混凝土构件拆除和钢筋混凝土构件拆除。

本项目包括拆除素混凝土构件和配筋混凝土构件，构件表面的抹灰层、块料层、龙骨及装饰面层等附着物种类包含在混凝土及钢筋混凝土构件拆除中。

二、工程量计算与组价

（一）011602001 混凝土构件拆除

1. 工程量清单计算规则

（1）以立方米计量，按拆除构件的混凝土体积计算。

（2）以平方米计量，按拆除部位的面积计算。

（3）以米计量，按拆除部位的延长米计算。

说明：以米计量时，必须在项目特征中描述拆除构件的规格尺寸；以平方米计量时，必须在项目特征中描述拆除构件的厚度。

2. 工程量清单计算规则图解

（1）图例

见图 R.2-1、图 R.2-2。

图例说明：如图所示，墙按轴线居中布置，围成 3000mm×3000mm 的矩形，墙厚 200mm，墙高 3m，门高 2000mm、宽 1000mm，计算混凝土拆除量。

（2）清单工程量

1）公式

拆除墙体积＝墙体积－门体积

2）图例计算过程

$$V=3\times4\times0.2\times3-2\times1\times0.2=6.8m^3$$

3. 工程量清单项目组价

（1）定额工程量计算规则

按设计图示尺寸以拆除体积计算。

图 R. 2-1　拆除混凝土墙

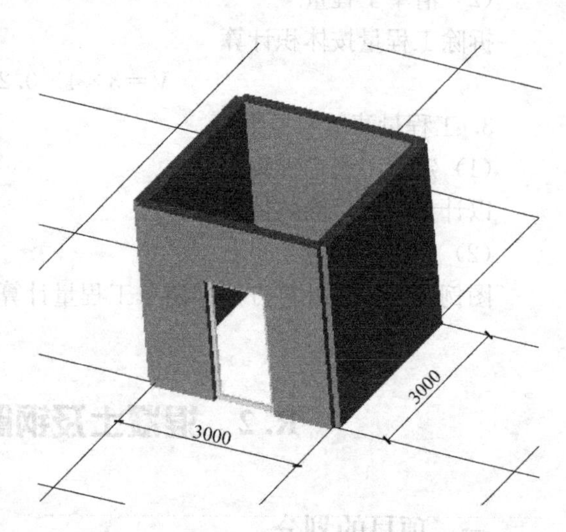

图 R. 2-2　混凝土墙三维示意图

（2）定额工程量

图例及计算方法同清单工程量计算图解。

（二）011602002 钢筋混凝土构件拆除

1. 工程量清单计算规则

（1）以立方米计量，按拆除构件的混凝土体积计算。

（2）以平方米计量，按拆除部位的面积计算。

（3）以米计量，按拆除部位的延长米计算。

说明：以米计量时，必须在项目特征中描述拆除构件的规格尺寸；以平方米计量时，必须在项目特征中描述拆除构件的厚度。

2. 工程量清单计算规则图解

（1）图例

见图 R. 2-3～图 R. 2-5。

图 R. 2-3　拆除混凝土梁

图例说明：如图所示，梁截面为 500mm×500mm，梁围成的矩形长度 6000mm，宽度 3000mm，计算拆除工程量。

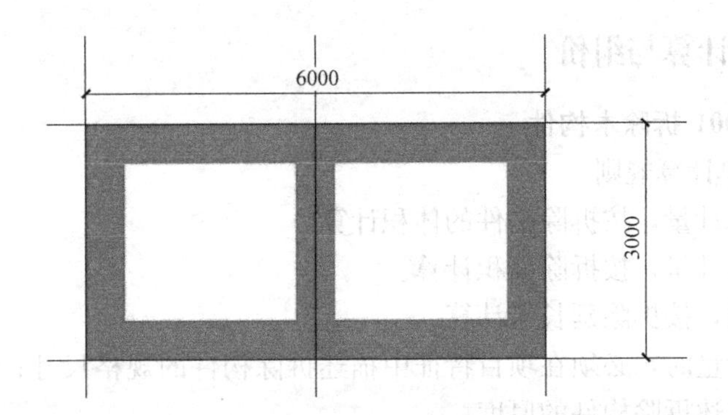

图 R.2-4 拆除混凝土梁俯视示意图

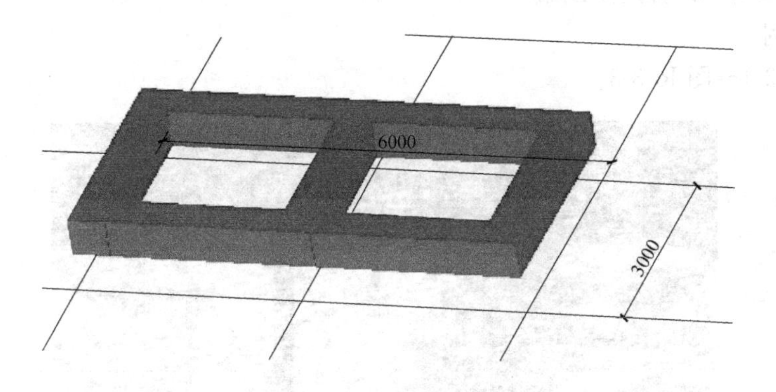

图 R.2-5 拆除混凝土梁三维示意图

(2) 清单工程量

1) 公式

拆除梁体积＝梁实际体积

2) 图例计算过程

$$V=(5.5\times2+2.5\times2+2)\times0.5\times0.5=4.5\text{m}^3$$

3. 工程量清单项目组价

(1) 定额工程量计算规则

按实际拆除体积计算。

(2) 定额工程量

图例及计算方法同清单工程量计算图解。

R.3 木构件拆除

一、项目的划分

本项目包括拆除木梁、木柱、木楼梯、木屋架、承重木楼板等，包含木结构表面的抹灰层、块料层、龙骨及装饰面层等附着物种类。

二、工程量计算与组价

（一）011603001 拆除木构件

1. 工程量清单计算规则

（1）以立方米计量，按拆除构件的体积计算。

（2）以平方米计量，按拆除面积计算。

（3）以米计量，按拆除延长米计算。

说明：以米计量时，必须在项目特征中描述拆除构件的规格尺寸；以平方米计量时，应在项目特征中描述拆除构件的厚度。

2. 工程量清单计算规则图解

（1）图例

见图 R. 3-1～图 R. 3-3。

图 R. 3-1　拆除木结构

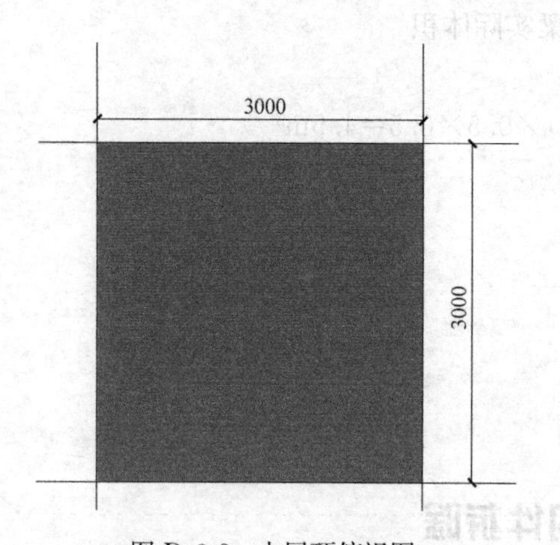

图 R. 3-2　木屋顶俯视图

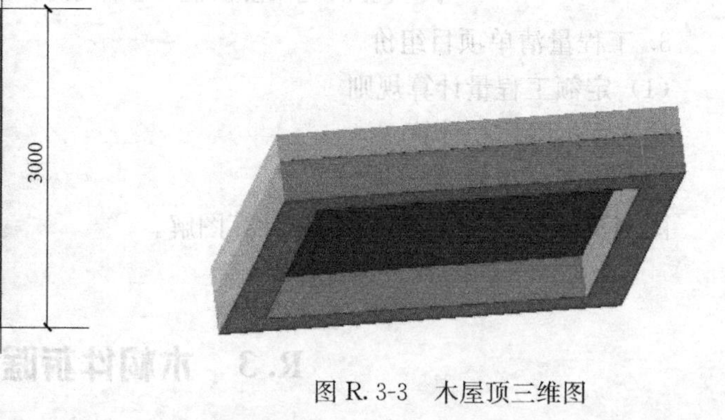

图 R. 3-3　木屋顶三维图

图例说明：如图所示，木屋顶顶板尺寸为 3000mm×3000mm，顶板厚度 200mm，屋顶下四周为木梁，梁截面为 300mm×300mm。计算屋顶拆除工程量。

（2）清单工程量

1）公式

拆除木构件体积＝拆除的木板体积＋拆除的木梁体积

2）图例计算过程

$$V=3\times3\times0.2+2.7\times4\times0.3\times0.3=2.77\text{m}^3$$

3. 工程量清单项目组价

（1）定额工程量计算规则

按设计图示尺寸以拆除实际体积计算。

（2）定额工程量

图例及计算方法同清单工程量计算图解。

R.4 抹灰层拆除

一、项目的划分

项目划分为平面抹灰拆除、立面抹灰拆除及天棚抹灰拆除。对于单独拆除抹灰层的按本项目的清单列项，对于砖砌体、混凝土及木结构的表面的抹灰拆除可以包含在砖砌体及混凝土及木结构的拆除中。

二、工程量计算与组价

（一）011604001 平面抹灰层拆除

1. 工程量清单计算规则

按拆除部位的面积计算。

2. 工程量清单计算规则图解

（1）图例

见图 R.4-1～图 R.4-3。

图 R.4-1 拆除地面抹灰

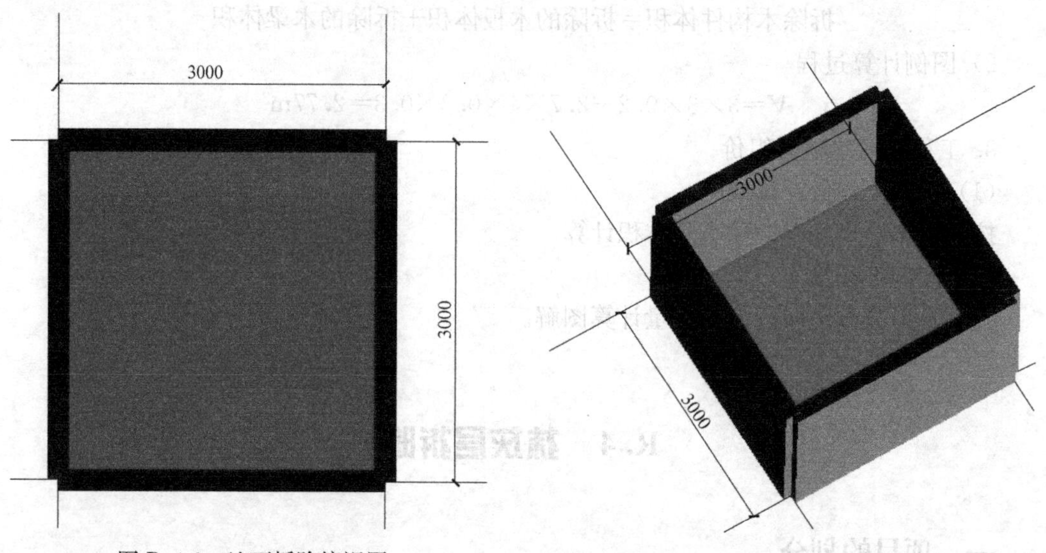

图 R. 4-2 地面拆除俯视图

图 R. 4-3 地面拆除三维图

图例说明：如图所示，墙按轴线居中布置，围成的区域为 3000mm×3000mm，墙厚度 200mm，拆除室内地面。计算抹灰层拆除工程量。

（2）清单工程量

1）公式

拆除平面面积＝实际拆除平面面积

2）图例计算过程

$$V=(3-0.2)\times(3-0.2)=7.84\text{m}^2$$

3. 工程量清单项目组价

图 R. 4-4 拆除立面抹灰

（1）定额工程量计算规则

按设计图示尺寸以拆除实际面积计算。

（2）定额工程量

图例及计算方法同清单工程量计算图解。

（二）011604002 立面抹灰层拆除

1. 工程量清单计算规则

按拆除部位的面积计算。

2. 工程量清单计算规则图解

（1）图例

见图 R. 4-2～图 R. 4-4。

图例说明：如图所示，墙按轴线居中布置，围成的区域为 3000mm×3000mm，墙厚度 200mm，墙高度 3m，拆除室内墙面。计算拆除工程量。

（2）清单工程量

1）公式

拆除立面面积＝实际拆除立面面积

2）图例计算过程

$$V=2.8\times4\times3=33.6m^2$$

3. 工程量清单项目组价

(1) 定额工程量计算规则

按设计图示尺寸以拆除实际面积计算。

(2) 定额工程量

图例及计算方法同清单工程量计算图解。

(三) 011604003 天棚抹灰面拆除

1. 工程量清单计算规则

按拆除部位的面积计算。

2. 工程量清单计算规则图解

(1) 图例

见图 R.4-5～图 R.4-7。

图 R.4-5 拆除天棚面抹灰

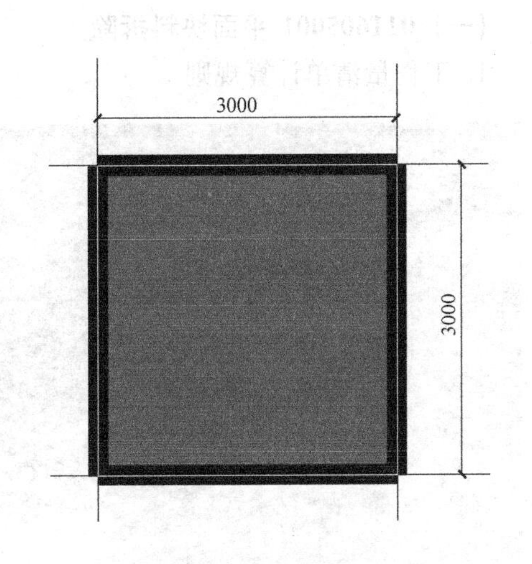

图 R.4-6 天棚面拆除俯视图

图例说明：如图所示，墙按轴线居中布置，围成的区域为 3000mm×3000mm，墙厚度 200mm，拆除天棚室内布置。计算拆除天棚的工程量。

(2) 清单工程量

1) 公式

拆除天棚面面积=实际拆除天棚面积

2) 图例计算过程

$$V=(3-0.2)\times(3-0.2)=7.84m^2$$

3. 工程量清单项目组价

(1) 定额工程量计算规则

按设计图示尺寸以拆除实际面积计算。

(2) 定额工程量

图例及计算方法同清单工程量计算图解。

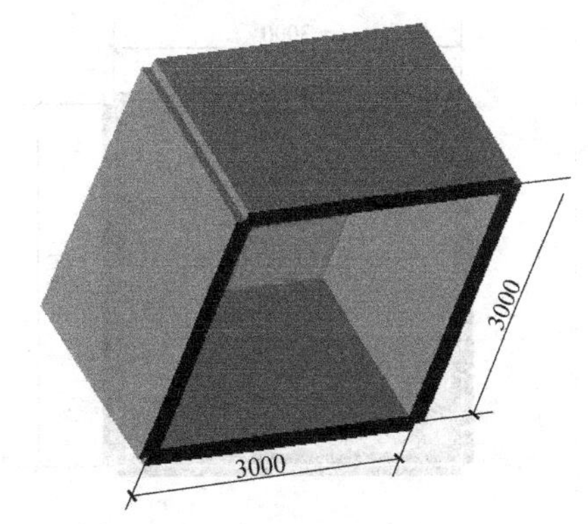

图 R.4-7 天棚面拆除三维图

R.5　块料面层拆除

一、项目的划分

项目划分为平面块料拆除及立面块料拆除。

可以用于块料装饰的块料面层及基层拆除，也可用于仅拆除块料层。对于仅拆除块料层的，项目特征中不需要描述拆除的基层类型；对于砖砌体、混凝土及木结构的表面的块料拆除可以包含在砖砌体、混凝土及木结构的拆除中。

二、工程量计算与组价

（一）011605001 平面块料拆除

1. 工程量清单计算规则

图 R.5-1　拆除地面块料

按拆除面积计算。

2. 工程量清单计算规则图解

（1）图例

见图 R.5-1～图 R.5-3。

图例说明：如图所示，墙按轴线居中布置，围成的区域为 3000mm×3000mm，墙厚度 200mm，室内铺地砖地面，地面上有 1000mm×1000mm 的独立基础。现拆除地面砖及独立基础，计算拆除工程量。

（2）清单工程量

1）公式

拆除平面面积＝实际拆除平面面积

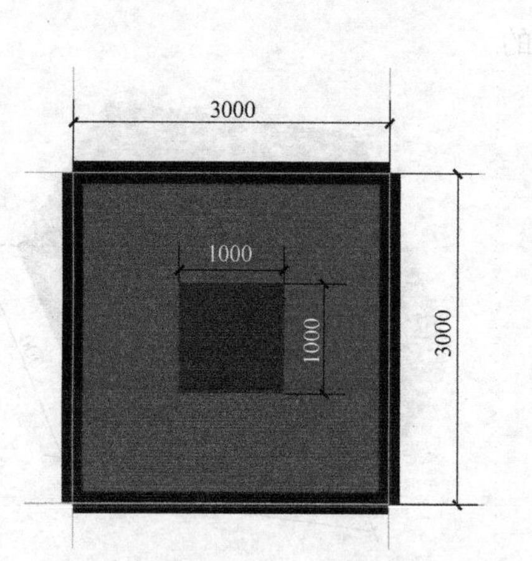

图 R.5-2　块料地面拆除俯视图

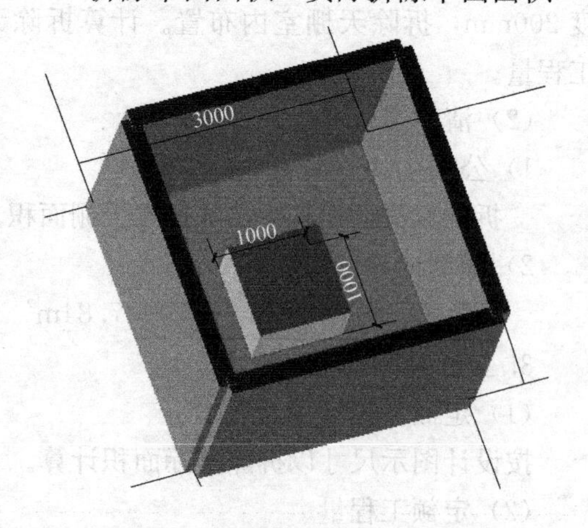

图 R.5-3　块料地面拆除三维图

2）图例计算过程

$$V=(3-0.2)\times(3-0.2)-1\times1=6.84\text{m}^2$$

3. 工程量清单项目组价

（1）定额工程量计算规则

按设计图示尺寸以拆除实际面积计算。

（2）定额工程量

图例及计算方法同清单工程量计算图解。

（二）011605002 立面块料拆除

1. 工程量清单计算规则

按拆除面积计算。

2. 工程量清单计算规则图解

（1）图例

见图 R. 5-4～图 R. 5-6。

图 R. 5-4 拆除立面块料

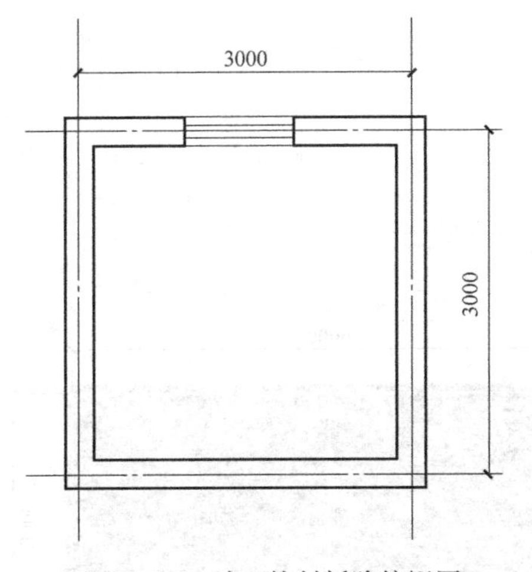

图 R. 5-5 墙面块料拆除俯视图

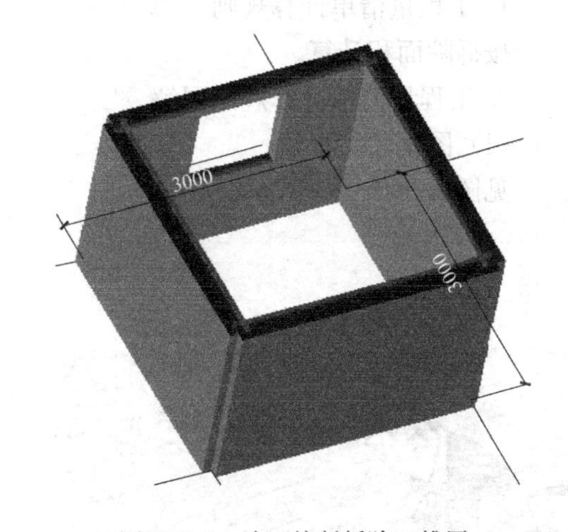

图 R. 5-6 墙面块料拆除三维图

图例说明：如图所示，墙按轴线居中布置，围成的区域为 3000mm×3000mm，墙厚度 200mm，墙高度 3m，墙上窗规格 1000mm×1000mm，内墙面为面砖，面砖厚度 50mm。现需拆除墙面砖，计算拆除工程量。

（2）清单工程量

1）公式

拆除立面面积＝墙面面积－门窗孔洞

2）图例计算过程

$$V=2.75\times4\times3-1\times1=32\text{m}^2$$

3. 工程量清单项目组价

（1）定额工程量计算规则

按设计图示尺寸以拆除实际面积计算。

（2）定额工程量

图例及计算方法同清单工程量计算图解。

R.6　龙骨及饰面拆除

一、项目的划分

项目划分为楼地面龙骨及饰面拆除、墙柱面龙骨及饰面拆除及天棚面龙骨及饰面拆除。拆除的饰面可以包含龙骨及基层，也可以只包含龙骨，或者仅包含拆除饰面，具体可在项目特征中描述。仅拆除龙骨及饰面的，项目特征中的拆除的基层类型不用描述；只拆除饰面，项目特征中的龙骨材料种类不用描述。

二、工程量计算与组价

（一）011606001 楼地面龙骨及饰面拆除

1. 工程量清单计算规则

按拆除面积计算。

2. 工程量清单计算规则图解

（1）图例

见图 R.6-1～图 R.6-3。

图 R.6-1　拆除带龙骨木地板

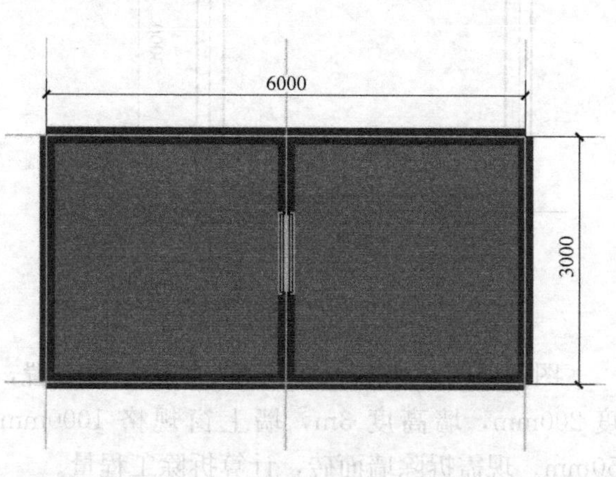

图 R.6-2　龙骨地面拆除俯视图

图例说明：如图所示，墙按轴线居中布置，围成的区域为 6000mm×3000mm，墙厚度 200mm，室内地板为龙骨木地板，中间墙上的门尺寸为 1000mm×2000mm。现拆除地板，计算拆除工程量。

（2）清单工程量

1）公式

拆除地板面积＝实际拆除地板面积

2）图例计算过程

$V=2.8\times2.8\times2+0.2\times1=15.88m^2$

3. 工程量清单项目组价

(1) 定额工程量计算规则

按设计图示尺寸以拆除实际面积计算。

(2) 定额工程量

图例及计算方法同清单工程量计算图解。

(二) 011606002 墙柱面龙骨及饰面拆除

1. 工程量清单计算规则

按拆除面积计算。

2. 工程量清单计算规则图解

(1) 图例

见图 R.6-4、图 R.6-5。

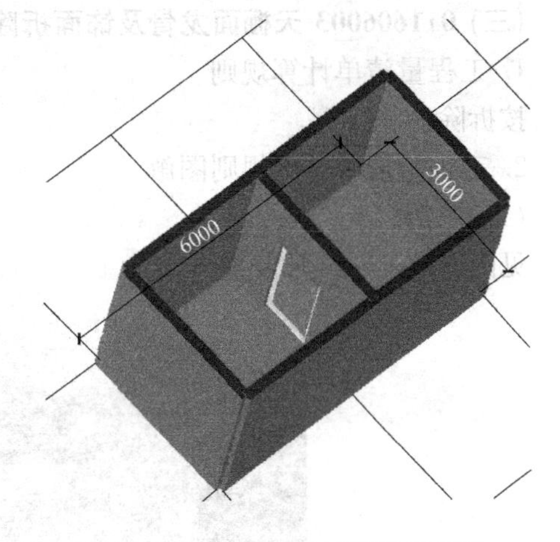

图 R.6-3 龙骨地面拆除三维图

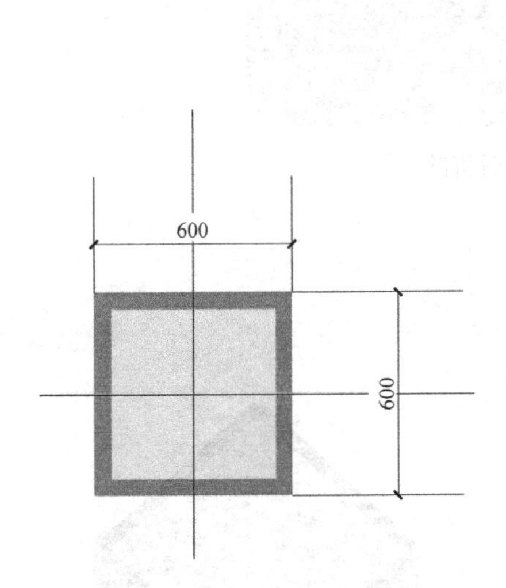

图 R.6-4 柱带龙骨饰面俯视图

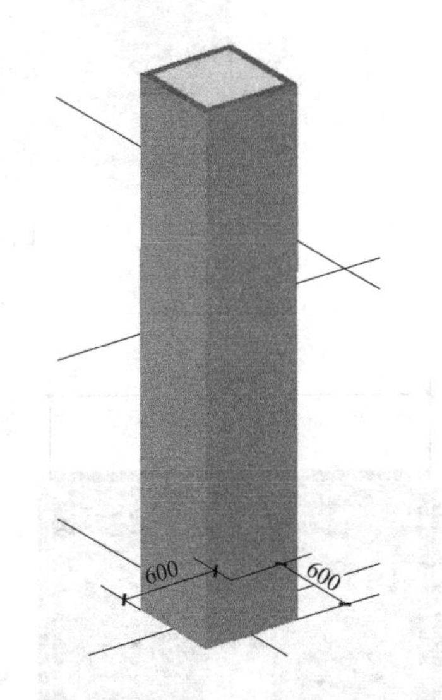

图 R.6-5 柱带龙骨饰面三维图

图例说明：如图所示，柱截面尺寸为 500mm×500mm，柱饰面厚度为 50mm（龙骨+饰面），柱高为 3m。现拆除柱饰面，计算拆除工程量。

(2) 清单工程量

1) 公式

拆除柱饰面面积=实际拆除面积(饰面外围面积)

2) 图例计算过程

$$V=0.6\times4\times3=7.2m^2$$

3. 工程量清单项目组价

(1) 定额工程量计算规则

按设计图示尺寸以拆除实际面积计算。

(2) 定额工程量

图例及计算方法同清单工程量计算图解。

（三）011606003 天棚面龙骨及饰面拆除

1. 工程量清单计算规则

按拆除面积计算。

2. 工程量清单计算规则图解

（1）图例

见图 R. 6-6～图 R. 6-8。

图 R. 6-6　天棚龙骨拆除

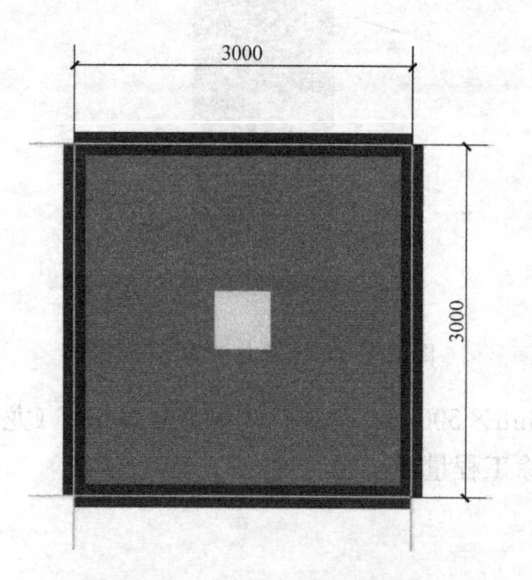

图 R. 6-7　龙骨天棚拆除俯视图

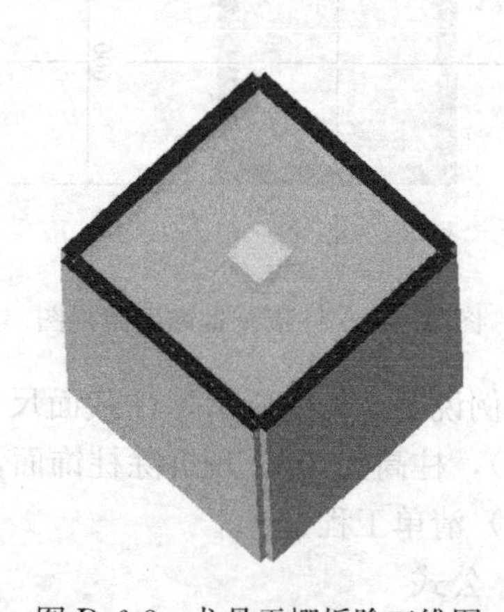

图 R. 6-8　龙骨天棚拆除三维图

图例说明：如图所示，墙按轴线居中布置，围成的区域为 3000mm×3000mm，墙厚度 200mm，天棚为龙骨吊顶，中间有一独立柱截面为 500mm×500mm。现拆除天棚吊顶，计算拆除工程量。

（2）清单工程量

1）公式

拆除天棚吊顶面积＝实际拆除面积

2）图例计算过程

$$V=(3-0.2)\times(3-0.2)-0.5\times0.5=7.59\text{m}^2$$

3. 工程量清单项目组价

(1) 定额工程量计算规则

按设计图示尺寸以拆除实际面积计算。

(2) 定额工程量

图例及计算方法同清单工程量计算图解。

R.7 屋面拆除

一、项目的划分

项目划分为屋面的刚性层拆除及防水层拆除。

二、工程量计算与组价

(一) 011607001 刚性层拆除

1. 工程量清单计算规则

按铲除部位的面积计算。

2. 工程量清单计算规则图解

(1) 图例

见图 R.7-1～图 R.7-3。

图 R.7-1 刚性屋面拆除

图例说明：如图所示，墙按轴线居中布置，围成的区域为 3000mm×3000mm，墙厚度 200mm，屋面为刚性屋面，屋面中间 1000mm×1000mm 的设备基础。现拆除屋面，计算拆除工程量。

(2) 清单工程量

1) 公式

拆除屋面面积＝实际拆除屋面面积

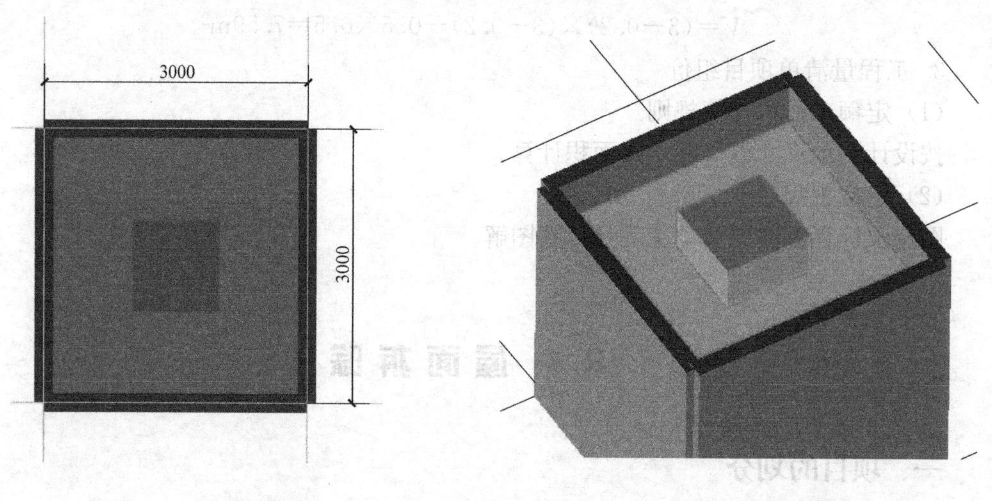

图 R. 7-2 屋面俯视图　　图 R. 7-3 屋面三维图

2）图例计算过程

$$V=2.8\times2.8-1\times1=6.84\text{m}^2$$

3. 工程量清单项目组价

(1) 定额工程量计算规则

按设计图示尺寸以拆除实际面积计算。

(2) 定额工程量

图例及计算方法同清单工程量计算图解。

(二) 011607002 防水层拆除

1. 工程量清单计算规则

按铲除部位的面积计算。

2. 工程量清单计算规则图解

(1) 图例

见图 R. 7-4～图 R. 7-6。

图 R. 7-4 拆除防水

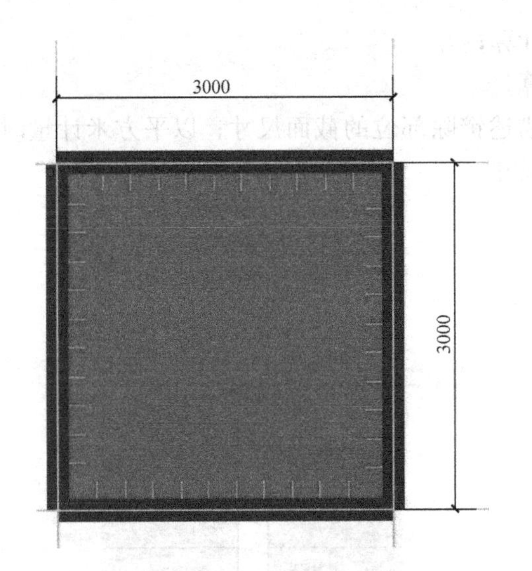

图 R. 7-5　屋面防水俯视图

图 R. 7-6　屋面防水三维图

图例说明：如图所示，墙按轴线居中布置，围成的区域为 3000mm×3000mm，墙厚度 200mm，屋面为卷材防水，防水卷边高度为 500mm。现拆除屋面防水，计算拆除工程量。

（2）清单工程量

1）公式

拆除屋面防水面积＝实际拆除防水面积

2）图例计算过程

$$V=2.8\times2.8+0.5\times2.8\times4=13.44\text{m}^2$$

3. 工程量清单项目组价

（1）定额工程量计算规则

按设计图示尺寸以拆除实际面积计算。

（2）定额工程量

图例及计算方法同清单工程量计算图解。

R. 8　铲除油漆涂料裱糊面

一、项目的划分

项目划分为铲除油漆面、铲除涂料面、铲除裱糊面，具体铲除的部位名称在墙面、柱面、天棚、门窗等的项目特征中描述。

二、工程量计算与组价

（一）011608001 铲除油漆面

1. 工程量清单计算规则

（1）以平方米计量，按铲除部位的面积计算；

（2）以米计量，按铲除部位的延长米计算。

说明：以米计量时，必须在项目特征中描述铲除部位的截面尺寸；以平方米计量时，则不用在项目特征中描述铲除部位件的截面尺寸。

2. 工程量清单计算规则图解

（1）图例

见图 R. 8-1～图 R. 8-3。

图 R. 8-1 铲除油漆

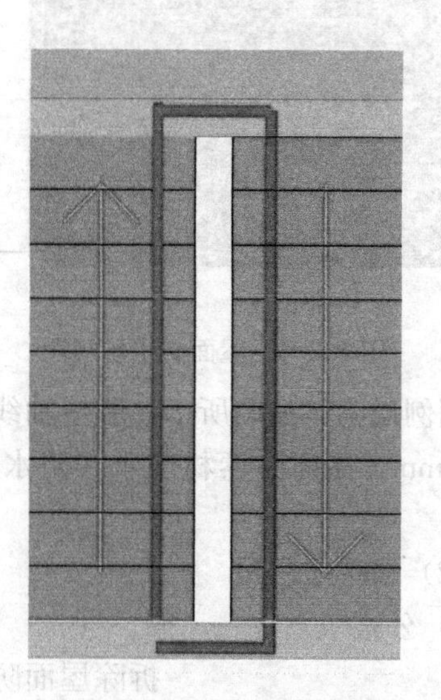

图 R. 8-2 栏杆油漆俯视图

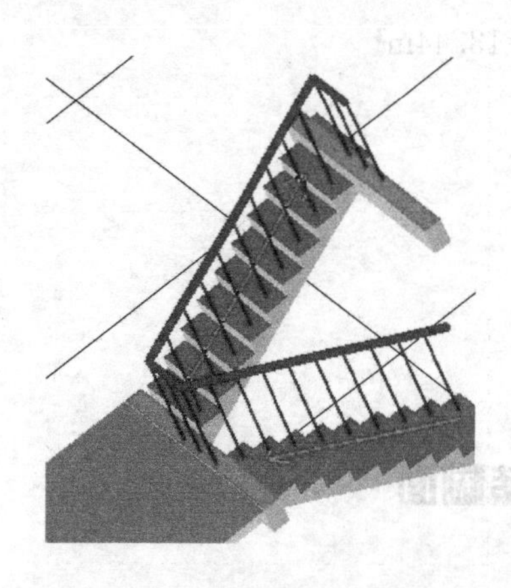

图 R. 8-3 栏杆油漆三维图

图例说明：如图楼梯栏杆长度为 7. 55m，现需要铲除楼梯栏杆上的油漆，计算油漆铲除工程量。

（2）清单工程量

1）公式

拆除油漆工程量＝铲除构件实际长度

2）图例计算过程

$$L=7.55\text{m}$$

3. 工程量清单项目组价

（1）定额工程量计算规则

按设计图示尺寸以铲除工程量计算。

（2）定额工程量

图例及计算方法同清单工程量计算图解。

（二）011608002 铲除涂料面

1. 工程量清单计算规则

（1）以平方米计量，按铲除部位的面积计算；

（2）以米计量，按铲除部位的延长米计算。

说明：以米计量时，必须在项目特征中描述铲除部位的截面尺寸；以平方米计量时，则不用在项目特征中描述铲除部位的截面尺寸。

2. 工程量清单计算规则图解

(1) 图例

见图 R. 8-4～图 R. 8-6。

图 R. 8-4 铲除涂料

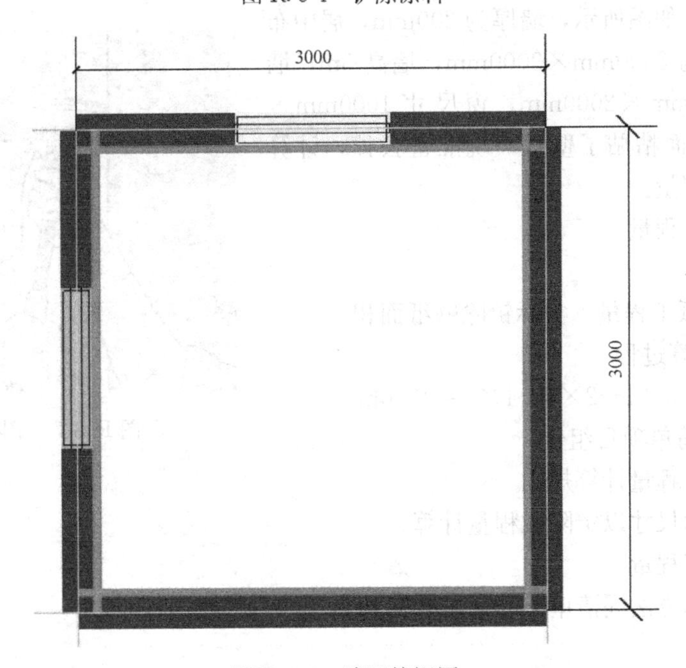

图 R. 8-5 墙面俯视图

图例说明：墙厚为 200mm，居中布置，围成区域为 3000mm × 3000mm，墙高 3000mm，墙上门尺寸 1000mm×2000mm，窗尺寸 1000mm×1000mm。现需要除掉墙面涂料，计算涂料铲除工程量。

(2) 清单工程量

1) 公式

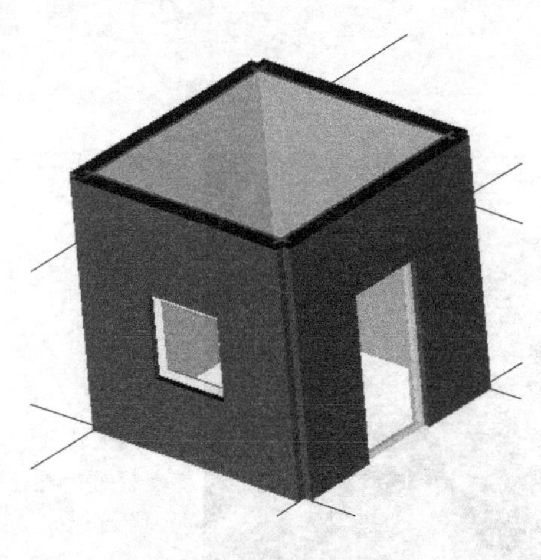

图 R. 8-6　墙面三维图

铲除涂料工程量＝实际铲除涂料面积

2）图例计算过程

$S=2.8\times3\times4-2\times1-1\times1=30.6\mathrm{m}^2$

3. 工程量清单项目组价

（1）定额工程量计算规则

按设计图示尺寸以铲除工程量计算。

（2）定额工程量

图例及计算方法同清单工程量计算图解。

（三）011608003 铲除裱糊面

1. 工程量清单计算规则

（1）以平方米计量，按铲除部位的面积计算；

（2）以米计量，按铲除部位的延长米计算。

说明：以米计量时，必须在项目特征中描述铲除部位的截面尺寸；以平方米计量时，则不用在项目特征中描述铲除部位的截面尺寸。

2. 工程量清单计算规则图解

（1）图例

见图 R. 8-5～图 R. 8-7。

图例说明：如图所示，墙厚为 200mm，居中布置，围成区域为 3000mm×3000mm，墙高 3m，墙上门尺寸 1000mm×2000mm，窗尺寸 1000mm×1000mm。墙内面粘贴了壁纸，现准备去掉，计算铲除壁纸的工程量。

图 R. 8-7　铲除壁纸

（2）清单工程量

1）公式

铲除壁纸工程量＝实际铲除壁纸面积

2）图例计算过程

$S=2.8\times3\times4-2\times1-1\times1=30.6\mathrm{m}^2$

3. 工程量清单项目组价

（1）定额工程量计算规则

按设计图示尺寸以铲除工程量计算。

（2）定额工程量

图例及计算方法同清单工程量计算图解。

R. 9　栏杆栏板、轻质隔断隔墙拆除

一、项目的划分

项目划分为栏杆、栏板拆除及隔断隔墙拆除。

二、工程量计算与组价

（一）011609001 栏杆、栏板拆除

1. 工程量清单计算规则

（1）以平方米计量，按拆除部位的面积计算。

（2）以米计量，按拆除的延长米计算。

说明：以米计量时，必须在项目特征中描述栏杆（板）的高度；以平方米计量时，则不用在项目特征中描述栏杆（板）的高度。

2. 工程量清单计算规则图解

（1）图例

见图 R.8-2、图 R.8-3、图 R.9-1。

图例说明：如图所示，楼梯栏杆长度为 7.55m，计算拆除栏杆工程量。

图 R.9-1 拆除栏杆

（2）清单工程量

1）公式

拆除栏杆工程量＝拆除构件实际长度

2）图例计算过程

$$L=7.55\text{m}$$

3. 工程量清单项目组价

（1）定额工程量计算规则

按设计图示尺寸以铲除工程量计算

（2）定额工程量

图例及计算方法同清单工程量计算图解。

（二）011609002 隔断隔墙拆除

1. 工程量清单计算规则

按拆除部位的面积计算。

2. 工程量清单计算规则图解

（1）图例

见图 R.9-2～图 R.9-4。

图例说明：如图所示，中间隔墙厚度为 100mm，高度为 3m，拆除长度为 2.8m，计算隔墙拆除量。

（2）清单工程量

1）公式

拆除工程量＝拆除实际体积

2）图例计算过程

$$V=2.8\times3\times0.1=0.84\text{m}^3$$

3. 工程量清单项目组价

（1）定额工程量计算规则

按设计图示尺寸以铲除工程量计算。

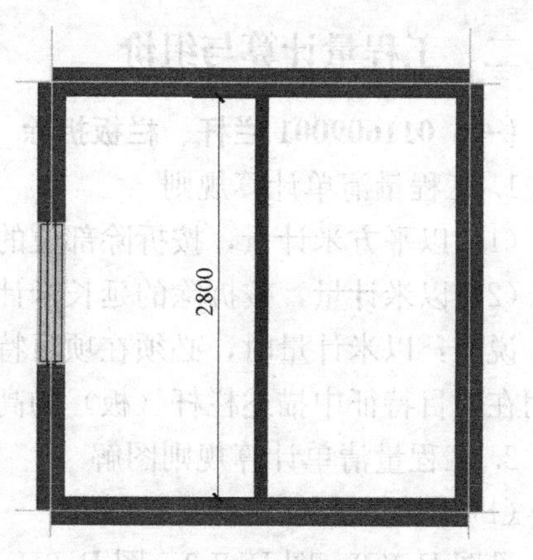

图 R. 9-3　隔墙俯视图

图 R. 9-2　拆除隔墙

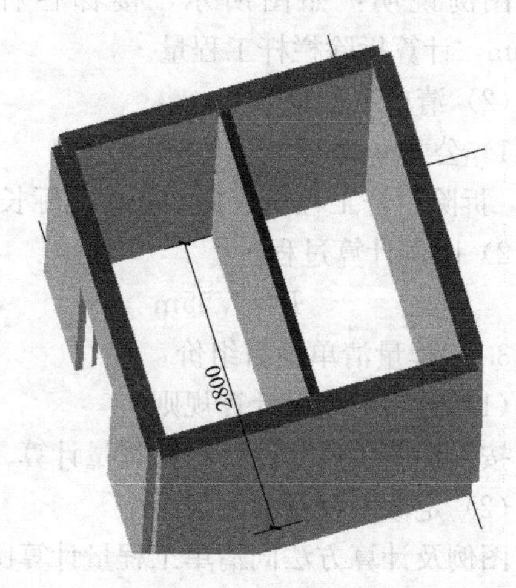

图 R. 9-4　隔墙三维图

(2) 定额工程量

图例及计算方法同清单工程量计算图解。

R. 10　门窗拆除

一、项目的划分

项目划分为木门窗拆除和金属门窗拆除。

二、工程量计算与组价

(一) 011610001 木门窗拆除

1. 工程量清单计算规则

(1) 以平方米计量，按拆除面积计算。

(2) 以樘计量，按拆除樘数计算。

说明：以樘计量时，必须在项目特征中描述门窗的洞口尺寸。

2. 工程量清单计算规则图解

（1）图例

见图 R. 10-1～图 R. 10-3。

图 R. 10-1　拆除木门窗

图 R. 10-2　门俯视图

图例说明：如图所示，门的数量为 2 樘。计算门窗拆除量。

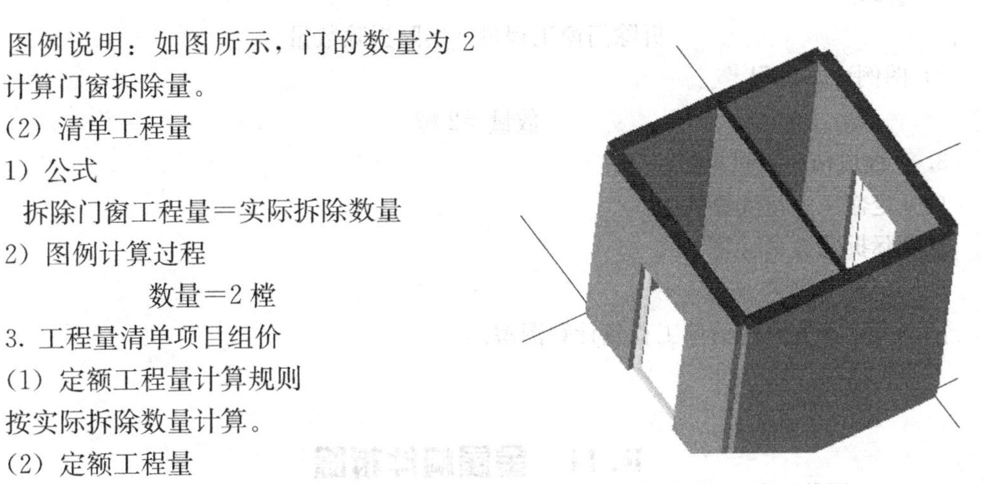

图 R. 10-3　门三维图

（2）清单工程量

1）公式

拆除门窗工程量＝实际拆除数量

2）图例计算过程

数量＝2 樘

3. 工程量清单项目组价

（1）定额工程量计算规则

按实际拆除数量计算。

（2）定额工程量

图例及计算方法同清单工程量计算图解。

（二）011610002 金属门窗拆除

1. 工程量清单计算规则

（1）以平方米计量，按拆除面积计算。

（2）以樘计量，按拆除樘数计算。

说明：以樘计量时，必须在项目特征中描述门窗的洞口尺寸。

2. 工程量清单计算规则图解

（1）图例

见图 R. 10-2～图 R. 10-4。

图 R. 10-4　拆除金属门窗

图例说明：如图所示，门的数量为 2 樘，计算门窗拆除量。

（2）清单工程量

1）公式

拆除门窗工程量＝实际拆除数量

2）图例计算过程

数量＝2 樘

3. 工程量清单项目组价

（1）定额工程量计算规则

按实际拆除数量计算。

（2）定额工程量

图例及计算方法同清单工程量计算图解。

R. 11　金属构件拆除

一、项目的划分

项目划分为钢梁拆除，钢柱拆除，钢网架拆除，钢支撑，钢墙架拆除，其他金属构件拆除。

二、工程量计算与组价

（一）011611001 钢梁拆除

1. 工程量清单计算规则

（1）以吨计量，按拆除构件的质量计算。

(2) 以米计量，按拆除延长米计算。

说明：以米计量时，必须描述构件规格尺寸。

2. 工程量清单计算规则图解

(1) 图例

见图 R. 11-1～图 R. 11-3。

图 R. 11-1 拆除钢梁

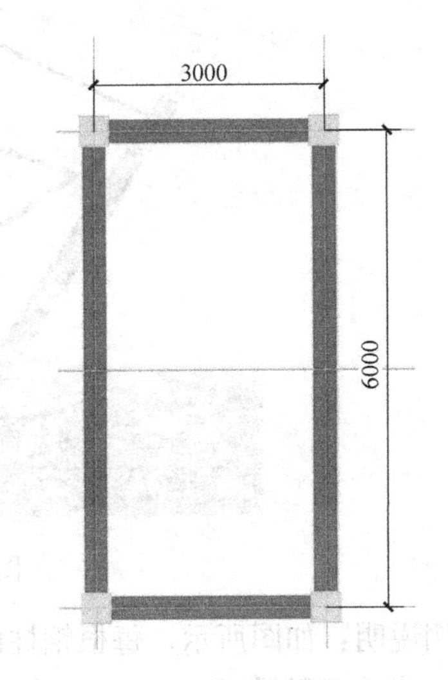

图 R. 11-2 钢梁俯视图

图例说明：如图所示，钢梁围成的区域为 6000mm × 3000mm。计算钢梁拆除量。

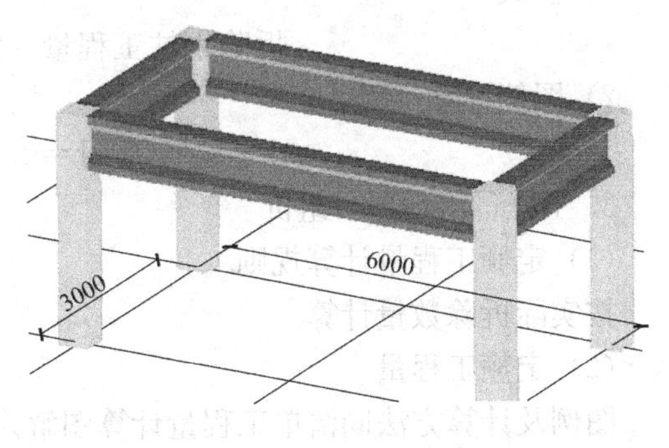

图 R. 11-3 钢梁三维图

(2) 清单工程量

1) 公式

拆除钢梁工程量＝实际拆除钢梁长度

2) 图例计算过程

长度＝(6＋3)×2＝18m

3. 工程量清单项目组价

(1) 定额工程量计算规则

按实际拆除数量计算。

(2) 定额工程量

图例及计算方法同清单工程量计算图解。

(二) 011611002 钢柱拆除

1. 工程量清单计算规则

(1) 以吨计量，按拆除构件的质量计算。

(2) 以米计量，按拆除延长米计算。

说明：以米计量时，必须描述构件规格尺寸。

2. 工程量清单计算规则图解

(1) 图例

见图 R. 11-2～图 R. 11-4。

图 R. 11-4　拆除钢柱

图例说明：如图所示，每根钢柱的质量为 0.5t。计算钢柱拆除量。

(2) 清单工程量

1) 公式

拆除钢柱工程量＝实际拆除钢柱质量

2) 图例计算过程

质量＝0.5×4＝2t

3. 工程量清单项目组价

(1) 定额工程量计算规则

按实际拆除数量计算。

(2) 定额工程量

图例及计算方法同清单工程量计算图解。

(三) 011611003 钢网架拆除

1. 工程量清单计算规则

按拆除构件的质量计算。

2. 工程量清单计算规则图解

(1) 图例

见图 R. 11-5～图 R. 11-7。

图例说明：如图所示，钢网架质量为 2t。计算网架拆除量。

(2) 清单工程量

1) 公式

拆除钢网架工程量＝实际拆除钢网架质量

2) 图例计算过程

质量＝2t

图 R. 11-5 拆除钢网架

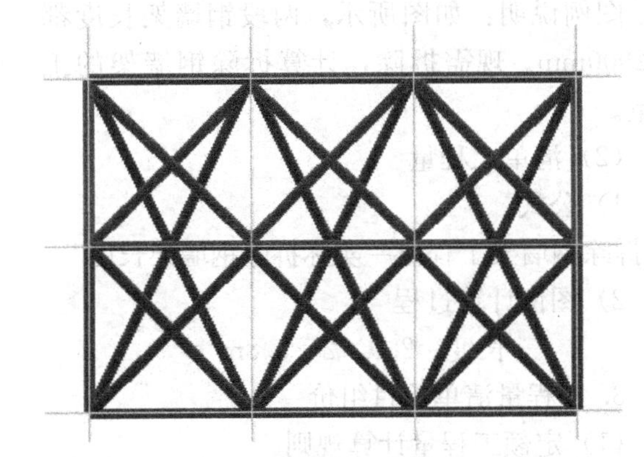

图 R. 11-6 钢网架俯视图

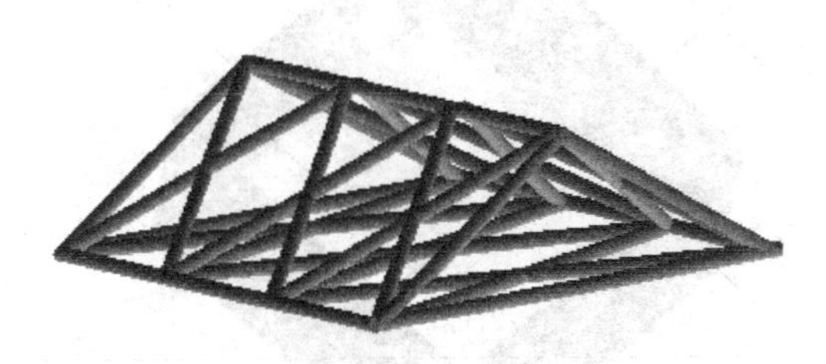

图 R. 11-7 钢网架三维图

3. 工程量清单项目组价

(1) 定额工程量计算规则

按实际拆除数量计算。

(2) 定额工程量

图例及计算方法同清单工程量计算图解。

(四) 011611004 钢支撑、钢墙架拆除

1. 工程量清单计算规则

(1) 以吨计量，按拆除构件的质量计算。

(2) 以米计量，按拆除延长米计算。

说明：以米计量时，必须描述构件规格尺寸。

2. 工程量清单计算规则图解

(1) 图例

见图 R. 11-8～图 R. 11-10。

图 R. 11-8 拆除钢墙架

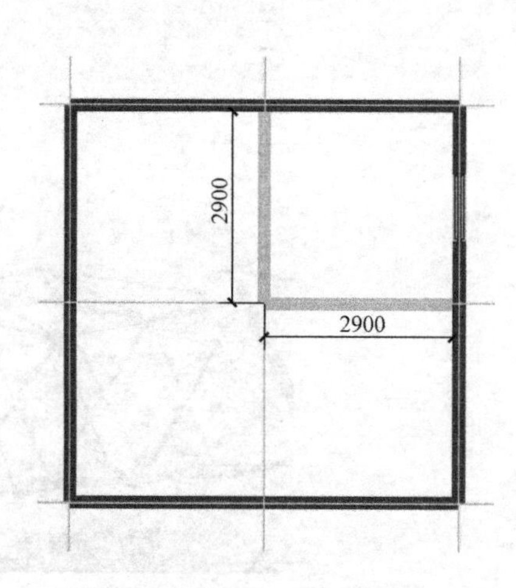

图 R. 11-9 钢墙架俯视图

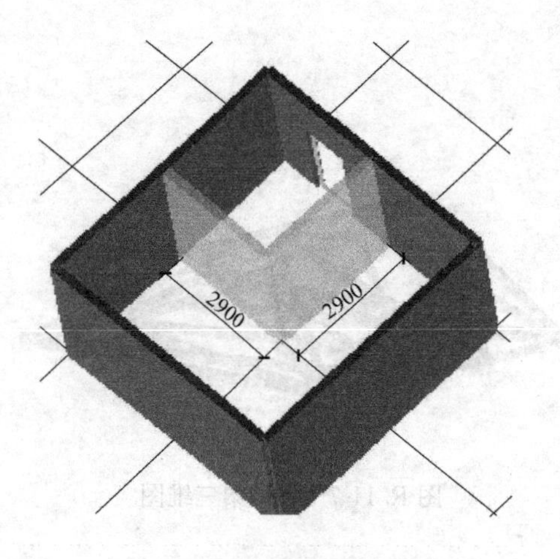

图 R. 11-10 钢墙架三维图

图例说明：如图所示，两段钢墙架长度都为 2900mm。现需拆除，计算拆除钢墙架的工程量。

(2) 清单工程量

1) 公式

拆除钢墙架工程量＝实际拆除钢墙架长度

2) 图例计算过程

长度＝2.9×2＝5.8m

3. 工程量清单项目组价

(1) 定额工程量计算规则

按实际拆除长度计算。

(2) 定额工程量

图例及计算方法同清单工程量计算图解。

(五) 011611005 其他金属构件拆除

1. 工程量清单计算规则

(1) 以吨计量，按拆除构件的质量计算。

(2) 以米计量，按拆除延长米计算。

说明：以米计量时，必须描述构件规格尺寸。

2. 工程量清单计算规则图解

(1) 图例

见图 R. 11-11～图 R. 11-13。

图例说明：如图所示，钢牌匾的质量为 1t。现需要拆除，计算拆除的工程量。

(2) 清单工程量

1) 公式

拆除其他金属构件工程量＝实际构件质量

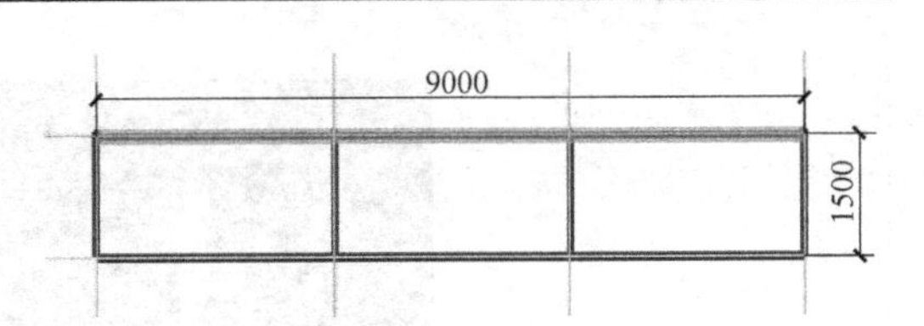

图 R. 11-12　钢牌匾俯视图

图 R. 11-11　拆除钢牌匾

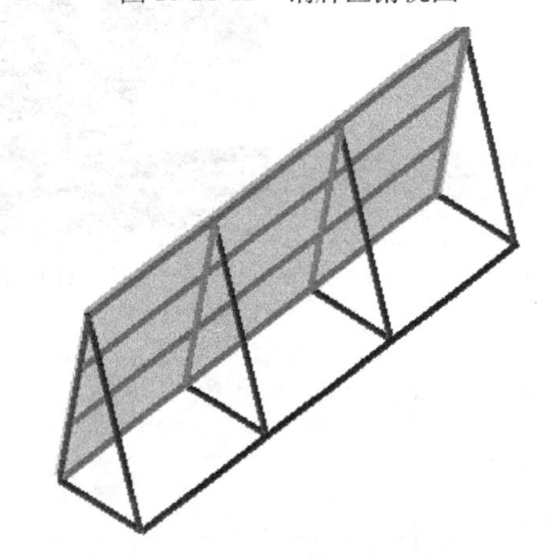

图 R. 11-13　钢牌匾三维图

2）图例计算

质量＝1t

3. 工程量清单项目组价

(1) 定额工程量计算规则

按实际拆除构件质量计算。

(2) 定额工程量

图例及计算方法同清单工程量计算图解。

R. 12　管道及卫生洁具拆除

一、项目的划分

项目划分为管道拆除和卫生洁具拆除。

二、工程量计算与组价

(一) 011612001 管道拆除

1. 工程量清单计算规则

按拆除管道的延长米计算。

2. 工程量清单计算规则图解

(1) 图例

见图 R. 12-1～图 R. 12-3。

图 R. 12-1　拆除管道

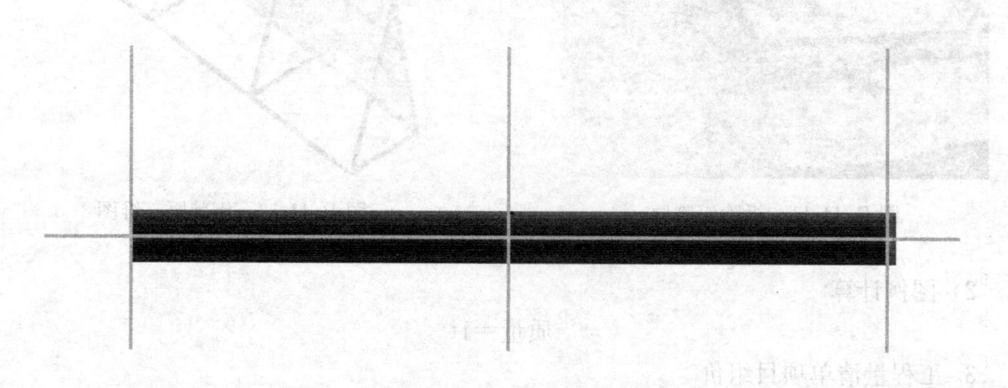

图 R. 12-2　管道俯视图

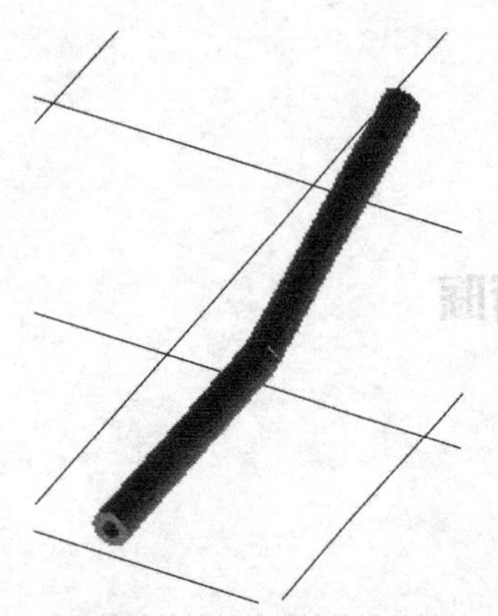

图 R. 12-3　管道三维图

图例说明：如图所示，钢管道水平段长度为 3000mm，斜长为 4500mm。计算管道拆除量。

（2）清单工程量

1）公式

拆除管道工程量＝实际拆除管道长度

2）图例计算过程

长度＝3＋4.5＝7.5m

3. 工程量清单项目组价

（1）定额工程量计算规则

按实际拆除长度计算。

（2）定额工程量

图例及计算方法同清单工程量计算图解。

（二）011612002 卫生洁具拆除

1. 工程量清单计算规则

按拆除构件的数量计算。

2. 工程量清单计算规则图解

（1）图例

见图 R. 12-4、图 R. 12-5。

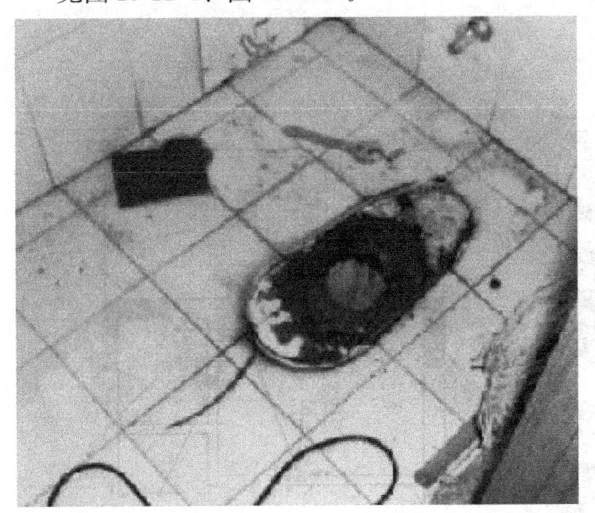

图 R. 12-4　拆除卫生洁具

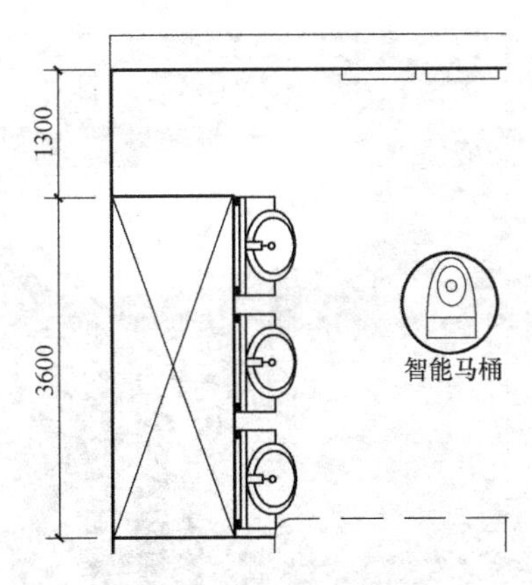

图 R. 12-5　洁具平面图

图例说明：如图所示，洗脸盆数量为 3，马桶数量为 1。计算洁具拆除量。

(2) 清单工程量

1) 公式

拆除洁具工程量＝实际拆除洁具数量

2) 图例计算过程

数量＝3＋1＝4 套

3. 工程量清单项目组价

(1) 定额工程量计算规则

按实际拆除数量计算。

(2) 定额工程量

图例及计算方法同清单工程量计算图解。

R. 13　灯具、玻璃拆除

一、项目的划分

项目划分为灯具拆除和玻璃拆除，拆除玻璃指门窗玻璃、隔断玻璃、墙玻璃、家具玻璃等。

二、工程量计算与组价

(一) 011613001 灯具拆除

1. 工程量清单计算规则

按拆除数量计算。

2. 工程量清单计算规则图解

(1) 图例

见图 R. 13-1、图 R. 13-2。

图 R. 13-1　拆除灯具

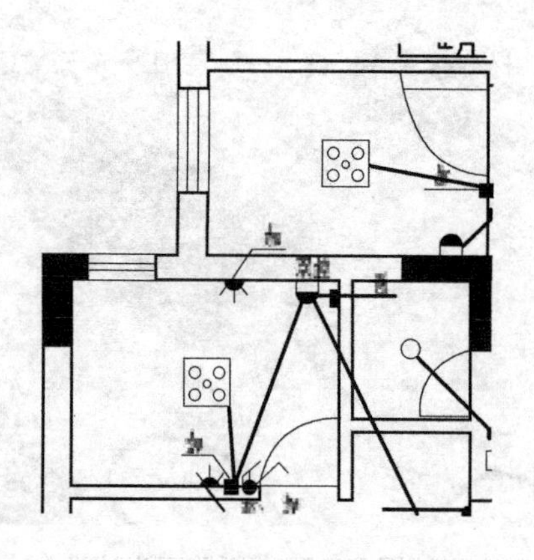

图 R. 13-2　卫生间顶灯平面图

图例说明：如图所示，两个卫生间顶灯为2套，计算灯具拆除量。

(2) 清单工程量

1) 公式

拆除灯具工程量＝实际拆除灯具套数

2) 图例计算过程

数量＝2套

3. 工程量清单项目组价

(1) 定额工程量计算规则

按实际拆除数量计算。

(2) 定额工程量

图例及计算方法同清单工程量计算图解。

(二) 011613002 玻璃拆除

1. 工程量清单计算规则

按拆除的面积计算。

2. 工程量清单计算规则图解

(1) 图例

见图 R. 13-3、图 R. 13-4。

图例说明：如图所示，窗框外围尺寸为1000mm×1000mm，窗框厚为60mm。计算玻璃拆除量。

(2) 清单工程量

1) 公式

拆除玻璃工程量＝实际拆除玻璃面积

2) 图例计算过程

$$面积=(1-0.06)\times(1-0.06)\times2=1.77\text{m}^2$$

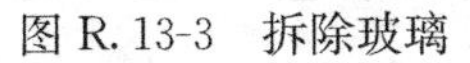
图 R. 13-3 拆除玻璃

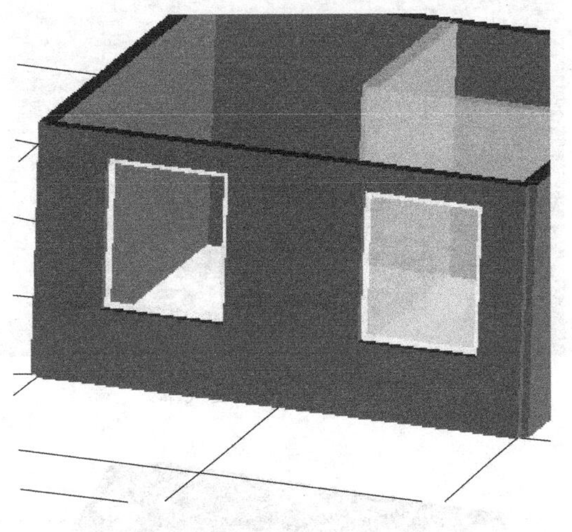
图 R. 13-4 窗玻璃三维图

3. 工程量清单项目组价

(1) 定额工程量计算规则

按实际拆除玻璃面积计算。

(2) 定额工程量

图例及计算方法同清单工程量计算图解。

R. 14 其他构件拆除

一、项目的划分

项目划分为暖气罩拆除、柜体拆除、窗台板拆除、筒子板拆除、窗帘盒拆除及窗帘轨拆除。

二、工程量计算与组价

(一) 011614001 暖气罩拆除

1. 工程量清单计算规则

(1) 以个为单位计量，按拆除个数计算。

(2) 以米为单位计量，按拆除延长米计算。

说明：以个计量时，必须描述暖气罩规格尺寸。

2. 工程量清单计算规则图解

(1) 图例

见图 R. 14-1～图 R. 14-3。

图 R. 14-1　拆除暖气罩

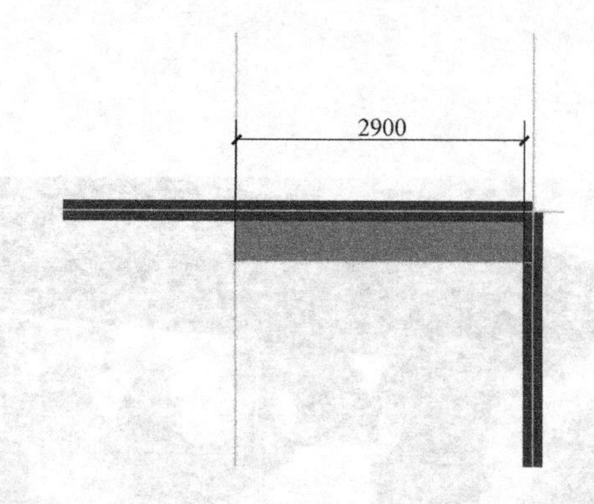

图 R. 14-2　暖气罩平面图

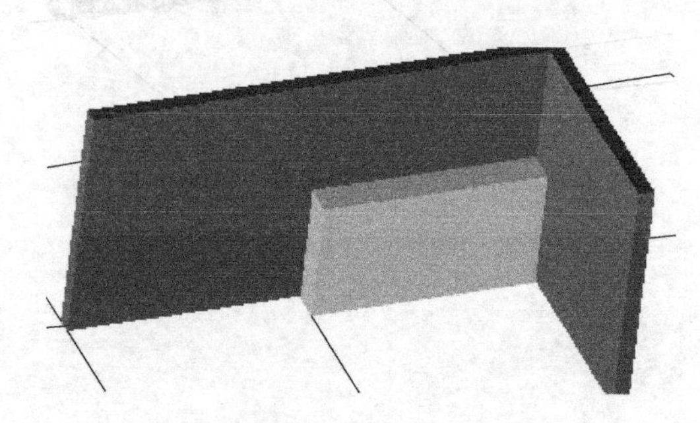

图 R. 14-3　暖气罩三维图

图例说明：如图所示，靠墙暖气罩长度为 2900mm。计算暖气罩拆除量。

（2）清单工程量

1）公式

拆除暖气罩工程量＝实际拆除暖气罩长度

2）图例计算过程

长度＝2.9m

3. 工程量清单项目组价

（1）定额工程量计算规则

按实际拆除数量计算。

（2）定额工程量

图例及计算方法同清单工程量计算图解。

（二）011614002 柜体拆除

1. 工程量清单计算规则

（1）以个为单位计量，按拆除个数计算。

（2）以米为单位计量，按拆除延长米计算。

说明：以个计量时，必须描述柜体尺寸。

2. 工程量清单计算规则图解

（1）图例

见图 R. 14-2～图 R. 14-4。

图例说明：如图所示，橱柜长度为 2700mm。计算柜体拆除量。

（2）清单工程量

1）公式

拆除柜体工程量＝实际拆除柜体长度

2）图例计算过程

长度＝2.7m

3. 工程量清单项目组价

（1）定额工程量计算规则

图 R. 14-4　拆除柜体

按实际拆除数量计算。

(2) 定额工程量

图例及计算方法同清单工程量计算图解。

(三) 011614003 窗台板拆除

1. 工程量清单计算规则

(1) 以块计量，按拆除数量计算。

(2) 以米计量，按拆除延长米计算。

2. 工程量清单计算规则图解

(1) 图例

见图 R.14-5～图 R.14-7。

图 R.14-5 窗台板

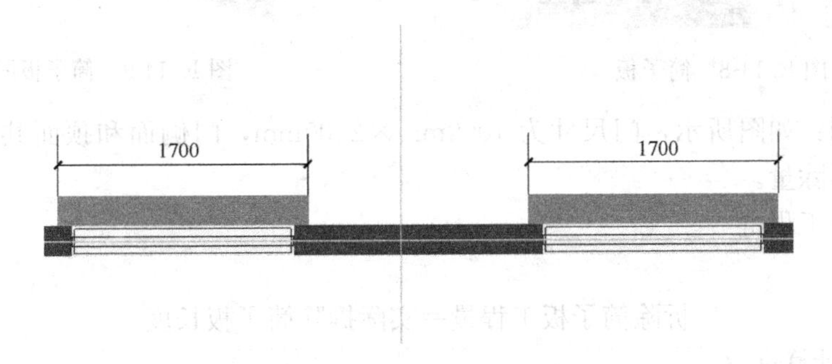

图 R.14-6 窗台板俯视图

图例说明：如图所示，窗台板长度为1700mm。计算窗台板拆除量。

(2) 清单工程量

1) 公式

拆除窗台板工程量=实际拆除窗台板长度

2) 图例计算过程

长度=1.7×2=3.4m

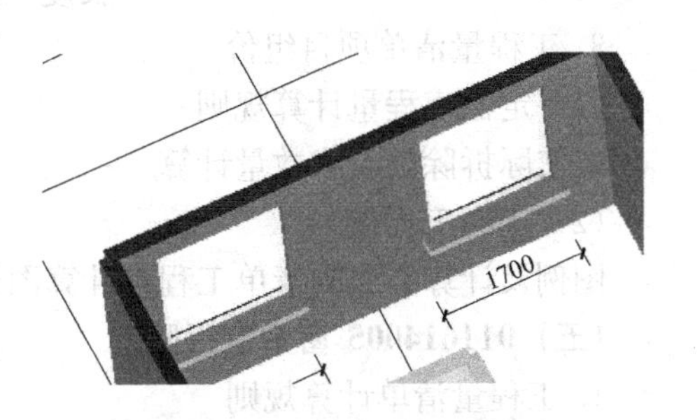

图 R.14-7 窗台板三维图

3. 工程量清单项目组价

(1) 定额工程量计算规则

按实际拆除长度或数量计算。

(2) 定额工程量

图例及计算方法同清单工程量计算图解。

(四) 011614004 筒子板拆除

1. 工程量清单计算规则

(1) 以块计量，按拆除数量计算。

(2) 以米计量，按拆除的延长米计算。

2. 工程量清单计算规则图解

(1) 图例

见图R. 14-8、图R. 14-9。

图R. 14-8 筒子板

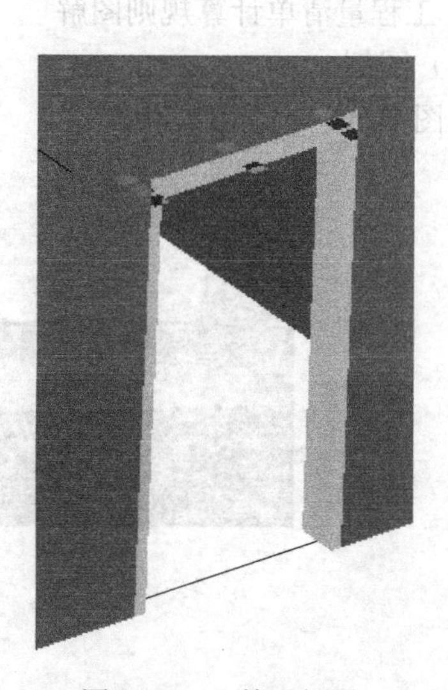

图R. 14-9 筒子板图

图例说明：如图所示，门尺寸为1000mm×2000mm，门侧面和顶面共三块筒子板。计算筒子板拆除量。

(2) 清单工程量

1) 公式

拆除筒子板工程量=实际拆除筒子板长度

2) 图例计算过程

长度=2×2+1=5m

3. 工程量清单项目组价

(1) 定额工程量计算规则

按实际拆除长度或数量计算。

(2) 定额工程量

图例及计算方法同清单工程量计算图解。

(五) 011614005 窗帘盒拆除

1. 工程量清单计算规则

按拆除的延长米计算。

2. 工程量清单计算规则图解

(1) 图例

见图R. 14-10～图R. 14-12。

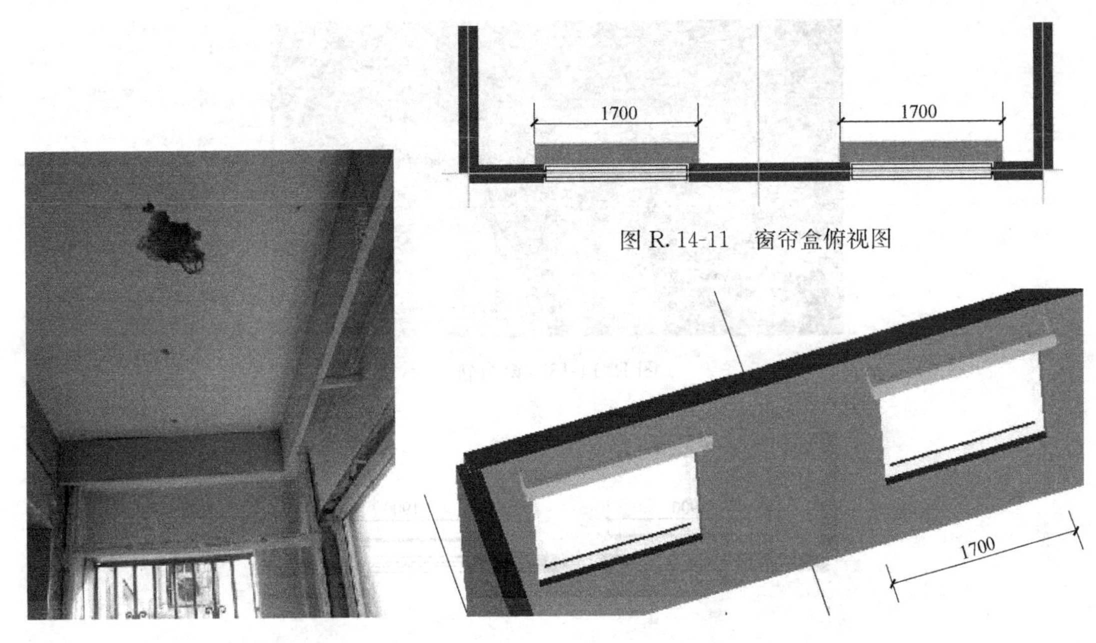

图 R.14-10　窗帘盒

图 R.14-11　窗帘盒俯视图

图 R.14-12　窗帘盒三维图

图例说明：如图所示，窗帘盒长度为 1700mm。计算窗帘盒拆除量。

(2) 清单工程量

1) 公式

拆除窗帘盒工程量=实际拆除窗帘盒长度

2) 图例计算过程

长度=1.7×2=3.4m

3. 工程量清单项目组价

(1) 定额工程量计算规则

按实际拆除长度或数量计算。

(2) 定额工程量

图例及计算方法同清单工程量计算图解。

(六) 011614006 窗帘轨拆除

1. 工程量清单计算规则

按拆除的延长米计算。

说明：双轨窗帘轨拆除按双轨长度分别计算工程量。

2. 工程量清单计算规则图解

(1) 图例

见图 R.14-13～图 R.14-15。

图例说明：如图所示，窗帘轨长度都为 1900mm。计算窗帘轨拆除量。

(2) 清单工程量

1) 公式

拆除窗帘轨工程量=实际拆除窗帘轨长度

图 R. 14-13　窗帘轨

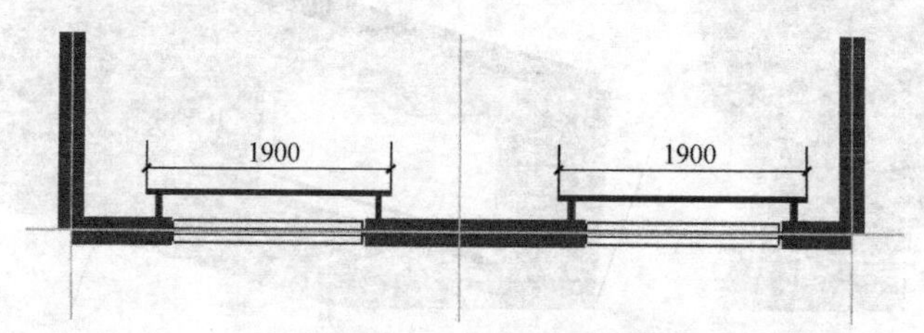

图 R. 14-14　窗帘轨俯视图

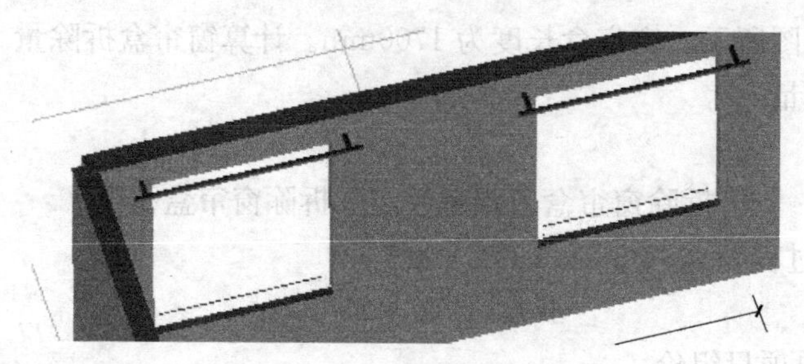

图 R. 14-15　窗帘轨三维图

2）图例计算过程

长度＝1.9×2＝3.8m

3. 工程量清单项目组价

(1) 定额工程量计算规则

按实际拆除长度或数量计算。

(2) 定额工程量

图例及计算方法同清单工程量计算图解。

R. 15　开孔（打洞）

一、项目的划分

本项目适用于墙或楼板的开孔（打洞）。

二、工程量计算与组价

（一）011615001 开孔（打洞）

1. 工程量清单计算规则

按数量计算。

2. 工程量清单计算规则图解

（1）图例

见图 R. 15-1、图 R. 15-2。

图 R. 15-1　墙打洞

图 R. 15-2　墙洞立面图

图例说明：如图所示，墙上开墙洞 4 个，计算打孔工程量。

（2）清单工程量

1）公式

打孔(洞)工程量＝实际打孔(洞)数量

2）图例计算过程

数量＝4 个

3. 工程量清单项目组价

（1）定额工程量计算规则

按实际打孔（洞）数量计算。

（2）定额工程量

图例及计算方法同清单工程量计算图解。

附录S 措施项目

S.1 脚手架工程

一、项目的划分

项目划分为综合脚手架、外脚手架、里脚手架、悬空脚手架、挑脚手架、满堂脚手架、整体提升架、外装饰吊篮。

一般来说，凡能计算建筑面积的且由一个施工单位总承包的工业与民用建筑单位工程，可以按综合脚手架计算；对于不能计算建筑面积而必须搭设脚手架的，或能计算建筑面积但建筑工程和装饰装修工程分别由若干个施工单位承包的单位工程和其他工程项目，可按单项脚手架计算。使用综合脚手架时，不再使用里外脚手架等单项脚手架。单项脚手架还可分为里外脚手架、悬空脚手架、挑脚手架、满堂脚手架、整体提升架及外装饰吊篮。

二、工程量计算与组价

（一）011701001 综合脚手架

1. 工程量清单计算规则

按建筑面积计算。

说明：建筑面积应按《建筑工程建筑面积计算规范》GB/T 50353—2013 的规定计算。对于不同檐高的建筑物，根据建筑物竖向剖面分别按不同檐高编码列项。

2. 工程量清单计算规则图解

(1) 图例

见图 S.1-1、图 S.1-2。

图 S.1-1 综合脚手架示意图

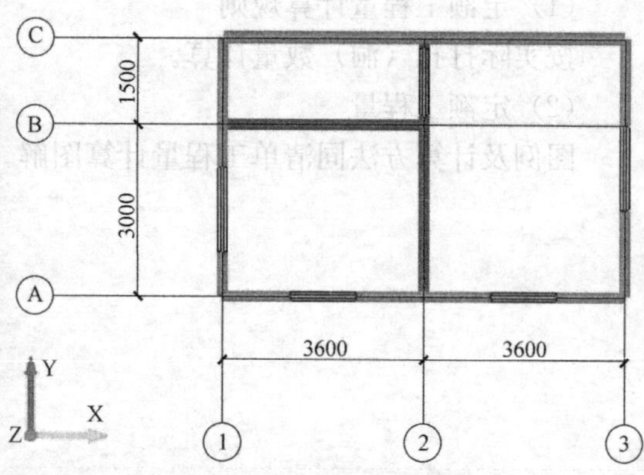

图 S.1-2 墙体平面图

图例说明：轴线尺寸如图示，墙厚为200mm。计算综合脚手架工程量。

（2）清单工程量

$$S=(7.2+0.2)\times(4.5+0.2)=34.78m^2$$

3. 工程量清单项目组价

（1）定额工程量计算规则

脚手架费用包括搭拆费和租赁费；按搭拆与租赁分开列项的脚手架定额子目，应分别计算搭拆和租赁工程量。

1）综合脚手架的搭拆按建筑面积以 $100m^2$ 计算。不计算面积的空架层、设备管道层、人防通道等部分，按围护结构水平投影面积计算，并入相应主体工程量中。

2）内墙装修脚手架的搭拆按内墙装修部位的垂直投影面积计算，不扣除门窗、洞口所占面积。

3）吊顶装修脚手架的搭拆按吊顶部分水平投影面积以 $100m^2$ 计算。

4）天棚装修脚手架的搭拆按天棚净空的水平投影面积以 $100m^2$ 计算，不扣除柱、垛、≤0.3 洞口所占面积。

5）外墙装修脚手架的搭拆按搭设部位外墙的垂直投影面积以 $100m^2$ 计算，不扣除门窗、洞口所占面积。

6）脚手架的租赁按相应的脚手架搭拆工程量乘以工期以 $100m^2$ · 天计算。

7）电动吊篮按搭设部位外墙的垂直投影面积以 $100m^2$ 计算，不扣除门窗、洞口所占面积。

8）独立柱装修脚手架按柱周长增加 3.6m 乘以装修柱部位的柱高以 $100m^2$ 计算。

9）围墙脚手架按砌体部分设计图示长度以 10m 计算。

10）双排脚手架按搭设部位的围护结构外围垂直投影面积以 $100m^2$ 计算，不扣除门窗、洞口所占面积。

11）满堂脚手架按搭设部位的结构水平投影面积以 $100m^2$ 计算。

（2）定额工程量

$$S=(7.2+0.2)\times(4.5+0.2)=34.78m^2$$

（二）011701002 外脚手架

1. 工程量清单计算规则

按所服务对象的垂直投影面积计算。

2. 工程量清单计算规则图解

（1）图例

见图 S.1-2、图 S.1-3。

图例说明：轴网如图所示，轴网开间为 3600mm、3600mm，进深 3000mm、1500mm，内外墙厚均为 240mm，内外墙均按轴线居中布置，层高为 3m，板厚为 120mm，室外地坪标高为 −0.3m，女儿墙高度为 500mm。计算外脚手架工程量。

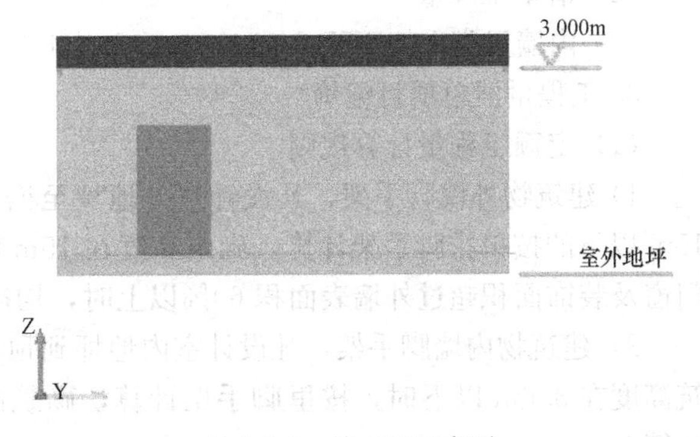

图 S.1-3 墙立面示意图

（2）清单工程量

外墙脚手架面积 $S=(7.2+4.5+0.24\times2)\times2\times(3+0.3+0.5)=92.57\text{m}^2$

3. 工程量清单项目组价

（1）定额工程量计算规则

1）建筑物外墙脚手架，凡设计室外地坪至檐口（或者女儿墙上表面）的砌筑高度在15m以下的按单排脚手架计算，砌筑高度在15m以上或者砌筑高度虽不足15m，但外墙门窗及装饰面积超过外墙表面积60%以上时，均按双排脚手架计算。

2）建筑物内墙脚手架，凡设计室内地坪到顶板下表面（或山墙高度的1/2处）的砌筑高度在3.6m以下时，按里脚手架计算，砌筑高度超过3.6m以上时，按单排脚手架计算。

3）石砌墙体，凡砌筑高度超过1.0m以上时，按外脚手架计算。

4）计算内、外墙脚手架时，均不扣除门、窗洞口、空圈洞口等所占的面积。

5）外脚手架按外墙外边线长度乘以外墙砌筑高度以平方米计算，突出墙外宽度在24cm以内的墙垛、附墙烟囱等不计算脚手架；宽度超过24cm以外时按图示尺寸展开计算，并入外脚手架工程量之内。

6）里脚手架按墙面垂直投影面积计算。

7）独立柱按图示柱结构外围周长另加3.6m，乘以砌筑高度以平方米，套用相应的外脚手架定额计算。

（2）定额工程量

外墙脚手架面积 $S=(7.2+4.5+0.24\times2)\times2\times(3+0.3+0.5)=92.57\text{m}^2$

（三）011701003 里脚手架

1. 工程量清单计算规则

按所服务对象的垂直投影面积计算。

2. 工程量清单计算规则图解

（1）图例

见图S.1-2、图S.1-3。

图例说明：轴网如图所示，轴网开间为3600mm、3600mm，进深3000mm、1500mm，内外墙厚均为240mm，内外墙均按轴线居中布置，层高为3m，板厚为120mm，室外地坪标高为−0.3m，女儿墙高度为500mm。计算里脚手架工程量。

（2）清单工程量

内墙里脚手架面积 $S=(3.6-0.24+4.5-0.24)\times(3-0.12)=21.95\text{m}^2$

3. 工程量清单项目组价

（1）定额工程量计算规则

1）建筑物外墙脚手架，凡设计室外地坪至檐口（或者女儿墙上表面）的砌筑高度在15m以下的按单排脚手架计算，砌筑高度在15m以上或者砌筑高度虽不足15m，但外墙门窗及装饰面积超过外墙表面积60%以上时，均按双排脚手架计算。

2）建筑物内墙脚手架，凡设计室内地坪到顶板下表面（或山墙高度的1/2处）的砌筑高度在3.6m以下时，按里脚手架计算，砌筑高度超过3.6m以上时，按单排脚手架计算。

3）石砌墙体，凡砌筑高度超过 1.0m 以上时，按外脚手架计算。

4）计算内、外墙脚手架时，均不扣除门、窗洞口、空圈洞口等所占的面积。

5）外脚手架按外墙外边线长度乘以外墙砌筑高度以平方米计算，突出墙外宽度在 24cm 以内的墙垛、附墙烟囱等不计算脚手架；宽度超过 24cm 以外时按图示尺寸展开计算，并入外脚手架工程量之内。

6）里脚手架按墙面垂直投影面积计算。

7）独立柱按图示柱结构外围周长另加 3.6m，乘以砌筑高度以平方米，套用相应的外脚手架定额计算。

（2）定额工程量

内墙里脚手架面积 $S=(3.6-0.24+4.5-0.24)\times(3-0.12)=21.95\text{m}^2$

（四）011701004 悬空脚手架

1. 工程量清单计算规则

按搭设的水平投影面积计算。

2. 工程量清单计算规则图解

（1）图例

见图 S.1-2、图 S.1-4。

图例说明：轴线尺寸如图示，外墙厚度为 200mm，墙体居中布置，在外墙外侧 800mm 范围内搭悬空脚手架。计算脚手架工程量。

图 S.1-4　悬空脚手架示意图

（2）清单工程量

悬空脚手架面积：$S=(3.6\times2+0.2+0.8+3+1.5+0.2+0.8)\times2\times0.8=21.92\text{m}^2$

3. 工程量清单项目组价

（1）定额工程量计算规则

按搭设的水平投影面积计算。

（2）定额工程量

悬空脚手架面积 $=(3.6\times2+0.2+0.8+3+1.5+0.2+0.8)\times2\times0.8=21.92\text{m}^2$

（五）011701005 挑脚手架

1. 工程量清单计算规则

按搭设长度乘以搭设层数以延长米计算。

2. 工程量清单计算规则图解

（1）图例

见图 S.1-2。

图例说明：轴网如图所示，轴网开间为 3600mm、3600mm，进深 3000mm、1500mm，内外墙厚均为 200mm，挑脚手架宽度为 1200mm，从 2～6 层搭设挑脚手架。计算挑脚手架工程量。

（2）清单工程量

挑脚手架长度 $=(3.6\times2+0.2+1.2+3+1.5+0.2+1.2)\times2\times5=145\text{m}$

注：挑脚手架应是中心线长度。

3. 工程量清单项目组价

（1）定额工程量计算规则

按搭设长度乘以搭设层数以延长米计算。

（2）定额工程量

挑脚手架长度＝(3.6×2＋0.2＋1.2＋3＋1.5＋0.2＋1.2)×2×5＝145m

（六）011701006 满堂脚手架

1. 工程量清单计算规则

按搭设的水平投影面积计算。

2. 工程量清单计算规则图解

（1）图例

见图 S.1-5～图 S.1-7。

图 S.1-5　满堂脚手架示意图

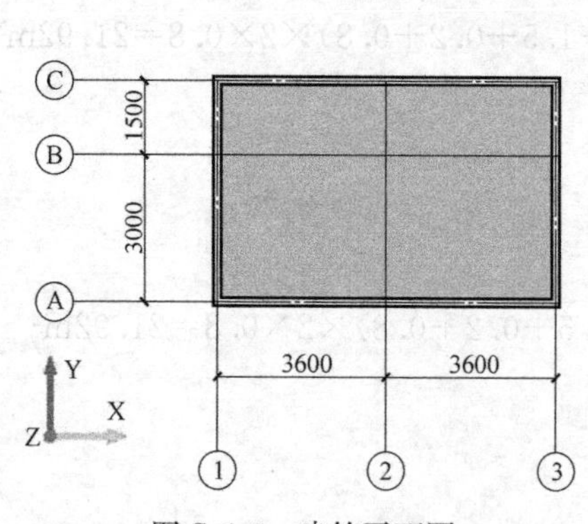

图 S.1-6　建筑平面图

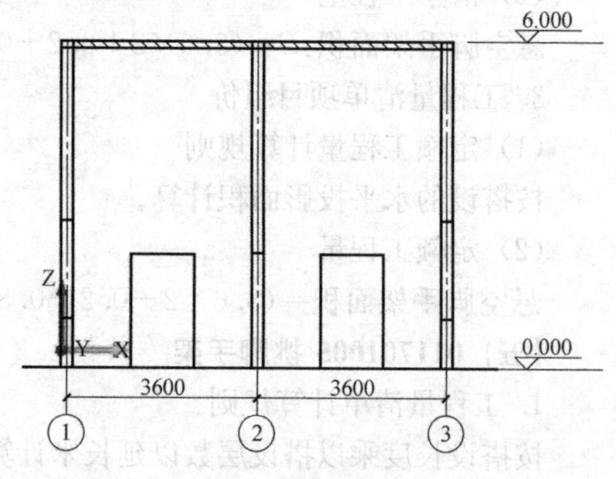

图 S.1-7　建筑剖面示意图

轴网如图所示，轴网开间为 3600mm、3600mm，进深 3000mm、1500mm，内外墙厚均为 240mm，层高为 6m，板厚为 120mm，室内地坪高度为 0.00m。室内搭设满堂脚手架，计算满堂脚手架工程量。

（2）清单工程量

满堂脚手架面积 S＝(7.2－0.24)×(4.5－0.24)－(3.6－0.24＋4.5－0.24)×0.24
＝27.82m²

3. 工程量清单项目组价

（1）定额工程量计算规则

满堂脚手架按搭设部位的结构水平投影面积以 $100m^2$ 计算。

(2) 定额工程量

满堂脚手架面积 $S=(7.2-0.24)\times(4.5-0.24)\times2-(3.6-0.24+4.5-0.24)\times0.24$
$=27.82m^2$

(七) 011701007 整体提升架

1. 工程量清单计算规则

按所服务对象的垂直投影面积计算。

说明：整体提升架 2m 高的防护架体设施已经包含在整体提升架中，不需要单独计量。

2. 工程量清单计算规则图解

(1) 图例

见图 S.1-8、图 S.1-2。

图 S.1-8 整体提升架示意图

图例说明：轴网如图所示，轴网开间为 3600mm、3600mm，进深 3000mm、1500mm，内外墙厚均为 200mm，墙体居中布置，檐高为 12m。计算提升架工程量。

(2) 清单工程量

整体提升架 $=(3.6\times2+0.2+3+1.5+0.2)\times2\times12=290.4m^2$

3. 工程量清单项目组价

(1) 定额工程量计算规则

按所服务对象的垂直投影面积计算。

(2) 定额工程量

整体提升架 $=(3.6\times2+0.2+3+1.5+0.2)\times2\times12=290.4m^2$

(八) 011701008 外装饰吊篮

1. 工程量清单计算规则

按所服务对象的垂直投影面积计算。

2. 工程量清单计算规则图解

(1) 图例

见图 S.1-9、图 S.1-2。

图例说明：轴网如图所示，轴网开间为 3600mm、3600mm，进深 3000mm、1500mm，内外墙厚均为 200mm，墙体居中布置，檐高为 12m。计算吊篮工程量。

图 S.1-9 外装饰吊篮示意图

（2）清单工程量

外装饰吊篮＝(3.6×2＋0.2＋3＋1.5＋0.2)×2×12＝290.4m^2

3. 工程量清单项目组价

（1）定额工程量计算规则

按所服务对象的垂直投影面积计算。

（2）定额工程量

外装饰吊篮＝(3.6×2＋0.2＋3＋1.5＋0.2)×2×12＝290.4m^2

S.2 混凝土模板及支架（撑）

一、项目的划分

项目划分为基础、矩形柱、构造柱、异形柱、基础梁、矩形梁、异形梁、圈梁、过梁、弧形梁、拱形梁、直行墙、弧形墙、短肢剪力墙、电梯井壁、有梁板、无梁板、平板、拱板、薄壳板、空心板、其他板、栏板、天沟、檐沟、雨篷、悬挑板、阳台板、楼梯、其他现浇构件、电缆沟、地沟、台阶、扶手、散水、后浇带、化粪池、检查井。

模板工程指新浇混凝土成型的模板以及支承模板的一整套构造体系，其中，接触混凝土并控制预定尺寸、形状、位置的构造部分称为模板，支持和固定模板的杆件、桁架、连接件、金属附件、工作便桥等构成支承体系，对于滑动模板，自升模板则增设提升动力以及提升架、平台等构成。模板工程在混凝土施工中是一种临时结构。

模板有多种分类方法：1）按照形状分为平面模板和曲面模板两种；2）按受力条件分为承重和非承重模板（即承受混凝土的重量和混凝土的侧压力）；3）按照材料分为木模板、钢模板、钢木组合模板、重力式混凝土模板、钢筋混凝土镶面模板、铝合金模板、塑料模板等；4）按照结构和使用特点分为拆移式、固定式两种；5）按其特种功能有滑动模板、真空吸盘或真空软盘模板、保温模板、钢模台车等。

二、工程量计算与组价

（一）011702001 基础

1. 工程量清单计算规则

按模板与现浇混凝土构件的接触面积计算。

（1）现浇钢筋混凝土墙、板单孔面积≤0.3m^2 的孔洞不予扣除，洞侧壁模板亦不增加；单孔面积＞0.3m^2 时应予扣除，洞侧壁模板面积并入墙、板工程量内计算。

（2）现浇框架分别按梁、板、柱有关规定计算；附墙柱、暗梁、暗柱并入墙内工程量内计算。

（3）柱、梁、墙、板相互连接的重叠部分，均不计算模板面积。

（4）构造柱按图示外露部分计算模板面积。

说明：当基础为原槽浇灌时，不计算模板。

2. 工程量清单计算规则图解

（1）图例

见图 S.2-1～图 S.2-3。

图 S.2-1　基础模板示意图

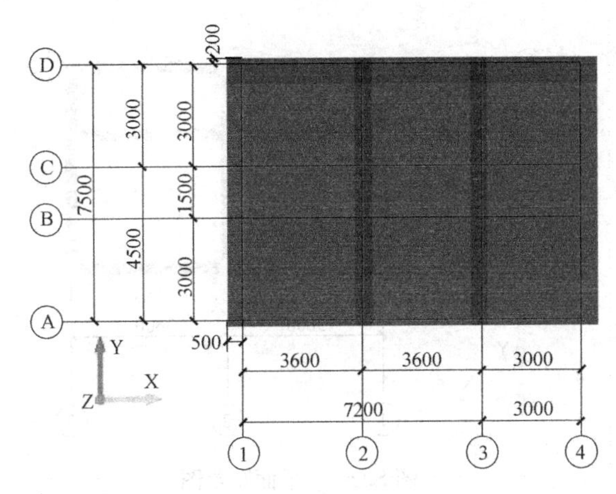

图 S.2-2　满堂基础平面图

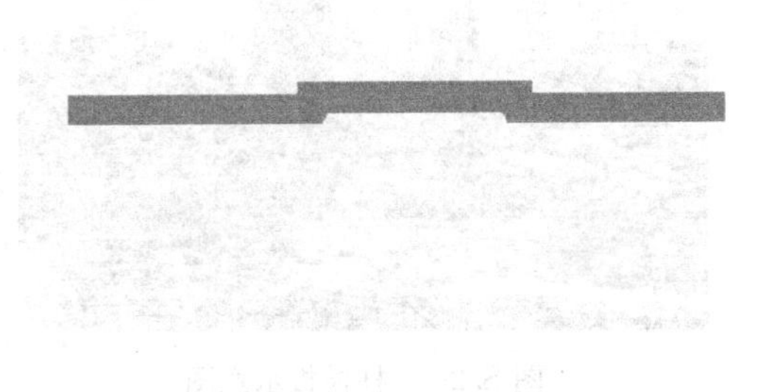

图 S.2-3　满堂基础剖面图

图例说明：轴网如图所示，轴网开间为 3600mm、3600mm、3000mm，进深 3000mm、1500mm、3000mm，筏板基础高度为 500mm，中间筏板比两侧的筏板高 0.2m，高低筏板间变截面筏板各向两边延伸 200mm，放坡角度为 60°。计算满堂基础模板。

（2）清单工程量

分析：

1）基础构件底面跟垫层接触不计算模板，侧面与大于 45°的斜面计算模板面积。

2）混凝土构件顶面不计算模板，所以此例中只需要计算筏板四侧的模板面积。

方法：

1）筏板和筏板接触面不计算模板，所以此模板的总量包含四个侧面，再加筏板高出部分的两个侧面面积。

2）前后两侧的模板面积可以用总面积减去两边的矩形和下边的梯形计算。

解：满堂基础模板面积

$S=(7.5+0.4)\times0.5\times2+(7.5+0.4)\times0.2\times2+(10.2+0.5\times2)\times0.7\times2-(3.6+$

0.5－0.2)×0.2×2－(3＋0.5－0.2)×0.2×2－(3.6－0.2×2＋3.6－0.2×2－0.1155×2)×2×0.2/2＝22.63m^2

3. 工程量清单项目组价

(1) 定额工程量计算规则

满堂基础：集水井的模板面积并入满堂基础工程量中。

(2) 定额工程量

图例及计算方法同清单图例及计算方法。

(二) 011702002 矩形柱

1. 工程量清单计算规则

同本节（一）011702001基础部分。

2. 工程量清单计算规则图解

(1) 图例

见图S.2-4、图S.2-5。

图S.2-4 柱模板示意图

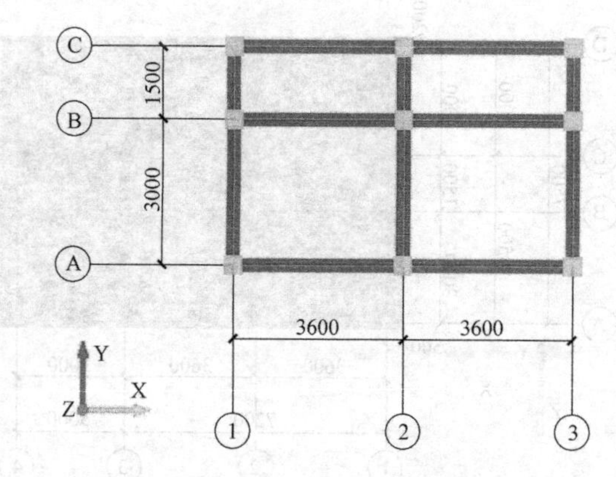

图S.2-5 平面布置图

图例说明：轴网如图所示，轴网开间为3600mm、3600mm，进深3000mm、1500mm，柱截面尺寸为400mm×400mm，高度为3m，梁截面尺寸为300mm×500mm。无板连接，计算柱模板。

(2) 清单工程量

分析：柱模板面积从基础顶开始算起，扣减与梁板相交部分的模板面积。

方法：侧面模板面积（周长乘以高度）减去与梁板相交部分模板面积。

解：柱模板面积S＝0.4×4×3×9－0.3×0.5×(2×4＋3×4＋4×1)＝39.6m^2

3. 工程量清单项目组价

(1) 定额工程量计算规则

1）柱模板及支架按柱周长乘以柱高以面积计算，不扣除柱与梁连接重叠部分的面积。牛腿的模板面积并入柱模板工程量中。

2）柱高从柱基或板上表面算至上一层楼板上表面，无梁板算至柱帽底部标高。

3）构造柱按图示外漏部分的最大宽度乘以柱高以面积计算。

(2) 定额工程量

图例及计算方法同清单图例及计算方法。

（三）011702003 构造柱

1. 工程量清单计算规则

同本节（一）011702001 基础部分。

2. 工程量清单计算规则图解

（1）图例

见图 S. 2-5、图 S. 2-6。

图 S. 2-6　构造柱模板示意图

图例说明：轴网如图所示，轴网开间为 3600mm、3600mm，进深 3000mm、1500mm，构造柱截面尺寸为 240mm×240mm，高度为 3m，砖墙厚度为 240mm，马牙槎宽度为 60mm。计算构造柱模板。

（2）清单工程量

分析：构造柱模板面积从基础顶开始算起，扣减与墙相交部分的模板面积，马牙槎外露面积归入构造柱计算。

方法：根据与凸出墙面的部分再加上马牙槎部分模板面积。

解：柱模板面积 $S=0.24\times3\times(2\times4+1\times4)+0.06\times3\times(4\times4+4\times6+1\times8)$

$=17.28\text{m}^2$

3. 工程量清单项目组价

（1）定额工程量计算规则

构造柱按图示外漏部分的最大宽度乘以柱高以面积计算。

（2）定额工程量

图例及计算方法同清单图例及计算方法。

（四）011702004 异形柱

1. 工程量清单计算规则

同本节（一）011702001 基础部分。

2. 工程量清单计算规则图解

（1）图例

见图 S. 2-7、图 S. 2-8。

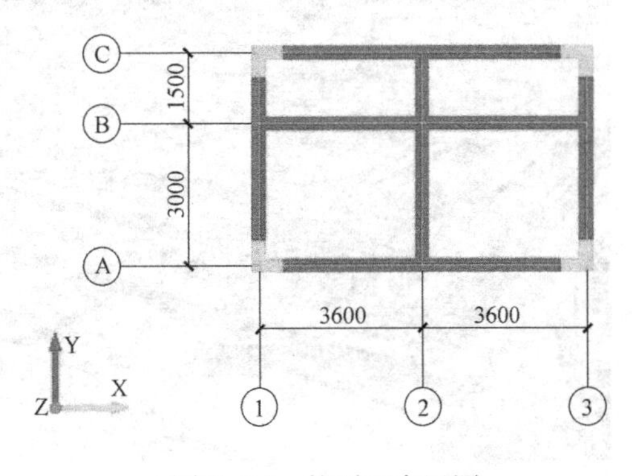

图 S. 2-7　柱平面布置图

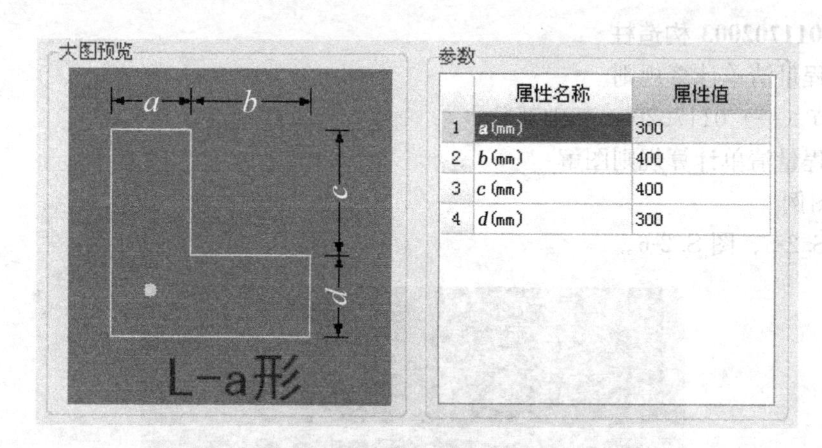

图S.2-8　柱截面示意图

图例说明：轴网如图所示，轴网开间为3600mm、3600mm，进深3000mm、1500mm，异形柱截面尺寸如图所示，$a=d=300$mm，$b=c=400$mm，高度为3m，梁截面尺寸为300mm×500mm。计算异形柱模板工程量。

（2）清单工程量

分析：柱模板面积从基础顶开始算起，扣减与梁相交部分的模板面积。

方法：侧面模板面积（周长乘以高度）减去与梁相交部分模板面积。

解：柱模板面积 $S=(0.7+0.3+0.4+0.4+0.3+0.7)\times3\times4-0.3\times0.5\times8$

$=32.4\text{m}^2$

3. 工程量清单项目组价

（1）定额工程量计算规则

1）柱模板及支架按柱周长乘以柱高以面积计算，不扣除柱与梁连接重叠部分的面积。牛腿的模板面积并入柱模板工程量中。

2）柱高从柱基或板上表面算至上一层楼板上表面，无梁板算至柱帽底部标高。

3）构造柱按图示外漏部分的最大宽度乘以柱高以面积计算。

（2）定额工程量

图例及计算方法同清单图例及计算方法。

（五）011702005 基础梁

1. 工程量清单计算规则

同本节（一）011702001基础部分。

2. 工程量清单计算规则图解

（1）图例

见图S.2-9～图S.2-11。

图例说明：轴网如图所示，轴网开间为3600mm、3600mm，进深3000mm、1500mm，独立基础截面尺寸为1000mm×1000mm，基础梁截面尺寸为300mm×500mm。计算基础梁模板工程量。

图S.2-9　基础梁模板示意图

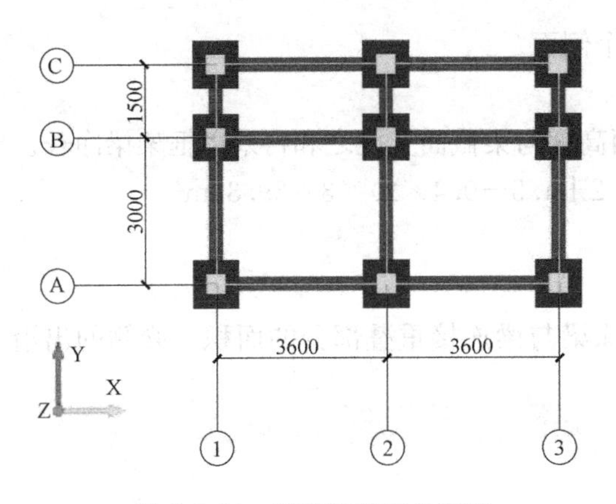

图 S. 2-10　基础梁平面布置图

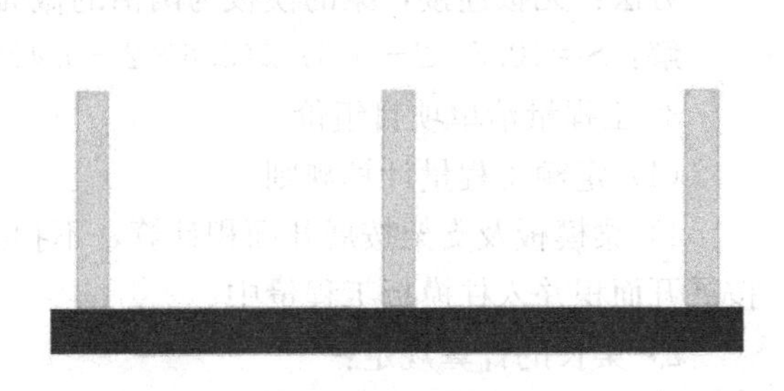

图 S. 2-11　基础梁剖面示意图

（2）清单工程量

分析：1）基础梁不计算底面模板，只计算侧面模板。

2）基础梁模板算至独立基础侧面。

方法：基础梁梁净长乘以截面高度再乘 2。

解：基础梁模板面积 $S=(3.6\times2-1\times2+4.5-1\times2)\times3\times(0.5\times2)=23.1\text{m}^2$

3. 工程量清单项目组价

（1）定额工程量计算规则

1）梁模板及支架按展开面积计算，不扣除梁与梁连接重叠部分的面积。梁侧的出沿按展开面积并入柱模板工程量中。

2）梁长的计算规定：

① 梁与柱连接时，梁长算至柱侧面。

② 主梁与次梁连接时，次梁算至主梁侧面。

③ 梁与墙连接时，梁长算至墙侧面。如墙为砌块（砖）墙时，伸入墙内的梁头和梁垫的面积并入梁的工程量中。

（2）定额工程量

图例及计算方法同清单图例及计算方法。

（六）011702006 矩形梁

1. 工程量清单计算规则

同本节（一）011702001 基础部分。

2. 工程量清单计算规则图解

（1）图例

见图 S. 2-5、图 S. 2-12。

图例说明：轴网如图所示，轴网开间为 3600mm、3600mm，进深 3000mm、1500mm，柱截面尺寸为 400mm×400mm，梁截面尺寸为 300mm×500mm。无板连接，试计算梁的模板工程量。

图 S. 2-12　梁模板示意图

（2）清单工程量

分析：1）框架梁模板面积包括底面及两个侧面。

2）框架梁模板算至柱侧面。

方法：无板连接，梁的模板为两倍的截面高度与梁截面宽度之和再乘以框架梁净长。

解：$S=(0.5\times2+0.3)\times(3.6\times2-0.4\times2+4.5-0.4\times2)\times3=39.39m^2$

3. 工程量清单项目组价

（1）定额工程量计算规则

1）梁模板及支架按展开面积计算，不扣除梁与梁连接重叠部分的面积。梁侧的出沿按展开面积并入柱模板工程量中。

2）梁长的计算规定：

① 梁与柱连接时，梁长算至柱侧面。

② 主梁与次梁连接时，次梁算至主梁侧面。

③ 梁与墙连接时，梁长算至墙侧面。如墙为砌块（砖）墙时，伸入墙内的梁头和梁垫的面积并入梁的工程量中。

（2）定额工程量

图例及计算方法同清单图例及计算方法。

（七）011702007 异形梁

1. 工程量清单计算规则

同本节（一）011702001 基础部分。

2. 工程量清单计算规则图解

（1）图例

见图S.2-13、图S.2-14。

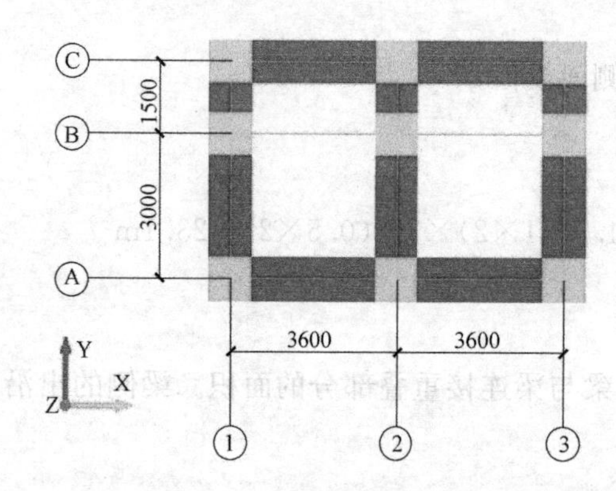

图S.2-13　异形梁平面布置图

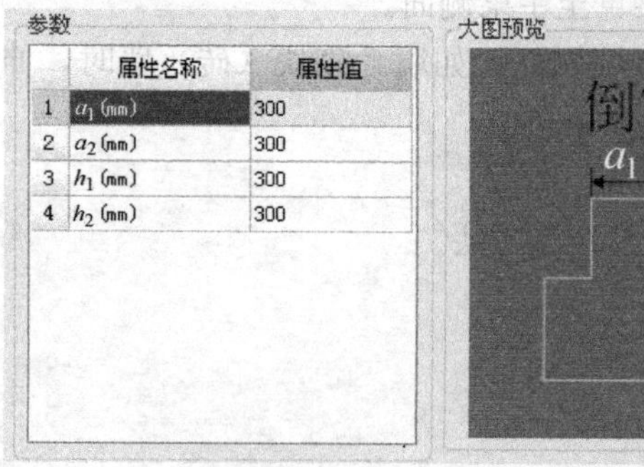
参数

	属性名称	属性值
1	a_1 (mm)	300
2	a_2 (mm)	300
3	h_1 (mm)	300
4	h_2 (mm)	300

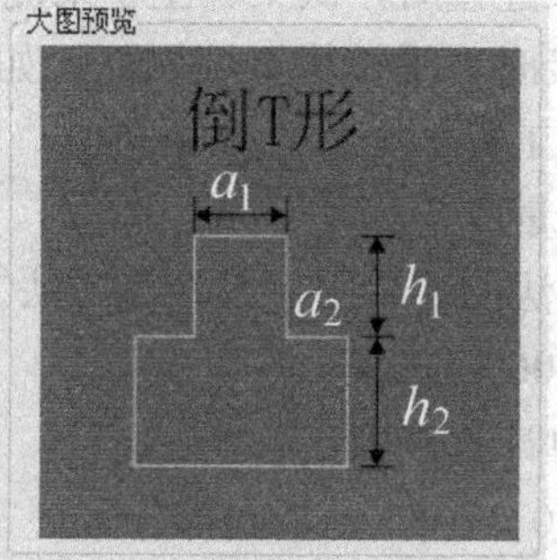

图S.2-14　异形梁截面布置图

图例说明：轴网如图所示，轴网开间为3600mm、3600mm，进深3000mm、1500mm，柱截面尺寸为900mm×900mm，梁截面尺寸如图所示，$a_1=a_2=h_1=h_2=300mm$。计算梁模板工程量。

（2）清单工程量

分析：1）框架梁模板面积包括底面及两个侧面。

2）框架梁模板算至柱侧面。

方法：梁两倍的截面高度与截面宽度之和再乘以框架梁净长。

解：$S=[(3.6\times2-0.9\times2)\times2+(4.5-0.9\times2)\times3]\times(0.6\times2+0.9)$

$=39.69m^2$

3. 工程量清单项目组价

（1）定额工程量计算规则

1）梁模板及支架按展开面积计算，不扣除梁与梁连接重叠部分的面积。梁侧的出沿按展开面积并入柱模板工程量中。

2）梁长的计算规定：

① 梁与柱连接时，梁长算至柱侧面。

② 主梁与次梁连接时，次梁算至主梁侧面。

③ 梁与墙连接时，梁长算至墙侧面。如墙为砌块（砖）墙时，伸入墙内的梁头和梁垫的面积并入梁的工程量中。

（2）定额工程量

图例及计算方法同清单图例及计算方法。

（八）011702008 圈梁

1. 工程量清单计算规则

同本节（一）011702001 基础部分。

2. 工程量清单计算规则图解

（1）图例

见图 S.2-15、图 S.2-16。

图 S.2-15　圈梁模板示意图

图例说明：轴网如图所示，轴网开间为3600mm、3600mm，进深3000mm、1500mm，圈梁截面尺寸为240mm×500mm，其下所有墙厚度均为240mm，墙体居中布置，现浇板厚度为120mm。计算圈梁模板工程量。

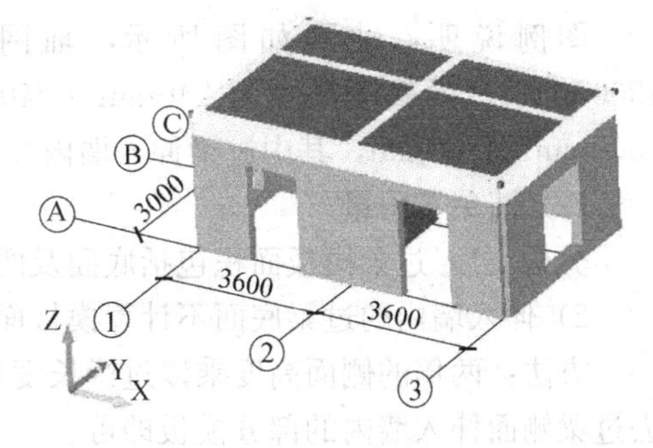

图 S.2-16　圈梁布置图

（2）清单工程量

分析：1）圈梁底面与砌体墙接触，不计算模板面积。

2）外圈梁内侧面与板接触，不计算模板

面积，内圈梁模板面积只需计算到板底。

方法：用外圈梁内外侧高度和乘中心线长度然后再减去内边线乘以板的厚度及与圈梁接触的面积，内圈梁两侧高度和乘以净长线即可。

解：圈梁模板面积

$$S=(7.2+4.5)\times2\times(0.5+0.5)-(7.2\times2+4.5\times2-0.12\times8)\times0.12-0.24\times(0.5-0.12)\times4+(7.2-0.24-0.12\times2+4.5-0.24-0.12\times2)\times(0.5-0.12)\times2=28.5\text{m}^2$$

3. 工程量清单项目组价

(1) 定额工程量计算规则

圈梁：外墙按中心线，内墙按净长线计算。

(2) 定额工程量

图例及计算方法同清单图例及计算方法。

(九) 011702009 过梁

1. 工程量清单计算规则

同本节（一）011702001 基础部分。

2. 工程量清单计算规则图解

(1) 图例

见图 S. 2-17、图 S. 2-18。

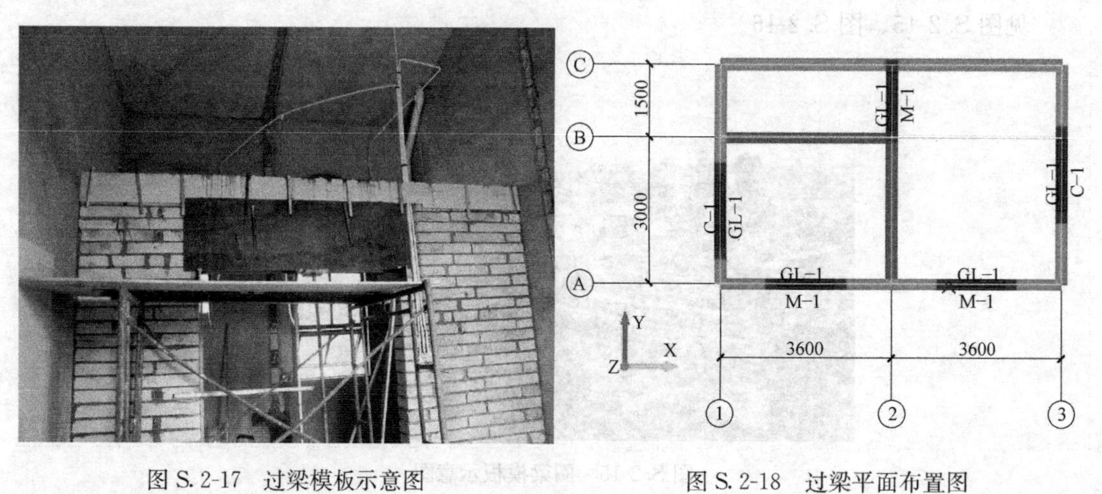

图 S. 2-17　过梁模板示意图　　图 S. 2-18　过梁平面布置图

图例说明：轴网如图所示，轴网开间为 3600mm、3600mm，进深 3000mm、1500mm，过梁截面尺寸为 240mm×240mm，M-1 尺寸 1200mm×2100mm，C-1 尺寸 1500mm×1800mm，其中过梁伸入墙内 250mm。计算过梁模板工程量。

(2) 清单工程量

分析：1) 过梁模板面积包括底面及两个侧面。

2) 伸入墙内的过梁底面不计算模板面积。

方法：两倍的侧面高度乘以过梁长度和，然后再加上过梁截面宽度乘洞口长度和，减去过梁侧面伸入墙内的部分模板即可。

解：过梁模板面积

$$S=2\times0.24\times(1.2+0.5)\times3+2\times0.24\times(1.5+0.5)\times2+0.24\times(1.2\times3+1.5\times2)-0.1\times0.24\times3=5.88\text{m}^2$$

3. 工程量清单项目组价

（1）定额工程量计算规则

过梁按图示面积计算。

（2）定额工程量

图例及计算方法同清单图例及计算方法。

（十）011702010 弧形、拱形梁

1. 工程量清单计算规则

同基础模板

2. 工程量清单计算规则图解

（1）图例

见图 S. 2-19。

图例说明：轴网如图所示，轴网开间为 3600mm、3600mm，进深 3000mm、1500mm，拱梁截面尺寸为 300mm × 300mm，拱梁拱高为 3600mm。计算梁模板工程量。

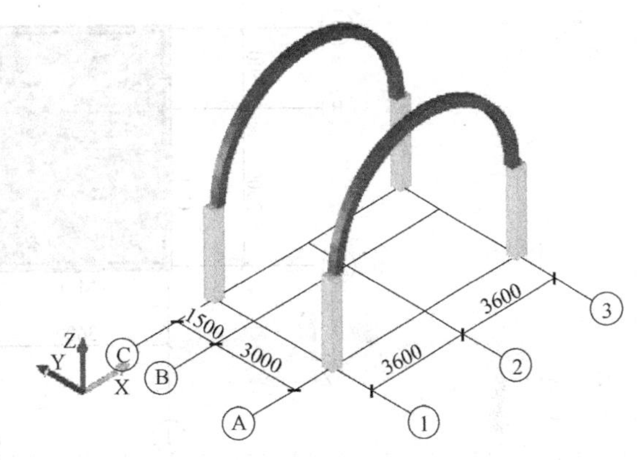

图 S. 2-19 拱形梁布置图

（2）清单工程量

分析：1）拱形梁模板面积包括底面及两个侧面。

2）分别计算梁的底面与侧面面积。

方法：梁的底面用弧长乘宽度，侧面面积用圆环计算。

解：梁模板面积

$$S=3.141\times3.3\times0.3\times2+3.141\times(3.6\times3.6-3.3\times3.3)\times2=19.23\text{m}^2$$

3. 工程量清单项目组价

（1）定额工程量计算规则

1）按混凝土与模板接触面的面积，以平方米计算。

2）柱与梁、柱与墙、梁与梁等连接的重叠部分以及伸入墙内的梁头、板头部分，均不计算模板面积。

（2）定额工程量

图例及计算方法同清单图例及计算方法。

（十一）011702011 直形墙

1. 工程量清单计算规则

同本节（一）011702001 基础部分。

2. 工程量清单计算规则图解

（1）图例

见图 S. 2-20、图 S. 2-21。

图 S.2-20 直形墙模板示意图

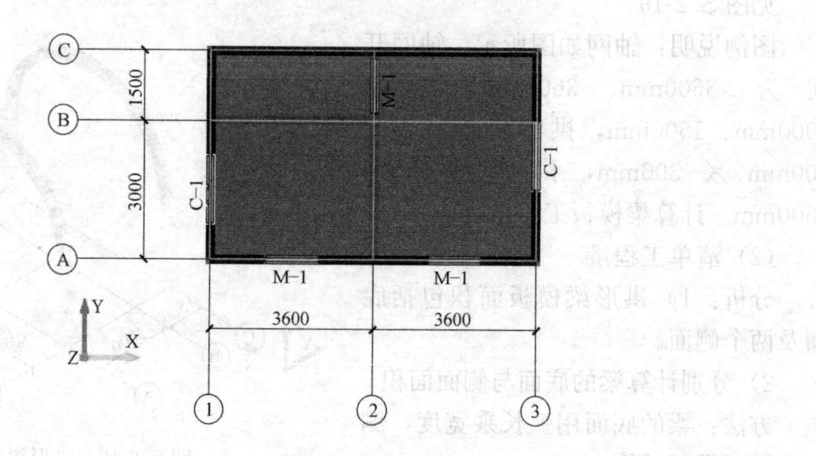

图 S.2-21 墙体平面图

图例说明：轴网如图所示，轴网开间为 3600mm、3600mm，进深 3000mm、1500mm，内外墙厚度均为200mm，墙体居中布置，M-1 尺寸 1200mm×2100mm，C-1 尺寸 1500mm×1800mm，其中板厚为 120mm，层高为 3m。计算墙模板工程量。

（2）清单工程量

分析：1）混凝土墙模板为墙的两侧的面积和。

2）墙与墙、墙与板相接触处的面积需要扣除。

方法：外墙的模板面积用墙的中心线乘墙高计算侧面面积，内墙用墙净长线乘墙高计算模板面积，门窗洞口扣减后加侧壁的面积，最后减去墙与墙、板接触的面积。

解：墙模板面积

$$S=(7.2+4.5)\times2\times3\times2+(3.6+4.5-0.2\times2)\times(3-0.12)\times2-3\times1.2\times2.1\times2+3\times(1.2+2.1\times2)\times0.2-2\times1.5\times1.8\times2+2\times(1.5\times2+1.8\times2)\times0.2-(7.2+4.5-0.2\times2)\times0.12\times2-4\times0.2\times2.88=159.70\text{m}^2$$

3. 工程量清单项目组价

（1）定额工程量计算规则

1）按混凝土与模板接触面的面积，以平方米计算。

2）柱与梁、柱与墙、梁与梁等连接的重叠部分以及伸入墙内的梁头、板头部分，均不计算模板面积。

（2）定额工程量

图例及计算方法同清单图例及计算方法。

（十二）011702012 弧形墙

1. 工程量清单计算规则

同本节（一）011702001 基础部分。

2. 工程量清单计算规则图解

（1）图例

见图 S.2-22、图 S.2-23。

图 S.2-22 弧形墙模板示意图

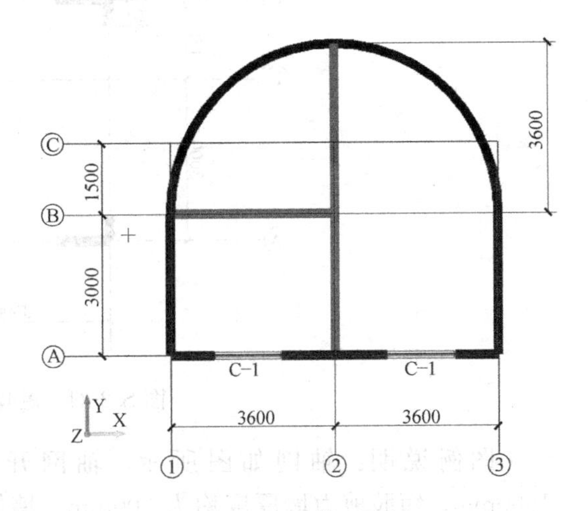

图 S.2-23 墙体平面图

图例说明：轴网如图所示，轴网开间为 3600mm、3600mm，进深 3000mm、1500mm，内外墙厚度均为 200mm，墙体居中布置，墙高 3m，C-1 尺寸 1500mm×1800mm。计算弧形墙模板工程量。

（2）清单工程量

分析：1）混凝土墙模板为墙的两侧的面积和。

2）混凝土墙模板面积不扣除与砖墙接触面的面积。

3）扣除窗面积后再加窗侧壁部分面积。

方法：直形墙模板用外墙中心线与内墙净长线之和乘高度计算，弧形墙用弧线长度即可。

解：弧形墙模板面积

$$S=3.141\times3.6\times2\times3=67.86\text{m}^2$$

3. 工程量清单项目组价

（1）定额工程量计算规则

1）按混凝土与模板接触面的面积，以平方米计算。

2）柱与梁、柱与墙、梁与梁等连接的重叠部分以及伸入墙内的梁头、板头部分，均不计算模板面积。

(2) 定额工程量

图例及计算方法同清单图例及计算方法。

(十三) 011702013 短肢剪力墙、电梯井壁

1. 工程量清单计算规则

同本节（一）011702001 基础部分。

2. 工程量清单计算规则图解

(1) 图例

见图 S. 2-24。

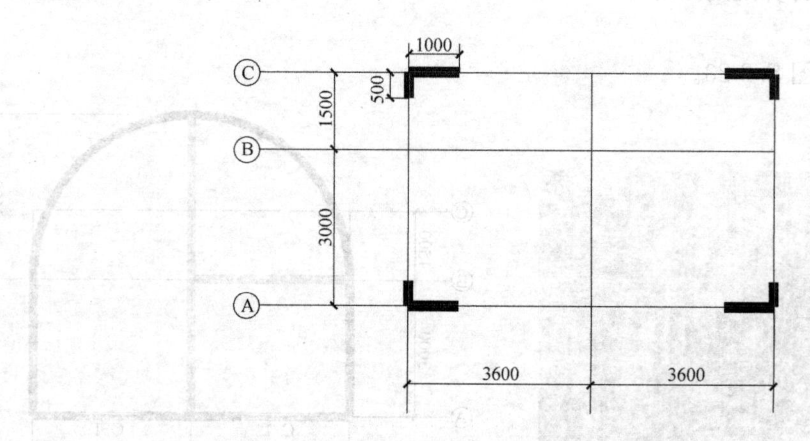

图 S. 2-24　短肢剪力墙平面图

图例说明：轴网如图所示，轴网开间为 3600mm、3600mm，进深 3000mm、1500mm，短肢剪力墙厚度均为 200mm，墙体居中布置，墙高为 3m。计算墙体模板工程量。

(2) 清单工程量

分析：混凝土墙模板为墙的两侧的面积和再加上端头部分面积。

方法：短肢剪力墙模板用墙中心线之和加墙厚度后乘高度计算。

解：墙模板面积 $S=(1+0.5)\times4\times2\times3+0.2\times8\times3=40.8\text{m}^2$

3. 工程量清单项目组价

(1) 定额工程量计算规则

1) 按混凝土与模板接触面的面积，以平方米计算。

2) 柱与梁、柱与墙、梁与梁等连接的重叠部分以及伸入墙内的梁头、板头部分，均不计算模板面积。

(2) 定额工程量

图例及计算方法同清单图例及计算方法。

(十四) 011702014 有梁板

1. 工程量清单计算规则

同本节（一）011702001 基础部分。

2. 工程量清单计算规则图解

（1）图例

见图 S.2-25、图 S.2-26。

图 S.2-25　有梁板模板示意图

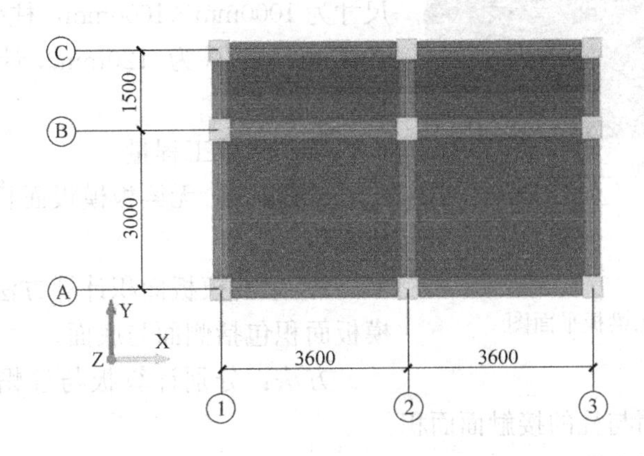

图 S.2-26　有梁板平面图

图例说明：轴网如图所示，轴网开间为 3600mm、3600mm，进深 3000mm、1500mm，柱截面尺寸为 400mm×400mm，梁截面尺寸为 300mm×500mm，板厚为 120mm。计算有梁板模板工程量。

（2）清单工程量

分析：1）有梁板模板面积包括板与梁的模板面积。

2）梁的模板面积计算方法同矩形梁，板的模板面积应扣除与柱、梁的接触面积，只计算底面。

方法：分别计算梁与板的模板面积，注意板模板面积需要扣除与柱、梁接触的面积。

解：有梁板模板面积

$$S=[(7.2-0.4\times2+4.5-0.4\times2)\times3\times(0.3+0.5\times2)-(7.2-0.4\times2+4.5-0.4\times2)\times0.12\times4]+[(7.2-0.3\times2)\times(4.5-0.3\times2)-16\times0.05\times0.05]=60.242\text{m}^2$$

3. 工程量清单项目组价

（1）定额工程量计算规则

1）按混凝土与模板接触面的面积，以平方米计算。

2）柱与梁、柱与墙、梁与梁等连接的重叠部分以及伸入墙内的梁头、板头部分，均不计算模板面积。

（2）定额工程量

图例及计算方法同清单图例及计算方法。

（十五）011702015 无梁板

1. 工程量清单计算规则

同本节（一）011702001 基础部分。

2. 工程量清单计算规则图解

（1）图例

见图 S. 2-27。

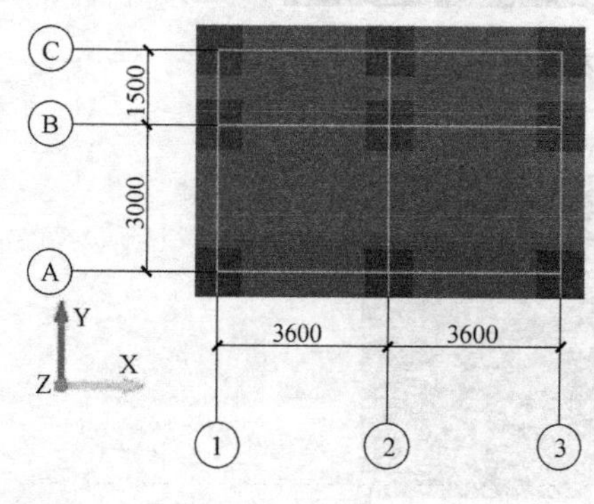

图 S. 2-27　无梁板平面图

图例说明：轴网如图所示，开间为 3600mm、3600mm，进深 3000mm、1500mm，柱帽上截面尺寸为 1000mm×1000mm，柱截面尺寸为 400mm×400mm，板厚为 120mm。计算无梁板模板工程量。

（2）清单工程量

分析：1）无梁板模板面积包括板与柱帽的模板面积。

2）梁的模板面积计算方法同矩形梁，柱帽的模板面积包括侧面与底面。

方法：分别计算板与柱帽的模板面积，需要扣减板与柱帽、柱帽与柱的接触面面积。

解：无梁板模板面积

$$S=(7.2+1)\times(4.5+1)+(7.2+1+4.5+1)\times2\times0.12-9\times1\times1+9\times(0.4+1)\times\sqrt{(0.3\times0.3+0.3\times0.3)}/2\times4=50.08\text{m}^2$$

3. 工程量清单项目组价

（1）定额工程量计算规则

1）按混凝土与模板接触面的面积，以平方米计算。

2）柱与梁、柱与墙、梁与梁等连接的重叠部分以及伸入墙内的板头、梁头、板头部分，均不计算模板面积。

（2）定额工程量

图例及计算方法同清单图例及计算方法。

（十六）011702016 平板

1. 工程量清单计算规则

同本节（一）011702001 基础部分。

2. 工程量清单计算规则图解

（1）图例

见图 S. 2-28。

图例说明：轴网如图所示，开间为3600mm、3600mm，进深3000mm、1500mm，内外墙墙厚均为200mm，墙体居中布置，板厚为120mm。计算平板模板工程量。

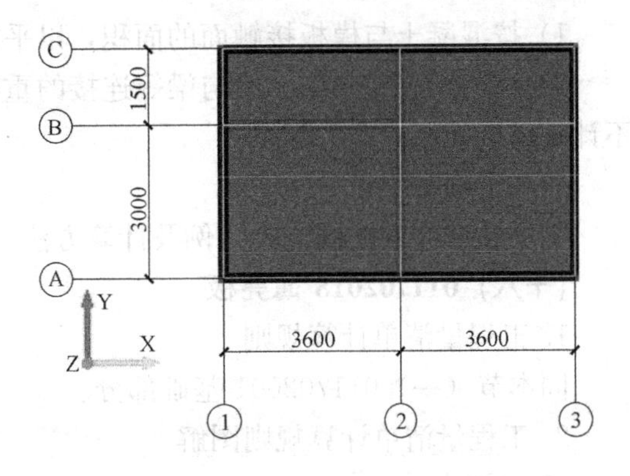

图 S.2-28 板平面图

（2）清单工程量

分析：1）平板的模板面积计算底面的模板面积。

2）板底与墙接触的面积不计算模板面积。

方法：计算板的底部面积扣除板与墙的接触面积。

解：平板模板面积

$$S=(7.2-0.2)\times(4.5-0.2)-(4.5-0.2+3.6-0.2)\times0.2=28.56\text{m}^2$$

3. 工程量清单项目组价

（1）定额工程量计算规则

1）按混凝土与模板接触面的面积，以平方米计算。

2）柱与梁、柱与墙、梁与梁等连接的重叠部分以及伸入墙内的梁头、板头部分，均不计算模板面积。

（2）定额工程量

图例及计算方法同清单图例及计算方法。

（十七）011702017 拱板

1. 工程量清单计算规则

同本节（一）011702001基础部分。

2. 工程量清单计算规则图解

（1）图例

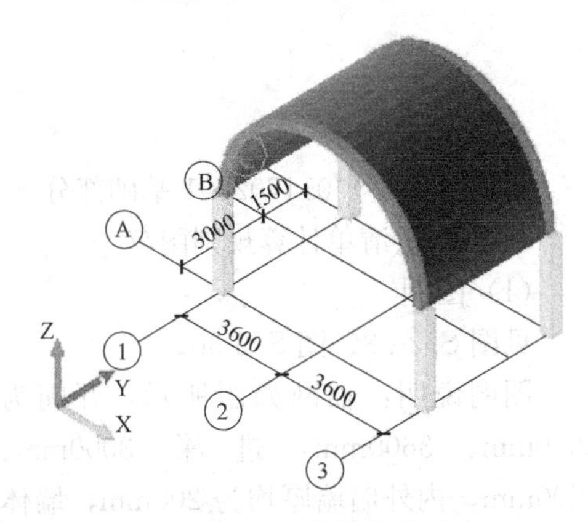

图 S.2-29 拱板示意图

见图 S.2-29。

图例说明：轴网如图所示，开间为3600mm、3600mm，进深3000mm、1500mm，柱截面尺寸为400mm×400mm，梁截面尺寸为300mm×300mm，板厚为120mm，拱板拱高为3600mm。计算拱板的模板工程量。

（2）清单工程量

分析：1）拱板模板面积包括底面及侧面。

2）板与梁、板与柱接触面不计算模板面积。

方法：板底面净底面积及侧面面积。

解：拱板模板面积

$$S=3.141\times(3.6-0.12)\times(4.5-0.3)+4.5\times0.12\times2-4\times0.12\times0.2=46.90\text{m}^2$$

3. 工程量清单项目组价

（1）定额工程量计算规则

1）按混凝土与模板接触面的面积，以平方米计算。

2）柱与梁、柱与墙、梁与梁等连接的重叠部分以及伸入墙内的梁头、板头部分，均不计算模板面积。

（2）定额工程量

图例及计算方法同清单图例及计算方法。

（十八）011702018 薄壳板

1. 工程量清单计算规则

同本节（一）011702001 基础部分。

2. 工程量清单计算规则图解

（1）图例

见图 S.2-28。

图例说明：轴网如图所示，开间为 3600mm、3600mm，进深 3000mm、1500mm，内外墙墙厚均为 200mm，墙体居中布置，板厚为 120mm。计算薄壳板的模板工程量。

（2）清单工程量

分析：1）薄壳板的模板面积计算底面的模板面积。

2）板底与墙接触的面积不计算模板面积。

方法：计算薄壳板的底部面积扣除板与墙的接触面积。

解：薄壳板模板面积

$$S=(7.2-0.2)\times(4.5-0.2)-(4.5-0.2+3.6-0.2)\times0.2=28.56\text{m}^2$$

3. 工程量清单项目组价

（1）定额工程量计算规则

1）按混凝土与模板接触面的面积，以平方米计算。

2）柱与梁、柱与墙、梁与梁等连接的重叠部分以及伸入墙内的梁头、板头部分，均不计算模板面积。

（2）定额工程量

图例及计算方法同清单图例及计算方法。

（十九）011702019 空心板

1. 工程量清单计算规则

同本节（一）011702001 基础部分。

2. 工程量清单计算规则图解

（1）图例

见图 S.2-28、图 S.2-30。

图例说明：轴网如图所示，开间为 3600mm、3600mm，进深 3000mm、1500mm，内外墙墙厚均为 200mm，墙体居中布置，板厚为 120mm。计算空心板的模板工程量。

（2）清单工程量

分析：1）空心板的模板面积计算底

图 S.2-30 空心板模板示意图

面的模板面积。

2）板底与墙接触的面积不计算模板面积。

方法：计算空心板的底部面积扣除板与墙的接触面积。

解：空心板模板面积

$$S=(7.2-0.2)\times(4.5-0.2)-(4.5-0.2+3.6-0.2)\times0.2=28.56\text{m}^2$$

3. 工程量清单项目组价

（1）定额工程量计算规则

1）按混凝土与模板接触面的面积，以平方米计算。

2）柱与梁、柱与墙、梁与梁等连接的重叠部分以及伸入墙内的梁头、板头部分，均不计算模板面积。

（2）定额工程量

图例及计算方法同清单图例及计算方法。

（二十）011702020 其他板

1. 工程量清单计算规则

同本节（一）011702001 基础部分。

2. 工程量清单计算规则图解

（1）图例

见图 S.2-31。

图例说明：轴网如图所示，开间为 3600mm、3600mm，进深 3000mm、1500mm，柱截面尺寸为 400mm × 400mm，板厚为 100mm。计算花架板的模板工程量。

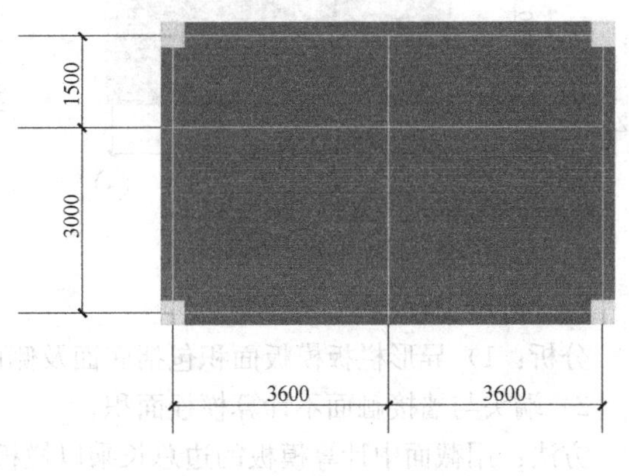

图 S.2-31 花架板平面图

（2）清单工程量

分析：1）板模板面积包括底面及侧面；

2）需要扣除柱所占的模板面积。

方法：用底面积加侧面面积后再减去柱所占的面积。

解：模板面积 $S=7.6\times4.9+(7.6+4.9)\times2\times0.1-4\times0.4\times0.4-8\times0.1\times0.4$

$=38.78\text{m}^2$

3. 工程量清单项目组价

（1）定额工程量计算规则

1）按混凝土与模板接触面的面积，以平方米计算。

2）柱与梁、柱与墙、梁与梁等连接的重叠部分以及伸入墙内的梁头、板头部分，均不计算模板面积。

（2）定额工程量

图例及计算方法同清单图例及计算方法。

（二十一）011702021 栏板

1. 工程量清单计算规则

同本节（一）011702001 基础部分。

2. 工程量清单计算规则图解

（1）图例

见图 S. 2-32～图 S. 2-34。

图例说明：轴网如图所示，开间为 3600mm、3600mm，进深 3000mm、1500mm，外墙厚度为 300mm，栏板截面如图所示。计算栏板模板工程量。

图 S. 2-32　栏板模板示意图

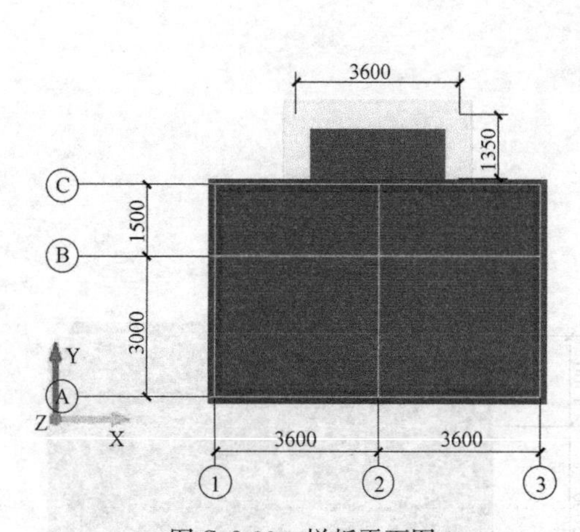

图 S. 2-33　栏板平面图

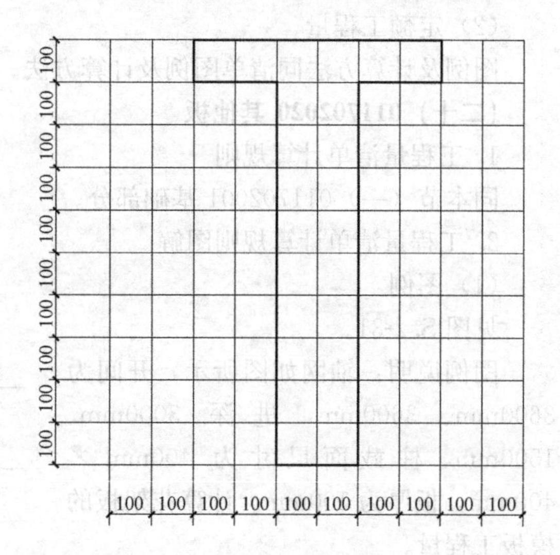

图 S. 2-34　栏板截面图

（2）清单工程量

分析：1）异形栏板模板面积包括底面及侧面。

2）端头与墙接触面不计算模板面积。

方法：用截面中计算模板的边总长乘以栏板的中心线即可。

解：栏板模板面积：$S=(0.9+0.2+0.1)\times2\times(3.6+1.35\times2)=15.12\text{m}^2$

3. 工程量清单项目组价

（1）定额工程量计算规则

1）按混凝土与模板接触面的面积，以平方米计算。

2）柱与梁、柱与墙、梁与梁等连接的重叠部分以及伸入墙内的梁头、板头部分，均不计算模板面积。

（2）定额工程量

图例及计算方法同清单图例及计算方法。

（二十二）011702022 天沟、檐沟

1. 工程量清单计算规则

按模板与现浇混凝土构件的接触面积计算。

2. 工程量清单计算规则图解

(1) 图例

见图 S.2-35、图 S.2-36。

图例说明：轴网如图所示，开间为3600mm、3600mm，进深3000mm、1500mm，外墙厚度为200mm，墙体居中布置，挑檐截面如图所示。计算挑檐模板工程量。

(2) 清单工程量

分析：挑檐模板面积包含底面及侧面。

方法：分别计算挑檐底面及侧面的模板面积。

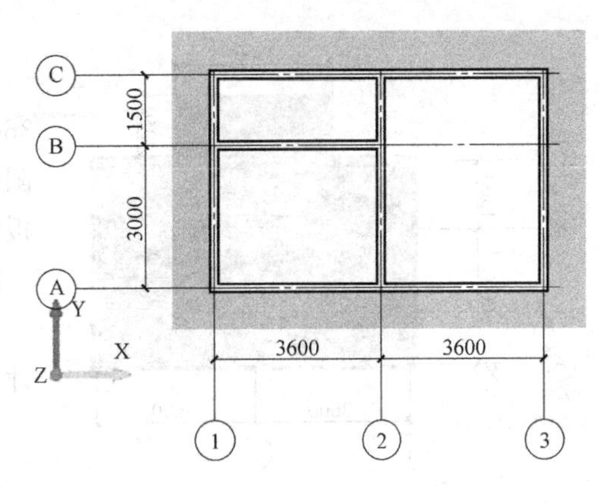

图 S.2-35 挑檐板平面图

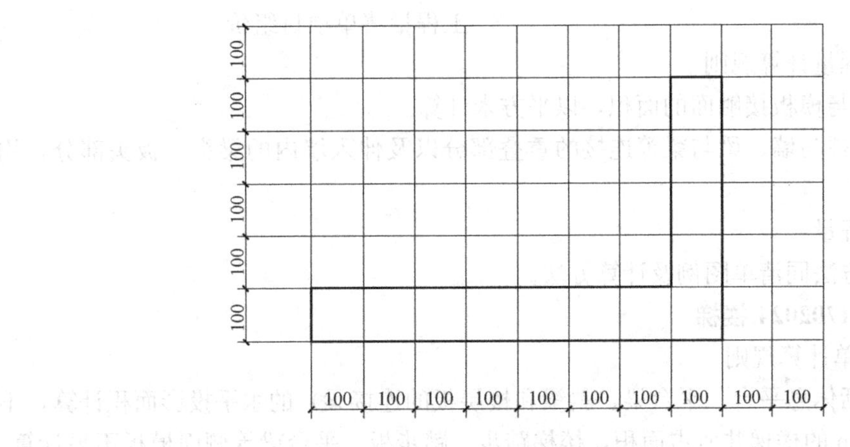

图 S.2-36 挑檐板截面图

解：挑檐模板面积

$$S=(7.2+0.9\times2+4.5+0.9\times2)\times0.5\times2+(7.2+0.8\times2+4.5+0.8\times2)\times0.4\times2+(7.2+0.9\times2)\times(4.5+0.9\times2)-(7.2+0.1\times2)\times(4.5+0.1\times2)$$

$$=49.14m^2$$

3. 工程量清单项目组价

(1) 定额工程量计算规则

1) 按混凝土与模板接触面的面积，以平方米计算。

2) 柱与梁、柱与墙、梁与梁等连接的重叠部分以及伸入墙内的、梁头、板头部分，均不计算模板面积。

(2) 定额工程量

图例及计算方法同清单图例及计算方法。

(二十三) 011702023 雨篷、悬挑板、阳台板

1. 工程量清单计算规则

按图示外挑部分尺寸的水平投影面积计算，挑出墙外的悬臂梁及板边不另计算。

2. 工程量清单计算规则图解

(1) 图例

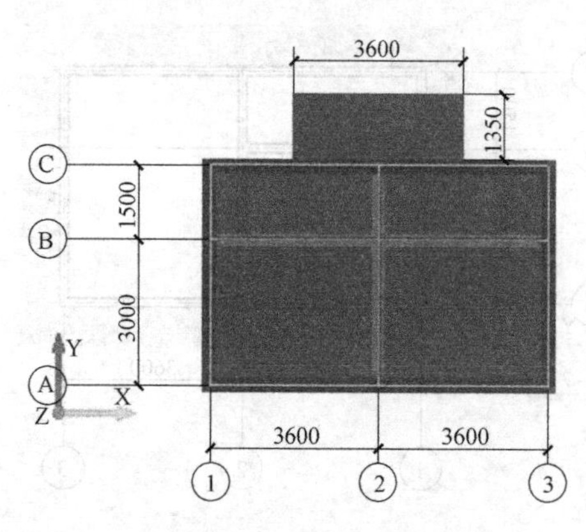

图 S. 2-37 阳台板平面图

见图 S. 2-37。

图例说明：轴网如图所示，开间为3600mm、3600mm，进深 3000mm、1500mm，阳台板长度为 3600mm，挑出宽度为 1350mm，板厚为 120mm。计算阳台板的模板工程量。

(2) 清单工程量

分析：阳台板模板面积按水平投影面积计算。

方法：用挑出的长度乘以宽度即可。

解：阳台板模板面积 $S=3.6\times1.35$

$=4.86\text{m}^2$

3. 工程量清单项目组价

(1) 定额工程量计算规则

1) 按混凝土与模板接触面的面积，以平方米计算。

2) 柱与梁、柱与墙、梁与梁等连接的重叠部分以及伸入墙内的梁头、板头部分，均不计算模板面积。

(2) 定额工程量

图例及计算方法同清单图例及计算方法。

(二十四) 011702024 楼梯

1. 工程量清单计算规则

按楼梯（包括休息平台、平台梁、斜梁和楼层板的连接梁）的水平投影面积计算，不扣除宽度≤500mm 的楼梯井所占面积，楼梯踏步、踏步板、平台梁等侧面模板不另计算，伸入墙内部分亦不计算。

2. 工程量清单计算规则图解

(1) 图例

见图 S. 2-28。

图例说明：轴网如图所示，开间为3600mm、3600mm，进深 3000mm、1500mm，外墙厚度为 300mm，墙体居中布置，楼梯宽度为 1800mm。计算楼梯模板工程量。

(2) 清单工程量

分析：楼梯模板面积按水平投影面积计算。

方法：用楼梯的净长乘以净宽即可。

图 S. 2-38 楼梯模板示意图

解：楼梯模板面积 $S=4.2\times1.8=7.56\text{m}^2$

3. 工程量清单项目组价

(1) 定额工程量计算规则

1）按混凝土与模板接触面的面积，以平方米计算。

2）柱与梁、柱与墙、梁与梁等连接的重叠部分以及伸入墙内的梁头、板头部分，均不计算模板面积。

（2）定额工程量

图例及计算方法同清单图例及计算方法。

（二十五）011702025 其他现浇构件

1. 工程量清单计算规则

按模板与现浇混凝土构件的接触面积计算。

2. 工程量清单计算规则图解

（1）图例

见图 S.2-39。

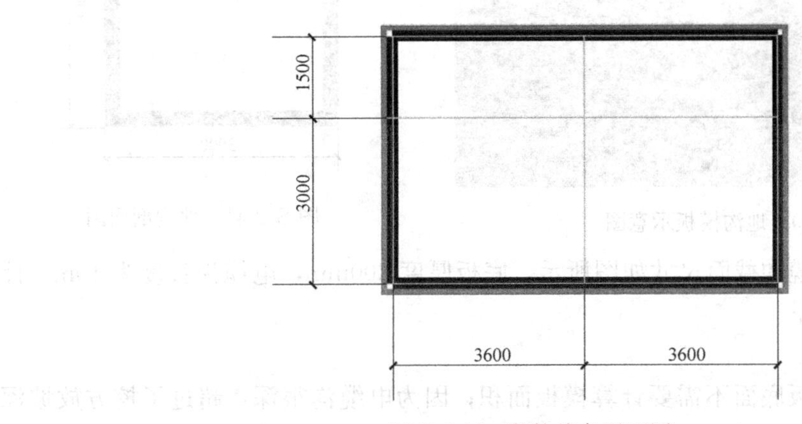

图 S.2-39 装饰线条平面图

图例说明：轴网如图所示，开间为 3600mm、3600mm，进深 3000mm、1500mm，外墙厚度为 200mm，墙体居中布置，墙体高度为 3m，装修线条截面尺寸为 100mm×100mm。计算装饰线条模板工程量。

（2）清单工程量

分析：装修线面模板包含底面及外侧侧面面积。

方法：用中心线长度乘以底面宽度再加外边线长度乘以高度。

解：模板面积 $S=(7.2+0.3+4.5+0.3)\times2\times0.1+(7.2+0.4+4.5+0.4)\times2\times0.1$

$=4.96\text{m}^2$

3. 工程量清单项目组价

（1）定额工程量计算规则

1）按混凝土与模板接触面的面积，以平方米计算。

2）柱与梁、柱与墙、梁与梁等连接的重叠部分以及伸入墙内的梁头、板头部分，均不计算模板面积。

（2）定额工程量

图例及计算方法同清单图例及计算方法。

(二十六) 011702026 电缆沟、地沟

1. 工程量清单计算规则

按模板与电缆沟、地沟接触的面积计算。

2. 工程量清单计算规则图解

(1) 图例

见图 S. 2-40、图 S. 2-41。

图 S. 2-40　地沟模板示意图

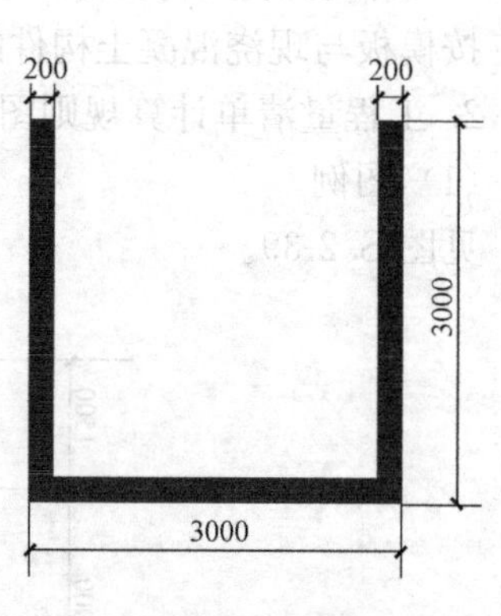

图 S. 2-41　地沟剖面图

图例说明：某电缆沟截面尺寸如图所示，底板厚度 200mm，电缆沟长度为 10m。计算电缆沟的模板工程量。

(2) 清单工程量

分析：电缆沟底板底面不需要计算模板面积；因为电缆沟很深，超过了挖方放坡深度，因此侧壁的外侧面也需要计算模板面积，所以此电缆沟需要计算侧壁内、外侧的模板面积。

方法：用两内侧壁、外侧壁的高度和乘长度计算。

解：模板面积 $S=(3-0.4+3)\times2\times10=112m^2$

3. 工程量清单项目组价

(1) 定额工程量计算规则

1) 按混凝土与模板接触面的面积，以平方米计算。

2) 柱与梁、柱与墙、梁与梁等连接的重叠部分以及伸入墙内的梁头、板头部分，均不计算模板面积。

(2) 定额工程量

图例及计算方法同清单图例及计算方法。

(二十七) 011702027 台阶

1. 工程量清单计算规则

按图示台阶水平投影面积计算，台阶端头两侧不另计算模板面积。架空式混凝土台阶，按现浇楼梯计算。

2. 工程量清单计算规则图解

(1) 图例

见图 S. 2-42、图 S. 2-43。

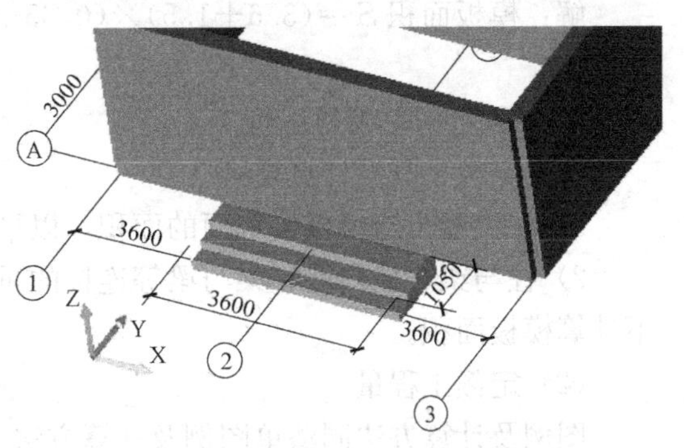

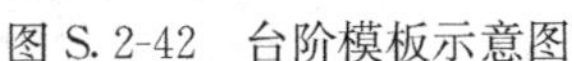

图 S.2-42 台阶模板示意图

图 S.2-43 台阶示意图

图例说明：轴网如图所示，开间为 3600mm、3600mm，进深 3000mm、1500mm，台阶长度为 3600mm，宽度为 1050mm，分为三阶，每阶高 150mm，踏步宽度为 300mm。计算台阶模板工程量。

（2）清单工程量

分析：台阶模板面积只计算投影面积。

方法：用台阶的长度乘以宽度即可。

解：模板面积 $S=3.6\times1.05=3.78\text{m}^2$

3. 工程量清单项目组价

（1）定额工程量计算规则

1）按混凝土与模板接触面的面积，以平方米计算。

2）柱与梁、柱与墙、梁与梁等连接的重叠部分以及伸入墙内的梁头、板头部分，均不计算模板面积。

（2）定额工程量

图例及计算方法同清单图例及计算方法。

（二十八）011702028 扶手

1. 工程量清单计算规则

按模板与扶手的接触面积计算。

2. 工程量清单计算规则图解

（1）图例

见图 S.2-44。

图例说明：休息平台混凝土扶手长度尺寸如图所示，扶手截面尺寸为 50mm×100mm。计算扶手模板工程量。

（2）清单工程量

分析：扶手模板面积为底面面积与侧面面积之和。

方法：用扶手的长度乘以宽度与 2 倍的高度之和即可。

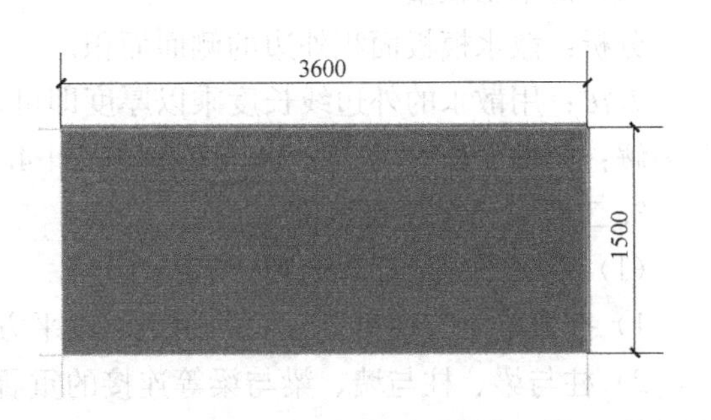

图 S.2-44 扶手示意图

解：模板面积 $S=(3.6+1.5)\times(0.05+0.1\times2)$

$=1.28\text{m}^2$

3. 工程量清单项目组价

（1）定额工程量计算规则

1）按混凝土与模板接触面的面积，以平方米计算。

2）柱与梁、柱与墙、梁与梁等连接的重叠部分以及伸入墙内的梁头、板头部分，均不计算模板面积。

（2）定额工程量

图例及计算方法同清单图例及计算方法。

（二十九）011702029 散水

1. 工程量清单计算规则

按模板与散水的接触面积计算。

2. 工程量清单计算规则图解

（1）图例

见图 S.2-45、图 S.2-46。

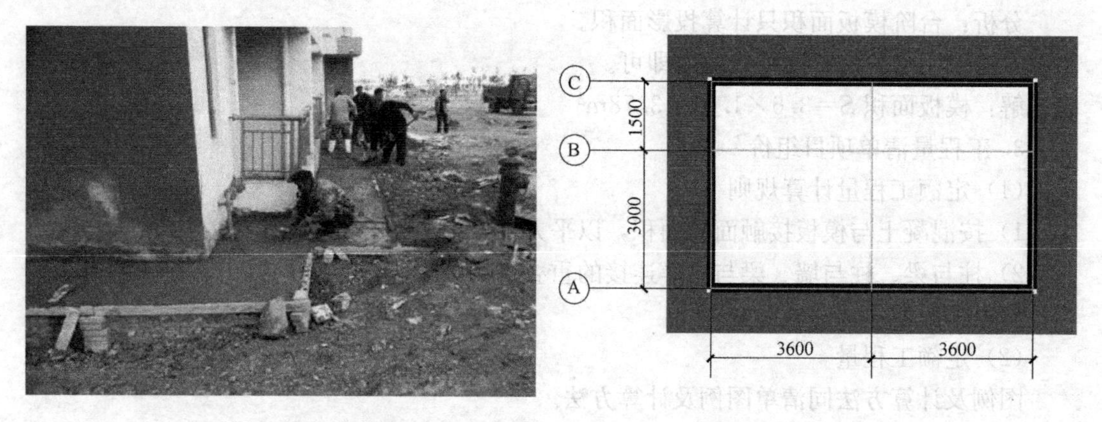

图 S.2-45 散水模板示意图　　图 S.2-46 散水示意图

图例说明：轴网如图所示，开间为3600mm、3600mm，进深3000mm、1500mm，外墙厚度为200mm，墙体居中布置，散水宽度为900mm，厚度为100mm。计算散水模板工程量。

（2）清单工程量

分析：散水模板面积外边的侧面面积。

方法：用散水的外边线长度乘以厚度即可。

解：模板面积 $S=(7.2+0.9\times2+0.2+4.5+0.9\times2+0.2)\times2\times0.1=3.14\text{m}^2$

3. 工程量清单项目组价

（1）定额工程量计算规则

1）按混凝土与模板接触面的面积，以平方米计算。

2）柱与梁、柱与墙、梁与梁等连接的重叠部分以及伸入墙内的梁头、板头部分，均不计算模板面积。

（2）定额工程量

图例及计算方法同清单图例及计算方法。

（三十）011702030 后浇带

1. 工程量清单计算规则

按模板与后浇带的接触面积计算。

2. 工程量清单计算规则图解

（1）图例

见图 S. 2-47、图 S. 2-48。

图 S. 2-47 后浇带模板示意图

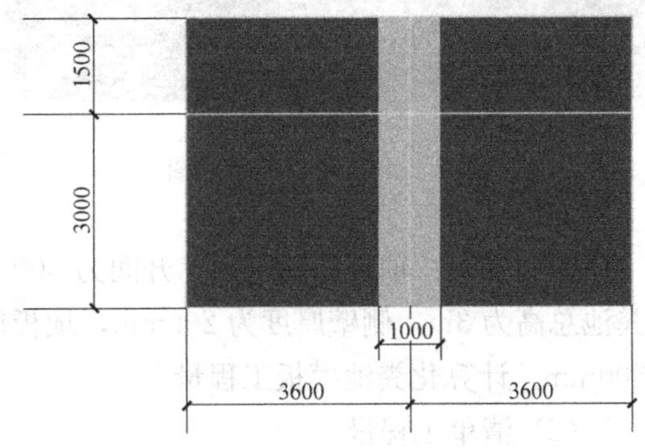

图 S. 2-48 筏板后浇带平面图

图例说明：轴网如图所示，开间为 3600mm、3600mm，进深 3000mm、1500mm，筏板厚度为 500mm，后浇带宽度为 1000mm。计算后浇带模板工程量。

（2）清单工程量

分析：后浇带模板为端头处的模板面积。

方法：用后浇带宽度乘以筏板厚度即可。

解：模板面积 $S=1\times0.5\times2=1\text{m}^2$

3. 工程量清单项目组价

（1）定额工程量计算规则

1）按混凝土与模板接触面的面积，以平方米计算。

2）柱与梁、柱与墙、梁与梁等连接的重叠部分以及伸入墙内的梁头、板头部分，均不计算模板面积。

（2）定额工程量

图例及计算方法同清单图例及计算方法。

（三十一）011702031 化粪池

1. 工程量清单计算规则

按模板与混凝土接触面积计算。

2. 工程量清单计算规则图解

（1）图例

见图 S. 2-49、图 S. 2-50。

图S.2-49 化粪池示意图

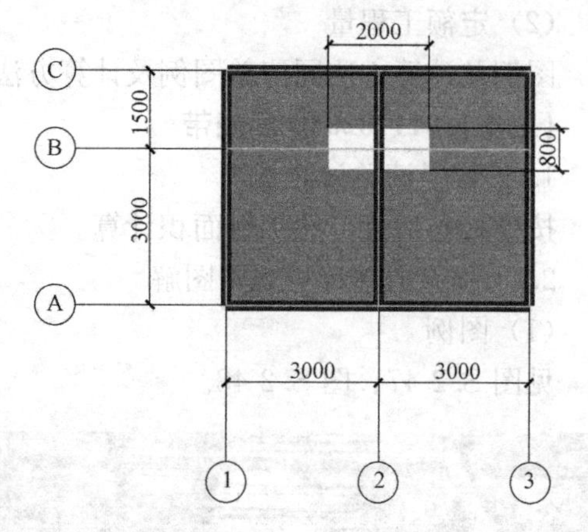

图S.2-50 化粪池平面图

图例说明：轴网如图所示，开间为3000mm、3000mm，进深3000mm、1500mm，化粪池总高为3m，侧壁厚度为200mm，顶板厚度为200mm，顶板上洞口尺寸为2000mm×800mm。计算化粪池模板工程量。

(2) 清单工程量

分析：1) 化粪池模板面积包括侧壁及顶板的模板面积，底板底面的槽浇灌时不计算模板面积。

2) 顶板模板面积需要扣除洞口的尺寸并增加洞口侧壁的面积。

方法：计算侧壁的模板面积，然后再加顶板的底模和侧壁，再扣除洞口加上洞口的侧壁。

解：$S=(6\times2+4.5\times2+4.5-0.2)\times2\times(3-0.2)-0.2\times2.8\times2+(6-0.4)\times(4.5-0.2)+(6+0.2+4.5+0.2)\times2\times0.2-2\times0.8+(2+0.8)\times2\times0.2=168.52\text{m}^2$

3. 工程量清单项目组价

(1) 定额工程量计算规则

1) 按混凝土与模板接触面的面积，以平方米计算。

2) 柱与梁、柱与墙、梁与梁等连接的重叠部分以及伸入墙内的梁头、板头部分，均不计算模板面积。

(2) 定额工程量

图例及计算方法同清单图例及计算方法。

(三十二) 011702032 检查井

1. 工程量清单计算规则

按模板与混凝土接触面积计算。

2. 工程量清单计算规则图解

(1) 图例

见图S.2-51、图S.2-52。

图 S.2-51 检查井模板示意图

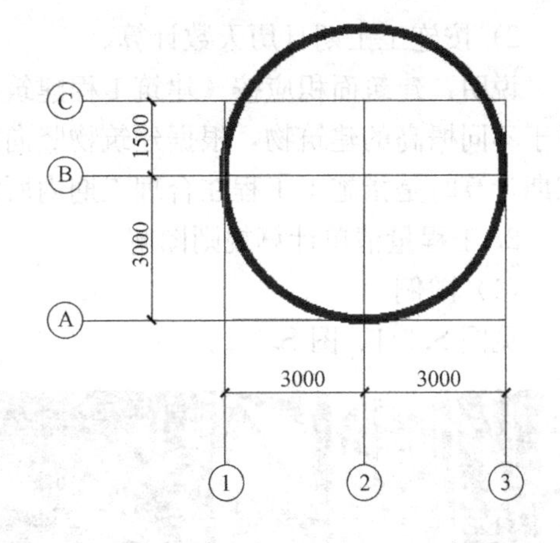

图 S.2-52 检查井平面图

图例说明：轴网如图所示，开间为 3600mm、3600mm，进深 3000mm、1500mm，检查井总高为 3m，侧壁厚度为 200mm。计算检查井的模板工程量。

(2) 清单工程量

分析：1) 检查井外侧不需要计算模板面积。

2) 内侧按实际支撑模板面积计算。

方法：计算内侧壁的模板面积。

解：$S=3.14\times2\times2.9\times3=54.64\text{m}^2$

3. 工程量清单项目组价

(1) 定额工程量计算规则

1) 按混凝土与模板接触面的面积，以平方米计算。

2) 柱与梁、柱与墙、梁与梁等连接的重叠部分以及伸入墙内的梁头、板头部分，均不计算模板面积。

(2) 定额工程量

图例及计算方法同清单图例及计算方法。

S.3 垂直运输

一、项目的划分

垂直运输费指现场所用材料、机具从地面运至相应高度以及工作人员上下工作面等所发生的运输费用。

二、工程量计算与组价

(一) 011703001 垂直运输

1. 工程量清单计算规则

1) 按建筑面积计算。

2）按施工工期日历天数计算。

说明：建筑面积应按《建筑工程建筑面积计算规范》GB/T 50353—2013 的规定计算。对于不同檐高的建筑物，根据建筑物竖向剖面按不同檐高编码分别计算建筑面积列项。按工期计算时是指施工工程在合理工期内所需垂直运输机械。

2. 工程量清单计算规则图解

（1）图例

见图 S. 3-1、图 S. 3-2。

图 S. 3-1　垂直运输示意图

图 S. 3-2　建筑平面图

图例说明：轴线尺寸如图所示，墙厚为 200mm，墙体居中布置。计算垂直运输工程量。

（2）清单工程量

$$S=(7.2+0.2)\times(4.5+0.2)=34.78\text{m}^2$$

3. 工程量清单项目组价

（1）定额工程量计算规则

1）垂直运输按建筑面积计算。

2）泵送混凝土增加费按要求泵送的混凝土图示体积计算。

（2）定额工程量

$$S=(7.2+0.2)\times(4.5+0.2)=34.78\text{m}^2$$

S. 4　超高施工增加

一、项目的划分

超高施工增加是指由于楼层高度增加而降低施工工作效率的补偿费用，一般包括人工及机械的降效。

二、工程量计算与组价

（一）011704001 超高施工增加

1. 工程量清单计算规则

按建筑物超高部分的建筑面积计算。

说明：建筑面积应按《建筑工程建筑面积计算规范》GB/T 50353—2013 的规定计算。对于不同檐高的建筑物，根据建筑物竖向切面分别按不同檐高编码分别计算建筑面积列项。

2. 工程量清单计算规则图解

(1) 图例

见图 S.2-21、图 S.4-1。

图例说明：轴线尺寸如图示，墙厚为 200mm，墙体居中布置，此工程共 7 层，7 层平面图如图所示。计算施工超高增加量。

(2) 清单工程量

$S=(7.2+0.2)\times(4.5+0.2)=34.78m^2$

3. 工程量清单项目组价

(1) 定额工程量计算规则

超高施工增加按建筑面积计算。

(2) 定额工程量

$S=(7.2+0.2)\times(4.5+0.2)=34.78m^2$

图 S.4-1 超高施工示意图

S.5 大型机械设备进出场及安拆

一、项目的划分

大型机械设备进出场是指不能或不允许自行行走的施工机械或施工设备，整体或分体自停放地点运至施工现场，或由一施工地点运至另一施工地点的运输、装卸、辅助材料及架线等费用。安拆费用是指施工机械在现场进行安装及拆卸所需的人工、材料、机械和试运转费用及机械辅助设施费用。

二、工程量计算与组价

(一) 011705001 大型机械设备进出场及安拆

1. 工程量清单计算规则

按使用机械设备的数量计算。

2. 工程量清单计算规则图解

(1) 案例

某工程中，有 3 台塔吊自停放地点运至施工现场的运输、装卸、辅助材料及架线等费用总额为 20000 元。

(2) 清单工程量

工程量=3

3. 工程量清单项目组价

(1) 定额工程量计算规则

按使用机械设备的数量计算。

(2) 定额工程量

图例及计算方法同清单图例及计算方法。

(3) 工程量清单项目组价示例

组价内容包括大型机械运至施工现场的运输费、安拆费。

S.6 施工排水、降水

一、项目的划分

项目划分为成井、降水和排水。

排水主要是将地表水的排出及排出基坑、基槽积水（地下水的涌入、雨水积聚等），施工降水主要是指基础工作面在地下水位以下，为了施工而采取的降水措施，降水一般采用井点降水，施工排水降水分为成井及排水、降水。

二、工程量计算与组价

（一）011706001 成井

1. 工程量清单计算规则

按设计图示尺寸以钻孔深度计算。

2. 工程量清单计算规则图解

(1) 图例

见图 S.6-1。

图 S.6-1 井点降水示意图

图例说明：某工程中，排水降水共设置了28个井点，每个井的钻孔深度为10m。计算工程量。

(2) 清单工程量

深度＝10×28＝280m

3. 工程量清单项目组价

(1) 定额工程量计算规则

1) 单项井管成井（含降水井、疏干井）按设计图示井深以长度计算。

2) 综合井管成井，按降水部位结构底板外边线（含基础底板外挑部分）的水平长度乘以槽深以面积计算。

3) 轻型井点成井按设计的图示井深以长度计算。

(2) 定额工程量

图例及计算方法同清单图例及计算方法。

(二) 011706002 排水、降水

1. 工程量清单计算规则

按排、降水日历天数计算。

2. 工程量清单计算规则图解

(1) 实例

某工程中，地下室施工工期为128天，在地下室施工期间需要做排水降水。

(2) 清单工程量

时间＝128天

3. 工程量清单项目组价

(1) 定额工程量计算规则

1) 单项管井降水按设计的井口数量乘以降水周期以口·天计算。

2) 综合管井降水按相应的成井工程量以降水周期以平方米·天计算。

3) 轻型井点降水按设计井点组数（每组按25口井计算）乘以降水周期以组·天计算。

4) 降水周期按照设计要求的降水日历天数计算。

5) 止水帷幕降水部位的结构底板外边线（含基础底板外挑部分）的水平长度乘以槽深以面积计算。

6) 止水帷幕桩二次引孔按引孔深度以长度计算。

7) 基坑明沟排水按沟道图示长度（不扣除集水井所占长度）计算。

(2) 定额工程量

图例及计算方法同清单图例及计算方法。

S.7 安全文明施工及其他措施项目

一、项目的划分

项目划分为安全文明施工、夜间施工、非夜间施工照明、二次搬运、冬雨季施工、地（上）下设施及建筑物的临时保护设施和已完工程及设备保护。

安全文明施工费是指按照国家现行的建筑施工安全、施工现场环境与卫生标准和有关规定，购置和更新施工防护用具及设施、改善安全生产条件和作业环境所需要的费用。

二、工程量计算与组价

(一) 011707001 安全文明施工

1. 工程量清单计算规则

按项计算。

2. 工程量清单计算规则图解

(1) 实例

某工程中，分部分项和技术措施项目的人工、材料、机械费用总和为 28500000 元，安全文明施工费费率为 2.0％。

（2）清单工程量

安全文明施工费＝1 项

3. 工程量清单项目组价

（1）定额工程量计算规则

安全文明施工费：以相应部分预算价为基数（不得重复）计算。

（2）定额工程量

安全文明施工费＝28500000×2.0％＝570000元

（二）011701002 夜间施工

1. 工程量清单计算规则

按项计算。

2. 工程量清单计算规则图解

图 S. 7-1 夜间施工示意图

（1）实例

见图 S. 7-1。

某工程中，人工费总额为 5000000 元，由于工程性质，采用夜间施工。夜间施工按人工费的 20％计取。

（2）清单工程量

夜间施工＝1 项

3. 工程量清单项目组价

（1）定额工程量计算规则

按人工费的 20％计算。

（2）定额工程量

夜间施工费＝5000000×20％＝1000000 元

（三）011701003 非夜间施工照明

1. 工程量清单计算规则

按项计算。

2. 工程量清单计算规则图解

（1）实例

某工程中，人工费总额为 5000000 元，由于工程性质，白天也需要照明。照明按人工费的 10％计取。

（2）清单工程量

夜间施工＝1 项

3. 工程量清单项目组价

（1）定额工程量计算规则

按人工费的 20％计算。

（2）定额工程量

非夜间施工照明＝5000000×10％＝500000 元

（四）011701004 二次搬运

1. 工程量清单计算规则

按项计算。

2. 工程量清单计算规则图解

（1）实例

某工程中，分部分项的材料费总费用为 2000000 元，二次搬运按材料费的 2.5%计取。计算二次搬运工程费。

（2）清单工程量

二次搬运＝1 项

3. 工程量清单项目组价

（1）定额工程量计算规则

按材料费用的 2.5%计算。

（2）定额工程量

二次搬运＝2000000×2.5%＝50000 元

（五）011701005 冬雨季施工

1. 工程量清单计算规则

按项计算。

2. 工程量清单计算规则图解

（1）实例

见图 S.7-2。

图例说明：某工程中，工程直接费用总额为 1000000 元，雨季施工按工程直接费的 0.15%计取。计算雨季施工费。

图 S.7-2 雨季施工示意图

（2）清单工程量

雨季施工＝1 项

3. 工程量清单项目组价

（1）定额工程量计算规则

按工程直接费用的 0.15%计取。

（2）定额工程量

雨季施工＝1000000×0.15%＝1500 元

（六）011701006 地上、地下设施、建筑物的临时保护设施

1. 工程量清单计算规则

按项计算。

2. 工程量清单计算规则图解

（1）实例

某工程中，分部分项工程直接费用为 20000000 元，临时保护设施按直接费用的 0.2%计取。计算临时保护设施费。

（2）清单工程量

临时保护设施＝1 项

3. 工程量清单项目组价

(1) 定额工程量计算规则

按直接费用的0.2%计取。

(2) 定额工程量

临时保护设施=20000000×0.2%=40000元

(七) 011701007 已完工程及设备保护

1. 工程量清单计算规则

按项计算。

2. 工程量清单计算规则图解

(1) 实例

某工程中，某工程的总费用为200000元，已完工程及设备保护按总费用的0.2%计取。计算已完工程及设备保护费。

(2) 清单工程量

设备保护=1项

3. 工程量清单项目组价

(1) 定额工程量计算规则

按工程费用的0.2%计取。

(2) 定额工程量

设备保护=200000×0.2%=400元